Mechanische Umformtechnik

Plastizitätstheorie Werkstoffmechanik Fertigung

Ergebnisse eines Forschungsschwerpunktes der Deutschen Forschungsgemeinschaft

Herausgegeben von

Otto Kienzle

unter Mitarbeit von

H. G. Dohmen

Springer-Verlag Berlin Heidelberg GmbH

Otto Kienzle
Dr.-Ing. Dr.-Ing. E.h. Dr. techn. h. c.,
ord. Professor em. der Technischen Hochschule Hannover

H. G. Dohmen
Dr.-Ing., Referent in der Deutschen Forschungsgemeinschaft, Bad Godesberg

Das Buch enthält 246 Bilder
und 900 Schrifttumsquellen

ISBN 978-3-662-01176-8 ISBN 978-3-662-01175-1 (eBook)
DOI 10.1007/978-3-662-01175-1

Ursprünglich erschienen bei Springer-Verlag Berlin Heidelberg New York 1968.
Softcover reprint of the hardcover 1st edition 1968

Library of Congress Catalog Card Number 68-54829

Titel Nr. 1521

Mitarbeiterverzeichnis

Behrens, H. Dipl.-Ing., Wissenschaftlicher Mitarbeiter am Lehrstuhl für Mechanik B, Technische Universität Braunschweig, 3300 Braunschweig. *Kapitel 1*

Bühler, H. Dr.-Ing., Dr. rer. nat. habil., o. Professor, Direktor des Instituts für Werkzeugmaschinen und Umformtechnik, Technische Hochschule Hannover, 3000 Hannover, Welfengarten 1 A. *Kapitel 4, 5, 6*

Dohmen, H. G. Dr.-Ing., Referent in der Deutschen Forschungsgemeinschaft, 5320 Bad Godesberg, Kennedyallee 40. *Kapitel 0*

Fangmeier, R. Dr.-Ing., Wissenschaftlicher Assistent am Max-Planck-Institut für Eisenforschung, 4000 Düsseldorf, Max-Planck-Straße 1. *Kapitel 4*

Funke, P. Dr.-Ing., o. Professor, Direktor des Instituts für Verformungskunde und Walzwerkswesen, Technische Universität Clausthal, 3392 Clausthal-Zellerfeld, Agricolastraße 6. *Kapitel 4*

Grewen, J. Frau Dr.-Ing., Priv.-Dozent, Institut für Metallkunde und Metallphysik, Technische Universität Clausthal, 3392 Clausthal-Zellerfeld, Großer Bruch 23. *Kapitel 3*

Hagedorn, K.-E. Dr. rer. nat., Wissenschaftlicher Assistent am Max-Planck-Institut für Eisenforschung, 4000 Düsseldorf, Max-Planck-Straße 1. *Kapitel 2*

Hertel, H. Dr.-Ing., o. Professor, Direktor des Instituts für Luftfahrzeugbau, Technische Universität Berlin, 1000 Berlin 10, Marchstraße 12—14. *Kapitel 1, 5, 6*

Kappler, E. Dr. phil., o. Professor, Direktor des Physikalischen Instituts der Westfälischen Wilhelms-Universität Münster, 4400 Münster/Westf., Schloßplatz 7. *Kapitel 2*

Kienzle, O. Dr.-Ing. Dr.-Ing. E. h. Dr. techn. h. c., o. Professor em. der Technischen Hochschule Hannover, 7000 Stuttgart-Degerloch, Pfullinger Straße 49. *Kapitel 0, 5, 6, 7*

Kloos, K.-H. Dr.-Ing., Lehrbeauftragter für Meß- und Prüfverfahren der Werkstoffkunde, Oberregierungsbaurat bei der Staatlichen Materialprüfungsanstalt, Technische Hochschule Darmstadt, 6100 Darmstadt, Grafenstraße 2. *Kapitel 7*

Kochendörfer, A. Dr. rer. techn. habil., Vorsteher der Laboratorien für angewandte Festkörperphysik, Max-Planck-Institut für Eisenforschung, 4000 Düsseldorf, Max-Planck-Straße 1. *Kapitel 2*

Lange, K. Dr.-Ing., o. Professor, Direktor des Instituts für Umformtechnik, Universität Stuttgart, 7000 Stuttgart, Holzgartenstraße 17. *Kapitel 1, 5, 6*

Lehmann, Th. Dr.-Ing., o. Professor, Lehrstuhl für Baumechanik, Technische Universität Hannover, 3000 Hannover, Welfengarten 1 A. *Kapitel 1*

Lippmann, H. Dr. rer. nat., o. Professor, Lehrstuhl für Mechanik B, Technische Universität Braunschweig, 3300 Braunschweig, Schleinitzstraße 16. *Kapitel 1*

Macherauch, E. Dr. rer. nat., o. Professor, Direktor des Instituts für Werkstoffkunde I, Universität Karlsruhe, Kaiserstraße 12. *Kapitel 2*

Mahrenholtz, O. Dr.-Ing., o. Professor, Direktor des Instituts B für Mechanik, Technische Universität Hannover, 3000 Hannover, Nienburger Straße 2 *Kapitel 1*

Panknin, W. Dr.-Ing., o. Professor, Direktor des Instituts für Verformungskunde, Technische Universität Berlin, 1000 Berlin 12, Hardenbergstraße 34. *Kapitel 4, 6*

Pawelski, O. Dr.-Ing., Vorsteher der Technologischen Laboratorien, Max-Planck-Institut für Eisenforschung, 4000 Düsseldorf, Max-Planck-Straße 1. Lehrbeauftragter für Plastomechanik, Technische Universität Clausthal. *Kapitel 4*

Peppler, P. Dipl.-Ing., Assistent am Institut für Werkstoffkunde, Technische Hochschule Darmstadt, 6100 Darmstadt, Grafenstraße 2. *Kapitel 7*

Pestel, E. Dr.-Ing., o. Professor, Direktor des Instituts für Mechanik, A. Technische Universität Hannover, 3000 Hannover, Nienburger Straße 2. *Kapitel 1*

Pohl, W. Dipl.-Ing., Wissenschaftlicher Mitarbeiter, Institut für Umformtechnik, Universität Stuttgart, 7000 Stuttgart, Holzgartenstraße 17. *Kapitel 5*

Schmidtmann, E. Dr.-Ing., apl. Professor, Institut für Werkstoffprüfung und Werkstoffkunde der Eisenlegierungen, Rheinisch-Westfälische Technische Hochschule Aachen, 5100 Aachen, Intzestraße 1. *Kapitel 4, 5, 6*

Stüwe, H.-P. Dr. rer. nat., o. Professor, Direktor des Instituts für Werkstoffkunde und Herstellungsverfahren, Technische Universität Braunschweig, 3300 Braunschweig, Mühlenpfordt-Haus. *Kapitel 2*

Vater, M. Dr.-Ing., o. Professor, Direktor des Instituts für Bildsame Formgebung, Rheinisch-Westfälische Technische Hochschule Aachen, 5100 Aachen, Intzestraße 10. *Kapitel 5*

Wassermann, G. Dr. phil., o. Professor, Direktor des Instituts für Metallkunde und Metallphysik, Technische Universität Clausthal, 3392 Clausthal-Zellerfeld, Großer Bruch 23. *Kapitel 3*

Wiegand, H. Dr.-Ing., o. Professor, Direktor des Instituts für Werkstoffkunde, Vorstand der Staatlichen Materialprüfungsanstalt, Technische Hochschule Darmstadt, 6100 Darmstadt, Grafenstraße 2. *Kapitel 7*

Ziegler, W. Dr.-Ing., Wiss. Mitarbeiter am Institut für Verformungskunde, Technische Universität Berlin, 1000 Berlin 12, Hardenbergstraße 34. *Kapitel 6*

Geleitwort

Der Senat der Deutschen Forschungsgemeinschaft hat im Jahre 1956 die Bildung eines Schwerpunktprogrammes „Mechanische Umformtechnik“ beschlossen. Entscheidende Ziele dieser Maßnahme sollten die Entwicklung des Fachgebietes, die Förderung des wissenschaftlichen Nachwuchses und des Kontaktes der Wissenschaftler untereinander sein.

Es darf festgestellt werden, daß dieses Programm in allen Punkten außerordentlich erfolgreich abgeschlossen werden konnte. Die Mechanische Umformtechnik hat an den Hochschulen große Beachtung gefunden; nicht weniger als 8 Berufungen sind aus dem Kreis der beteiligten Wissenschaftler erfolgt.

Im vorliegenden Band sind die wissenschaftlichen Ergebnisse einer 9jährigen Förderung dieses im Hinblick auf die gesamte Volkswirtschaft so wichtigen Teilgebietes der Fertigungstechnik unter Bezug auf das z. T. weit verstreute Schrifttum, dargelegt.

Es verdient besonders hervorgehoben zu werden, daß dieses den Stand der Umformtechnik umfassende Werk nur dadurch zustande kommen konnte, daß die beteiligten Wissenschaftler in beispielhafter Weise das in einzelnen Forschungsvorhaben erarbeitete Material in geschlossenen Themen dargestellt und zusammengefügt haben. Forscher aus verschiedenen Disziplinen haben im Verlaufe der Förderjahre eine gemeinsame Sprache gefunden. Die hervorragende Kooperation von Metallkundlern, Plastizitätsmechanikern und Fertigungstechnikern im Schwerpunkt findet in diesem Werk ihren sichtbaren Ausdruck.

Unser Dank gilt allen Persönlichkeiten, die bei den Beratungen mitgewirkt und die Zusammenstellung des umfangreichen Materials übernommen haben. Ganz besonders aber sei dem Herausgeber, Herrn Professor KIENZLE, für seine mühevolle Arbeit im Dienste der Wissenschaft gedankt.

Professor Dr. JULIUS SPEER
Präsident der Deutschen Forschungsgemeinschaft

Vorwort

Als sich nach der Währungsreform 1948 in der Bundesrepublik Deutschland Wissenschaft und Industrie wieder zu regen begannen, besann man sich darauf, daß die physikalisch-technische Forschung allzu lange vernachlässigt worden war. Auf dem Gebiet der Fertigungstechnik galt das besonders für denjenigen ihrer Zweige, den wir heute unter dem Namen „Mechanische Umformtechnik" zusammenfassen. Zwar war das Walzen von Profilen und Blechen, sowie das Ziehen von Stäben, Drähten und Rohren schon lange vor dem zweiten Weltkrieg von den hüttenmännischen Fakultäten der Technischen Hochschulen und am Max-Planck-Institut für Eisenforschung gepflegt worden, aber die Fertigung von Werkstücken durch bildsame Formgebung war wissenschaftlich kaum angefaßt worden. Diesen Mangel empfand man in der Praxis so unmittelbar, daß zwei daran besonders interessierte Industriezweige, nämlich die Gesenkschmiedeindustrie und die Blechwarenindustrie 1948 den Anstoß gaben, an den Hochschulen in Hannover und Stuttgart besondere Institute zu errichten, die sich der Herstellung von Werkstücken aus Stababschnitten (Massivumformung) und aus Blech (Blechumformung) widmen sollten.

Als man wenige Jahre später im „Ausschuß für angewandte Forschung der Deutschen Forschungsgemeinschaft" über die ersten wissenschaftlichen Ergebnisse berichtete, stellte man fest, daß sich ein wissenschaftliches Arbeitsgebiet von reicher Mannigfaltigkeit der Probleme geöffnet hatte. Insbesondere galt es, die technischen Probleme wissenschaftlich durch Mechanik, Physik und Werkstoffkunde zu unterbauen.

Bereits vorher hatte die *Deutsche Forschungsgemeinschaft* Wege ausgearbeitet, auf denen man zurückgebliebene Gebiete aktivieren und die Voraussetzungen für einen wissenschaftlichen Nachwuchs schaffen konnte; das waren die sogenannten Schwerpunktprogramme.

So entstand 1956 der Forschungsschwerpunkt „Mechanische Umformtechnik"; die ersten Institutsarbeiten setzten 1957 ein. Schließlich beteiligten sich daran mehr als zwölf Forschungsinstitute. Dem Gedankenaustausch dienten gegenseitige Besuche und Kolloquien, auf denen die beteiligten Forscher und ihre Mitarbeiter über ihre Arbeiten berichteten und diskutierten. Diese Kolloquien fanden statt

1960 in Bad Oynhausen,
1962 in Kassel,
1963 in Bad Homburg,
1965 in Clausthal.

Das Besondere dieser gesamten Forschungsarbeit lag darin, daß mehrere Disziplinen zusammenarbeiteten. Auf dem Gebiet der *Plasto-Mechanik*, auf dem vor 35 Jahren Deutschland führend gewesen ist, hat man — soweit es die mechanische Umformtechnik betrifft — den wissenschaftlichen Stand der anderen Länder eingeholt und Neues hinzugefügt. Die *Werkstoffphysik* mit besonderer Betonung der Texturen führte hinüber zum Studium des *Werkstoffverhaltens* bei der Umformung, wobei Spannungen, Kräfte und Geschwindigkeiten erfaßt wurden. Damit wurde ein vollständiger wissenschaftlicher Unterbau für die fertigungstechnischen Belange ausgearbeitet, mit denen sich mehrere Forscher auf den Teilgebieten *Massivumformung* und *Blechumformung* befaßten. Schließlich wurden von zwei Instituten die besonderen Fragen von *Schmierung* und *Oberflächenwandlung* untersucht. In diesen mehr der Praxis gewidmeten Gebieten wurden die bekannten drei wissenschaftlichen Phasen durchlaufen

Sammeln der in der Praxis bekannten Erscheinungen,
Erklären und Berechnen,
Ausarbeiten neuer Maßnahmen und Verfahren.

Vorträge über diese sieben Aspekte der „Mechanischen Umformtechnik" bildeten den Inhalt des Schlußkolloquiums in Darmstadt im Sommer 1967. Ihr Inhalt ist in diesem Buch wiedergegeben. Die verschiedenen Kapitel sind von einzelnen Herren verfaßt, die sich der Mühe unterzogen haben, die Beiträge ihrer Kollegen mit den eigenen Forschungsergebnissen in geschlossener Form zusammenzufassen. So sind die einzelnen Kapitel federführend von folgenden Herren als Hauptverfasser bearbeitet worden:

1. Plastizitätstheorie von Professor Dr.-Ing. TH. LEHMANN, Hannover,
2. Physikalische Grundlagen von Professor Dr. rer. techn. A. KOCHENDÖRFER, Düsseldorf,
3. Texturen von Professor Dr. phil. G. WASSERMANN, Clausthal,
4. Mechanisches Werkstoffverhalten von Dr.-Ing. O. PAWELSKI, Düsseldorf und Clausthal,
5. Massivumformung von Professor Dr.-Ing. K. LANGE, Stuttgart,
6. Blechumformung von Professor Dr.-Ing. W. PANKNIN, Berlin,
7. Oberfläche und Kaltumformung von Professor Dr.-Ing. H. WIEGAND, Darmstadt.

Die Namen aller Forscher, die zu den Berichten beigetragen haben, sind am Kopf der einzelnen Kapitel genannt.

An diesem Schwerpunktprogramm haben mehr als fünfzig jüngere Forscher mitgewirkt, die in zahlreichen, in den Schrifttumsanhängen genannten Aufsätzen über ihre Ergebnisse berichtet haben.

Aus dem Kreis der Mitarbeiter stammen außerdem folgende Werke:

G. WASSERMANN: Texturen metallischer Werkstoffe, 1962,

K. LANGE: Gesenkschmieden von Stahl, 1958,

O. KIENZLE und K. MIETZNER: Grundlagen einer Typologie umgeformter metallischer Oberflächen, 1965,

A. KOCHENDÖRFER: Physikalische Grundlagen der Formänderungsfestigkeit der Metalle, 2. Aufl. 1967,

O. KIENZLE und K. MIETZNER: Atlas umgeformter metallischer Oberflächen, 1967,

H. LIPPMANN und O. MAHRENHOLTZ: Plastomechanik der Umformung mechanischer Werkstoffe, 1967.

Einige der am Schwerpunkt beteiligten Forscher (P. FUNKE, K. LANGE, H. LIPPMANN, W. PANKNIN und O. PAWELSKI) lieferten Beiträge zu den „Grundlagen der bildsamen Formgebung"; herausgegeben vom Verein deutscher Eisenhüttenleute, 1966.

Wenn nun der Forschungsschwerpunkt „Mechanische Umformtechnik" auch formell abgeschlossen ist, so sind doch damit bei weitem nicht alle Probleme gelöst; im Gegenteil werden in den einzelnen Kapiteln mancherlei Lücken aufgezeigt und Anregungen zu neuen Arbeiten gegeben.

Die durch den Schwerpunkt zustande gekommene Fühlung zwischen den Instituten und die weitere Unterstützung durch die Deutsche Forschungsgemeinschaft lassen zuversichtlich hoffen, daß die Arbeiten in voller Breite weitergehen werden. Weiter darf damit gerechnet werden, daß die Industrie die durch diese Arbeit geschaffenen Unterlagen und Anregungen benutzen und fruchtbar werden läßt.

Der Dank dafür, daß diese interdisziplinäre und ein Jahrzehnt dauernde Zusammenarbeit durchgeführt werden konnte, gebührt vor allem der Deutschen Forschungsgemeinschaft und in ihr dem Ausschuß für angewandte Forschung, der die Anregungen der Forscher zu seiner eigenen Sache gemacht, und dem Hauptausschuß, der sich für die Bewilligung von Forschungsmitteln eingesetzt hat.

Allen Kollegen und Mitarbeitern, die zu diesem Werk beigetragen haben, sage ich herzlichen Dank für die freundschaftliche Gesinnung in der sie mir die Herausgabe dieses Buches anvertraut haben. Besonders danke ich den Hauptverfassern der einzelnen Kapitel für die kameradschaftliche Zusammenarbeit, und dafür, daß sie keine Mühe gescheut haben, sie in einheitlicher Weise zu gestalten.

Schließlich sei dem Springer-Verlag der Dank von Herausgeber und Verfassern dafür ausgesprochen, daß er diesem Buch seine große Sorgfalt in Darstellung und Ausstattung angedeihen ließ.

Stuttgart, Oktober 1968.

Otto Kienzle

Inhaltsverzeichnis

0 Einführung von O. KIENZLE 1

1 Plastizitätstheorie. Ihre Entwicklung und ihr derzeitiger Stand als eine der Grundlagen der Umformtechnik
Ausgearbeitet von TH. LEHMANN 12

1.1 Vorbemerkungen 12
1.2 Die ältere Entwicklung der Plastizitätstheorie (bis 1945) 13
1.2.1 Die Zeit bis 1920 13
1.2.2 Die Zeit von 1920 bis 1945 15
1.3 Die Entwicklung von 1945 bis etwa 1956 19
1.4 Die Entwicklung seit etwa 1956 25
1.5 Schlußbemerkungen 38
Schrifttum zu 1 39

2 Physikalische Grundlagen der plastischen Formgebung
Ausgearbeitet von A. KOCHENDÖRFER und K. E. HAGEDORN 58

2.1 Einleitung 58
2.2 Fließkurven von reinen Metallen 59
2.2.1 Temperaturen bei und unterhalb Raumtemperatur, übliche Formänderungsgeschwindigkeiten, kleine Verformungen 59
2.2.1.1 Korngrößenabhängigkeit der Fließspannung, Überschneidungserscheinungen, Aufteilung der Körner 59
2.2.1.2 Extrapolierte Fließkurven und Verfestigungskurven der Einkristalle 63
2.2.1.3 Verlauf und Bereichseinteilung der Fließkurve, Gleitlinien und Versetzungsgefüge 66
2.2.1.4 Temperatur- und Geschwindigkeitsabhängigkeit der Fließspannung, Aktivierungsanalyse 71
2.2.2 Temperaturen oberhalb Raumtemperatur, hohe Formänderungsgeschwindigkeiten, hohe Verformungen 75
2.3 Fließkurven von Legierungen 78
2.3.1 Streckgrenzerscheinungen und Lüdersbandausbreitung 79
2.3.2 Korngrößenabhängigkeit der Fließspannung 80
2.3.3 Extrapolierte Fließkurven und Verfestigungskurven von Einkristallen 81
2.3.4 Verlauf und Bereichseinteilung der Fließkurve, Gleitlinien und Versetzungsgefüge 81
2.3.5 Konzentrations-, Geschwindigkeits- und Temperaturabhängigkeit der Fließspannung, Aktivierungsanalyse 83
2.4 Härte 86
2.5 Zusammenfassung 87
Schrifttum zu 2 88

3 Texturen als Ursache anisotropen Verhaltens bei der Umformung
Von J. GREWEN und G. WASSERMANN 93

3.1 Einleitung 93
3.2 Kennzeichnung der Anisotropie 94
3.2.1 Anisotropes Verhalten in der Theorie der bildsamen Formgebung 95
3.2.2 Bestimmung der Flächen- und Dickenanisotropie im Zugversuch 100
3.3 Anisotropie und Textur (Texturverfestigung) 105
3.3.1 Texturverfestigung bei kubischen Metallen 111
3.3.2 Texturverfestigung bei hexagonalen und sonstigen Metallen . . . 127
3.4 Anisotropie beim Tiefziehen von Blechwerkstücken 133
3.4.1 Anisotropie und Zipfelbildung 134
3.4.2 Bedeutung der Dickenanisotropie (R-Wert) und der Texturverfestigung für das Tiefziehen 136
3.5 Einfluß der Zusammensetzung und der Herstellbedingungen auf den R-Wert von Tiefzieh-Stahlblechen 139
Schrifttum zu 3 142

4 Mechanisches Verhalten des Werkstoffs bei der Umformung
Ausgearbeitet von O. PAWELSKI und R. FANGMEIER 146

4.1 Abgrenzung der rheologischen Eigenschaften des Werkstoffes 147
4.1.1 Elastisches Verhalten 147
4.1.2 Plastisches Verhalten 147
4.1.3 Viskoses Verhalten 148
4.2 Die Formänderungsfestigkeit als mechanische Grundgröße des plastischen Zustandes 148
4.2.1 Definition von Vergleichswerten für Spannung, Formänderung und Formänderungsgeschwindigkeit 149
4.2.2 Messung der Formänderungsfestigkeit in Abhängigkeit von φ_v, $\dot{\varphi}_v$ und Temperatur 150
4.2.2.1 Einfluß der Formänderung 150
4.2.2.2 Einfluß der Formänderungsgeschwindigkeit 154
4.2.2.3 Einfluß der Temperatur 157
4.2.2.4 Meßverfahren für die Formänderungsfestigkeit k_f — Allgemeines 161
4.2.2.5 Messen von k_f bei Zugbeanspruchung 162
4.2.2.6 Messen von k_f bei Druckbeanspruchung 164
4.2.2.7 Messen von k_f bei Schubbeanspruchung 166
4.2.2.8 Messen von k_f bei zusammengesetzter Beanspruchung . . 168
4.2.2.9 Vergleich der Meßverfahren 169
4.2.3 Fließkurven von Modellwerkstoffen 172
4.3 Einfluß der Umformung auf andere mechanische Eigenschaften 174
4.3.1 Statische Festigkeitseigenschaften 174
4.3.2 Dauerfestigkeit 179
4.3.3 Zähigkeitseigenschaften 182
4.3.4 Elastizitätsmodul 184
4.3.5 Einfluß der Umformung in Verbindung mit einer Wärmebehandlung 186
Schrifttum zu 4 190

5 Massivumformung von Werkstücken
Ausgearbeitet von K. LANGE 195

5.1 Gemeinsame Gesichtspunkte 195
5.1.1 Einflüsse von Werkstückstoffen und Werkzeugstoffen 196
5.1.1.1 Armierung von Werkzeugen 196
5.1.1.2 Widerstand gegen Verschleiß 200
5.1.2 Modelltechnik 204
5.1.3 Genauigkeitsfragen 209

5.2 Kaltwalzen von Werkstücken 215
5.2.1 Die Rille als Formelement 216
5.2.2 Drückwalzen 217
5.2.3 Glattwalzen 219

5.3 Preßverfahren 221
5.3.1 Stauchen 221
5.3.1.1 Stauchen zylindrischer Körper 221
5.3.1.2 Anstauchen 226
5.3.1.3 Radiales Stauchen 229
5.3.2 Gesenkschmieden 229
5.3.3 Rundkneten 233
5.3.4 Fließpressen 234
5.3.4.1 Kaltfließpressen 235
5.3.4.2 Warmfließpressen 239
5.3.5 Fügen durch Fließpressen 242

5.4 Stand und Ausblick 244

Schrifttum zu 5 245

6 Blechumformung bei Werkstücken
Ausgearbeitet von W. PANKNIN 250

6.1 Biegen 251
6.1.1 Einfaches Biegen 251
6.1.2 Walzprofilieren 255
6.1.3 Hochkantbiegen 256
6.1.4 Biegen von Rohren 258
6.1.5 Rückfederung 260

6.2 Tiefziehen 260
6.2.1 Tiefziehen mit Niederhalter 260
6.2.2 Tiefziehen ohne Niederhalter 275
6.2.3 Tiefziehen mit flüssigen Wirkmedien 277

6.3 Sonstige Verfahren 280
6.3.1 Kragenziehen 280
6.3.2 Durchsetzen 285
6.3.3 Hochgeschwindigkeitsverfahren 286

Schrifttum zu 6 290

7 Oberfläche und Kaltumformung
Ausgearbeitet von K.-H. KLOOS 293

7.1 Der Aufbau technischer Oberflächen 294
7.1.1 Die innere Grenzschicht 294
7.1.2 Die äußere Grenzschicht 295

7.2 Mikrogeometrie umgeformter Oberflächen 296
7.2.1 Oberflächenmeßgrößen und Kennwerte 299
7.2.2 Statistische Angaben 302
7.2.3 Die werkzeugfreie und die werkzeuggebundene Umformung . . . 304

7.3 Neuere Ergebnisse der Reibungsforschung 307
7.3.1 Der Mechanismus der Reibung unter plastischen Formänderungen 307
7.3.2 Der Reibungsvorgang an ungeschmierten Oberflächen 309
7.3.2.1 Der Reibungs- und Verschleißmechanismus 309
7.3.2.2 Die Bedeutung der Paarung 311
7.3.3 Der Reibungsvorgang an geschmierten Oberflächen 314
7.3.3.1 Einflußfaktoren bei hydrodynamischen und hydrostatischen Reibungsbedingungen 314
7.3.3.2 Einflußfaktoren bei Grenzreibung 316
7.3.3.3 Einflußfaktoren bei Mischreibung 318

7.4 Reibung und Schmierung in der Kaltumformung 318
7.4.1 Verfahrensbedingte Einflüsse 319
7.4.2 Schmierungsbedingte Einflüsse 321
7.4.3 Werkstoffbedingte Einflüsse 324
7.4.3.1 Werkzeugstoff 324
7.4.3.2 Werkstückstoff 325
7.4.4 Zusammenfassung zu Reibung und Verschleiß 325

7.5 Reibung und Oberflächenwandlung bei einigen technischen Kaltumformverfahren 326
7.5.1 Stab- und Drahtziehen 327
7.5.1.1 Verfahrensbedingte Einflüsse 327
7.5.1.2 Schmierung 328
7.5.1.3 Oberflächenwandlung 330
7.5.2 Tiefziehen 333
7.5.2.1 Verfahrensbedingte Einflüsse 334
7.5.2.2 Schmierung 335
7.5.2.3 Oberflächenwandlung 336

Schrifttum zu 7 339

Sachverzeichnis 343

Berichtigung.

S. 141, 2. Zeile v. o.:

Statt ... beruhigtem Stahl ... **lies** ... unberuhigtem Stahl ...

0 Einführung

Von O. Kienzle

Das Umformen von Metallen ist wohl die älteste Metallverarbeitungsart, um in der Natur gefundene Schätze für den Gebrauch zuzubereiten. Man schmiedete in prähistorischer Zeit in Reinheit gefundenes Gold und Silber und formte diese Metalle durch Biegen und Prägen zu Schmuckstücken aller Art: im Wort Geschmeide — „Schmieden" aus geschmeidigem Stoff — hat sich dieser Ursprung erhalten. Mit der Findung des Gießens kommen Kupfer, Bronze und Eisen hinzu, wobei zugleich größere Körper geschmiedet werden: Werkzeuge, Geräte. Zu Vorläufern einer Mengenfertigung durch Umformen führte der Massenbedarf der Römer an Wehr und Waffen. Fortschritte in der Feinheit der Formen bringen die Münzen. Aber bis zu einer industriellen Fertigung vergingen noch Jahrhunderte, ehe im nördlichen Europa Umformmaschinen (Spindelpressen, Fallhämmer) im 17. Jahrhundert herangezogen wurden [1]. Nach Einführung der Dampfkraft werden immer größere Stücke und größere Mengen durch mechanisches Umformen erzeugt.

Das Freiformschmieden geht für die kleineren Massenteile in das Gesenkschmieden über, und um die letzte Jahrhundertwende nimmt besonders die Blechumformung durch Biegen und Tiefziehen zu. Die Zahl der Verfahren ist noch gering; neue Arten des Umformens kommen erst in jüngerer Zeit auf. Dem Fließpressen von Tuben aus NE-Metallen folgt in den dreißiger Jahren das Napf-Fließpressen von Stahl. Ähnlich wird das Strangpressen von NE-Metallen nach 1945 ebenfalls auf Stahl übertragen. Nun werden in rascher Folge weitere Verfahren entwickelt wie das Blechumformen mit hydraulischen Wirkmedien, das Drückwalzen runder Hohlkörper und viele andere mehr.

Immer mehr stößt das Umformen in die Genauigkeitsfertigung vor [2]. Die allein durch Umformung gewonnene Schraube wird zum Prototyp kaltverfestigter fertiger, austauschbarer Werkstücke. Während das Kalt-Flachwalzen zu feinsten Folien führt, wird das Kalt-Rundwalzen vom Gewinde auf zylindrische Körper als Glattwalzen ausgedehnt. Es wird das Hohl-Rundkneten über geschliffene Dorne entwickelt, das hochgenaue Innenformen hinterläßt u. a. m.

Jedes Verfahren macht neuartige oder genauere Werkzeuge notwendig. Die beim Umformen gleitenden Werkstückstoffe erfordern neue

Werkzeugstoffe und zur Schonung der Werkzeugwände neue Schmiermaßnahmen.

Hand in Hand mit dieser Entwicklung geht die Schaffung neuartiger Werkzeugmaschinen der Umformtechnik wie Pressen, die über hydraulische Medien auf die Werkstücke wirken, hydraulische Drückwalzmaschinen, Schlagpressen mit drückendem und fallendem Stößel. Andere Werkzeugmaschinen, voran die Walzwerke und Ziehmaschinen, sowie die Pressen werden feiner differenziert.

Die Automatisierung in der mechanischen Industrie stellt auch an die Umform-Maschinen neue Anforderungen. Zwar gehört die automatische Presse für kleine Blechteile zu den ältesten selbsttätigen Werkzeugmaschinen, aber die weiter entwickelte Werkstückhandhabung führt zur Automatisierung ganzer Fließreihen großer Pressen ebenso wie zur Verkettung verschiedenartiger Schmiedemaschinen [3].

In dieser Entwicklung gingen immer zwei verschiedene Aufgabengruppen der mechanischen Umformtechnik nebeneinander einher. Die eine Gruppe liegt in der *Halbzeugherstellung* und umfaßt das Walzen von Stäben, Rohren und Blechen, das Ziehen (genauer „Durchziehen") von Stäben und Rohren, und das Strangpressen von Stäben und Rohren beliebiger Querschnittsformen.

Die andere Gruppe umfaßt die *Werkstücke* in ihrer unübersehbaren Mannigfaltigkeit. Aus wirtschaftlichen Gründen werden immer mehr Werkstücke der Erzeugung durch Umformen zugeführt, und dieser Vorgang wird teils durch Anpassung des Konstrukteurs an die Formbedingungen der jeweils anzuwendenden Umformverfahren, teils durch den Fertigungsingenieur beschleunigt, der immer neue Verfahren erdenkt.

Man ist sich auf der ganzen Linie der grundsätzlichen Vorzüge des Umformens von Metallen bewußt geworden [4]; sie lassen sich in drei Sätzen ausdrücken:

> Umformen ist Kneten ohne Stoffverlust (Konstanz der Masse).
>
> Umformen erteilt einem Werkstück größte Festigkeit auf kleinstem Raum.
>
> Umformen geht in kürzesten Zeiten vor sich; hohen Walzgeschwindigkeiten stehen hohe Schlag- und Preßzahlen in der Sekunde zur Seite.

Soweit die äußerlich sichtbare Entwicklung.

Die Wege der Wissenschaft verliefen ganz anders. Auf der Halbzeugseite waren das Walzen und Ziehen schon lange Gegenstand der Forschungen an den Hochschulinstituten für Hüttenkunde in Aachen, Berlin und Clausthal sowie am Max-Planck-Institut für Eisenforschung in Düsseldorf. Die Metallkundler an Universitäten und Technischen Hochschulen schufen viele werkstoffmäßige Grundlagen, aber ohne daß diese nennenswerten Eingang in die Praxis fanden.

Die Plastizitätstheorie war in den dreißiger Jahren durch PRANDTL auf eine beachtliche Höhe gebracht worden, wurde aber nach ihm mehr in England und in den Vereinigten Staaten von Nordamerika gepflegt. Auch der andere, hier interessierende Zweig der Mechanik, die Modelltheorie, war in den dreißiger Jahren durch MORITZ WEBER vorangebracht worden; allerdings ohne daß man damals an ihre Anwendung in der Umformtechnik dachte.

Die Fertigungswissenschaft, die seit Beginn dieses Jahrhunderts bedeutende Fortschritte in der Zerspanung verzeichnet, hat sich erst in den fünfziger Jahren der Umformtechnik angenommen; es entstanden die ersten darauf gerichteten Hochschulinstitute in Hannover (KIENZLE) und Stuttgart (SIEBEL, MAY). Sie hatten gegenüber der Praxis gewaltig aufzuholen, anfänglich um die Vorgänge genauer zu erklären, sie wissenschaftlich zu durchdringen und sie berechenbar zu machen, allmählich aber auch, um ihr neue Verfahren vorzuschlagen.

In dieser Situation wurde der Forschungsschwerpunkt „Mechanische Umformtechnik" von der Deutschen Forschungsgemeinschaft 1956 gegründet. Nur in ihrem Schoße war es möglich, die Forscher verschiedener Disziplinen zusammenzuführen. Hier mag der Platz sein, die Disziplinen zu nennen, die zur wissenschaftlichen Durchdringung der „Mechanischen Umformtechnik" beitragen:

Plastizitätstheorie (Plastomechanik),
Metallphysik,
Metallkunde,
Werkstoffkunde,
Hüttenkunde,
Fertigungslehre,
Werkzeugmaschinenbau,
Werkstückkonstruktion.

Vor der Begründung des Forschungsschwerpunktes bestanden zwischen diesen Wissenschaftszweigen nur wenige lose Berührungen, war doch das „team work" in Deutschland weit weniger entwickelt als in den Vereinigten Staaten von Nordamerika. Die Ganzheit der Betrachtungen machte indes ihre Zusammenführung wünschenswert und — wie nun nach zehn Jahren gesagt werden kann — gegenseitig außerordentlich fruchtbar.

Bevor wir die neue wissenschaftliche Entwicklung im Rahmen des Forschungsschwerpunktes näher betrachten, sei auf eine parallel dazu laufende Arbeit in bezug auf Ordnung und Benennungen der Umformverfahren hingewiesen [4, 5, 6]. Daran haben im Schoße des Deutschen Normenausschusses einige an diesem Forschungschwerpunkt Beteiligte, sowie andere Wissenschaftler und Praktiker aus beiden Teilen Deutschlands mitgearbeitet.

Ordnung und Benennungen

Der allgemeine Begriff des mechanischen[1] Umformens ist wie folgt umrissen worden:

> „Umformen ist Fertigen durch bildsames (plastisches) Ändern der Form eines festen Körpers, wobei der Stoffzusammenhalt gewahrt und die Masse unverändert bleibt."

Die Vorsilbe „um" entspricht einer gewollten Veränderung wie in umbauen, umschmelzen. Demgegenüber hat das Wort „verformen" auch andere Bedeutungen (beschädigen, mißlungenes Formen u. a.); daher unterscheidet man in der Norm

> Umformen = Ändern einer Form *mit* Beherrschung der Geometrie;
> Verformen = Ändern einer Form *ohne* Beherrschung der Geometrie.

So können wir nach WASSERMANN sagen:

> „Umformen besteht im Verformen von Körnern"[2].

Zu verschiedenen Einteilungen der „Mechanischen Umformtechnik" werden der Ausgang vom jeweiligen Halbzeug, der Bereich der Verarbeitungstemperatur, die vorherrschenden Beanspruchungen in der Umformzone, sowie die Geometrie der Erzeugnisse herangezogen. Je nachdem, ob man vom Block oder vom Stab ausgeht oder vom Blech, um zu Werkstücken zu gelangen, unterscheidet man zwei Gruppen. Durch *Massivumformung* wird ein Körper in allen Koordinatenrichtungen verändert, während bei der *Blechumformung* eine Abmessung, die Dicke bis auf Änderungen zweiter Ordnung erhalten bleibt[3].

---

[1] „mechanisch" im Gegensatz zu „elektrisch".

[2] Im neueren Sprachgebrauch der Metallkunde sind die Wörter Kristall, Kristallit u. ä. durch „Korn" ersetzt: vergl. Korngröße, Kornform, Korngrenze u.s.w.

[3] Diese beiden Benennungen sind nicht glücklich, denn „Blech" ist kein Korrelat zu „Massiv". Insofern liefert das Wort „Blech" keine saubere Abgrenzung, denn auch Blechwerkstücke können massiv umgeformt werden, z. B. beim Abstreckziehen, Hohlprägen. Auch Ähnlichkeiten kommen vor, die einander nahestehende Verfahren z. T. der Blechumformung (z. B. Kragenziehen, s. S. 280), z. T. der Massivumformung (z. B. Durchziehen zur Erzeugung von nabenähnlichen Wulsten, s. S. 229) zuweisen.

Vom Standpunkt der Verarbeitungstemperatur unterscheidet man

a) Umformen nach Wärmen des Stoffes (Warmumformen) mit weitgehender Formänderung, verringerten Kräften, verringerter Maßgenauigkeit;

b) Umformen ohne Wärmen (Kaltumformen) mit begrenzter Formänderung, hohen Kräften und höherer Maßgenauigkeit.

Diese Unterteilung ist wohl von der zu unterscheiden, die sich auf Festigkeitsänderungen während des Umformvorganges bezieht. Danach unterscheiden wir

c) Umformen ohne oder mit vorübergehender Festigkeitsänderung, d. i. im allgemeinen unterhalb des Rekristallisationsbereiches;

d) Umformen mit bleibender Festigkeitsänderung, d. i. oberhalb des Rekristallisationsbereiches.

Diese Einteilung erschien für die Verfahrensordnung nicht anwendbar, weil viele Verfahren sowohl bei Raumtemperatur als auch bei erhöhter Temperatur durchgeführt werden. Daher wurde als erster Ordnungsgesichtspunkt die Art der vorherrschenden, die Umformung bewirkenden Beanspruchungen gewählt, nämlich Druckspannungen, gleichzeitige Zug- und Druckspannungen, Zugspannungen, Biegespannungen und reine Schubspannungen. Die weitere Unterteilung folgt der Geometrie [7]. Das Ziel dieser Normen ist die Ordnung und Festlegung der Benennungen der Arbeitsvorgänge in den Werkstätten.

Diese Zusammenführung von Benennungen, die nur allzu häufig unsystematisch in der Werkstatt entstanden sind, machten einige Umbenennungen notwendig. Wenn in den Kapiteln 5 und 6 solche benutzt werden, sind zur Bildung einer Brücke zum Schrifttum die früheren Benennungen in Klammer dazu gesetzt.

Die jüngere Entwicklung hat zu einem Stand der Umformtechnik geführt, der durch die sieben Kapitel dieses Buches gekennzeichnet ist. Es handelt sich einerseits um das Erkennen und Berechnen des Umformvorgangs unter den verschiedenen Beanspruchungen, andererseits um seine technische Verwirklichung [8, 9].

1. Plastizitätstheorie

Neben der sogenannten elementaren Theorie der Umformvorgänge, die sich einfacher kinematischer Modelle bedient, hat sich — nicht zuletzt zufolge der der Umformfertigung entsprungenen Anregungen — die Theorie des plastischen Fließens herausgebildet. Sie geht von vereinfachenden Annahmen über das Werkstoffverhalten aus, benutzt aber die strengen Methoden der Kontinuumsmechanik und gelangt so zu systematischen Untersuchungen der Geschwindigkeits- und Spannungsfelder beim plastischen Fließen. Näherungsverfahren, die im Rahmen dieser Theorie entwickelt wurden, erlauben, die zur Umformung benötigten Kräfte und Energien in Schranken einzuschließen. Durch Verallgemeinerung der kinematischen Modelle, sowie auch der Werkstoffmodelle gelangt man zu einer allgemeinen Plastizitätstheorie, deren Entwicklung und Nutzung aber noch in den Anfängen steckt.

2. Physikalische Grundlagen

Die Erkenntnisse aus der ursprünglich alleinigen Betrachtung des Einkristalls sind in die Beschreibung des vielkristallinen Verhaltens eingegangen. Nun werden die physikalischen Grundlagen für die Fließkurven reiner Metalle in verschiedenen Bereichen von Korngrößen, Geschwindigkeiten und Temperaturen gegeben. Aus ihnen lassen sich die Erscheinungen an legierten Metallen erklären, insbesondere ihre Verfestigung und Härte.

3. Texturen

Dieser Teil der Werkstoffphysik ist Gegenstand einer umfangreichen Forschung geworden, denn die Anisotropie spielt für gewisse Vorgänge des Blechumformens eine Rolle. Es wird herausgeschält, wovon die Texturen abhängen, welchen Einfluß sie auf die Weiterverarbeitung von Blechen haben und welche Herstellbedingungen dem kaltgewalzten Stahlblech günstig sind. Es ist heute der sogenannte R-Faktor, der Theorie und Praxis verbindet und zu einer wichtigen Kenngröße von Tiefziehblechen geworden ist.

4. Das mechanische Verhalten der Werkstoffe bei der Umformung

betrifft die werkstoffkundliche Seite realer Vorgänge. Im Vordergrund steht die Erfassung der Formänderungsfestigkeit unter den gleichzeitigen Einflüssen von Beanspruchungsart, Wegen, Geschwindigkeiten und Temperaturen der Formänderungen. Hierfür erweisen sich die neueren physikalischen Grundlagen als unentbehrlich. Neben das sozusagen passive Verhalten der Werkstückstoffe im Umformvorgang treten verschiedene „aktive“ Auswirkungen auf die im Zuge der Umformung entstehenden mechanischen Eigenschaften, die beim konstruktiven Einsatz zu berücksichtigen sind.

So sind Mechanik, Metallphysik und Metallkunde bis an den Ort vorgedrungen, an dem sie der Praxis tiefere Erklärungen der Umformvorgänge geben können. Auf diesen Grundlagen kann nun der umformtechnische Teil der Fertigungslehre aufgebaut werden.

Bevor wir diesen betrachten, sei der gegenwärtige allgemeine Unterbau der Fertigungslehre kurz umrissen. Sie beschreibt die Fertigungsvorgänge im Unterschied zur werkstofflichen Betrachtung unter den technischen Gesichtspunkten

Hauptgeometrie (Makrogeometrie, Formenlehre),
Fehlergeometrie (Genauigkeitslehre, Mikrogeometrie),
Mengenleistung (gemessen in Gewicht, Längen, Stückzahlen je Zeiteinheit).

Diese „Grundpfeiler" [10] tragen das Dach sowohl über der Fertigung der Halbzeuge als auch der Werkstücke. Die *Halbzeuge* schreiten zu einem immer größeren Formenreichtum (Strangpreßprofile, Blechwalzprofile) fort und ihre Abmessungen sind oft noch am fertigen Werkstück (z. B. Blechdicke) samt ihrer Genauigkeit und Oberflächengüte zu finden. Demgegenüber sind bei den *Werkstücken* die geometrischen Bedingungen geradezu unübersehbar. Dazu kommen die immer mehr differenzierten Anforderungen an die Werkstoffeigenschaften, die u. U. innerhalb des Werkstücks von Ort zu Ort und von Richtung zu Richtung verschieden sind. So kommt es, daß die Erforschung der Umformung zu Werkstücken zahlreiche und mannigfaltige Untersuchungen erfordert.

Wird ein bestimmtes, vielleicht neues Umformverfahren erörtert, so sollte es grundsätzlich unter folgenden Gesichtspunkten betrachtet werden:

a) Theoretische Fragen aus den Gebieten Plastizitätstheorie, Metallphysik, Thermodynamik.

b) Der Werkstoff und sein Verhalten.
Formänderung, Festigkeit über den ganzen Bereich des Umformgrades und der Umformgeschwindigkeit, Erhöhung der Temperatur, Kaltverfestigung, Eigenspannungen.

c) Arbeitsverfahren.
Form des Rohlings und Beschaffenheit seiner Oberfläche, richtiges Einsetzen in das Werkzeug, Vorbereitung des Rohlings, eigentlicher Umformvorgang, zusätzliche Arbeitsgänge.

d) Werkzeuge.
Konstruktion einschließlich Auswerfer und Heiz- bzw. Kühlvorrichtung, Werkstoff, Oberflächengüte, Schmierung, Abnutzung.

e) Umformmaschinen.
Bauarten, Steifheit, wahre Geschwindigkeit, rascher Werkzeugwechsel, Mengenleistung.

f) Herstelltoleranzen und Prüfmethoden.

g) Übersicht und Grenzen der möglichen Werkstückformen als Richtlinie für den Konstrukteur der Werkstücke.

Für den Ablauf einer Umformfertigung kann nicht vorausgesetzt werden, daß eine Ausgangsform (Stababschnitt, Blechausschnitt) in einem einzigen Arbeitsgang in die Endform übergeführt wird. Hier setzt die Lehre von den Zwischenformen und ihrer Abstufung ein [11]. Diese Zwischenformen kommen teils innerhalb desselben Verfahrens (Gesenkschmieden, Tiefziehen auf Stufenpressen) vor, teils in der Kombination verschiedener Verfahren. Nicht gering ist die Anzahl der Fertigungsfragen, die auch an die *Umformmaschinen* gestellt werden und wissenschaftlich zu lösen sind. Beispiele sind wahre Geschwindigkeit im Wirkpaar Werkstück-Werkzeug, die von den elastischen Verformungen der Maschine abhängt [12], Maschinenbeanspruchung bei stoßartigen Umformvorgängen [13], Energieführung in energiegebundenen Maschinen [14] u. a. m. Eine besondere Aufgabe stellt die Umform-Werkzeugmaschine insofern, als die übliche Zweiteiligkeit der Werkzeuge (Ober- und Untergesenk, Stempel und Matrize) die genaue gegenseitige Lage der Werkzeughälften vor allem von den Führungen und von der statischen und dynamischen Steifheit der Maschinen abhängig macht. Auf konstruktive Untersuchungen an Werkzeugmaschinen der Umformtechnik, so sichtbare Fortschritte sie auch brachten, kann in diesem Rahmen nicht eingegangen werden.

Bezüglich der *Werkzeuge*, die für jeden Umformvorgang im wahrsten Sinn des Wortes „Maß gebend“ sind, ist vor allem auf ihre Festigkeit und ihren Verschleißwiderstand hinzuweisen. Daß dabei auch fortgesetzt neue Forderungen an den Werkzeugstoff anfallen, liegt auf der Hand. Die *Genauigkeitslehre* erstreckt sich auf Werkzeuge, Werkzeugmaschinen und Meßzeuge.

Einige dieser Fragen sind zusammen mit den Verfahren untersucht worden (s. Kap. 5 bis 7).

Ein wesentlicher Teil der Forschungsarbeiten wurde den *Grenzen* der einzelnen Verfahren zugewandt. Nach dem Vorbild der gründlichen Untersuchungen beim Tiefziehen ist auch für einige andere Verfahren festgestellt worden, wo die Grenzen in werkstofflicher und geometrischer Hinsicht für das Ausmaß der Umformung, ihre Genauigkeit und für die Werkstück-Endformen liegen. Die bei allen Fertigungsverfahren zu berücksichtigenden wirtschaftlichen Grenzen sind dann nicht einseitig beim jeweiligen Umformverfahren zu suchen, wenn sich eine spanende Bearbeitung anschließt. Dann gilt es die Gesamtfertigung zu optimieren, nämlich die Summe von Werkstoff-, Umform- und Abspankosten auf ein Minimum zu bringen.

Nunmehr können wie die oben unter den Ziffern 1 bis 4 begonnene Vorschau auf die Kapitel dieses Buches fortsetzen.

5. Die Massivumformung von Werkstücken

Die Frage nach den Umform-Kräften und -Arbeitsbeträgen führt zur getrennten Betrachtung von Warm- und Kaltumformung. Die letztere stellt besonders hohe Anforderungen an die Festigkeit der Werkzeuge; für armierte Werkzeuge sind Berechnungsverfahren entwickelt worden [15]. Sind auch durch Kaltumformung höhere Maßgenauigkeiten zu erreichen, so sind doch für beide Gruppen Toleranzsysteme erforderlich. Obwohl jedes Verfahren sein Toleranzgesetz hat, ist ein solches bis jetzt nur für das Gesenkschmieden mit Hilfe der statistischen Regeln entwickelt worden [16, 17]. Zu den Toleranzsystemen gehören auch die Stoffzugaben für solche Werkstücke, die wegen unzureichender Genauigkeit einer anschließenden Abspanung bedürfen.

Angesichts der unübersehbaren Mannigfaltigkeit der Werkstück-Größen und -Formen muß sich die wissenschaftliche Betrachtung auf grundlegende Verfahren und Formen beschränken, so daß auf andere Verfahren gefolgert werden kann.

6. Die Blechumformung von Werkstücken

Beim Halbzeug Blech geht es grundsätzlich darum, ebene Blechausschnitte zu räumlichen Gebilden umzuformen. Dazu ist zwar das Biegen der einfachste und häufigste Vorgang, er blieb aber gerade wegen seiner Einfachheit bis kurz vor dem Anlauf des Schwerpunktprogramms wissenschaftlich unbeachtet. Inzwischen ist er in geometrischer und plastizitätstheoretischer Hinsicht durchgearbeitet worden. Dabei wurde auch die besondere Form des Bleches, nämlich das nahtlose Rohr in Betracht gezogen. Viel zahlreicher sind die Untersuchungen über das Tiefziehen sowohl hinsichtlich des Werkstoffverhaltens als auch hinsichtlich der Grenzziehverhältnisse. Dem Tiefziehen mit festen Werkzeugen sind die Verfahren zur Seite getreten, die sich flüssiger Wirkmedien bedienen.

7. Oberfläche und Kaltumformung

Mit dem Vordringen des Kaltumformens in die Endfertigung erregten die Wandlungen der Oberflächen im Umformvorgang das Interesse von Wissenschaft und Praxis. Im letzten Jahrzehnt hat sowohl die allgemeine Oberflächen-Mikrogeometrie als auch die spezielle Typologie umgeformter Oberflächen wissenschaftliche Fortschritte zu verzeichnen. Man kam zur getrennten Beurteilung werkzeugfreier und werkzeuggebundener Umformung. Bei der letzteren spielt der Schmiervorgang eine entscheidende Rolle einmal hinsichtlich der durch den Werkzeugverschleiß beeinflußten Oberflächengüte, zum anderen hinsichtlich der Kräfte und der makrogeometrischen Grenzen. Soviel Reibungsuntersuchungen auch bekannt waren, so gab es doch kaum eine, die unter so hohen Drücken gemacht worden wäre, wie sie in der Kaltumformung vorliegen. Hier brachten systematische Modellversuche neue Erkenntnisse, die bei Kenntnis der örtlichen Drücke (s. Kap. 4 bis 6) auf beliebige Kaltumformvorgänge übertragen werden können.

Ein Aspekt der Umformtechnik ist in der bisherigen Forschungsarbeit nicht systematisch erfaßt worden, nämlich die Verflechtung zwischen *Konstruktion* und Fertigung umgeformter Werkstücke. Wohl hat man allgemein erkannt, daß der Konstrukteur, obwohl in erster Linie für die Funktionen seiner Konstruktionen verantwortlich, so gestalten soll, daß die Werkstücke auf wirtschaftlichste Weise gefertigt werden können. Dazu ist er hinsichtlich der Fertigung durch Abspanen mehr befähigt. Für die günstige Gestaltung durch Umformen, soweit die übrigen Voraussetzungen dafür gegeben sind, wird er auch heute noch zu wenig ausgebildet. Eine Hilfe boten zwei Ausstellungen, zu denen das Schwerpunktprogramm den Anstoß gegeben hat, „Konstruieren in Stahlblech" (1956) [18] und „Konstruieren für Massivumformung" (1959) [19].

Als weitere Hilfe von seiten der Fertigung werden dem Konstrukteur sogenannte *Formenordnungen* zur Verfügung gestellt. Das sind Übersichten, die zeigen, welche Formen mit bestimmten Verfahrensarten (z. B. Gesenkschmieden [20], Tiefziehen) und mit welchen Maschinen hergestellt werden können. Hier werden die oben erwähnten Verfahrensgrenzen eingesetzt; darüber hinaus werden aber auch Grenzen in makro- und mikrogeometrischer Hinsicht aufgezeigt. Verschiedene Untersuchungen haben gezeigt, daß jedes Verfahren die Tendenz hat, seinen Formenreichtum zu vergrößern und seine Grenzen zu erweitern [21].

Umgekehrt verfolgt der Fertigungsingenieur mit wachem Auge neuartige Anforderungen der Konstrukteure. In dieser Hinsicht wird eine Zusammenarbeit innerhalb der Maschinenbau-Abteilungen der Hochschulen fruchtbar sein, damit neue Aufgaben, soweit erforderlich, einer gemeinsamen wissenschaftlichen Durchdringung zugeführt und mit der optimalen Gestaltung abgestimmt werden können. Nur was der Konstrukteur in seinen Zeichnungen festlegt, wird auch gefertigt. In seiner Hand liegt es somit, die großen wirtschaftlichen Vorteile der Umformfertigung zur Geltung zu bringen:

Weitgehende Stoffersparnis,

Kurze Fertigungszeiten,

Hohe Festigkeitswerte.

Mit dieser Einführung mag eine Erkenntnis aufgezeigt sein, nämlich die, daß es der vereinten Arbeit verschiedener wissenschaftlicher Disziplinen bedarf, um in der „Mechanischen Umformtechnik" weitere Fortschritte zu erzielen.

Zum Schluß sei noch auf eine jüngst erschienene Übersicht über deutsche Dissertationen von 1945 bis 1967 hingewiesen [22].

Schrifttum

1. v. WEDEL, E.: Die geschichtliche Entwicklung des Umformens in Gesenken. Düsseldorf: VDI-Verlag 1960.
2. KIENZLE, O.: Der Vorstoß der Umformtechnik in die Endfertigung. Eisen- und Metallverarbeitung 10, 218/221 (1949).
3. KIENZLE, O.: Schritte zur Automatisierung in der Umformtechnik. Werkstattstechnik 47, 393/402 (1957).
4. KIENZLE, O.: Bildsames Formen. Industrielle Organisation 26 (Zürich), 2/3, S. 45/51 (1957).
5. DIN 8580: Begriffe der Fertigungsverfahren (allg.) 1963.
6. DIN 8582 bis 8597: Begriffe der Fertigungsverfahren — Umformen. 1968.
7. LANGE, K.: Benennungen und Begriffsbestimmungen im Bereich der Umformtechnik. Ind.-Anz. 86, Nr. 6, 84/85 (1964).
8. LANGE, K.: Entwicklungsstufen der Umformtechnik. Ind.-Anz. 87, Nr. 49, 967/970, Nr. 57, 1327/1332 (1965).
9. LANGE, K.: Entwicklungstendenzen im Bereich der Umformtechnik. Ind.-Anz. 87, Nr. 77, 1843/1847 (1965).
10. KIENZLE, O.: Die Grundpfeiler der Fertigungstechnik, VDI-Z. 98, H. 23, 1389/1395 (1956).
11. KIENZLE, O. u. K. SPIES: Die Gestaltung der Zwischenformen für Gesenkschmiedestücke. Werkstattst. und Maschinenbau 47, H. 4, 176/181 (1957).
12. DODERER, A. W.: Der wahre Geschwindigkeitsverlauf bei Schneidpressen. Mitt. Forsch. Ges. Blechverarbeitung 1958.
13. FOUCHER, J.: Auswirkung rasch verlaufender Kräfte auf ausladende Pressengestelle. Dissertation TH Hannover 1959.
14. HAMMERSEN, H.: Untersuchung zum wirtschaftlichen Einsatz von Schwungrad-Spindelpressen. Dissertation TH Hannover 1958.
15. KIENZLE, O., u. K. GRÜNING: Über die Beanspruchungsverhältnisse in Blockaufnehmern von Strangpressen. Köln/Opladen: Westdeutscher Verlag 1961.
16. HUWENDIEK, J.: Grundlagen der Maßtoleranzen für Gesenkschmiedestücke aus Stahl. Dissertation TH Hannover 1963.
17. HUWENDIEK, J.: Untersuchungen über die Maßgenauigkeit beim Gesenkschmieden. Werkstattstechnik 54, H. 12, 669/675 (1964).
18. CRASEMANN, H. J.: Konstruieren in Blech. Blech 4, H. 4 (1957).
19. MEYER, H., u. W. BIEDERSTEDT: Der gegenwärtige Stand der Umformtechnik. Techn. Rundsch. Nr. 36 (1959).
20. SPIES, K.: Eine Formenordnung für Gesenkschmiedestücke. Werkstattst. und Maschinenbau 47, H. 4, 201/205 (1957).
21. KIENZLE, O.: Gestaltungsrichtlinien und Fertigungsmöglichkeiten bei Blechgegenständen. Mitt. d. Forschungsges. Blechverarb. Nr. 13 (1955).
22. GENTZSCH, G.: Umformtechnik (Dissertationsreferate 1945—1967). Düsseldorf: VDI-Verlag 1968.

1 Plastizitätstheorie

Ihre Entwicklung und ihr derzeitiger Stand als eine der Grundlagen der Mechanischen Umformtechnik

Mit Beiträgen von H. Hertel, K. Lange, Th. Lehmann, E. Pestel, H. Lippmann und O. Mahrenholtz

ausgearbeitet von Th. Lehmann
unter Mitwirkung von H. Behrens

1.1 Vorbemerkungen

Daß die Plastizitätstheorie in jüngerer Zeit für die mechanische Umformtechnik immer bedeutungsvoller geworden ist, hängt aufs engste mit ihrer eigenen Entwicklung zusammen. Über sie soll hier berichtet werden, und zwar eingeteilt in Zeitabschnitte, die durch die Jahreszahlen 1920, 1945, 1956 gekennzeichnet sind[1].

Dieser Bericht beschränkt sich auf die phänomenologische Plastizitätstheorie; Vorgänge im Bereich einzelner Kristalle bleiben außer Betracht. In diesem Rahmen werden die Körper im allgemeinen als ,,Punkt-Kontinua" (,,Klassische Kontinua") vorausgesetzt. Ihre Betrachtung als ,,Cosserat-Kontinua", d. h. als Kontinua mit größerem Freiheitsgrad, eröffnet neue Möglichkeiten. Diese sind jedoch bisher nur für die Beschreibung von Zuständen im Innern von Kristallen genutzt (s. z. B. [1]).

Andererseits wird sich dieser Bericht nicht allein auf die Theorie plastischer Formänderungen im engeren Sinne beschränken, sondern auch theoretische Ansätze für allgemeineres Werkstoff-Verhalten einbeziehen, sofern es für die Umformtechnik von Bedeutung erscheint.

Die so umrissene phänomenologische Plastizitätstheorie steht vermittelnd zwischen Festkörperphysik einerseits und den Zweigen der Technik andererseits, die — wie gerade die Umformtechnik — die Möglichkeit plastischen Werkstoff-Verhaltens nutzen oder — wie das Bauingenieurwesen — doch wenigstens in Rechnung stellen. Aus den Erkenntnissen der Festkörperphysik gewinnt sie — mehr oder weniger vereinfachend — ihre Grundvorstellungen über das plastische Werkstoff-

[1] Etwa in den Jahren 1920 und 1945 beginnen neue Phasen in der Entwicklung der Plastizitätstheorie; ab 1956 arbeiten deutsche Wissenschaftler im Forschungsschwerpunkt ,,Mechanische Umformtechnik" zusammen.

Verhalten, die sich in mathematischen Ansätzen zur Beschreibung der Formänderungsvorgänge niederschlagen. Wieweit hierbei die Vereinfachung gehen kann, hängt davon ab, welcher Art die zu beschreibenden Formänderungsvorgänge sind und welche Aussagen über sie verlangt werden. Da die Gegebenheiten in dieser Hinsicht offensichtlich sehr verschieden sein können, gibt es auch eine Fülle verschiedener Ansätze (man könnte auch sagen: Plastizitätstheorien). Im wesentlichen lassen sich aber alle Ansätze in drei Grundkonzeptionen einreihen, nämlich in

a) elementare Theorie der Formänderungsvorgänge,
b) Theorie des plastischen Fließens,
c) allgemeine Theorie plastischer Formänderungen.

Die Ansätze der elementaren Theorie der Formänderungsvorgänge lassen durchweg große Formänderungen zu. Das Formänderungsgesetz beschränkt sich jedoch auf koaxiale Dehnungen *oder* auf reine Gleitungen der Körperelemente. Allgemeinere Formänderungen werden nicht in Betracht gezogen. Die aus dieser Betrachtungsweise resultierenden kinematischen Modelle bedeuten daher fast stets eine grobe Vereinfachung der Kinematik des Umformvorgangs. Dafür erlaubt aber diese Betrachtungsweise eine leichtere Anpassung der Ansätze an das wahre Stoffverhalten hinsichtlich Verfestigung, Temperatureinfluß, Zeiteinfluß usw.

Die Theorie des plastischen Fließens geht im Gegensatz dazu von einem sehr vereinfachten Werkstoffmodell (ideal-plastisch oder elastisch-ideal-plastisch) aus, bei dem das Werkstoff-Verhalten unabhängig von der „Formänderungsgeschichte" ist. Damit eröffnet sie jedoch (wenigstens vom Ansatz her) die Möglichkeit, für einen solchen Werkstoff mit den strengen Methoden der Kontinuumsmechanik das Spannungs- und Geschwindigkeitsfeld für einen gegebenen Zeitpunkt zu ermitteln.

Die allgemeine Theorie plastischer Formänderungen ist bestrebt, sich von den stark einschränkenden Voraussetzungen der genannten Theorien im Grundsätzlichen frei zu machen. Der in diesem Bestreben jeweils erreichte Grad der Allgemeinheit kann freilich immer noch sehr unterschiedlich sein.

1.2 Die ältere Entwicklung der Plastizitätstheorie (bis 1945)

1.2.1 Die Zeit bis 1920

Die genannten drei Grundkonzeptionen lassen sich durch die ganze Entwicklung der Plastizitätstheorie hindurch verfolgen.

Der Ursprung der phänomenologischen Plastizitätstheorie ist bei Tresca zu suchen. Er berichtet seit 1864 [2] in einer Reihe von Arbeiten, über Umformversuche mit verschiedenen Werkstoffen, aus denen er die Vorstellung gewinnt, daß alle Umformvorgänge auf Gleitungen beruhen.

Daraus zieht er in [3] den Schluß, daß die maximale Schubspannung die kennzeichnende Größe für das Eintreten plastischer Formänderungen sei, und er nimmt an, daß sie während des Formänderungsvorganges konstant bleibe:

$$2|\tau|_{\max} = \sigma_1 - \sigma_3 = 2k\,, \tag{1}$$

mit σ_1 als der größten und σ_3 als der kleinsten Hauptnormalspannung[1].

Damit ist erstmalig eine Plastizitätsbedingung formuliert. DE SAINT-VENANT [5] greift sie auf und entwickelt 1870 damit die Theorie des plastischen Fließens für ebene Formänderungsvorgänge. Im gleichen Jahr gibt LÉVY [6] das entsprechende Gleichungssystem für axialsymmetrische Probleme an. Die Theorie des plastischen Fließens ist damit in ihren Grundzügen skizziert, wenn auch zunächst nur für zweidimensionale Probleme. Wegen der mathematischen Schwierigkeiten findet diese Theorie jedoch vorerst keine Anwendungen. Nur die Tresca'sche Plastizitätsbedingung (1) erlangt, durch weitere experimentelle Untersuchungen [7, 8] gestützt, bald allgemeinere Anerkennung als brauchbare Festigkeitshypothese. Zunächst bemüht man sich allein um deren Weiterentwicklung, wie z. B. MOHR [9, 10][2].

Zur mathematischen Vereinfachung der Theorie des plastischen Fließens (mit dem Ziel, sie auf dreidimensionale Probleme auszudehnen) ersetzt 1913 v. MISES [12] die Tresca'sche Plastizitätsbedingung durch

$$(\tau_1)^2 + (\tau_2)^2 + (\tau_3)^3 = 2k^{*2} \tag{2}$$

mit τ_1, τ_2, τ_3 als den Haupt-Deviatorspannungen. Die physikalische Bedeutung dieser Plastizitätsbedingung (2) und ihr teilweiser Zusammenhang mit einer von HUBER 1904 angegebenen Festigkeitshypothese [13] wurde erst später bekannt (vgl. hierzu [14])[3]. Das Formänderungsgesetz übernimmt v. MISES im übrigen von DE SAINT-VENANT und von LÉVY in der Form

$$d_{ik} - \tfrac{1}{3}\,\delta_{ik} \sum_r d_{rr} = \dot{\lambda}\,\tau_{ik}\,. \tag{3}$$

[1] Vermutlich hat zu diesen Annahmen auch die Erddruck-Theorie von COULOMB [4] beigetragen.

[2] 1909 versuchen wohl HAAR und v. KÁRMÁN [11] die Plastizitätstheorie an die Elastizitätstheorie anzuschließen, indem sie ein dort wohlfundiertes Extremal-Prinzip (Minimum der Formänderungsarbeit) übernehmen und (1) als Nebenbedingung einführen. Das Formänderungsgesetz, das sie so erhalten, stimmt indes mit der Erfahrung nicht überein. In ihrer Arbeit unterscheiden sie übrigens „halbplastische" Zustände ($\sigma_1 \neq \sigma_2 \neq \sigma_3$) und „vollplastische" ($\sigma_1 = \sigma_2$ bzw. $\sigma_2 = \sigma_3$). Spätere Autoren nehmen manchmal hypothetisch „vollplastische" Zustände nach HAAR und v. KÁRMÁN an, was diese Autoren jedoch selbst nicht tun.

[3] Ebenso ist die Deutung von $\sqrt{\frac{3}{2}}\,k^*$ als „Oktaeder-Schubspannung" erst jüngeren Datums [15].

Hierbei sind alle Größen auf ein raumfestes, cartesisches Koordinatensystem x_i ($i = 1, 2, 3$) bezogen, und es bedeuten

$d_{ik} = \frac{1}{2}\left(\frac{\partial v_i}{\partial x_k} + \frac{\partial v_k}{\partial x_i}\right)$ die Verzerrungsgeschwindigkeit (mit v_i als Geschwindigkeitsvektor),

$\delta_{ik} = \begin{cases} 0, \text{ für } i \neq k \\ 1, \text{ für } i = k \end{cases}$ das sog. Kronecker-Delta,

$\tau_{ik} = \sigma_{ik} - \delta_{ik}\,\sigma_m$ die Deviatorspannungen mit $\sigma_m = \frac{1}{3}\sum_r \sigma_{rr} = -p$,

$\dot{\lambda}$ einen (zunächst unbestimmten) positiven Proportionalitätsfaktor.

Mit dieser Arbeit von v. MISES ist die Aufstellung einer in sich geschlossenen mathematischen Theorie des plastischen Fließens für isotrope Werkstoffe erreicht. Doch noch jahrelang gelingt es nicht, sie der Umformtechnik nutzbar zu machen.

Der Wunsch der Praxis nach einer Vorausberechnung der Umformkräfte knüpft zwar in gewisser Weise an die Untersuchungen des Stauchvorganges durch TRESCA an, die Kraftberechnung geht dann aber ihre eigenen Wege und führt zur Begründung der elementaren Theorie der Umformvorgänge. In den ersten Ansätzen werden die betrachteten Umformvorgänge als reine Stauch- bzw. Dehn-Vorgänge der Körperelemente angesehen. Die Beanspruchung der Elemente wird dabei als einachsig angenommen, so daß sich eine Plastizitätsbedingung erübrigt. So entwickelt FINK [16] 1874 eine Theorie des Walzens, LUDWIK [17] untersucht 1903 den Biegevorgang.

Einen wesentlichen Schritt vollzieht LUDWIK [18] im Jahre 1909, indem er mit der Betrachtung der plastischen Torsion eines runden Stabes Modelle einführt, deren Elemente reine Gleitungen erfahren. Durch Vergleich der Gleitungen, die er als Kriterium ansieht, gelingt es ihm, aus verschiedenen Versuchen (Zug-, Stauch- und Torsionsversuch) gewonnene Fließkurven ineinander umzurechnen. Er verwendet im übrigen bei seinen Betrachtungen bereits das logarithmische Dehnungsmaß[1], das meist nach seinem späteren Benutzer HENCKY benannt wird.

1.2.2 Die Zeit von 1920 bis 1945

PRANDTL leitet mit seinen Arbeiten [19, 20] eine neue Phase der Entwicklung ein. Für einige ebene Probleme gibt er — ausgehend von gewissen Annahmen über die Gestalt des plastischen Bereiches — die Spannungsverteilung in diesem Bereich an. Er benutzt dabei die Mohrsche Plastizitätsbedingung, die die Trescasche (1) als (vereinfachenden) Sonderfall einschließt[2]. Voraussetzung für das Gelingen dieses Vorgehens ist

[1] Für Stauchungen und Dehnungen ist dies durch $\varphi = \ln l/l_0$ definiert mit l = momentane Länge und l_0 = Ausgangslänge.

[2] Bei Benutzung dieser Plastizitätsbedingung fallen in manchen Fällen ebene Spannungszustände und ebene Formänderungen zusammen.

natürlich, daß der plastische Bereich „passend“ angenommen wird, womit aber die Eindeutigkeit der Lösung noch nicht gesichert ist.

Angeregt durch diese Arbeiten gibt 1923 HENCKY [21] für die Spannungsfelder solcher ebenen Probleme einige allgemeine Beziehungen an, die die geometrische Struktur der sog. Gleitlinienfelder[1] betreffen. Gleiches tut er für axialsymmetrische Probleme, die er als statisch bestimmt[2] annimmt[3].

Die Henckyschen Gedanken werden rasch aufgegriffen und insbesondere für ebene Probleme weitergeführt [23—26]. Es ergibt sich dabei, daß die Henckyschen Beziehungen für ebene Formänderungen auch dann gelten, wenn man an Stelle der Trescaschen Plastizitätsbedingungen die v. Misessche benutzt[4]. Als neues „statisch bestimmtes“ Problem kommt ferner die Torsion hinzu [27, 28]. v. MISES [29] weist freilich bald darauf hin, daß die ebenen Probleme im allgemeinen nicht „statisch bestimmt“ im engeren Sinne sind, weil sie meist kinematische Randbedingungen enthalten. Er deutet an, wie die kinematischen Betrachtungen in die Lösung einzubeziehen sind. Den Weg dazu zeigt später POLLACZEK-GEIRINGER [30].

Die ersten Anwendungen der Theorie des plastischen Fließens betreffen nicht unmittelbar die Umformtechnik. Sie vermitteln aber einen allgemeinen Einblick in das Wesen plastischer Formänderungen (s. auch [31]), aus dem neue Anregungen für die elementare Theorie der Umformvorgänge erwachsen. Diese nimmt nun die Plastizitätsbedingung (unter vereinfachenden Annahmen über den Spannungszustand, die auch eine Berücksichtigung der Werkstoffverfestigung erlauben) in ihre Ansätze auf. So entstehen in rascher Folge die elementare Theorie des Walzens durch SIEBEL [32] und v. KÁRMÁN [33], die elementare Theorie des Drahtziehens durch SIEBEL [34] und SACHS [35]. Auch der Stauchversuch wird in diesem Sinne neu betrachtet [36], desgleichen das Tiefziehen [37]. Später kommen das Fließpressen [38—40] und Eindrückvorgänge [39] hinzu. SACHS [41] lenkt den Blick auf die als Folge von plastischen Formänderungen auftretenden Eigenspannungen[5].

---

[1] Die Gleitlinien (Schubspannungs-Trajektorien) sind bei diesen Problemen, mathematisch gesehen, die Charakteristiken des vorliegenden hyperbolischen Differentialgleichungs-Systems.

[2] „statisch bestimmt“ sind solche Probleme, in denen die Gleichgewichtsbedingungen zusammen mit der Plastizitätsbedingung zahlenmäßig hinreichen, den Spannungszustand im plastischen Bereich zu bestimmen.

[3] Dazu setzt er einen „vollplastischen“ Zustand voraus, der aber im allgemeinen nicht vorliegt [22].

[4] Bei ebenen Spannungszuständen ergeben sich Unterschiede.

[5] Gewisse Vorstellungen von solchen Eigenspannungen hatte freilich HEYN [42] bereits 1917 entwickelt.

Gute Einblicke in das damalige Wissen geben in zusammenfassenden Darstellungen — jeweils von verschiedenen Standpunkten aus — NADAI [43—45], SACHS [46, 47, 39][1] und SIEBEL [48].

Die Bemühungen zur Weiterentwicklung der Theorie des plastischen Fließens gehen derweil weiter. v. MISES [50] dehnt die Betrachtungen auf anisotropes Werkstoff-Verhalten aus. Er verknüpft dabei das Formänderungsgesetz mit der Plastizitätsbedingung, die allgemein in der Form

$$F(\sigma_{ik};\, k^2 \ldots) = 0 \tag{4}$$

geschrieben werden kann, durch die Forderung, daß

$$d_{ik} = \dot{\lambda}\, \frac{\partial F}{\partial \sigma_{ik}} \tag{5}$$

sein solle, was bei der isotropen Plastizitätsbedingung (2) das Formänderungsgesetz (3) ergibt. Damit ist die Formulierung des Formänderungsgesetzes auf ein allgemeineres Prinzip zurückgeführt: Die Plastizitätsbedingung wird als sog. „plastisches Potential" betrachtet[2].

Elastische Formänderungen beziehen PRANDTL [25] (in den Grundzügen) und später REUSS [51] (in ausführlicher Darstellung) ein mit dem an (2) und (3) anschließenden Formänderungsgesetz

$$d_{ik} - \tfrac{1}{3}\, \delta_{ik} \sum_r d_{rr} = \dot{\lambda}\, \tau_{ik} + \frac{1}{2G}\, \frac{\mathrm{d}\tau_{ik}}{\mathrm{d}t} \tag{6}$$

$$\sum_r d_{rr} = \frac{1}{K}\, \frac{\mathrm{d}\sigma_m}{\mathrm{d}t}$$

(G = Schubmodul, K = Kompressionsmodul),
wobei freilich offen bleibt, wie die zeitliche Ableitung von τ_{ik} bzw. σ_m auszuführen ist[3]. Ansätze für die isotrope Verfestigung (bei allgemeinen Formänderungsvorgängen) geben TAYLOR und QUINNEY [52], SCHMIDT

[1] NADAI [45] und SACHS [39] machen Formänderungen dadurch sichtbar, daß sie in geteilte Metallkörper Rillen einritzen, ein Verfahren, das (nach [49]) NIELSEN und GELBHAAR schon früher angewendet haben. NADAI benutzt Paraffin als Modellwerkstoff.

[2] In Verbindung mit der Trescaschen Plastizitätsbedingung führt (5) auf ein von (3) abweichendes Formänderungsgesetz, das manchmal als „Gleitebenentheorie" bezeichnet wird.

[3] HENCKY [14] knüpft zur Einbeziehung elastischer Formänderungen an [11] (s. Fußnote 2 S. 14) an, benutzt aber (2) als Nebenbedingung. Er erhält damit als Formänderungsgesetz

$$\varepsilon_{ik} - \tfrac{1}{3}\, \delta_{ik} \sum_r \varepsilon_{rr} = \frac{1+\varphi}{2G}\, \tau_{ik}\,,$$

wobei ε_{ik} der Verzerrungstensor und φ ein unbestimmter (Lagrangescher) Faktor ist. Dieses Formänderungsgesetz verknüpft Spannungen und Formänderungen in finiter Weise. Deshalb ist seine Anwendungsmöglichkeit grundsätzlich auf koaxiale, proportionale Belastungsvorgänge beschränkt; dennoch wird es gelegentlich für allgemeinere Probleme benutzt, häufiger noch in verfälschter Form, nämlich mit φ als einen bestimmten, von der Formänderungsgeschichte abhängigen Faktor.

[53] und ODQUIST [54], für die anisotrope Verfestigung MELAN [55]. Diese Ansätze stellen erste Schritte zur Entwicklung einer allgemeinen Plastizitätstheorie dar. Eine solche Theorie erfordert ferner, daß die physikalischen Größen in ihrer Zuordnung zu den sich deformierenden Körperelementen betrachtet werden, weil der jeweilige Zustand eines Elementes auch von der vorhergegangenen ,,Formänderungsgeschichte" abhängt. Einige Überlegungen in dieser Richtung stellt HENCKY [56] an, indem er als zeitliche Ableitung etwa für einen Tensor 2. Stufe (z. B. den Spannungstensor) den sog. ,,materiellen Differentialquotient"

$$\frac{\mathscr{D}\sigma_{ik}}{\mathrm{d}t} = \frac{\partial\sigma_{ik}}{\partial t} + \sum_r \left\{v_r \frac{\partial\sigma_{ik}}{\partial x_r} - \omega_{ir}\sigma_{rk} - \omega_{kr}\sigma_{ir}\right\} \tag{7}$$

$$\text{mit } \omega_{ik} = \tfrac{1}{2}\left(\frac{\partial v_i}{\partial x_k} - \frac{\partial v_k}{\partial x_i}\right)$$

einführt[1], damit die zeitlichen Änderungen in der Zuordnung zum Körperelement verfolgt werden können. Der sog. ,,substantielle" Differentialquotient

$$\frac{\mathrm{D}\sigma_{ik}}{\mathrm{d}t} = \frac{\partial\sigma_{ik}}{\partial t} + \sum_r v_r \frac{\partial\sigma_{ik}}{\partial x_r} \tag{8}$$

enthält nämlich noch zeitliche Änderungen, die von der Rotation der Körperelemente im Raume herrühren.

Überlegungen zur Erfassung des Geschwindigkeitseinflusses, der besonders bei der Warmumformung bemerkbar ist, führen — bei BINGHAM [59] anknüpfend — auf Formänderungsgesetze von der Form

$$d_{ik} - \tfrac{1}{3}\,\delta_{ik} \sum_r d_{rr} = 2\,\eta\,T_{ik} \tag{9}$$

mit η als Stoffkonstante und T_{ik} als sog. ,,Überspannungstensor", der noch auf verschiedene Weise definiert sein kann [60, 61][2]. Daneben werden aber auch andere Wege gegangen [63]. Einige [64] gehen sogar soweit[3], den Werkstoff bei der Warmumformung als zähe Flüssigkeit zu betrachten, was mit der Erfahrung jedoch nicht übereinstimmt.

Im übrigen erfolgt in den 30er Jahren für die Theorie des plastischen Fließens eine gewisse ,,Bestandsaufnahme"[4]. Zu nennen sind hier hinsichtlich der mathematischen Formulierung der Theorie Arbeiten von SCHAPITZ [66], GEIRINGER und PRAGER [67, 68]. Vergleichende Betrachtungen der verschiedenen Ansätze stammen von TAYLOR und QUINNEY [52], HOHENEMSER [69—71] und PRAGER [71], sowie von

[1] ZAREMBA [57] und JAUMANN [58] haben dies allerdings schon vor HENCKY getan.

[2] Für die elementare Theorie s. [62].

[3] In neuerer Zeit [65].

[4] Neu ist in dieser Zeit das Eindringen der Plastizitätstheorie in das Bauingenieurwesen, insbesondere zur Ermittlung der Grenztragfähigkeit (Traglast) statisch unbestimmter Systeme.

Reuss [72, 73]. Die Einordnung der Plastizitätstheorie in den weiteren Rahmen der Kontinuumsmechanik behandeln v. Mises [74], Hohenemser [75] und Prager [75, 76].

Im Anfang der 40er Jahre künden sich zwei neue Entwicklungsrichtungen an: Die Anwendung von Extremal-Prinzipien einerseits und die Betrachtung dynamischer Vorgänge andererseits.

Den grundlegenden Beiträgen zur elementaren Theorie der Umformvorgänge aus den Jahren 1925 bis 1931 folgt bald eine Fülle von Veröffentlichungen, in denen Verbesserungen der Ansätze und ihre Ausdehnung auf andere Verfahren versucht werden. Auf Einzelheiten dieser Entwicklung einzugehen, ist hier nicht möglich. Es sei auf die umfassende Darstellung der elementaren Theorie durch Lippmann und Mahrenholtz [77] verwiesen, die zahlreiches Schrifttum auch aus dieser Zeit angibt.

1.3 Die Entwicklung von 1945 bis etwa 1956

Nach dem Ende des zweiten Weltkrieges setzt in allen Zweigen der Plastizitätstheorie eine neue stürmische Entwicklung ein, zu der indes von deutscher Seite — wenigstens bis etwa 1956 — kaum etwas beigetragen wird.

Man bemüht sich, die Theorie stärker noch als bisher physikalisch zu begründen und ihr neue Anwendungen zu erschließen. Angesichts der Fülle der Beiträge ist es hier nicht möglich, alle Entwicklungslinien im einzelnen zu verfolgen. Nur einige Grundzüge seien aufgezeigt, die eine Bedeutung für die Umformtechnik haben.

So wendet sich die Theorie des plastischen Fließens jetzt intensiv den stationären Umformverfahren zu, wie es ihrer Betrachtungsweise ja angemessen ist. Sokolovskij [78] und Siebel [79, 80] geben beispielsweise für viele — als ebene Formänderungsvorgänge betrachtete — Verfahren Gleitlinienfelder an, von denen manche allerdings fehlerhaft sind, weil das (nicht mituntersuchte) zugehörige Geschwindigkeitsfeld unzulässig ist [81]. Die von Hill [81—83] und Tupper [83] angegebenen Gleitlinienfelder sind hingegen auch in dieser Hinsicht geprüft, womit die Eindeutigkeit der Lösung jedoch noch nicht gesichert ist. Hill [84, 85], Lee und Tupper [85] greifen ferner sog. pseudostationäre Vorgänge[1] auf. Daneben werden aber auch neue instationäre Probleme behandelt [86, 87]. Einen guten Überblick über diesen ganzen Problemkreis (mit weiteren Originalbeiträgen) geben Hill [88] sowie Prager und Hodge [89].

Zur Gewinnung von Spannungs- und Geschwindigkeitsfeldern sind zwei Abbildungssätze hilfreich. Der eine betrifft eine Beziehung zwischen

[1] Vorgänge, bei denen Spannungs- wie auch Geschwindigkeitsfeld ähnlich bleiben, und nur der Längenmaßstab sich verändert, wie z. B. beim Eindringen eines Keiles in einen Halbkörper.

Gleitlinienbild und Darstellung der Spannungen in der Spannungsebene und geht auf SAUER [90] zurück; den anderen, der eine Beziehung zwischen Gleitlinienbild und Geschwindigkeitsplan vermittelt, finden unabhängig voneinander GEIRINGER [91] und GREEN [92]. Eine geometrische Interpretation dieser Sätze und einige Anwendungsbeispiele gibt PRAGER [93]. ALEXANDER [94] ermittelt später auf diese Weise ein Gleitlinienfeld für den Walzvorgang. Wo auf Näherungslösungen zurückgegriffen werden muß, erweist sich häufig die Verwendung diskontinuierlicher Felder, deren Untersuchung auf PRAGER [95] zurückgeht, als vorteilhaft [96—99].

Ebene Spannungszustände gehören wie ebene Formänderungsvorgänge zu den „statisch bestimmten" Problemen (im weiteren Sinne). Das zugehörige Gleichungs-System ist jedoch nicht in jedem Falle hyperbolisch, es kann bereichsweise auch parabolisch oder elliptisch sein. Das ist von der verwendeten Plastizitätsbedingung sowie von den Randbedingungen abhängig [100—102, 78, 88, 89] und erschwert in manchen Fällen die Lösung.

Axialsymmetrische Probleme gehören, falls man nicht einen „vollplastischen" Zustand (s. Fußnote 2 S. 14) voraussetzt, nicht zu den „statisch bestimmten". Das Gleichungssystem ist bei Verwendung der v. Misesschen Plastizitätsbedingung auch nicht hyperbolisch, sondern elliptisch[1] [22, 88, 103]. Deshalb gibt es auch für axialsymmetrische Probleme bisher nur wenige exakte Lösungen [88]. Dieser Sachverhalt macht es verständlich, daß nach anderen Lösungswegen gesucht wird. Zu nennen ist hier insbesondere eine halb-experimentelle Methode [104, 105][2], die THOMSEN und seine Mitarbeiter entwickeln. Eine in einer Meridianebene geteilte und mit einem eingeritzten Gitter versehene Probe wird stufenweise umgeformt. Aus dessen Verformungen werden die Verzerrungen und Verzerrungsgeschwindigkeiten ermittelt. Es bleibt dann nur noch die Analyse des Spannungszustandes. Neben dieser „Visioplasticity" genannten Methode werden jedoch — zur Ersparung der Experimente — auch immer wieder andere Wege gesucht, die von speziellen Annahmen ausgehen [106—108].

Für die Ermittlung von Näherungslösungen im Rahmen der Theorie des plastischen Fließens ist es von großer Bedeutung, daß die exakten Lösungen (σ_{ik}, v_i) gewisse Extremal-Eigenschaften besitzen. Bereits vor 1945 finden sich einige Hinweise in dieser Richtung[3]. Die exakte Formu-

[1] Über die Eigenschaften des Gleichungssystems bei Benutzung der Trescaschen Plastizitätsbedingung ist später noch zu berichten.

[2] Sie ist auch auf ebene Probleme anwendbar.

[3] So 1928 bei v. MISES [50], der jedoch ausdrücklich betont, daß er damit kein Extremal-Prinzip ausgesprochen habe. Ein heuristisches Prinzip formuliert 1943 SADOWSKI [109], das in der von ihm angegebenen Form nicht allgemein gültig ist [110], in speziellen Fällen jedoch zu richtigen Ergebnissen führt [111, 112].

lierung von Extremal-Prinzipien für gewisse quasistatische Probleme erfolgt jedoch erst in den Jahren 1947 bis 1949. Ihrer Bedeutung wegen sei auf diese etwas näher eingegangen. Dazu seien, nach DRUCKER, GREENBERG und PRAGER [113], folgende Begriffe eingeführt:

1. Ein Spannungszustand ist „statisch zulässig" (σ_{ik}^*), wenn er

a) die Gleichgewichtsbedingungen und
b) die Randbedingungen für die Spannungen erfüllt sowie
c) die Plastizitätsbedingung nicht verletzt.

2. Ein Geschwindigkeitszustand ist „kinematisch zulässig" (v_i^*, d_{ik}^*), wenn er

a) die Inkompressibilitätsbedingung und
b) die kinematischen Randbedingungen erfüllt.

Es gelten sodann für starr-plastische Werkstoffe mit Formänderungsgesetzen nach Gl. (5) (insbesondere also auch für ideal-plastische) unter Beschränkung auf stetige Geschwindigkeitsfelder folgende Extremal-Prinzipien:

Satz I (nach HILL [114])

$$\int_F \sum_i \sum_k \sigma_{ik}^* n_k v_i \,\mathrm{d}F = \text{Max.} \qquad \text{für } \sigma_{ik}^* = \sigma_{ik}\,, \tag{10}$$

Satz II (nach MARKOV [115] (in einer etwas spezielleren Form) und HILL [116])

$$\int_V \sum_i \sum_k \sigma_{ik} d_{ik}^* \,\mathrm{d}V - \int_F \sum_i \sum_k \sigma_{ik} n_k v_i^* \,\mathrm{d}F = \text{Min. für } v_i^* = v_i \text{ d.h. } d_{ik}^* = \mathrm{d}_{ik}, \tag{11}$$

wobei jeweils V das Körpervolumen, F die Oberfläche und n_k die äußere Oberflächennormale bezeichnen. Mit Hilfe dieser Sätze[1] lassen sich in vielen Fällen, sofern man von Reibungswirkungen absieht, die Umformkräfte und Umformarbeit in Schranken einschließen (erste Anwendungen [113, 92, 119]).

Mit Hilfe der Sätze I und II lassen sich auch gewisse Aussagen über die Eindeutigkeit von Lösungen bei starr-plastischen Werkstoffen machen. Als Schwierigkeit erweist sich dabei aber, daß bei vielen plastischen Formänderungsvorgängen sich die Grenze des plastischen Bereiches gegen den starren Bereich nicht eindeutig festlegen läßt und daß ferner die Fortsetzung des Spannungsfeldes in den starren Bereich hinein nicht eindeutig ist. Deshalb bleiben die Eindeutigkeitsaussagen zunächst auf das Spannungsfeld im plastischen Bereich beschränkt (unabhängig von dessen nicht eindeutiger Grenze) [117, 120, 121]. Das Geschwindigkeitsfeld ist hingegen nicht eindeutig festzulegen. Die obigen Extremalaussagen bleiben jedoch davon unberührt.

---

[1] HILL [117] hat sie noch auf unstetige Felder erweitert; eine für die Anwendung in der Umformtechnik besonders geeignete Form findet sich beispielsweise in [118].

Für elastisch-plastische Werkstoffe werden ebenfalls Extremal-Prinzipien angegeben [122—125, 88, 89][1]. An die Stelle des „statisch zulässigen Spannungsfeldes" tritt dabei ein „statisch zulässiges Feld von Änderungsgeschwindigkeiten der Spannungen". Diese Änderungsgeschwindigkeiten und ihre Zulässigkeit sind jedoch in diesen Arbeiten nicht den Erfornissen entsprechend definiert. Deshalb bleibt die Aussagekraft dieser Sätze hinsichtlich Extremal-Eigenschaften und Eindeutigkeit von Lösungen auf Sonderfälle beschränkt[2].

Die wesentlichen Unterschiede zwischen starr-plastischen und elastisch-plastischen Werkstoffen hinsichtlich Extremal-Eigenschaften und Eindeutigkeitsfragen sind durch den unterschiedlichen Charakter der Formänderungsgesetze[3] bedingt, der auch für andere Fragestellungen (jedoch keineswegs für alle) bedeutsam ist. Deshalb ist es verständlich, daß die Formänderungsgesetze selbst Gegenstand vieler Betrachtungen sind.

Drucker [126] versucht, die allgemeine Form (5) der Formänderungsgesetze dadurch zu begründen, daß er sie als notwendige Bedingung für ein „stabiles Werkstoffverhalten"[4] ansieht, was jedoch nicht zutrifft. In [128] leitet er aus der Betrachtung eines Belastungs-Zyklus das Postulat

$$\sum_i \sum_k (\sigma_{ik} - \sigma_{ik}^*)\, d_{ik} \geq 0 \tag{12}$$

ab, aus dem (5) folgt. Hierin bedeuten: σ_{ik}^* die Spannung im Ausgangszustand, σ_{ik} die Spannung bei der plastischen Formänderung und d_{ik} die zu σ_{ik} gehörige Verzerrungsgeschwindigkeit.

Druckers Überlegungen stützen sich jedoch auf einige Annahmen und sind deshalb nicht zwingend. Das gleiche gilt, wenn Bishop und Hill [129, 130], (12) aus der Betrachtung der Formänderungen eines Vielkristalls ableiten, dessen einzelne Kristalle durch reine Gleitungen deformiert werden, ohne sich gegenseitig zu behindern. So bleibt (12) selbst

---

[1] Erste Ansätze dazu finden sich bei Melan [55].

[2] Auf diesen Fragenkomplex wird später noch einmal eingegangen. Vermerkt sei hier nur noch, daß allg. Eindeutigkeitsbeweise gar nicht erwartet werden können. Denn es können Stabilitätsprobleme wohl bei elastischem Verhalten durch Beschränkung auf „verschwindende" Spannungen ausgeschlossen werden, nicht aber bei plastischen Formänderungen.

[3] Bei elastisch-plastischem Verhalten sind die Beziehungen zwischen Spannungs- und Verzerrungs-Inkrementen umkehrbar eindeutig, bei starr-plastischem Verhalten mit Formänderungsgesetzen nach Gl. (5) hingegen nicht. Es lassen sich allerdings auch für starr-plastisches Verhalten bei Werkstoff-Verfestigung eindeutig umkehrbare Formänderungsgesetze angeben, die jedoch erst in neuerer Zeit untersucht werden.

[4] Er charakterisiert dieses Verhalten durch die Forderung $\sum_i \sum_k \mathrm{d}_{ik}\, \mathscr{D}\sigma_{ik}/\mathrm{d}t \geq 0$ (s. auch [127]). (5) ist jedoch nur eine hinreichende, aber keine notwendige Bedingung dafür.

— und damit auch (5) — letztlich eine Annahme. Experimente [131—133] zeigen auch vielfach systematische Abweichungen von (5). In [133] wird festgestellt, daß für die dort untersuchten Belastungsfolgen

$$\frac{\mathcal{D}\tau_{ik}}{\mathrm{d}t} \sim d_{ik} \tag{13}$$

gilt[1]. Um dieses experimentelle Ergebnis mit (5) vereinbaren zu können (und auch aus anderen Gründen), führt man Plastizitätsbedingungen ein, die „nicht-glatt" sind, sondern „Ecken" bzw. „Kanten" haben, wie die Trescasche Plastizitätsbedingung, wobei aber nunmehr — im Gegensatz zu dieser — die nicht-glatten Stellen von der „Belastungsgeschichte" abhängen. Die zu solchen Plastizitätsbedingungen — unter Beibehaltung von (5) — gehörenden Formänderungsgesetze untersuchen allgemein KOITER [134], PRAGER [135] und HODGE [136].

Auf die Erörterung weiterer Fragen, die im Zusammenhang mit der Formulierung des Formänderungsgesetzes stehen, muß hier verzichtet werden. Es sei auf einige Arbeiten [137—145] verwiesen, aus denen etwa erkennbar ist, welche Fragen in dieser Zeit im Vordergrund stehen.

In der elementaren Theorie der Formänderungsvorgänge geht in dieser Zeit die Entwicklung mehr in die Breite. Man versucht insbesondere, besseren Aufschluß über den Einfluß der verschiedenen Verfahrensbedingungen (Werkzeugform, Schmierung, Geschwindigkeit, Temperatur usw.)[2] zu erhalten. Bei der Behandlung von Reibungseinflüssen ist neu, daß man nun auch das Auftreten von Haftreibungszonen und damit auch von diskontinuierlichen Geschwindigkeitsfeldern in Rechnung stellt. Erstmalig tun dies wohl 1948 UNKSOW [146] und — wenig später — SCHROEDER und WEBSTER [147][3]. Mit diesem Schritt sind der elementaren Theorie der Formänderungsvorgänge neue Möglichkeiten eröffnet, deren allgemeinere Nutzung freilich erst in neuerer Zeit erfolgt. Einen guten Einblick in die mannigfachen Ansätze und Methoden, die in dieser Zeit entwickelt werden, geben GELEJI [148], BRUCHANOW und REBEL-

---

[1] (13) bedeutet einen eindeutig umkehrbaren Zusammenhang zwischen Spannungs- und Verzerrungs-Inkrementen (s. Fußnote 3 S. 22).

[2] Vielfach beschränkt man sich freilich darauf, aus den immer umfangreicher werdenden Versuchsergebnissen empirische Formeln herzuleiten. Häufig genügen jedoch diese Formeln nicht den Grundanforderungen der Ähnlichkeitsmechanik. Der Bereich ihrer Anwendungsmöglichkeit ist deshalb oft nicht klar zu übersehen.

[3] Das Auftreten von Haftreibung haben zwar bereits KÖRBER und EICHINGER [64] in Betracht gezogen, aber unter der Annahme, daß der Werkstoff in der Warmumformung als zähe Flüssigkeit angesehen werden könne; in diesem Falle führt Haftreibung nicht zu diskontinuierlichen Geschwindigkeitsfeldern. Andererseits sind es wiederum KÖRBER und EICHINGER, die — wohl als erste — auch diskontinuierliche Geschwindigkeitsfelder in ihre Untersuchungen einbeziehen, wobei sie allerdings von rein kinematischen Randbedingungen ausgehen.

SKI [149] sowie UNKSOW [150], ferner NADAI [151] sowie HOFFMANN und SACHS [152][1]. Verwiesen sei im übrigen wiederum auf [77].

Als neues Anwendungsgebiet tritt in dieser Zeit die Betrachtung dynamischer Formänderungen in Erscheinung. Hierbei lassen sich zwei Ansatzpunkte unterscheiden:

a) Probleme der Wellenausbreitung,
b) Elementare Berücksichtigung der Trägheitswirkungen bei dynamischen Formänderungen (im folgenden als „elementare Theorie dynamischer Formänderungsvorgänge" bezeichnet)[2].

Als erstes Problem der Ausbreitung plastischer Wellen wird die Fortpflanzung longitudinaler (einachsiger) Spannungs-Wellen in einem Stab aufgegriffen, und zwar von v. KÁRMÁN (1942, veröffentlicht 1950 [153]), TAYLOR (1942, veröffentlicht 1946 [154]), WHITE und GRIFFIS (1942, veröffentlicht 1947 [155]) sowie von RAKHMATULIN 1945 [156]. Alle diese Autoren erhalten für Belastungsvorgänge als Wellengeschwindigkeit

$$V_0 = \sqrt{\frac{1}{\varrho}\,\frac{d\sigma}{d\varepsilon}} \tag{14}$$

mit $\sigma = \sigma(\varepsilon)$ als Spannungs-Dehnungs-Beziehung für einachsige Belastung und ϱ als Dichte. Dabei wird offen gelassen, ob σ die wahre oder die auf die Ausgangsfläche bezogene Spannung ist, eine Unterscheidung, die bei geringer Verfestigung $\left(\frac{d\sigma}{d\varepsilon} \to 0\right)$ wesentlich wird. Insofern bleibt auch der Vergleich mit experimentellen Ergebnissen vielfach undurchsichtig. Dennoch glaubt man, aus ihnen folgern zu können, daß für solche Vorgänge „dynamische Formänderungsgesetze" anzusetzen seien [157—159].

Ein Problem der zweiten Gruppe, die dynamische, elastisch-plastische Durchbiegung eines Stabes, behandeln wohl als erste 1950 DUWEZ, CLARK und BOHNENBLUST [160]. Wesentlich vereinfacht wird das Problem, wenn man sich auf starr-plastisches Verhalten beschränkt, wie es CONROY [161], LEE und SYMONDS [162] tun.

Weitere Probleme werden in rascher Folge aufgegriffen, so aus der ersten Gruppe u. a. longitudinale (einachsige) Dehnungs-Wellen, Kugel-,

[1] In [151, 152] finden einerseits die technologischen Fragen hinsichtlich des Werkstoffverhaltens stärkere Beachtung, zugleich räumen sie aber auch der Theorie des plastischen Fließens einen größeren Raum ein und vermitteln so zwischen den verschiedenen Zweigen der Plastizitätstheorie.

[2] Diese Unterscheidung betrifft im wesentlichen den mathematischen Charakter der Probleme. Probleme der Wellenausbreitung führen auf hyperbolische Gleichungssysteme, Probleme der zweiten Gruppe hingegen nicht. Im übrigen können Probleme der Wellenausbreitung in manchen Fällen auch durchaus „elementar" betrachtet werden (wobei „elementar" hier nur besagen soll, daß von einem vereinfachten kinematischen Modell ausgegangen wird).

Zylinder-, Schub- und Torsionswellen, aus der zweiten Gruppe u. a. die Plattenbiegung. Einen guten Überblick über dieses erste Stadium der Entwicklung geben in zusammenfassenden Arbeiten CRAGGS [163] und CRISTESCU [164].

1.4 Die Entwicklung seit etwa 1956

Die stürmische Entwicklung der Plastizitätstheorie seit 1945 erhält durch ihre zunehmende praktische Bedeutung für die Umformtechnik und das Bauingenieurwesen neue Impulse. Andererseits erschwert die deutlicher sichtbar werdende Mannigfaltigkeit der physikalischen Erscheinungen bei plastischen (oder allgemeiner: inelastischen) Formänderungen den Aufbau einer allgemeinen Plastizitätstheorie.

Zu einer solchen Theorie gehören zunächst die stoffunabhängigen Grundgleichungen der Kontinuumsmechanik:

a) Newtonsches Grundgesetz

$$\sum_k \frac{\partial \sigma_{ik}}{\partial x_k} + \varrho K_i = \varrho \frac{\mathrm{D} v_i}{\mathrm{d} t}, \quad (K_i = \text{Massenkräfte}) \tag{15}$$

das bei quasistatischen Vorgängen $\left(\frac{\mathrm{D} v_i}{\mathrm{d} t} \to 0\right)$ in die Gleichgewichtsbedingungen übergeht,

b) Kontinuitätsbedingung,

c) erster und zweiter Hauptsatz der Thermodynamik.

Ferner gehört dazu das Stoffgesetz, bestehend aus

d) Plastizitätsbedingung

$$F(\sigma_{ik}; k^2 \ldots) = 0, \tag{16}$$ [1]

e) Formänderungsgesetz

$$d_{ik} = d_{ik}\left(\sigma_{ik}, \frac{\mathscr{D}\sigma_{ik}}{\mathrm{d}t}, \ldots\right). \tag{17}$$ [1]

Die in den stoffunabhängigen Grundgleichungen eingehenden physikalischen Größen sind teils dem Körper zugeordnet (σ_{ik}, ϱ usw.), teils dem Raume (K_i), teils beiden (v_i). In manchen Fällen kann es darum vorteilhaft sein, zwecks Beschreibung der Vorgänge auf ein körperfestes Koordinatensystem überzugehen. Die damit zusammenhängenden Fragen sind weitgehend geklärt [165—169]. Die wesentlichen Schwierigkeiten im Aufbau einer allgemeinen Plastizitätstheorie ergeben sich erst bei der Formulierung eines allgemeinen Stoffgesetzes für plastische Formänderungen.

Thermodynamisch betrachtet ist das Stoffgesetz eine Funktion von Zustandsgrößen. Bei plastischen Formänderungen ist es noch eine weithin

[1] Die Punkte sollen andeuten, daß diese Funktionen noch von weiteren — hier nicht näher bezeichneten — Größen abhängen.

offene Frage, welche physikalischen Größen als Zustandsgrößen angesehen werden können. GREEN und NAGHDI [170] führen neben thermischen Größen die Spannungen und die Verzerrungen als Zustandsgrößen ein. Dieses Vorgehen ist jedoch physikalisch nicht befriedigend, weil nämlich die gleichen Verzerrungen auf sehr verschiedenen Wegen erreicht werden können, die im allgemeinen zu unterschiedlichen Zuständen führen. An die Stelle der Verzerrungen müssen vielmehr, wie KRÖNER [171, 172] zeigt, aus dem Versetzungszustand hergeleitete Zustandsgrößen treten. KRÖNER muß freilich vorerst offen lassen, wie die Änderungen dieser Zustandsgrößen von den Formänderungsvorgängen abhängen, da Versuche, die darauf eine Antwort geben könnten, bisher fehlen.

Im Hinblick auf diese Schwierigkeiten ist es üblich, die Plastizitätsbedingung (16) nicht als eine Funktion thermodynamischer Zustandsgrößen einzuführen, sondern sie als eine Funktion im Raume der Spannungen anzusehen, die dort den Bereich elastischen Verhaltens umgrenzt und im allgemeinen noch von einigen Parametern abhängt [173, 174]. Das Andauern plastischer Formänderungen ist dann an die Erfüllung der Plastizitätsbedingung (16), bei Werkstoffverfestigung ferner an die Bedingung

$$\sum_i \sum_k \frac{\partial F}{\partial \sigma_{ik}} \frac{\mathscr{D}\sigma_{ik}}{\mathrm{d}t} > 0 \tag{18}$$

geknüpft, die zum Ausdruck bringt, daß eine weitere Belastung stattfinden muß[1].

Die in (16) eingehenden Parameter können als Pseudo-Zustandsgrößen angesprochen werden, da sie die Rolle von Zustandsgrößen übernehmen, ohne es wirklich zu sein. Analog enthält dann auch das Formänderungsgesetz (17) im allg. solche Pseudo-Zustandsgrößen, da Plastizitätsbedingung (16) und Formänderungsgesetz (17) nicht unabhängig voneinander sind. Diese Abhängigkeit ist einmal durch die Forderung nach Widerspruchsfreiheit zwischen den Gleichungen (16) bis (18), zum anderen durch den 2. Hauptsatz der Thermodynamik bedingt. Die gegenseitige Abhängigkeit von Plastizitätsbedingung (16) und Formänderungsgesetz (17) geht jedoch im allg. nicht so weit, daß mit der Annahme einer speziellen Plastizitätsbedingung auch schon das Formänderungsgesetz eindeutig mitbestimmt wäre. Vielfach greift man deshalb auf die Annahme zurück, daß das Formänderungsgesetz die allg. Form (5) habe, bzw. das etwas allgemeinere Postulat (12) erfüllen müsse (so auch KRÖNER [171, 172], nicht dagegen GREEN und NAGHDI [170]). Eine neue Begründung dafür gibt ILJUSHIN [176], der für einen Kreisprozeß

[1] Für Entlastungen ist die linke Seite < 0, für sog. neutrale Spannungsänderung hingegen gleich Null.

in den Verzerrungen fordert, daß die Arbeit nicht negativ werden dürfe. In Wirklichkeit liegt aber kein thermodynamischer Kreisprozeß vor, da die Verzerrungen eben keine Zustandsgrößen sind. ZIEGLER [176—178] führt hingegen (12) auf ein Prinzip der maximalen Entropieproduktion zurück. Alle diese Versuche jedoch, (12) bzw. (5) tiefer zu begründen (s. auch [179—182]) benutzen über den 2. Hauptsatz hinausgehende Zusatzhypothesen (vgl. [183, 184]). Deshalb bleibt es interessant, auch solche Formänderungsgesetze zu untersuchen, die nicht von einem plastischen Potential abgeleitet sind, also nicht die allg. Form (5) haben [170, 173, 174], zumal in Versuchen immer wieder systematische Abweichungen von (5) festgestellt werden (s. z. B. [185—187]). Diese Abweichungen betreffen auch die sog. „Effekte zweiter Ordnung“ [1]. Diese Effekte werden von linearen Formänderungsgesetzen der allg. Form (5) nicht erfaßt, sofern man isotropes Werkstoffverhalten voraussetzt [87, 88]. Hingegen lassen sich diese Effekte mit einem Formänderungsgesetz der Form

$$d_{ik} = \lambda \frac{\mathscr{D}\sigma_{ik}}{dt} \tag{19}$$

wiedergeben [190], bzw. durch eine Kombination von (5) und (19) [173], oder man muß auf nichtlineare Formänderungsgesetze übergehen [191], bzw. Anisotropie voraussetzen [88].

Neben den soeben erörterten mehr grundsätzlichen Überlegungen zum Aufbau einer allgemeinen Plastizitätstheorie finden sich viele spezielle Ansätze zur Verallgemeinerung der Plastizitätstheorie. Man kann sie etwa in vier Gruppen einteilen. Die erste befaßt sich mit verschiedenen Möglichkeiten zur Beschreibung der Werkstoffverfestigung in Anlehnung an die Theorie des plastischen Fließens unter Einschluß der Anisotropie (z. B. [192—206]). Die zweite Gruppe dehnt die Betrachtungen auf geschwindigkeitsabhängiges Werkstoffverhalten und z. T. auch auf Temperatureinflüsse aus (z. B. [207—223])[2]. Die dritte Gruppe versucht, von der Kristallplastizität herkommend, gewisse Effekte der phänomenologischen Theorie zu erfassen (z. B. [224—228]). Die letzte Gruppe schließlich sucht in der Formulierung des Stoffgesetzes neue Wege zu gehen (z. B. [229—233]). Dabei bleibt freilich vielfach offen, wieweit sich diese Wege in die allg. Grundgesetze der Kontinuumsmechanik einfügen.

Von der jeweiligen Form des Stoffgesetzes hängt es ab, welche Extremal-Eigenschaften die Lösungen gegebener Probleme besitzen und

---

[1] Dazu gehört u. a. der sog. Poynting-Effekt. POYNTING [188, 189] fand, daß bei reiner Schubbeanspruchung Dehnungen senkrecht zur Richtung des Schubes eintreten und daß ein tordierter Stab seine Länge ändert.

[2] Die einfachsten Verallgemeinerungen der ersten beiden Gruppen machen k^2 in (16) von der Vorgeschichte bzw. von der Verzerrungsgeschwindigkeit sowie von der Temperatur abhängig.

unter welchen Bedingungen sie eindeutig sind[1]. Für starr-plastische Werkstoffe versucht HILL [237] zu einer eindeutigen Lösung dadurch zu gelangen, daß er nicht nur die Randbedingungen in den Spannungen und Geschwindigkeiten, sondern auch die vorgegebenen Änderungen dieser Randbedingungen in die Betrachtungen einbezieht[2]. Der von ihm eingeschlagene Weg ist sicher richtig, und HILL gelangt auch zu einigen bemerkenswerten Ergebnissen, so z. B. daß die Eindeutigkeit von der Werkstoffverfestigung abhängen kann. Seine Untersuchungen unterliegen jedoch noch gewissen Einschränkungen, die u. a. daraus resultieren, daß die Beschreibung der Änderungen der Spannungen und Verzerrungen nicht von der Form (7) ausgeht. Ähnliches gilt für HILLS Untersuchungen [239] für elastisch-plastische Werkstoffe. Auch die Beiträge anderer Autoren zu diesem Fragenkreis [222, 240—249] gelangen nicht zu allgemein gültigen Aussagen, weil sie an gewisse Einschränkungen gebunden sind, sei es wegen der Voraussetzung spezieller Stoffgesetze, sei es hinsichtlich der Beschreibung zeitlicher Änderungen. Die neueren Arbeiten von HILL [250—252] versuchen, sich mehr und mehr von solchen Einschränkungen freizumachen. Diese Arbeiten zeigen freilich gleichzeitig, daß — wie zu erwarten — die Frage nach der Eindeutigkeit einer Lösung nicht mehr summarisch beantwortet werden kann, sondern von Fall zu Fall geprüft werden muß.

Das jeweilige Stoffgesetz bestimmt u. U. auch wesentlich den speziellen mathematischen Charakter des gesamten Gleichungs-Systems, das das jeweilige Problem beschreibt und aus dem die spezielle Lösung gewonnen werden muß. Die Vielzahl verschiedener Stoffgesetze und die Mannigfaltigkeit der Probleme ergeben eine solche Fülle von Möglichkeiten, daß eine auch nur annähernd vollständige Übersicht ausgeschlossen erscheint. Bei einzelnen Problemen wird jedoch darauf noch einzugehen sein.

Indem wir uns nun Problemen der Anwendungen zuwenden, fassen wir zunächst jene Gruppe von Problemen ins Auge, für die die Vorgehensweise der elementaren Theorie, der Theorie des plastischen Fließens[3] sowie der allgemeinen Plastizitätstheorie zu gleichen Ansätzen führt. Das liegt daran, daß bei diesen Problemen die Kinematik des Vorganges weitgehend vorgegeben ist und daß die Hauptachsen des Spannungs-

---

[1] Umgekehrt läßt sich die Form des Stoffgesetzes aus der Forderung nach bestimmten Extremaleigenschaften ableiten (s. z. B. [234, 235]). Eine Ausdehnung des zweiten Extremalprinzips (obere Schranke) auf Bingham-Körper bringt [236]. Auf gewisse Schwierigkeiten, die sich allgemein hinsichtlich der Extremaleigenschaften und der Eindeutigkeit ergeben, wurde im übrigen schon hingewiesen.

[2] Eine Erweiterung auf singuläre Plastizitätsbedingungen enthält [238].

[3] Die für solche Probleme leicht vorzunehmenden Erweiterungen dieser Theorie (Berücksichtigung der Werkstoffverfestigung, der Anisotropie, der geometrischen Änderungen während des Vorganges) seien dabei mit einbezogen.

zustandes ihre Lage im Körper beibehalten. Zu dieser Gruppe gehören beispielsweise

a) homogene Spannungszustände mit körperfesten Hauptachsen,
b) Probleme mit sphärischer Symmetrie,
c) ebene Probleme mit axialer Symmetrie,
d) Biegeprobleme.

Homogene Spannungszustände bereiten auch bei Anisotropie keine wesentlichen Schwierigkeiten, sofern die Verzerrungen klein bleiben (s.z. B.[88]). Bei großen Verzerrungen muß man jedoch damit rechnen, daß sich mit ihnen die Anisotropie-Eigenschaften ändern. Einfache Beziehungen erhält man dann nur noch in solchen Fällen, bei denen wenigstens der Charakter der Anisotropie erhalten bleibt [253, 254].

Probleme mit sphärischer Symmetrie liegen z. B. bei Kugelbehältern vor, ebene Probleme mit axialer Symmetrie z. B. bei zylindrischen Behältern und beim Tiefziehen (abgesehen von der Biegung an der Zieh- und an der Stempel-Kante). Über diese Probleme ist ein reichhaltiges Schrifttum entstanden. Verwiesen sei hier u. a. auf die Darstellungen und Literaturangaben in [88, 89], sowie hinsichtlich der neueren Arbeiten auf die Übersichten [118, 255, 256]. Die neueren Arbeiten zielen insbesondere darauf hin, die Betrachtungen auf anisotrope (orthotrope) und inhomogene Werkstoffe auszudehnen, wobei auch durch Temperaturunterschiede entstehende Inhomogenität einbezogen wird [257].

Die älteren Arbeiten über Biegung [17, 18, 43, 89] (s. a. Abschn. 6.1) vernachlässigen die radiale Wanderung der Fasern und die radialen Spannungen. Die Faserwanderung berücksichtigt wohl als erster Wolter [258]. Die ersten vollständigen Lösungen geben Hill [88] sowie Lubahn und Sachs [259] für die Blechbiegung[1] und Gaydon [260] für die Hochkantbiegung, alle jedoch nur für ideal-plastisches Material. Die Berücksichtigung der Werkstoffverfestigung (jeweils für spezielle Verfestigungsgesetze) in vollständigen Lösungen gelingt Proksa [261] für die Blechbiegung und Lippmann [262] für die Hochkantbiegung. Schwierigkeiten bereitet die Einbeziehung des elastischen Anteiles der Formänderungen. Unter Vernachlässigung der radialen Spannungen versucht dies bereits Wolter [258]. Es gibt auch einige andere Ansätze dazu [263—267], die sich jedoch auf kleine Formänderungen eines vorgekrümmten Stabes oder Bleches beschränken, also insbesondere die Faserwanderung vernachlässigen. Eine Lösung für große Formänderungen (allerdings nur für inkompressible Werkstoffe ohne Verfestigung) gibt erst de Boer [268]. Es ergibt sich dabei, daß etwa hinsichtlich der Blechdickenänderung die Berücksichtigung des elastischen Anteiles bedeutsam ist. Ein beträchtlicher Einfluß ist auch auf den sich ausbildenden Eigenspannungszustand

[1] Letztere allerdings mit einem Fehler bei der Berechnung der Faserwanderung.

nach Entlastung zu erwarten. Zur Ermittlung dieses Eigenspannungszustandes existieren bisher nur Näherungsbetrachtungen [261][1].

Die reine Schubbeanspruchung und die Torsion gehören nicht zu der soeben betrachteten Gruppe einfacher Formänderungsvorgänge. Es verändern nämlich dabei die Hauptachsen ihre Lage relativ zu den sich deformierenden Körperelementen. Deshalb führen hier die verschiedenen Theorien (s. S. 13) zu wesentlichen Unterschieden, sobald man über ideal-plastisches Verhalten hinaus oder zu komplexer Beanspruchung übergeht. Die elementare Theorie der Torsion runder Stäbe[2] darf zumindest in den Grundzügen als abgeschlossen gelten [269]; sie findet Anwendung auf die Ermittlung von Werkstoffkenngrößen im Torsionsversuch, bei dem sich leicht große Verzerrungen erzielen lassen [269—272]. In der Theorie des plastischen Fließens stehen hingegen die Einbeziehung anisotroper und inhomogener Werkstoffe spezieller Querschnittsformen und die Untersuchung des Zusammenwirkens von Torsion und anderen Beanspruchungen im Vordergrund (s. die Übersichten [118, 255, 256]). Weitergehende Betrachtungen, die in den Rahmen einer allgemeinen Plastizitätstheorie gehören, stecken noch in den Anfängen. Sie gehen teils von Formänderungsgesetzen der Form (5) [273], teils von solchen der Form (19) [190], teils von nicht-linearen Formänderungsgesetzen [191] aus, wobei nur die letzten beiden Ansätze zu Effekten zweiter Ordnung führen.

Die Hauptanwendungsgebiete der Theorie des plastischen Fließens sind — neben der soeben behandelten Torsion — die ebenen und die axial-symmetrischen Probleme. Bei ebenen Formänderungsvorgängen ideal-plastischer Werkstoffe führen, wie erwähnt, die Anwendung der Trescaschen Plastizitätsbedingung und die Benutzung der v. Misesschen Plastizitätsbedingung auf das gleiche hyperbolische Gleichungssystem. Daran ändert sich nichts, wenn man Anisotropie und Inhomogenität einbezieht [88, 274—277]. Dasselbe gilt für elastisch-plastische Formänderungen ohne Werkstoffverfestigung [278] bzw. für kompressible ideal-plastische Formänderungen [279]. Hingegen ändert sich der Charakter des Gleichungssystems, wenn man elastisch-plastische Formänderungen mit Werkstoffverfestigung betrachtet [278]. Das ist bedeutsam für das Zusammenspiel zwischen elastischen und plastischen Verzerrungen, also etwa für Eigenspannungsprobleme. Im übrigen richten sich die Bemühungen besonders auf die Einführung neuer Methoden und Hilfsmittel zur Ermittlung solcher Lösungen, für die sich einfache Konstruktionen der Gleitlinienfelder nicht mehr angeben lassen [280—282]. Hilfreich kann dabei manchmal eine Transformation des Gleichungssystems sein, sei es, um es den geometrischen Gegebenheiten anzupassen [283],

[1] Weiteres Schrifttum s. [255, 256, 269].

[2] Andere Querschnittsformen sind dieser Theorie ohnehin kaum zugänglich.

sei es, um die numerische Lösung zu erleichtern [284]. Neue Aspekte ergeben sich, wenn man das Gleichungssystem nicht auf die Charakteristiken des Problems, sondern auf die Stromlinien transformiert [285 bis 287]. Es lassen sich dann gewisse Sonderfälle herausschälen, die durch ein Minimum an Formänderungsarbeit ausgezeichnet sind [287]. Andere ersetzen das Kontinuum durch einen Modellkörper mit endlich vielen Freiheitsgraden und gelangen so zu einem Schema, das besonders für die Lösung mit Hilfe von Rechenanlagen zugeschnitten ist [288—290][1]. Arbeiten, die sich speziellen Problemen zuwenden s. Übersichten in [118, 255, 256].

Axialsymmetrische Probleme des plastischen Fließens führen bei Verwendung der v. Misesschen Plastizitätsbedingung in Verbindung mit einem Formänderungsgesetz nach (5) auf ein elliptisches Gleichungssystem, das Spannungen und Verzerrungsgeschwindigkeiten enthält. Bei Verwendung der Trescaschen Plastizitätsbedingung in Verbindung mit dem zugehörigen Formänderungsgesetz wird jedoch das Gleichungssystem „kinematisch bestimmt“. Man erhält allein aus dem Stoffgesetz (Plastizitätsbedingung und Formänderungsgesetz) ein nichtlineares System von zwei Gleichungen für die beiden Geschwindigkeiten in der Meridianebene. Die Gleichgewichtsbedingungen treten dabei zunächst nicht in Erscheinung. Lösungen des kinematischen Problems müssen allerdings daraufhin überprüft werden, ob sie mit den Gleichgewichtsbedingungen (einschließlich der zugehörigen Randbedingungen) verträglich sind. Auf diesen Sachverhalt machen bereits SHIELD [291] sowie COX, EASON und HOPKINS [292] aufmerksam. Die Letztgenannten erkennen auch, daß das kinematisch bestimmte Problem mit den Hauptdehnungsgeschwindigkeits-Linien (zugleich Hauptspannungs-Linien) als Charakteristiken hyperbolisch ist. Eine eingehendere Untersuchung dieser kinematisch bestimmten Probleme mit Lösungsbeispielen gibt aber erst LIPPMANN [293—296]. Er erweitert diese Untersuchungen später auf sog. plastische Schichten [297], die durch folgende Bedingungen charakterisiert sind:

a) die Schichtebene ist Hauptspannungsebene,

b) die Geschwindigkeiten von Punkten in der Schichtebene fallen in diese Ebene,

c) die Verzerrungsgeschwindigkeiten senkrecht zu dieser Ebene sind eine gegebene Funktion des Ortes und der Geschwindigkeit in dieser Ebene.

Die Formänderungen solcher plastischer Schichten erweisen sich bei Verwendung der Trescaschen Plastizitätsbedingung allgemein als kine-

[1] Die letzten beiden Arbeiten für ebene Spannungszustände.

matisch bestimmte Probleme mit den gleichen, oben angegebenen Eigenschaften. Daß die kinematische Bestimmtheit nur bei Benutzung der Trescaschen Plastizitätsbedingung auftritt, liegt im übrigen wohl daran, daß das zugehörige Formänderungsgesetz (Dehngeschwindigkeit = 0 in Richtung der mittleren Hauptspannung) die kinematischen Möglichkeiten von vornherein stark einengt. Die Frage, ob das dem physikalischen Sachverhalt immer entspricht, muß hier offen bleiben[1].

Die meisten Arbeiten gehen jedoch weiterhin von der v. Misesschen Plastizitätsbedingung aus, versuchen dann aber, das Gleichungssystem durch gewisse Annahmen zu vereinfachen. Vielfach wird dabei immer noch von der sog. Haar-v. Kármán-Hypothese Gebrauch gemacht (einige neuere Arbeiten dieser Art sind den Übersichten [118, 255, 256] zu entnehmen), auch dort, wo die Betrachtungen auf inhomogene Werkstoffe ausgedehnt werden [298]. Andere stützen sich auf die Ergebnisse von THOMSEN und seinen Mitarbeitern [104, 105, 299] (Visioplasticity). THOMSEN selbst löst das Gleichungssystem unter Annahme einer konstanten azimutalen Deviatorspannung [300][2] und zeigt, daß die Lösungen für das ebene und das (so vereinfachte) axial-symmetrische Problem wenig voneinander abweichen und daß man für die Umformkraft bereits gute Näherungswerte erhält, wenn man den Werkstoff als ideal-plastisch ansieht, sofern man nur die Konstante der Plastizitätsbedingung richtig wählt. JORDAN [301] hingegen eliminiert die Azimutalspannung durch eine Annahme über die Kinematik des Vorganges; ferner übernimmt er die Schubspannungs-Trajektorien aus der Lösung des entsprechenden ebenen Problems. Das tut auch PAWELSKI [302, 303], aber er verfügt über die azimutale Deviatorspannung entsprechend der sog. Haar-v. Kármán-Hypothese (wenn auch mit anderer Begründung). Beide vereinfachen damit das Problem wesentlich, erhalten aber natürlich nur Näherungslösungen.

Beträchtliche Vereinfachungen ergeben sich ferner, wenn man bei axial-symmetrischen Umformungen die Körper als dünnwandig betrachten darf. Die Lage der Spannungs-Hauptachsen im Körper ist dann vollständig, die Kinematik des Vorganges weitgehend vorgegeben. Arbeiten über einige spezielle Probleme sind der Übersicht [118] zu entnehmen. Stabilitätsprobleme bei solchen Umformvorgängen behandelt [304].

Die Theorie des plastischen Fließens nähert sich mit der Anwendung der Extremal-Prinzipien der elementaren Theorie. Die zur Einschrankung der Kräfte und der Arbeit benutzten Spannungs- und Geschwindigkeits-

---

[1] Bei ebenen Formänderungsvorgängen wirkt sich diese Einengung der kinematischen Möglichkeiten nicht aus; deshalb ergeben sich dort auch keine wesentlichen Unterschiede in der Anwendung der beiden Plastizitätsbedingungen.

[2] Er setzt sie halb so groß an wie die ebenfalls konstante Deviatorspannung, die man bei Annahme der sog. Haar-v. Kármán-Hypothese erhält.

felder sind ja im allg. nicht mehr exakte Lösungen des Problems, sondern meist weitgehend vereinfacht. Ganz besonders gilt dies für die Geschwindigkeitsfelder, die, um kinematisch zulässig zu sein, nur die (skalare) Inkompressibilitätsbedingung und die kinematischen Randbedingungen zu erfüllen brauchen[1]. Die Einbeziehung unstetiger Geschwindigkeitsfelder erlaubt dabei noch weitergehende Vereinfachungen [305—307]. Es liegt nahe, die zur Einschrankung benutzten Felder noch von einem oder mehreren Parametern abhängen zu lassen, um die Möglichkeiten, die in der Anwendung der Extremal-Prinzipien liegen, voll zu nutzen. Die Variation dieser Parameter erlaubt dann eine Optimierung der Schranken innerhalb des durch den Ansatz gegebenen Rahmens. Für die Umformtechnik interessiert insbesondere die Variation des kinematisch zulässigen Geschwindigkeitsfeldes; denn damit gewinnt man die obere Schranke für die Umformarbeit und die Umformkräfte.

Systematische Ansätze zur Variation des Geschwindigkeitsfeldes bei ebenen und axialsymmetrischen Formänderungsvorgängen gibt KUDO [308—310]. Er ermittelt für charakteristische Körperelemente eine Anzahl einfacher, kinematisch zulässiger (unstetiger) Geschwindigkeitsfelder und zeigt, wie sich daraus das Geschwindigkeitsfeld des ganzen Körpers aufbauen und variieren läßt. KOBAYASHI [311] verallgemeinert später diese Methode. JOHNSON [312] entwickelt hingegen für ebene Formänderungen eine besonders einfache Konstruktion kinematisch zulässiger Geschwindigkeitsfelder, die nur Starrkörperbereiche und Gleitebenen enthalten.

Einen anderen Weg gehen SCHMOECKEL [313], STECK, SCHMID und LANGE [314, 315]. Sie benutzen kinematisch zulässige Geschwindigkeitsfelder, die — abgesehen von gewissen Bereichsgrenzen — stetig und analytisch gegeben sind, aber noch freie Parameter enthalten. Durch Variation der Parameter wird dann die obere Schranke für die Umformkraft bzw. -leistung im Rahmen des Ansatzes optimiert. BURGDORF [316] geht noch einen Schritt weiter und nimmt willkürliche Funktionen in seinen Ansatz für ein kinematisch zulässiges Geschwindigkeitsfeld auf, um u. a. auch Haftzonen besser erfassen zu können.

Im Gegensatz zu den zahlreichen Ansätzen für kinematisch zulässige Geschwindigkeitsfelder finden sich kaum allgemeinere Ansätze für statisch zulässige Spannungsfelder, die man benötigt, um die untere Schranke für die Umformarbeit bzw. Umformkräfte methodisch zu verbessern. Zu erwähnen ist hier nur eine Arbeit von KOBAYASHI und THOMSEN [317], die für axialsymmetrische Probleme eine Methode zur Auffindung

[1] Spannungsfelder müssen hingegen die (vektoriellen) Gleichgewichtsbedingungen und die zugehörigen Randbedingungen erfüllen, um statisch zulässig zu sein. Die Erfüllung dieser Bedingung erweist sich im allg. als schwieriger.

statisch zulässiger Spannungsfelder angeben[1]. Allerdings wird dabei das Spannungsfeld zur Verbesserung der unteren Schranke nicht variiert.

Bei vielen Problemen sind die Bedingungen für die Anwendung der Extremal-Prinzipien nicht exakt erfüllt. Schwierigkeiten ergeben sich besonders durch das Auftreten von Reibung. Es tritt dann eine Kopplung zwischen den Randbedingungen für die Spannungen und denen für die Geschwindigkeit ein. Die Begriffe „kinematisch zulässig" und „statisch zulässig" verlieren damit ihren Sinn. Darauf wurde schon hingewiesen. Wendet man dennoch formal die betreffenden Gleichungen an, indem man von „möglichen" Geschwindigkeits- bzw. Spannungsfeldern ausgeht, so erhält man keine sicheren Schranken mehr, sondern nur noch Näherungen. An diesem Punkt setzt eine Arbeit von HILL [318] an. Zu einer Klasse „möglicher" Geschwindigkeitsfelder ermittelt er die zugehörigen Spannungsfelder und wählt dann nach einem Kriterium, das aus dem Prinzip der virtuellen Arbeit hergeleitet ist, diejenige Lösung dieser Klasse aus, die als die beste Näherung gelten kann. Etwas Ähnliches schwebt wohl auch KOLAROV [319] vor.

Über spezielle Probleme der Anwendung der Extremal-Prinzipien findet sich eine reichhaltige Literatur. Dazu sei einerseits auf die Übersichten [118, 255, 256], andererseits auf die Bücher von JOHNSON und MELLOR [320], JOHNSON und KUDO [321] sowie von THOMSEN, YANG und KOBAYASHI [322] verwiesen.

Wurde im Hinblick auf die Anwendung der Extremal-Prinzipien festgestellt, daß sich damit die Theorie des plastischen Fließens der elementaren Theorie der Umformvorgänge annähere, so ist umgekehrt zu sagen, daß auch die elementare Theorie der Umformvorgänge sich durch Einbeziehung komplizierterer kinematischer Modelle (mit Unstetigkeiten) der Theorie des plastischen Fließens nähert (Beispiele [323—326]).

Der Unterschied zwischen der elementaren Theorie und der Anwendung der Extremal-Prinzipien liegt dann nur noch darin, wie die Umformkräfte bzw. die Umformarbeit berechnet werden. Bei der elementaren Theorie führt der Weg hierzu üblicherweise über Gleichgewichtsbetrachtungen, bei den Extremal-Prinzipien hingegen über Energiebetrachtungen. Dieser Unterschied ist jedoch nicht wesentlich, lassen sich doch die Gleichgewichtsbetrachtungen mit Hilfe des Prinzips der virtuellen Arbeit auf Energiebetrachtungen zurückführen. LIPPMANN und MAHRENHOLTZ [77] haben auch gezeigt, wie sich die elementare Theorie der Formände-

[1] Sie verfügen über eine der vier unbekannten Spannungen in geeigneter Weise und berechnen dann ein (stetiges oder unstetiges) zulässiges Spannungsfeld aus den beiden Gleichgewichtsbedingungen (samt zulässigen Randbedingungen) und der Plastizitätsbedingung.

rungsvorgänge einheitlich mit Hilfe dieses Prinzips begründen läßt[1]. In den praktischen Anwendungen der elementaren Theorie und der Extremal-Prinzipien findet man zwar noch vielfach Unterschiede in den benutzten Geschwindigkeitsfeldern (bedingt durch die Unterschiede im weiteren Vorgehen), doch gibt es auch Überschneidungen. In neuerer Zeit findet man jedenfalls zunehmend ein (z. T. auch vergleichendes) Nebeneinander der beiden Vorgehensweisen, denen manchmal auch noch exakte Lösungen gegenübergestellt werden [322, 327—329].

Im übrigen bemüht man sich in den Anwendungen der elementaren Theorie, die Betrachtungsweise weiter zu verfeinern (z. B. [330—332]), optimale Verfahrensbedingungen zu ermitteln (z. B. [333]) und die Theorie auf neue Umformverfahren anzuwenden, deren Vorgänge jüngst experimentell besser durchleuchtet worden sind (z. B. [334, 335]). Hier entsteht eine so reichhaltige Literatur, daß auf die Schrifttumsübersichten [118, 256, 257] und auf die zusammenfassenden Darstellungen in Büchern [320—322, 338—340, insbesondere 77] verwiesen werden muß. Festzustellen ist, daß die Beiträge deutscher Autoren zu diesem Zweig der Plastizitätstheorie wieder einen beträchtlichen Anteil ausmachen.

Erhöhte Aufmerksamkeit wird neuerdings auch den Temperaturänderungen geschenkt, die durch die Formänderungsvorgänge bedingt sind, da Temperatureinflüsse bei vielen Umformverfahren eine wesentliche Rolle spielen, sei es hinsichtlich des Werkstoffverhaltens, sei es im Hinblick auf die Reibungsverhältnisse. Zwei Wege werden hier beschritten. Einmal wird die elementare Theorie der Umformvorgänge zur Ermittlung der entstehenden Wärme (im Innern und an den Reibungsflächen) benutzt. Man hat dann eine stark vereinfachte Verteilung der Wärmequellen, kann dafür aber die mit der Erwärmung verbundenen Änderungen der Stoffeigenschaften und ihre Auswirkungen untersuchen [341] oder auch relativ einfach die Wärmeleitung berücksichtigen [342, 343]. Zum anderen wird zur Ermittlung der entstehenden Wärme die Theorie des plastischen Fließens (einschließlich ihrer Näherungsverfahren) herangezogen. Dabei werden Wärmeleitung und temperaturbedingte Änderungen der Werkstoffeigenschaften im allg. vernachlässigt [344, 345]. Eine Lösung unter Berücksichtigung der Wärmeleitung gibt bisher nur Bishop [346].

Trotz aller Weiterentwicklung der verschiedenen Zweige der Plastizitätstheorie ist für manche Umformverfahren, z. B. für das Profilstrangpressen, die Frage nach den dazu benötigten Umformkräften durch rein theoretische Überlegungen nicht zu beantworten. Ähnliches gilt für einige spezielle Fragestellungen bei Verfahren, die sonst etwa hinsichtlich der

[1] Die sonst in dieser Theorie üblichen, z. T. widersprüchlichen Annahmen über den jeweiligen Spannungszustand entfallen damit.

Umformkräfte theoretischen Betrachtungen durchaus zugänglich sind, z.B. für die Frage nach den Eigenspannungen beim Stangenziehen. Hier müssen empirisch gewonnene Formeln oder Modellversuche die Lücke schließen, sofern man es nicht beim unmittelbaren Versuch bewenden lassen will.

Die Methoden zur Aufstellung empirischer Formeln sowie die Regeln für die Übertragung der in einem Modellversuch gewonnenen Meßergebnisse auf die Hauptausführung sind Bestandteil der Ähnlichkeitsmechanik. In ihr wird gezeigt, daß physikalische Ähnlichkeit zwischen zwei Umformvorgängen u. a. Ähnlichkeit des Stoffgesetzes zur Voraussetzung hat [347—351][1]. Ferner muß Ähnlichkeit in den Reibungsverhältnissen usw. vorliegen. Alle diese Voraussetzungen werden im allg. bei Modellversuchen kaum gleichzeitig zu erfüllen sein, insbesondere wenn man noch verschiedene Werkstoffe benutzt. Vernachlässigt man jedoch gewisse Einflüsse, so kann man in manchen Fällen zu einfachen Modellgesetzen gelangen, die zumindest eine Abschätzung für gewisse physikalische Größen aus Modellversuchen bzw. eine Aufstellung einfacher empirischer Formeln erlauben[2]. Bedauerlicherweise sind jedoch noch viele empirische Formeln in Gebrauch, die den Forderungen der Ähnlichkeitsmechanik nicht standhalten.

Dynamische Probleme (mit den beiden für die Umformtechnik gleich bedeutsamen Gruppen „Probleme der Wellenausbreitung" und „elementare Theorie dynamischer Formänderungsvorgänge") rücken in neuerer Zeit mehr ins Blickfeld. Für die Ausbreitung von Longitudinalwellen in Stäben (einachsiger Spannungszustand), ein Problem der ersten Gruppe, zeigen LIPPMANN und BEHRENS [362], was herauskommt, wenn man die zeitlichen und örtlichen Veränderungen des Querschnitts explizit berücksichtigt, die Kräfte also am verformten Stabelement ansetzt (Theorie 2. Ordnung). Für einen Werkstoff, dessen Formänderungsgesetz unabhängig von der Verzerrungsgeschwindigkeit ist, ergibt sich dann beispielsweise für die Wellengeschwindigkeit in einem Stab mit konstantem Ausgangsquerschnitt (vgl. (14))

$$v_0 = \sqrt{\frac{1}{\varrho(1+\varepsilon)}\left[\left(1 \pm \frac{2}{3}\frac{|\sigma|}{K}\right)\frac{\mathrm{d}\,|\sigma|}{\mathrm{d}\,|\varepsilon|} - \frac{\frac{|\sigma|}{3K} \pm 1}{1+\varepsilon}\,|\sigma|\right]} \qquad (20)$$

---

[1] Es müssen also beispielsweise das Verhältnis der Vergleichsspannung an der Elastizitätsgrenze zum Elastizitätsmodul, die Querdehnungszahl, das Verfestigungsgesetz sowie die Abhängigkeit von der Verzerrungsgeschwindigkeit und der Temperatur (alles in dimensionsloser Darstellung) genau übereinstimmen, wenn physikalische Ähnlichkeit zwischen zwei Umformvorgängen bestehen soll.

[2] Beispiele aus der Leichtmetall-Warmumformung behandeln [348, 351—354], Anwendungen zur Ermittlung von Eigenspannungen zeigt [355]. Ein älteres Beispiel aus dem Bereich des Walzens ist [356]. Über Anwendungen auf das Tiefziehen berichten [357—361].

wobei σ die wahre Spannung, K der (elastische) Kompressionsmodul ist und das obere Vorzeichen (+) jeweils zur Dehnung, das untere (—) jeweils zur Stauchung gehört. Die Wellengeschwindigkeit ist also für Dehnung und Stauchung verschieden. Außerdem zeigt sich, daß man bei Stauchung auch für ideal-plastisches Verhalten ($\mathrm{d}|\sigma|/\mathrm{d}|\varepsilon| = 0$) noch eine Lösung erhält. LIPPMANN und BEHRENS lassen im übrigen in ihren Untersuchungen auch geschwindigkeitsabhängige Formänderungsgesetze und eine Veränderlichkeit des Ausgangsquerschnitts längs der Stabachse zu.

Abweichungen von der üblicherweise angenommenen Wellengeschwindigkeit ergeben sich auch, wenn man den Einfluß einer Vorbelastung [363] und die Auswirkungen der mit der Längsbewegung verbundenen Bewegungen quer zur Stabachse untersucht [363—365]. Zusammengenommen mit den Ergebnissen von LIPPMANN und BEHRENS führen diese Untersuchungen zu der Feststellung, daß die Auswertung mancher Versuche, die der Ermittlung der Geschwindigkeitsabhängigkeit des Formänderungsgesetzes dienen sollen, fragwürdig erscheinen muß. Die theoretischen Ansätze [366—373] zur Berücksichtigung der Geschwindigkeitsabhängigkeit behalten aber dennoch ihren Wert, wenn das Gleichungssystem auch, wie von LIPPMANN und BEHRENS angegeben, modifiziert werden muß. Arbeiten über spezielle Probleme bei Longitudinalwellen in Stäben sowie über weitere Probleme der Wellenausbreitung (Longitudinalwellen mit einachsiger Dehnung, sphärische und zylindrische Wellen, Torsionswellen, zweidimensionale Wellen usw.) finden sich im übrigen in großer Zahl[1]. Verwiesen sei hier auf die Übersichten [118, 256], auf die zusammenfassenden Darstellungen von CRAGGS [163] und CRISTESCU [164] sowie auf die Beiträge zum IUTAM-Symposium [376].

Neben den sog. Schockwellen[2], deren Betrachtung im allg. in den hier genannten Arbeiten mit eingeschlossen ist (s. z. B. [362]) und die durch das Auftreten von Unstetigkeiten in den Geschwindigkeiten und den Spannungen gekennzeichnet sind, gibt es auch sog. Beschleunigungswellen. Bei diesen sind zwar die Spannungen und die Geschwindigkeiten überall stetig, dagegen werden die ersten Ableitungen dieser Größen nach dem Ort und nach der Zeit unstetig. Beschleunigungswellen treten nicht in ideal-plastischen Körpern auf, sondern nur in elastisch-plastischen oder in solchen rein plastischen Körpern, deren Stoffverhalten nicht durch ein Formänderungsgesetz vom Typ (5), sondern durch eine Beziehung der Form (19) beschrieben wird. Arbeiten zu diesem Fragenkreis [377—380] beschränken sich bisher allerdings auf allgemeine Betrachtungen.

---

[1] Über einige Versuche berichten [374, 375].

[2] Sie treten z. B. beim Stauchen mit hohen Auftreffgeschwindigkeiten auf.

Auch in der elementaren Theorie dynamischer Formänderungsvorgänge geht die Entwicklung weiter. Hinsichtlich der zahlreichen Arbeiten zur dynamischen Durchbiegung von Stäben und Platten, zur dynamischen Aufweitung von Behältern unter innerem Druck sowie zu einigen weiteren dynamischen Problemen sei auf die Übersichten [118, 256] sowie auf die zusammenfassenden Darstellungen [163, 164] verwiesen. Den dynamischen Stauchvorgang untersucht LIPPMANN [381], indem er die Ansätze der elementaren Theorie durch Hinzunehmen der Trägheitskräfte erweitert. Die Trägheitswirkungen in Stauchrichtung werden dabei nur summarisch erfaßt, d. h. die Wellenausbreitung in axialer Richtung wird (konsequenterweise) nicht berücksichtigt. Auch ZAHORSKI [382] nimmt in seinen Ansätzen für den Stauchvorgang die Trägheitskräfte mit. Er verfolgt aber damit ein anderes Ziel, nämlich die Untersuchung der kinetischen Stabilität mit den Methoden der Störungsrechnung. Da er nur axialsymmetrische Lösungen in Betracht zieht, werden natürlich auch nur solche Stabilitätsprobleme erfaßt (Ausbauchungen usw.), nicht dagegen das Ausknicken.

Die Theorie wendet sich neuerdings auch solchen Hochgeschwindigkeitsverfahren zu, bei denen dünnwandige Körper durch Explosion, Funkenentladung in einer Flüssigkeit oder Entladung in elektromagnetischen Spulen umgeformt werden [383—389].

Die Theorie dieser Umformvorgänge befindet sich noch in der Entwicklung, doch liegen bereits beachtliche Beiträge dazu vor [383—389].

Schließlich ist noch über die Ansätze von MARTIN [390, 391] zu berichten, der die dynamischen Formänderungen durch Energiebetrachtungen in ähnlicher Weise einzuschränken versucht, wie dies sonst bei statischen Problemen geschieht. Da jedoch alle Größen am unverformten Körper angesetzt werden, bleibt das von ihm gewählte Vorgehen unsicher.

1.5 Schlußbemerkungen

Zunächst einmal verdient festgehalten zu werden, daß in einigen Zweigen der Plastizitätstheorie, und zwar gerade in denen, die der Umformtechnik nahe stehen, wieder eine beachtliche Beteiligung durch deutsche Beiträge zu finden ist. Doch gibt es daneben auch Bereiche der Plastizitätstheorie, in denen die deutsche Beteiligung nur sehr karg ist. So gibt es beispielsweise kaum deutsche Beiträge zur Diskussion der Grundlagen der Extremalprinzipien und der Eindeutigkeitsfrage. Ähnliches gilt für die Untersuchung der Einflüsse von Anisotropie und Inhomogenität auf das Werkstoffverhalten. Auch bei den kinetischen Problemen beschränken sich die deutschen Beiträge auf einige spezielle Probleme.

In diesem Zusammenhang mag die Frage interessieren, wo denn vermutlich die Schwerpunkte der weiteren Entwicklung liegen mögen. Anzunehmen ist, daß die Bemühungen, eine allgemeine Plastizitätstheorie zu entwickeln, die im Rahmen der Kontinuumsmechanik exakt begründet ist, intensiv weitergehen werden. Insbesondere wird es dabei um die möglichen Formulierungen der Stoffgesetze unter Einschluß der Anisotropie und Inhomogenität sowie unter Berücksichtigung von Temperatur und Geschwindigkeitsabhängigkeit gehen. Im Zusammenhang damit wird auch die Frage nach der Eindeutigkeit und den Extremal-Eigenschaften von Lösungen vertieft gestellt werden müssen. Zu erwarten ist, daß mit der fortschreitenden Entwicklung der allgemeinen Plastizitätstheorie auch subtilere Fragen sorgfältiger behandelt werden können, beispielsweise die Entstehung von Strukturen im Werkstoff und von Eigenspannungszuständen. Möglicherweise werden dabei neue Aspekte eröffnet, wenn man nach dem Vorbild der Elastizitätstheorie die Körper nicht als klassische Kontinua, sondern als Cosserat-Kontinua betrachtet.

Ferner wird es in den Anwendungen sicher darauf ankommen, die modernen Rechenanlagen für die Lösung von Problemen systematischer zu nutzen. Geschieht das auch schon in sehr vielen Fällen, so fehlt es doch bisher im Bereich der Umformtechnik an der Entwicklung spezifischer Methoden, die es erlauben, die Lösung plastizitätstheoretischer Aufgaben auch bei komplizierteren Problemen zu einer Routineangelegenheit zu machen.

Schließlich ist zu erwarten, daß die Bemühungen sich verstärkt darauf richten werden, Erfahrungen, die in systematischen Versuchen gewonnen sind, und theoretisch sorgfältig fundierte Überlegungen so miteinander zu verknüpfen, daß sich daraus einfach zu handhabende Unterlagen für die optimale technische Durchführung der Umformverfahren ergeben.

Insgesamt gesehen liegt also noch ein weites Feld für wissenschaftliche Betätigung in der Plastizitätstheorie vor uns.

Schrifttum

1. Kröner, E.: Allgemeine Kontinuumstheorie der Versetzungen und Eigenspannungen. Arch. Rat. Mech. Anal. 4, 273/334 (1960).
2. Tresca, H.: Mémoire sur l'écoulement des corps solides soumis à de fortes pressions. C. R. Acad. Sci., Paris, 59, 754/758 (1864).
3. Tresca, H.: Mémoire sur l'écoulement des corps solides. Mém. pres. par. div. sav. 18, 733/799 (1868).
4. Coulomb, C. A.: Sur une application des règles de maximis et minimis à quelques problèmes de statique. Mém. Math. et Phys. 7, 343/382 (1773).
5. de Saint-Venant, M.: Sur l'établissement des équations des mouvements intérieurs opérés dans les corps solides ductiles au delà des limites où l'élasticité pourrait les ramener à leur premier état. C. R. Acad. Sci., Paris, 70, 473/480 (1870).

6. Lévy, M.: Mémoire sur les équations générals des mouvements intérieur des corps solides ductiles au delà des limites où l'élasticité pourrait les ramener à leur premier état. C. R. Ac. Sci. Paris 70, 1323/1325 (1870).
7. Bauschinger, J.: Versuche über die Festigkeit des Bessemer-Stahles von verschiedenem Kohlenstoffgehalte. Mitt. Mech.-Techn. Lab. K. Techn. Hochschule München 3 (1874).
8. Guest, J. J.: On the strength of ductile materials under combined stress. Phil. Mag. 50, 69/132 (1900).
9. Mohr, O.: Welche Umstände bedingen die Elastizitätsgrenze und den Bruch eines Materials. VDI-Z. 1524/1530 (1900).
10. Mohr, O.: Abhandlungen aus dem Gebiet der technischen Mechanik. Berlin: Ernst u. Sohn, 1. Aufl. 1906, 2. Aufl. 1914, 3. Aufl. 1928.
11. Haar, A., u. Th. v. Kármán: Zur Theorie der Spannungszustände in plastischen und sandartigen Medien. Göttinger Nachr., mat.-phys. Klasse 1909, S. 204/218.
12. v. Mises, R.: Mechanik der festen Körper im plastisch deformablen Zustand. Nachr. Königl. Ges. wiss. Göttingen, math. phys. Kl. 1913, S. 582/592.
13. Huber, M. T.: Die spezifische Formänderungsarbeit als Maß der Anstrengung. (in Polnisch). Czasopismo Techniczne (Lwów-Lemberg) 22, 38/40, 49/50, 61/62, 80/81 (1904).
14. Hencky, H.: Zur Theorie plastischer Deformationen und der hierdurch im Material hervorgerufenen Nachspannungen. ZAMM 4, 323/334 (1924) und Proc. 1st Int. Congr. Appl. Mech. Delft 1924, S. 312/317.
15. Nadai, A.: Plastic behavior of metals in the strain hardening range. J. Appl. Phys. 8, 205/213 (1937).
16. Fink, C.: Theorie der Walzenarbeit. Z. Berg-, Hütt.- u. Salinenw. 22, 200/220 (1874).
17. Ludwik, P.: Technologische Studie über Blechbiegung, ein Beitrag zur Mechanik der Formänderungen. Techn. Blätter. Vierteljahreszeitschr. d. Dtschen. Ing.- und Arch.-Vereins in Böhmen, Prag 1903, S. 133/159.
18. Ludwik, P.: Elemente der technologischen Mechanik, Berlin: Springer 1909.
19. Prandtl, L.: Über die Härte plastischer Körper. Göttinger Nachr., math.-phys. Kl. 1920, S. 74/85.
20. Prandtl, L.: Über die Eindringungsfestigkeit (Härte) plastischer Baustoffe und die Festigkeit von Schneiden. ZAMM 1, 15/20 (1921). Versuch dazu: A. Nadai, ZAMM 1, 20/28 (1921).
21. Hencky, H.: Über einige statisch bestimmte Fälle des Gleichgewichts in plastischen Körpern. ZAMM 3, 241/251 (1923).
22. Hill, R.: Dissertation Cambridge 1948 issued by Ministry of Supply, Armament Research Establishment Survey 1/48.
23. Prandtl, L.: Anwendungsbeispiele zu einem Henckyschen Satz über das plastische Gleichgewicht. ZAMM 3, 401/406 (1923).
24. Carathéodory, C., u. F. Schmidt: Über die Hencky-Prandtlschen Kurvenscharen. ZAMM 3, 468/475 (1923).
25. Prandtl, L.: Spannungsverteilung in plastischen Körpern. Proc. 1th Int. Congr. Appl. Mech. Delft 1924, S. 43/54.
26. Nadai, A.: Neue Beiträge zum ebenen Problem der Plastizität. ZAMM 5, 141/142 (1925).
27. Nadai, A.: Der Beginn des Fließvorganges in einem tordierten Stab. ZAMM 3, 442/454 (1923).
28. Trefftz, E.: Über die Spannungsverteilung in tordierten Stäben bei teilweiser Überschreitung der Fließgrenze. ZAMM 5, 64/73 (1925).

29. v. MISES, R.: Bemerkungen zur Formulierung des mathematischen Problems der Plastizitätstheorie. ZAMM 5, 147/149 (1925).

30. POLLACZEK-GEIRINGER, H.: Beitrag zum vollständigen ebenen Plastizitätsproblem. Verh. des 3. Intern. Kongr. für Techn. Mech. Stockholm 1930, Teil II, S. 185/190.

31. HENCKY, H.: Über langsame stationäre Strömungen in plastischen Massen mit Rücksicht auf die Vorgänge beim Walzen, Pressen und Ziehen von Metallen. ZAMM 5, 115/124 (1925). (hierzu: PRAGER, W.: ZAMM 10, 93/94 (1930).

32. SIEBEL, E.: Kräfte und Materialfluß bei der bildsamen Formänderung. Stahl und Eisen 45, 1563/1566 (1925).

33. v. KÁRMÁN, TH.: Beitrag zur Theorie des Walzvorganges. ZAMM 5, 139/141 (1925).

34. SIEBEL, E.: Über die mechanischen Vorgänge im Ziehkanal beim Ziehen von Drähten. Z. techn. Phys. 7, 335/337 (1926).

35. SACHS, G.: Zur Theorie des Ziehvorganges. ZAMM 7, 235/236 (1927).

36. SIEBEL, E., u. A. POMP: Zur Weiterentwicklung des Druckversuches. Mitt. d. K. Wilhelm-Inst. f. Eisenforsch. 10, 55/62 (1928).

37. SIEBEL, E., u. A. POMP: Über den Kraftverlauf beim Tiefziehen und bei der Tiefungsprüfung. Mitt. d. K.-Wilhelm-Inst. f. Eisenforschung 11, 139/153 (1929).

38. SIEBEL, E., u. F. FANGMEIER: Untersuchungen über den Kraftbedarf beim Pressen und Lochen. Mitt. d. K.-Wilhelm-Inst. f. Eisenforschung 13, 29/41 (1931).

39. SACHS, G., W. EISBEIN, W. KUNTZE u. W. LINICUS: Spanlose Formung der Metalle. Mitt. d. deut. Materialprüfanstalten, Sonderheft 16, Berlin: Springer 1931.

40. GUBKIN, S. J.: Einführung in die Mechanik plastisch deformierbarer Körper. (russisch). Moskau: Izd. In-Ta Stali (Forschung Inst. Maschinenb. Metallbearb.) 1931.

41. SACHS, G.: Der Nachweis innerer Spannungen in Stangen und Rohren. Z. Metallkde. 19, 352/357 (1927).

42. HEYN, E.: Einige weitere Mitteilungen über Eigenspannungen und damit zusammenhängende Fragen. Stahl und Eisen 37, 442/448, 474/479 u. 497/500 (1917).

43. NADAI, A.: Der bildsame Zustand der Werkstoffe. Berlin: Springer 1927.

44. NADAI, A.: Plastizität und Erddruck in: Handbuch der Physik, Hrsg. GEIGER, H., u. K. SCHEEL, Bd. VI, Kap. 6 Berlin: Springer 1928.

45. NADAI, A.: Plasticity, New York: McGraw-Hill 1931.

46. SACHS, G.: Plastische Verformung. Handbuch der Experimentalphysik, Bd. 5, Leipzig: Akad. Verlagsges. 1930.

47. SACHS, G.: Spanlose Formung der Metalle. Eigenspannungen in Metallen in Handbuch d. Metallphysik Bd. III, Hrsg.: MASING, G., Leipzig: Akad. Verlagsges. 1937.

48. SIEBEL, E.: Die Formgebung im bildsamen Zustand. Düsseldorf: Verlag Stahleisen 1932.

49. WEISS, L.: Leistungsberechnung des Walzvorganges. Z. Metallkde. 17, 229/232 (1925).

50. v. MISES, R.: Mechanik der plastischen Formänderung von Kristallen. ZAMM 8, 161/185 (1928).

51. REUSS, A.: Berücksichtigung der elastischen Formänderung in der Plastizitätslehre, ZAMM 10, 266/274 (1930).

52. Taylor, G. J., u. H. Quinney: The plastic distortion of metals. Phil. Trans. Roy. Soc. A. 230, 323/362 (1931).
53. Schmidt, R.: Über den Zusammenhang von Spannungen und Formänderungen im Verfestigungsgebiet. Ing. Arch. 3, 215/235 (1932).
54. Odquist, F. K. G.: Die Verfestigung von flußeisenähnlichen Körpern. ZAMM 13, 360/363 (1933).
55. Melan, E.: Zur Plastizität des räumlichen Kontinuums. Ing. Arch. 9, 116/126 (1938).
56. Hencky, H.: Das Superpositionsgesetz eines endlich deformierten relaxationsfähigen Kontinuums und seine Bedeutung für eine exakte Ableitung der Gleichungen für die zähe Flüssigkeit in der Eulerschen Form. Ann. Physik, 5. Folge, 2, 617/630 (1929).
57. Zaremba, M. S.: Sur une forme perfectionée de la théorie de la relaxation. Anz. Akad. Wiss. Krakau, math.-naturw. Kl. 1903, S. 594/614.
58. Jaumann, G.: Geschlossenes System physikalischer und chemischer Differential-Gesetze. Sitzungsber. Kais. Akad. Wiss. Wien, Abt. IIa 120, 385/530 (1911).
59. Bingham, E. C.: Scientific Papers of the Bureau of Standards 13, 309/353 (1916).
60. Hencky, H.: Die Bewegungsgleichungen beim nichtstationären Fließen plastischer Massen. ZAMM 5, 144/146 (1925.)
61. Fromm, H.: Zur Theorie der zähplastischen Stoffe. Ing. Arch. 4, 432/466 (1933), ZAMM 13, 427/430 (1933).
62. Siebel, E., u. A. Pomp: Einfluß der Formänderungsgeschwindigkeit auf den Verlauf der Fließkurve von Metallen. Mitt. d. K.-Wilhelm-Inst. f. Eisenforsch. 10, 63/69 (1928).
63. Prandtl, L.: Ein Gedankenmodell zur kinetischen Theorie der festen Körper. ZAMM 8, 85/106 (1928).
64. Körber, F., u. A. Eichinger: Die Grundlagen der bildsamen Verformung. Mitt. K.-Wilhelm-Inst. f. Eisenforsch. 22, 57/80 (1940).
65. Kneschke, A.: Zur hydrodynamischen Theorie des Warmwalzens a) Freiberger Forschungshefte B 16, 5/34 (1957), b) Arch. Eisenhüttenw. 29, 11/22 (1958).
66. Schapitz, E.: Das ebene Problem des plastischen Körpers mit freier Oberfläche. Ing. Arch. 4, 227/243 (1933).
67. Geiringer, H., u. W. Prager: Mechanik isotroper Körper im plastischen Zustand. Ergebn. der exakt. Naturw. 13, 310/363 (1934).
68. Geiringer, H.: Fondements mathématiques de la théorie des corps plastiques isotropes. Mém. sci. math. Nr. 86, 1/89, Paris: Gauthiers-Villars 1937.
69. Hohenemser, K.: Fließversuche an Rohren aus Stahl bei kombinierter Zug- und Torsionsbeanspruchung. ZAMM 11, 15/19 (1931).
70. Hohenemser, K.: Neuere Versuchsergebnisse über das plastische Verhalten der Metalle. ZAMM 11, 423/425 (1931).
71. Hohenemser, K., u. W. Prager: Beitrag zur Mechanik des bildsamen Verhaltens von Fließstahl. ZAMM 12, 1/14 (1932).
72. Reuss, A.: Fließpotential oder Gleitebenen? ZAMM 12, 15/24 (1932).
73. Reuss, E.: Vereinfachte Berechnung der plastischen Formänderungsgeschwindigkeiten bei Voraussetzung der Schubspannungsfließbedingung. ZAMM 13, 356/360 (1933).
74. v. Mises, R.: Über die bisherigen Ansätze in der klassischen Mechanik der Kontinua. Verh. 3. Intern. Kongreß Techn. Mech. Stockholm 1930, Teil II, S. 3/15.

75. Hohenemser, K., u. W. Prager: Über die Ansätze der Mechanik isotroper Kontinua. ZAMM 12, 216/226 (1932).
76. Prager, W.: Mécanique des solides isotropes au delà du domaine élastique. Mém. sci. math. No. 87, 1/66, Paris: Gauthiers-Villars 1937.
77. Lippmann, H., u. O. Mahrenholtz: Plastomechanik der Umformung metallischer Werkstoffe, Berlin/Heidelberg/New York: Springer 1967.
78. Sokolovskij, V. V.: Theorie der Plastizität (in russisch). 1. (russische) Auflage, Moskau 1946, deutsche Übersetzung, Berlin: VEB-Verlag Technik 1955.
79. Siebel, E.: The application to shaping processes of Hencky's laws of equilibrium. J. Iron Steel Inst. 155, 526/534 (1947).
80. Siebel, E.: Anwendung der Henckyschen Sätze über das Gleichgewicht in plastischen Körpern auf die technischen Formgebungsverfahren. Ing. Arch. 16, 164/172 (1948).
81. Hill, R.: Diskussionsbeitrag zu [80]. J. Iron Steel Inst. 155, 526/534 (1947).
82. Hill, R.: A theoretical analysis of the stresses and strains in extrusion and piercing. J. Iron Steel Inst. 158, 177/185 (1948).
83. Hill, R., and S. J. Tupper: A new theory of the plastic deformation in wire-drawing. J. Iron Steel Inst. 159, 353/359 (1948).
84. Hill, R.: Some special problems of indentation and compression in plasticity. Proc. 7th Intern. Congr. Appl. Mech. London 1948, I, S. 365/377.
85. Hill, R., E. H. Lee and S. J. Tupper: The theory of wedge indentation of ductile materials. Proc. Roy. Soc. London A 188, 273/289 (1947).
86. Hill, R.: The plastic yielding of notched bars under tension. Quart. J. Mech. Appl. Math. 2, 40/52 (1949).
87. Lee, E. H.: Plastic flow in a V-notched bar pulled in tension. Trans. ASME J. Appl. Mech. 19, 331/336 (1952).
88. Hill, R.: The mathematical of plasticity, Oxford: Clarendon Press 1950.
89. Prager, W., and P. G. Hodge Jr.: Theory of perfectly plastic solids, New York 1951. Deutsche Übersetzung: Theorie ideal-plastischer Körper. Wien 1954.
90. Sauer, R.: Über die Gleitkurvennetze unter der ebenen plastischen Spannungsverteilung bei beliebigem Fließgesetz. ZAMM 29, 274/279 (1949).
91. Geiringer, H.: Simple waves in the complete general problem of plasticity theory. Proc. Nat. Acad. Sci. Washington 37, 214/220 (1951).
92. Green, A. P.: A theoretical investigation of the compression of a ductile material between smooth flat dies. Phil. Mag. 42, 900/918 (1951).
93. Prager, W.: A geometrical discussion of the slip line field in plane plastic flow. Trans. Roy. Inst. Technology, Stockholm, Nr. 65, 1/27 (1953).
94. Alexander, J. M.: A slip line field for the hot rolling process. Proc. Inst. Mech. Eng. 169, 1021/1028 (1955).
95. Prager, W.: Discontinuos solutions in the theory of plasticity. Courant Anniversary Volume, New York: Interscience Publishers, 1948, S. 289/299.
96. Hodge Jr., P. G.: Approximate solutions of problems of plane plastic flow. Trans. ASME J. Appl. Mech. 17, 257/264 (1950).
97. Winzer, A., and G. F. Carrier: The interaction of discontinuity surfaces in plastic fields of stress. Trans. ASME J. Appl. Mech. 15, 261/264 (1948).
98. Winzer, A., and G. F. Carrier: Discontinuities in plane plastic flow. Trans. ASME J. Appl. Mech. 16, 346/348 (1949).
99. Lee, E. H.: On stress discontinuities in plane plastic flow. Proc. 3rd Symp. Appl. Mech., June 1949, New York: 1950, S. 213/228.
100. Sokolovskij, V. V.: Plastic equilibrium equations of a plane stressed state (in Russ.) Prikl. Math. i Mech. 9, 111/127 (1945).

101. Sokolovskij, V. V.: Plastic plane stressed state according to Saint Venant, C. R. (Doklady) Ac. Sci. USSR 51, 431/434 (1946).
102. Sokolovskij, V. V.: Plastic plane stressed state according to Mises, C. R. (Doklady) Ac. Sci. USSR 51, 175/178 (1946).
103. Parsons, I. H.: Plastic flow with axial symmetry using the Mises flow criterion. Proc. London Math. Soc. Ser. 3 Bd. 6, 1956, S. 610/625.
104. Thomsen, E. G., and J. T. Lapshy: Experimental stress determination within a metal during plastic flow. Proc. Soc. Exp. Stress Anal. 11, 59/68 (1954).
105. Thomsen, E. G., C. T. Young and J. B. Bierbower: An experimental investigation of the mechanics of plastic deformation of metals. Univ. of California Publications in Engineering, 5, 89/144 (1954).
106. Shield, R. T.: On the plastic flow of metals under conditions of axial symmetry. Proc. Roy. Soc. London, A 233, 267/287 (1955).
107. Shield, R. T.: Plastic flow in a converging conical channel. J. Mech. Phys. Sol. 3, 246/258 (1955).
108. Thomsen, E. G.: Comparison of slip-line solutions with experiment. Am. Soc. Mech. Eng. Preprint 55-A-51, 1.
109. Sadowsky, M. A.: A principle of maximum plastic resistance. Trans. ASME J. Appl. Mech. 10, 65/68 (1943).
110. Hill, R.: A variational principle of maximum plastic work in classical plasticity. Quart. J. Mech. Appl. Math. 1, 18/28 (1948).
111. Prager, W.: Contribution to the discussion of Sadowsky's paper. Trans. ASME J. Appl. Mech. 10, 238/239 (1943).
112. Handelman, G. H.: A variational principle for a state of combined plastic stress. Quart. Appl. Math. 1, 351/353 (1944).
113. Drucker, D. C., H. J. Greenberg and W. Prager: The safety factor of an elastic-plastic body in plane strain. Trans. ASME J. Appl. Mech. 18, 371/378 (1951).
114. Hill, R.: A variational principle of maximum plastic work in classical plasticity, Quart. J. Mech. Appl. Math. 1, 18/28 (1948).
115. Markov, A. A.: On variational principles in the theory of plasticity. Prikl. Mat. i Mekh. 11, 338/350 (1947).
116. Hill, R.: A comparative study of some variational principles in the theory of plasticity. Trans. ASME J. Appl. Mech. 17, 64/66 (1950).
117. Hill, R.: On the state of stress in a plastic-rigid body at the yield point. Phil. Magaz. 42, 868/875 (1951).
118. Lippmann, H., K. Andresen, A. Behrens u. D. Bedo: Grundlagen der Umformtechnik, Stahl u. Eisen 87, 389/393, 464/466, 672/678 (1967).
119. Green, A. P.: The plastic yielding of notched bars due to bending. Quart. J. Mech. Appl. Math. 6, 223/239 (1953).
120. Bishop, J. F. W.: On the complete solution to problems of deformation of a plastic-rigid material. J. Mech. Phys. Sol. 2, 43/53 (1953).
121. Bishop, J. W. F., A. P. Green and R. Hill: A note on the deformable region in a rigid-plastic body. J. Mech. Phys. Sol. 4, 256/258 (1956).
122. Hodge, P., and W. Prager: A variational principle for plastic materials with strain-hardening. J. Math. Phys. 27, 1/10 (1948).
123. Bauer, F. B.: Rep. A 11—27. Brown Univ. Providence R. I. (1949).
124. Greenberg, H. J.: Complementary minimum principles for an elastic-plastic material. Quart. Appl. Math. 7, 85/95 (1949).
125. Greenberg, H. J.: On the variational principles of plasticity. Survey Rep. A 11—S 4. Brown Univ. Providence, R. I. (1949).

126. DRUCKER, D. C.: Some implications of work hardening and ideal plasticity. Quart. Appl. Math. 7, 411/418 (1949).
127. PRAGER, W.: Recent developments in the mathematical theory of plasticity. J. Appl. Phys. 20, 235/241 (1949).
128. DRUCKER, D. C.: A more fundamental approach to plastic stress-strain relations. Proc. 1st US-Nat. Congr. Appl. Mech. 1951, S. 487/491.
129. BISHOP, J. F. W., and R. HILL: A theory of plastic distortion of a polycrystalline aggregate under combined stresses. Phil. Mag. 42, Ser. 7, 414/427 (1951).
130. BISHOP, J. F. W., and R. HILL: A theoretical derivation of the plastic properties of a polycrystalline face-centred metal. Phil. Mag. 42, 1298/1307 (1951).
131. MORRISON, J. L. M., and W. M. SHEPHERD: An experimental investigation of plastic stress-strain relations. Proc. Inst. Mech. Eng. 163 (1950) 1/9, Discussion 10/17.
132. NAGHDI, P. M., and J. C. ROWLEY: An experimental study of biaxial stress-strain-relation in plasticity. J. Mech. Phys. Sol. 3, 63/80 (1954).
133. NAGHDI, P. M., J. C. ROWLEY and C. W. BEADLE: Experiments concerning the yield surface and the assumption of linearity in the plastic stress-strain relations. Trans. ASME J. Appl. Mech. 22, 416/420 (1955).
134. KOITER, W.: Stress-strain relations, uniqueness and variational theorems for elastic plastic materials with a singular yield surface. Quart. Appl. Math. 11, 350/354 (1953).
135. PRAGER, W.: The theory of plasticity — a survey of recent achievements. Proc. Inst. Mech. Eng. London 169, 1955, S. 41/57.
136. HODGE JR., P. G.: The theory of piecewise linear isotropic plasticity. IUTAM-Kolloquium: Verformung und Fließen des Festkörpers, Madrid 1955, Berlin/Göttingen/Heidelberg: Springer 1956, S. 147/170.
137. HANDELMAN, G. H., C. C. LIN and W. PRAGER: On the mechanical behavior of metals in the strain hardening range. Quart. Appl. Math. 4, 397/407 (1946).
138. PRAGER, W.: The stress-strain laws of the mathematical theory of plasticity — A survey of recent progress. ASME Nat. Meeting June 1948, paper 48-APM-14.
139. FREUDENTHAL, A. M., and M. REINER: A law of work-hardening. ASME Nat. Meeting June 1948, paper 48-APM-6.
140. BATDORF, J. B., and B. A. BUDIANSKY: A mathematical theory of plasticity based on the concept of slip. NACA TN 1871, April 1949, Polyaxial stress-strain relations of a strain-hardening metal. Trans. ASME J. Appl. Mech. 21, 323/326 (1954).
141. BENTHEM, J. P.: On the stress-strain relations of plastic deformation. Nat. Luchtvaartlab. Amsterdam, Rep. S. 398 (1951).
142. v. SAUTTER, W., A. KOCHENDÖRFER und U. DEHLINGER: Über die Gesetzmäßigkeit der plastischen Verformung von Metallen unter einem mehrachsigen Spannungszustand. Z. Metallkde. 44, 442/449 (1953).
143. OLSZAK, W.: On the foundations of the theory of non-homogenous elasto-plastic bodies (polnisch). Arch. Mech. Stosow. 6 (1954) I: 493/532, II: 693/756.
144. OLSZAK, W., and M. ZYCZKOWSKI: On the fundamentals of the theory of physically non-linear non-homogenous bodies. Arch. Mech. Stosow. 7, 151/168 (1955).
145. BLAND, D. R.: The two measures of workhardening. Proc. 9. Intern. Congr. Appl. Mech. Brüssel 1956, Bd. 8, S. 45/50.
146. UNKSOW, E. P.: Neue Forschungen der Schmiedetechnologie (in russ.). Moskau 1948. (Übers. ins Deutsche. Berlin: Verlag Technik 1954).

147. SCHROEDER, W., and D. A. WEBSTER: Press-forging thin sections: Effect of friction, area, and thickness on pressures required. Trans. ASME J. Appl. Mech. 16, 289/294 (1949).
148. GELEJI, A.: Die Berechnung der Kräfte und des Arbeitsbedarfs bei der Formgebung im bildsamen Zustand der Metalle. Budapest, 1. Aufl. 1951, 2. Aufl. 1955.
149. BRUCHANOW, A. N., und A. W. REBELSKI: Gesenkschmieden und Warmpressen (russ.). Moskau 1952 (Übers. ins Deutsche, Berlin: Verlag Technik 1955).
150. UNKSOW, E. P.: Ingenieurmethoden zur Berechnung der Kräfte bei der Metallbearbeitung unter Druck (russ.). 1. Aufl. Moskau: Masgiz 1955.
151. NADAI, A.: Theory of flow and fracture of solids. Vol. 1, 2nd Ed. New York: McGraw-Hill 1950. (1. Aufl. 1931 unter dem Titel: Plasticity).
152. HOFFMANN, O., and G. SACHS: Introduction to the theory of plasticity for engineers, New York: McGraw-Hill 1953.
153. v. KÁRMÁN, TH., and P. DUWEZ: The propagation of plastic deformation in solids. J. appl. Physics 21, 987/994 (1950).
154. TAYLOR, G. J.: The testing of materials at high rates of loading. J. Inst. Civil Eng. 8, 486/519 (1946).
155. WHITE, M. P., and L. VAN GRIFFIS: The permanent strain in a uniform bar due to longitudinal impact. Trans. ASME J. Appl. Mech. 14, 337/343 (1947).
156. RAKHMATULIN, K. A.: Propagation of a wave of unloading (russ.). Prikl. Mat. Mekh. 9, 91/100 (1945).
157. WHITE, M. P.: The dynamic stress-strain relation of a metal with a well-defined yield point. Proc. 7th Intern. Congr. Appl. Mech. London 1948, I, 329/343.
158. MALVERN, L. E.: The propagation of longitudinal waves of plastic deformation in a bar of material exhibiting a strain-rate effect. Trans. ASME J. Appl. Mech. 18, 203/208 (1951).
159. MALVERN, L. E.: Plastic wave propagation in a bar of material exhibiting a strain-rate effect. Quart. Appl. Math. 8, 405/411 (1950).
160. DUWEZ, P. E., D. S. CLARK and H. F. BOHNENBLUST: The behavior of long beams under impact loading. Trans. ASME J. Appl. Mech. 17, 27/36 (1950).
161. LEE, E. H., and P. S. SYMONDS: Large plastic deformations of beams under transverse impact. Trans. ASME J. Appl. Mech. 19, 308/314 (1952).
162. CONROY, M. F.: Plastic-rigid analysis of long beams under transverse impact loading. Trans. ASME J. Appl. Mech. 19, 465/470 (1952).
163. CRAGGS, J. W.: Plastic waves, Progress in Solid Mech. Vol. II, Kap. IV, 141/197, Amsterdam 1961.
164. CRITESCU, N.: Probleme Dinamice in Teoria Plasticitatii, Bukarest: Editura Tech. 1958.
165. LEHMANN, TH.: Einige Betrachtungen zu den Grundlagen der Umformtechnik. Ing. Arch. 29, 1/21 (1960).
166. LEHMANN, TH.: 1. Einige Betrachtungen zur Beschreibung von Vorgängen in der klassischen Kontinuumsmechanik. Ing. Arch. 29, 316/330 (1960); 2. Einige ergänzende Bemerkungen zur Beschreibung von Vorgängen in der klassischen Kontinuumsmechanik. Ing. Arch. 31, 371/384 (1962).
167. PRAGER, W.: Einführung in die Kontinuumsmechanik, Basel/Stuttgart: Birkhäuser 1961.
168. SEDOV, L. I.: Introduction to the mechanics of continuous medium (in russ.). Moskau 1962, (in engl.) Reading/Palo Alto/London 1965.

169. ZHONG-HENG, GUO: Time derivatives of tensor fields in non-linear continuum mechanics. Arch. Mech. Stosow. 1.15, 131/163 (1963).
170. GREEN, A. E., and P. M. NAGHDI: A general theory of an elastic-platic continuum. Arch. Rat. Mech. Anal. 18, 251/181 (1965); Corrigenda: 19, 408 (1965).
171. KRÖNER, E.: A new concept in the continuum theory of plasticity. J. Math. Phys. 42, 27/37 (1963).
172. KRÖNER, E.: Plastizität und Versetzungen, in: SOMMERFELD, A.: Vorlesungen über theoretische Physik. 5. Aufl. Leipzig: Akad. Verlagsges. 1964.
173. LEHMANN, TH.: Zur Beschreibung großer plastischer Formänderungen unter Berücksichtigung der Werkstoffverfestigung. Rheol. Acta 2, 247/254 (1962).
174. LEHMANN, TH.: Anisotrope plastische Formänderungen. Rheol. Acta 3, 281/285 (1964).
175. ILJUSHIN, A. A.: Grundlagen der allgemeinen mathematischen Theorie der Plastizität (russ.) in: Fragen der Plastizitätstheorie, Moskau: Verl. d. Akad. d. Wiss. d. USSR 1961.
176. ZIEGLER, H.: Über ein Prinzip der größten spezifischen Entropieproduktion und seine Bedeutung für die Rheologie. Rheologica Acta, 2, 230/235 (1962).
177. ZIEGLER, H.: Some extremum principles in irreversible thermodynamics with application to continuum mechanics in: SNEDDON, I. N., and R. HILL: Progress in Solid Mechanics, Bd. 4, Amsterdam: North Holland 1963.
178. ZIEGLER, H.: Thermodynamik der Deformationen. Proc. 11th Intern. Congr. Appl. Mech. München 1964, S. 99/108.
179. DRUCKER, D. C.: A definition of stable inelastic material. Trans. ASME J. Appl. Mech. 26, 101/106 (1959).
180. LEIPHOLZ, H.: Über den Zusammenhang zwischen Fließgesetz und Fließbedingung. Ing.-Arch. 34, 194/197 (1965).
181. PIPKIN, A. C., and R. S. RIVLIN: Mechanics of Rate-Independent Materials. Z. angew. Math. Phys. 16, 313/326 (1965).
182. MROZ, Z.: Nonlinear flow laws in the theory of plasticity. Bull. Acad. Polon. Sci. Ser. Sci. Techn. 12, 531/539 (1964).
183. BLAND, D. R.: The associated flow rule of plasticity. J. Mech. Phys. Sol. 6, 71/78 (1957).
184. GREEN, A. E., and P. M. NAGHDI: A comment on Druckers postulate in the theory of plasticity. Acta Mech. 1, 334/338 (1965).
185. PHILLIPS, A.: An experimental investigation on plastic stress-strain relations. Proc. 9th Intern. Congr. Appl. Mech. Brüssel 1956, Bd. 8, S. 23/33.
186. MALYSEV, B. M.: Plastisches Fließen bei gemeinsamer kontinuierlicher Dehnung u. Torsion unter der Wirkung kleiner Drehmomente (russ.). Ser. Mat. Mech. Astron. Fiz. Chim. 13, 55/68 (1958).
187. PARKER, J., and M. B. BASSETT: Plastic stress-strain relationships — Some experiments to derive a subsequent yield surface. Trans. ASME J. Appl. Mech. 31, 676/682 (1964).
188. POYNTING, J. H.: On pressure perpendicular to the shear planes in finite pure shears and on lengthening of loaded wires when twisted. Proc. Roy. Soc. London, Ser. A., 82, 546/559 (1909).
189. POYNTING, J. H.: On the changes in the dimensions of a steel wire when twisted. Proc. Roy. Soc. London, Ser. A, 86, 534 (1912).
190. PREUSS, W.: Beitrag zur plastischen Torsion des Vollzylinders mit isotroper Werkstoffverfestigung bei endlichen Formänderungen. Dissertation TH Hannover 1967.
191. FREUDENTHAL, A. M., and MARIA RONAY: Second order effects in dissipative media. Phil. Transact. A 292, 14/50 (1966).

192. DRUCKER, D. C., R. E. GIBSON, and D. J. HENKEL: Soil mechanics and workhardening theories of plasticity. Transact. ASCE 122, 338/346 (1957).

193. HODGE JR., P. G.: A general theory of piecewise linear plasticity based on maximum shear. J. Mech. Phys. Sol. 5, 242/260 (1957).

194. SHIELD, R. T., and H. ZIEGLER: On Prager's hardening rule. Z. angew. Math. Phys. 9, 260/276 (1953).

195. ZIEGLER, H.: A modification of Prager's hardening rule. Quart. Appl. Math. 17, 55/65 (1959).

196. CLAVUOT, CH., u. H. ZIEGLER: Über einige Verfestigungsregeln. Ing. Archiv 28, 13/26 (1959).

197. OLSZAK, W., and W. URBANOWSKI: The plasticpotential and the generalized distortion energy in the theory of non-homogenous anisotropic elastic-plastic bodies. Arch. Mech. Stosow. 8, 671/694 (1956).

198. IVLEV, D. D.: On the properties of the relations of the law of anisotropic hardening of plastic material. P. M. M. J. Appl. Math. Mech. 24, 191/194 (1960); (Übers. v. Priklad. Mat. Mech. 24, 144/146 (1960).

199. IVLEV, D. D.: On the theory of plane strain for a strain-hardening plastic material. P. M. M. J. Appl. Math. Mech. 24, 1052/1057 (1960); (Übers. v. Priklad. Mat. Mech. 24, 707/710 (1960)).

200. PHILLIPS, A.: Pointed vertices in plasticity. Plasticity: Proc. 2nd Symp. Nav. Struct. Mech. Brown Univ., April 5/7 (1960), Oxford 1960, S. 202/214.

201. SEWELL, M. J.: Inverse rigid/plastic constitutive equations. Int. J. Engng. Sci. 2, 317/325 (1964).

202. NOVOZHILOV, V. V.: On the forms of the stress-strain relation for initially isotropic nonelastic bodies. PMM J. Appl. Math. Mech. 27, 1205/1218 (1964).

203. BYKOVTSEV, G.: On the consequences of Drucker's postulate for plastic anisotropic media. PMM J. Appl. Math. Mech. 28, 434/439 (1964).

204. BYKOVTSEV, G. F., V. V. DUDUKALENKO and D. D. IVLEV: On the loading function of anisotropically hardening plastic materials. J. Appl. Math. Mech. 28, 966/969 (1964).

205. ZILAUCS, A.: Das Verhältnis von Spannungs- und Deformationsintensität in der Plastizitätstheorie. Zentralbl. Math. 112 (1965) S. 174, Izvestija Akad. Nauk. Lat. SSR 5 (190) 51/56 (1963).

206. BALTOR, A., and A. SAWCZUK: A rule of anisotropic hardening. Acta Mech. 1, 81/92 (1965).

207. HILL, R.: Generalized constitutive relations for incremental deformation of metal crystals by multislip. J. Mech. Phys. Sol. 14, 95/102 (1966).

208. PASLAY, P. R., u. A. SLIBAR: Die Fließbedingung und das Verformungsgesetz viskoser plastischer Stoffe. Österr. Ing.-Archiv 10, 328/344 (1956).

209. SLIBAR, A., and P. R. PASLAY: Retarded flow of Bingham materials. Trans. ASME J. Appl. Mech. 26, 107/113 (1959).

210. ILJUSHIN, A. A.: Einige Fragen der Theorie des plastischen Flusses. Izvestija Akad. Nauk. SSSR, Otd. techn. Nauk 1958, 2, 64/86 (1958).

211. BERSCHING, J. F.: A theory of elastic, plastic and creep deformations of an initially isotropic material showing anisotropic strain-hardening, creep recovery and secondary creep. Trans. ASME J. Appl. Mech. 25, 529/536 (1958).

212. REINER, M.: Plastic yielding in anelasticity. J. Mech. Phys. Sol. 8, 255/261 (1960).

213. NAGHDI, P. M., and S. A. MURCH: On the mechanical behavior of viscoelastic/plastic solids. Trans. ASME J. appl. Mech. 30, 321/328 (1963).

214. Skripkin, V. A.: On a model for dynamic workhardening of a continous medium in the Mises-Reuss theory of plasticity. PMM J. Appl. Math. Mech. 27, 147/156 (1963).
215. Kaliski, S.: On certain equation of dynamics of an elasto-viscoplastic body. The strain-hardening and the influence of strain rate. Bull Acad. Polon. Sci. Sér. Sci. Techn. 11 (1963) Méc. appl. S. 239/243.
216. Perzyna, P.: The study of the dynamic behavior of rate sensitive plastic materials. Arch. Mech. Stosow. 15, 113/130 (1963).
217. Perzyna, P.: On the dynamic behavior of rate sensitive materials. Bull. Acad. Polon. Sci. Sér. Sci. Techn. 12, 257/266 (1964).
218. Perzyna, P., and T. Wiezbicki: Temperatur dependent and strain rate sensitive plastic materials. Arch. Mech. Stosow. 16, 135/143 (1964).
219. Backmann, M. E.: Form for the relation between stress and finite elastic and plastic strains under impulsive loading. J. Appl. Phys. 35, 2524/2533 (1964).
220. Craggs, J. W.: A rate-dependent theory of plasticity. Int. J. Eng. Sci. 3, 21/26 (1965).
221. Slibar, A., u. E. Steck: Zur Verformung von Stoffen mit veränderlichen Stoff-Parametern. Rheol. Acta 4, 1/5 (1965).
222. Freudenthal, A. M., and H. Geiringer: The mathematical theories of the inelastic continuum. In: Handbuch der Physik, Bd. 6. Hrsg.: S. Flügge, Berlin/Göttingen/Heidelberg: Springer 1958.
223. Nadai, A.: Theory of flow and fracture of solids. Bd. II, New York/Toronto/London: McGraw-Hill 1963.
224. Lippmann, H.: Begründung einer auf Kristallplastizität beruhenden mathematischen Plastizitätstheorie. Ing.-Arch. 26, 187/197 (1958).
225. Phyne, H.: The slip theory of plasticity for crystalline aggregates. J. Mech. Phys. Sol. 7, 126/134 (1959).
226. Hutchinson, J. W.: Plastic stress-strain relations of f. c. c. polycristalline metals hardening according to Taylor's rule. J. Mech. Phys. Sol. 12, 11/24 (1964).
227. Hutchinson, J. W.: Plastic deformation of b. c. c. polycrystals. J. Mech. Phys. Sol. 12, 25/34 (1964).
228. Ya-Leonco, M., and N. Yu Shvaiko: Complex plane deformation. Soviet Physics-Doklady 9, 1121/1124 (1965) (Übers. a. d. Russ. nach Dokl. Akad. Nauk SSSR 159, 1007/1010 (1964)).
229. Warner, W. H., and G. H. Handelman: A modified incremental strain law for workhardening materials. Quart. J. Mech. Appl. Math. 9, 279/293 (1956).
230. Seth, B. R.: Elastic-plastic transition in torsion. ZAMM 44, 229/233 (1964).
231. Craggs, J. W.: The use of first-order differential equations as constitutive equations in the theory of plasticity. Int. J. Eng. Sci. 3, 9/19 (1965).
232. Phillips, A., and R. L. Sierakowski: On the concept of the yield surface. Acta Mech. 1, 29/35 (1965).
233. Mandel, J.: Généralisation de la théorie de plasticité de W. T. Koiter. Int. J. Sol. and Struct. 1, 273/296 (1965).
234. Ivlev, D. D.: 1. On the development of a theory of ideal plasticity. PMM J. Appl. Math. Mech. 22, 1221/1230 (1958), (Übers a. d. Russ.); 2. On extremum properties of plasticity conditions. PMM J. Appl. Math. Mech. 24, 1439/1446 (1960), (Übers. a. d. Russ.).
235. Sesterikov, S. A.: On the construction of a theory for an ideally plastic body. PMM J. Appl. Math. Mech. 24, 604/608 (1960), (a. d. Russ.).
236. Haddow, J. B., and H. Luming: An extension of one of the extremum principles for a Bingham solid. Appl. Sci. Res. (A) 15, 81/86 (1965).

237. Hill, R.: On the problem of uniqueness in the theory of a rigid-plastic solid. I.: J. Mech. Phys. Sol. 4, 247/255 (1955/56); II.: J. Mech. Phys. Sol. 5, 1/8 (1956/57); III.: J. Mech. Phys. Sol. 5, 153/161 (1956/57).

238. Boyce, W. E., and W. Prager: On rigid workhardening solids with singular yield conditions. J. Mech. Phys. Sol. 6, 9/12 (1957).

239. Hill, R.: A general theory of uniqueness and stability in elastic-plastic solids. J. Mech. Phys. Sol. 6, 236/249 (1958).

240. Drucker, D. C.: On uniqueness in the theory of plasticity. Quart. Appl. Math. 14, 35/42 (1956).

241. Drucker, D. C.: Variational principles in the mathematical theory of plasticity. Proc. Sympos. Appl. Math. 8, 7/22 (1958); s. a. Hodge, P. G.: Discussion of D. C. Drucker's paper, ibid. S. 23/26.

242. Koiter, W. T.: General theorems for elastic-plastic solids. Progress in Solids Mechanics Vol. 1 Chapter IV, Amsterdam: North-Holland 1960 (Neudruck 1964).

243. Langenbach, A.: Variationsmethoden in der nichtlinearen Elastizitäts- und Plastizitätstheorie. Wiss. Z. Humboldt-Univ. Berlin, math. naturw. R. 9, 145/164 (1959/60).

244. Ceradim, G.: A maximum principle for the analysis of elastic-plastic systems. Meccanica 1, 77/82 (1966).

245. Olszak, W., and P. Perzyna: Extremum theorems in the theory of plasticity of non homogenous and anisotropic bodies. Arch. Mech. Stosow. 9, 695/712 (1957).

246. Olszak, W., and P. Perzyna: Remarks on the validity of variational theorems in the mechanics of inelastic anisotropic bodies. Proc. of the IUTAM Symp. Non-homogenity in elasticity and plasticity, Warschau 1958, S. 157/165.

247. Rychlewski, J.: On arbitrary small plastic non-homogenity (russ.). Bull. Acad. Polon. Sci. Sér. Sci. Techn. 11 (1963); J. Appl. Mech. S. 215/224.

248. Rychlewski, J.: On the correctness of solutions of perfect plasticity problems (Orig. russ.). Bull. Acad. Polon. Sci. Sér. Sci. Techn. 11 (1963); J. Appl. Mech., S. 225/232.

249. Rychlewski, J., and J. Ostrowska: On the initial flow of a body with arbitrarily small non-homogeneity. Arch. Mech. Stosow. 15, 697/710 (1963).

250. Hill, R.: Some basic principles in the mechanics of solids without a natural time. J. Mech. Phys. Sol. 7, 209/225 (1959).

251. Hill, R.: Uniqueness in general boundary-value problems for elastic or inelastic solids. J. Mech. Phys. Sol. 9, 114/130 (1961).

252. Hill, R.: Uniqueness criteria and extremum principles in self-adjoint problems of continuum mechanics. J. Mech. Phys. Sol. 10, 185/194 (1962).

253. Hillier, M. I.: On the tensile instability of orthotropic plastic material. Mech. Sci. 7, 441/446 (1965).

254. Hillier, M. I.: Tensile plastic instability of thin tubes II. Mech. Sci. 7, I, 531/538, II, 539/550 (1965).

255. Slibar, A., u. E. Steck: Jahresübersicht Plastizitätstheorie VDI-Z. 1. 103, 1578/1580 (1961), 2. 104, 1569/1572 (1962), 3. 105, 1557/1559 (1963).

256. Lehmann, Th., u. H. Seitz: Jahresübersicht Plastizitätstheorie VDI-Z. 1. 106, 1670/1675 (1964); 2. 107, 1609/1612 (1965); 3. 108, 1659/1665 (1966).

257. Rogozinski, M.: Some problems of thermoplasticity of a spherical shell. Proc. IUTAM Symp.: Non-homogeneity in elasticity and plasticity, Warschau 1958, S. 215/226.

258. WOLTER, K. H.: 1. Bildsames Biegen von Blechen um gerade Kanten. Dissertation TH Hannover 1950; 2. Freies Biegen von Blechen VDI-Forschungsheft 435, Düsseldorf 1952.

259. LUBHAHN, J. D., and G. SACHS: Bending of an ideal plastic metal. Trans. ASME, J. Eng. Ind. 72, 201/208 (1950).

260. GAYDON, F. A.: An analysis of the plastic bending of a thin strip in its plane. J. Mech. Phys. Sol. 1, 103/112 (1952/53).

261. PROKSA, F.: 1. Zur Theorie des plastischen Blechbiegens bei großen Formänderungen. Dissertation TH Hannover 1958; 2. Plastisches Biegen von Blechen. Stahlbau 28, 29/36 (1959).

262. LIPPMANN, H.: 1. Plastische Biegung eines Balkens unter ebenem Spannungszustand mit Verfestigung. ZAMM 38, 297/299 (1958); 2. Ebenes Hochkantbiegen eines schmalen Balkens unter Berücksichtigung der Verfestigung. Ing. Arch. 27, 153/168 (1959).

263. SWIDA, W.: Die elastisch-plastische Biegung des krummen Stabes. Ing. Arch. 16, 357/372 (1948).

264. SHAFFER, B. W., and R. N. HOUSE: 1. The elastic-plastic stress distribution within a wide curved bar subjected to pure bending. Trans. ASME J. Appl. Mech. 22, 305/310 (1955); 2. Displacements in a wide curved bar subjected to pure elastic-plastic bending. Trans. ASME J. Appl. Mech. 24, 447/452 (1957).

265. EASON, G.: The elastic-plastic bending of a compressible curved bar. Appl. Sci. Res. A 9, 53/63 (1959).

266. OLSZAK, W., u. E. ZAHORSKI: Elastisch-plastische Biegung des nichthomogenen orthotropen Bogenstreifens. Österr. Ing. Arch. 13, 106/120 (1959).

267. CONWAY, H. D.: Elastic-plastic bending of curved bars of constant and variable thickness. Trans. ASME J. Appl. Mech. 27, 733/734 (1960).

268. DE BOER, R.: Die elastisch-plastische Biegung eines Plattenstreifens aus kompressiblem Werkstoff bei endlichen Formänderungen. Ing. Arch. 36, 145/154 (1967).

269. LEHMANN, TH.: Probleme des Blechbiegens. VDI-Z. 100, 1295/1300 (1958).

270. STÜWE, H. P., und H. TUREK: Zur Messung von Fließkurven im Torsionsversuch. Z. Metallkde. 55, 699/703 (1964).

271. KRAUSE, U.: Vergleich verschiedener Verfahren zur Bestimmung der Formänderungsfestigkeit bei der Kaltumformung. a) Arch. Eisenhüttenw. 34, 745/754 (1963); b) Stahl u. Eisen 83, 1626/1640 (1963).

272. GREWE, H., und E. KAPPLER: Über die Ermittlung der Verfestigungskurven durch den Torsionsversuch an zylindrischen Vollstäben und das Verhalten von vielkristallinem Kupfer bei sehr hoher plastischer Schubverformung. Phys. Stat. Sol. 6, 339/354 (1964).

273. CLAVUOT, CH.: Welle und Rohr aus starrplastischem Material unter Zug und Torsion. Dissertation ETH Zürich 1959.

274. OLSZAK, W., P. PERZYNA and C. SZYMANSKI: Two dimensional problems in the theory of plasticity of non-homogeneous anisotropic bodies. Arch. Mech. Stosow. 9, 335/338 (1957).

275. KUZNETZOW, A. J.: The problem of torsion and plane strain of non-homogeneous plastic bodies. Arch. Mech. Stosow. 10, 447/462 (1958).

276. OLSZAK, W., and W. URBANOWSKI: Plastic non-homogeneity: a survey of theoretical and experimental research. Proc. IUTAM Symp.: Non-homogeneity in elasticity and plasticity, Warschau 1958, S. 259/298.

277. RYCHLEWSKI, J.: Plastic jump non-homogeneity. Bull. Acad. Polon. Sci., Sér., Sci. Techn. 12, 475/482 (1964).

278. Bland, D. R.: The generalized plane strain of an elasto-plastic material. Z. angew. Math. Phys. 10, 113/133 (1959).
279. Ivlev, D. D., and T. N. Martynova: On the theory of compressible ideally plastic media. PMM, J. Appl. Math. Mech. 27, 892/897 (1963), (Übers. v. Priklad. Mat. Mech. 27, 589/592 (1963)).
280. Thomsen, E. G.: A new method for the construction of Hencky-Prandtl nets. Trans. ASME J. Appl. Mech. 24, 81/84 (1957).
281. Spencer, A. J. M.: Perturbation methods in plasticity. I. Plane strain of non-homogeneous plastic solids. J. Mech. Phys. Sol. 9, 279/288 (1961); II. Plane strain of slightly irregular bodies. J. Mech. Phys. Sol. 10, 17/26 (1962); III. Plane strain of ideal soils and plastic solids with body forces. J. Mech. Phys. Sol. 10, 165/177 (1962).
282. Cherepanov, G. P.: On the solution of certain problems with an unknown boundary in the theory of elasticity and plasticity. PMM, J. Appl. Math. Mech. 28, 141/145 (1964).
283. Piam, T. H. H.: Plane stress yield condition for oblique coordinate-systems. Trans. ASME J. Appl. Mech. 31, 145/146 (1964).
284. Sokolovskii, V. V.: Complete plane problems of plastic flow. J. Mech. Phys. Sol. 10, 353/364 (1962).
285. Grigorev, D. D.: On the plane deformation of a rigid-plastic body. PMM, J. Appl. Math. Mech. 25, 1352/1360 (1961), (Übers. von Prikl. Mat. Mech. 25, 906/911 (1961).
286. Hill, R.: A remark on diagonal streaming in plane plastic strain. J. Mech. Phys. Sol. 14, 245/248 (1966).
287. Hill, R.: Ideal forming operations for perfectly plastic solids. J. Mech. Phys. Sol. 15, 223/227 (1967).
288. Ang, A. H. S., and G. N. Harper: Analysis of contained plastic flow in plane solids. Proc. Amer. Soc. Civ. Engs. J. Engg. Mech. Div. 90, 1964, S. 397/418.
289. Marcal, P. V., and I. P. King: Elastic-plastic analysis of two-dimensional stress-systems by the finite element method. Int. J. Mech. Sci. 9, 143/155 (1967).
290. Hayes, D. J., and P. V. Marcal: Determination of upper bounds for problems in plane stress using finite element techniques. Int. J. Mech. Sci. 9, 45/52 (1967).
291. Shield, R. T.: On the plastic flow of metals under conditions of axial symmetry. Proc. Roy. Soc. London, Ser. A. 233, 1955, S. 267/287.
292. Cox, A. D., G. Eason and H. G. Hopkins: Axially symmetric plastic deformation in soils. Proc. Roy. Soc. London, A 254, 1961, S. 1/45.
293. Lippmann, H.: Charakteristikenmethoden in der Theorie ebener und verwindungsfreier axialsymmetrischer Umformverfahren. Habilitationsschrift TH Hannover 1961.
294. Lippmann, H.: Charakteristikentheorie der verwindungsfreien axialsymmetrischen Umformung eines starrplastischen Körpers. ZAMM 41 (1961), Sonderh. T 94/96.
295. Lippmann, H.: Principal line theory of axially-symmetric plastic deformation. J. Mech. Phys. Sol. 10, 111/112 (1962).
296. Lippmann, H.: Statics and dynamics of axially-symmetric plastic flow. J. Mech. Phys. Sol. 13, 29/39 (1965).
297. Lippmann, H.: Kinematik der plastischen Schicht. Ing. Arch. 35, 238/247 (1966).
298. Favretti, G.: Indentation of a rigid punch on a plastically non-homogeneous material. Meccanica 1, 83/94 (1966).

299. THOMSEN, E. G.: Plasticity equations and their application to working of metals in the work hardening range. Trans. ASME J. Eng. Ind. 78, 407/412 (1956).

300. THOMSEN, E. G.: Comparison with ship-line solutions with experiment. Trans. ASME J. Appl. Mech. 23, 225/230 (1956).

301. JORDAN, TH.: Über ein Verfahren zur Bestimmung von Spannungsverhältnissen in stationären rotationssymm. Umformvorgängen. Dissertation TH Hannover 1957.

302. PAWELSKI, O.: Der Spannungszustand beim Ziehen und Einstoßen von runden Stangen. 1. Dissertation TH Hannover 1960; 2. Forschungsber. d. Landes Nordrh.-Westf. Nr. 1056, Köln/Opladen: Westdeutscher Verlag 1962, (zusammen mit W. LUEG).

303. PAWELSKI, O.: Der Spannungszustand bei der ebenen und rotationssymmetrischen Umformung durch Ziehen und Einstoßen. I. Die Spannungen i. d. Umformzone beim Ziehen unter ebener Verzerrung. Arch. Eisenhüttenw. 32, 513/520 (1961); II. Die Spannungen beim Ziehen und Einstoßen von Rundstäben. Arch. Eisenhüttenw. 32, 607/616 (1961).

304. YAMADA, Y., and J. AOKI: On the tensile plastic instability in axi-symmetric deformation of sheet metals. Mech. Sci. 8, 665/682 (1966).

305. JOHNSON, W.: Upper bound loads for extrusion through circular shaped dies. Appl. Sci. Res. Ser. A 7, 437/448 (1958).

306. JOHNSON, W.: Over-estimates of load for some two-dimensional forging operations. Proc. 3rd US-Congr. Appl. Mech. 1958, S. 571/579.

307. JOHNSON, W.: P. B. MELLOR and D. M. WOO: Single-hole staggered and multihole extrusions. J. Mech. Phys. Sol. 6, 203/222 (1958).

308. KUDO, H.: Study on forging and extrusion processes. Part I: Analysis on plane strain problems. Kokenshuko, Univ. Tokio 1, 37/96 (1958); Part III: Analysis on axi-symmetric problems. Kokenshuko, Univ. Tokio 1, 212/246 (1959).

309. KUDO, H.: An upper-bound approach to plane-strain forging and extrusion. Int. J. Mech. Sci. 1, I: 57/83, II: 229/252, III: 366/368 (1960).

310. KUDO, H.: Some analytical and experimental studies of axi-symmetric cold forging and extrusion. Int. J. Mech. Sci. 2, I: 102/127 (1960/61).

311. KOBAYASHI, S.: Upper-bound solutions of axi-symmetric forming problems I. Trans. ASME J. Eng. Ind. vol. 86, I: 122/126, II: 326/332 (1964).

312. JOHNSON, W.: Estimation of upper bound loads for extrusion and coining operations. Proc. Inst. Mech. Eng. 173, 1959, S. 61/72.

313. SCHMOCKEL, D.: Untersuchungen über die Werkzeuggestaltung beim Vorwärts-Hohlflußpressen von Stahl und Nichteisenmetallen. 1. Dissertation TH Stuttgart 1965; 2. Berichte a. d. Inst. f. Umformtechnik TH Stuttgart, Nr. 4, 1966.

314. STECK, E., und K. SCHMID: Die Anwendung des Prinzips der kleinsten Umformleistung auf Stauch- und Schmiedevorgänge. Ind.-Anz. 87, 201/205 (1965).

315. LANGE, K., und E. STECK: Some recent results of investigation in rod, hooker and can extrusion and upsetting. Shut Metal Ind. 205/219 (1966).

316. BURGDORF, M.: Untersuchungen über das Stauchen und Zapfenpressen. Dissertation TH Stuttgart 1966.

317. KOBAYASHI, S., and E. G. THOMSEN: Upper and lower-bound solutions to axisymmetric compression and extrusion problems. Int. J. Mech. Sci. 7, 127/143 (1965).

318. HILL, R.: A general method of analysis for metal-working processes. J. Mech. Phys. Sol. 11, 305/326 (1963).

319. KOLAROV, D.: Methods of solving the equations of the mechanics of deformable media. Archiv. Mech. Stosow. 4/16, 989/1008 (1964).
320. JOHNSON, W., and P. B. MELLOR: Plasticity for mechanical engineers, London/Toronto/New York/Princeton: van Nostrand 1962.
321. JOHNSON, W., and H. KUDO: Mechanics of metal extrusion. Manchester: University Press 1962.
322. THOMSEN, E. G., CH. T. YANG and SH. KOBAYASHI: Mechanics of plastic deformation in metal processing. New York/London: MacMillan 1965.
323. ZÜNKLER, B.: Ermittlung der beim Gesenkschmieden stabförmiger Teile auftretenden Spannungen und Kräfte. Ind.-Anz. (Teil II — Umformtechnik) 87, 569/576 (1965).
324. KOBAYASHI, S., and E. G. THOMSEN: Approximate solutions to a problem of press forging. Trans. ASME J. Eng. Ind. 81, 217/227 (1958).
325. KOBAYASHI, S., R. HERZOG, J. T. LAPSLEY, JR. and E. G. THOMSEN: Theory and experiment of press forging axisymmetric parts of aluminium and lead. Trans. ASME J. Eng. Ind. 81, 228/236 (1958).
326. KOBAYASHI, S., A. G. MAC DONALD, and E. G. THOMSEN: Some aspects of press forging. Int. J. Mech. Sci. 1, 282/300 (1960).
327. LIPPMANN, H.: Theorie der Einstoß- und Strangpreßvorgänge. Bänder, Bleche, Rohre 223/225 (1963).
328. LIPPMANN, H.: Grundlagen der Kraftberechnung für die Massivumformung. Werkstattechnik 54, 358/364 (1964).
329. KOBAYASHI, S., and E. G. THOMSEN: Methods of solution of metalforming problems. Proc. 9th Sagamore Army Matls. Res. Conf. Syracuse 1964.
330. LIPPMANN, H., u. O. MAHRENHOLTZ: Zur Theorie des Schleppwalzens bei Raumtemperatur. Arch. Eisenhüttenw. 34, 419/423 (1963).
331. MAHRENHOLTZ, O., u. H. LIPPMANN: A note on the torque in cold rolling. Int. J. Mech. Sci. 7, 145/148 (1965).
332. TROOST, A.: Grundlagen des Bandwalzens. Reihe „Grundlagen der bildsamen Formgebung". Düsseldorf: Verlag Stahleisen 1966, S. 162/238.
333. MAHRENHOLTZ, O.: Ermittlung der Ziehholform, die den geringsten Kraftaufwand beim Ziehen von Draht und Stäben mit kreisförmigem Querschnitt erfordert. Arch. Eisenhüttenw. 37, 847/852 (1966).
334. WILKEN, R.: Das Biegen von Innenborden mit Stempeln. 1. Dissertation TH Hannover 1957; 2. Forschungsber. d. Landes Nordrh.-Westf. Nr. 794, Köln/Opladen: Westdeutscher Verlag 1959.
335. UHLIG, A.: Untersuchungen über die Bewegungen u. Kräfte beim Rundkneten. Dissertation TH Hannover 1963; 2. Zur Berechnung u. Messung der Werkzeugkräfte beim Rundkneten. Bänder, Bleche, Rohre 6, 87/92 (1965); 3. Näherungsweise Berechnung der Rundknetkraft aus der Fläche und dem mittleren Druck. Bänder, Bleche, Rohre 6, 200/206. (1965); 4. Umformarbeit u. Werkzeugkräfte bei einem idealisierten Rundknetvorgang. Metall 19, 322/328 (1965).
336. WEINBERG, J. L., B. F. v. TURKOVICH, J. R. ROUBIK, F. W. BOULGER, R. S. HAHN, and P. A. SMITH: 1963 Review of metal processing literature. Trans. ASME, J. Eng. Ind. 87, 85/96 (1965).
337. WEINBERG, J. L., B. F. v. TURKOVICH, J. R. ROUBIK, F. W. BOULGER, D. A. FARMER and P. A. SMITH: 1964 Review of metal processing literature. Trans. ASME, J. Eng. Ind. 87, 511/522 (1965).
338. GELEJI, A.: Bildsame Formung der Metalle in Rechnung und Versuch. Berlin: Akademie-Verlag 1960.
339. E. P. UNKSOV: An engineering theory of plasticity; in Russisch: Moskau 1959, in Engl.: London 1961.

340. GUBKIN, S. I.: Plastische Verformung der Metalle. Bd. III: Theorie der plastischen Bearbeitung von Metallen (russ.). Moskau: Metallurgizdat 1960.

341. LIPPMANN, H., and W. JOHNSON: Temperature development based on technological analysis: Fast rolling as an example. Appl. Sci. Res. A 9, 345/356 (1960).

342. SIEBEL, E., u. R. KOBITZSCH: Die Erwärmung des Ziehgutes beim Drahtziehen. Stahl u. Eisen 63, 110/113 (1943).

343. KORST, H.: Temperaturverteilung im Ziehgut beim Drahtziehen. Öst. Ing.-Arch. 2, 132/137 (1947).

344. TANNER, R. J., and W. JOHNSON: Temperature distributions in some fast metal-working operations. Int. J. Mech. Sci. 1, 28/44 (1960).

345. JOHNSON, W., and H. KUDO: The use of upper-bound solutions for the determination of temperature distributions in fast hot rolling and axi-symmetric extrusion processes. Int. J. Mech. Sci. 1, 175/191 (1960).

346. BISHOP, J. F. W.: An approximate method for determing the temperatures reached in steady motion problems of plane plastic strain. Quart. J. Mech. Appl. Math. 9, 236/246 (1956).

347. LEHMANN, TH.: Die Grundlagen der Ähnlichkeitsmechanik und Beispiele für ihre Anwendung beim Entwerfen von Werkzeugmaschinen der mechanischen Umformtechnik. Konstruktion 11, 465/473 (1959).

348. HEUER, P. J.: Modellverfahren für die Umformtechnik. 1. Dissertation TU Berlin 1960; 2. VDI-Forschungsheft 493 (1962).

349. PAWELSKI, O.: Beitrag zur Ähnlichkeitstheorie der Umformtechnik. Arch. Eisenhüttenw. 35, 27/36 (1964).

350. BRILL, K.: 1. Modellwerkstoffe für die Massivumformung von Metallen. Dissertation TH Hannover 1963; 2. Anwendung von Modellwerkstoffen zur Ermittlung der geometrischen und dynamischen Versuchsgrößen beim Gesenkformen. Werkstattstechnik 53, 537/542 (1963).

351. HAHNEMANN, H. W.: Modellverfahren für die Umformtechnik. VDI-Z. 2, 46/47 (1964).

352. REINHARDT, H. P.: Versuche am Kapillarviskosimeter zur Bestimmung des Fließverhaltens von Werkstoffen im bildsamen Zustand bei großen Formänderungen. Inst. f. Luftfahrzeugbau TU Berlin, ILTUB Bericht 66/13 (1966).

353. HERTEL, H.: Modelltechnische Untersuchung der Fließvorgänge beim Strang- und Gesenkpressen. Automobil-Industrie 3, 83/92 (1966).

354. HERTEL, H., J. WIEDEMANN u. H. P. REINHARDT: Modellversuche zur Umformung metallischer Werkstoffe im Warmformgebungsbereich. Inst. Luftfahrzeugbau TU Berlin. ILTUB-Bericht. Zusammenfassung zum Schwerpunkt: Mechanische Umformtechnik der DFG (1966).

355. SCHMITT, F. J.: Untersuchungen über die Anwendung dimensionsanalytischer Verfahren auf die Berechnung von Eigenspannungen durch Kaltumformung. Dissertation TH Hannover 1964. Veröffentlicht in: a) Metallkunde 56, 57/62 (1965); b) Arch. Eisenhüttenw. 36, 29/34 (1965); c) Werkstattstechnik 55, 361/363 (1965); d) Werkstattstechnik 55, 542/546 (1965); e) Draht 17, 3/7 (1966).

356. COOK, M., and R. J. PARKER: The Computation of loads in metal strip rolling by methods involving the use of dimensional analysis. J. Inst. Metals 82, 129/140 (1953/54).

357. SIEBEL, E., u. H. KOTTHAUS: Untersuchung über die Übertragbarkeit von Versuchsergebnissen an Modellen auf Großwerkzeuge beim Tiefziehen zylindrischer runder Teile. Mitt. Forschungsges. Blechverarb. 1955, S. 181/185.

358. Panknin, W., u. W. Eychmüller: Untersuchungen über die Übertragbarkeit von Ergebnissen des Näpfchenversuches auf Großwerkzeuge beim Tiefziehen zylindrischer Teile. Mitt. Forschungsges. Blechverarb. 1955, S. 205/209.

359. Panknin, W., u. W. Dutschke: Die Gesetzmäßigkeiten beim Tiefziehen runder, quadratischer, rechteckiger und elliptischer Teile im Anschlag. Mitt. Forschungsges. Blechverarb. 1959, S. 13/23.

360. Shawki, G. S. A.: Die Gesetzmäßigkeiten beim niederhalterlosen Tiefziehen. Mitt. Forschungsges. Blechverarb. 1961, S. 229/237.

361. Panknin, W.: Die Grundlagen des Tiefziehens im Anschlag unter besonderer Berücksichtigung der Tiefziehprüfung. Bänder, Bleche, Rohre 133/143, 201/211, 264/271 (1961).

362. Lippmann, H., u. A. Behrens: Zur Theorie elastisch-plastischer Wellen in dünnen Stäben. Z. Angew. Math. Phys. 17, 62/67 (1966).

363. Hunter, S. C., and J. A. Johnson: The propagation of waves in pre-stressed cylindrical bars. in: Stress waves in anelastic solids, IUTAM Symposium Providence 1963, S. 149/165.

364. Béda, G.: Über eine Frage der experimentellen Untersuchung des dynamiplastischen Zuges. Acta Techn. Hung. 49, 311/316 (1964).

365. Devault, G. P.: The effect of laterial inertia on the propagation of plastic strain in a cylindrical rod. J. Mech. Phys. Sol. 13, 55/68 (1965).

366. Perzyna, P.: On the propagation of stress waves in a rate sensitive plastic medium. Z. Angew. Math. Physik 14, 241/261 (1963).

367. Hopkins, H. C.: Mechanical waves and strain-rate effects in metals, in: Stress waves in anelastic solids, IUTAM-Symposium Providence 1963, S. 133/148.

368. Petrof, R. C., and S. Gratch: Wave propagation in a viscoelastic material with temperature-dependent properties and thermomechanical coupling. Trans. ASME J. Appl. Mech. 31, 423/429 (1964).

369. Lubliner, J.: A generalized theory of strain-rate-dependent plastic wave propagation in bars. J. Mech. Phys. Sol. 12, 59/65 (1964).

370. Ting, T. C., and P. S. Symonds: Longitudinal impact on viscoplastic rods-Linear stress-strain rate law. Trans. ASME J. Appl. Mech. 31, 199/207 (1964).

371. Symonds, P. S., and T. C. Ting: Longitudinal impact on viscoplastic rods-Approximate methods and comparisons. J. Appl. Mech. 31, 611/620 (1964).

372. Craggs, J. W.: A rate-dependent theory of plasticity. Int. J. Eng. Sci. 3, 21/26 (1965).

373. Weidlinger, P., F. Asce, and T. Matthews: Shock and reflection in a nonlinear medium. Proc. Am. Soc. Civ. Eng. J. Eng. Mech. Div. 1965, S. 147/168.

374. Schmittmann, E., u. H. U. Plaul: Die elastisch-plastische Verformung metallischer Werkstoffe bei extremster dynamischer Beanspruchung. Arch. Eisenhüttenw. 36, 699/707 (1965).

375. Ruppin, D.: Untersuchungen zum Anstauchen von Verdickungen an langen Profilen mit Hilfe von Sprengstoffen. Dissertation TU Berlin 1966, VDI-Fortschrittsber. Reihe 2, Nr. 8, Mai 66.

376. Kolsky, H., and W. Prager: Stress waves in anelastic solids. IUTAM-Symposium Providence 1963. Berlin/Göttingen/Heidelberg: Springer 1964.

377. Thomas, T. Y.: Characteristic surfaces in the Prandtl-Reuss plasticity theory. J. Rat. Mech. Anal. 5, 251/262 (1956).

378. Thomas, T. Y.: Plastic disturbances whose speed of propagation is less than the velocity of a shear wave. J. Rat. Mech. Anal. 7, 893/900 (1958).

379. Hill, R.: Acceleration waves in solids. J. Mech. Phys. Sol. 10, 1/16 (1962).

380. COLEMAN, B. D., M. E. GURTIN, and I. HERRERA: Waves in materials with memory. I. The velocity of one-dimensional shock and acceleration waves. Arch. Rat. Mech. Anal. 19, 1/19 (1965).
COLEMAN, B. D., and M. E. GURTIN: Waves in materials with memory. II. On the growth and decay of one-dimensional acceleration waves. Arch. Rat. Mech. Anal. 19, 239/265 (1965); III. Thermodynamic influences on the growth and. decay of acceleration waves. Arch. Rat. Mech. Anal. 19, 266/298 (1965); IV. Thermodynamics and the velocity of general acceleration waves. Arch. Rat. Mech. Anal. 19, 317/338 (1965).
COLEMAN, B. D., J. M. GREENBERG, and M. E. GURTIN: Waves in materials with memory. V. On the amplitude of acceleration waves and mild discontinuities. Arch. Rat. Mech. Anal. 22, 333/354 (1966).
381. LIPPMANN, H.: Zur Dynamik des Schmiedens. Arch. Eisenhüttenw. 35, 507/515 (1964).
382. ZAHORSKI, S.: Kinematic stability in the case of slow steady plastic flow. Arch. Mech. Stosow. 16, 1197/1206 (1964).
383. LIPPMANN, H. J., u. H. SCHREINER: Zur Physik der Metallumformung mit hohen Magnetfeldimpulsen. Z. Metallkde., Bd. 55, H. 12, 737/740 (1964).
384. BARTELS, K., u. J. UHLENBUSCH: Zur plastischen Verformung metallischer Hohlzylinder durch schnell veränderliche starke magnetische Felder. Forsch. Ing.-Wes. 32, 87/90 (1966).
387. v. FINCKENSTEIN, E.: Ein Beitrag zur Hochgeschwindigkeitsumformung rohrförmiger Werkstücke durch magnetische Kräfte. 1. Dissertation TH Hannover 1967; 2. Fortschritt-Ber. VDI-Z. Reihe 2, Nr. 17, Düsseldorf 1967.
388. BAUER, D.: Ein neuartiges Meßverfahren zur Bestimmung der Kräfte, Arbeiten, Formänderungen, Formänderungsgeschwindigkeiten und Formänderungsfestigkeiten beim Aufweiten zylindrischer Werkstücke durch schnellveränderliche magnetische Felder. Dissertation TH Hannover 1967.
389. MÜHLBAUER, A., u. E. v. FINCKENSTEIN: Magnetumformung rohrförmiger Werkstücke. Ein Beitrag zur analytischen Behandlung des Umformvorganges. Bänder, Bleche, Rohre 8, 87/92 (1967).
390. JOHNSON, W., A. POYNTON, H. SINGH, and F. W. TRAVIS: Experiments in the underwater explosive stretch forming of clamped circular blanks. Int. J. Mech. Sci. 8, 237/270 (1966).
391. ISMAR, H.: Untersuchungen zur Blechumformung durch Funkenentladung unter Wasser. Dissertation TH Hannover 1967.
392. MARTIN, J. B.: Impulsion loading theorems for rigid-plastic continua. Proc. Am. Soc. Civ. Eng. J. Eng. Mech. Div., Okt. 1964, S. 27/42.
393. MARTIN, J. B.: A displacement bound principle for inelastic continua subjected to certain classes of dynamic loading. Trans. ASME J. Appl. Mech. 32, H. 1, 1/6 (1965).

2 Physikalische Grundlagen der plastischen Formgebung

Mit Beiträgen von E. KAPPLER, A. KOCHENDÖRFER,
E. MACHERAUCH und H.-P. STÜWE

ausgearbeitet von

A. KOCHENDÖRFER und K. E. HAGEDORN

2.1 Einleitung

In der mechanischen Umformung ist es notwendig, die im Innern eines Werkstoffes vor sich gehenden Veränderungen möglichst genau kennenzulernen, um sie in zunehmendem Maße zu beherrschen. Die Forschung auf diesem Gebiet ist von den Vorgängen bei der plastischen Verformung von Einkristallen, besonders bei den kubisch flächenzentrierten Metallen ausgegangen. Diese Vorgänge können heute weitgehend quantitativ beschrieben werden [1].

Die heutigen Vorstellungen stellen zu einem großen Teil Weiterentwicklungen der ersten Ansätze von A. SEEGER [2] und Mitarbeitern dar.

Über die Vorgänge in vielkristallinen Metallen bestand bis vor wenigen Jahren im wesentlichen nur ein qualitatives Bild. In letzter Zeit wurden jedoch einerseits eine große Zahl von gezielten Experimenten durchgeführt, andererseits die theoretischen Überlegungen präzisiert. In dem vorliegenden Bericht wird eine Übersicht über die gewonnenen Erkenntnisse gegeben. Die Ausführungen werden zeigen, daß die experimentellen Ergebnisse und die daraus entwickelten Auffassungen noch nicht ganz einheitlich sind. Daraus kann ersehen werden, daß u. a. auch geringe Unterschiede im Reinheitsgrad und im Gefüge der Proben sich erheblich auf ihr Verhalten auswirken können. Eine Aufgabe der zukünftigen Untersuchungen wird es daher auch sein, die Versuchsbedingungen genau festzulegen.

Bei der Auswahl des Stoffes für diesen Bericht wurde der Schwerpunkt auf die von der Deutschen Forschungsgemeinschaft geförderten Arbeiten gelegt. Weitere in- und ausländische Arbeiten sind zur Ergänzung berücksichtigt worden. Für ausführlichere Angaben sei auf die Übersichten in [3, 4] hingewiesen.

Wir betrachten im Hauptteil die Fließkurven reiner und legierter Metalle, um danach noch kurz auf die Härte einzugehen.

Unter der Fließkurve wird die Vergleichsspannung-Vergleichsdehnungskurve eines Vielkristalls verstanden. Im folgenden wird meist der Zugversuch betrachtet. Die Fließkurve ist dann die Kurve, die die wahre Zugspannung in Abhängigkeit von der wahren Zugdehnung (logarithmische Dehnung $\varepsilon = \ln l_1/l_0$) angibt.

2.2 Fließkurven von reinen Metallen

2.2.1 Temperaturen bei und unterhalb Raumtemperatur, übliche Formänderungsgeschwindigkeiten, kleine Verformungen

2.2.1.1 Korngrößenabhängigkeit der Fließspannung, Überschneidungserscheinungen, Aufteilung der Körner. Ein auffallendes Merkmal der Fließkurve ist es, daß ihr Verlauf von der Korngröße abhängt. Hierzu liegen mehrere Untersuchungen vor, deren Ergebnisse jedoch nicht einheitlich sind. Versuche an Kupfer [6—9] z. B. ergaben eine lineare Abhängigkeit der Fließgrenze von $1/\sqrt{D}$, wobei D der mittlere Korndurchmesser ist. Auf die Problematik der Definition der Fließgrenze bei kubisch flächenzentrierten (kfz) Metallen soll weiter unten eingegangen werden. Diese lineare Abhängigkeit bleibt in guter Näherung auch für Fließspannungen bis zu einer Dehnung von ungefähr 5% erfüllt, wie Bild 2.1

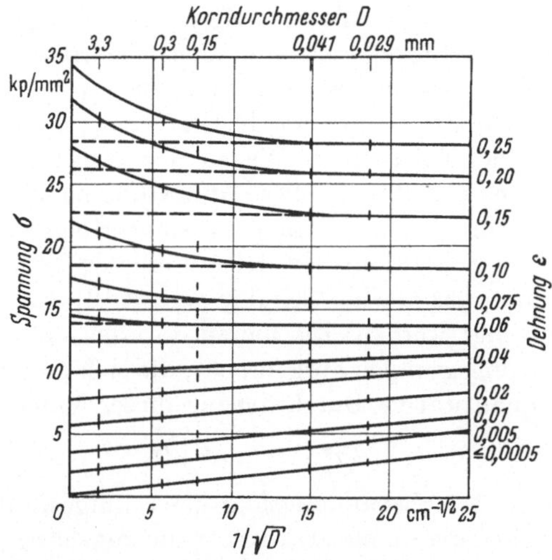

Bild 2.1 Fließspannungen von Kupfer bei Raumtemperatur in Abhängigkeit vom mittleren Korndurchmesser für verschiedene Dehnungen (nach DICK [9]).

zeigt. Untersuchungen an Nickel [10] bestätigen diesen Sachverhalt. Innerhalb der Meßgenauigkeit lassen sich die Fließspannungswerte bei Nickel jedoch auch einer linearen Abhängigkeit von $1/D$ zuordnen. In [11] wird darauf hingewiesen, daß für Kupfer ebenfalls eine lineare Abhängigkeit der Fließgrenze von $1/D$ in Betracht gezogen werden kann. Schließlich ergeben die Meßergebnisse an Silber [12] eine Abhängigkeit der Fließgrenze von der Korngröße, die weder linear zu $1/\sqrt{D}$ noch zu $1/D$ ist, wenn man nur die Großwinkelkorngrenzen zählt.

Das Bild für die kfz reinen Metalle ist also recht uneinheitlich. Hierzu tragen mehrere Gründe bei:

1. Der Umfang der erreichten Korngrößenveränderung entspricht meist nur etwa dem Faktor 10.

2. Bei kfz Metallen treten fast immer Rekristallisationszwillinge auf, und es ist problematisch, ob ihre Grenzen wie Großwinkelkorngrenzen wirken. Meist werden sie bei der Bestimmung der Korngröße mitgezählt; in [12] wird gezeigt, daß dies zu einem qualitativ anderen Ergebnis führt, als wenn nur die Großwinkelkorngrenzen berücksichtigt werden.

3. Die Korngrößen sind immer statistisch verteilt [6, 9, 13], und es besteht daher das Problem der Definition einer mittleren Korngröße.

Für eine einheitliche Korngröße ergibt die Theorie [3], daß bei den kfz Metallen die Fließspannung grundsätzlich linear von $1/\sqrt{D}$ abhängen, somit also die Petch-Beziehung [14, 15] erfüllt sein sollte:

$$\sigma = \sigma_0 + \frac{k}{\sqrt{D}}, \text{ wobei } k \text{ eine Konstante ist.} \tag{1}$$

Nach KOCHENDÖRFER [3] läßt sich diese Beziehung folgendermaßen begründen: In jedem Einzelkristalliten eines Vielkristallverbandes muß Gleitung auf fünf unabhängigen Gleitsystemen erfolgen [18], damit der Werkstoffzusammenhang längs der Korngrenzen gewahrt bleibt (sog. mikroskopisch feine Anpassung). Wegen der Gleitlamellen, die keine Versetzungsquellen enthalten, ist diese Anpassung nicht vollständig, sondern die sog. submikroskopisch feine Anpassung erfolgt erst durch zusätzliche Verformung der Gleitlamellen. Hierzu müssen in den Gleitlamellen unter Überwindung der idealen Schubfestigkeit [2] des Gitters spontan Versetzungen erzeugt werden. Die hierzu erforderliche Schubspannung wird von Versetzungsgruppen aufgebracht, die sich an den Korngrenzen aufstauen. Die quantitative Durchführung dieser Vorstellungen ergibt:

$$k = 3\tau^* \sqrt{l^*} = \sigma^* \sqrt{l^*} \tag{2}$$

wobei τ^* die vom Schubspannungsfeld einer aufgestauten Gruppe zu überwindende Schubspannung ist (bzw. σ^* die zugehörige Zugspannung) und $l^*/2$ der Abstand vom Kopf der aufgestauten Gruppe bis zum Erzeugungsort der zusätzlichen Versetzungen in den Gleitlamellen.

Für die Zahl z der in der Gruppe aufgestauten Versetzungen ergibt sich:

$$z = \frac{\sigma^* \sqrt{l^*} \sqrt{D}}{6\,G b} = \frac{k \sqrt{D}}{6\,G b} \tag{3}$$

wobei G der Schubmodul und b der Burgersvektorbetrag sind. Mit dem Mittelwert für die Fließgrenze der kfz Metalle $k_{\text{Fließgrenze}}$ (kfz) $= 3{,}5 \times 10^{-5}\,G$ cm[1] ergibt sich hieraus [3] $z_{\text{Fließgrenze}}$ (kfz) $= 230\,D/\text{cm}$; mit den Korngrößen $D = D' = 4 \cdot 10^{-3}$ cm und $D = D'' = 2 \cdot 10^{-2}$ cm somit $z = z' = 14{,}5$ und $z = z'' = 32{,}5$ bzw. für die Stufenhöhen der Gleitlinien $t = t' = 36$ Å und $t = t'' = 80$ Å. Diese Werte liegen in dem beobachteten Streubereich [23, 25].

Neben dieser Vorstellung zur Begründung einer linearen Abhängigkeit der Fließspannung von $1/\sqrt{D}$ wurden auch andere Modelle entwickelt, die in [46] zusammengestellt sind und erörtert werden. Hingewiesen sei noch auf die Ableitung [76], bei der zunächst der Fließspannungsanteil von Subkörnern mit der Größe D und dem Desorientierungswinkel ϑ an den Kleinwinkelkorngrenzen betrachtet wird. Der Beitrag ergibt sich entsprechend der Petch-Gleichung proportional zu $\sqrt{\vartheta/D}$. Für Großwinkelkorngrenzen ist der Wert für $\vartheta \sim 15°$ zu nehmen, der zu k-Werten führt, die mit den beobachteten befriedigend übereinstimmen. Eine besonders für kubisch raumzentrierte (krz) Metalle in Frage kommende Theorie wird in Abschnitt 2.3.2 angedeutet werden.

Von etwa 5% Dehnung ab wurden bei kfz Metallen wiederholt Abweichungen von der linearen Abhängigkeit der Fließspannung von $1/\sqrt{D}$ bzw. $1/D$ beobachtet. Mit wachsender Zugverformung nimmt die Fließspannung für größere Korndurchmesser stärker zu als bei kleineren Korngrößen, d. h. die Spannung-Dehnung-Kurven für die verschiedenen Korngrößen überschneiden sich [6, 9, 10, 12, 17]. Ein Beispiel für das Verhalten von Kupfer geben die Bilder 2.1 und 2.2. Die Überschneidungseffekte

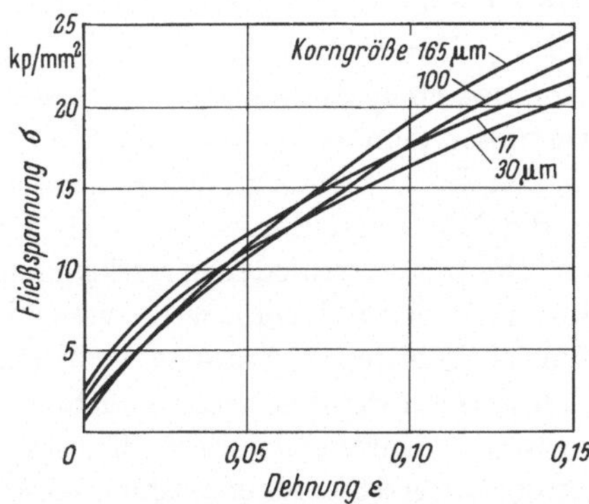

Bild 2.2 Korngrößeneinfluß auf den Verlauf der Fließkurven von Kupfer bei Raumtemperatur (nach Knöll und Macherauch [6]).

[1] In der Angabe von Längen bestehen z. Z. noch Verschiedenheiten zwischen Physik (cm, Å) und Technik (mm, nm). Wir benutzen in Übereinstimmung mit dem meisten bisherigen Schrifttum die in der Physik üblichen Maßeinheiten.

treten oberhalb einer bestimmten Korngröße auf. Bei tieferen Temperaturen wird die Überschneidungstendenz schwächer; bei Silbervielkristallen [12] findet man z. B. bei 78 °K parallele Fließkurven für die verschiedenen Korngrößen.

Eine vollständige Deutung dieser Befunde besteht noch nicht. Aufgrund der Befunde in Bild 2.3 wird die durch die Vorbehandlung erzeugte Textur als wesentlich angesehen [16]. Dementsprechend wurde wieder-

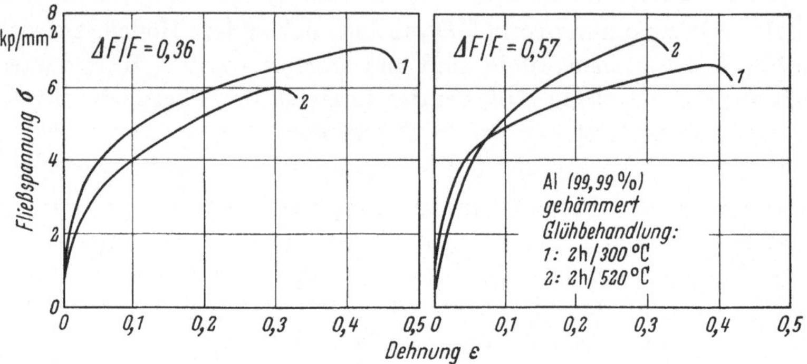

Bild 2.3 Fließkurven von Aluminiumproben, die nach Warmpressung verschieden kaltverformt wurden (nach MACHERAUCH [16]).

holt versucht, die Überschneidungseffekte durch einen Textureinfluß zu deuten [6, 12]. Röntgenaufnahmen an Silberproben [12] haben für Korngrößen oberhalb von 0,05 mm eine leichte ⟨211⟩ Fasertextur ergeben, während bei kleinen Korngrößen und unverformten Proben nahezu keine Textur auftritt. Durch eine ⟨211⟩ Textur erhöht sich die Fließspannung gegenüber der bei regelloser Orientierung der Kristallite, da ihr ein Umrechnungsfaktor zwischen Zug- und Schubspannung von etwa 3,2 entspricht [3] gegenüber dem mittleren Umrechnungsfaktor bei regelloser Orientierung von $\overline{m}_T = 3{,}06$ (vgl. den folgenden Abschnitt).

In [3] werden die Überschneidungseffekte als Folge der Aufteilung der Körner in Bereiche mit verschiedenen wirksamen Gleitsystemen angesehen. Dies kann dann der Fall sein, wenn verschiedene Gleitsysteme in einem Korn hinsichtlich des Aufwandes an Verformungsarbeit (vgl. auch den folgenden Abschnitt) annähernd gleichberechtigt sind. Wenn, etwa ausgehend von Deformationsbändern, in dem Korn Bereiche mit geringen Orientierungsunterschieden entstehen, so werden in diesen verschiedene Gleitsysteme betätigt. Durch die Verformung werden diese Orientierungsunterschiede immer größer, bis sie schließlich den Charakter von Korngrenzen annehmen und wie diese wirken. Da diese Bereiche eine bestimmte Größe nicht unterschreiten können, wenn sie zu einer Verminderung des Arbeitsaufwandes führen sollen, so werden sie mit um so größerer Wahrscheinlichkeit entstehen, je größer die Korngröße ist. Die Überschneidungseffekte können somit auf diese Weise qualitativ richtig gedeutet werden, auch hinsichtlich ihrer Temperaturabhängigkeit.

Auch der Reinheitsgrad des Ausgangsmaterials hat einen Einfluß; bei Nickel [17] wurden z. B. bei einem 99,98% Material Überschneidungserscheinungen beobachtet, dagegen nicht bei 99,8% Material.

Vielfach wird die Ansicht vertreten, daß bei Dehnungen oberhalb von wenigen Prozent die Korngrenzen keinen unmittelbaren Einfluß mehr auf die Fließspannung besitzen und diese allein durch die Versetzungsdichte bestimmt und proportional zur Wurzel aus dieser ist [4].

2.2.1.2 Extrapolierte Fließkurven und Verfestigungskurven der Einkristalle. Ein Vielkristall besteht aus einer Mannigfaltigkeit unterschiedlich orientierter Kristallite, die durch mehr oder weniger stark gestörte Bereiche, die Korngrenzen, voneinander getrennt sind. Wird gemäß den oben erwähnten Vorstellungen den Korngrenzen eine besondere Festigkeit zugeschrieben, so kann man die Fließspannung in einen Kornanteil σ_K und einen Korngrenzenanteil σ_{Gr} aufteilen [3]. Eine solche Aufteilung ist in einer strengen Theorie der plastischen Verformung des Vielkristalls, wie sie formal von Kröner [5] entwickelt wurde, nicht erforderlich; sie erweist sich jedoch beim Vergleich von Ein- und Vielkristall-Fließkurven als zweckmäßig. Ihr entspricht eine Aufteilung der Versetzungen in diejenigen, die im Korninneren miteinander in Wechselwirkung stehen und σ_K bedingen, und in diejenigen, deren Wirkung sich in der Umgebung der Korngrenzen zeigt und zu σ_{Gr} führt.

Unter der Voraussetzung, daß σ_K von der Korngröße D unabhängig ist, also z. B. die Grundstruktur bei verschiedenen Korngrößen dieselbe ist, beschreibt die Petch-Gleichung (1) innerhalb der Genauigkeit, mit der sie erfüllt ist, diese Aufteilung. Es ist dann

$$\sigma_K = \sigma_0 \text{ und } \sigma_{Gr} = \frac{k}{\sqrt{D}} \tag{4a, b}$$

σ_K ergibt sich dann durch Extrapolation der Geraden nach $1/\sqrt{D} \to 0$, also für $D \to \infty$ (Bild 2.1). Entsprechend sind die Verhältnisse, wenn die Fließspannung linear von $1/D$ abhängt. Die Kurve $\sigma_K = \sigma_K(\varepsilon)$ wird im folgenden als extrapolierte Fließkurve bezeichnet.

Der Kornanteil sollte sich durch Mittelung der Fließkurven der Körner über alle Kornorientierungen ergeben und daher zu den Einkristall-Verfestigungskurven in Beziehung stehen. Wird die zur Zugspannung σ_K im Zugversuch gehörige Schubspannung mit τ_K bezeichnet, die Abgleitung mit a_K und der Mittelungsfaktor mit $\overline{m}$, so ist:

$$\tau_K = \frac{\sigma_K}{\overline{m}}, \quad a_K = \overline{m} \cdot \varepsilon \tag{5a, b}$$

$\bar{m}$ ist unter verschiedenen Voraussetzungen berechnet worden. SACHS [19] hat die Körner als freie Einkristalle betrachtet und erhalten:

$$\bar{m} = \bar{m}_s = 2{,}24$$

TAYLOR [18] (vgl. [3]) berücksichtigte, daß die Verformung eines Korns im Vielkristallverband nur durch gleichzeitiges Gleiten auf im allgemeinen fünf voneinander unabhängigen Gleitsystemen bewirkt werden kann. Unter Zugrundelegung einer zugbeanspruchten zylindrischen Probe mit genügend feinen regellos orientierten Körnern wurden die Abgleitungssummen $\sum \mathrm{d}a_i$ auf diesen Gleitsystemen berechnet, um eine vorgegebene makroskopische Dehnung zu erzielen. Bei den kfz Metallen mit 12 Gleitsystemen gibt es viele Kombinationen von Gleitsystemen, die dies leisten, aber mit verschiedenen $\sum \mathrm{d}a_i$. TAYLOR wählte aus diesen geometrisch möglichen die tatsächlich zutreffende Kombination mittels der Forderung aus, daß hierfür die Verformungsarbeit ein Minimum annimmt, er erhielt so für jede Kristallorientierung einen Wert

$$m = \frac{\sum \mathrm{d}a_i}{\mathrm{d}\varepsilon}, \tag{6}$$

der den auf Vielfachgleiten erweiterten Orientierungsfaktor darstellt. Die für die [100]- und [111]-Ecke geltenden Werte $m = 2{,}45$ und $m = 2{,}67$ stimmen mit den Werten für die Orientierungsfaktoren freier Einkristalle überein; bei diesen Einkristallen bedingt die Kristallsymmetrie schon ohne Zwang durch Nachbarkristalle die geforderte Formänderung. Durch Mittelung über alle Orientierungen im stereographischen Grunddreieck ergibt sich für einen regellos orientierten Vielkristall:

$$\bar{m} = \bar{m}_T = 3{,}06\,.$$

Diese Mittelungsverfahren erlauben es, die extrapolierte Fließkurve eines Vielkristalls mit den Verfestigungskurven $\tau = \tau(a)$ von Einkristallen zu vergleichen, um hierdurch Aufschlüsse über die Vorgänge in den Kristalliten bei der Verformung eines Vielkristalls zu erhalten. Da die Einkristall-Verfestigungskurven orientierungsabhängig sind, empfiehlt es sich, nicht diese Vielzahl von Kurven umzurechnen und mit der $\sigma_K = \sigma_K(\varepsilon)$ Kurve zu vergleichen, sondern umgekehrt nach den Gleichungen (5a, b) aus der extrapolierten Fließkurve eine Kurve $\tau_K = \tau_K(a_K)$ zu errechnen. Diese Kurve kann man als Vielkristall-Verfestigungskurve bezeichnen und sie unmittelbar mit den Einkristall-Verfestigungskurven vergleichen, die dann als Meßkurven erhalten bleiben und deren Bereichseinteilung unmittelbar hervortritt. Bild 2.4 zeigt einen solchen Vergleich für Kupfer [9]. Die Fließkurven des Bildes 2.1 wurden folgendermaßen extrapoliert: Einmal wurden zur Ermittlung von σ_K die Schnittpunkte der Kurven $\sigma = \sigma(1/\sqrt{D}; \varepsilon)$ mit der Spannungsachse, d. h. für $1/\sqrt{D} = 0$ bestimmt (sog. gekrümmte Extrapolation). Zum anderen wurden die geradlinigen

Stücke der $\sigma = \sigma(1/\sqrt{D}; \varepsilon)$-Kurven der rechten Bildhälfte von Bild 2.1 verlängert und mit der Spannungsachse zum Schnitt gebracht (sog. geradlinige Extrapolation). Diese geradlinige Extrapolation entspricht der Vorstellung, daß die Petch-Gleichung (1) auch für größere Dehnungen erfüllt bleibt und die Abweichungen für größere Dehnungen, die durch die Überschneidung der Vielkristall-Fließkurven bedingt sind, typische Vielkristallerscheinungen sind. Die so erhaltenen extrapolierten Fließkurven wurden mittels der Faktoren $\overline{m}_S = 2{,}24$ und $\overline{m}_T = 3{,}06$ in Vielkristall-Verfestigungskurven umgerechnet und in Bild 2.4 dargestellt Mit eingezeichnet sind die Verfestigungskurven von Kupfereinkristallen [20] mit nahezu derselben Reinheit und den bezeichneten Ausgangsorientierungen. Der Beginn des Bereiches II ist durch offene, sein Ende durch volle Kreise bezeichnet. Die Einkristallkurven sind soweit nach links verschoben worden, daß ihre Bereiche I (easy glide Bereich) beim Vergleich mit den Vielkristallverfestigungskurven außer Betracht bleiben [3]. Da bei den Einzelkristalliten in einem Vielkristallverband von Anfang an Vielfachgleiten auftritt, um den Zusammenhang längs der Korngrenzen zu gewährleisten, sind in ihnen von Anfang an Hindernisversetzungen in größerer Zahl zu erwarten im Gegensatz zu den Vorgängen bei Einkristal-

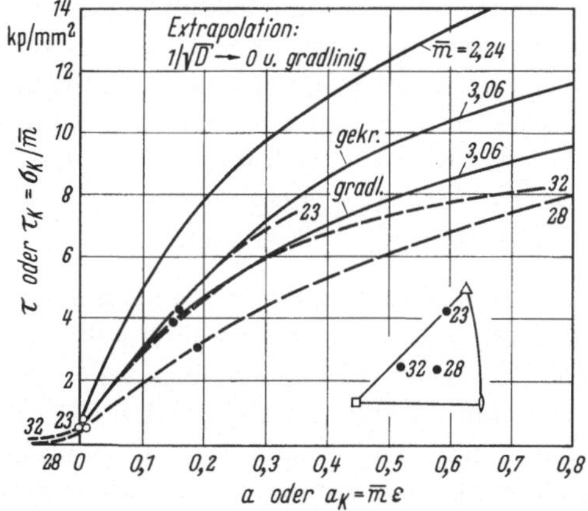

Bild 2.4 Auf unendliche Korngröße extrapolierte und in Verfestigungskurven umgerechnete Vielkristall-Fließkurven und Einkristallverfestigungskurven von Kupfer bei Raumtemperatur (nach KOCHENDÖRFER [3]).

len im Bereich I. Bild 2.4 läßt folgende Zusammenhänge erkennen, die durch eine ähnliche Untersuchung an Nickel [10] weitgehend bestätigt werden und die in [3] ausführlich diskutiert werden, so daß wir uns in diesem Zusammenhang kurz fassen können:

1. Bei geradliniger Extrapolation und $\overline{m}_T = 3{,}06$ ist die Steigung der Verfestigungskurven mittelorientierter Einkristalle (z. B. Nr. 28 in Bild

2.4) im Bereich II kleiner als die entsprechende Steigung der Vielkristallverfestigungskurve. Im Bereich III der ersteren stimmen jedoch die Steigungen überein. Die Verfestigungskurven der Einkristalle, deren Orientierung in dem der linken Grenzlinie [100]-[111] zugewandten Randbereich der mittelorientierten liegt (z. B. Nr. 32), geben dagegen in ihrem Bereich II und zu Beginn des Bereiches III den Verlauf der Vielkristallverfestigungskurve gut wieder.

2. Bei gekrümmter Extrapolation und $\overline{m}_T = 3{,}06$ wird die Vielkristallverfestigungskurve über einen großen Teil durch die Verfestigungskurven von Einkristallen wiedergegeben, deren Orientierung in der [111]-Ecke liegt (z. B. Nr. 23).

3. Die mit $\overline{m}_S = 2{,}24$ berechnete Vielkristallverfestigungskurve dagegen zeigt keine Übereinstimmung; dies ist verständlich, da hierbei die Annahme gemacht wird, daß sich die einzelnen Kristallite eines Vielkristalls wie freie Einkristalle verformen.

Als Folgerungen ergeben sich: Durch Vergleich der Vielkristall- mit den Einkristallverfestigungskurven allein kann nicht entschieden werden in welcher Weise der Kornanteil σ_K tatsächlich zu ermitteln ist, sondern es müssen dazu theoretische Überlegungen angestellt werden, die in [3] beschrieben sind. Andererseits läßt es die Übereinstimmung einer Vielkristall- mit einer Einkristallverfestigungskurve in den Bereichen II und III als ziemlich sicher erscheinen, daß dadurch zwei Bereiche der ersteren festgelegt werden, bei denen sich in den Körnern des Vielkristalls dieselben Vorgänge abspielen wie im Einkristall. Die Anfangspunkte dieser beiden Bereiche der Vielkristallverfestigungskurve liegen [9, 10] bei $a_2 = 0{,}01$ bis $0{,}06$ und $a_3 = 0{,}15$ bis $0{,}18$ entsprechend $\varepsilon_2 = 0{,}01$ bis $0{,}02$ und $\varepsilon_3 = 0{,}05$ bis $0{,}06$, falls man $\overline{m}_T = 3{,}06$ wählt.

2.2.1.3 Verlauf und Bereichseinteilung der Fließkurve, Gleitlinien und Versetzungsgefüge. Mehrere Autoren haben die Fließkurve der kfz Metalle gemäß ihrem Verlauf in drei Bereiche eingeteilt [4], jedoch nicht einheitlich. Derner und Kappler [21] fanden bei Aluminium nach einem gekrümmten Übergangsbereich, der auf typischen Vielkristalleffekten beruht, einen Bereich mit nahezu konstanter Steigung $d\sigma/d\varepsilon$, den sie mit dem Bereich II[1] der Einkristallverfestigungskurve in Verbindung bringen. Daran schließt sich ein annähernd parabolisch gekrümmter Bereich an, bei dem die Steigung $d\sigma/d\varepsilon$ mit zunehmender Verformung laufend abnimmt; dieser Bereich entspricht dem Bereich III der Einkristalle. Zu einer ähnlichen Bereichseinteilung kommen Macherauch und Mitarbeiter [6, 17] bzw. zu einer Einteilung in vier Bereiche [22, 33] (vgl. hierzu Abschnitt 2.3.4), dabei zeichnet sich der Bereich 2

[1] Die Bereiche werden für die Einkristalle mit I, II, III, für die Vielkristalle mit 1, 2, 3 bezeichnet.

immer durch eine konstante Steigung der Fließkurve aus. Dies wurde auch in [9] bei Kupfer und weniger ausgeprägt in [10] bei Nickel beobachtet. Demgegenüber ließ sich bei Silber in [12] kein Bereich mit konstanter Steigung finden.

Diese unterschiedlichen Ergebnisse dürften teilweise dadurch bedingt sein, daß bei vielen Untersuchungen die Dehnung nicht unmittelbar an der Probe selbst gemessen wurde, sondern aus der Bewegung der Einspannköpfe der Proben bestimmt wurde. Wie durch direkte Messungen an der Probe gezeigt werden konnte [9, 10], hängt die Dehnung der Probe nicht linear von der aus der Bewegung der Einspannköpfe bestimmten Längenänderung ab. Außerdem sind die Parameter der Fließkurve zum Teil korngrößenabhängig, so daß eine eindeutige Zuordnung zu Einkristallverfestigungskurven nicht ohne weiteres möglich ist. Auf Grund des Verlaufes der Fließkurve bzw. ihrer Ableitung $d\sigma/d\varepsilon$ bzw. $d\varepsilon/d\sigma$ [23] allein ist also keine Bereichseinteilung sicher durchzuführen, die der bei Einkristallen entspricht. Durch Hinzunahme von Gleitlinienbeobachtungen und magnetischen Untersuchungen der Remanenz, der Koerzitivkraft und der Anfangspermeabilität teilen SCHWINK und Mitarbeiter [11, 13, 23, 24, 25] die Fließkurven von Kupfer und Nickel folgendermaßen ein:

1. Die plastische Verformung setzt nicht einheitlich in allen Körnern ein, sondern erstreckt sich auf ein Verformungsintervall beginnend bei einer Spannung σ_0 bis zu einer Gesamtdehnung von 0,1% entsprechend σ_1, wobei die Verformung in großen Körnern beginnt und sich dann auf die übrigen Körner ausdehnt. Es liegt immer Mehrfachgleitung vor.

Hiernach wäre es also physikalisch sinnvoll, die Spannung σ_1 als makroskopische Fließgrenze festzusetzen [3], da bei ihr die plastische Verformung gerade in allen Körnern eingesetzt hat. Da sie jedoch nicht einfach zu bestimmen ist, bezeichnet man in der Praxis als Fließgrenze die zu einer bestimmten kleinen plastischen Dehnung (z. B. 0,2%) gehörende Fließspannung. Weitere Erörterungen hierzu findet man in [3].

2. Der sich bei der Spannung σ_1 anschließende Bereich 1 reicht bis zu einer Dehnung von etwa 1% bei Raumtemperatur und 2% bei der Temperatur der flüssigen Luft (um 90 °K) und ist charakteristisch für den Vielkristall. Die Länge der Gleitlinien ist zu Beginn des Bereiches etwa gleich dem Korndurchmesser und nimmt gegen Ende desselben stark ab [25]. Es werden stets mehrere Gleitsysteme in den einzelnen Körnern betätigt. Die mittlere Abgleitung pro Gleitstufe wurde an Nickel anfänglich [23] zu 75 ± 40 Å und später [25] zu 40 ± 10 Å gemessen. Sie ist im Rahmen der Meßgenauigkeit unabhängig von der Korngröße und der Verformungstemperatur.

3. Der Bereich 2 erstreckt sich von etwa 1% Dehnung bis etwa 5% bei Raumtemperatur und bis etwa 8% bei der Temperatur der flüssigen

Luft (um 90 °K), entsprechend den Spannungen σ_2 und σ_3. Die Gleitlinienlänge nimmt wie bei Einkristallen im Bereich II der Verfestigungskurve mit zunehmender Verformung ab, jedoch in einer kennzeichnend verschiedenen Weise. Es tritt eine Aufteilung der Körner in einzelne Gebiete auf, in denen jeweils ein Gleitsystem vorherrschend betätigt wird. Die Gleitlinien treten gebündelt auf, was bei höheren Spannungen zu Gleit- und Deformationsbändern führt.

4. Erst in dem an Bereich 2 anschließenden Bereich 3 wird stark zunehmende Quergleitung beobachtet. Der Beginn von Bereich 3 läßt sich quantitativ mit dem Beginn von Bereich III der Einkristallverfestigungskurven vergleichen.

Diese Bereiche entsprechen weitgehend denen der extrapolierten Fließkurven [9, 10], die im vorigen Abschnitt geschildert wurden. Die dort geäußerte Vermutung, daß sich im Bereich 2 und 3 in den Kristalliten eines Vielkristalls dieselben Vorgänge abspielen wie in den Bereichen II und III im Einkristall wird also bestätigt. SCHWINK und Mitarbeiter [11, 25] nutzten ihre experimentellen Ergebnisse aus und entwickelten eine Versetzungstheorie der Fließkurve, wobei sie die Seegersche Theorie [2] der Verfestigungskurve von kfz Einkristallen auf den Vielkristall übertrugen. Danach [25] läßt sich Bereich 1 beschreiben, wenn man für den verfestigungsbestimmenden Versetzungslaufweg einen in bestimmter Weise definierten mittleren Korndurchmesser wählt und außerdem berücksichtigt, daß dieser mit zunehmender Spannung langsam abnimmt. Im Bereich 2 soll die Verfestigung durch den infolge von Versetzungsreaktionen im Korninneren abnehmenden Versetzungslaufweg bestimmt sein. Er stimmt hier mit der mittleren Gleitlinienlänge überein. Für deren Gang gibt Bild 2.5 ein Beispiel. In ihm ist für Nickel bei 90 °K die Gleitlinienlänge L als Funktion der reziproken Spannung aufgetragen. Von kleinen Spannungen beginnend (σ_1 liegt weit rechts außerhalb des Bildes), nimmt L zunächst mit wachsender Spannung langsam ab, dann folgt ein Gebiet schnellen Abfalls, und schließlich fällt L wieder langsamer ab. Die Lage der Randpunkte des Bereiches 2 (σ_2 und σ_3) ist auf Grund des Verlaufes von $\mathrm{d}\varepsilon/\mathrm{d}\sigma$ eingezeichnet. Das Bild läßt deutlich den in [11] vorausgesagten linearen Zusammenhang zwischen L und $1/\sigma$ erkennen. Die Gleitliniendaten erlauben mittels der aufgestellten Theorie eine Berechnung der Größen $\mathrm{d}\varepsilon/\mathrm{d}\sigma$ und $\mathrm{d}^2\varepsilon/\mathrm{d}\sigma^2$ für den Bereich 2, die mit den gemessenen Werten gut übereinstimmt [25]. Zu größeren Spannungen hin wird der Bereich 2 durch das Auftreten von Quergleitung, also dynamischer Erholung, begrenzt; die Spannung σ_3 ist also durch das erste Auftreten von Quergleitung der Schraubenversetzungen in den Körnern gegeben, dieser Befund ist durch elektronenmikroskopische Beobachtungen gesichert. Im Bereich 1 kommt nach obiger Theorie die Verfestigung durch die Rückspannung der Versetzungen an den Korngrenzen zustande. Die Spannung σ_2 ist dadurch gegeben, daß die inneren Spannungen infolge von Versetzungsreaktionen im Korninneren ebenso groß werden, wie die die Verfestigung im Bereich 1 bestimmenden von Spannungszentren an den Korngrenzen herrührenden Spannungen.

Nach [12] läßt sich für alle reinen kfz Metalle für Dehnungen von rund 5% bis etwa 30%, also grob gesprochen im Bereich 3, die Fließkurve

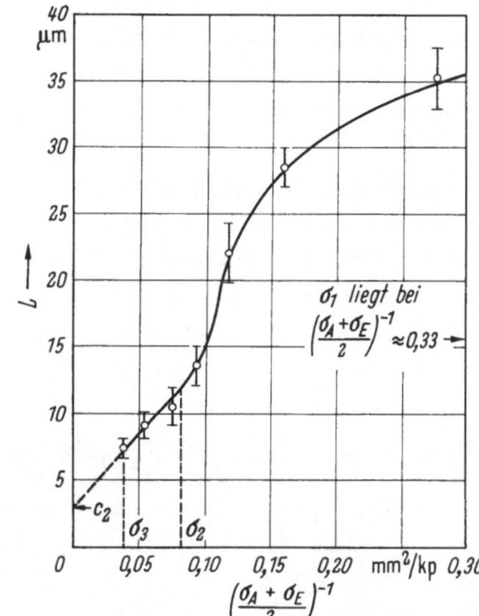

Bild 2.5 Mittlere Gleitlinienlänge L bei Nickel in Abhängigkeit von der reziproken Fließspannung bei einer Verformungstemperatur von 90 °K. σ_A bzw. σ_E Spannung am Anfang bzw. Ende des Belastungsintervalls (nach SCHWINK [25]).

darstellen in der Form $\sigma = \varepsilon^n$, wobei der Verfestigungskoeffizient n u. a. von der Korngröße, dem Schubmodul und der Stapelfehlerenergie abhängt.

Verschiedentlich, z. B. [3, 22], wurde darauf hingewiesen, daß im Gegensatz zum Einkristall die Beobachtungen von Gleitlinien auf der Oberfläche von Vielkristallen nicht ohne weiteres auch als für das Probeninnere geltend angesehen werden dürfen. Die Körner an der Probenoberfläche unterliegen einem geringeren Zwang als die im Probeninneren. Daher ist die Zahl der betätigten Gleitsysteme in Oberflächenkristalliten kleiner als im Probeninneren. Außerdem ergeben sich z. B. auch im Zugversuch Verformungsinhomogenitäten, die nach der Entlastung zu Eigenspannungen erster Art führen, die durch eine Verschiebung der Röntgenlinien nachgewiesen wurden [4, 26, 27]. Dafür jedoch, daß die Erscheinungen in den Oberflächenkristalliten qualitativ dieselben sind wie im Probeninneren, geben nach Ansicht von SCHWINK und Mitarbeitern [11, 23] die Ergebnisse der magnetischen Untersuchungen an Nickel einen Beleg.

Durch eine röntgenographische [28, 30] bzw. lichtoptische [29, 30] Orientierungsbestimmung von Einzelkristalliten im Vielkristall konnten die dort elektronen- bzw. lichtmikroskopisch beobachteten Gleitlinien bestimmten Gleitsystemen zugeordnet werden. Es ergab sich, daß überwiegend die Gleitebenen $\{111\}$-Ebenen sind und die Gleitrichtungen $\langle 110 \rangle$-Richtungen, wie es für kfz Einkristalle der Fall ist (sog. Oktaedergleitung); daneben wurde aber auch vereinzelt Nichtoktaedergleitung beobachtet. Weiterhin wiesen elektronenmikroskopische Beobachtungen auf das unterschiedliche Verhalten von Korninnerem und Kornrand hin [32], es tritt z. B. oft eine Induzierung von Gleitbändern in den Nachbarkörnern auf [30, 31]; außerdem wurde Korngrenzenabgleiten beobachtet [22].

Zusätzlich zu umfangreichen Oberflächenbeobachtungen von verformten Kupfervielkristallen wurden [22] elektronenmikroskopische Durchstrahlungsaufnahmen gemacht, um die Versetzungsanordnung zu untersuchen. Die Versetzungen waren hierzu durch Bestrahlung mit schnellen Neutronen verankert worden. Im Bereich von 0 bis 1% Dehnung wurden Versetzungsgitter beobachtet (Bild 2.6), wie sie sich

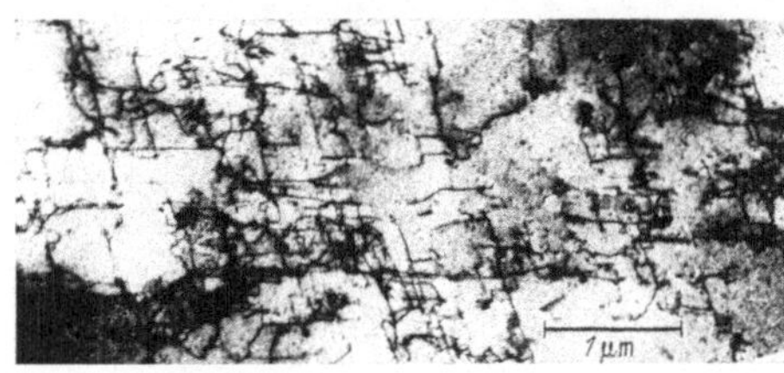

Bild 2.6 Elektronenmikroskopische Durchstrahlungsaufnahme der Versetzungsstruktur einer bei Raumtemperatur bis 1% verformten Kupferprobe (nach KREITZ [22]).

bei kfz Einkristallen im Bereich II zeigen. Dagegen wurden keine Versetzungsstränge wie bei Einkristallen beobachtet, was einen weiteren Beleg für die oben aufgestellte Behauptung liefert, daß es bei der Vielkristallverformung wegen der Mehrfachgleitung keinen easy-glide-Bereich gibt. Bereits bei kleinen Verformungen zeigten sich beträchtliche Versetzungsdichten in den sekundären Gleitsystemen. Oberhalb von $\varepsilon = 0{,}04$ wurde Zellbildung beobachtet, mit einer Zellgröße von etwa 2 µm, die in guter Übereinstimmung mit Werten aus dem Schrifttum ist. Ein Beispiel hierfür gibt Bild 2.7. Die Zellbildung ist eine allgemeine Erscheinung bei der plastischen Verformung von kfz und krz reinen Metallen [4, 39]. In einzelnen Körnern wurden Anhäufungen von Versetzungen an Korngrenzen festgestellt; ausgeprägte Versetzungsaufstauungen konnten dagegen weder im Korninneren noch an den Korngrenzen gefunden werden.

Insgesamt bestätigen somit die Gleitlinien- und Versetzungsbeobachtungen, daß in den einzelnen Kristalliten eines Vielkristalls sich

Prozesse abspielen, die schon vom Einkristall her bekannt sind; ein dominierender Prozeß ist dabei die Vielfachgleitung, bedingt durch den Zwang, den die einzelnen Körner aufeinander ausüben.

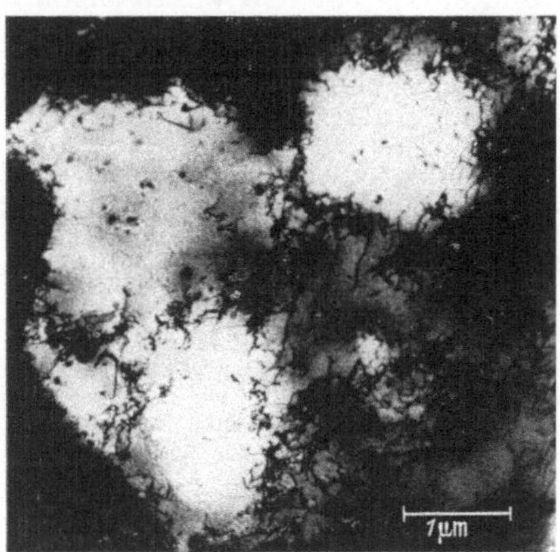

Bild 2.7 Elektronenmikroskopische Durchstrahlungsaufnahme der Versetzungsstruktur einer bei Raumtemperatur bis 3,9% verformten Kupferprobe (nach KREITZ [22]).

2.2.1.4 Temperatur- und Geschwindigkeitsabhängigkeit der Fließspannung, Aktivierungsanalyse. Zunächst seien die Verhältnisse bei *stetiger Versuchsführung* erörtert. Eine Bereichseinteilung entsprechend SCHWINK und Mitarbeitern läßt sich auch bei tiefen Temperaturen bis 90 °K durchführen [13, 24]. Mit abnehmender Temperatur nimmt die Fließspannung im allgemeinen zu, dabei treten oft Bereiche mit großer oder fast verschwindender Temperaturabhängigkeit auf. Ein Beispiel gibt Bild 2.8 nach Untersuchungen von MACHERAUCH und Mitarbeitern [16]. Als Ordinate ist das auf 90 °K bezogene Verhältnis der Streckgrenze dividiert durch den Schubmodul und als Abszisse die Temperatur aufgetragen.

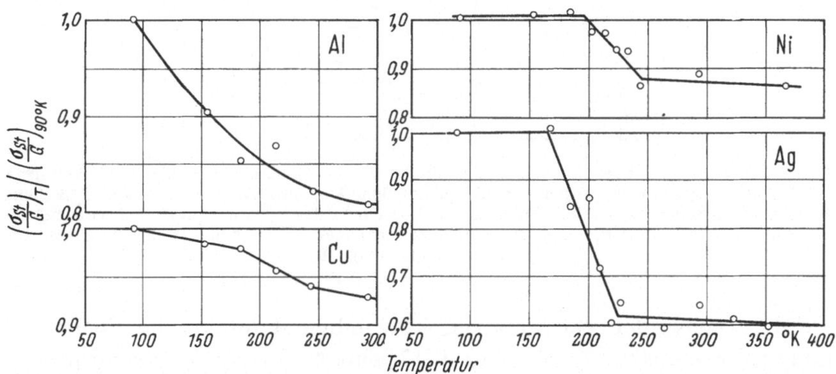

Bild 2.8 Das auf 90 °K bezogene Verhältnis von Fließgrenze zu Schubmodul als Funktion der Temperatur für vier kubisch flächenzentrierte Metalle (nach MACHERAUCH [16]).

Bei Nickel und Silber zeigen sich deutlich zwei Bereiche mit schwacher und ein Bereich mit starker Temperaturabhängigkeit. Bei Kupfer sind die Bereiche weniger ausgeprägt, bei Aluminium verschwinden sie. Dieser Befund entspricht den Voraussagen der Seegerschen Theorie [2] für die Fließspannung von Einkristallen aus kfz reinen Metallen. Auch hieraus kann man schließen, daß die temperaturabhängigen Prozesse (Versetzungsschneidprozesse) zu Beginn der Verformung in den Kristalliten eines Vielkristalls dieselben sind wie im Einkristall [17]. Mit wachsendem Verunreinigungsgrad verschwindet bei Nickel die Dreiteilung, was einem Legierungseffekt zuzuschreiben ist.

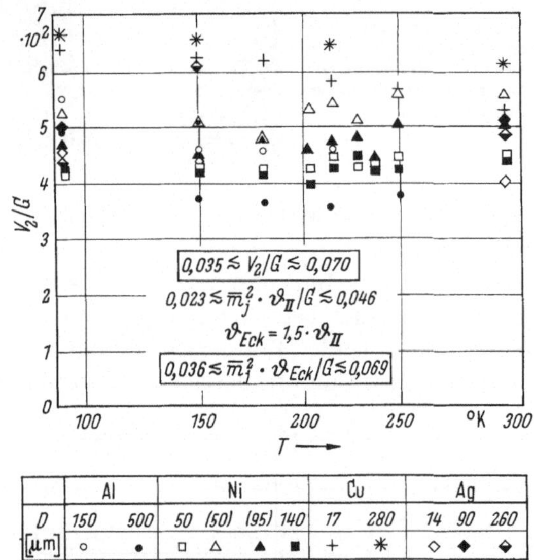

Bild 2.9 Auf den Schubmodul bezogene Steigungen v_2 des linearen Bereiches der Fließkurve in Abhängigkeit von der Temperatur für verschiedene Korngrößen von vier kubisch flächenzentrierten Metallen. ϑ_{II} ist die Steigung im Bereich II der Verfestigungskurve von mittelorientierten Einkristallen, ϑ_{Eck} die von eckorientierten. $\overline{m}_j = 3,06$ ist der Taylorfaktor (nach Macherauch [16]).

Mit wachsender Verformungsgeschwindigkeit nimmt die Fließspannung zu. So ergab z. B. bei Nickel [17] eine Änderung der Verformungsgeschwindigkeit um zwei Zehnerpotenzen eine Zunahme der Fließgrenze um etwa 10%.

Die Steigung des geradlinigen Bereiches der Fließkurve v_2 ist nur schwach temperaturabhängig. In Bild 2.9 sind die auf den Schubmodul bezogenen Werte von v_2 eingezeichnet in Abhängigkeit von der Temperatur mit der Korngröße als Parameter. Bemerkenswert ist, daß die v_2/G Werte für Vielkristalle aus kfz Metallen in dem schmalen Bereich zwischen

0,035 und 0,07 liegen. Die schwache Temperaturabhängigkeit von v_2 läßt sich damit begründen, daß v_2 durch die Änderung weitreichender Spannungsfelder mit der Dehnung zustandekommt [33].

Zwischen dem Logarithmus der Spannung, bei der makroskopisches Quergleiten einsetzt, und der Verformungstemperatur wurde oft ein linearer Zusammenhang beobachtet [13, 17, 24, 33]. Hieraus wurde unter Benutzung der für Einkristalle geltenden Theorien die Stapelfehlerenergie berechnet, die sich in der richtigen Größenordnung ergab [17].

Nun betrachten wir die *unstetige Versuchsführung*. Einen quantitativen Einblick in die Prozesse, die bei der plastischen Verformung ablaufen, liefert die thermische Aktivierungsanalyse von CONRAD und WIEDERSICH [34]. Sie gibt Auskunft über den Anteil der thermisch aktivierbaren Prozesse (z. B. Schneidvorgänge und Quergleiten von Versetzungen) an der jeweiligen Fließspannung. Denn nach der Seegerschen Theorie [2] für den Einkristall setzt sich die Fließspannung aus einem nur schwach temperaturabhängigen Anteil τ_G, der durch die Wirkung des weitreichenden Spannungsfeldes der in den Gleitzonen aufgestauten Versetzungen auf die Gleitversetzungen bestimmt ist, und einem stark temperatur- und geschwindigkeitsabhängigen Anteil τ_S zusammen, der auf thermisch aktivierbaren Schneidprozessen der Gleit- mit den Waldversetzungen beruht. Durch Messung der bei Temperatur- und Geschwindigkeitswechselversuchen auftretenden Fließspannungssprünge lassen sich unter bestimmten Annahmen das Aktivierungsvolumen und die Aktivierungsenergie bestimmen [4, 12]. Nach COTTRELL und STOKES [35, 36] sollte das Verhältnis der Fließspannungen $\sigma(T_2)/\sigma(T_1)$ mit $T_1 < T_2$ unabhängig von der Dehnung sein. Entsprechendes sollte auch bei Geschwindigkeitswechseln gelten. Trifft diese Beziehung zu, so zeigt sie an, daß der Bruchteil der thermisch aktivierbaren Vorgänge konstant

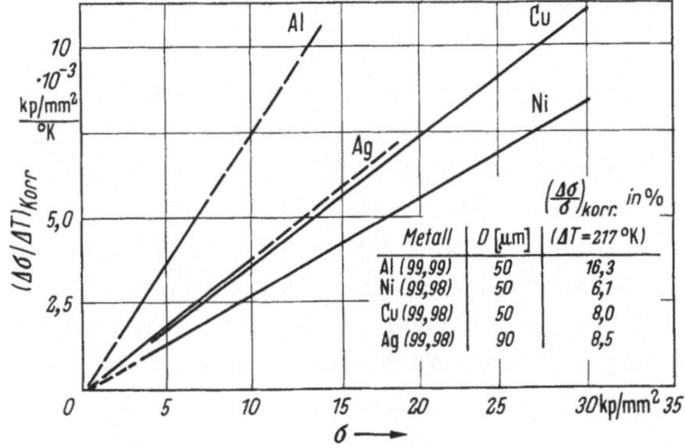

Bild 2.10 Quotient aus Fließspannungs- und Temperaturänderung als Funktion der Fließspannung, von der zu kleineren Temperaturen beim Temperaturwechselversuch gewechselt wurde, für vier kubisch flächenzentrierte Metalle (nach MACHERAUCH [16]).

ist, d. h. τ_S/τ_G = const; er ist umso größer, je kleiner das Fließspannungsverhältnis ist [13].

Die an Vielkristallen durchgeführten Temperatur- und Geschwindigkeitswechselversuche haben unterschiedliche Ergebnisse erbracht. MACHERAUCH und Mitarbeiter [12, 16, 33, 37] fanden, daß das Cottrell-Stokessche Fließspannungsverhältnis im Dehnungsintervall von etwa 0,01 bis 0,15 gut konstant ist bei Temperaturwechselversuchen an Aluminium, Nickel, Kupfer und Silber (Bilder 2.10 und 2.11); bei Silber werden bei gleicher Fließspannung, unabhängig von der Korngröße,

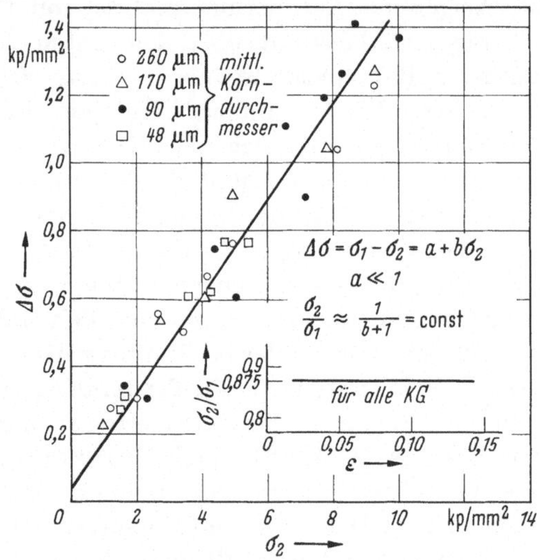

Abb. 2.11 Fließspannungsänderung bzw. Fließspannungsverhältnis von Silber bei Temperaturwechselversuchen von T_2 = 295 °K nach T_1 = 78 °K in Abhängigkeit von der Fließpannung bei T_2 für verschiedene Korngrößen (nach MACHERAUCH, MAYR und VÖHRINGER [12]).

gleiche Fließspannungssprünge beobachtet. Die Aktivierungsvolumina fallen stark mit wachsender Fließspannung ab, wie Bild 2.12 zeigt. Auch von DERNER und KAPPLER [38] wird die Gültigkeit des Cottrell-Stokesschen Gesetzes für Aluminium bestätigt. Demgegenüber ergaben Temperaturwechselversuche von SCHWINK und Mitarbeitern, daß das Fließspannungsverhältnis bei Nickel [24] höchstens für Dehnungen zwischen 1% und 5% annähernd konstant ist, während es unterhalb von 1% Dehnung stark mit wachsender Fließspannung zunimmt und oberhalb 5% wieder leicht abnimmt; ähnliches Verhalten zeigte Kupfer [13].

Aus dem charakteristischen Anstieg des Fließspannungsverhältnisses bei kleinen Verformungen schließt SCHWINK [24], daß bei Spannungen unterhalb σ_2, also insbesondere bei σ_1 (d. h. im Bereich 1 der Fließkurve und im Einleitungsbereich), noch ein erheblicher Schneidanteil zur Gesamtfließspannung beiträgt, dessen Verhältnis zum Anteil der Spannungsfelder aber bis σ_2 rasch abnimmt. Zwischen σ_2 und σ_3, d. h. im Bereich 2, ändert sich das Spannungsverhältnis nur sehr wenig, Schneid- und Spannungsanteil wachsen hier nahezu proportional zueinander. Im

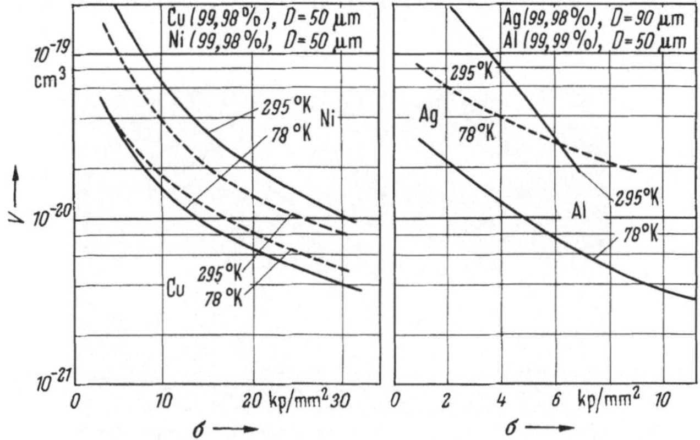

Bild 2.12 Aktivierungsvolumina bei verschiedenen Verformungstemperaturen als Funktion der Fließspannung für vier kubisch flächenzentrierte Metalle (nach MACHERAUCH [16]).

Bereich 3 dagegen nimmt wegen der einsetzenden Quergleitung das Spannungsverhältnis rasch ab. Der Maximalwert des Verhältnisses $\sigma(T_2)/\sigma(T_1)$ für $T_2 = 295$ °K und $T_1 = 85$ °K bzw. 77 °K bei Vielkristallen mit rund 0,90 [13, 24] erreicht nicht ganz den bei Einkristallen gefundenen [39] Wert von $\tau(T_2)/\tau(T_1)$ in Höhe von 0,94. Das entspricht wegen des größeren Anteils an Mehrfachgleitung bei Vielkristallen ganz den Erwartungen [24].

2.2.2 Temperaturen oberhalb Raumtemperatur, hohe Formänderungsgeschwindigkeiten, hohe Verformungen

Die bisherigen Ausführungen bezogen sich auf plastische Dehnungen bis etwa $\varepsilon = 0{,}5$, wie sie sich im Zugversuch bis zum Beginn der Einschnürung der Proben erzielen lassen. Für die Probleme der Umformtechnik sind aber gerade die Vorgänge bei größeren plastischen Verformungen interessant. Da hierüber von STÜWE [40] ein Übersichtsartikel veröffentlicht worden ist, können die Ausführungen in diesem Rahmen kurz gefaßt werden.

Am übersichtlichsten lassen sich hohe Verformungen im Torsionsversuch erreichen. Solche Versuche sind von KAPPLER und Mitarbeitern

u. a. an Kupfer [41, 42] durchgeführt worden. Die Schubspannungs-Scherungskurven zeigen bei Raumtemperatur einen Grenzwert, der nur von der Temperatur und der Verformungsgeschwindigkeit abhängt, aber nicht von der Vorgeschichte der Probe. Ferner wurde bei großen plastischen Verformungen eine Aufteilung der Kristallite in zahlreiche Bereiche verschiedener Orientierung beobachtet; die mittlere Größe der Bereiche wird bei hohen Verformungsgraden konstant, sie ist um so kleiner, je tiefer die Verformungstemperatur ist. Bild 2.13 gibt einen Über-

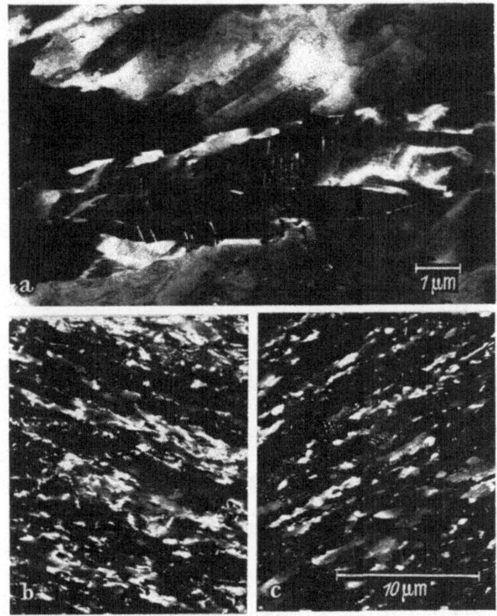

Bild 2.13 Verschiedene Stadien der Kornzerkleinerung von bei Raumtemperatur durch Torsion verformtem Kupfer für folgende Scherungen: a) $\gamma = 1{,}9$ b) $\gamma = 6{,}0$ c) $\gamma = 10{,}4$. Die Struktur des unverformten Materials zeigt Bild 2.14 (nach GREWE und KAPPLER [42]).

blick über die verschiedenen Stadien der Kornzerkleinerung durch Verformung bei Raumtemperatur. Besonders bemerkenswert ist, daß sich bei großen Verformungsgraden das Strukturbild mit der Verformung nicht mehr ändert. Zum Vergleich zeigt Bild 2.14 die Struktur des unverformten Materials. Das bei hohen Verformungsgraden sich einstellende Gefüge wird gedeutet als das Ergebnis eines dynamischen Gleichgewichtes zwischen einem infolge zunehmender Verzerrung auftretenden Kornzerkleinerungsprozeß und einem dynamisch entweder durch Rekristallisation oder durch Subkornwachstum verursachten Kornwachstumsprozeß. Bei den hohen Verformungen tritt außerdem eine starke Verformungstextur auf, so daß sich die für isotropes Material gültige Fließbedingung nach Huber und von Mises nicht mehr anwenden läßt [41] und die Bestimmung einer Fließkurve (in dem festgesetzten Sinne der Vergleichsspannung-Vergleichsdehnung-Kurve) problematisch wird.

Das Problem der Gültigkeit einer einheitlichen Fließbedingung wurde auch noch in anderen Arbeiten von Kappler und Mitarbeitern untersucht, z. B. [43, 44]. Stüwe [40] weist auf folgende Punkte hin, die

Bild 2.14 Elektronenmikroskopisches Bild einer auf unverformtes polykristallines Kupfer aufgewachsenen Nickelschicht. a) Hellfeld b) Dunkelfeld c) Dunkelfeld, Aperturblende während der Exposition bewegt (nach Grewe und Kappler [42]).

systematische Abweichungen von den aus der Plastizitätsmechanik für isotrope Medien hergeleiteten Fließbedingungen verursachen:

1. Anisotropie der verformten Metalle durch Textur und durch Versetzungsstruktur (z. B. Bauschinger Effekt).

2. Abhängigkeit der Fließspannung vom hydrostatischen Druck, die aber der Annahme zur Herleitung der Fließkriterien widerspricht.

Für die meisten praktischen Anwendungen dürfte es nach Stüwe [40] jedoch genügen, mit der isotropen Plastizitätsmechanik zu rechnen unter Verwendung eines Korrekturfaktors zur Berücksichtigung der obigen Effekte.

Es soll nun auf die Form der Fließkurve bei hohen Verformungsgraden eingegangen werden. Nach Stüwe [40] schließt sich bei Raumtemperatur bei kfz Metallen an die im Abschnitt 2.2.1.3 geschilderten Bereiche 1 bis 3 ein Bereich 4 an, in dem die Fließkurve zunächst steiler ansteigt als im Bereich 3, dann aber in ein Plateau mündet. Dieses Verhalten wurde von Stüwe und Mitarbeitern [40] an Kupfer, Aluminium, Silber und Nickel beobachtet, ebenso an Eisen, d. h. einem krz Metall. Es ist nach neueren

Untersuchungen dieser Autoren auf einen Umschlag der Verformungstextur zurückzuführen.

Bei genügend hohen Temperaturen oberhalb Raumtemperatur durchläuft die Fließkurve vielkristalliner Metalle ein Maximum bei Verformungsgraden um 100% und fällt danach auf einen stationären Wert ab [40, 45]. Ein Beispiel hierfür zeigt Bild 2.15 für technisch reines Aluminium, bei dem das Maximum bei Temperaturen oberhalb von 250 °C auftritt. Die Höhe des Maximums und des Plateaus nimmt mit wachsender Verformungsgeschwindigkeit zu. Der zum Maximum gehörige Verformungsgrad hängt dagegen nur schwach von Temperatur und Verformungsgeschwindigkeit ab. Nach STÜWE [45] läßt sich dieses Ver-

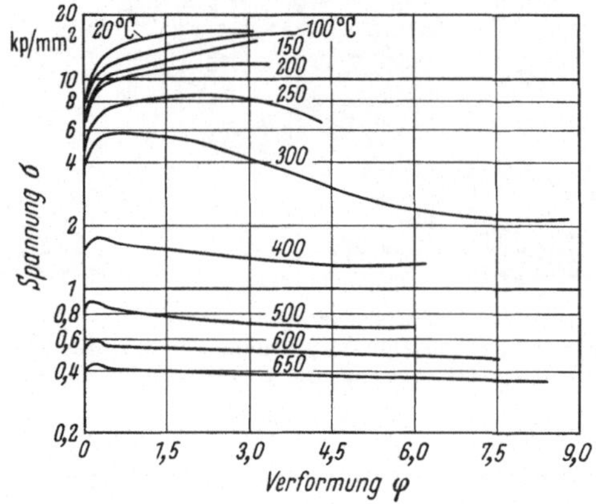

Bild 2.15 Fließkurven von Aluminium technischer Reinheit bei verschiedenen Temperaturen und einer Verformungsgeschwindigkeit $\dot{\varphi} \approx 0{,}02/\mathrm{s}$ (nach STÜWE [40]).

halten durch Klettern von Stufenversetzungen beschreiben. Die dazu erforderlichen Leerstellen werden während der Verformung durch Schneidprozesse erzeugt. Metallographische Untersuchungen [77] haben diese theoretischen Vorstellungen bestätigt.

2.3 Fließkurven von Legierungen

Unter dieser Überschrift sollen nicht nur die Eigenschaften der Metalle mit absichtlich zugesetzten Legierungselementen behandelt werden, sondern es soll auch der Einfluß von Verunreinigungen auf das Verhalten reiner Metalle geschildert werden. Insbesondere werden daher jetzt die kubisch raumzentrierten (krz) Metalle in den Blickpunkt gerückt, denn bei ihnen haben schon so kleine Verunreinigungsmengen einen wesentlichen Einfluß, daß die Eigenschaften der wirklich reinen krz Metalle nur schwer untersucht werden können (vgl. auch [3]).

2.3.1 Streckgrenzenerscheinungen und Lüdersbandausbreitung

Eine der auffallendsten Erscheinungen bei zahlreichen krz und kfz Legierungen ist das Auftreten einer ausgeprägten Streckgrenze. Wie vor allem beim Eisen bekannt ist, fällt nach Überschreiten des elastischen Verformungsbereiches die Spannung von der sogenannten oberen Streckgrenze ab bis zur sogenannten unteren Streckgrenze, daran schließt sich ein Fließbereich mit annähernd konstanter Spannung an, ihm folgt eine annähernd parabolische Fließkurve [4]. Diese Streckgrenzenerscheinung tritt bei Eisen und anderen krz Metallen nur auf, wenn diese über eine gewisse Menge interstitiell lösbarer Fremdatome verfügen. Schon Gehalte von 10^{-6} bis 10^{-7} Gew.% C rufen bei Eisen bereits eine obere Streckgrenze hervor [4]. Neuere Untersuchungen mit einer sehr steifen Zerreißmaschine [50] lassen vermuten, daß für beliebig kleine Dehnungsgeschwindigkeiten die ausgeprägte Streckgrenze bei Stahl vollständig verschwindet. Aber auch an nicht sehr reinen kfz Metallen zeigen sich Streckgrenzenerscheinungen, z. B. wurde bei 99,8% Ni bereits ein Fließbereich beobachtet [17], nicht jedoch eine obere Streckgrenze. Einen ausgeprägten Fließbereich an der Streckgrenze zeigen ebenfalls vielkristalline Kupferlegierungen im Zugversuch bei hinreichend kleiner Korngröße und nicht zu geringem Legierungsgehalt im rekristallisierten Zustand nach langsamer Abkühlung [46], insbesondere wurden Kupfer-Zinklegierungen (α und β-Messing) [37] und α-Kupfer-Zinn-Legierungen (Bronze) [33] untersucht. Das Auftreten eines Fließbereiches ist durch inhomogene Deformationserscheinungen, d. h. der Ausbreitung von sogenannten Lüdersbändern, bedingt. Mit Hilfe von Filmaufnahmen der mittels photoelastischer Beläge sichtbar gemachten Dehnungsinhomogenitäten wurde die Ausbreitung von Lüdersbändern in Kupfer-Zink-Legierungen ausführlich untersucht [47]. Dabei zeigte es sich, daß die Keime inhomogener Deformationen sich an Stellen der Spannungskonzentration bilden. Die Korngröße beeinflußt die inhomogene Verformung in charakteristischer Weise: Feinkörnige Proben ($D < 50$ μm) zeigen ein oder zwei deutlich ausgeprägte Lüdersfronten mit scharfer Trennung von verformtem und unverformtem Gebiet, die sich über die Probe ausbreiten. Bild 2.16 zeigt ein Beispiel für

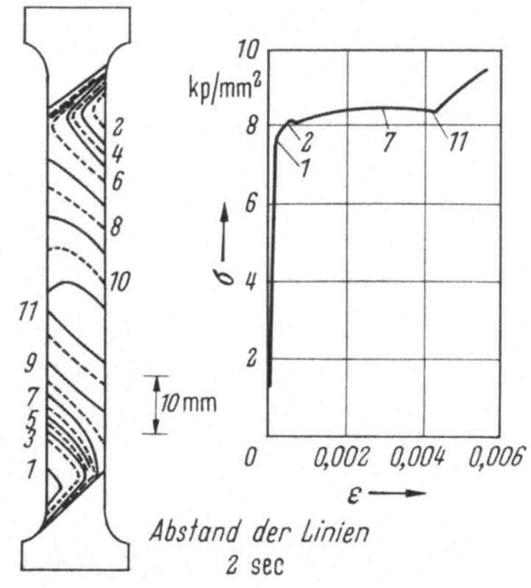

Bild 2.16 Zeitlicher Lüdersfrontverlauf und Fließkurve von Messing (MS 80) mit einer Korngröße $D = 40$ μm bei Raumtemperatur (nach Macherauch [16]).

den Zusammenhang zwischen zeitlichem Lüderfrontverlauf und der Verfestigungskurve von Messing 80 mit einer Korngröße von $D = 40\ \mu$m. Nach dem Fließbereich, d. h. nach Erreichen der sog. Lüdersdehnung, ist die Verformung wieder homogen. Bei großer Korngröße dagegen ($D > 100\ \mu$m) werden eine Vielzahl längs der Probe einheitlich orientierte Bereiche inhomogen verformt. Auch am Ende des Fließbereiches läßt sich die inhomogene Verformung noch feststellen.

Die Theorie der oberen und unteren Streckgrenze ist noch Gegenstand zahlreicher Erörterungen. Nach COTTRELL [48] sind die Versetzungen durch Fremdatomwolken in ihrer Lage verankert. Die dadurch zunächst überhöhte Streckgrenze soll dann abfallen, weil sich die Versetzungen von ihren Wolken losreißen. Nach [47] sind die Beobachtungen mit diesen Vorstellungen qualitativ verträglich, nach [50] jedoch nicht, und auch nicht mit deren Erweiterungen [51]. Neuere theoretische Überlegungen [49] sprechen dafür, daß der Streckgrenzenabfall durch die Vervielfachung der Versetzungen bestimmt ist, durch die die Dichte der laufenden Versetzungen rasch erhöht wird [3].

2.3.2 Korngrößenabhängigkeit der Fließspannung

Die untere Fließgrenze von Eisen und weichen Stählen ist in guter Näherung proportional zu $1/\sqrt{D}$, d. h. sie gehorcht der oben angegebenen Petch-Gleichung (1), wie zahlreiche Messungen ergaben, z. B. [52, 53, 54]. Dieses gilt auch für die Fließspannung bei Eisen [4] und Stählen [55] und für die Fließgrenze anderer krz Metalle (Schrifttumsangaben hierzu in [4]).

Auch die Fließgrenze von Kupferlegierungen gehorcht der Petch-Gleichung [33, 37, 46]. Es scheinen also allgemein die Metalle bzw. Legierungen mit einer ausgeprägten Streckgrenze eine lineare Abhängigkeit der Fließgrenze von $1/\sqrt{D}$ zu zeigen [3].

Diese Abhängigkeit läßt sich mit der im vorigen Abschnitt geschilderten Cottrellschen Theorie erklären [3, 4, 56]. Quantitativ ergibt diese Vorstellung für die Größe k in Gleichung (1) nach [4, 56] die Beziehung

$$k = \sigma_L \sqrt{2l} \tag{7}$$

wobei σ_L die Losreißspannung (unpinning stress), d. h. die Aktivierungsspannung der Versetzungsquellen, und l der Abstand des Kopfes der aufgestauten Versetzungsgruppe von der zu aktivierenden blockierten Quelle im Nachbarkorn bezeichnen.

Wie für den im vorhergehenden Abschnitt erwähnten Streckgrenzenabfall wird auch für die Korngrößenabhängigkeit der Fließgrenze die Vervielfachung der Versetzungen als maßgebend angesehen [49]. Eine weitere Erörterung der Vorstellungen von COTTRELL unter Heranziehung vieler experimenteller Ergebnisse, sowie eine Übersicht über weitere Theorien werden in [4] und [46] gegeben. Dabei ergibt sich für Kupferlegierungen [46] die nach der bereits in Abschnitt 2.2.1.1 erwähnten Theorie der Korngrenzenfestigkeit [3] geforderte Abhängigkeit der Konstanten k in Gleichung (1) von der Gleitlamellendicke.

Mit dieser Theorie wurde jüngst [74] der Grenzwert der Fließgrenze von Eisen bei sehr kleinen Korngrößen (rd. 10^{-7} cm) zu rund 500 kp/mm² abgeschätzt. Ferner wird in dieser Arbeit eine Erweiterung der Betrachtungen für einen Werkstoff mit zwei Gefügebestandteilen gegeben (z. B. Ferrit und Zementit bei eutektoidischen Stählen).

2.3.3 Extrapolierte Fließkurven und Verfestigungskurven von Einkristallen

Da nach den obigen Ausführungen die Streckgrenze linear von $1/\sqrt{D}$ abhängt, läßt sich gemäß Abschnitt 2.2.1.2 durch eine Extrapolation dieser Kurven für $D \to \infty$ der Kornanteil der Fließspannung bestimmen und dieser mit Einkristallverfestigungskurven vergleichen.

Für Kupferlegierungen haben Köster und Speidel [46] die aus den extrapolierten Streckgrenzenwerten gemäß der Gleichung (5a) mit $\overline{m}_T = 3{,}06$ berechneten Schubspannungswerte mit den Werten der kritischen Schubspannungen von Einkristallen mittlerer Orientierung verglichen und eine gute Übereinstimmung gefunden. Daraus schlossen sie, daß die Deutung der Temperatur- und Konzentrationsabhängigkeit der extrapolierten Fließgrenze von Vielkristallen (d. h. nach Kochendörfer des Kornanteils der Fließspannung) mit Hilfe der Theorien für die Einkristalle möglich sei. Daher diskutierten sie mehrere in einer Übersicht von Haasen [57] zusammengestellte Theorien der Legierungsverfestigung, die auf verschiedenen Mechanismen der Wechselwirkungen der Versetzungen mit den zulegierten Fremdatomen aufbauen, und fanden, daß nur das Modell der Tieftemperaturreibung nach J. Friedel [58] die Versuchsergebnisse qualitativ richtig beschreibe.

Ein Vergleich von Ein- und Vielkristallverfestigungskurven für krz Metalle ist schwierig, da die Berechnung eines mittleren Orientierungsfaktors $\overline{m}$ wegen der Unsicherheit über die Gleitsysteme bei krz Metallen [3] ungenau ist. Es lassen sich jedoch Grenzwerte angeben, die bei 3,06 und 2,65 liegen [59]. Zuverlässige Vergleiche zwischen Ein- und Vielkristallen aus krz Metallen scheinen noch nicht durchgeführt worden zu sein.

2.3.4 Verlauf und Bereichseinteilung der Fließkurve, Gleitlinien und Versetzungsgefüge

Bei den Kupferlegierungen läßt sich eine Bereichseinteilung der Fließkurve durchführen, die abgesehen vom Fließbereich der im Abschnitt 2.2.1.3 geschilderten von reinen kfz Metallen gleicht. So folgt bei Kupfer-

Zinn-Legierungen [33] auf den als Bereich 1 bezeichneten Fließbereich ein Bereich 2 mit konstantem Verfestigungsanstieg. Bereich 3 beginnt mit der ersten merklichen Abnahme des Verfestigungsanstieges $d\sigma/d\varepsilon$. Im Bereich 3 wächst $d\varepsilon/d\sigma$ linear mit σ. Bei Kupfer und kleinen Zinnkonzentrationen (C = 1,27 At%) läßt sich ein Bereich 4 daraus erkennen, daß ab einer Spannung σ_4 der Wert $d\varepsilon/d\sigma$ stärker als linear mit σ anwächst. Dabei ist jedoch, wie bereits in Abschnitt 2.2.1.3 erwähnt wurde, zu beachten, daß eine Einteilung der Fließkurve in Bereiche auf Grund ihres Verlaufes noch keine Zuordnung zu bestimmten Versetzungsvorgängen zu bedeuten braucht.

Ein wesentlicher Unterschied gegenüber den reinen kfz Metallen besteht in dem Auftreten von dynamischer Reckalterung (Portevin-Le Chatelier-Effekt) bei Legierungen, die sich durch einen unstetigen, zackenförmigen Verlauf der Fließkurve bemerkbar macht. Bei Kupfer-Zink-Legierungen [37] tritt oberhalb etwa 250 °K und Zn Konzentrationen von 15 bis 35% dynamische Reckalterung auf. Die Verfestigungskurve läßt sich auf Grund der verschiedenen Typen der Unregelmäßigkeiten in charakteristische Bereiche einteilen. Durch unabhängige Registrierung von Spannung und Dehnung als Funktion der Zeit ergab sich, daß sich während der dynamischen Reckalterung je nach den Versuchsbedingungen ein Lüdersband nach dem anderen entweder gleichmäßig oder sprunghaft entlang der Probe ausbreitet [16, 37].

Dynamische Reckalterung wurde auch bei Kupfer-Zinn-Legierungen [33] und bei nicht extrem reinem Nickel [17] beobachtet.

Die Fließkurve von krz Metallen und Legierungen läßt sich in zwei Bereiche einteilen [4]: Auf den Fließbereich folgt ein annähernd parabolischer Bereich. So eingehende Untersuchungen wie bei den kfz Metallen liegen anscheinend noch nicht vor. Jüngst ließ sich jedoch bei Eiseneinkristallen eine Einteilung der Verfestigungskurve nachweisen, die der von kfz Einkristallen entspricht [60, 75].

Gleitlinienuntersuchungen an Kupferlegierungen [46] belegen das Auftreten von Mehrfachgleitung schon nach der halben Lüdersdehnung.

Zur Versetzungsstruktur seien folgende Untersuchungen erwähnt. Bei reinen kfz Metallen und reinen krz Metallen tritt starke Zellbildung auf [4, 46, 47], wie schon in Abschnitt 2.2.1.3 erwähnt wurde. Besonders ausgiebig wurde die Ausbildung der Zellstruktur in verformtem Eisen untersucht [61]. Versetzungsaufstauungen wurden in reinen krz Metallen nicht beobachtet [46]. Bei den Kupferlegierungen ist nach den gleichen Verfassern das Bild ganz anders: Mit zunehmendem Legierungsgehalt sinkt die Stapelfehlerenergie, und die Versetzungen spalten sich in Teilversetzungen auf, zwischen denen ein Stapelfehler aufgespannt ist. Durch die Aufspaltung am Quergleiten gehindert, sind die Versetzungen gezwungen, in ihrer Gleitebene zu bleiben, so daß Aufstauungen entstehen, die in günstigen Fällen über das ganze Korn hinweg sichtbar sind. Solche Versetzungsaufstauungen an Korn- und Zwillingskorngrenzen wurden elektronenmikroskopisch beobachtet [46], nach diesen Beobachtungen kommen die Versetzungen aus den Korngrenzen. In [46] sind weitere Zitate für Korngrenzen als Versetzungsquellen angegeben.

2.3.5 Konzentrations-, Geschwindigkeits- und Temperaturabhängigkeit der Fließspannung, Aktivierungsanalyse

Wie schon in Abschnitt 2.3.3 erwähnt, deuten KÖSTER und SPEIDEL [46] die Temperatur- und Konzentrationsabhängigkeit der Streckgrenze bei Kupferlegierungen mittels der für Einkristalle gültigen Theorie für die kritische Schubspannung nach FRIEDEL [58]. Für α-Kupfer-Zinn-Legierungen finden MACHERAUCH und VÖHRINGER [33] für die Temperatur- und Konzentrationsabhängigkeit der Streckgrenze folgende Beziehung:

$$\sigma_{\mathrm{St}}(T, C) = (a_1 - b_1\, T^{1/3}) \sqrt{C} \tag{8}$$

wobei a_1, b_1 Konstanten, C die Zinnkonzentration (in Atomanteilen) und T die absolute Temperatur ist.

Für höhere Temperaturen gilt:

$$\sigma_{\mathrm{St}}(T, C) = \alpha_i \sqrt{C}\, T^{-n_i} \tag{9}$$

mit

$$\alpha_1 \approx 2{,}3\ \mathrm{kp/mm^2\ {}^\circ K^{0,6}} \text{ und } n_1 \approx 0{,}6 \text{ bei } 300 < T \leqq 460\ {}^\circ\mathrm{K}$$

$$\alpha_2 \approx 6{,}8\ \mathrm{kp/mm^2\ {}^\circ K^{0,4}} \text{ und } n_2 \approx 0{,}4 \text{ bei } T > 460\ {}^\circ\mathrm{K}$$

Es wird begründet, daß der temperaturabhängige Anteil der Streckgrenze durch kurzreichende elastische Wechselwirkungen der Legierungsatome mit den Versetzungen bewirkt wird, indem gleitende Stufenversetzungen durch statistisch verteilte Zinnatome lokal aufgehalten und durch einen thermisch aktivierbaren Losreißprozeß [62] wieder frei werden. (Im Gegensatz dazu werden bei reinem Kupfer, wie oben erwähnt, Versetzungsschneidprozesse als wirksam angesehen). Der temperaturunabhängige Anteil der Streckgrenze wird mit Hilfe der weitreichenden par- und dielastischen Wechselwirkung der Zinnatome mit Schraubenversetzungen [63] gedeutet.

Aus der Temperaturabhängigkeit des linearen Verfestigungsanstiegs v_2 in Bereich 2 für $T < 300$ °K wird weiter gefolgert [33], daß v_2 durch die Änderung der weitreichenden Spannungsfelder σ_G mit der Dehnung zustandekommt. Die Spannung σ_3 am Ende des Bereiches 2 wächst mit abnehmender Temperatur und steigender Konzentration stark an. Wie KNÖLL [6] schon für reines Kupfer zeigte, läßt sich ausschließen, daß σ_3 mit dem Einsatzpunkt der makroskopischen Quergleitung von

Schraubenversetzung zusammenhängt. Diese setzt vielmehr wahrscheinlich bei der Spannung σ_4 ein. Für die Temperaturabhängigkeit gilt näherungsweise:

$$\ln \sigma_4 (T) = \ln \sigma_4 (O) - BT \tag{10}$$

Hieraus wurde die Stapelfehlerenergie unter gewissen Annahmen [33] bestimmt. Für Kupfer ergibt sich ein Wert von etwa 100 erg/cm²; mit wachsender Zinnkonzentration nimmt die Stapelfehlerenergie rasch ab auf etwa 25 erg/cm² bei 1,27 At% Sn. Weiterhin ergab sich, daß grob gesprochen die Verfestigungskurve der Kupfer-Zinn-Legierungen zusammensetzbar ist aus der des Kupfers plus einer zusätzlichen Mischkristallreibung, die linear mit der Wurzel aus der Zinnkonzentration und mit abnehmender Temperatur stark wächst.

Temperatur- und Geschwindigkeitswechselversuche bei Kupfer-Zinn-Legierungen an der Streckgrenze ergaben Fließspannungssprünge, die mit theoretischen Überlegungen in Anwendung der Theorien von Seeger [2] und Cottrell [62] übereinstimmen [33]. Die Aktivierungsvolumina nehmen mit der Zinnkonzentration relativ stark ab. Bei den CuSn Mischkristallen werden so kleine und nahezu verformungsunabhängige Aktivierungsvolumina beobachtet, daß diese nicht durch Schneidprozesse (wie bei Kupfer), sondern nur durch Wechselwirkung der Zinnatome mit Versetzungen gedeutet werden können, somit die oben geschilderten Vorstellungen bestätigt werden. Das bei reinem Kupfer zumindest näherungsweise erfüllte Cottrell-Stokesche Gesetz ist bei CuSn Legierungen nicht gültig. Die Fließspannungsverhältnisse $\sigma_{T_2}/\sigma_{T_1}$ bzw. $\sigma_{\dot{\varepsilon}}/\sigma_{\dot{\varepsilon}_2}$ nehmen mit wachsender Verformung rasch zu und sind um so größer, je kleiner die Zinnkonzentration ist. Weiterhin werden in [33] Abschätzungen für die Aktivierungsenergien angegeben. Bei Geschwindigkeitswechselversuchen bei Kupfer-Zink-Legierungen [37] bleibt die Zahl der Gleitversetzungen nicht konstant, sondern es findet eine Versetzungsvervielfachung beim Übergang von kleiner zu großer Verformungsgeschwindigkeit statt. Die Versetzungsvervielfachung wächst mit zunehmender Verformung und zunehmender Temperatur an und erreicht zu Beginn der in Abschnitt 2.3.4 beschriebenen dynamischen Reckalterung ihren Maximalwert. Bei 78 °K nimmt das Fließspannungsverhältnis $\sigma_{\dot{\varepsilon}_1}/\sigma_{\dot{\varepsilon}}$ stark mit der Spannung zu, das Cottrell-Stokesche Gesetz ist also nicht erfüllt. Die Aktivierungsvolumina sind kleiner und wesentlich weniger von der Verformung abhängig als bei reinem Kupfer. Weder Waldversetzungen noch Zinkatome als Hindernisse können für das Aktivierunsgvolumen bestimmend sein [37].

Nach [37] läßt sich bei Kupferlegierungen die Abhängigkeit des Beginns der dynamischen Reckalterung von der Temperatur und der Verformungsgeschwindigkeit durch die Theorie von Russel [64] nicht vollständig erklären, es wird daher eine Erweiterung der Russelschen Überlegungen vorgenommen.

Von Eisen-Ein- und Vielkristallen sind in [4] mehrere Kurven verschiedener Autoren über die Temperaturabhängigkeit der Streckgrenze wiedergegeben. Danach ist die untere Streckgrenze stark temperaturabhängig, unterscheidet sich aber nicht wesentlich in ihrer Temperaturabhängigkeit von der Fließspannung einer um 10 bis 20% gedehnten Probe. Ferner ist die Temperaturabhängigkeit der unteren Streckgrenze unreiner Eisenvielkristalle stärker als die reiner. Angaben über die Temperaturabhängigkeit der Streckgrenze von Stählen im Bereich von −180 °C bis 800 °C findet man z. B. in [65]. Neben Eisen wurden in letzter Zeit auch die hochschmelzenden krz Metalle Vanadium, Niob, Tantal, Chrom, Molybdän und Wolfram untersucht [4]. Dabei stellte sich heraus, daß die Grundzüge ihres Verformungsverhaltens ähnlich dem von Eisen sind. Insbesondere trifft dies für die Temperaturabhängigkeit der Streckgrenze zu. Trägt man den temperaturabhängigen Spannungsanteil der Streckgrenze σ^* als Funktion von $(T - T_0)/T_s$ auf, so schmiegen sich die Meßwerte einer einheitlichen Kurve an, die in [4] wiedergegeben ist. Dabei ist T die Temperatur, bei der σ^* gemessen wird, T_0 die Temperatur, bei der $\sigma^* = 0$ wird, und T_s die Schmelztemperatur.

Die Deutung der Temperaturabhängigkeit der krz Metalle mittels der in Abschnitt 2.3.1 bzw. 2.3.2 angeführten Theorie von Cottrell, wird, wie ein kritischer Vergleich mit den Meßergebnissen in [4] zeigt, diesen nicht völlig gerecht. Daher werden in [4] auch andere Versetzungsprozesse in Betracht gezogen, wie die Überwindung der Peierls-Spannung. Dieser Prozeß wird z. B. von Conrad [66] unter Einbeziehung der Ergebnisse der thermischen Aktivierungsanalyse (vgl. Abschnitt 2.2.1.4) als geschwindigkeitsbestimmender Vorgang bei der Bewegung von Gleitversetzungen im Eisen angegeben [4]. Denn eine Auswertung der Meßergebnisse verschiedener Autoren über den Temperatur- und Geschwindigkeitseinfluß auf einige Kenngrößen von Eisenvielkristallen führte innerhalb der auftretenden Streubreiten auf gleiche Werte der Aktivierungsenergie, des Aktivierungsvolumens und des Geschwindigkeitsfaktors [4, 66]. Dies ist eine Stütze für die Annahme, daß in allen Fällen derselbe Versetzungsmechanismus wirksam war. Auch das Aktivierungsvolumen wird bei gleichen σ-Werten bei den oben erwähnten krz Metallen in vergleichbarer Größenordnung gefunden.

Der Einfluß des Spannungsfeldes der Fremdatome auf die Bewegung der Gleitversetzungen und das Problem der Ausscheidungshärtung wird ausführlich in [3] erörtert, desgleichen der Einfluß der Nahordnung. Auf Grund dieser Vorstellung führte Kochendörfer [67] eine Berechnung der Festigkeitswerte von Stählen mit rd. 0,9% Kohlenstoffgehalt im gehärteten und im angelassenen Zustand durch.

2.4 Härte

Eine wichtige technische Methode zur Beurteilung von Werkstoffeigenschaften bilden die Härtemessungen nach ROCKWELL, VICKERS und BRINELL, die ja selbst Verformungsvorgänge darstellen. Die Umrechnung der verschiedenen Härtewerte ineinander ist problematisch, und es schien daher wünschenswert, sich mit den physikalischen Grundlagen der Härtemessung zu beschäftigen [68]. Nach KAPPLER [69] läßt sich zum Problem der Härte folgendes ausführen: Das erste Ziel sollte sein, eine von den Versuchsbedingungen unabhängige Härtedefinition zu finden, und das zweite, gegebenenfalls deren Zusammenhang mit den nach anderen Methoden ermittelten Werkstoffeigenschaften (z. B. der Fließspannung beim Zugversuch) zu erforschen.

Die Untersuchungen bezogen sich auf die Kegelhärte, die Pyramidenhärte und die Kugeldruckhärte, wobei jeweils die Härte als sog. „Meyerhärte" definiert war. Hierunter versteht man den mittleren Druck Hm in der Projektionsfläche des Prüfeindrucks, die sich ergibt, wenn man die Randkurve des Prüfeindrucks in die Ebene senkrecht zur Prüfkraft projiziert. Die Messungen [70] ergaben folgendes:

Die Kegel- und Pyramidenhärte sind bei gleicher Form (Öffnungswinkel) unabhängig vom Prüfdruck (dies bedeutet konstante Druckverteilung längs des Eindringkörpers), hängen aber vom Öffnungswinkel ab, und zwar nehmen die Härtewerte mit abnehmendem Öffnungswinkel zu. Diese Abhängigkeit kann zwei Ursachen haben:

1. Verfestigung (Beweis durch Unterschiede zwischen verfestigungsfähigen und nicht verfestigungsfähigen (kaltverformten) Proben);

2. Reibung (Beweis durch Abnahme der Härte mit Hilfe von Schmierstoffen (z. B. MoS_2)). Die beiden Anteile lassen sich trennen. Man erhält so einen „reibungsfreien" Härtewert, der für Kegel und Pyramide gleich ist.

Die Kugeldruckhärte hängt bei gleichen Radien zum Unterschied gegenüber der Kegel- und Pyramidenhärte auch noch von der Prüflast ab. Diese Abhängigkeit läßt sich weitgehend eliminieren, indem man durch Division mit dem Kugelradius zu „reduzierten" Größen übergeht. Unter der Annahme, daß die Druckverteilung längs der Kugel wie bei Kegel und Pyramide konstant ist, läßt sich ebenfalls ein „reibungsfreier" Härtewert berechnen, der, wie die Versuche zeigen, mit den entsprechenden Werten bei Kegel und Pyramide zusammenfällt.

Die Annahme konstanter Druckverteilung bei der Kugel ist allerdings fraglich. Eine Untersuchung [71] dieser Druckverteilung ergab, daß sie schon bei den kleinsten noch vermeßbaren Eindrücken von der Hertzschen Verteilung abweicht, während sie mit wachsender Last mehr zu einer konstanten Druckverteilung tendiert. Bei sehr tiefen Eindrücken treten dann allerdings Spannungsspitzen in der Nähe des Eindruckrandes auf. Man kann aber verstehen, daß zur Ermittlung des Reibungseinflusses die Annahme einer konstanten kastenförmigen Druckverteilung eine brauchbare Näherung ist. Wie neuere Versuche [73] ergeben haben, besteht eine solche Verteilung nur dann, wenn einerseits die Belastungszeit so groß gewählt wird, daß kein meßbares Weiterfließen stattfindet, was unter Umständen erst nach Stunden der Fall ist, und andererseits der Reibungskoeffizient hinreichend klein ist, wie z. B. bei Schmierung mit MoS_2.

In diesem Zusammenhang wurde auch das elastische Verhalten beim Kugeldruckversuch untersucht [72].

2.5 Zusammenfassung

In diesem Bericht wird versucht, den Verlauf der Fließkurven von vielkristallinen Metallen auf Grund der bei Einkristallen gewonnenen Erkenntnisse zu deuten. Die wesentlichsten Gesichtspunkte sind:

1. Die Fließspannung nimmt bei kleinen Dehnungen mit abnehmender Korngröße zu, und zwar innerhalb der Meßfehler proportional zur Quadratwurzel aus dem Kehrwert der Korngröße. Bei den kubisch raumzentrierten Metallen ist dieser Befund ziemlich eindeutig, bei den flächenzentrierten Metallen schließen die Meßergebnisse eine Zunahme proportional zur reziproken Korngröße nicht aus. Die Deutungsmöglichkeiten für diese Gesetzmäßigkeiten werden beschrieben.

2. Die auf unendlich große Korngröße extrapolierten Fließkurven lassen sich zu den Einkristallverfestigungskurven in Beziehung setzen. Die sich ergebende Einteilung einer Fließkurve in Bereiche, die denen der Einkristallverfestigungskurve zum Teil entsprechen, wird unter Beachtung des Korngrößeneinflusses ebenso aus dem Verfestigungsanstieg der Fließkurve, aus dem Gleitlinienbild und mit Hilfe z. B. magnetischer Messungen erhalten.

3. Das Überschneiden der Fließkurven bei verschiedenen Korngrößen kann durch den Einfluß von Texturen oder die Unterteilung der Körner erklärt werden.

4. Die Untersuchung der Temperatur- und Geschwindigkeitsabhängigkeit der Fließspannung erfolgt überwiegend durch Aktivierungsanalysen, die Folgerungen hinsichtlich der zugrundeliegenden Vorgänge ermöglicht.

5. Bei hohen Formänderungen werden Erholungsvorgänge wirksam, die zur Zellbildung bis zur Unterteilung der Körner Anlaß geben. Bei tieferen Temperaturen und kleinen Formänderungsgeschwindigkeiten tritt auch die Rekristallisation in Erscheinung. Bei höheren Temperatu-

ren und größeren Formänderungsgeschwindigkeiten dagegen ist die durch Klettern der Versetzungen bedingte Erholung vorherrschend.

6. Bei Legierungen sind die ausgeprägte Fließgrenze und die dynamische Reckalterung häufig beobachtete Erscheinungen. Kinematographische Aufnahmen der Ausbreitung von Lüdersbändern und die Analyse der Unstetigkeiten der Spannung-Dehnung-Kurve haben vertiefte Einsichten in die sich dabei abspielenden Vorgänge ermöglicht.

7. Die Temperatur- und Geschwindigkeitsabhängigkeit der Fließspannung von Legierungen gibt Aufschlüsse über die Wechselwirkung der Versetzungen mit den Fremdatomen.

8. Die Bemühungen, ein von den Versuchsbedingungen unabhängiges Härtemaß zu erhalten, werden beschrieben.

Schrifttum

1. Nabarro, F. R. N., Z. S. Basinski, and D. B. Holt: The plasticity of pure single crystals, Adv. in Physics 13, Nr. 50, 193/323 (1964).
2. Seeger, A.: Kristallplastizität in: Handbuch der Physik Bd. VII, 2, S., 1/210 Berlin/Göttingen/Heidelberg: Springer 1958.
3. Kochendörfer, A.: Physikalische Grundlagen der Formänderungsfestigkeit der Metalle. Stahleisen Sonderber. H. 5, 2. Aufl. mit Ergänzung 1966, Düsseldorf 1967.
4. Macherauch, E.: Die plastische Verformung von Vielkristallen. Z. Metallkde. 55, 60/82 (1964).
5. Kröner, E.: Zur plastischen Verformung des Vielkristalls. Acta Met. 9, 155/161 (1961).
6. Knöll, H., u. E. Macherauch: Die plastische Verformung von Kupfervielkristallen im Temperaturbereich von 90 bis 300 °K. Z. Metallkde. 55, 638/645 (1964).
7. Carreker, R. P., and W. R. Hibbard: Tensile deformation of high purity copper as a function of temperature, strain rate and grain size. Acta Met. 1, 654/663 (1953).
8. Feltham, P., and J. D. Meakin: On the mechanism of work hardening in FCC metals, with special reference to polycrystalline copper. Phil. Mag. 2, 105/112 u. 1237/1245 (1957).
9. Dick, E.: Der Einfluß der Korngröße auf den Verlauf der Spannung-Dehnung-Kurven von Kupfer. Diplomarbeit Universität Köln (Prof. Kochendörfer) 1965.
10. Hagedorn, K. E.: Der Zusammenhang zwischen den Verfestigungskurven von Einkristallen und den Spannung-Dehnung-Kurven von Vielkristallen bei Nickel. Dissertation Universität Köln 1965.
11. Schwink, Ch.: Über die Verfestigung homogener kubisch flächenzentrierter Vielkristalle bis zum Beginn dynamischer Erholungsvorgänge. Phys. Stat. Sol. 8, 457/474 (1965).
12. Mayr, P.: Die plastische Verformung von Silbervielkristallen. Diplomarbeit TH Stuttgart (Prof. Macherauch) 1964; auch: Macherauch, E., P. Mayr u. O. Vöhringer: Zur Gültigkeit des Cottrell-Stokesschen Gesetzes bei kfz Vielkristallen. Phys. Stat. Sol. 5, K 73/75 (1964).

13. Krause, D., u. E. Göttler: Untersuchungen zur Verfestigungskurve vielkristallinen Kupfers. Phys. Stat. Sol. 9, 485/498 (1965).

14. Hall, E. O.: Characteristics of the Lüders deformation. Proc. Phys. Soc. London B 64, 1951, S. 742/747.

15. Petch, N. J.: The cleavage strength of polycrystals. J. Iron Steel Inst. 174, 25/28 (1953) und: The fracture of metals. Prog. Met. Phys. 5, 1/52 (1954).

16. Macherauch, E.: Persönliche Mitteilung (Zusammenfassender Bericht für das Abschlußkolloquium der DFG).

17. Macherauch, E., u. O. Vöhringer: Das Verfestigungsverhalten von vielkristallinem Nickel. Phys. Stat. Sol. 6, 491/506 (1964).

18. Taylor, G. I.: Plastic strain in metals. J. Inst. Met. 62, 307/324 (1938); und: Strains in crystalline aggregates. Bericht über IUTAM Kolloquium Madrid 1955, Berlin 1956, S. 3/12.

19. Sachs, G.: Zur Ableitung einer Fließbedingung. Z. VDI 72, 734/736 (1928).

20. Diehl, J.: Zugverformung von Kupfer-Einkristallen. Z. Metallkde. 47, 331/343 u. 411/416 (1956).

21. Derner, P., u. E. Kappler: Über den Zusammenhang der Vielkristalldehnungskurve mit den Einkristalldehnungskurven bei Aluminium. Z. Naturforschung 14a, 1080/1081 (1959); auch: Derner, P.: Vergleich der Spannungsdehnungsdiagramme von ein- und vielkristallinen kubisch-flächenzentrierten Metallen. Dissertation Universität Münster 1959.

22. Kreitz, G.: Elektronenmikroskopische Oberflächen- und Durchstrahlungsbeobachtungen an Kupfervielkristallen. Diplomarbeit TH Stuttgart (Prof. Macherauch) 1965.

23. Schwink, Ch., u. G. Zankl: Magnetische Messungen zur Verfestigungskurve von vielkristallinem Nickel. Phys. Stat. Sol. 2, K 241/244 (1962).
Zankl, G.: Magnetische und elektronenmikroskopische Untersuchungen zum plastischen Verhalten von vielkristallinem Nickel. Z. Naturforschung 18a, 795/809 (1963).

24. Schwink, Ch., u. D. Knoppik: Experimentelle Untersuchungen zum plastischen Verhalten von vielkristallinem Nickel. Phys. Stat. Sol. 8, 729/738 (1965).

25. Schwink, Ch., u. W. Vorbrugg: Experimentelle und theoretische Untersuchungen zum plastischen Verhalten kubisch-flächenzentrierter Vielkristalle. Z. Naturforschung 22a, 626/643 (1967).

26. Kolb, K., and E. Macherauch: The Flow Stress of Surface Layers of Polycrystalline Nickel and its Influence on the Residual Stresses in Deformed Specimens. Phil. Mag. 7, 415/426 (1962).

27. Kolb, K., u. E. Macherauch: Röntgenographische Bestimmung der Eigenspannungsverteilung über den Querschnitt zugverformter Nickelvielkristalle mit Hilfe einer rotationssymmetrischen Abätzmethode. Z. Metallkde. 53, 580/588 (1962).

28. Hartmann, R. J., u. E. Macherauch: Die Orientierungsänderungen einzelner Kristallite in vielkristallinen Proben aus Aluminium und Kupfer bei einachsiger Zugverformung. Z. Metallkde. 51, 560/566 (1960); und: Untersuchungen von Gleitvorgängen in Einzelkristalliten vielkristalliner Kupferproben. Z. Metallkde. 51, 694/699 (1960).

29. Zankl, G.: Elektronenmikroskopische und lichtoptische Methoden zur Bestimmung der Gleitlinienstruktur bei der plastischen Verformung von vielkristallinem Nickel. Z. Metallkde. 55, 91/96 (1964).

30. Macherauch, E., u. D. Munz: Oberflächenbeobachtungen an plastisch zugverformten Aluminiumvielkristallen. Phys. Stat. Sol. 3, 2357/2377 (1963).

31. MACHERAUCH, E., u. D. MUNZ: Induzierte Gleitprozesse in Korngrenzennähe bei Aluminiumvielkristallen. Acta Met. 10, 988/989 (1962).
32. DERNER, P.: Elektronenmikroskopische Untersuchungen der Oberfläche von vielkristallinem Kupfer nach plastischer Verformung. Phys. Stat. Sol. 3, 1052/1058 (1963).
33. VÖHRINGER, O.: Das Verfestigungsverhalten von vielkristallinen α-Kupfer-Zinn-Legierungen. Dissertation TH Stuttgart 1966; und:
VÖHRINGER, O., u. E. MACHERAUCH: Verfestigungskenngrößen von α-Kupfer-Zinn-Legierungen. Z. Metallkde. 58, 21/28 (1967); und:
VÖHRINGER, O., u. E. MACHERAUCH: Dynamische Reckalterung von α-Kupfer-Zinn-Legierungen. Z. Metallkde. 58, 317/320 (1967); und:
VÖHRINGER, O., u. E. MACHERAUCH: The Yield Point of α-Copper-Tin Alloys. Phys. Stat. Sol. 19, 793/803 (1967).
34. CONRAD, H., and H. WIEDERSICH: Activation energy for deformation of metals at low temperature. Acta Met. 8, 128/130 (1960).
35. ADAMS, M. A., and A. H. COTTRELL: Effect of temperature on the flow stress of work-hardened copper crystals. Phil. Mag. 46, 1187/1193 (1955).
36. COTTRELL, A. H., and R. J. STOKES: Effects of temperature on the plastic properties of aluminium crystals. Proc. Roy. Soc. A 233, 1956, S. 17/34.
37. MUNZ, D., u. E. MACHERAUCH: Geschwindigkeitswechselversuche an α-Messing. Z. Metallkde. 57, 442/451 (1966); und: Dynamische Reckalterung von α-Messing. Z. Metallkde. 57, 552/559 (1966); auch: Dissertation MUNZ, D.: Untersuchungen zum Verformungsverhalten von Kupfer-Zinklegierungen. TH Stuttgart 1965.
38. DERNER, P., u. E. KAPPLER. Zum Temperaturwechselversuch bei der plastischen Verformung der kubisch flächenzentrierten Metalle. Z. Phys. 163, 62/70 (1961).
39. DIEHL, J., u. R. BERNER: Temperaturabhängigkeit der Verfestigung von Kupfer-Einkristallen oberhalb 78 °K. Z. Metallkde 51, 522/535 (1960).
40. STÜWE, H. P.: Die Fließkurven vielkristalliner Metalle und ihre Anwendung in der Plastizitätsmechanik. Z. Metallkde. 56, 633/642 (1965).
41. GREWE, H. G., u. E. KAPPLER: Über die Ermittlung der Verfestigungskurve durch den Torsionsversuch an zylindrischen Vollstäben und das Verhalten von vielkristallinem Kupfer bei sehr hoher plastischer Schubverformung. Phys. Stat. Sol. 6, 339/354 (1964).
42. GREWE, H. G., u. E. KAPPLER: Strukturänderungen von vielkristallinem Kupfer nach extrem hoher plastischer Verformung. Phys. Stat. Sol. 6, 699/712 (1964).
43. GREWE, H. G.: Über die Vergleichbarkeit verschiedener Spannungs- und Verzerrungszustände. Diplomarbeit Universität Münster (Prof. Kappler) 1959.
44. OBERHOFF, W.: Über den Einfluß von Texturen auf das Verfestigungsverhalten hexagonaler Metalle unter verschiedenen Spannungszuständen. Dissertation Universität Münster 1963.
45. STÜWE, H. P.: Dynamische Erholung bei der Warmformgebung. Acta Met. 13, 1337/1342 (1965).
46. KÖSTER, W., u. M. O. SPEIDEL: Der Einfluß der Temperatur und der Korngröße auf die ausgeprägte Streckgrenze von Kupferlegierungen. Z. Metallkde. 56, 585/598 (1965).
47. FABER, H.: Untersuchungen der inhomogenen Deformationserscheinungen an Kupfer-Zink-Legierungen. Diplomarbeit TH Stuttgart (Prof. Macherauch) 1966.
48. COTTRELL, A. H., and B. A. BILBY: Dislocation theory of yielding and strain ageing of iron. Proc. Phys. Soc. A 62, 1949, S. 49/62; und: COTTRELL, A. H.: Dislocations and plastic flow in crystals, Oxford 1953, S. 139/147.

49. REIFF, K.: Theoretische und experimentelle Untersuchungen vom Streckgrenzenverhalten vielkristallinen Eisens. Dissertation TH Aachen 1967.
50. BURBACH, J.: Eine Zerreißmaschine mit besonders großer Federkonstante. Techn. Mitteilungen Krupp, Forsch.-Ber. 24, 1966, S. 79/88.
51. PETCH, N. J.: The upper yield stress of polycrystalline iron. Acta Met. 12, 59/65 (1964).
52. HESLOP, J., and N. J. PETCH: The stress to move a free dislocation in α-iron. Phil. Mag. 1, 866/873 (1956).
53. PETCH, N. J.: The Ductile-Brittle Transition in the Fracture of α-iron. Phil. Mag. 3, 1089/1097 (1958).
54. SCHREINER, H. J.: Einfluß der Korngröße und des Spannungszustandes auf die Sprödbruchtemperatur von Stählen. Diplomarbeit Universität Köln (Prof. Kochendörfer) 1964.
55. ARMSTRONG, R., I. CODD, R. M. DOUTHWAITE and N. J. PETCH: The plastic deformation of polycrystalline aggregates. Phil. Mag. 7, 45/58 (1962).
56. COTTRELL, A. H.: Theory of Brittle Fracture in Steel and Similar Metals. Trans. Met. Soc. AIME 212, 192/303 (1958).
57. HAASEN, P.: Verfestigung durch Mischkristallbildung. Z. Metallkde. 55, 55/60 (1964).
58. FRIEDEL, J.: Les dislocations. Paris 1956, S. 248.
59. KOCKS, U. F.: Die Bedeutung der Fließfläche für die Vielkristallverformung. Vortrag auf der 9. Diskussionstagung über Plastizität und Strahlungsschädigung in Gerolstein/Eifel, 7.—10. 10. 1963.
60. KAYSER, W.: Bestimmung der Gleitsysteme und der Verfestigungskurven von Reinsteiseneinkristallen bei Zugverformung aufgrund der Sichtbarmachung der Gleitspuren. Dissertation Universität Köln 1966; und KOCHENDÖRFER, A., u. W. KAYSER: Die Gleitsysteme bei α-Eisen-Einkristallen bei Zugbeanspruchung. Arch. Eisenhüttenw. 39, 233/241 (1968); und: Die Verfestigungkurven von α-Eisen-Einkristallen bei Raumtemperatur und ihre Orientierungsabhängigkeit. Arch. Eisenhüttenw. 39, 243/248 (1968).
61. KEH, A. S., and S. WEISSMANN: Deformation substructure in body-centered cubic metals in: Electron microscopy and strength of crystals, New York 1963.
62. COTTRELL, A. H.: Deformation of solids at high rates of strain, Proc. of Conf. on Properties of Materials at High Rates of Strain, Inst. Mech. Eng., London 1957 S. 1/12.
63. FLEISCHER, R. L., and W. R. HIBBARD: Solution hardening — The relation between structure and mechanical properties of metals, Teddington 1963, S. 262.
64. RUSSEL, B.: Repeated yielding in tin bronze alloys. Phil. Mag. 8, 615/630 (1963).
65. KOCHENDÖRFER, A., u. W. WINK: Zugversuche an Stählen und Nichteisenmetallen bei hohen und tiefen Temperaturen in einer harten Prüfmaschine unter Verwendung von Dehnungsmeßstreifen zur Kraftmessung. Arch. Eisenhüttenw. 28, 41/48 (1957).
66. CONRAD, H.: On the mechanism of yielding and flow in iron. J. Iron Steel Inst. 198, 364/375 (1961).
67. KOCHENDÖRFER, A.: Berechnung der Festigkeitswerte von unlegierten Stählen mit rd. 0,9% C im gehärteten und im angelassenen Zustand. Arch. Eisenhüttenw. 36, 897/901 (1965).
68. KAPPLER, E.: Die physikalischen Grundlagen der Härtemessung, VDI-Bericht Nr. 41, 1941, S. 7/13.
69. KAPPLER, E.: Presönliche Mitteilung (Zusammenfassender Bericht für das Abschlußkolloquium der DFG).

70. WIGGE, W.: Über den Einfluß der Reibung bei Eindruckhärte-Versuchen im Bereich der Makrohärte. Diplomarbeit Universität Münster (Prof. Kappler) 1960.
71. VANHEIDEN, J.: Die Druckverteilung in der Kontaktfläche beim Kugeldruckversuch. Dissertation Universität Münster 1961.
72. VANHEIDEN, J.: Über das elastische Verhalten von Metallen beim Kugeldruckversuch im Bereich plastischer Verformung. Diplomarbeit Universität Münster (Prof. Kappler) 1959; und:
KAPPLER, E., u. J. VANHEIDEN: Untersuchungen über das elastische Verhalten metallischer Werkstoffe im Bereich der plastischen Verformung beim Brinellschen Kugeldruckversuch, Forschungsber. d. Landes Nordrh.-Westf. Nr. 687, Köln/Opladen: Westdeutscher Verlag.
73. DREPPER, H.: Untersuchungen über den Einfluß von Reibung und Zeit auf den Kugeldruck-Härteversuch an Kupfer. Diplomarbeit Universität Münster (Prof. Kappler) 1967.
74. KOCHENDÖRFER, A.: Ansätze zur Errechnung der Festigkeitswerte von technischen metallischen Werkstoffen. Arch. Eisenhüttenw. 37, 877/885 (1966).
75. BILGER, H.: Elektronenmikroskopische Oberflächen- und Durchstrahlungsuntersuchungen von Eisen-Einkristallen sowie der Einfluß der Orientierung auf deren Verfestigungsverhalten. Phys. Stat. Sol. 18, 637/651 (1966).
76. STÜWE, H. P.: Do metals recrystallize during hot working? Special Report des Inst. of Metals, im Druck.
77. DRUBE, B., u. H. P. STÜWE: Das Gefüge kubisch flächenzentrierter Metalle bei der Warmverformung. Z. Metallkde. 58, 799/804 (1967).

3 Texturen als Ursache anisotropen Verhaltens bei der Umformung

Von Johanna Grewen und Günter Wassermann[1]

3.1 Einleitung

Einer der wesentlichen Programmpunkte des Forschungsschwerpunktes „Mechanische Umformtechnik" bestand darin, zwischen zwei Betrachtungsweisen des Verhaltens metallischer Werkstoffe, die seit langem ohne wesentliche Zusammenhänge nebeneinander entwickelt worden sind, eine Brücke zu schlagen.

Die eine, ausgehend von der mechanischen Theorie der bildsamen Formgebung, betrachtet die metallischen Werkstoffe als isotrope und homogene Medien, sie untersucht die zur Umformung erforderlichen Kräfte, analysiert die mechanischen Spannungen und die durch sie bewirkten elastischen und plastischen Formänderungen.

Die andere Betrachtungsweise, die metallkundliche, geht von physikalischen und kristallographischen Gesichtspunkten aus und wendet entsprechende, z. B. röntgenographische Untersuchungsmethoden an. Sie berücksichtigt zwar ebenfalls Kräfte, Spannungen und Formänderungen, stellt aber vom Werkstoff her die Kristalle in den Vordergrund. Das Studium der Verformung erfolgt zunächst am Metall-Einkristall mit seinen durch Gleitvorgänge kristallographisch festgelegten Formänderungen. Ausgehend von der Auffassung eines Werkstückes als einem Haufwerk von Kristallen verschiedener Orientierungen, wird weiterhin das Verformungsverhalten vielkristallinen Materials untersucht. Diese Betrachtungsweise führt zu den Texturen und durch sie zu der Erkenntnis, in welcher Weise anisotrope Werkstücke mit unterschiedlichen Werten bestimmter Eigenschaften in verschiedenen Richtungen entstehen können.

Es hat allerdings lange gedauert, bis in breiteren Kreisen, vor allem auch in der Praxis, erkannt worden ist, daß solche Anisotropie mehr ist als eine wissenschaftliche Kuriosität und daß jene Plastizitätstheorie mit der Voraussetzung der Isotropie eine grundlegende Eigenschaft der Metalle ignoriert. Meistens ist allerdings die Anisotropie von Werkstoffeigenschaften, verursacht durch Texturen, etwas recht Störendes und

[1] Herrn Dr.-Ing. W. Heye danken wir für kritische Durchsicht.

Unerwünschtes. Hierzu wird insbesondere im Abschnitt 3.4 (Zipfelbildung) berichtet. Weiterhin — und das ist der Punkt, der mehr und mehr Aufmerksamkeit findet — ergab sich aber, daß Texturen auch nützlich sein können, wenn man das richtungsabhängige Verhalten kennt und versteht. Hierfür gibt der vor allem beim Tiefziehen als bedeutsam erkannte R-Wert das Stichwort.

Der nächste Schritt wird darin bestehen, Umformungen so vorzunehmen, daß Halbzeuge, z.B. Bleche, gefertigt werden, die für die Weiterverarbeitung besonders günstige Texturen und damit in erwünschten Richtungen verbesserte mechanische Eigenschaften aufweisen. Es ergeben sich dadurch sogenannte texturverfestigte Werkstücke. Hier liegt noch eine wichtige Aufgabe für die Zukunft.

3.2 Kennzeichnung der Anisotropie

Das anisotrope Verhalten, d.h. die Richtungsabhängigkeit von Eigenschaften in einem Werkstück, kann mehrere Ursachen haben, die begrifflich voneinander getrennt werden müssen. Bei technischen Prozessen wird das Werkstück in verschiedenen Richtungen unterschiedlich stark umgeformt. So wird z. B. beim Blechwalzen eine ausgeprägte Längung allein in der Walzrichtung erzeugt, während in den dazu senkrechten Richtungen, der Querrichtung und der Blechnormalen, die Formänderungen viel geringer sind. Hierdurch kann eine *geometrische Anisotropie*[1] erzeugt werden. Sie entsteht im gewalzten Blech schon durch die Änderung der äußeren Form der Kristalle — Längung in der Walzrichtung — was dazu führt, daß die Korngröße bei Betrachtung in der Längsrichtung sehr viel größer ist als in Richtung der Blechdicke. Vor allem aber spielen heterogene Gefügebestandteile mit von der Matrix abweichenden Eigenschaften und besonderer geometrischer Anordnung eine Rolle. So setzten z. B. zeilig in Walzrichtung liegende Einschlüsse (Schlacken, Sulfide, Oxide) vor allem die Querverformbarkeit bei Zugbeanspruchung herab. Auch innere Spannungen, die nach Vorzeichen und Ausmaß in verschiedenen Richtungen unterschiedlich sind, können hierbei mitwirken.

Schon die Eigenschaften des metallischen Einkristalls sind häufig anisotrop. Der Grad dieser *Strukturanisotropie* wird durch die Symmetrie der Kristallstruktur bestimmt. Je geringer die Symmetrie ist, desto stärker ist bei den meisten Eigenschaften die Anisotropie ausgeprägt. Dabei sind Metalle mit hexagonaler Struktur in besonderem Maße strukturanisotrop. Die kubischen Metalle mit ihrer hohen Kristallsymmetrie zeigen dagegen in vielen Eigenschaften isotropes Verhalten (Leitfähig-

[1] Die geometrische Anisotropie wird häufig auch als mechanische Anisotropie bezeichnet.

keit für Wärme und Elektrizität, thermische Ausdehnung). Sie können jedoch auch anisotrop sein, wie z. B. in den magnetischen und elastischen Eigenschaften.

Die am stärksten ausgeprägte Anisotropie kubischer Metalle ist in den Festigkeitseigenschaften zu finden, nämlich in der Fließgrenze und dem Verhalten bei der plastischen Formänderung.

Auch im vielkristallinen Werkstück kann sich die Strukturanisotropie bemerkbar machen, und zwar dann, wenn die Orientierungen der Kristalle von der als Normalfall betrachteten, statistisch regellosen Verteilung abweichen, so daß mehr oder weniger ausgeprägte, übereinstimmende Orientierungen vorhanden sind. Solche gleichartigen Orientierungen werden als *Texturen* bezeichnet. Die Voraussetzung regelloser Orientierung, also Texturlosigkeit, ist in Wirklichkeit nur selten realisiert. Ist die Textur jedoch ausgeprägt, so kann sie sich im Auftreten von Richtungsabhängigkeiten der Werkstückeigenschaften bemerkbar machen.

Diese *Texturanisotropie* ist natürlich nur bei solchen Eigenschaften möglich, bei denen Strukturanisotropie vorhanden ist. Texturanisotropie wird überall dort fehlen, wo entweder keine Textur oder keine Strukturanisotropie für die betreffenden Eigenschaften vorhanden sind. Sie wird andererseits extrem ausgeprägt sein, wenn eine scharf ausgebildete Textur und starke Strukturanisotropie zusammentreffen.

3.2.1 Anisotropes Verhalten in der Theorie der bildsamen Formgebung

In der Theorie der plastischen Verformung spielt die Fließbedingung nach v. MISES [1] eine maßgebende Rolle. Der metallische Werkstoff wird in dieser Theorie als ein homogenes, isotropes Medium betrachtet. Die Fließbedingung für den Beginn der plastischen Formänderung lautet:

$$(\sigma_y - \sigma_z)^2 + (\sigma_z - \sigma_x)^2 + (\sigma_x - \sigma_y)^2 = 2X^2 \qquad (1)$$

Hierin sind σ_x, σ_y und σ_z die Hauptspannungen und X die Fließspannung im Zugversuch.

Berücksichtigt man schon hier den Fall des blechförmigen Werkstückes mit Beanspruchung in Richtungen, die in der Blechebene liegen, der im folgenden fast ausschließlich behandelt werden soll, so wird σ_z gleich Null. Es ergibt sich dann:

$$\sigma_x^2 + \sigma_y^2 - \sigma_x\sigma_y = X^2 \qquad (2)$$

Dies ist die Gleichung einer Ellipse, die in Bild 3.1 dargestellt ist. In Weiterführung der von Misesschen Theorie hat dann HILL [2] ausführlich den Fall eines anisotropen Fließverhaltens betrachtet und Anisotro-

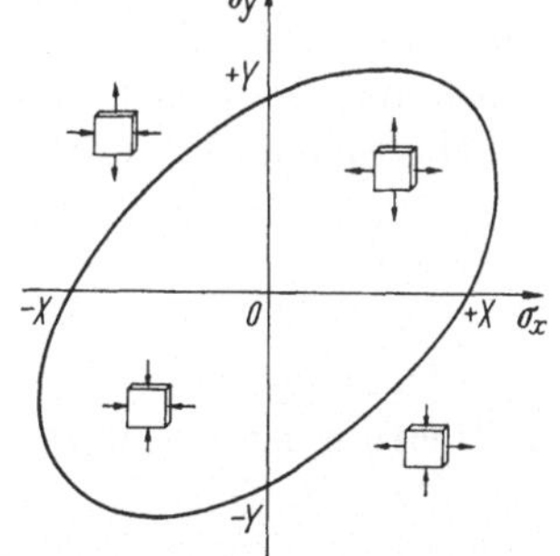

Bild 3.1 Fließgrenzen bei ebenem Spannungszustand ($\sigma_z = 0$) in isotropen Blechen, $R = 1$.

piefaktoren eingeführt, ohne allerdings näher auf die Ursachen der Anisotropie einzugehen.

HOSFORD und BACKOFEN [3—5] haben diese Theorie weitergeführt und auf einige praktische Fälle angewendet [6—8]. Sie vereinfachten gegenüber HILL [2] den Ansatz insofern, als sie zwar Unterschiede im Fließverhalten zwischen der Dickenrichtung und den Richtungen der Blechebene zuließen, jedoch in dieser Ebene rotationssymmetrisches Verhalten voraussetzten. Es handelt sich hier also um eine Betrachtungsweise, die gewissermaßen entgegengesetzt derjenigen ist, die in den zahlreichen Arbeiten über die Anisotropie mechanischer Eigenschaften und über die Zipfelbildung vorherrscht. In diesen Arbeiten werden nur Verhaltensunterschiede in der Blechebene betrachtet, solche, die die Dickenrichtung einbeziehen, jedoch vernachlässigt.

Die Betrachtungsweise von HOSFORD und BACKOFEN [3—5] mit Isotropie in der Blechebene benötigt nur einen Anisotropiekoeffizienten, der die Unterschiede in der Verformung zwischen der Dickenrichtung und den Richtungen in der Blechebene berücksichtigt. Er wird als Verformungsverhältnis R bezeichnet; es ist $R = \mathrm{d}\varepsilon_y/\mathrm{d}\varepsilon_z$. Hierbei sind $\mathrm{d}\varepsilon_y$ und $\mathrm{d}\varepsilon_z$ die Verformungen in der Breitenrichtung y und der Dickenrichtung z der Probe.

Die Ellipsengleichung lautet nach Einführung des Anisotropieparameters R:

$$\sigma_x^2 + \sigma_y^2 - \sigma_x\sigma_y\left(\frac{2R}{R+1}\right) = X^2 \tag{3}$$

Diese Formel (3) entspricht der für den isotropen Fall erwähnten Gleichung einer Ellipse (2), wenn $R = 1$ ist. Von 1 abweichende R-Werte kommen in einer Verlängerung bzw. Verkürzung der großen Ellipsenachse zum Ausdruck, wie dies in Bild 3.2 [4—6] dargestellt ist. Für Werte $R < 1$ ist bei der Verformung die Breitenänderung der beanspruchten Probe kleiner als ihre Dickenänderung. Für R-Werte > 1 sind die Verhältnisse umgekehrt, die Probe zeigt dann größere Änderungen in der Breiten- als in der Dickenrichtung.

Das Spannungsverhältnis der y- zur x-Richtung wird mit α bezeichnet:

$$\alpha = \frac{\sigma_y}{\sigma_x} \tag{4}$$

$\alpha = 1$ entspricht der großen, $\alpha = -1$ der kleinen Ellipsenachse. In der x-Richtung ist $\alpha = 0$, in der y-Richtung ist $\alpha = \infty$. $\alpha = 0$ und ∞ gelten also für reine Zug- oder Druckbeanspruchung. Fließen beginnt im Schnittpunkt zwischen dem Belastungsweg für ein bestimmtes α und der Ellipse für den betreffenden R-Wert. Man sieht im Bild 3.2, daß bei biaxialer Zug- (Quadrant I) oder biaxialer Druckbeanspruchung (Quadrant III) der Fließwiderstand durch steigende R-Werte erhöht, in den beiden anderen Quadranten dagegen herabgesetzt wird (II und IV). Dies bedeutet also, daß lediglich durch eine Erhöhung der Festigkeit der Dickenrichtung für alle Spannungsverhältnisse $\alpha > 0$ die Festigkeit in der Blechebene erhöht werden kann (Quadranten I und III). Der Einfluß

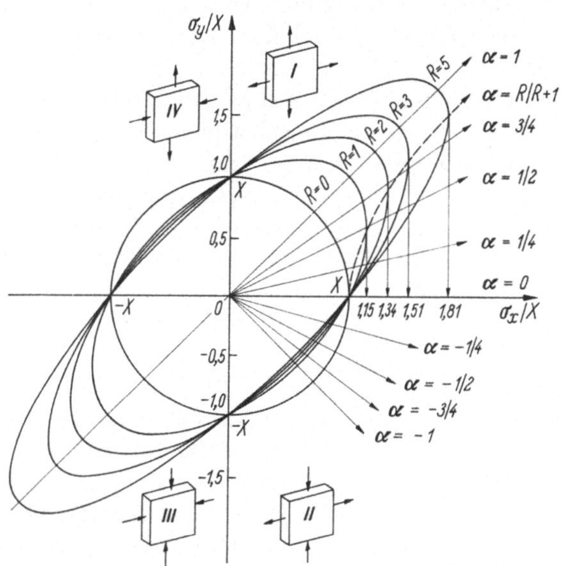

Bild 3.2 Fließgrenzen bei ebenem Spannungszustand ($\sigma_z = 0$) in Blechen mit Texturen, die um die Normalrichtung (Dickenrichtung z) rotationssymmetrisch sind. Die R-Werte geben den Grad der Anisotropie an, $\alpha = \sigma_y/\sigma_x$ entspricht den verschiedenen Belastungsarten (nach Hosford und Backofen [4]).

von R ist um so größer, je näher α dem Wert 1 kommt. Für α-Werte < 0 geht die Festigkeit in der Blechebene mit steigendem R-Wert zurück (Quadranten II und IV); die Veränderungen sind hier jedoch wesentlich geringer als bei den Quadranten I und III.

Die Erhöhung der Festigkeit in der Blechebene durch Heraufsetzung des R-Wertes wird *Texturverfestigung* (texture hardening, texture strengthening), die Herabsetzung der Festigkeit in der Blechebene durch die gleiche Maßnahme, jedoch unter anderen Spannungsverhältnissen *Texturentfestigung* genannt. Diese Bezeichnungen erscheinen aufgrund des bisher Erörterten nicht ohne weiteres verständlich, da in den Hillschen Untersuchungen wohl die Anisotropie eine Rolle spielt, Texturen, also Kristallorientierungen, jedoch nicht weiter berücksichtigt wurden. Man muß sich aber darüber im klaren sein, daß Anisotropien der Materialeigenschaften eine Ursache haben müssen. Tatsächlich sind sie ganz überwiegend in dem Vorhandensein von Texturen zu suchen. Daher ist die Bezeichnung Texturverfestigung wohlbegründet.

Die maximale Texturverfestigung tritt bei einer kombinierten Beanspruchung für ebenen Verformungszustand auf. Es ist dann $\alpha = R/(R+1)$ und $d\varepsilon_y = 0$. In der Breitenrichtung ist also keine Verformung zu beobachten (gestrichelte Linie in Bild 3.2). Die den verschiedenen R-Werten zugehörigen höchsten Verfestigungswerte ($\sigma_{x\,(\max)}$) sind auf der Abszisse von Bild 3.2 eingetragen (vgl. auch Tab. 3.1). Für $R = 5$ ergibt sich z. B. $\sigma_{x\,(\max)} = 1{,}81\ X$, $\alpha = 5/6$.

Zur Erläuterung von Bild 3.2 sind von HOSFORD und BACKOFEN [3—5] eine Reihe von Anwendungsbeispielen aus der Technik und der Materialprüfung angegeben worden. Sie sind in Tab. 3.1 zusammengestellt, aus der sowohl die den verschiedenen Belastungsbedingungen zugehörigen Verformungen als auch das Verfestigungsverhältnis σ_x/X bei verschiedenen R-Werten zu entnehmen sind.

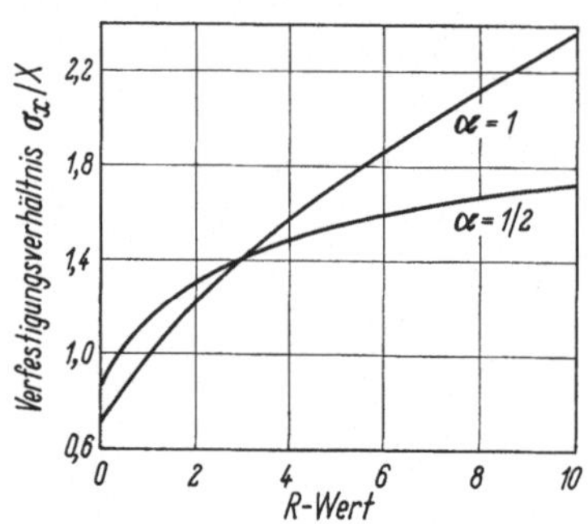

Bild 3.3 Abhängigkeit des Verfestigungsverhältnisses σ_x/X vom R-Wert für Normalenisotropie und die Spannungsverhältnisse $\alpha = 1$ und $\alpha = \frac{1}{2}$ (nach HATCH [9]).

Der Fall $\alpha = 1$ im Quadranten I entspricht allgemein der Druckbeanspruchung eines Bleches in Richtung der Blechnormalen. Er bestimmt z.B. den Verbeulungswiderstand eines Koffers aus Magnesiumlegierungs-Blech.

Dem schon erwähnten Fall der ebenen Verformung mit $\alpha = R/(R+1)$ und $d\varepsilon_y = 0$[1] unter Innendruck (Quadrant I) entspricht nicht nur der Zustand in der Wandung eines Bechers beim Tiefziehen ohne Wanddickenänderung und der einer Zerreißprobe mit einem Kerb in der Blechebene (vgl. Bild 3.4 [4]), sondern auch das Walzen von Blech, wobei $d\varepsilon_y = 0$ und $\sigma_x = 0$ ist.

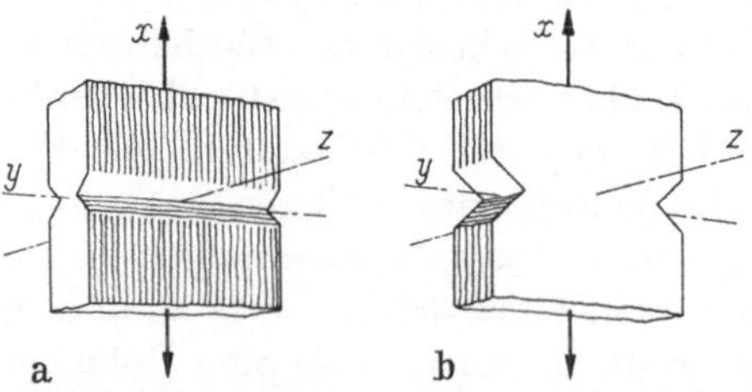

Bild 3.4 Zerreißproben mit Kerben. *a*: Kerb in der Blechebene: $d\varepsilon_y = 0$ und $\sigma_z = 0$, *b*: Kerb an der Schmalseite: $d\varepsilon_z = 0$ und $\sigma_y = 0$ (nach HOSFORD und BACKOFEN [4]).

[1] In diesem Kapitel ist wie im englischen Schrifttum für $\ln(l_1/l_0)$ ε gesetzt.

Tabelle 3.1 *Einfluß der Anisotropie und des Spannungszustandes auf das Fließen in Blechen* (nach HOSFORD und BACKOFEN)

Belastungsbedingung	Zugehörige Verformung	Quadrant in Bild 3.2	Allgemeiner Ausdruck für das Verfestigungsverhältnis σ_x/X	Gleichung Nr.	Werte von σ_x/X bei Fließbeginn für				
					$R = 0$	$R = 1$	$R = 2$	$R = 3$	$R = 5$
$\alpha = 1$ (s. a. Bild 3.3) unter Innendruck stehender kugelförmiger Behälter	$d\varepsilon_x = d\varepsilon_y = -d\varepsilon_z/2$	I	$\sqrt{\frac{R+1}{2}}$	(5)	0,707	1,00	1,225	1,414	1,732
$\alpha = \frac{1}{2}$ (s. a. Bild 3.3) zylindrisches Rohr unter Innendruck oder unter Außendruck	$\frac{d\varepsilon_y}{d\varepsilon_z} = (R-1)/3$	I III	$\sqrt{\frac{4(R+1)}{5+R}}$	(6)	0,894	1,154	1,309	1,414	1,549
$\alpha = 0$ normale Zugbeanspruchung	$\frac{d\varepsilon_y}{d\varepsilon_z} = R$		1,00		1,000	1,000	1,000	1,000	1,000
$\alpha = -1$ reine Scherung, Flansch beim Tiefziehen	$d\varepsilon_z = 0$		$\sqrt{\frac{R+1}{2R+1}}$		0,707	0,577	0,548	0,535	0,522
$\alpha = \frac{R}{R+1}$ Zerreißprobe mit Kerb in der Blechebene (Bild 3.4 a), Wandung beim Tiefziehen, Walzen von Blech	$d\varepsilon_y = 0$	I	$\frac{R+1}{\sqrt{2R+1}}$	(7)	1,000	1,154	1,342	1,512	1,809
Zerreißprobe mit Kerb an der Schmalseite (Bild 3.4 b). Da Spannung σ_z auftritt und $\sigma_y = 0$ ist, liegt Belastungsweg nicht in Bild 3.2	$d\varepsilon_z = 0$		$\sqrt{\frac{2(R+1)}{2R+1}}$		1,414	1,154	1,095	1,069	1,044

Statt σ_x/X heißt es dann in Formel (7) (s. Tab. 3.1) σ_z/X, wobei σ_z die Fließspannung in der Normalrichtung ist. Bei hohen R-Werten ist ein starker Walzdruck erforderlich.

Im Quadranten III des Bildes 3.2 tritt bei R-Werten < 1 eine Entfestigung auf. Bei $\alpha = -1$ handelt es sich um eine reine Scherbeanspruchung mit $\mathrm{d}\varepsilon_z = 0$, also ohne Dickenabnahme.

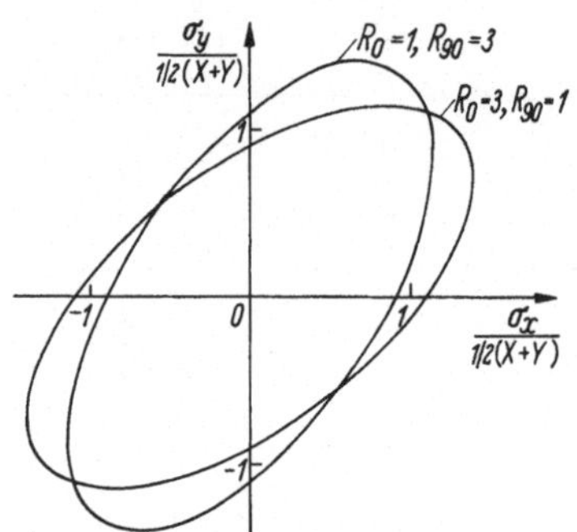

Bild 3.5 Fließgrenzen bei ebenem Spannungszustand ($\sigma_z = 0$) für Werkstoffe mit Dicken- und Flächenanisotropie ($R_0 \neq R_{90}$) (nach HOSFORD [5]).

Auch die spannungstheoretische Betrachtung kann den Fall ins Auge fassen, daß keine Rotationssymmetrie der Eigenschaften in der Blechebene vorhanden ist, also den Fall, der insbesondere in der Literatur über Zipfelbildung beim Tiefziehen schon oft und eingehend erörtert worden ist, jedoch fast ausschließlich, ohne die Breiten/Dickenverminderung zu berücksichtigen. In einem solchen Fall sind die Anisotropiekoeffizienten in den verschiedenen Richtungen der Blechebene nicht gleich, insbesondere kann sich der Wert der x- von dem der y-Richtung unterscheiden. Man hat jedoch die Bezeichnung R für alle Richtungen der Blechebene beibehalten und versieht sie mit einem Index, der den Winkel der Längsrichtung der Probe zur Walzrichtung kennzeichnet (z. B. R_0 für Längs- oder R_{90} für Querproben). Die Darstellung des Bildes 3.2 verändert sich dadurch insofern, als die große Ellipsenachse nicht mehr auf der Linie $\alpha = 1$ liegt, sondern z. B. so wie dies in Bild 3.5 gezeigt ist [5]. Dieser Fall wird im folgenden Abschnitt 3.2.2 näher besprochen.

3.2.2 Bestimmung der Flächen- und Dickenanisotropie im Zugversuch

Im Vordergrund des Interesses steht dabei die Formänderung der Probe während des Zugversuches. Bei einem Werkstoff aus völlig isotropem Material oder aus sich anisotrop verhaltenden Kristallen in statistisch regelloser Orientierung werden sich in beliebiger Richtung entnommene Rundstäbe im Zugversuch völlig gleich verhalten und ihren kreisförmigen Querschnitt in allen Stadien des Versuches beibehalten. Das andere Extrem bilden Einkristallproben. Sie gelangen bei kreisförmigem Ausgangsquerschnitt während des Versuches meistens zu mehr oder weniger ellipsenförmigen Querschnitten oder sogar zu bandförmiger Gestalt. Das Verhalten vielkristalliner Proben mit Textur liegt in den Grenzen dieser beiden Extremfälle. Die Formänderung wird hier durch die Textur bestimmt.

In den letzten 50 Jahren sind nun immer zahlreicher werdende Beispiele bekannt geworden, die zeigen, daß gewalzte oder rekristallisierte Bleche in ihren mechanischen Eigenschaften Flächenanisotropie aufweisen. Bei Zugversuchen an Flachstabproben, die in verschiedenen Richtungen der Blechebene entnommen worden waren, ergaben sich mehr oder weniger große Unterschiede in den mechanischen Eigenschaften, die als texturbedingt erkannt wurden. Über diese Untersuchungen ist an anderer Stelle zusammenfassend [10] berichtet worden, so daß hier auf eine nochmalige Darstellung verzichtet werden kann. Bemerkenswert ist, daß diese Untersuchungen insbesondere dazu dienen sollten, die Erscheinung der Zipfelbildung beim Tiefziehen von Blechronden aufzuklären. Die Dickenanisotropie wurde in diesen Arbeiten noch nicht berücksichtigt.

In einer 1945 veröffentlichten Arbeit erkannten Baldwin, Howald und Ross [11] als erste die Bedeutung der dreidimensionalen Änderung der Abmessungen (also unter Berücksichtigung der Blechdicke) für das Tiefziehen. Sie führten die Beurteilung des Verhaltens durch Bestimmung der Querschnittsänderungen beim Zugversuch ein, sahen vor allem die Bedeutung der Textur für diese Fragen und untersuchten einen Fall mit ausgeprägter Anisotropie, nämlich Kupferblech mit Würfel-Rekristallisationstextur (001) [100] (vgl. Abschnitt 3.3.11, S. 124).

Jackson, Smith und Lankford [12] stellten dann 1948 fest, daß im Zugversuch an Stahlproben die Dickenabnahme nicht proportional der Breitenabnahme ist [13—22]. Eine Beziehung zur Textur wurde von ihnen noch nicht erkannt, wohl aber die Bedeutung der Erscheinung für das praktische Tiefziehen.

Im Schrifttum und in der Praxis der Bestimmung des R-Wertes durch Zugversuche wird heute meistens vorausgesetzt, daß die Anisotropie während des Versuches konstant bleibt. Dies entspricht allerdings durchaus nicht immer dem tatsächlichen Verhalten. Das als R-Wert bezeichnete Verformungsverhältnis [6] ist:

$$R = \frac{\ln b_0/b}{\ln d_0/d} \tag{8}$$

b_0 und d_0 sind die Ausgangsbreite und -dicke des Flachstabes, b und d die entsprechenden Größen nach einer Dehnung. Meistens wird der R-Wert nach einer Gleichmaßdehnung von 20% gemessen.

Besteht eine *Flächenanisotropie* irgendeiner Eigenschaft, so wird man sie bei vergleichenden Versuchen an Proben, die unter verschiedenen Winkeln zur Walzrichtung demselben Blech entnommen wurden, feststellen können. Dies trifft auch für die R-Werte zu. Auch wenn die R-Werte aller Proben gleich sind, muß das Blech indessen nicht isotrop sein. Dies ist nur dann der Fall, wenn $R = 1$ ist. Ist dagegen z. B.

$R_0 = R_{45} = R_{90}$, aber größer oder kleiner als 1, so liegt eine *Normalenanisotropie* vor. Sie tritt in dieser Form nicht oft auf, pflegt dann aber sehr ausgeprägt zu sein.

Die Grundlagen für die Auswertung des Zugversuches hinsichtlich der Verfestigung sind vorhanden. Sie gehen zurück auf eine Anzahl von Arbeiten, von denen hier nur die von LUDWIK [23] und KOSTRON [24] erwähnt seien. Als wesentliches Ergebnis sei hervorgehoben, daß dem Verformungsverhalten die Beziehung

$$\sigma = k \cdot q^n \tag{9}$$

zugrunde liegt, wobei σ die Spannung, q der Probenquerschnitt, k und n Konstanten sind. n entspricht der Steigung der Verfestigungsgeraden in der logarithmischen Darstellung von Gl. (9) und ist außerdem ein Maß für die Gleichmaßdehnung.

Der Verfestigungskoeffizient n ist allerdings nur in wenigen Arbeiten über anisotropes Umformungsverhalten herangezogen und lediglich in Beziehung zum Tiefziehverhalten untersucht worden. Solche Beziehungen wurden nur rein phänomenologisch festgestellt; sie geben den Hinweis, daß ein hoher n-Wert als günstig anzusehen ist. Untersuchungen über die Zusammenhänge zwischen dem Verfestigungskoeffizienten n und der Textur einerseits sowie Auswertungen des Zugversuches unter gleichzeitiger Berücksichtigung von R und n andererseits fehlen dagegen bisher.

Mit den Beziehungen zwischen der Formänderung beim Zugversuch und dem die Normalenanisotropie kennzeichnenden R-Wert beschäftigen sich dagegen zahlreiche Arbeiten.

Die mittlere Normalenanisotropie $\bar{R}$ ist definiert als

$$\bar{R} = \tfrac{1}{4}\,(R_0 + 2R_{45} + R_{90}) \tag{10}$$

$$\text{oder } \bar{R} = \frac{\tfrac{1}{2}\,(R_0 + R_{90}) + R_{22,5} + R_{45} + R_{67,5}}{4} \tag{11}$$

je nachdem, in wievielen Richtungen zur Walzrichtung Proben untersucht werden.

Die praktische Durchführung der Bestimmung des R-Wertes bietet vor allem insofern Schwierigkeiten, als die Meßlängen (Breite und Dicke), deren Änderung an der Zugprobe bestimmt werden müssen, sehr verschieden groß sind. Die Dicke ist gering, so daß ihre Änderung mit großer Präzision gemessen werden muß, um der Breitenänderung an Genauigkeit zu entsprechen.

Dazu kommt noch, daß die Blechdicke Schwankungen unterliegt, die die Meßgenauigkeit weiter vermindern. Eine bisher noch nicht diskutierte Schwierigkeit liegt überdies darin, daß die Textur häufig nicht über die gesamte Blechdicke gleich ist. Insbesondere kann unmittelbar an oder unter der Oberfläche die Textur u. U. erheblich anders sein als in der Dickenmitte des Bleches oder Bandes [10].

Ferner ist auf die Möglichkeit aufmerksam gemacht und auch experimentell gezeigt worden [25], daß der R-Wert auch an Proben, die in der gleichen Richtung, also z. B. in Walzrichtung, dem Blech entnommen wurden, schwanken kann. Das rührt zweifellos von den ebenfalls schon bekannten Texturstreuungen in der Blechebene (Flächeninhomogenität) [26] her. Insbesondere sollten unter diesem Gesichtspunkt bei bandgewalztem Material etwaige Unterschiede zwischen Anfang, Mitte und Ende in einem Bund (coil) und weiterhin Unterschiede zwischen Rand und Flächenmitte in der Querrichtung des Bandes untersucht werden.

Da bei der Verformung eines Flachstabes im Zugversuch Volumenkonstanz angenommen werden kann, geht man angesichts der Schwierigkeiten, die Blechdicke und ihre Änderung exakt zu messen, in zunehmendem Maße dazu über, anstelle der Blechdickenänderung nur die Dehnung zu bestimmen [19]. Es ist

$$R = \frac{\ln \frac{b_0}{b}}{\ln \frac{b \cdot l}{b_0 \cdot l_0}} \tag{12}$$

oder

$$\frac{1 + R}{R} = \frac{\ln \frac{l}{l_0}}{\ln \frac{b_0}{b}} \tag{13}$$

l_0 und l sind dabei die Meßlängen vor und nach der Dehnung.

Zur Bestimmung des Exponenten n wurde eine spezielle Form von Zugproben mit drei verschiedenen Probenbreiten in je einem Drittel der Länge eines Zerreißstabes, nämlich $b_1 = 1{,}00$ zu $b_2 = 1{,}01$ zu $b_3 = 1{,}10$ vorgeschlagen [18]. Wenn ε die wirkliche Verlängerung, δ die gemessene Dehnung ist, also:

$$\varepsilon = \ln (1 + \delta) \tag{14}$$

ergibt sich:

$$n = \frac{(\varepsilon_2 - \varepsilon_3) + \ln \frac{b_3}{b_2}}{\ln \frac{\varepsilon_2}{\varepsilon_3}} \tag{15}$$

Zur Bestimmung von n ist der Zugversuch nur bis zum Beginn der Einschnürung (Höchstlast) im Bereich 1 geringster Breite durchzuführen. Dann sind die Dehnungen ε_2 und ε_3 in den Bereichen 2 und 3 zu messen.

Auch die Einschnürung hängt von dem Spannungsverhältnis und damit der Normalenanisotropie des Bleches ab [6]. Für ebene Isotropie ist der Winkel $\varkappa$ zwischen der Einschnürung und der Zugachse gegeben durch

$$\varkappa = \tan \sqrt{\frac{1+R}{R}} \tag{16}$$

Für hohe R-Werte liegt der Einschnürwinkel nahe bei 45°, während er sich für niedrige R-Werte 90° annähert. In Bild 3.6 [6] ist α in Ab-

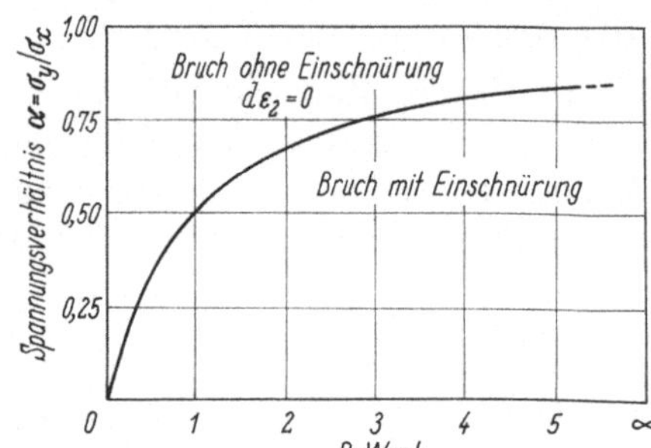

Bild 3.6 Abhängigkeit des R-Wertes vom Grenzwert des Spannungsverhältnisses α oberhalb dessen Bruch mit Einschnürung auftreten kann (nach Keeler und Backofen, vgl. [6]).

hängigkeit von R nach der Beziehung $\alpha = R/R + 1$ dargestellt. Bei hohem Spannungsverhältnis (oberhalb der Linie) bildet sich keine örtliche Einschnürung. Zur Vermeidung lokaler Einschnürung ist, wie das Bild 3.6 zeigt, bei einem niedrigen Spannungsverhältnis ein niedriger R-Wert, bei hohem α ein hoher R-Wert vorteilhaft. Günstig ist auch in jedem Fall ein hoher Verfestigungskoeffizient n.

Um die experimentelle Bestimmung von R-Werten zu vereinfachen, haben auch Ikeshima, Okamoto und Fukuda [27] die Einschnürung, und zwar die prozentuale Breitenverminderung B in der Brucheinschnürung von Blechen herangezogen. Sie wird in Prozenten der Ausgangsbreite b_0 ausgedrückt als

$$B = \frac{b_0 - b_1}{b_0} \cdot 100\% \tag{17}$$

Hierin ist b_1 die Breite in der Einschnürung.

Der Wert B ist dabei nicht nur ein Maß für den R-Wert, sondern auch für die Formänderungsfähigkeit. Die (nicht meßbare) Dickenverminderung in der Einschnürung $-\varepsilon_d$ ist

$$-\varepsilon_d = \frac{B}{R} \tag{18}$$

Wenn die Längenzunahme in der Einschnürung als proportional der Gesamtdehnung δ angesehen wird, ergibt sich

$$B = \delta \frac{R}{R + 1} \tag{19}$$

Die Überprüfung dieser Beziehung für Stahlblech ergab eine recht gute lineare Abhängigkeit der Einschnürungs-Breitenabnahme B von R und $R/R + 1$.

Die Bestimmung des R-Wertes wird häufig an Proben vorgenommen, die im Zugversuch um 20% gedehnt wurden. Abgesehen davon, daß 20% Gleichmaßdehnung nicht in allen Fällen erreicht werden, ist die Voraussetzung, daß sich die Textur und damit der R-Wert im Laufe des Zerreißversuches nicht ändert, keineswegs immer erfüllt.

Noch ungeklärt ist auch die Frage, ob der R-Wert vom Probenquerschnitt, d. h. dem Breiten/Dickenverhältnis der Zerreißprobe im Ausgangszustand, unabhängig ist. Dies wird zwar bisher angenommen, ist aber ebenfalls nicht selbstverständlich. Untersuchungen von Lilet und Wyobo [28], die allerdings die Textur unberücksichtigt ließen, ergaben an 1 mm dicken Stahlblechen, daß eine Änderung der Breite der Probestäbe zwischen 20 und 15 mm folgende Änderungen des R-Wertes verursachten: bei 20% Dehnung zwischen 1,40 und 1,50, bei 22,5% Dehnung zwischen 1,37 und 1,41, bei 25% Dehnung zwischen 1,37 und 1,40. Der R-Wert fiel also mit zunehmender Dehnung und zunehmender Probenbreite. Auch die Zahl der Kristalle in der Richtung der Blechnormalen, also das Verhältnis der Kristalldicke zur Blechdicke, scheint von Einfluß auf den R-Wert zu sein (vgl. Abschnitt 3.3.1, S. 112).

Lankford, Snyder und Bauscher [13] fanden für aluminiumberuhigten Stahl mit günstigem Tiefziehverhalten, daß $R_0 > 1{,}5$ und $n > 0{,}240$ sein sollen. Sie stellten einen Qualitätsindex auf, der aus R und n zu berechnen ist; er entsprach in dem untersuchten Fall für Werte von >275 günstigem Tiefziehverhalten. Sie wiesen ferner darauf hin, daß auch das Streckgrenzenverhältnis zur Beurteilung des Fließverhaltens herangezogen werden kann, trotz der Bedenken, die gegen die Zugfestigkeit als Werkstoffkenngröße erhoben werden müssen.

3.3 Anisotropie und Textur (Texturverfestigung)

Da für die folgenden Erörterungen sowohl die plastizitätstheoretische wie die kristallographisch-physikalische Betrachtungsweise der Umformungsprozesse herangezogen werden müssen, erscheint es zweckmäßig, zunächst einige der zweiten Arbeitsrichtung entspringende, grundlegende Erkenntnisse zu schildern.

Die kristallographisch-physikalische Betrachtungsweise der Umformungsvorgänge geht aus von der Erkenntnis, daß alle metallischen Werkstoffe aus Kristallen aufgebaut sind und daß die Umformung durch einen kristallographisch gesetzmäßig geregelten Vorgang zustande kommt, der in den meisten Fällen als Gleitung zu beschreiben ist [29]. Die Gleitrichtungen werden jedoch nicht ausschließlich durch die Richtung und Größe der auf den Werkstoff wirkenden Kräfte bestimmt. Gleitung ist vielmehr nur auf ganz bestimmten Kristallflächen und in bestimmten (in diesen Flächen liegenden) Kristallrichtungen möglich. So sind z. B. bei allen Metallen und Legierungen mit kubisch flächenzentrierter Struktur (Aluminium, Kupfer, Silber, Gold, Nickel, Austenit, α-Messing) die Oktaederflächen, $\{111\}$, die Gleitflächen und die Flächendiagonalen des Elementarwürfels, die $\langle 110\rangle$-Richtungen, die Richtungen der Gleitung.

Die Beziehung zwischen einer äußeren Zugspannung σ_x und den erwähnten kristallographischen Gleitelementen wird gegeben durch das Schubspannungsgesetz von E. SCHMID [29]

$$\tau = \sigma_x \cos\varphi \cdot \cos\lambda \tag{20}$$

Dabei ist τ die in der Gleitrichtung wirkende Schubspannung, φ der Winkel zwischen der Richtung der Spannung und der Gleitebenennormale, λ der Winkel zwischen der Richtung der Spannung und der Gleitrichtung. Die Spannung, die notwendig ist, um die Gleitung in Gang zu bringen, wird als kritische Schubspannung τ_0 bezeichnet. Da ein kubischer Kristall aus Symmetriegründen 4 verschieden orientierte Oktaederebenen enthält, in der je drei $\langle 110\rangle$-Gleitrichtungen liegen, ergeben sich für die kubisch flächenzentrierten Metalle 12 verschiedene Gleitmöglichkeiten. Berücksichtigt man, daß die Gleitungen sich der Schubspannung folgend sowohl in einer Richtung wie in ihrer Gegenrichtung bewegen können, so ergeben sich sogar 24 Möglichkeiten.

Die höchste Schubspannung und damit der Beginn des Gleitens wird in demjenigen Gleitsystem erzielt, das den höchsten Faktor $\cos\varphi \cos\lambda$ hat, der als Schmidfaktor (μ) bezeichnet wird. Sein maximaler Wert beträgt 0,5.

Bild 3.7 zeigt in stereographischer Projektion den Betrag des Schmidfaktors für alle möglichen Ausstichpunkte einer unter Zugspannung stehenden Richtung, z. B. der Längsrichtung eines Probenstabes im Zugversuch [30] und damit die Orientierungsabhängigkeit des Gleitens. Je kleiner der Schmidfaktor ist, um so mehr Zugspannung muß aufgebracht werden, um die Verformung in Gang zu bringen, um so höher liegt daher die Fließspannung in Zugrichtung.

Das Schubspannungsgesetz gilt grundsätzlich nicht nur für die Verformung von Einkristallen, sondern auch für vielkristallines Material.

Allerdings taucht hier die Schwierigkeit auf, daß einerseits, wie beschrieben, jeder Kristall einen eigenen, von seiner Orientierung abhängigen Streckgrenzenwert hat, daß aber andererseits die Kristalle an den Korngrenzen fest miteinander verwachsen sind und daß daher die äußere Formänderung nur gemeinsam vor sich gehen kann. Die Berücksichtigung dieser Kompatibilitätsbedingung ist aber einer der schwierigsten Punkte der kristallographischen Betrachtungsweise der Umformung, der bisher noch nicht befriedigend aufgeklärt werden konnte.

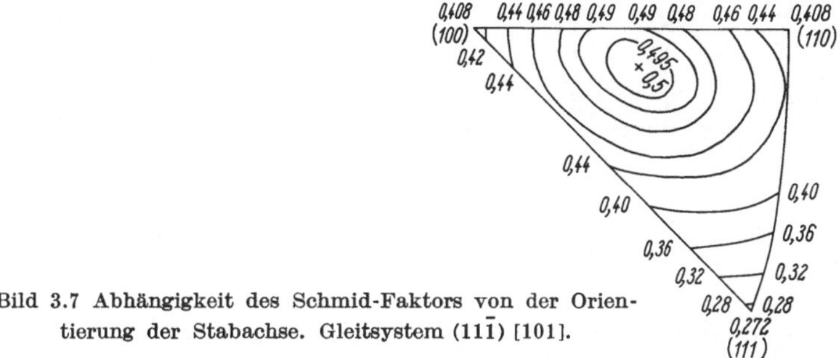

Bild 3.7 Abhängigkeit des Schmid-Faktors von der Orientierung der Stabachse. Gleitsystem $(11\bar{1})$ [101].

Sicher ist, daß die gemeinsame Verformung der Kristalle im Gefügeverband die Gleitung derart verändern kann (aber nicht muß), daß mehr Gleitebenen und -richtungen in Funktion treten, als bei der Einkristallverformung. Bei den hochsymmetrischen kubischen Kristallen mit ihren vielen Gleitelementen sind jedenfalls die Möglichkeiten gegeben, jeder, dem Werkstück von außen aufgezwungenen Formänderung nachzukommen.

Qualitativ und in mancher Hinsicht auch quantitativ besteht zwischen der Einkristall- und der Vielkristallverformung insofern Gemeinsamkeit, als die Gleitvorgänge dazu führen, daß eine Drehung des Kristalls zu den äußeren Bezugsrichtungen stattfindet, also eine Orientierungsänderung, die bei vielkristallinen Werkstücken bewirkt, daß die Kristalle mehr oder weniger gleiche Orientierung annehmen — es entsteht eine Verformungstextur.

Die Umformung von Blechen durch Walzen, die für die folgenden Erörterungen in der Hauptsache von Interesse ist, führt zu den Walztexturen [10]. Die Darstellung der meistens recht komplizierten Walztexturen wird mit Hilfe von Polfiguren vorgenommen. Das sind stereographische Projektionen jeweils einer bestimmten Kristallebene $\{hkl\}$. Der Projektionskreis entspricht der Blechebene, mit der am oberen und unteren Rand des Projektionskreises ausstechenden Walzrichtung (WR), der Querrichtung (QR), die seitlich aussticht, und dem Projektionspunkt der Blechnormalen (BN) im Mittelpunkt des Projektionskreises. Ein Beispiel ist für eine Walztextur des Aluminiums in den Bildern 3.8 und 3.9 gezeigt [31]. Die eingetragenen Höhenlinien sind ein Maß für die

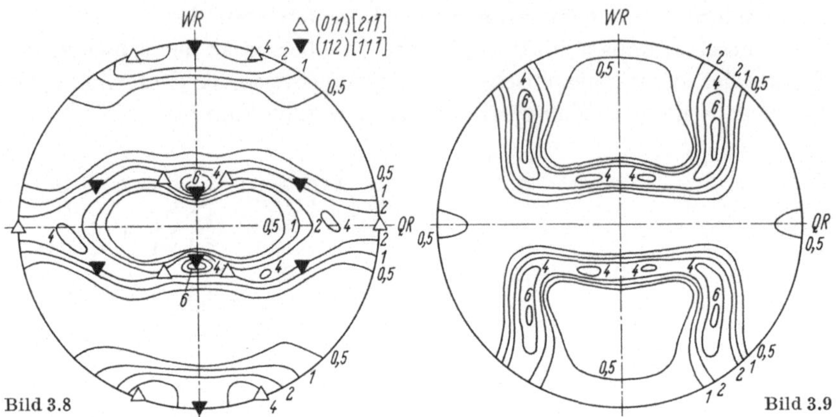

Bild 3.8 (111)-Polfigur der Walztextur von Aluminium mit idealen Lagen (nach Grewen, Segmüller und Wassermann [31]).

Bild 3.9 (100)- Polfigur der Walztextur von Aluminium (nach Grewen, Segmüller und Wassermann [31]).

Anzahl von Kristallflächen-Normalen der dargestellten Flächenart (z. B. {111}), die an der betreffenden Stelle ausstechen, geben also die Belegungsdichte mit solchen Ausstichpunkten an. Bei Vorliegen einer statistisch regellosen Orientierung ist die Belegungsdichte gleich 1, die ganze Polfigur ist dann gleichmäßig mit Ausstichpunkten belegt, ein Fall, der praktisch sehr selten vorkommt. Das Gegenteil ist eine so ausgeprägte Textur, daß alle Kristalle exakt dieselbe Orientierung haben. In diesem Fall, der ebenfalls ganz selten realisiert ist, würden nur an den Ausstichpunkten einer Einkristall-Lage die Ausstichpunkte aller Kristalle zusammenfallen, während in allen übrigen Richtungen der Projektionsfläche Ausstichpunkte völlig fehlen.

Zur Beschreibung der Walztexturen benutzt man häufig auch eine andere, vereinfachende Möglichkeit, und zwar durch Benennung sogenannter idealer Lagen oder idealer Orientierungen. Es wird für die Hauptbelegungspunkte der Polfigur angegeben, welcher Einkristallorientierung sie entsprechen, indem man eine Kristallfläche (hkl) angibt, die der Blechebene, und eine Kristallrichtung [uvw], die der Walzrichtung parallel liegt. Dabei muß natürlich die Richtung [uvw] in der Fläche (hkl) liegen. Häufig müssen, um der Polfigur annähernd zu entsprechen, mehrere ideale Lagen angegeben werden. So sind in das Bild 3.8

die idealen Lagen (011) [21$\bar{1}$] und (112) [11$\bar{1}$] eingezeichnet. Man sieht, daß diese beiden Lagen den Maxima der Belegung entsprechen, die übrigen, abweichenden Orientierungen aber unberücksichtigt lassen.

Zur Deutung der Entstehung von Walztexturen ist es in manchen Fällen unerläßlich, auch den zweiten kristallographischen Vorgang zu berücksichtigen, der bei der plastischen Formänderung von Metallen eine Rolle spielt, die mechanische Zwillingsbildung. Sie unterscheidet sich trotz mancher Parallelen sowohl in ihrem Mechanismus wie in ihrer Wirkung von dem Gleiten. Dies wird durch Bild 3.10 erläutert [29, 32].

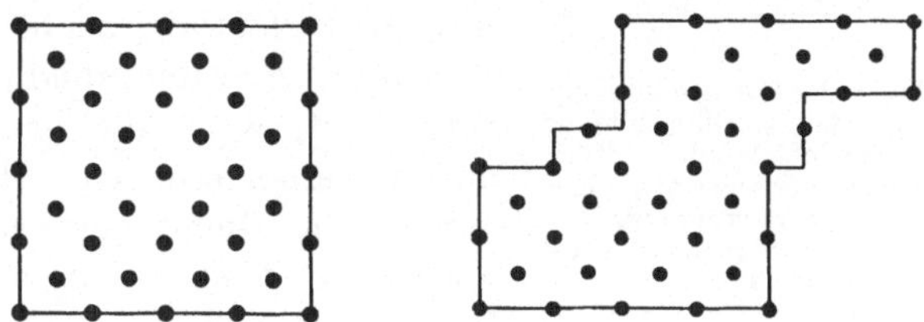

Bild 3.10a Schematische Darstellung der Gleitung. Links: Gitterpunkte vor, rechts: Gitterpunkte nach dem Gleiten (aus WASSERMANN [32]).

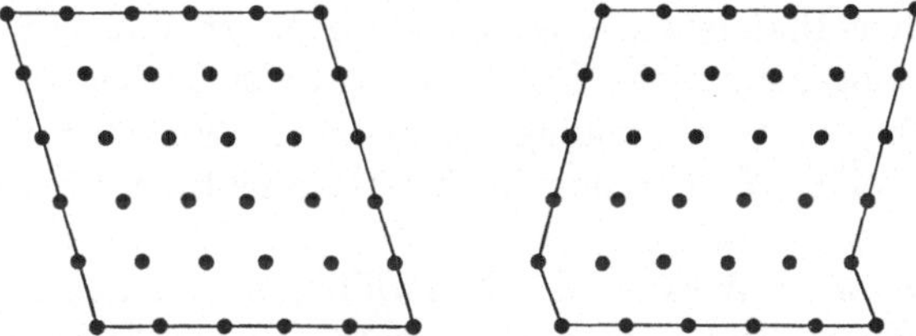

Bild 3.10b Schema der Bewegung der Gitterpunkte bei der mechanischen Zwillingsbildung. Links vor und rechts nach der Zwillingsbildung (aus WASSERMANN [32]).

Während beim Gleiten die Gleitwege, gemessen durch die Zahl der Atomabstände, verschieden und beliebig groß sein können, nimmt der Betrag der Schiebung bei der Zwillingsbildung von einer Grundfläche, der Zwillingsebene, ausgehend, linear zu. Während die Gleitung in Bild 3.10a z. B. nach rechts hin geht, sich die Ebenen aber genauso in der Gegenrichtung (nach links) bewegen könnten, ist die Richtung der Schiebung einsinnig kristallographisch festgelegt, weil, wie das Bild 3.10b erkennen läßt, der verzwillingte (obere) Teil zu dem unverzwillingt gebliebenen Matrixkristall symmetrisch orientiert ist. Die Zwillingsebene ist also eine Symmetrieebene.

Die einsinnige Richtung der mechanischen Zwillingsbildung bedingt übrigens, daß überall dort, wo die Zwillingsbildung bei der Umformung eine Rolle spielt (in erster Linie bei hexagonalen Metallen), die Hillsche Theorie nicht mehr anwendbar ist.

Bild 3.11 [29] zeigt schematisch, wie die mechanische Zwillingsbildung mit ganz bestimmten Formänderungen verbunden ist. Ein kugelförmiger Kristall, den die Zwillingsebene K 1 in zwei Hälften zerlegt, verzwillingt in der oberen Hälfte durch Schiebung um den Betrag *s*, die Halbkugel wird dadurch zu einem Halbellipsoid. Während vor der Verzwilligung alle Radialrichtungen gleich lang waren, sind sie nach der Schiebung teils kürzer (zwischen *A* und *B*), teils länger (zwischen *B* und *C*) als vorher. Dies hat insofern Bedeutung, als bei einem Umformvorgang Zwillingsbildung nur dann stattfindet, wenn die damit verbundenen Verlängerungen oder Verkürzungen in Richtungen erfolgen, die auch vom Umformvorgang her eine Verlängerung bzw. Verkürzung erfahren [33]. Von Bedeutung als Richtung, bei der die Umformung zur Verlängerung führt, ist vor allem die Walzrichtung von Blechen. Sind die im Blech vorhandenen Kristalle so orientiert, daß Zwillingsbildung zu einer Verlängerung in der Walzrichtung (oder ihr benachbarten Richtungen) führt, so tritt Zwillingsbildung auf. Würde Zwillingsbildung hingegen zu einer Verkürzung in der Walzrichtung führen, so unterbliebe sie.

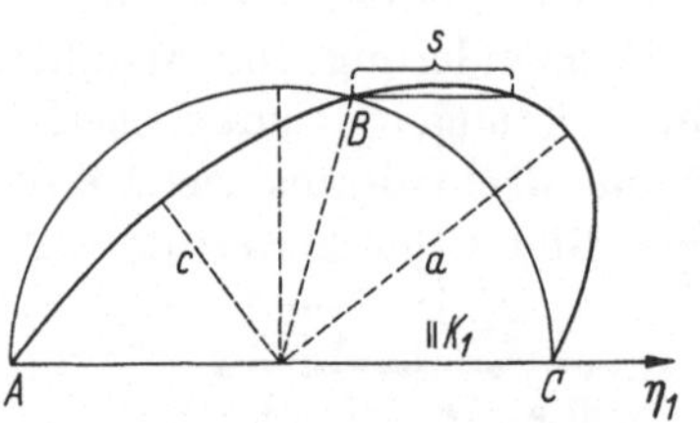

Bild 3.11 Schema der Formänderungen bei der mechanischen Zwillingsbildung η_1 = Richtung der Schiebung, a = Richtung maximaler Verlängerung, c = Richtung maximaler Verkürzung, s = Betrag der Schiebung (nach SCHMID und BOAS [29]).

Eine zusätzliche Wirkung der Verzwillingung, die ihre Bedeutung oft wesentlich erhöht, liegt weniger in der tatsächlichen Längenzunahme als in der mit der Verzwillingung verbundenen Orientierungsänderung, die in den Zwillingen die Voraussetzungen für weitere Formänderungsmöglichkeiten durch Gleitung schafft. Spezielle Beispiele für diese Fälle sind vor allem die hexagonalen Metalle, aber auch kubische, wie Silber und Messing (vgl. Abschnitt 3.3.2 und Tab. 3.3).

Die besondere Wirkung der Zwillingsbildung ist bedingt durch die Höhe der kritischen Schubspannungen als Initialbedingungen für das Einsetzen plastischer Verformung. Die kritischen Schubspannungen der Zwillingsbildung sind nämlich höher als die der Gleitung. Infolgedessen ist häufig die Gleitung der zunächst allein oder in der Hauptsache die Umformung bewerkstelligende Vorgang. Durch Verfestigung und Orientierungsänderungen nehmen die zur Weiterführung der Umformung erforderlichen Kräfte laufend zu. Durch die Orientierungsänderungen werden die Bedingungen für die Gleitung (abnehmende Schmidfaktoren) immer ungünstiger, während die für die Zwillingsbildung günstiger werden können. Die mit der Zwillingsbildung verbundene diskontinuierliche Orientierungsänderung erhöht dann wieder ebenfalls diskontinuierlich die Orientierungsfaktoren der Gleitung in den Zwillingskristallen und ermöglicht damit erneutes Gleiten.

Es sei allerdings darauf hingewiesen, daß nicht alle Metalle bei der Umformung verzwillingen. Maßgebend hierfür ist letzten Endes die Stapelfehlerenergie. So tritt z. B. bei Aluminium, dessen Stapelfehlerenergie hoch ist, in keinem Fall mechanische Zwillingsbildung auf. Dagegen kann sie bei anderen kubisch flächenzentrierten Metallen wie Silber und Legierungen des Kupfers (Messinge) nicht vernachlässigt werden, wie neuere Untersuchungen [34, 35] gezeigt haben.

3.3.1 Texturverfestigung bei kubischen Metallen

Das große und verbreitete Interesse, das der R-Wert heute findet, gilt in allererster Linie dem Stahlblech, das vor allem im Karosseriebau in sehr großen Mengen durch Tiefziehen verarbeitet wird. Es ist daher nicht erstaunlich, daß in einer Reihe von Arbeiten versucht worden ist, Beziehungen zu finden zwischen dem Tiefziehverhalten und dem R-Wert einerseits und zwischen dem R-Wert und der Textur gewalzter und geglühter Stahlbleche andererseits (s. a. Abschn. 6.2 S. 274).

Unglücklicherweise ist dieser Zusammenhang gerade beim Eisen sehr kompliziert und seine Aufklärung daher besonders schwierig. Dies rührt daher, daß schon die Verformung des Eiseneinkristalls längst nicht so klar zu übersehen ist wie die der Metalle mit kubisch flächenzentrierter Struktur, bei denen die Gleitung als Grundlage der Verformung im wesentlichen durch Betätigung nur eines Gleitsystems, nämlich $\{111\}$ $\langle 110 \rangle$ beschrieben werden kann.

Beim kubisch raumzentrierten α-Eisen dagegen ist zwar die Gleitrichtung $\langle 111 \rangle$ kristallographisch definiert, doch treten zumindest bei der Verformung im vielkristallinen Gefüge und insbesondere bei den Umformungsprozessen wie Blechwalzen mehrere Gleitflächen-Elemente in Tätigkeit. $\{110\}$, $\{112\}$ und $\{123\}$ werden als Gleitflächen angegeben. Damit werden die Gleitvorgänge so unübersichtlich, daß man sich meistens auf die Beschreibung der Gleitung in $\langle 111 \rangle$-Richtung als sogenannte pencil-glide beschränkt hat. Aus demselben Grund sind auch die Verformungstexturen des Eisens schwer zu beschreiben, ihre Entstehung ist noch immer nicht in wünschenswertem Maße aufgeklärt.

Es ist also nicht verwunderlich, daß die Beziehung zwischen Textur und R-Wert gerade beim Stahl schwer zu übersehen ist. Die Untersuchungen zu dieser Frage begnügten sich daher zunächst damit, lediglich die $\langle 111 \rangle$-Gleitrichtungen heranzuziehen [14, 17, 36—39], obwohl dieses Vorgehen kritisiert worden ist [37].

Der erste Versuch, bei Stahlblechen auf dieser Basis Beziehungen zwischen R-Wert und Textur aufzufinden, wurde von Burns und Heyer [14] unternommen. Aus den Orientierungen der $\langle 111 \rangle$-Gleitrichtungen zu Walz- und Querrichtung wurde geschlossen, daß für die ideale Orientierung (011) [$\bar{1}$10] ein Zugversuch in Walzrichtung zu keiner Breitenminderung führt und damit einen R-Wert unter 1 ergeben müsse. Bei (111) [$\bar{1}$10]-Orientierung ist dagegen ein hoher R-Wert zu erwarten (vgl. auch [17]).

Die große Anisotropie der in Eisen-Siliziumblechen entwickelten Goßtextur (011) [100] mit $R_0 = 0{,}22$, $R_{45} = 0{,}14$, $R_{90} = 10{,}5$ ist, wie BURNS und HEYER [14] feststellten, nicht mit der Lage der Gleitrichtungen und ihren Orientierungsfaktoren vereinbar. Sie vermuteten, daß ein großes Breiten/Dickenverhältnis der Proben (40:1) die Ursache sei.

EVANS und RAWLINGS [38] bestätigten die Befunde ($R_0 = 0{,}2$, $R_{90} = 9{,}0$). Sie waren ebenfalls der Ansicht, daß das unerwartete Verhalten auf die geringe Blechdicke von 0,34 mm zurückzuführen sei, betrachteten aber als eigentliche Ursache die großen, die ganze Blechdicke beanspruchenden Kristalle in der Goßtextur. In Richtung der Blechnormalen werden daher bei der Verformung keine Korngrenzen geschnitten, an denen sich Versetzungen aufstauen. Die $\langle 111 \rangle$-Gleitrichtungen in der Ebene Walzrichtung— Querrichtung müssen mehrere Körner schneiden. Sie sind daher gegenüber denen der Ebene Walzrichtung-Blechnormale benachteiligt und benötigen höhere Schubspannungen zur Verformung.

Diese Beobachtung wirft eine Reihe von Fragen auf, die noch unbeantwortet sind, nämlich den möglichen Einfluß von Korngrenzen und den des Verhältnisses Blechbreite zu Blechdicke im Zugversuch in ihrem etwaigen Einfluß auf den R-Wert (vgl. Abschnitt 3.2.2, S. 105).

ELIAS, HEYER und SMITH [36] zogen bei weiteren Untersuchungen an Stahlblechen ebenfalls die (111) [$\bar{1}$10]-Orientierungen heran. Bild 3.12 zeigt die Pole der $\langle 111 \rangle$-Gleitrichtungen für diese Orientierung in ihren beiden Komponenten. Beim Zugversuch mit der Walzrichtung als Probenlängsrichtung sind die Gleitrichtungen A_1, A_3, B_1 und B_3 günstig orientiert, sie sind unter $\lambda = 35^\circ\, 16'$ zur Zugrichtung gelegen, weichen somit vom günstigsten Winkel $\lambda = 45^\circ$ nur wenig ab. Für Querproben sind dieselben Gleitrichtungen in Betracht zu ziehen, sie liegen hier unter $\lambda = 61^\circ\, 52'$ zur Probenlängsrichtung. Für die Gleitrichtungen A_2 und B_2 ist der Schmid-Faktor dagegen kleiner, sie liegen also ungünstiger ($\lambda = 19^\circ\, 28'$).

Ist Θ der Winkel zwischen Probennormale (Blechnormale) und der Projektion der Gleitrichtung auf die Probenquerschnittsebene, ε_b die Breiten-, ε_d die Dickenänderung, so ergibt sich

$$\operatorname{tang} \Theta = \frac{\varepsilon_b}{\varepsilon_d} = R\,. \tag{21}$$

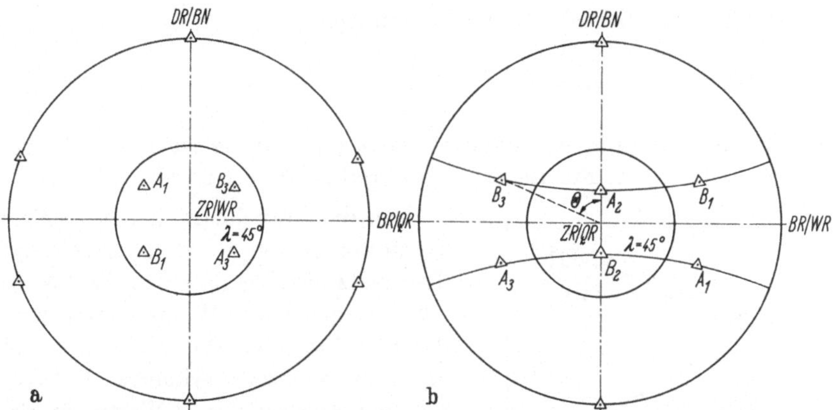

Bild 3.12 Gleitrichtungen bei der Orientierung (111) [$\bar{1}$10] des kubisch raumzentrierten Systems in Zugproben mit der Längsachse (Zugrichtung) parallel zur Walzrichtung (ZR/WR) (Bild a) und parallel der Querrichtung (ZR/QR) (Bild b), △: ⟨111⟩-Richtungen, DR/BN = Dickenrichtung/Blechnormale, BR/QR = Breitenrichtung/Querrichtung, BR/WR = Breitenrichtung/Walzrichtung, Θ = Winkel zwischen der Blechnormalen und der Gleitrichtung (nach ELIAS, HEYER und SMITH [36]).

Damit entsprechen alle Richtungen mit demselben Θ demselben R-Wert. Bild 3.13 zeigt dies innerhalb der Grenzen von $R = \infty$ für die Probenbreitenrichtung und $R = 0$ für die Probennormale = Blechnormale. Legt man diese stereographische Projektion der R-Werte auf eine {111}-Polfigur des Eisens, so kann man für jede Richtung den R-Wert angeben.

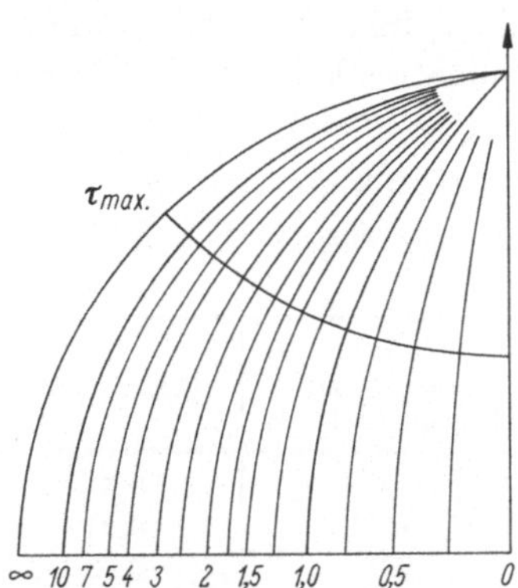

Bild 3.13 Netz für konstante R-Werte. Die Richtung der Zugbeanspruchung ist durch den Pfeil gekennzeichnet (nach ELIAS, HEYER und SMITH [36]).

Der Vergleich wurde an einigen, experimentell bestimmten Polfiguren durchgeführt. Hierzu wurde für die Stellen maximaler Polfigurenbelegung der R-Wert mit Hilfe des Netzes abgelesen. Die Übereinstimmung mit experimentell im Zugversuch (15% Dehnung) bestimmten R-Werten war gut, solange nicht zuviele Maxima in annähernd gleichem Abstand vom Kreis maximaler Schubspannung $\lambda = 45°$ lagen, d.h., solange nur einzelne definierte Orientierungen auftraten. Handelte es sich jedoch um mehrere ideale Orientierungen, so war es schwierig, einen mittleren R-Wert zu bilden.

Um hier weiter zu kommen, wurde ein neuer Kennwert, der D-Wert, eingeführt [36].

$$D = \frac{\varepsilon_b - \varepsilon_d}{\left(\dfrac{\varepsilon_b + \varepsilon_d}{2}\right)} = 2\left(\frac{\varepsilon_b - \varepsilon_d}{\varepsilon_b + \varepsilon_d}\right) \tag{22}$$

Zwischen R und D bestehen die Beziehungen:

$$R = \frac{2+D}{2-D} \quad \text{und} \quad D = \frac{2R-2}{R+1}. \tag{23}$$

Findet keine Breitenverminderung statt ($\varepsilon_b = 0$), so ist $D = -2$, bei $\varepsilon_d = 0$ ist $D = +2$. Für isotropes Material ist $R = 1$ und $D = 0$.

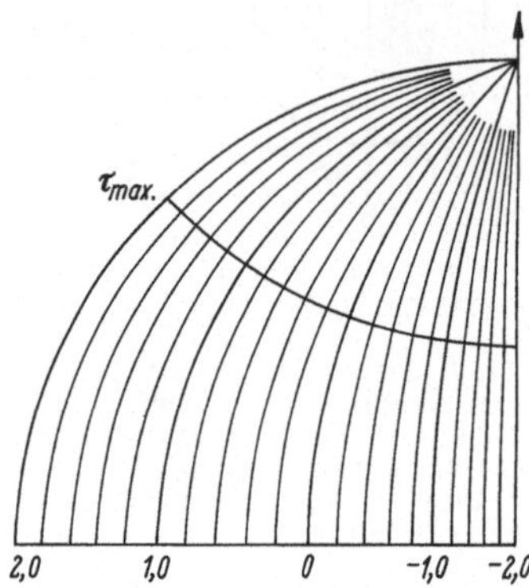

Bild 3.14 Netz für konstante D-Werte. Der Pfeil gibt die Zugrichtung an (nach ELIAS, HEYER und SMITH [36]).

Um die Brauchbarkeit des D-Wertes zu überprüfen, wurde entsprechend dem Netz gleicher R-Werte (Bild 3.13) ein Netz gleicher D-Werte konstruiert, das Bild 3.14 zeigt. Durch Auflegen auf die experimentell bestimmten Polfiguren und Ablesen der D-Werte für die Richtungen maximaler Belegung kamen die Autoren zu D-Werten, die mit den experimentell bestimmten gut übereinstimmten. Als Beispiel sind in Tab. 3.2 einige Werte für die (111) [$\bar{1}$10]-Textur wiedergegeben (handelsüblicher, Al-beruhigter Stahl, 99% kaltgewalzt). Ein Versuch, größere Bereiche der Polfigur mittels einer „Summierungs-Methode" zu berücksichtigen, gab hingegen keine befriedigende Übereinstimmung mit dem Experiment.

Tabelle 3.2 *Vergleich experimentell bestimmter und aus Polfiguren abgeleiteter D- und R-Werte einer* (111) [$\bar{1}$10]-*Textur von* Al-*beruhigtem Stahl* (nach ELIAS, HEYER und SMITH [36])

Winkel α zwischen Zugrichtung und WR	D-Werte		R-Werte[1]	
	Experiment.- Methode	Polfiguren-[2] Methode	Experiment.- Methode	Polfiguren-[2] Methode
0°	0,57	0,50	1,79	1,67
45°	0,27	0,24	1,31	1,27
90°	0,73	0,68	2,14	2,03

[1] D-Werte in R-Werte umgerechnet.

[2] Berechnet aus den Stellen höchster Belegungsdichte auf der Polfigur.

HOSFORD [37] kritisierte, daß trotz der recht guten Übereinstimmung der theoretischen Werte mit den experimentellen die Außerachtlassung von Gleitebenen nicht zulässig sei. Er nahm eine nicht kristallographische Gleitebene mit ihrer Normalen unter 90° zur Gleitrichtung an, und zwar so, daß Gleitrichtung, Gleitebenennormale und Probenlängsrichtung in einer Ebene liegen. Dann tritt anstelle von $R = \tan\theta$ die Beziehung $R = \tan^2\theta$. Eine Überlegenheit der $\tan^2$-Beziehung konnte indessen nicht festgestellt werden. Auch Zugversuche an 3%igen Eisen-Silizium-Einkristallen mit den Orientierungen (111) [$\bar{1}$10] und (111) [$\bar{2}$11] und Vergleich der an ihnen bestimmten R-Werte mit den verschiedenen Gleitmöglichkeiten erbrachten keine Entscheidung. Zu beachten ist, daß bei allen diesen Untersuchungen und Erörterungen die durch den Zugversuch verursachten Orientierungsänderungen, also die Texturänderung, nicht berücksichtigt wurde.

Vieth und Whiteley [40] modifizierten das Schmidsche Schubspannungsgesetz, um den R-Wert für verschiedene Orientierungen zu berechnen.

Ausgehend von der R-Definition $R = \varepsilon_b/\varepsilon_d$ ist

$$\varepsilon_b = \cos \varphi_b \cdot \cos \lambda_d \cdot s \quad \text{und} \tag{24}$$

$$\varepsilon_d = \cos \varphi_d \cdot \cos \lambda_d \cdot s \tag{25}$$

Dabei sind φ_b und φ_d die Winkel zwischen der Gleitebenennormalen und der Zerreißprobenbreite bzw. Blechdicke, λ_d und λ_b die Winkel zwischen der Gleitrichtung und der Breiten- bzw. Dickenrichtung der Probe und s die Abgleitung in der Gleitrichtung.

Die R-Werte wurden sowohl für Mehrfachgleitung auf 48 Systemen als auch für pencil-glide nach ⟨111⟩, und zwar jeweils für große und für keinerlei Orientierungsänderungen maschinell berechnet und mit experimentell an Einkristallen gewonnenen Ergebnissen verglichen. Die Bilder 3.15 und 3.16 zeigen die Orientierungsabhängigkeit der mittleren R-Werte für die verschiedenen Annahmen. Obwohl keine sehr großen Unterschiede zwischen den aufgrund unterschiedlicher Voraussetzungen berechneten

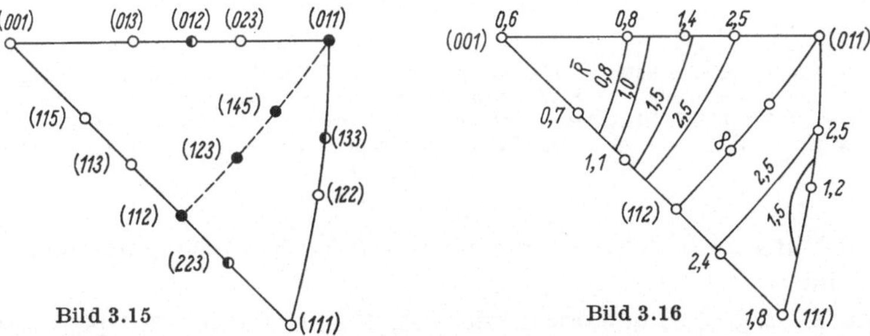

Bild 3.15 Mittlere R-Werte für verschiedene Kristallebenen in der Blechebene. Für die durch ● gekennzeichneten Orientierungen treten unendliche $\bar{R}$-Werte auf sowohl für Mehrfach- als auch für pencil-Gleitung und keine sowie auch große Orientierungsänderungen. Die mit ○ bezeichneten Orientierungen zeigen unter den gleichen Voraussetzungen endliche $\bar{R}$-Werte. Für ◐ errechnen sich unendliche $\bar{R}$-Werte nur für Mehrfachgleitung mit oder ohne Orientierungsänderung (nach Vieth und Whiteley [40]).

Bild 3.16 Abhängigkeit des mittleren R-Wertes von der Orientierung. Die $\bar{R}$-Werte wurden für pencil-glide mit großen Orientierungsänderungen berechnet (nach Vieth und Whitely [40]).

Werten auftraten, ergab sich die beste Übereinstimmung für pencil-glide mit großer Orientierungsänderung.

In den Bildern 3.17 und 3.18 sind die R-Werte für zwei verschiedene Orientierungen in Abhängigkeit vom Winkel zwischen der Zugrichtung und der Walzrichtung zusammengestellt. Man sieht, daß je nach der

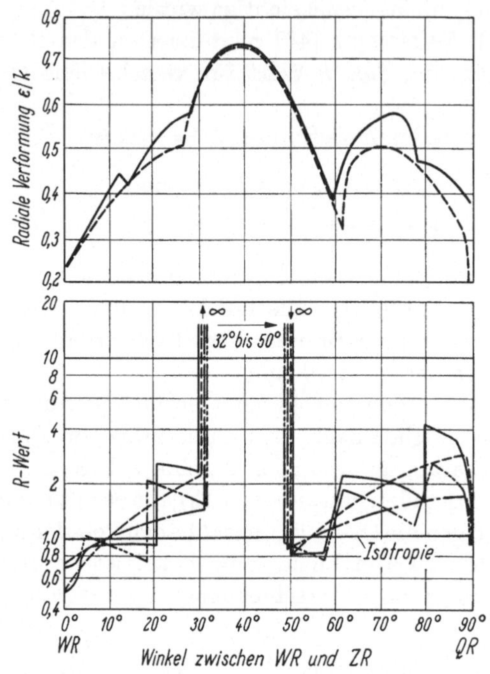

Bild 3.17 Radiale Verformungen ε/k und R-Werte für die Orientierung (112) [$\bar{1}$10] des kubisch raumzentrierten Systems in Abhängigkeit vom Winkel zwischen der Walzrichtung WR und der Zugrichtung ZR. Berechnung für ε/k: 48 Gleitsysteme ———; Pencil-glide — — — —. R-Wert: 48 Gleitsysteme ohne ———, mit Orientierungsänderung — · — · — Pencil-glide ohne — — — —, mit Orientierungsänderung — - - - — (nach Vieth und Whitely [40]).

Orientierung die Flächenanisotropie des R-Wertes recht unterschiedlich sein kann.

Zu ähnlichen Ergebnissen wie Vieth und Whiteley [40] kamen auch Okamoto, Shiraiwa und Fukuda [41], die ebenfalls Einkristall-Untersuchungen durchführten und sie mit Berechnungen des R-Wertes verglichen. Für die Berechnungen wurden wieder verschiedene Annahmen gemacht, die zwischen Einfachgleitung auf dem System mit dem höchsten Schmid-Faktor und Gleitung auf 5 Systemen lagen. Ferner wurde auch eine Berechnung aufgrund eines über die verschiedenen Voraussetzungen gemittelten Verhaltens durchgeführt. Die Unterschiede in den Ergebnissen waren gering. Stets ergab sich, daß (111)-Ebenen in der Blechebene zu hohen R-Werten bei geringer Blechebenenanisotropie führten. (001) in der Blechebene hatte dagegen niedrige R-Werte (unter 1). (012) parallel zur Blechebene war mit sehr starker Blechebenenanisotropie verknüpft.

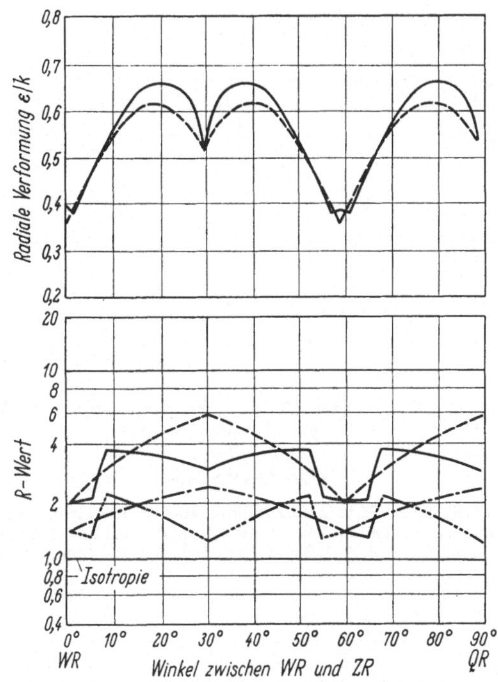

Bild 3.18 Radiale Verformungen ε/k und R-Werte für die Orientierung (111) [$\bar{1}$10] des kubisch raumzentrierten Systems in Abhängigkeit vom Winkel zwischen der Walzrichtung WR und der Zugrichtung ZR. (Stricharten wie in Bild 3.17) (nach VIETH und WHITELY [40]).

Dies galt, wenn auch in geringerem Ausmaß, ebenso für (112). Weitere Überlegungen betrafen vielkristalline Bleche im gewalzten und geglühten Zustand. Die Walztextur wurde beschrieben als (111) [$\bar{2}$11] + (111) [$\bar{1}$10] + (001) [$\bar{1}$10] + (112) [$\bar{1}$10]. Das Ergebnis zeigen die Bilder 3.19 und 3.20. Die (112) [$\bar{1}$10]-Orientierung führte zu einem Maximum der nach dem Schmidschen Schubspannungsgesetz berechneten Fließgrenze σ_x/τ (reziproker Schmid-Faktor) in der 90°-Richtung und zu einem Maximum des R-Wertes unter 45°, zu dem aber auch die Lage (001) [$\bar{1}$10] beiträgt. Ein Vergleich mit experimentell bestimmten R-Werten zeigte gute Übereinstimmung.

NAGASHIMA, TAKECHI und KATO [42] gaben ein Verfahren an, nach dem das Formänderungsverhalten von Stahl mit Hilfe der inversen

Polfigur der Blechnormalen berechnet werden kann. Hierzu führten sie folgenden Wert ein:

$$B = \frac{R-1}{R+1} \tag{26}$$

Auf der anderen Seite ist der B-Wert eines Einkristalls

$$B(\alpha, \beta, \gamma) = (\varepsilon_d - \varepsilon_b)/\varepsilon_l \tag{27}$$

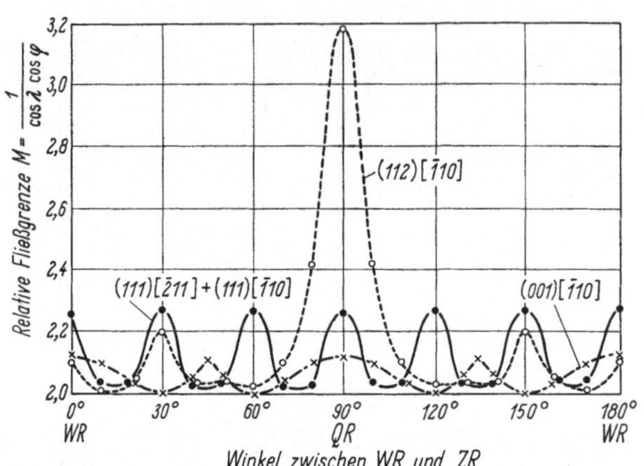

Bild 3.19 Relative Fließgrenze M in Abhängigkeit vom Winkel zwischen der Walzrichtung WR und der Zugrichtung ZR für die Walztextur kubisch raumzentrierter Metalle. Berechnung von M nach dem Schmidschen Schubspannungsgesetz (nach OKAMOTO, SHIRAIWA und FUKUDA [41]).

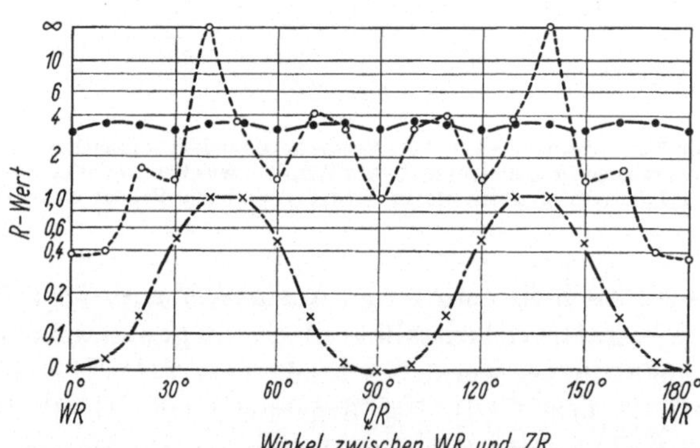

Bild 3.20 R-Werte in Abhängigkeit vom Winkel zwischen der Walzrichtung WR und der Zugrichtung ZR für die Walztextur kubisch raumzentrierter Metalle. Symbole wie in Bild 3.19 (nach OKAMOTO, SHIRAIWA und FUKUDA [41]).

Dabei sind α und β die Winkel der Blechnormalen zum kubischen Achsenkreuz, γ der Winkel zwischen der Zugachse und der Walzrichtung. Die Übereinstimmung zwischen Rechnung und experimentellen Ergebnissen wird von den Autoren als gut bezeichnet.

Es kann kein Zweifel darüber bestehen, daß eine exakte Analyse der Zusammenhänge zwischen R-Wert und Textur sich auf inverse Polfiguren stützen sollte. Auf der anderen Seite ist die Aufstellung inverser Polfiguren heute noch mit einem solchen Aufwand an experimenteller und Rechen-Arbeit verbunden, daß ihre Heranziehung zumindest für die praktische Anwendung in der Regel nicht realisierbar sein wird. Als Möglichkeit für die zukünftige Entwicklung sollte sie jedoch beachtet werden.

Die bisher geschilderten Analysen des Zusammenhanges zwischen Textur und R-Wert bauen auf dem Schmidschen Schubspannungsgesetz auf. HOSFORD und BACKOFEN [4] haben nun die Theorie von TAYLOR [43], in der die aktiven Gleitsysteme nach einem anderen Prinzip ausgewählt werden, für eine Deutung des R-Wertes ausgebaut. Der Zusammenhang zwischen Textur und R-Wert wird zunächst für das kubisch flächenzentrierte System, also Gleitung nach $\{111\}$ $\langle 110 \rangle$, berechnet, er gilt jedoch ebenso für das kubisch raumzentrierte System, wenn nicht pencil glide, sondern Gleitung auf $\{110\}$ $\langle 111 \rangle$ angenommen wird. Auf hexagonale Metalle ist das Verfahren wegen der mannigfachen Möglichkeiten der Verzwillingung nicht anwendbar (vgl. Abschnitte 3.3 und 3.3.2).

TAYLOR [43] ging bei seiner Theorie von einer Reihe von Voraussetzungen aus: Jedes Einzelkorn unterliegt der gleichen Formänderung wie das ganze Werkstück, die Formänderung eines regellos orientierten, vielkristallinen und drahtförmigen Kristallgefüges unter Zugbelastung ist axialsymmetrisch und die Schubspannung $\tau_{\text{krit.}}$ ist für alle Systeme die gleiche. Da das Volumen konstant bleibt, sind die Formänderungen unter axialsymmetrischer Zugbelastung:

$$\varepsilon_y = \varepsilon_z = -\tfrac{1}{2}\,\varepsilon_x \tag{28}$$

Hierin sind x, y und z orthogonale Achsen, die Zugrichtung liegt parallel x. Da bei der Verformung Orientierungsänderungen auftreten, ist es zweckmäßig, die Beziehungen für sehr kleine oder inkrementale Verformungen zu betrachten:

$$\mathrm{d}\varepsilon_y = \mathrm{d}\varepsilon_z = -\tfrac{1}{2}\,\mathrm{d}\varepsilon_x \tag{29}$$

Ein Kristall im vielkristallinen Verband muß mindestens 5 Gleitsysteme betätigen, damit der Zusammenhang mit seinen Nachbarn nicht gestört wird (Kompatibilitätsbedingung). Welche Gruppe von fünf Systemen unter den zwölf möglichen Gleitsystemen des kubisch flächenzentrierten Systems aktiv wird, hat TAYLOR [43] aufgrund der Annahme bestimmt, daß sich nur diejenige Kombination betätigt, die ein Minimum an Energieaufwand ergibt. Dies entspricht dem Minimalwert von $M = \mathrm{d}\gamma/\mathrm{d}\varepsilon_x$ wobei $\mathrm{d}\gamma$ die Summe der inkrementalen Gleitungen auf den aktiven Gleitsystemen darstellt, die erforderlich ist, um ein Inkrement der Längendehnung $d\varepsilon_x$ zu erzeugen. TAYLOR hat die M-Werte für verschiedene Orientierungen des Einheitsdreiecks berechnet. Für isotropes oder regellos orientiertes Material ergab sich dabei ein Wert von $\overline{M} = 3{,}06$.

Über den Arbeitsaufwand W wurde nun weiterhin der Zusammenhang zwischen M, der Zugspannung σ_x und der Schubspannung τ hergestellt:

$$\frac{\sigma_x}{\tau} = \frac{d\gamma}{d\varepsilon_x} = M = \frac{dW}{\tau\, d\varepsilon_x} \tag{30}$$

Da M eine Beziehung zwischen σ_x und τ schafft, entspricht es der relativen Fließgrenze. Dies ist das wichtigste Ergebnis dieser Betrachtung für die Anwendung der Taylorschen Theorie auf Texturfragen. Bei Einfachgleitung steht für M der reziproke Schmid-Faktor $1/\cos\lambda\,\cos\varphi$, der ja ebenfalls σ_x/τ entspricht. Wie gezeigt wurde (vgl. S. 115), ist aber auch ein Ausbau des Schmidschen Schubspannungsgesetzes für Mehrfachgleitung möglich.

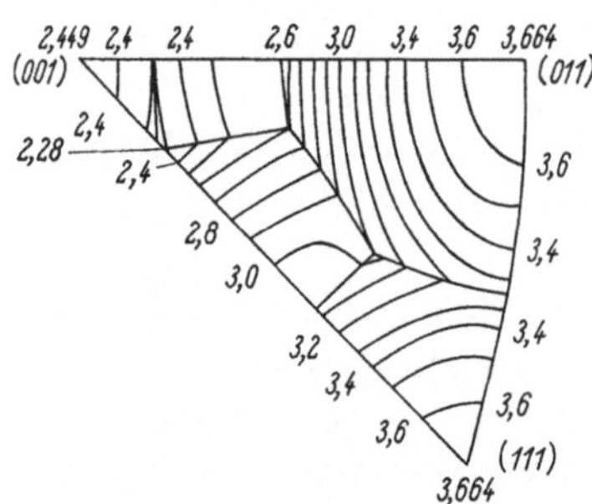

Bild 3.21 Orientierungsabhängigkeit der relativen Fließgrenze $M = \sigma_x/\tau$ bei der Verformung unter Zugbeanspruchung. Berechnung nach BISHOP und HILL [44] (nach HOSFORD und BACKOFEN [4]).

BISHOP und HILL [44] vereinfachten die Methode zur Berechnung von M. Die aufgrund ihrer Angaben berechnete Orientierungsabhängigkeit von M ist in Bild 3.21 dargestellt. Da $M = \sigma_x/\tau$ ist, zeigt diese Abbildung die relativen Fließgrenzen der verschiedenen Orientierungen, die sich bei einer Zugbeanspruchung drahtförmiger Proben mit den angegebenen Orientierungen parallel zur Drahtachse ergeben. Für $\langle 111\rangle$ und $\langle 110\rangle$ erreicht die Fließgrenze gleiche und maximale Werte, während für $\langle 100\rangle$ ein Minimum auftritt. Die relative Fließgrenze für $\langle 111\rangle$- und $\langle 110\rangle$-Fasertexturen liegt demnach um 50% höher als für die $\langle 100\rangle$-Fasertextur und überdies um 20% höher als für regellos orientiertes Material.

Wenn eine Textur vorliegt, sind die Formänderungen in den Richtungen der Querschnittsebene nicht mehr gleich. Bei Flachproben, wie sie zur Bestimmung des R-Wertes dienen, führt dies zu Unterschieden zwischen der Breitenrichtung y und der Dickenrichtung z. HOSFORD und BACKOFEN [4] führten daher einen Parameter ein, der diesen Unterschied berücksichtigt.

$$r = \frac{d\varepsilon_y}{d\varepsilon_y + d\varepsilon_z} = \frac{R}{R+1} \tag{31}$$

Wenn man nun verschiedene r-Werte annimmt und die entsprechenden Werte von $M = \mathrm{d}\gamma/\mathrm{d}\varepsilon_x$ nach BISHOP und HILL [44] berechnet, kann M in Abhängigkeit von r dargestellt werden. Der kleinste Wert von M entspricht dann dem geringsten Arbeitsaufwand, mit dem eine Dehnung von $\mathrm{d}\varepsilon_x$ (in Zugrichtung) erzeugt werden kann. Er entspricht der Fließgrenze. Über den r-Wert kann überdies auch der R-Wert für die betreffende Orientierung und Zugbeanspruchung in einer in der Blechebene liegenden Richtung, beispielsweise in der Walz- oder Querrichtung, angegeben werden.

Bild 3.22 zeigt dies am Beispiel der (011) [211]-Textur des Messings. Es ist die relative Fließgrenze $M = \sigma_x/\tau$ für Zugbeanspruchung parallel

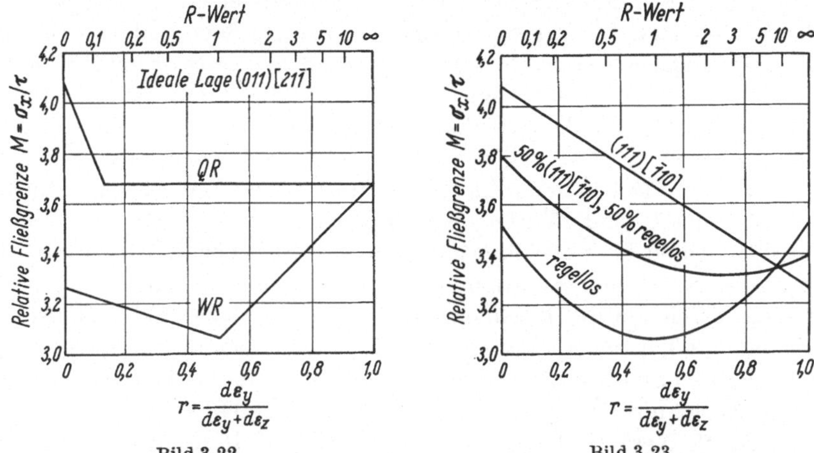

Bild 3.22 Abhängigkeit der relativen Fließgrenze M (Berechnung nach BISHOP und HILL [44]) von r und dem Verformungsverhältnis R bei Zugbeanspruchung parallel der Walzrichtung WR und der Querrichtung QR eines Bleches mit der Orientierung (011) [21$\bar{1}$] (nach HOSFORD und BACKOFEN [4]).

Bild 3.23 Abhängigkeit der nach BISHOP und HILL [44] berechneten relativen Fließgrenze M von r und dem Verformungsverhältnis R für die ideale Lage (111) [$\bar{1}$10], regellose Orientierung und eine Textur aus gleichem Anteil an beiden Orientierungstypen (nach HOSFORD und BACKOFEN [4]).

der Walz- und der Querrichtung in Abhängigkeit von r und R dargestellt. Für die Walzrichtung tritt das Minimum in der relativen Fließgrenze bei $r = 0{,}5$ mit $M = 3{,}10$ auf. Der dazugehörige R-Wert ist 1,0. Für die Querrichtung macht der flache Verlauf von r in Abhängigkeit von M eine Vorhersage von R unmöglich.

Bild 3.23 zeigt eine Darstellung für die (111) [$\bar{1}$10]-Lage und regellose Orientierung. Die Testrichtung liegt in diesem Falle parallel der Walzrichtung. Bei (111) [$\bar{1}$10] wird ein Minimum des M-Wertes bei $r = 1.0$ und $R = \infty$ beobachtet. Durch einen Anteil von 50% regellos orientierten

Kristallen wird das Minimum nach $r = 0{,}7$ und $R = 2{,}33$ verschoben. Treten mehrere ideale Lagen in einer Textur auf, so kann die M- gegen r-Kurve durch das gewogene Mittel gefunden werden.

Die Voraussetzungen der hier besprochenen Theorie lassen allerdings einige experimentell bekannte Vorgänge unberücksichtigt, z. B. Korngrenzengleitung und überhaupt den Einfluß der Korngrenze. Vor allem ist in diesem Zusammenhang aber auf die Bildung von Deformationsbändern hinzuweisen. Die Untersuchungen über diese Frage sind indessen noch so in Fluß, daß es nicht möglich ist, dazu etwas Abschließendes zu sagen.

Zur Frage der Beziehungen zwischen dem R-Wert und bestimmten Texturen im kubischen System wurden zunächst solche betrachtet, bei denen eine bestimmte, niedrig indizierte Kristallfläche, z. B. (111) in der Blechebene liegt. Die Ergebnisse sind unabhängig davon, ob es sich um das kubisch flächenzentrierte oder um das raumzentrierte System handelt. Die Bilder 3.24 bis 3.26 zeigen Ergebnisse für die Orientierungen (100), (110) und (111) mit dem Winkel zwischen zwei jeweils in einer dieser Ebenen liegenden Richtungen als Parameter. Das wesentliche Ergebnis ist, daß (111)-Flächen in der Blechebene durch hohe R-Werte ausgezeichnet, also günstig sind, Würfelebenen dagegen niedrige Werte ergeben.

Mittelt man über alle Richtungen in der Blechebene — und das ist gleichbedeutend mit Rotationssymmetrie um die Blechnormale, also Fasertexturen um die Blechnormale — so ergibt sich Bild 3.27. Auch hier besteht Übereinstimmung mit den Ergebnissen an Stahl, über die auf S. 115 schon berichtet wurde. (111) ist also im kubischen System diejenige Ebene mit dem besten R-Wert, während (100) zu einem äußerst niedrigen R-Wert führt (vgl. hierzu auch Bilder 3.15 u. 3.16).

Auch der im Abschnitt 3.4.2 (S. 138) beim Tiefziehen besprochene ζ-Wert ist für Fasertexturen in Richtung der Blechnormalen berechnet worden [4]. Die Beziehung zwischen ζ und M lautet:

$$\zeta = \frac{M_{(r=0)}}{M_{(r=1)}} \tag{32}$$

Die Orientierungsabhängigkeit von ζ ist in Bild 3.28 dargestellt. Auch hier zeigt sich, daß (111)-Lagen in der Blechebene mit hoher Ziehfestigkeit einhergehen. ζ ist nicht nur ein leichter zu berechnender Parameter, er ist auch enger mit dem Tiefziehprozeß verbunden als R.

Stüwe [45] hat durch Mittelwertsbildung den Orientierungsfaktor M, also die relative Fließgrenze, für die Würfellage und die Walztextur des Aluminiums (sog. S-Lage) errechnet und mit den experimentell ermittelten Werten der Fließgrenze verglichen. Das Ergebnis ist in Bild 3.29 in Abhängigkeit vom Winkel zwischen Probenrichtung und Walzrichtung dargestellt und läßt die gute Übereinstimmung der theoretischen und experimentellen Werte erkennen.

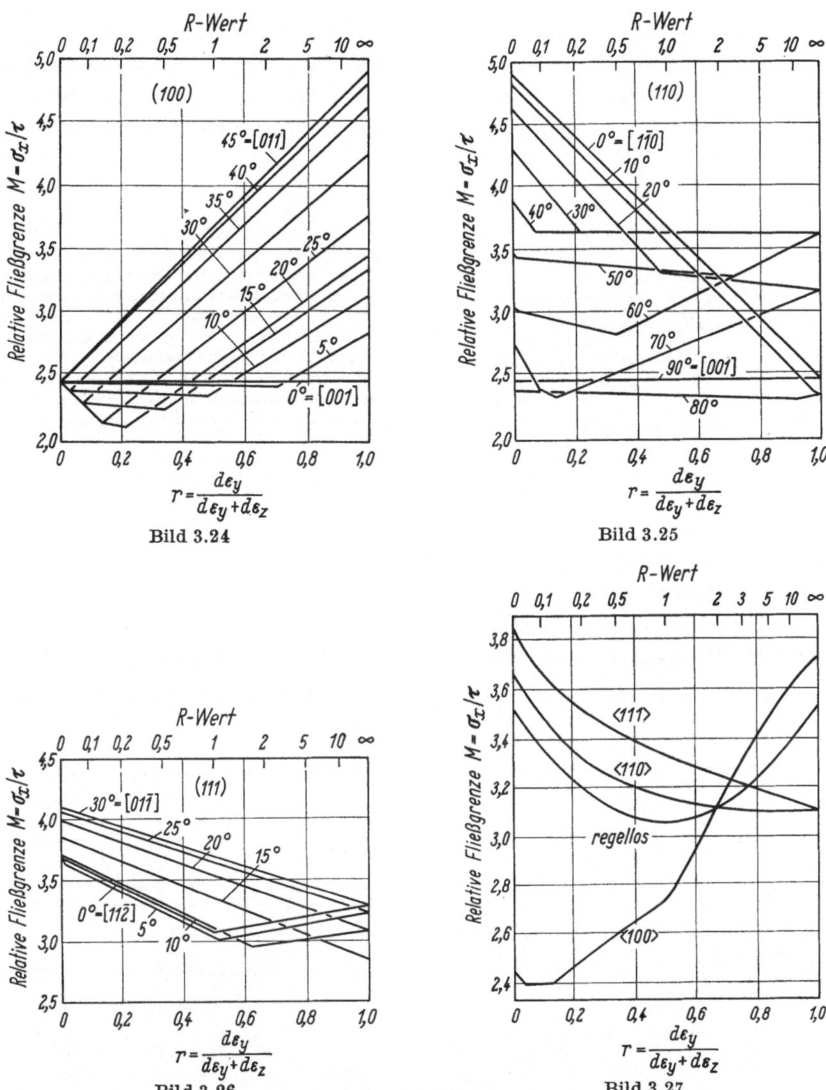

Bild 3.24—26 Abhängigkeit der relativen Fließgrenze M (berechnet nach BISHOP und HILL [44]) von r und dem Verformungsverhältnis R für verschiedene Blechorientierungen (nach HOSFORD und BACKOFEN [4]).

Bild 3.24. (100) liegt in der Blechebene und die Zugbeanspruchung erfolgt unter den angegebenen Winkeln zur Richtung [001].

Bild 3.25 (110) liegt in der Blechebene und die Zugbeanspruchung erfolgt unter den angegebenen Winkeln zur [1$\bar{1}$0]-Richtung.

Bild 3.26 (111) liegt in der Blechebene und die Zugbeanspruchung erfolgt unter den angegebenen Winkeln zur Richtung [11$\bar{2}$].

Bild 3.27 Abhängigkeit der relativen Fließgrenze M von r und dem Verformungsverhältnis R für Fasertexturen um die Blechnormale und für regellose Orientierung. Die Werte für die Fasertexturen stellen Mittelwerte aus den vorhergehenden Abbildungen dar (nach HOSFORD und BACKOFEN [4]).

Svenson [46, 47] hat versucht, die Polfiguren von gewalztem Aluminium und Stahl aufgrund der bekannten plastizitätstheoretischen Überlegungen über die Streckgrenze zu verstehen und so die Streckgrenzenwerte für verschiedene Richtungen vorherzusagen. Seine Auswertung der Polfiguren hinsichtlich der vorhandenen Orientierungen ist jedoch anfechtbar.

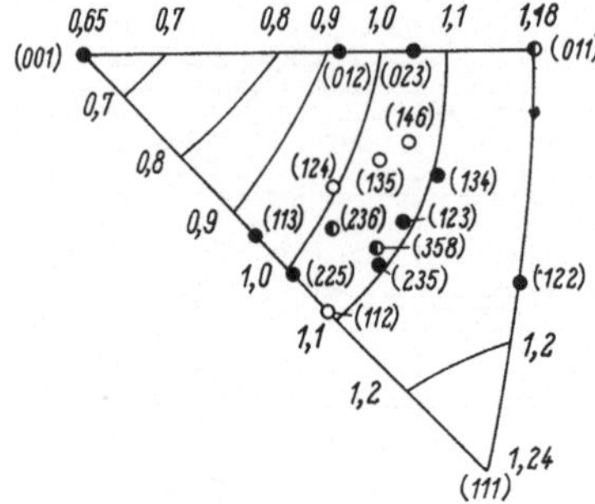

Bild 3.28 Orientierungsabhängigkeit des ζ-Wertes. Die kristallographischen Indizes sind die der Ebene in der Blechebene. Die Orientierungen sind rotationssymmetrisch um die Blechnormale, also Fasertexturen. Die ζ-Werte auf den Seiten des Orientierungsdreieckes wurden berechnet, die im Innern durch Interpolation gewonnen. Bei kubisch flächenzentrierten Werkstoffen treten Verformungs- und Glühtexturen mit Ebenen entsprechend den offenen und gefüllten Kreisen in der Blechebene auf. Die teilweise gefüllten Kreise stehen für beide Arten von Texturen (nach Hosford und Backofen [4]).

Abschließend seien noch einige Ergebnisse über die bei einer Reihe kubisch flächenzentrierter Metalle als Glühtextur auftretende Würfellage (001) [100] besprochen. Auch bei dieser Textur ist eine Deutung des

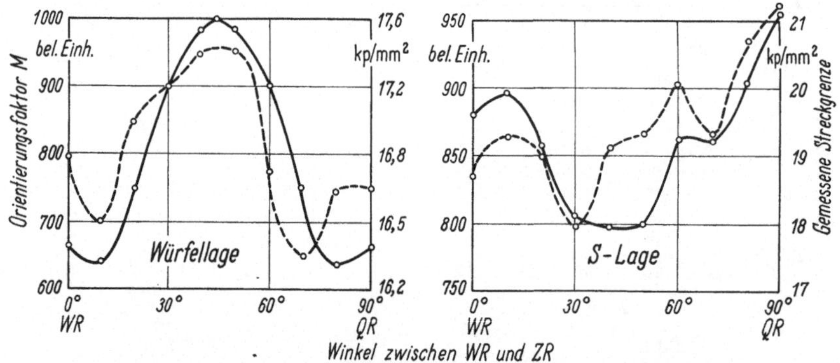

Bild 3.29 Gemessene Streckgrenze und Orientierungsfaktor M von Aluminiumblechen mit Würfellage oder Verformungstextur in Abhängigkeit vom Winkel der Zugrichtung ZR zur Walzrichtung WR. Berechnung des M-Wertes nach Taylor mit Mittelwertsbildung (nach Stüwe [45]).

R-Wertes wegen ihrer hohen Symmetrie aufgrund kristallographischer Überlegungen möglich. Die Würfellage ist auch diejenige Textur, die als Beispiel für die Bildung ausgeprägter Zipfel unter 0 und 90° zur Walzrichtung häufig untersucht worden ist und die auch in der Praxis, z. B.

beim Tiefziehen von Aluminiumblechen, eine Rolle spielt. Das technische Problem liegt hier allerdings meistens nicht in der Aufgabe, die Würfellage und die durch sie verursachte Zipfelbildung zu erzeugen, sondern ihre Bildung zu verhindern.

In der schon erwähnten Untersuchung von BALDWIN, HOWALD und ROSS [11] wurde erstmals die Frage der dreidimensionalen Änderung der Abmessungen von Blechen beim Tiefziehen behandelt. Zur Beurteilung verwendeten die Autoren den Zugversuch unter vergleichender Messung der Breiten- und Dickenverminderung, als Versuchsmaterial rekristallisiertes Kupferblech mit Würfeltextur (001) [100]. Bild 3.30 zeigt die bei 0°- und 90°-Proben gleich große Reduzierung der Breite und Dicke und läßt vor allem die starke relative Zunahme der Dickenverminderung mit Annäherung an die 45°-Richtung erkennen. In der heute gebräuchlichen Bezeichnungsweise bedeutet dies, daß der R-Wert unter 0° und 90° nahe 1 liegt, unter 45° aber einen sehr niedrigen Minimalwert von 0,04 erreicht. Der R-Wert von 1 bei Zugbeanspruchung parallel der Walzrichtung oder der Querrichtung ist auf die symmetrische Lage der vier Gleitrichtungen zur Zugachse zurückzuführen, die 45°-Richtung hat einen theoretischen R-Wert von Null, da die betätigten Gleitrichtungen zu keiner Breitenänderung führen [48—52].

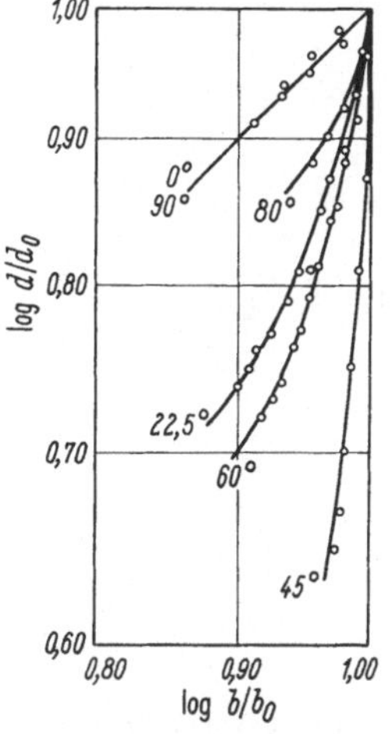

Bild 3.30 Abhängigkeit der Dicken- von der Breitenänderung in Zugproben aus Würfellage-Kupfer. Die angegebenen Winkel entsprechen denen der Probenlängsachse zur Walzrichtung (nach BALDWIN, HOWALD und ROSS [11]).

Die Bedeutung der Textur für diese Fragen und die Beziehung zwischen dreidimensionaler Formänderung und Zipfelbildung wurden in der Arbeit von BALDWIN, HOWALD und ROSS [11] zum erstenmal erkannt. Es ist erstaunlich, daß diese bemerkenswerte Untersuchung in der folgenden Zeit kaum beachtet wurde, wahrscheinlich, weil sie dem Stand der Wissenschaft auf diesem Gebiet allzu stark vorauseilte. Ihre Ergebnisse sind später mehrfach bestätigt worden [48—52].

Am Beispiel der Würfellage kann auch gezeigt werden, wie sich die Textur bei der mit dem Zugversuch verbundenen Umformung verändern kann. So fanden wir, daß bei der 45°-Probe der R-Wert von 0,02 bei Beginn der Dehnung auf 0,065 nach 72% Dehnung anstieg [52]. Obwohl Würfellage ein sehr extremer Fall ist, sollen hier doch aus einer neuen, eigenen Untersuchung an Kupferblech mit Würfellage einige Ergebnisse wiedergegeben werden [52]. In Bild 3.31 ist die Polfigur einer 22,5°-Probe nach einer Gleichmaßdehnung von 60% gezeigt. Man erkennt die durch den Zugversuch verursachte Änderung der Orientierung; die (bezogen auf die Koordinate WR—QR) ursprüngliche (001) [100]-Orientierung ist in (115) $[\bar{5}01]$ übergegangen. Bezogen auf die Zugrichtung ZR der Zerreißprobe änderte sich die Orientierung von (001) $[\bar{3}10]$ in (115) $[73\bar{2}]$. Die Änderung kann durch eine Drehung um $[\bar{1}10]$ beschrieben werden.

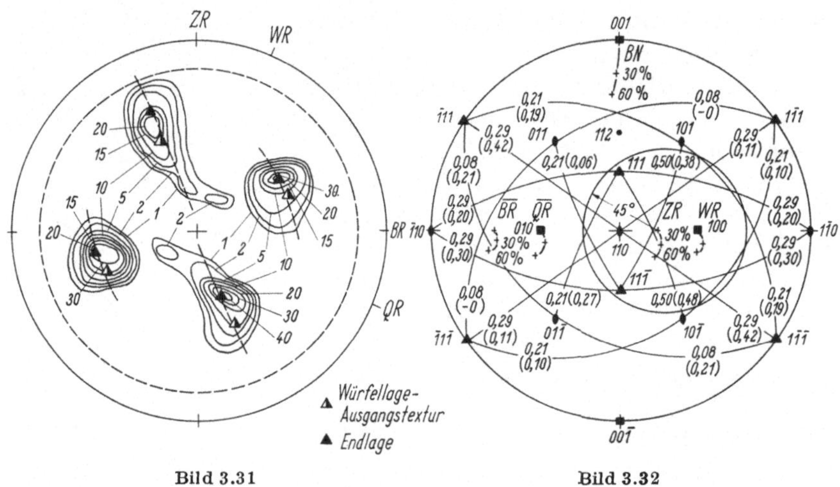

Bild 3.31 Änderung der Textur eines Kupferbleches mit Würfellage im Zugversuch unter 22,5°. *WR* = Walzrichtung und *QR* = Querrichtung des Bleches, *ZR* = Zugrichtung und *BR* = Breitenrichtung der Zerreißprobe; $\varepsilon_{ges.}$ = 60% (nach GREWEN, SAUER und WASSERMANN [52]).

Bild 3.32 Orientierungsänderungen der Bezugsrichtungen und Schmid-Faktoren eines Kupferbleches mit Würfellage bei Zugbeanspruchung unter 22,5°. Neben den Orientierungsänderungen von *WR*, *QR* und *BN* (= Blechnormale) des Bleches sind auch die von *ZR* und *BR* der Zerreißprobe angegeben. Die Orientierungsfaktoren für 0% und 60% Dehnung sind ohne bzw. mit Klammern an die Großkreise zwischen Gleitebene (▲) und Gleitrichtung (⧫) angeschrieben. ■ = Würfelpole (nach GREWEN, SAUER und WASSERMANN [52]).

In Bild 3.32 sind die während des Zugversuchs an der 22,5°-Probe ablaufenden Orientierungsänderungen und die möglichen Gleitsysteme mit den Orientierungsfaktoren für die Ausgangsorientierung und (in Klammern) für die Orientierung nach 60% Dehnung dargestellt. Die zur Zugrichtung am günstigsten orientierten Gleitsysteme sind (111) $[\bar{1}01]$ und $(11\bar{1})$ [101] mit $\mu = 0{,}5$. Die Ausgangsorientierung nahe (001) $[31\bar{0}]$ ist trotz der symmetrischen Lage nicht stabil, da schon bei geringster Abgleitung auf einem der beiden Systeme (im vorliegenden Fall auf (111) $[10\bar{1}]$) dieses System begünstigt ist. Es findet daher zunächst Einfachgleitung nach (111) $[10\bar{1}]$ statt. Mit zunehmender Annäherung der mittleren Orientierung — es handelt sich ja um vielkristallines

Material — an die Symmetrale [100]—[11$\bar{1}$] steigt dann die Schubspannung im System (1$\bar{1}\bar{1}$) [110] an. Es setzt nun in zunehmendem Maße Doppelgleitung auf den Systemen (111) [10$\bar{1}$] und (1$\bar{1}\bar{1}$) [110] ein.

Bleche mit Würfellage haben zwar für das praktische Tiefziehen keine Bedeutung oder doch nur insofern, als man diese Textur zu vermeiden trachtet. Die Untersuchungen an Würfeltextur-Blechen sind aber ein gutes Beispiel für die kristallographische Betrachtungsweise der hier erörterten Probleme unter Anwendung des Schubspannungsgesetzes.

Bild 3.33 zeigt die Polfigur des Bleches einer 45°-Probe nach Dehnung um 70% im Zugversuch. Die Ausgangslage hat sich in

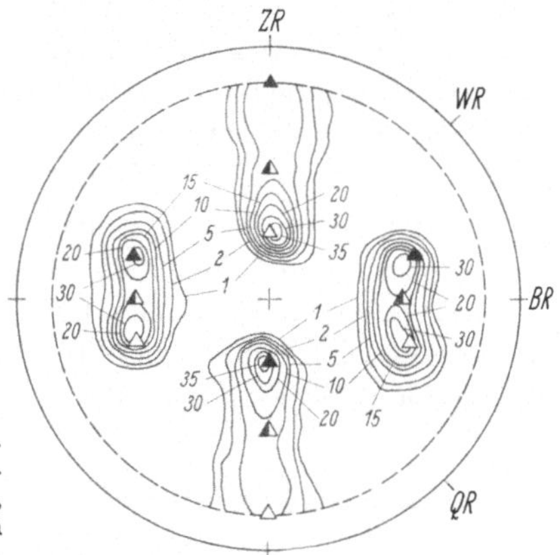

Bild 3.33 Änderung der Textur eines Würfellage-Kupferbleches bei Zugbeanspruchung unter 45° zur WR $\varepsilon_{ges.}$ = 70%, Bezeichnungen wie in Bild 3.31 (nach GREWEN, SAUER und WASSERMANN [52]).

zwei Komponenten nach (113) [33$\bar{2}$] ([uvw] = Zugrichtung) aufgespalten, die auch hier durch Drehung um eine [$\bar{1}$10]-Richtung entstanden sind.

3.3.2 Texturverfestigung bei hexagonalen und sonstigen Metallen

Sowohl für die praktische Anwendung der Texturverfestigung wie auch zur Veranschaulichung ihres Wesens sind die hexagonalen Metalle am besten geeignet. Dies ist vor allem durch die ausgeprägte Strukturanisotropie bedingt, die jedoch bei den verschiedenen hexagonalen Metallen und Legierungen erhebliche Unterschiede zeigen kann, obwohl die Struktur gleich ist (A3-Typ der hexagonal dichtesten Kugelpackung). Diese Unterschiede entstehen durch Abweichungen vom idealen Achsenverhältnis c/a des hexagonalen Elementarkörpers[1]. Man kann die hexagonalen Metalle in dieser Hinsicht in drei Gruppen einteilen.

---

[1] In dem hexagonalen Elementarkörper (sechsseitiges Prisma) ist c die Höhe, a der Abstand vom Mittelpunkt zur Ecke der Basis.

Zu der Gruppe mit den größten c/a-Werten gehören Kadmium und Zink (vgl. Tab. 3.3). Bei ihnen fungiert die Basisfläche als primäre Gleitfläche mit $\langle 11\bar{2}0\rangle$ als Gleitrichtungen. Nur sekundär ist auch Prismengleitung nach $\{10\bar{1}0\}$ $\langle 11\bar{2}0\rangle$ möglich.

Zu der zweiten Gruppe gehören Magnesium und Kobalt. Bei ihnen ist der Idealwert der dichtesten Kugelpackung von $c/a = 1{,}633$ schon unterschritten. Auf die Gleitelemente wirkt sich dies noch nicht aus, wohl aber auf den Betrag s der mechanischen Zwillingsbildung, die bei der Verformung der hexagonalen Metalle eine wesentliche Rolle spielt.

Allerdings sind die Elemente der mechanischen Zwillingsbildung bei den genannten vier Metallen noch gleich, nämlich $\{10\bar{1}2\}$ $\langle\bar{1}011\rangle$. Man kennt bei den hexagonalen Metallen zwar eine Reihe weiterer Möglichkeiten der Zwillingsbildung, sie gewinnen aber (außer bei Kobalt) erst bei den Metallen mit sehr niedrigen c/a-Werten (3. Gruppe: Beryllium, Hafnium, Zirkon, Titan) Bedeutung.

Wesentlich ist nun, daß schon der geringe Unterschied in den c/a-Werten zwischen Zink und Magnesium beträchtliche Unterschiede im Umformverhalten auch von vielkristallinen Werkstücken und insbesondere beim Walzen von Blechen verursacht, wie bereits 1930 von SCHMID und WASSERMANN [33] erkannt wurde.

Tabelle 3.3 *Zwillingsbildung hexagonaler Metalle nach* $\{10\bar{1}2\}$ $\langle\bar{1}011\rangle$

	c/a	Winkel zwischen (0001) im Matrix- u. Zwillingskrist.	Betrag der Schiebung s
Cd	1,887	95° 0′	0,171
Zn	1,856	94° 0′	0,137
—[1]	1,733	45° 0′	0
Mg	1,623	86° 20′	−0,128
Co	1,623	86° 20′	−0,128

[1] Das Ausbleiben der Zwillingsbildung für $c/a = \sqrt{3} = 1{,}733$ wurde 1935 von SCHMID und BOAS [53] vorausgesagt.

In Abschnitt 3.3, S. 110 wurden schon die mit mechanischer Zwillingsbildung verbundenen unterschiedlichen Längen- und damit Formänderungen in verschiedenen Kristallrichtungen erörtert. Eine wesentliche Größe ist dabei (vgl. Bild 3.11), der Betrag der Schiebung s, der durch die Struktur bestimmt wird. Bei der Verzwillingung nach $\{10\bar{1}2\}$ $\langle\bar{1}011\rangle$ ist nun der Zahlenwert von s nicht nur hinsichtlich seines Betrages, sondern auch im Vorzeichen verschieden (vgl. Tab. 3.3). Die Schiebung erfolgt also z. B. bei Zink in umgekehrter Richtung wie bei Magnesium. Damit sind auch die Vorzeichen der Formänderungen trotz übereinstimmender Elemente der Zwillingsbildung einander entgegengesetzt.

Bild 3.34 zeigt eine Standardprojektion des Zinks nach (0001), der Basisfläche. I bis VI sind die Flächenpol-Projektionen der $\{10\bar{1}2\}$-Zwillingsflächen. Betrachtet man die Orientierungen in einem Blech, so können einer bestimmten Blechrichtung, z. B. der Blechnormalen, parallel liegende Richtungen an jedem beliebigen Punkt der Projektionsfläche ausstechen. Aus Symmetriegründen ist es aber möglich und auch zweckmäßig, die Betrachtung auf ein Orientierungsdreieck [0001]—[1100]—[1210] zu beschränken. Bild 3.34 kann daher als eine reziproke Polfigur der Blechnormalen des Zinkblechs aufgefaßt werden. Dies bedeutet, daß

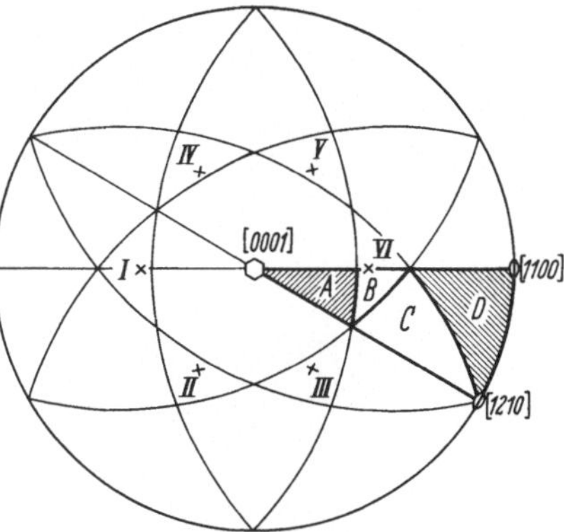

Bild 3.34 Orientierungsabhängigkeit der Längenänderung bei der mechanischen Zwillingsbildung von Zinkkristallen. I—VI Pole der Zwillingsebenen $\{10\bar{1}2\}$. Bei Lage der Blechnormalen (gestauchte Richtung) im Bereich *A* treten bei Betätigung aller Systeme Stauchungen auf, im Bereich *B* Stauchungen bei Betätigung von II, III, V und VI, und Dehnungen bei Betätigung von I und VI. Bereich *C* ist durch Stauchung bei Betätigung von II und V und durch Dehnung bei Betätigung von I, III, IV und VI gekennzeichnet. Im Bereich *D* tritt für alle Systeme Dehnung auf (nach SCHMID und WASSERMANN [33]).

z. B. Ausstichpunkte von Kristallen (stets repräsentiert durch die Kristallrichtung, die der Blechnormalen parallel ist) nahe dem Umfang der Polfigur im Bereich *D* ausstechen können und dann Orientierungen repräsentieren, bei denen der Winkel zwischen Basisfläche und Blechebene nahe 90° ist. Zwillingsbildung tritt für solche Orientierungen auf keiner der sechs Zwillingsebenen auf, denn sie würde bei Zink zu einer Verkürzung des gebildeten Zwillings in der Walzrichtung führen. Dies wäre aber der Formänderung beim Walzen entgegengesetzt.

Nun tritt aber beim Walzen zunächst ohnehin bevorzugt Formänderung durch Gleiten auf der Basisebene auf. Sie bewirkt, daß der Winkel zwischen Basisebene und Blechebene ständig kleiner wird, die Basisebenen der Kristalle und die Blechebene einer Parallelität als Endlage zustreben. Die der Blechnormalen parallelen Kristallrichtungen wandern daher vom Rand auf die Mitte der Projektion zu, sie kommen in das Gebiet *C*, in dem für zwei und das Gebiet *B*, in dem für vier Zwillingsebenen schon eine der Umformung konforme Gestaltsänderung auftritt. Gleichzeitig wird der Schmidfaktor der Gleitung immer kleiner, die Gleitung also erschwert. Im Bereich *A* führt dann Zwillingsbildung auf allen sechs Systemen zu einer Verlängerung in der Walzrichtung, dagegen zu Verkürzung in Richtung der Blechnormalen. Es wird daher in großem Umfang, d. h. in nahezu allen Kristallen, Zwillingsbildung erfolgen. Die Orientierungen der durch Verzwillingung entstandenen neuen Kristalle weichen erheblich von den alten ab. Die Basisebenen der neuen Kristalle stehen nun wieder quer im Blech (Winkel zwischen der Basisebene im Matrixkristall und im Zwilling = 94°, vgl. Tab. 3.3).

Der Wechsel zwischen Gleitung und Zwillingsbildung wird beim Walzen des Zinks laufend vollzogen. Er hat zur Folge, daß die Basisebenen die Endlage parallel zur Blechebene nicht erreichen, weil zuvor

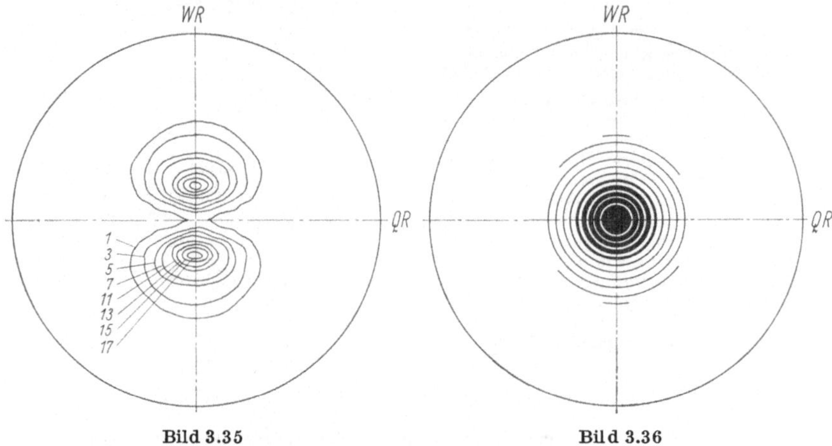

Bild 3.35 Bild 3.36

Bild 3.35 (0001)-Polfigur des Zinks.
Bild 3.36 (0001)-Polfigur des Magnesiums (nach SCHMID und WASSERMANN [33]).

immer wieder Verzwillingung erfolgt. Dies kommt in der Polfigur der Walztextur des Zinks mit einem Maximum der Belegung unter etwa 20° zur Blechnormalen in der Ebene Blechnormale—Walzrichtung, wie es Bild 3.35 zeigt, deutlich zum Ausdruck.

Bei Magnesium würde Zwillingsbildung zu entgegengesetzten Formänderungen führen wie bei Zink, im Bereich A von Bild 3.34 würde das Blech also in der Walzrichtung verkürzt werden, während die Dicke zunähme. Das Walzen kann daher keine Zwillingsbildung auslösen, der Gleitvorgang schreitet vielmehr fort bis zur Endlage, bei der Basisebenen und Blechebene einander parallel sind. Dies entspricht der Polfigur des Magnesiumbleches, wie sie Bild 3.36 zeigt.

Die hier wiedergegebenen Ergebnisse und Deutungen der Polfiguren des Zinks und des Magnesiums mit Berücksichtigung des Einflusses der mechanischen Zwillingsbildung sind später von anderer Seite wieder aufgenommen und bestätigt worden [54—56].

In den letzten Jahren war es uns weiterhin möglich, durch analoge Untersuchungen nachzuweisen, daß die Formänderung bei der mechanischen Zwillingsbildung und die mit diesem Vorgang verbundenen Orientierungsänderungen, die zu neuen Ausgangsorientierungen für Gleitung führen, auch bei Metallen mit kubisch flächenzentrierter Struktur einen wesentlichen Einfluß auf die Entstehung der Walztextur haben. Es konnte gezeigt werden, daß die Unterschiede zwischen den Walztexturen vom Aluminium- oder Kupfertyp einerseits und denen vom Silbertyp andererseits durch mechanische Zwillingsbildung beim Walzen bedingt sind [57, 35, 58].

Die schon erwähnte dritte Gruppe von hexagonalen Metallen ist durch c/a Zahlenwerte gekennzeichnet, die unter 1,6 liegen [56]. Für diese Metalle, von denen Titan und Zirkon heute praktische Bedeutung gewonnen haben, ist wesentlich, daß die Basisfläche ihre primäre Stellung als Gleitebene verloren hat. Es tritt Prismengleitung nach $\{10\bar{1}0\}$ $\langle 11\bar{2}0\rangle$ an erster Stelle, bei Zirkon außerdem Basis- und Pyramidengleitung auf [59]. Ferner kann bei Titan Zwillingsbildung nach zwei, bei Zirkon nach drei oder sogar fünf weiteren Systemen erfolgen. Hierdurch werden die Vorgänge bei der Umformung kompliziert und schwer übersehbar und es können neue Texturtypen entstehen. Als Beispiel ist in Bild 3.37 die

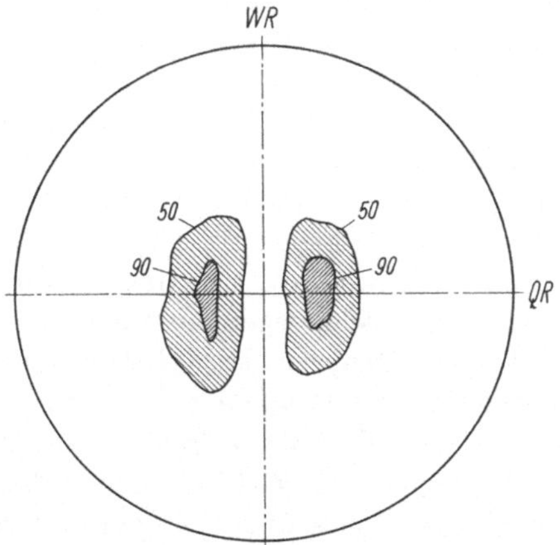

Bild 3.37 Polfigur der (0001)-Ebenen einer Titan-Legierung mit 6% Al und 4% V (nach Hatch [9]).

Walztextur eines Titanblechs mit 6% Aluminium und 4% Vanadiumgehalt wiedergegeben [9]. Allerdings treten bei Titanlegierungen auch Walztexturen vom Magnesiumtyp (Bild 3.36) auf [10, S. 257].

Zur Frage der Texturverfestigung der hexagonalen Metalle liegen folgende Ergebnisse vor: In einer Untersuchung an Blechen aus drei

Magnesiumlegierungen [60] (AZ31B mit 3 Al, 1 Zn, 0,5 Mn; HK31A mit 3,2 Th, 0,7 Zr; Ze10A mit 1,25 Zn, 0,17 Cer-Mischmetall) zeigte sich im Gegensatz zu anderen Beobachtungen [13, 15, 61, 62], daß der R-Wert während des Zugversuchs anstieg, was einer Texturverschärfung entsprach. Zur Berücksichtigung der Texturänderung während des Zugversuches wurde ein variabler R-Wert R_i eingeführt. Es ist

$$R_i = R - \varepsilon_d \frac{\mathrm{d}R}{\mathrm{d}\varepsilon_d} \tag{33}$$

Jeder Zunahme von R entsprach einer noch größeren Zunahme von R_i. ε_d ist die Dickenabnahme der Probe.

R_i erwies sich als abhängig von der Zusammensetzung und der Herstellung der Bleche, von der Dehnung im Zugversuch und der Probenrichtung in der Blechebene. Die Legierung AZ31B zeigte eine Basis-Polfigur mit maximaler, rotationssymmetrischer Belegung an der Blechnormalen, die beiden anderen Legierungen Maxima, die gegen die Walzrichtung mehr oder weniger geneigt waren (Zn-Typ). Die R_i-Werte stiegen in den Zugversuchen schon nach wenigen Prozenten Dehnung auf >1 an, am stärksten in Querproben. Gehalte an Zirkon oder Cer-Mischmetall erniedrigten den R-Wert, verbesserten aber durch die damit verbundene größere Dickenverminderung die Walzbarkeit unter Vermeidung von Breitung.

Das unterschiedliche Verhalten der drei Legierungen ist darauf zurückzuführen, daß neben der Basis- auch Prismengleitung auftreten kann; die Schubspannung für Basisgleitung ist niedriger als die für Prismengleitung. Ist jedoch die Basis sehr ungünstig zur Zugrichtung orientiert, liegt sie also parallel zur Blechebene (AZ31B), so erfolgt Prismengleitung. Sie führt zu einer Breiten- aber nicht zu einer Dickenabnahme. Ist die Basis in gewalztem Blech gegen die Zugachse geneigt, wie bei den beiden anderen Legierungen, so tritt bei niedrigerem R-Wert Basisgleitung unter Dickenverminderung auf. Hierzu muß die maximale Belegung der Basis unter mindestens 15° zur Walzrichtung liegen.

Die Zugversuche mit steigendem R_i-Wert zeigen, daß die niedrigen Werte am Beginn des Zugversuches mit Basisgleitung verknüpft sind. Steigt die Fließspannung dann an, so überschreitet R durch Prismengleitung den Wert 1.

Bei den Titanlegierungen haben die hexagonalen α-Legierungen höhere R-Werte als die kubischen [62].

Hatch [9] untersuchte Bleche aus Titan mit 4 bis 6% Aluminium. Die R-Werte wurden dabei durch Zugversuche mit Messung der Breitenab- und Längenzunahme bestimmt. Alle Legierungen mit annähernd rotationssymmetrischer Basispolfigur zeigten unabhängig von der Wärmebehandlung hohe R-Werte, z. B. bei der Legierung mit 4% Aluminium bis zu $R = 6{,}2$. Bei Walztexturen mit zwei (0001)-Belegungsmaxima nahe der Blechnormalen in der Ebene BN—QR (Legierung Ti5Al 2,5 Sn und Ti6Al 4 V, vgl. Bild 3.37) sanken die R-Werte auf 3,3 bis 0,5 ab. Außerdem stellte sich verständlicherweise Richtungsabhängigkeit des R-Wertes in der Blechebene mit maximalen Werten in der 45°-Richtung ein.

Weitere Untersuchungen über die Texturverfestigung von Titanlegierungen stellten LEE und BACKOFEN [63, 64] an und zwar an technisch reinem Titan (RC-70) und zwei seiner hexagonalen Legierungen. Die Untersuchungen betrafen in erster Linie die Streckgrenze in Abhängigkeit von der Textur und unter verschiedenen Spannungszuständen. Es wurden Zugversuche in verschiedenen Richtungen der Blechebene und Versuche mit kombinierter Spannung in der Walz- und der Querrichtung ausgeführt. Die experimentellen Ergebnisse stimmten in zufriedenstellendem Maße mit der Theorie überein. Die stärkste Texturverfestigung trat auch hier in der Legierung (Ti-4Al-1/4O_2) auf, bei der die Textur durch parallele Lage der Basis zur Blechebene gekennzeichnet war; es konnte eine Streckgrenzenerhöhung von 46% festgestellt werden. Auch diese Autoren sind indessen aufgrund ihrer Ergebnisse der Auffassung, daß bei Anwendung der Hillschen Theorie Vorsicht geboten sei, denn im Druck-Druck-Quadranten III traten z. B. Störungen der Verfestigung durch mechanische Zwillingsbildung auf. Temperaturerhöhung im Gebiet zwischen 600° und der Umwandlungstemperatur in die β-Phase führten zu einem Abbau der Anisotropie.

Für Zirkon gibt es einige Ergebnisse über die Legierung Zircalloy 2, nämlich eine Übersicht der verschiedenen möglichen Texturen und ihren Einfluß auf die Gestalt der Fließellipsen [59, 65]. An Zircalloy 2 ist auch der Versuch unternommen worden [66], mit Hilfe von Knoop-Härteeindrücken auf den drei ausgezeichneten Flächen des Bleches jeweils in zwei zueinander senkrechten Richtungen in experimentell recht einfacher Weise einen Eindruck von Art und Ausmaß des räumlich anisotropen Fließverhaltens zu bekommen.

Über das anisotrope Verhalten von Blechen aus Beryllium (hexagonal, Polfigur vom Magnesiumtyp), ferner über das orthorhombische Uran und das monokline Plutonium liegen nur einige Hinweise vor [67].

3.4 Anisotropie beim Tiefziehen von Blechwerkstücken

Das Tiefziehen ist derjenige Umformvorgang, bei dem anisotropes Werkstoffverhalten am längsten bekannt ist, am auffälligsten in Erscheinung tritt und am häufigsten untersucht wurde. Die Fehlerscheinung der Zipfelbildung wurde jedoch bis in die jüngste Zeit fast ausschließlich unter dem Gesichtspunkt einer flächenhaften Anisotropie betrachtet.

Allerdings war bekannt, daß die Zipfelbildung oft auch mit einer ungleichmäßigen Dickenabnahme des Bleches verbunden ist, und daß ein Versagen des Materials durch Zudünnwerden der Wandung des tiefgezogenen Körpers oder gar Rißbildung auftreten kann. Die Anisotropie eines Bleches ist also damit, daß man die Eigenschaften in den verschiedenen Richtungen der Blechebene betrachtet, nicht erschöpfend behandelt. Es ist vielmehr auch die dritte Dimension, gekennzeichnet durch die Blechdicke, zu berücksichtigen.

Ein weiterer Gesichtspunkt, der die dreidimensionale Betrachtungsweise wichtig macht, ist die Verbesserung des Tiefziehverhaltens durch einen hohen R-Wert. Hierdurch kann nicht nur eine Dickenverminderung und Reißen vermieden, sondern auch die erforderliche Ziehkraft herabgesetzt werden.

Ein übereinstimmendes Verhalten in allen Richtungen der Blechebene ist nicht immer erwünscht. Bei Tiefziehprozessen zur Erzeugung von unregelmäßig gestalteten Werkstücken, wie Kotflügeln und anderen Karosserieteilen, ist die Beanspruchung in den verschiedenen Richtungen der Blechebene unterschiedlich. Eine hiermit übereinstimmende Anisotropie der Eigenschaften wäre eine lohnende Aufgabe zukünftiger Entwicklung.

3.4.1 Anisotropie und Zipfelbildung

Es erübrigt sich, die älteren Arbeiten über die Zusammenhänge zwischen Textur und Zipfelbildung hier erneut zu referieren. Das ist in [10] bis 1960 geschehen. Überdies ist die Zahl der darüber vorliegenden Untersuchungen so groß, daß eine solche Zusammenstellung zu umfangreich wäre.

Zunächst sei daran erinnert, daß die zur Zipfelbildung führende Textur in der Mehrzahl der Fälle keine Verformungstextur, sondern eine Rekristallisationstextur ist, wie das bekannteste Beispiel, ein Blech mit Würfeltextur, deutlich zeigt. Auch der Verformungsvorgang des Tiefziehens ist nicht die Ursache der Anisotropie. Allerdings verursacht auch das Tiefziehen selbst eine Änderung der Orientierungen und damit der Textur, doch ist dieser Gesichtspunkt in den bisherigen Untersuchungen noch nicht berücksichtigt worden.

Die in einer Reihe früherer Arbeiten (vgl. [10, S. 647]) unternommenen Versuche, die Zipfelbildung zu den in verschiedenen Richtungen der Blechebene unterschiedlichen mechanischen Eigenschaften in Beziehung zu bringen und damit zu deuten, führten zu keinem Erfolg. Unter den auf kristallographischer Basis durchgeführten Arbeiten ist die von Tucker [68] über das Tiefziehverhalten von Aluminium-Einkristallen zu erwähnen. Er hat angenommen, daß im Flansch die Radial- und die Umfangsspannungen gleich sind, so daß ein ebener Spannungszustand herrscht, daß die Spannung in Richtung der Blechnormalen null ist und daß Einfachgleitung, und zwar im System mit der höchsten Schubspannung erfolgt. Ferner ließ er (soweit es die Berechnung von Schubspannungen betrifft) die Orientierungsänderungen unberücksichtigt und nahm eine parabolische Spannungs-Formänderungskurve an (Formänderung proportional dem Quadrat der Spannung).

Die Richtungen der Hauptspannungen in jedem Punkt einer kreisförmigen Einkristall-Ronde können durch ϑ angegeben werden, den Winkel zwischen einem durch den Punkt gehenden Rondenradius und einer Kristallrichtung, als die z. B. $\langle 100 \rangle$ fungiert, wenn $\{001\}$ parallel der Rondenebene liegt. Es können dann die Richtungskosini aller $\{111\}$-Gleitebenen und aller $\langle 110 \rangle$-Gleitrichtungen in bezug auf die drei Achsen berechnet werden: a_1 parallel der Druckspannung, a_2 parallel der Zugspannung, a_3 senkrecht zu a_1 und a_2. Ist nun der gesuchte Richtungscosinus einer bestimmten (111)-Ebene (abc) und einer in dieser Ebene liegenden $[1\bar{1}0]$-Richtung [def], so ergibt sich die kritische Schubspannung für dieses System zu

$$\tau = \sigma (\mathrm{ad} - \mathrm{be}) \tag{34}$$

wobei σ der numerische Wert der Druck- bzw. Zugspannung ist.

Es wurde sodann für alle zwölf Gleitsysteme in Abhängigkeit von ϑ die kritische Schubspannung berechnet. Damit kann für jeden Punkt in der Ronde das aktive Gleitsystem bestimmt werden. Hieraus wiederum kann für jedes ϑ aus der Kurve σ gegen ε die Abgleitung bestimmt und aus ihr schließlich die radiale Verformung berechnet werden.

Im allgemeinen ergaben sich nur für eine begrenzte Zahl von ϑ-Werten zwei oder mehr aktive Gleitsysteme. Dann trat eine Verformungsdiskontinuität auf. Bei sehr einfachen Orientierungen waren breitere ϑ-Bereiche mit mehreren aktiven Gleitsystemen möglich. In diesem Fall wurde für jedes System die radiale Verformung gesondert berechnet und dann gemittelt.

Für eine Reihe von Orientierungen wurden die theoretischen Radialverformungen ε/k berechnet und in Abhängigkeit vom Winkel zur Bezugsrichtung aufgetragen. An Kristallen derselben Orientierungen wurden Tiefziehversuche gemacht. Die Übereinstimmung war sehr gut. Die Beobachtungen [69—71], daß dort Täler entstehen, wo in der Ronde $\langle 111 \rangle$-Richtungen lagen, wurden bestätigt.

Mit den Zusammenhängen zwischen Textur, R-Wert und Zipfelbildung bei Eisen haben sich in Anlehnung an die vorstehend besprochene Arbeit VIETH und WHITELEY [40] befaßt. Auch ihre Betrachtungen und Versuche betrafen Einkristalle und gingen von der Annahme verschiedener Gleitmöglichkeiten unter Anwendung des Schmidschen Schubspannungsgesetzes aus (vgl. S. 115). Die Resultate lassen auf pencil-glide nach ⟨111⟩ schließen. Wie die Bilder 3.17 und 3.18 zeigen, sind für einige Orientierungen die Lagen der R-Werte berechnet und den radialen Verlängerungen ε/k gegenübergestellt. Die Übereinstimmung ist gut. Zipfel und Täler entsprachen den Radialrichtungen maximaler und minimaler R-Werte, obwohl keine quantitative Beziehung zu der Zipfelhöhe resultierte. Zur Beurteilung der Tiefziehfähigkeit ist es besser, statt des Mittelwertes $\bar{R}$ den Minimalwert R_{min} zu benutzen. Weitere Untersuchungen [15—17] bestätigten, daß die Zipfel mit den Richtungen hoher R-Werte übereinstimmen.

Bei Teilen mit starker Abweichung von der runden Form spielt neben dem Tiefziehen das Strecken in einer Richtung eine wesentliche Rolle. Ein wichtiges Beispiel hierfür sind Kotflügel. In solchen Fällen wäre es nicht nur wünschenswert, einen hohen R-Wert in allen Richtungen der Blechebene zu haben, sondern eine Richtung mit besonders hohem R-Wert in die Richtung größter Streckung zu legen. Die Notwendigkeit, das Blech so weitgehend wie möglich auszunutzen und die immer mehr zunehmende Verwendung von bandgewalztem Material erschweren die praktische Anwendung solcher Bestrebungen erheblich [20].

Untersuchungen des anisotropen Verhaltens von Stählen haben Crussard und Mitarbeiter [72—74] unternommen. Ziehversuche mit einer elliptischen Matrize (Tiefziehversuche nach Jovignot und Fukui) ergaben das beste Verhalten, wenn die Walzrichtung in Richtung der kleinen Ellipsenachse lag. Aufgrund einer Untersuchung der Texturen wurde gefunden, daß die Richtungen der Blechebene, die besonders viele ⟨100⟩-Richtungen enthielten, mit denen der Zipfel übereinstimmten.

3.4.2 Bedeutung der Dickenanisotropie (R-Wert) und der Texturverfestigung für das Tiefziehen

Über die dreidimensionale Formänderung beim Tiefziehen, die im wesentlichen durch den R-Wert gekennzeichnet werden kann, ist in den letzten Jahren eine große Zahl von Veröffentlichungen erschienen, von denen im folgenden nur solche besprochen werden, die auch die Textur berücksichtigen.

Whiteley [6, 15] sowie Hosford und Backofen [3, 4] behandeln den Tiefziehprozeß ausgehend von der Hillschen Theorie unter dem Gesichtspunkt des R-Wertes und der Texturverfestigung [67, 75]. Die Wandung des Tiefziehteils muß die zur Umformung im Flansch erforderlichen Kräfte übertragen, ohne daß Zerreißen eintritt. Bild 3.38 zeigt die Spannungsverhältnisse im Flansch und in der Wandung eines Tiefziehkörpers. Das Vorzeichen der Spannung ist in der Umfangsrichtung y im Flansch durch Druck und in der Wandung durch Zug[1] gekennzeichnet.

[1] Dieser Spannungszustand tritt nur unter bestimmten Voraussetzungen auf: an dieser Stelle kommen auch tangentiale Druckspannungen vor.

In der Radialrichtung herrscht sowohl im Flansch als auch in der Wandung Zugspannung. In beiden Teilen vollzieht sich eine ebene Verformung. Im Flansch ist $d\varepsilon_z = 0$, d. h., die geringe, eventuelle Dickenzunahme in der z-Richtung wird vernachlässigt. In der Wandung ist $d\varepsilon_y = 0$, weil der starre Stempel eine Formänderung in der Umfangsrichtung verhindert. Hier muß daher die Blechdicke abnehmen und σ_y in einem solchen Verhältnis zu σ_x liegen, wie es $d\varepsilon_y = 0$ entspricht. Bei isotropem Material ist $\sigma_y = \sigma_x/2$.

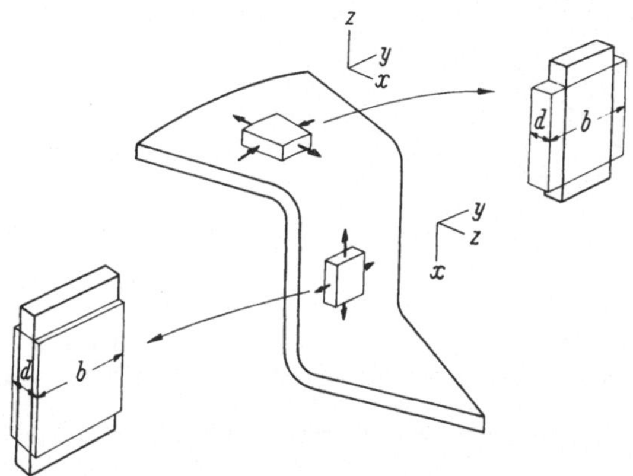

Bild 3.38 Schematische Darstellung der Spannungsverhältnisse beim Tiefziehen. Dünne Linien vor, dicke Linien nach der Umformung (nach Hosford und Backofen [4]).

Aus dem vorher Gesagten geht hervor, daß sich der Flansch unter dem Spannungsverhältnis in Quadrant IV in Bild 3.2 verformt, während die Wandung (wo Versagen auftreten kann) unter den Spannungsbedingungen des Quadranten I mit $\alpha = R/(R+1)$ steht. Erhöhung der Wandfestigkeit ist durch Steigerung von R möglich, während die Festigkeit im Flansch mit R abnimmt. Die Ziehbarkeit steigt also mit zunehmendem R-Wert, sie kann demnach durch Texturverfestigung verbessert werden.

Als Kriterium zur Beurteilung der Tiefziehfähigkeit dient das maximale Tiefziehverhältnis $\beta = (D/d)_{\max}$, also das Verhältnis des größten ziehbaren Rondendurchmessers zum Näpfchendurchmesser. Dieser experimentell bestimmbare Wert läßt sich auch aus dem R-Wert ableiten [15, 76]:

$$\ln \beta = \frac{1}{1+\mu} \sqrt{\frac{\bar{R}+1}{2}} \tag{35}$$

$\bar{R}$ ist dabei ein über alle Proben verschiedener Richtungen in der Blechebene gemittelter Wert und μ ein Reibungskoeffizient mit dem Wert 0,2 bis 0,3. Die Biegung zwischen Flansch und Wandung sowie zwischen Wandung und Boden und die Verfestigung können vernachlässigt werden.

Bild 3.39 zeigt, wie mit steigendem mittleren R-Wert das maximale Tiefziehverhältnis von Blechen aus verschiedenen Materialien verbessert wird. Bei Stahl tritt gemäß Bild 3.40 das gleiche auf; ein Vergleich zeigt, daß sich das Feld der Beobachtungspunkte innerhalb desjenigen von Bild 3.39 befindet.

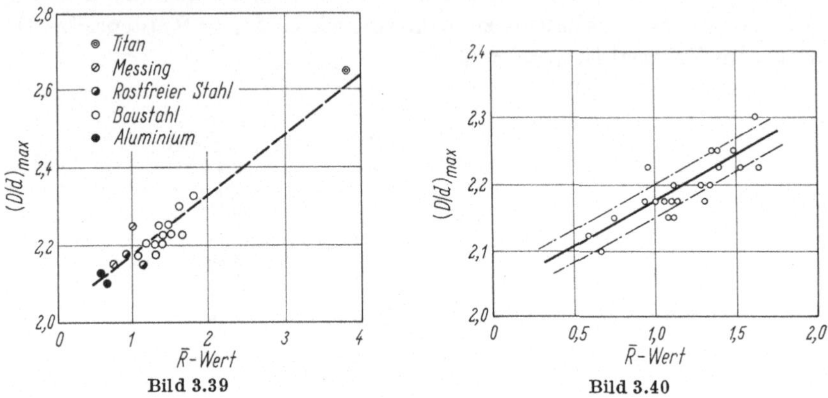

Bild 3.39 Abhängigkeit des maximalen Tiefziehverhältnisses von $\bar{R}$ für verschiedene Materialien (nach WHITELEY [6]).

Bild 3.40 Abhängigkeit des maximalen Tiefziehverhältnisses vom mittleren R-Wert bei Stahl. Die gestrichelten Linien geben die Grenzen des experimentellen Fehlers an (nach WHITELEY [15]).

Aus den Spannungsverhältnissen beim Tiefziehen geht hervor, daß das maximale Tiefziehverhältnis mit dem Verhältnis der beiden Festigkeiten in Wandung und Flansch bei ebener Beanspruchung zunehmen muß [3, 4, 75]. Dieses Festigkeitsverhältnis wird als ζ bezeichnet und ist

$$\zeta = \frac{\sigma_x \text{ (Wandung, } d\varepsilon_y = 0\text{, Zugsp. ohne Breitenändg.)}}{\sigma_x \text{ (Flansch, } d\varepsilon_x = 0\text{, Drucksp. ohne Dickenzunahme)}} \tag{36}$$

ζ ist also das Verhältnis der Festigkeiten von Wandung zu Flansch. Das Vorzeichen ist unwesentlich, weil σ_y einer Zugspannung σ_x mit Fließen in der x-Richtung entspricht (ohne Dickenänderung in der z-Richtung). Die Gestaltänderung wäre die gleiche, und der einzige Unterschied zwischen σ_y (Druck) und σ_x (Zug) — beides ohne Dickenänderung — ist eine hydrostatische Spannung, die entweder σ_x oder σ_y entspricht, aber das plastische Verhalten nicht beeinflußt. Da in Formel (35) der Wurzelausdruck durch ζ ersetzt werden kann, gilt:

$$\zeta = \frac{R+1}{2} \tag{37}$$

Man kann ζ auch aus der Theorie von BISHOP und HILL [44] herleiten und kommt dann zu der auf S. 122 schon erwähnten Formel:

$$\zeta = \frac{M_{(r=0)}}{M_{(r=1)}} \tag{32}$$

Bild 3.28, S. 124 zeigt die aus dieser Formel berechneten ζ-Werte in Abhängigkeit von der Orientierung.

Während man zur Berechnung des R-Wertes einer bestimmten Textur nach HOSFORD und BACKOFEN [4] die ganze Kurve der Abhängigkeit des r-Wertes von M benötigt, sind zur Berechnung von ζ nur zwei r-Werte erforderlich (s. Formel (32)). Überdies wird ζ den Verhältnissen beim Tiefziehen auch besser gerecht (s. Formel (36)), als der aus der Hillschen Theorie abgeleitete R-Wert.

Es ist nun die Frage, inwieweit die Resultate über Textur und R-Wert einerseits sowie ζ-Wert andererseits übereinstimmen. Für Werkstoffe mit wenig ausgeprägten Texturen und damit geringer Anisotropie genügt es, den R-Wert zu bestimmen, der leichter meßbar ist als ζ, das durch Zerreißversuche mit gekerbten Proben (plane strain, s. Bild 3.4) ermittelt werden muß. HOLCOMB und BACKOFEN [75] schließen dies daraus, daß für Stahl und α-Messing das aus R errechnete ζ mit dem experimentell gefundenen ζ-Werten übereinstimmte. Dagegen messen sie bei Werkstücken mit ausgeprägter Textur dem ζ-Wert die größere Beachtung bei.

Die Beschreibung und Deutung der Tiefziehprozesse aufgrund der Plastizitätstheorie ist von DILLAMORE [77] kritisiert worden, der darauf hinweist, daß die Theorie von HILL, die auf der kritischen Formänderungsenergie nach VON MISES beruht, mit dem rein kristallographischen Schubspannungsgesetz von SCHMID nicht immer zu vereinbaren sei. Er bezweifelt ferner, ob aus einachsigen Zugversuchen überhaupt Schlüsse auf das Verhalten unter zweiachsiger Spannung gezogen werden können. Vor allem wird die Anwendbarkeit der rein plastizitätstheoretischen Betrachtungsweise bei kubisch flächenzentrierten Metallen als fraglich angesehen.

Bezüglich der Anwendung einer kristallographischen Betrachtungsweise unter Zugrundelegung des Schubspannungsgesetzes sei auf das in Abschnitt 3.3 Gesagte verwiesen.

3.5 Einfluß der Zusammensetzung und der Herstellbedingungen auf den R-Wert von Tiefzieh-Stahlblechen

Ein im Vordergrund des Interesses stehendes Problem ist die Erzeugung von Texturen, die für das Tiefziehen von Blechen, wie z. B. von Karosserieblechen, besonders günstig sind. Der Idealfall wäre eine Textur, die einen möglichst hohen, aber zur Vermeidung von Zipfelbildung in allen Richtungen der Blechebene gleichen R-Wert ergibt. Wie die Bilder 3.15 u. 3.16 [40] zeigen, kennt man eine Reihe von solchen Kristallebenen, die zu einem hohen mittleren R-Wert führen. Es erscheint daher wünschenswert, Texturen herzustellen, bei denen möglichst viele dieser Kristallebenen parallel zur Blechebene liegen. Bei den Stählen sind solche Texturen durchaus realisierbar [10, 80—88].

Es werden jedoch an Stahlblechen auch solche Texturen beobachtet, die im Vergleich zu den Bildern 3.15 u. 3.16 Kristallebenen mit einem sehr geringen mittleren R-Wert parallel zur Blechebene haben, beispielsweise die Lage (001) [$\bar{1}$10]. Solche Texturen sollten vermieden werden.

Die zweite Voraussetzung, nämlich Rotationssymmetrie um die Blechnormale, ist nicht zu erfüllen, weil sich bei der Herstellung bestimmte Kristallrichtungen in die Walzrichtung einstellen und es bis heute kein Verfahren gibt, dies zu vermeiden. So tritt beispielsweise bei der (112)-Orientierung eine [$\bar{1}$10]-Richtung parallel der Walzrichtung auf. Wie Bild 3.17 [40] erkennen läßt, ist eine derartige Textur durch eine ausgeprägte Flächenanisotropie des R-Wertes und damit durch eine starke Zipfelbildung gekennzeichnet. Trotz hohen mittleren R-Wertes ist sie deshalb für Tiefziehmaterial nicht geeignet.

Man muß also bestrebt sein, eine Textur zu finden, die neben einem günstigen mittleren R-Wert eine geringe Flächenanisotropie aufweist. Dies trifft für die ebenfalls in Stählen zu beobachtende Textur nach (111) [$\bar{1}$10] zu, die eine wesentlich geringere Flächenanisotropie des R-Wertes als z. B. (112) [$\bar{1}$10] bewirkt (vgl. Bild 3.18 [40]).

Das Ziel bei der Herstellung von Tiefziehblechen ist die Erzeugung der günstigen Textur nach (111) [$\bar{1}$10], von der das Bild 3.41a [89] ein

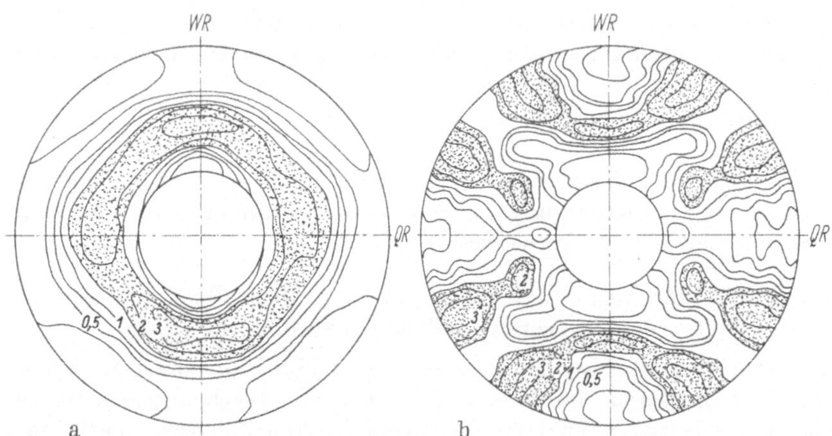

Bild 3.41a {100}-Polfigur von Al-beruhigtem Stahl, (70% kaltverformt) (111) [$\bar{1}$10]-Textur. **Bild 3.41b** {100}-Polfigur von unberuhigtem Stahl (97,5% kaltverformt) (001) [$\bar{2}$10] und etwas (111) [$\bar{2}$11] (nach HEYER, Mc CABE und ELIAS [89]).

Beispiel gibt [36]. Die Erzeugung dieser Textur gelingt durch Einhaltung einer Reihe von nicht unwesentlichen Voraussetzungen bei Al-beruhigtem Stahl. Sie tritt dort stets gemeinsam mit einem ganz bestimmten, als pan-cake-structure bezeichneten Gefüge auf, das durch flache, in der Walzebene liegende Körner gekennzeichnet ist. Auch bei beruhigtem Stahl können (111) [$\bar{1}$10] oder andere Texturen mit (111)-Ebenen parallel der Blechebene, wie z. B. (111) [$\bar{2}$11] vorkommen. (111) [$\bar{1}$10] tritt hier jedoch nur sehr selten auf und (111) [$\bar{2}$11] ist im allgemeinen von anderen, sehr ungünstigen Orientierungen begleitet. Dies hat zur Folge, daß der R-Wert von unberuhigtem Stahl stets unter dem von beruhigtem liegt (vgl. Bild 3.42 [90]). Obwohl in Abhängigkeit von den Herstellungsbedingungen eine Fülle verschiedener Texturen möglich ist, sei in Bild 3.41b [89] als Beispiel eine der für das Tiefziehen ungünstigeren Texturen mit den Orientierungen (001) [$\bar{2}$10] und (111) [$\bar{2}$11] gezeigt [36].

Im verformten Zustand haben beide Stahlsorten die gleiche Textur, die Unterschiede entstehen also erst bei der Glühung. Wie von Stickels [85] gezeigt werden konnte, treten auch im geglühten Zustand keine verschiedenen Texturen auf, wenn das AlN im beruhigten Stahl schon vor dem Kaltwalzen ausgeschieden wird.

Eine weitere, sehr wichtige Verfahrensmaßnahme für die Ausbildung der (111) [$\bar{1}$10]-Textur ist eine langsame Erhitzung bei der Abschlußglühung [91, 92]. Obwohl diese Voraussetzung in der Praxis durch das Kastenglühen offensichtlich von jeher vorhanden war, ist auf ihre Bedeutung und die durch langsames oder schnelles Erhitzen entstehenden Texturunterschiede erst in letzter Zeit hingewiesen worden. Die Ursache dafür, daß sich bei langsamem Aufheizen bei den beiden Stahlsorten verschiedene Texturen entwickeln, ist noch keineswegs völlig klar. Fest steht allerdings, daß hierfür die Wechselwirkung zwischen der Ausscheidung und der Erholung oder den frühen Stadien der Rekristallisation von Einfluß ist [80, 93, 85, 91, 92]. Befunde, nach denen sich die Texturen beider Stahlsorten überhaupt nicht unterscheiden (vgl. z. B. [86]), dürften wohl darauf zurückzuführen sein, daß bei der Abschlußglühung zu rasch erhitzt wurde.

Da die Glühtexturen unberuhigter und beruhigter Stähle außer von den vorgenannten Faktoren auch von der Warmwalztemperatur, der Haspeltemperatur, der vorhergegangenen Umformung und der Glühtemperatur abhängen, treten die günstigen R-Werte nur für ganz bestimmte Herstellungsverfahren auf [14, 18, 61, 89, 90]. Als Beispiel sei hier die Abhängigkeit vom Verformungsgrad besprochen, die besonders ausgeprägt ist. Das Bild 3.42 [90] zeigt wie der $\bar{R}$-Wert mit dem Verformungsgrad bis zu einem Maximalwert bei etwa 70% Kaltwalzgrad zu- und dann wieder abnimmt. Der $\bar{R}$-Wert von unberuhigtem Stahl liegt zwar unter dem von Al-beruhigtem, er hat jedoch die gleiche Abhängigkeit vom Verformungsgrad. Der anfängliche Anstieg wird auf die allmähliche Ausrichtung von (111) in der Blechebene zurückgeführt.

Nicht ganz klar war zunächst der Abfall des $\bar{R}$-Wertes oberhalb 70% Verformungsgrad, weil hier zufolge Untersuchungen an beruhigtem Stahl (111) [$\bar{1}$10] noch zunimmt. Durch ausgedehnte Texturbestimmungen konnte jedoch gezeigt werden, daß von der Textur der Dickenmitte abweichende Oberflächentexturen für den $\bar{R}$-Wert-Abfall verantwortlich sind [94].

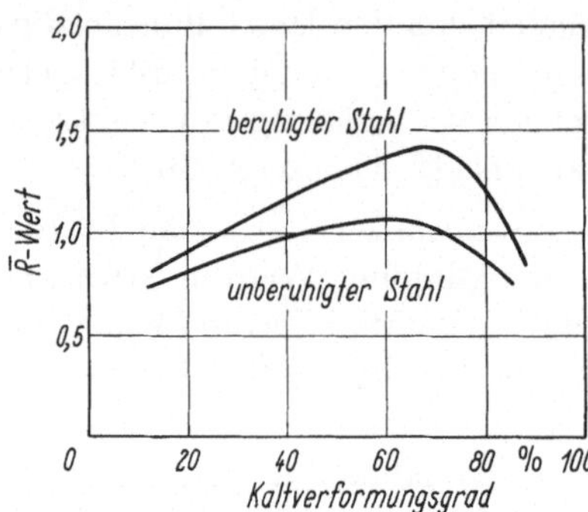

Bild. 3.42 Abhängigkeit des mittleren $\bar{R}$-Wertes von der Kaltverformung vor der Schlußglühung von Stahlblech (nach WHITELEY und WISE [90]).

Bisher wurde gesagt, daß die Anisotropie des R-Wertes in der Blechebene für das Tiefziehen ungünstig ist, weil Zipfel entstehen. Es sei abschließend nochmals darauf hingewiesen, daß es eine Aufgabe für die Zukunft ist, bei ungleichmäßig geformten Tiefziehteilen, die Anisotropie in der Blechebene auszunutzen.

Der Einfluß des R-Wertes auf das Verhalten von Blechen beim Biegen um kleine Halbmesser scheint noch nicht untersucht zu sein. Hierin liegt u. E. eine weitere Zukunftsaufgabe, denn solche Biegearbeitsgänge kommen sehr häufig vor.

Schrifttum

1. VON MISES, R.: ZAMM 8, 161 (1928).
2. HILL, R.: The Mathematical theory of plasticity, London: Oxford University Press 1950; Proc. Roy. Soc. London, Ser. A 193, 281 (1948).
3. BACKOFEN, W. A., W. F. HOSFORD, and J. J. BURKE: Trans. ASM 55, 264 (1962).
4. HOSFORD, W. F., and W. A. BACKOFEN in: 9th Sagamore Conf. AMRA, Fundamental of deformation processing, Syracuse: Univ. Press 1964, S. 259.
5. HOSFORD, W. F.: Met. Engin. Quart., Amer. Soc. Met. Nov., 13, 1966.
6. WHITELEY, R. L. in: 9th Sagamore Conf., AMRA, Fundamental of deformation processing, Syracuse: Univ. Press 1964, S. 183.
7. CLAUER, A. H. in: Metal deformation processing, Bd. I., Defence Metal Inform. Center, Battelle Mem. Inst. Columbus, Oh., 43201.
8. WILSON, D. V.: J. Inst. Metals Met. Rev. 94, 84 (1966).
9. HATCH, A. J.: Trans. Met. Soc. AIME 233, 44 (1965).
10. WASSERMANN, G., und J. GREWEN: Texturen metallischer Werkstoffe, 2. Aufl. Berlin/Göttingen/Heidelberg: Springer 1962.

11. BALDWIN, W. M., T. S. HOWALD, and A. W. ROSS: Trans. AIME 166, 86 (1946).
12. JACKSON, L. R., K. F. SMITH, and W. T. LANKFORD: Met. Techn. Aug. (1948), TP 2440.
13. LANKFORD, W. T., S. C. SNYDER, and J. A. BAUSCHER: Trans. ASM 42, 1197 (1950).
14. BURNS, R. S., and R. H. HEYER: Sheet Metal. Ind. 35, 261 (1958).
15. WHITELEY, R. L.: Trans. ASM 52, 154 (1960).
16. WHITELEY, R. L.: Blast furnace and steel plant 48, 1245 (1960).
17. WHITELEY, R. L., D. E. WISE, and D. J. BLICKWEDE: Sheet Metal. Ind. 38, 349/358 (1961).
18. BURNS, R. S., and R. H. HEYER: Am. Iron Steel Inst., Preprint May 1962.
19. LLOYD, D. H.: Sheet Metal. Ind. 39, 863 (1962).
20. LLOYD, D. H.: Sheet Metal. Ind. 39, 6/82 (1962).
21. WRIGHT, J. C.: Sheet Metal. Ind. 39, 887 (1962).
22. MOORE, G. G., and J. F. WALLACE: J. Inst. Met. 93, 33 (1964/65); Disk. S. 320.
23. LUDWIK, P.: VDI—Z. 68, 212 (1924).
24. KOSTRON, H.: Z. Metallkde. 31, 329 (1939).
25. ATKINSON, M., and I. M. McLEAN: 3rd Intern. Colloquium of Inst. of Sheet Metal Eng., Intern. Deep Drawing Res. Group, London 1964.
26. GREWEN, J., und G. WASSERMANN: Z. Metallkde. 45, 570 (1954).
27. IKESHIMA, T., T. OKAMOTO, and M. FUKUDA: Rep. Centr. Res. Lab., Sumitomo Metal. Ind.: The theoretical analysis of R-value effects on L. D. R. with the application of width reduction.
28. LILET, L., and M. WYOBO: Sheet Metal. Ind. 41, 783, 815 (1964).
29. SCHMID, E., u. W. BOAS: Kristallplastizität, Berlin: Springer 1936.
30. vgl. z. B. CALNAN, E. A., and J. B. CLEWS: Phil. Mag. 41, 1085 (1950).
31. GREWEN, J., A. SEGMÜLLER u. G. WASSERMANN: Arch. Eisenhüttenw. 29, 115 (1958).
32. WASSERMANN, G.: Praktikum der Metallkunde und Werkstoffprüfung. Berlin/Heidelberg/New York: Springer 1965.
33. SCHMID, E., u. G. WASSERMANN: Metallwirtsch. 9, 689 (1930).
34. AHLBORN, H., u. G. WASSERMANN: Z. Metallkde. 54, 1 (1963).
35. HEYE, W., u. G. WASSERMANN: Forschungsberichte a. d. Inst. f. Metallkunde u. Metallphysik der TH Clausthal, Nr. 1, 1967; Phys. Stat. Sol. 18, K. 107 (1966); Scripta Met. 2, 205 (1968).
36. ELIAS, J. A., R. H. HEYER, and J. H. SMITH: Trans. AIME 224, 678 (1962).
37. HOSFORD, W. F. sowie J. A. ELIAS, R. H. HEYER, and J. H. SMITH: Diskussion zu Zitat 36, Trans. AIME 236, 1004 (1966).
38. EVANS, J. T., and R. RAWLINGS: J. Inst. Metals 94, 367 (1966).
39. ELIAS, J. A., and R. H. HEYER sowie W. F. HOSFORD, and W. A. BACKOFEN: Diskussion zur Arbeit von letzteren in 9th Sagamore Conf. über R-Faktor, 1964.
40. VIETH, R. W., and R. L. WHITELEY: 3rd Intern. Colloquium of Inst. of Sheet Metal Engng., Intern. Deep Drawing Res. Group. London 1964.
41. OKAMOTO, T., T. SHIRAIWA, and M. FUKUDA: Rep. Centr. Res. Lab., Sumitomo Metal. Ind. 1965: The theoretical study on the relation between crystallographic textures and strain ratio (R-value) of cold rolled steel sheets.
42. NAGASHIMA, S., H. TAKECHI, and H. KATO: Trans. Jap. Inst. Metals 5, No 4, 274 (1964).
43. TAYLOR, G. J.: J. Inst. Met. 62, 307 (1938).
44. BISHOP, J. F. W., and R. HILL: Phil. Mag. 42, 4/4, 1298 (1951).
45. STÜWE, H.-P.: Z. Metallkde. 56, 633 (1965).

46. SVENSSON, N. L.: Trans. Met. Soc. AIME 236, 1004 (1966).
47. SVENSSON, N. L.: J. Inst. Metals 94, 284 (1966).
48. RICHARDS, T. C.: Rheologica Acta 2, 1 (1962).
49. RICHARDS, T. C., and W. R. T. DERRICOT: Appl. Mat. Res. 3, 113 (1964).
50. WILSON, D. V., and R. D. BUTLER: J. Inst. Met. 90, 473 (1961/62).
51. ROBERTS, W. T.: Sheet Metal. Ind. 39, 855, 876 (1962).
52. GREWEN, J., R. SAUER u. G. WASSERMANN: Z. Metallkde. 60 (1969).
53. SCHMID, E., u. W. BOAS: Kristallplastizität, Berlin: Springer 1936, S. 106.
54. CALNAN, E. A., and C. J. B. CLEWS: Phil. Mag. 42, 919 (1951).
55. YEN, M. K., and J. P. NIELSEN: Trans. AIME 191, 549 Disk. (1951).
56. KOCKS, U. F., and D. G. WESTLAKE: Trans. Met. Soc. AIME 239, 1107 (1967).
57. WASSERMANN, G.: Z. Metallkde. 54, 61 (1963).
58. HEYE, W., u. G. WASSERMANN: Z. Metallkde. 59, 617 u. 693 (1968).
59. PICKLESIMER, M. L.: Elektrochem. Techn. 4, 289 (1966).
60. AVERY, D. H., W. F. HOSFORD, and W. A. BACKOFEN: Trans. Met. Soc. AIME 233, 71 (1965).
61. BURNS, R. S., and R. H. HEYER: Paper from annealing of low carbon steel, Proc., Lee Wilson Eng. Co., Inc. Cleveland, Oct. 1957.
62. LARSON, F. R.: Trans. ASM 57, 620 (1964).
63. LEE, D., and W. A. BACKOFEN: Trans. Met. Soc. AIME 236, 1077 (1966).
64. LEE, D., and W. A. BACKOFEN: Trans. Met. Soc. AIME 236, 1696 (1966).
65. RITTENHOUSE, P. L., u. M. L. PICKLESIMER: Elektrochem. Techn. 4, 322 (1966).
66. WHEELER, R. G., u. D. R. IVELAND: Elektrochem. Techn. 4, 313 (1966).
67. EVANS, R. E., M. J. C. HILL, and R. J. WAKELIN: Sheet Met. Ind. 39, 785 (1962).
68. TUCKER, G. E. G.: Acta Met. 9, 275 (1961).
69. BURGHOFF, H. L., and E. C. BOHLEN: Trans. AIME 147, 144 (1942).
70. WILSON, F. H., and R. M. BRICK: Trans. AIME 161, 173 (1945).
71. SIEBEL, E.: Aluminium 35, 186 (1959).
72. CRUSSARD, C., G. POMEY, D. LAJEUNESSE, and M. ANGELI: Mém. Scient Rev. Mét. 58, 183 (1961).
73. POMEY, G., M. GRUMBACH, D. LAJEUNESSE, and C. CRUSSARD: Mém. Scient. Rev. Mét. 58. 809 (1961).
74. ANGELI, M., C. CRUSSARD, B. JAOUL, and G. POMEY: Mém. Scient. Rev. Mét. 59, 441 (1962).
75. HOLCOMB, R. T., and W. A. BACKOFEN: 3rd Intern. Colloquium of Inst, of Sheet Metal Eng., Intern. Deep Drawing Res. Group, London 1964.
76. HU, L. W.: J. Appl. Mech. 23, 444 (1956).
77. DILLAMORE, I. L.: Trans. ASM 58, 150 (1965).
78. KURDJUMOW, G., u. G. SACHS: Z. Phys. 62, 592 (1930).
79. HAESSNER, F., u. H. WEIK: Arch. Eisenhüttenw. 27, 153, (1956).
80. LESLIE, W. C.: Trans. AIME 221, 752 (1961).
81. BENNEWITZ, J.: Arch. Eisenhüttenw. 33, 393 (1962).
82. WEVER, F., u. H. BÖTTICHER: Arch. Eisenhüttenw. 34, 147 (1963).
83. STICKELS, C. A.: Trans. AIME 233, 1550 (1965).
84. WEVER, F., u. H. BÖTTICHER: Arch. Eisenhüttenw. 36, 935 (1965).
85. STICKELS, C. A.: Trans. AIME 236, 1295 (1966).
86. TAISUKE, A., and T. SAKAMOTO: Trans. Jap. Inst. Met. 7, 81 (1966).
87. WEVER, F., u. H. BÖTTICHER: Z. Metallkde. 57, 472 (1966).
88. WEVER, F., u. H. BÖTTICHER: Arch. Eisenhüttenw. 38, 473 (1967).

89. HEYER, R. H., D. E. MCCABE, and J. A. ELIAS: Flat rolled products III, Met. Soc. Conf. Bd. 18, New York: Wiley 1962, S. 29.
90. WHITELEY, R. L., and D. E. WISE: Flat rolled products III, S. 47.
91. DILLAMORE, I. L., and S. F. H. FLETCHER: Recrystallization, grain growth and textures, Amer. Soc. Met., Metals Park Ohio, 1966, S. 448; DILLAMORE, I. L., C. J. E. SMITH, and T. W. WATSON: Met. Science J. 1, 49 (1967).
92. GOODENOW, R. H.: Trans. ASM 59, 804 (1966).
93. LESLIE, W. C., J. T. MICHALAK, and F. W. AUL, W. C. SPENCER, and F. E. WERNER in: Iron and its dilute solid solutions, New York: Wiley 1963, S. 119.
94. HELD, J. F.: Trans. Met. Soc. AIME 239, 573 (1967).

Weitere wichtige Arbeiten, die während der Drucklegung erschienen sind oder demnächst erscheinen werden (in Kapitel 3 noch nicht berücksichtigt):

95. CHIN, Y. L., W. L. MAMMEL, and M. T. DOLAN: Computerized plastic deformation by slip (zu Texturverfestigung), Trans. Met. Soc. AIME 239, 1111 (1967).
96. MARCINIAK, Z., and K. KUCZYNSKI: Limit strains on the processes of stretch-forming sheet metal, Intern. J. Mech. Sci. 9, 609 (1967).
97. BRAMLEY, A. N., and P. B. MELLOR: Plastic anisotropy of Ti and Zn sheet, Part I: Macroscopic approach, Intern. J. Mech. Sci. 10, 211 (1968).
98. ROGERS, D. H., and W. T. ROBERTS: Part II: Crystallographic approach, Intern. J. Mech. Sci. 10, 221 (1968).
99. HUTCHISON, W. B., T. W. WATSON, and I. L. DILLAMORE: Improved drawability through control of textures, J. Iron Steel Inst., accepted March 1968.
100. KUBOTERA, H., and K. NAKAOKA: Development of deformation texture and change in plastic anisotropy in press forming, I.D.D.R.G., Working Group II, Tagung in Turin, Okt. 1968.
101. GOKYU, I., and K. SUZUKI: An improvement on the drawability of 18-Cr stainless steel sheets, The University of Tokyo, 1968.
102. MICHALAK, J. T., and R. D. SCHOONE: Recrystallization and texture development in a low-carbon, aluminum-killed steel, Trans Met. Soc. AIME 242, 1149 (1968).
103. GREWEN, J.: Texturen von Eisen und Stählen mit niedrigem Kohlenstoffgehalt und R-Wert, Stahl und Eisen. Angenommen zur Veröffentl. Juli 1968.
104. GREWEN, J., u. G. WASSERMANN, Hrsg.: Texturen in Forschung und Praxis, Intern. Symposium Clausthal, Okt. 1968, erscheint im Frühjahr 1969 (enthält mehrere Aufsätze zu den Themen Texturverfestigung, R-Wert, Tiefziehen, Erzeugung günstiger Texturen bei Stählen).

4 Mechanisches Verhalten des Werkstoffs bei der Umformung

Mit Beiträgen von H. BÜHLER, W. PANKNIN, O. PAWELSKI und E. SCHMIDTMANN

ausgearbeitet von

O. PAWELSKI und R. FANGMEIER

Die Durchführbarkeit technischer Umformverfahren hängt entscheidend vom mechanischen Verhalten des Werkstoffs während der Umformung ab. Der Widerstand, den der Werkstückstoff einer plastischen Formänderung entgegensetzt, bestimmt weitgehend Konstruktion und Werkstoff der Werkzeuge sowie die Auslegung der Umformmaschinen. Von der Größe der insgesamt vom Werkstoff ohne Schaden ertragbaren plastischen Formänderungen hängen weitere Prozeßbedingungen ab, wie z. B. Art und örtliche Verteilung der mit dem Verfahren verbundenen Beanspruchungen, Aufteilung der Gesamtformänderung in Teilschritte, Formänderungsgeschwindigkeit, Temperatur, Schmierung und zwischengeschaltete Wärmebehandlungen. Beeinflußt der Werkstoff somit bereits den gesamten Verfahrensablauf der Umformung, so ist die dabei eintretende Änderung der Werkstoffeigenschaften nicht minder ausschlaggebend für anschließende Fertigungsgänge und schließlich für die Gebrauchseigenschaften des Fertigerzeugnisses.

Um diese Zusammenhänge klar erkennen zu können, muß man einmal nach den stoffbedingten Beschreibungsgrößen eines Umformvorganges und zum anderen nach den Rückwirkungen der plastischen Formänderung auf die Werkstoffeigenschaften fragen. Damit unsere Betrachtungen im gegebenen Rahmen bleiben, begrenzen wir sie auf die mechanischen Eigenschaften der Metalle, vorwiegend von Stahl.

Die Beschreibung des Werkstoffverhaltens bei der Umformung folgt je nach der Fragestellung zwei verschiedenen Wegen. Entweder ist es zweckmäßig, den Werkstoff als anisotropes oder quasiisotropes kristallines Gefüge mit atomarer Struktur anzusehen oder als homogenes und isotropes Kontinuum mit kontinuierlich verteilter Masse. Für die Umformtechnik, wo es vorwiegend auf die Vorausberechnung von Kraftbeträgen und Formänderungen größerer Bereiche ankommt und wo man mit möglichst wenigen Werkstoffkenngrößen auskommen möchte, genügt meistens die einfachere Vorstellung des Kontinuums. Die Erfolge der Plastomechanik bei der Behandlung von Umformproblemen rechtfertigen diese Vereinfachung. Eine scharfe Trennung beider Blickrichtungen ist jedoch nicht immer möglich und im Interesse des Verständnisses auch gar nicht immer wünschenswert. Bei den folgenden Ausführungen steht die phänomenologische Beschreibung im Vordergrund.

4.1 Abgrenzung der rheologischen Eigenschaften des Werkstoffs

Die Rheologie [1] unterscheidet drei Grundkörper: den elastischen oder Hookeschen Körper, den plastischen oder St. Venantschen Körper und den viskosen oder Newtonschen Körper. Grundsätzlich spielen bei der bildsamen Formgebung der Metalle alle drei eine Rolle, wobei natürlich die Bedeutung der elastischen und viskosen Eigenschaften gegenüber dem plastischen Verhalten zurücktritt. Die Beschreibungsgrößen dieser drei Körper sowie die wichtigsten Kombinationen zu zusammengesetzten Körpern seien deshalb kurz besprochen.

4.1.1 Elastisches Verhalten

Bis zum Eintritt des plastischen Fließens verhält sich der Werkstoff elastisch. Spannungen und Dehnungen sind nach dem Hookeschen Gesetz proportional. Als Proportionalitätskonstanten treten bei Quasiisotropie die drei Werkstoffgrößen Elastizitätsmodul, Schubmodul und Querdehnungszahl auf, von denen je eine durch die beiden anderen ausgedrückt werden kann. Bei den meisten Umformverfahren sind die elastischen Formänderungen im Vergleich zu den plastischen vernachlässigbar klein. Es gibt jedoch auch Fälle, wie z. B. Kaltwalzen sehr dünner Bänder, Biegen von Blechen und Aufweiten von dickwandigen Rohren durch Innendruck, wo die elastische Federung des Werkstücks eine Rolle spielt. Bei solchen Vorgängen muß der Werkstoff als Prandtlscher Körper aufgefaßt werden, der sich nach den Regeln der Rheologie durch Hintereinanderschalten eines elastischen und eines plastischen Körpers ergibt.

4.1.2 Plastisches Verhalten

Der St. Venantsche Grundkörper hat die weitaus größte Bedeutung für die Umformtechnik. Er ist starr bis zu einer gewissen Spannung, der Fließgrenze. Danach tritt plastisches Fließen unter konstant bleibender Spannung ein. Die Verfestigung des Werkstoffes mit der Formänderung bleibt unberücksichtigt oder wird in Form einer mittleren Formänderungsfestigkeit in die Rechnung eingeführt. Als Stoffgesetz gelten die Lévy-Misesschen Gleichungen (s. Kap. 1). Die späteren Ausführungen werden zeigen, wie stark das wirkliche Werkstoffverhalten von dieser Modellvorstellung des ideal plastischen Körpers abweicht.

4.1.3 Viskoses Verhalten

Das Verhalten des viskosen Körpers oder der zähen Flüssigkeit wird durch das Newtonsche Stoffgesetz beschrieben, wonach ähnlich wie beim plastischen Körper die Spannungen den Formänderungsgeschwindigkeiten proportional sind. Der grundsätzliche Unterschied besteht jedoch darin, daß der Proportionalitätsfaktor keine Ortsfunktion ist, sondern nur von einer Werkstoffkonstanten, der dynamischen Zähigkeit, abhängt.

Wenn es auch einigermaßen sicher ist, daß sich vor allem bei der Warmformgebung im Bereich höherer Temperaturen viskose Einflüsse des Werkstoffs bemerkbar machen, so ist doch noch umstritten, wie man sie rechnerisch berücksichtigen soll. In einigen Arbeiten ist versucht worden, die Regeln der Hydrodynamik auf die Umformtechnik anzuwenden. So setzten schon F. Körber und A. Eichinger [2] bei der Behandlung des breitungslosen Warmpressens voraus, daß sich der Werkstoff wie eine viskose Masse verhalte. In neuerer Zeit ist die hydrodynamische Walztheorie nach A. Kneschke [3] oft diskutiert worden. Zu erwähnen sind hier auch die Ansätze von A. I. Zelikow [4]. Kritisch an diesen und ähnlichen Berechnungen ist, daß das Modell der zähen Flüssigkeit allein nicht ausreicht, um das plastische Verhalten zu beschreiben, da der viskose Körper keine Fließgrenze besitzt. Im Sinne der Rheologie müßte deshalb folgerichtig eine Parallelschaltung des Newtonschen Körpers mit dem St. Venantschen Anteil betrachtet werden. Fügt man dazu in Reihe noch einen elastischen Anteil, also einen Hookeschen Körper, dann ergibt sich der Bingham-Körper [5]. Dieses Werkstoffmodell, das den Einfluß der Werkstoffviskosität bei der Umformung wohl am besten beschreiben dürfte, ist jedoch in keiner der erwähnten Arbeiten konsequent benutzt worden und dürfte auch für praktische Berechnungen zu unhandlich sein.

Ist so schon die Wahl des am besten geeigneten Stoffgesetzes schwierig, so ist es darüber hinaus bis heute noch nicht möglich, verläßliche Viskositätswerte für die Werkstoffe der Umformtechnik anzugeben. Empirische Werte, wie sie beispielsweise S. Ekelund [6] für das Warmwalzen mitteilt, müssen eher als Korrekturfaktoren ungenauer theoretischer Ansätze denn als Kennwerte des Werkstoffs angesehen werden.

Für die folgenden Ausführungen erscheint es somit angezeigt, das viskose Verhalten des Werkstoffs außer acht zu lassen.

4.2 Die Formänderungsfestigkeit als mechanische Grundgröße des plastischen Zustandes

Nach den obigen Ausführungen verbleibt bei kontinuumsmechanischer Betrachtung als einzige Werkstoffkenngröße bei der Umformung die Fließspannung des plastischen Körpers. In der Umformtechnik hat sich dafür der Begriff Formänderungsfestigkeit [7, 8] eingeführt. Für diese Größe werden nunmehr ihre Abhängigkeit von den Umformbedingungen und die Verfahren zu ihrer Messung beschrieben.

4.2.1 Definition von Vergleichswerten für Spannung, Formänderung und Formänderungsgeschwindigkeit

Als *Formänderungsfestigkeit* k_f wird die bei einachsiger Beanspruchung zum plastischen Fließen notwendige Spannung definiert, wobei stillschweigend vorausgesetzt wird, daß diese für Zug- und Druckbeanspruchung gleich ist. Liegt ein mehrachsiger Spannungszustand vor, was bei den technischen Umformverfahren fast immer der Fall ist, dann sind die Koordinaten des Spannungstensors zu einer invarianten *Vergleichsspannung* σ_v zusammenzusetzen, die im Falle des Fließens gleich der Formänderungsfestigkeit gesetzt wird.

Die Berechnungsgrundlagen samt Schrifttum sind in Kapitel 1 ausführlich dargestellt. Hier seien nur die wichtigsten Gleichungen angegeben. Sind $\sigma_x, \sigma_y, \sigma_z$ die Normalspannungen, $\tau_{xy}, \tau_{yz}, \tau_{zx}$ die Schubspannungen, σ_1 die größte und σ_3 die kleinste Hauptnormalspannung, dann gilt nach dem *Fließkriterium von* R. v. MISES (*Gestaltänderungsenergiehypothese*)

$$\text{a)}\quad \sigma_v = \sqrt{\tfrac{1}{2}\left[(\sigma_x - \sigma_y)^2 + (\sigma_y - \sigma_z)^2 + (\sigma_z - \sigma_x)^2\right] + 3\,(\tau_{xy}^2 + \tau_{yz}^2 + \tau_{zx}^2)} = k_f \tag{1}$$

und nach dem *Fließkriterium von* H. TRESCA (*Schubspannungshypothese*)

$$\text{b)}\quad \sigma_v = \sigma_1 - \sigma_3 = k_f. \tag{2}$$

Da die Formänderungsfestigkeit von der Formänderung und der Formänderungsgeschwindigkeit abhängt, müssen auch für diese beiden Tensoren passende Invarianten als Vergleichsgrößen gewählt werden.

Sind $\varphi_x, \varphi_y, \varphi_z$ die logarithmischen Dehnungen und $\gamma_{xy}, \gamma_{yz}, \gamma_{zx}$ die Schiebungen, dann lassen sich unter bestimmten Voraussetzungen aus den Grundgleichungen der Plastomechanik für die beiden oben angeführten Fließkriterien folgende Ausdrücke für die *Vergleichsformänderung* φ_v herleiten

$$\text{a)}\quad \varphi_v = \sqrt{\tfrac{2}{3}\,(\varphi_x^2 + \varphi_y^2 + \varphi_z^2) + \tfrac{1}{3}\,(\gamma_{xy}^2 + \gamma_{yz}^2 + \gamma_{zx}^2)} \tag{3}$$

$$\text{b)}\quad \varphi_v = |\varphi|_{\max}\,. \tag{4}$$

Gleichung (3) gilt streng genommen nur dann, wenn die Formänderungsinkremente $d\varphi_x$, $d\varphi_y$ und $d\varphi_z$ während der gesamten Umformung in einem konstanten Verhältnis zueinander stehen.

Mit der Definition der Formänderungsgeschwindigkeit ergeben sich ähnliche Ausdrücke für die *Vergleichsformänderungsgeschwindigkeit* $\dot\varphi_v$

$$\text{a)}\quad \dot\varphi_v = \sqrt{\tfrac{2}{3}\,(\dot\varphi_x^2 + \dot\varphi_y^2 + \dot\varphi_z^2) + \tfrac{1}{3}\,(\dot\gamma_{xy}^2 + \dot\gamma_{yz}^2 + \dot\gamma_{zx}^2)} \tag{5}$$

$$\text{b)}\quad \dot\varphi_v = |\dot\varphi|_{\max}\,. \tag{6}$$

4.2.2 Messung der Formänderungsfestigkeit in Abhängigkeit von φ_v, $\dot{\varphi}_v$ und Temperatur

4.2.2.1 Einfluß der Formänderung. Trägt man bei konstant gehaltener Temperatur und Formänderungsgeschwindigkeit die Formänderungsfestigkeit über der Formänderung auf, dann erhält man die sogenannte *Fließkurve*.

Als Grundlage jeder plastomechanischen Berechnung ist sie für viele Metalle und Legierungen gemessen worden. Die meisten Unterlagen liegen für unlegierte Baustähle und legierte Stähle vor [10, 11]. H. Heinemann [9] hat die Formänderungsfestigkeit verschiedener Aluminium- und Kupferlegierungen bestimmt. Umfangreiche Untersuchungen von H. Bühler und H. W. Wagener [12—14] dienten zur Ermittlung der Umformeigenschaften von Titan und Titanlegierungen, Niob, Tantal, Molybdän und Wolfram.

Ihre Form hängt stark von der Größe der beiden Parameter Temperatur und Formänderungsgeschwindigkeit ab. Während bei Raumtemperatur die Formänderungsfestigkeit mit der Formänderung fast ausnahmslos ansteigt, kann bei hohen Temperaturen die Fließkurve nach Überschreiten eines Maximums wieder absinken. Daher werden die Fließkurven für beide Temperaturbereiche getrennt besprochen.

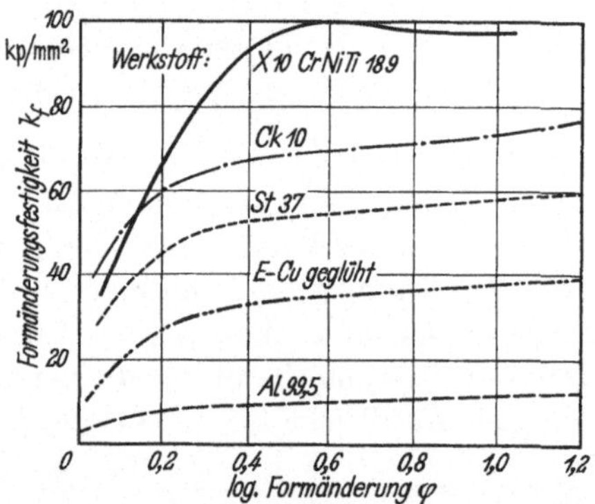

Bild 4.1 Fließkurven verschiedener Werkstoffe bei Raumtemperatur. Zylinder-Stauchversuch, kontinuierlich, Höhen-Durchmesser-Verhältnis vor dem Umformen $h_0/d_0 = 2$ (nach U. Krause [15]).

Bild 4.1 enthält eine Auswahl von Fließkurven verschiedener Werkstoffe bei Raumtemperatur [15]. In dem stetigen Anstieg, der zu größeren Formänderungen hin immer geringer wird, äußert sich die Kaltverfestigung. Sie ist im wesentlichen durch sich vermehrende und aufstauende Versetzungen bedingt, wie näher in Kapitel 2 ausgeführt. Das ist der Grund dafür, daß das plastische Fließen i. a. nur unter ständig zunehmender Spannung aufrechterhalten wird. Abweichend von dieser Vorstellung durchläuft die Fließkurve für den Stahl X 10 CrNiTi 18 9 in Bild 4.1 ein Maximum. Hier wie bei vielen anderen Versuchsergebnissen im Schrifttum ist jedoch zu beachten, daß sich die Umformarbeit fast vollständig in Wärme umsetzt und dadurch die Temperatur der Probe während des Versuches ansteigt. Bei dem vorliegenden austenitischen Stahl ist oberhalb eines bestimmten Umformgrades mit einer γ-α-Umwandlung des Gefüges zu rechnen, wodurch die Festigkeit steigt. Mit zunehmender Temperatur wird diese Umwandlung jedoch mehr und mehr behindert, so daß sich eine scheinbare Entfestigung ergibt. Näheres über den Temperatureinfluß (s. Abschnitt 4.2.2.3).

In den meisten Fällen ist bei der Aufnahme von Fließkurven nicht nur mit einer Erhöhung der Temperatur, sondern auch mit einer Ände-

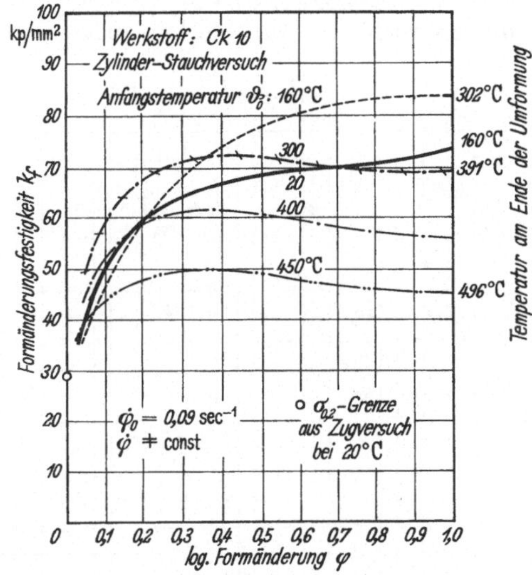

Bild 4.2 Fließkurven von Stahl Ck 10 bei Anfangstemperaturen von 20 bis 450 °C (nach U. Krause [7]).

rung der Formänderungsgeschwindigkeit zu rechnen, wenn nicht besonders konstruierte Prüfmaschinen, wie z. B. das sogenannte Plastometer [16], eingesetzt werden. Dieser Einfluß ist jedoch, wie aus Abschnitt 4.2.2.2 hervorgeht, bei Raumtemperatur im allgemeinen vernachlässigbar.

Im Bereich hoher Temperaturen wirken sich Temperatur und Formänderungsgeschwindigkeit weitaus stärker auf die Form der Fließkurve aus. Zwar bewirkt grundsätzlich auch hier die Formänderung eine Verfestigung. Dieser wirken jedoch Erholung und Rekristallisation um so mehr entgegen, je höher die Temperatur und je niedriger die Formänderungsgeschwindigkeit ist. Wie die Bilder 4.2 und 4.3 für verschiedene Temperaturbereiche zeigen, ergeben sich infolge dieser gegenläufigen Einflüsse verschiedene Kurvenverläufe.

Erwähnt sei, daß sich bei den Ergebnissen für den Stahl Ck 10 in Bild 4.2 die Reckalterung oder die dadurch hervorgerufene Blausprödigkeit darin bemerkbar macht, daß die Formänderungsfestigkeit bei 160 und 300 °C teilweise über der bei 20 °C liegt.

Gelegentlich ist versucht worden, den Einfluß der Formänderung auf die Formänderungsfestigkeit in empirische Gleichungen zu fassen. Für die Kaltumformung nicht vorverformter unlegierter und niedriglegierter Stähle gilt oft in guter Näherung

$$k_f = a\,\varphi^n\,. \tag{7}$$

Bei technischen Umformvorgängen ist auch mit einer Umkehr der Formänderungsrichtung zu rechnen. Alle hierbei auftretenden Änderungen

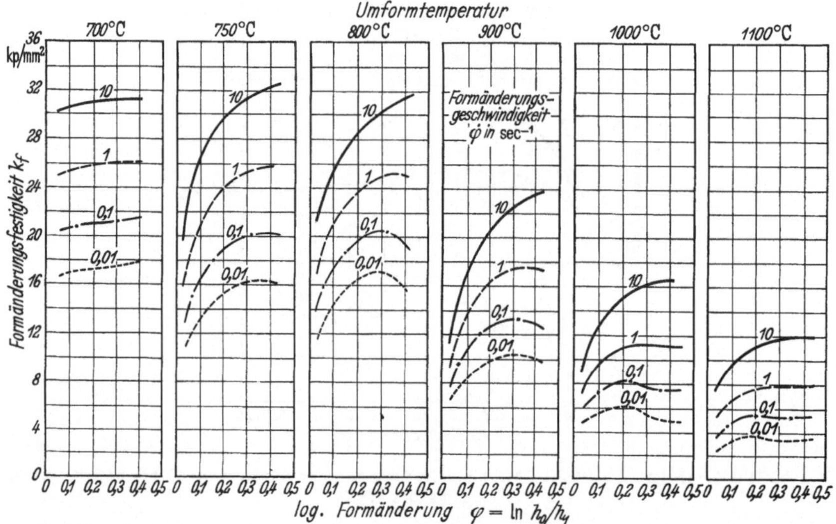

Bild 4.3 Fließkurven von Stahl C 45 bei Temperaturen von 700 bis 1100 °C (nach H. G. Müller [8]).

von Elastizitäts- und Plastizitätsmaßen werden heute unter dem Begriff „Bauschinger-Effekt" zusammengefaßt. Darunter ist die Erniedrigung der Formänderungsfestigkeit bei einem Wechsel von Zug auf Druck oder von Druck auf Zug zu verstehen. G. Masing [17] führt dies im wesentlichen auf Eigenspannungen zweiter Art zurück, die in den Kristalliten eines polykristallinen Körpers dadurch zustandekommen, daß sie aufgrund ihrer unterschiedlichen Orientierung verschieden hohe Elastizitätsgrenzen in Richtung der Beanspruchung haben. Als rheologisches

Modell zur Erklärung des Bauschinger-Effektes kann somit eine Parallelschaltung von zwei Prandtlschen Körpern gewählt werden (Bild 4.4), deren plastische Anteile verschieden hohe Fließspannungen haben. Wie das zugehörige Spannung-Dehnung-Schaubild zeigt, läßt sich damit befriedigend erklären, warum sich bei Belastung bis zum plastischen Fließen, Entlastung und Wiederbelastung in der gleichen Richtung eine Erhöhung der Fließspannung ergibt, während die Wiederbelastung in der Gegenrichtung die Fließspannung herabsetzt.

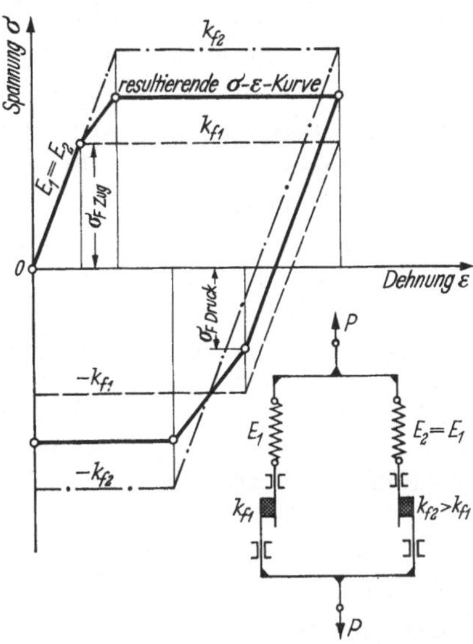

Bild 4.4 Mechanisches Modell zur Erklärung des Bauschinger-Effektes.

Nach dieser Deutung dürfte der Bauschinger-Effekt bei Einkristallen nicht auftreten. Versuche von G. Sachs und H. Shoji [18] haben dies jedoch nicht bestätigt. G. Masing [17] führt zur Begründung an, daß auch der Einkristall nicht an jeder Stelle die gleiche Elastizitätsgrenze in Richtung der Beanspruchung hat, da er sich aus Mosaikblöcken zusammensetzt, in denen das plastische Fließen nicht gleichzeitig einsetzt.

Schließlich sind die Theorien über die Ursachen des Bauschinger-Effektes noch dahingehend erweitert worden, daß nicht nur die Texturspannungen in Vielkristallen, sondern auch die Spannungsfelder der Versetzungen innerhalb der Körner eine Rolle spielen. Mit anderen Worten heißt das, daß neben den Eigenspannungen zweiter Art auch noch solche dritter Art beteiligt sind. In welchem Maße sich die verschiedenen genannten Ursachen auswirken, ist in der Literatur oft behandelt, jedoch nicht eindeutig geklärt worden. Wegen weiterer Einzelheiten, bei denen auch Eigenspannungen dritter Art in Betracht gezogen werden, sei auf eine ausführliche Untersuchung an unlegierten Stählen von W. JÄNICHE, E. STOLTE und J. KÜGLER [19] hingewiesen, die sich unter anderem auch sehr eingehend mit seiner Beseitigung durch Erholung befaßt.

Der Bauschinger-Effekt zeigt sich in stärkerem Maße nur bei kleinen Formänderungen. Torsionsversuche von F. W. HECKER [20] zeigen jedoch, daß er auch bei großen Formänderungen vorhanden ist, doch dann nicht mehr als 15% der Formänderungsfestigkeit beträgt. Wenn die Scherung bei Torsionsumkehr γ_u im Bereich kleiner Krümmung der Fließkurve liegt, ist er mit wachsender Scherung γ etwa konstant; liegt γ_u in einem stark gekrümmten Bereich der Fließkurve, so nimmt er mit γ ab und kann sogar negativ werden, d. h. auf eine Spannungserhöhung führen. Der Bauschinger-Effekt wird durch die Schergeschwindigkeit $\dot{\gamma}$ und die Korngröße des Gefüges nicht beeinflußt, durch Anlassen vor der Torsionsumkehr jedoch vermindert.

Ein typisches Beispiel für einen Wechsel der Formänderungsrichtung ist das Richten von gezogenen Rundstäben, wobei trotz einer Vielzahl von Hin- und Herbiegungen keine nennenswerte Verfestigung, oder häufig sogar ein leichter Rückgang der Fließspannung beobachtet wird [21].

4.2.2.2 Einfluß der Formänderungsgeschwindigkeit. Wie bereits angedeutet, wird die Höhe der Formänderungsfestigkeit durch Erholung und Rekristallisation, bei bestimmten Werkstoffen auch durch Alterung beeinflußt. Die sich dabei abspielenden Vorgänge, Wanderung bzw. Umgruppierung von Versetzungen, Diffusion von Fremdatomen, wie z. B. Kohlenstoff- und Stickstoffatomen im α-Eisen, und Kornneubildung sind sämtlich zeitabhängig. Es leuchtet demnach ein, daß sich diese inneren Vorgänge im Gitter und im Gefüge nach außen hin in einer Beeinflussung der Fließkurve durch die Formänderungsgeschwindigkeit bemerkbar machen.

Bei Raumtemperatur spielt im wesentlichen nur die Wanderungsgeschwindigkeit der Versetzungen eine Rolle. Erhöht man die Formänderungsgeschwindigkeit von kleinen Werten an, dann bleibt die Formänderungsfestigkeit zunächst über einen weiten Bereich ungefähr konstant. Erst bei hohen Geschwindigkeiten macht sich bemerkbar, daß für die Ausbreitung der Versetzungen nicht mehr genügend Zeit zur Verfügung steht. Wie Bild 4.5 zeigt, steigt dann k_f an [22].

Bei höheren Temperaturen tritt zunächst Erholung, nach Überschreiten der Rekristallisationstemperatur Rekristallisation ein. Die entfestigende Wirkung beider Vorgänge nimmt mit der zur Verfügung stehenden Zeit zu. Deshalb muß die Formänderungsfestigkeit mit der Formänderungsgeschwindigkeit wachsen (Bild 4.6, [22]). In welchem Ausmaße bei der Warmumformung Erholung und Rekristallisation beteiligt sind, ist heute noch nicht ausreichend geklärt. Neuere Untersuchungen von H. P. STÜWE [23] sprechen dafür, daß die Erholung überwiegt.

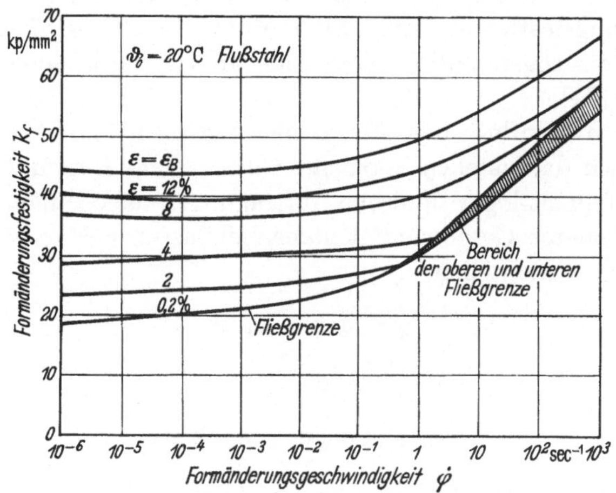

Bild 4.5 Formänderungsfestigkeit in Abhängigkeit von der Formänderungsgeschwindigkeit bei Raumtemperatur (nach M. J. MANJOINE [22]).

Demgegenüber wirkt sich die Reckalterung in umgekehrter Weise auf die Formänderungsfestigkeit aus. Eine Steigerung der Umformgeschwindigkeit verringert die Blockierung von Versetzungen durch

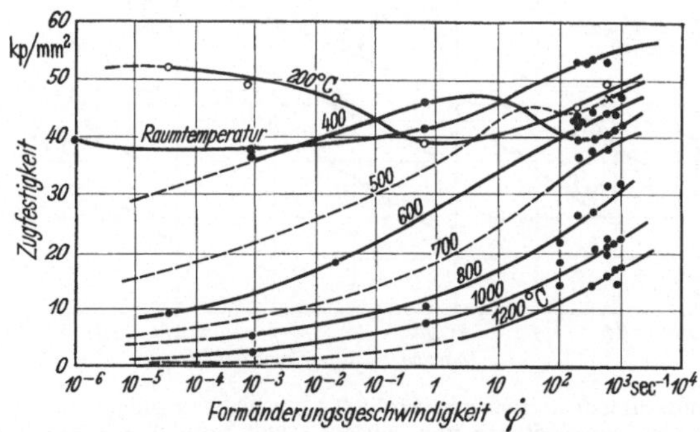

Bild 4.6 Formänderungsfestigkeit (Zugfestigkeit) in Abhängigkeit von der Formänderungsgeschwindigkeit bei Temperaturen von Raumtemperatur bis 1200 °C, Stahl mit niedrigem Kohlenstoffgehalt (nach M. J. MANJOINE [22]).

Fremdatome, da für deren Diffusion nicht genügend Zeit zur Verfügung steht. Wie aus Bild 4.6 für die Temperaturen 200, 400 und 500 °C hervorgeht, sinken einige Kurventeile von k_f mit zunehmendem $\dot{\varphi}$ ab. Die

Maxima solcher Kurven verschieben sich mit wachsenden Temperaturen zu höheren Formänderungsgeschwindigkeiten. Darin kommt deutlich zum Ausdruck, daß sich bei Alterungsvorgängen Zeit- und Temperatureinfluß in ähnlicher Weise auswirken. Nähere Hinweise über das Verhalten der Formänderungsfestigkeit von Eisen-Mangan-Kohlenstoff-Legierungen im Bereich der sogenannten Blauwärme finden sich in einer Arbeit von J. SCHACK [24].

Auch den Einfluß der Formänderungsgeschwindigkeit hat man mathematisch darzustellen versucht. Ohne tiefere Begründung werden halb- oder doppelt-logarithmische Auftragungen nebeneinander benutzt. In einem kleineren Geschwindigkeitsbereich lassen sich so häufig lineare Abhängigkeiten aufstellen,

$$k_f = a + b \log \dot{\varphi} , \tag{8}$$

oder

$$\left.\begin{aligned} k_f &= a \dot{\varphi}^n \\ \log k_f &= \log a + n \log \dot{\varphi} . \end{aligned}\right\} \tag{9}$$

Bild 4.7 [8] zeigt ein Beispiel für Stahl C 45 im Temperaturbereich 700 bis 1100 °C. Während sich hier bei doppelt-logarithmischer Auftragung

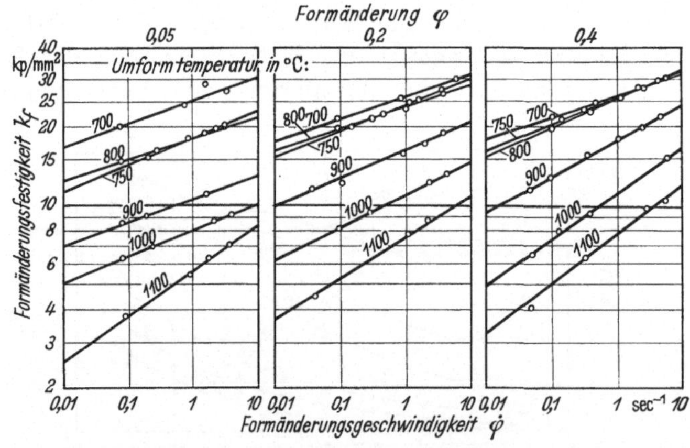

Bild 4.7 Formänderungsfestigkeit von Stahl C 45 in Abhängigkeit von der Formänderungsgeschwindigkeit für Temperaturen von 700 bis 1100 °C und Formänderungen von 0,05 bis 0,4 (nach H. G. MÜLLER [8]).

in guter Näherung Geraden ergeben, ist eine ähnliche Darstellung für den Bereich der Blauwärme nicht mehr möglich [24].

Der Bereich der Formänderungsgeschwindigkeit $\dot{\varphi}$ erstreckt sich bei den üblichen technischen Umformverfahren von rd. 10^{-2} bis $10^3\,s^{-1}$. Die höchsten Werte werden z. B. beim Gesenkschmieden oder auch in den letzten Gerüsten kontinuierlicher Walzstraßen erreicht. Schließt man die Verfahren der Explosionsumformung noch in die Betrachtungen ein, können sogar Formänderungsgeschwindigkeiten bis zu 10^6 s^{-1} auftreten. Solche hohen Werte sind nach H.-U. PLAUL [25] typisch für elastisch-plastische Stoßwellen, die durch ebene Kollision explosiv beschleunigter Platten erzeugt werden können. Sie erfordern Versetzungsgeschwindigkeiten in der Nähe der transversalen Schallgeschwindigkeit und eine wesentlich größere Versetzungsdichte als eine vergleichbare quasistatische plastische Verformung. PLAUL hat aus der bleibenden Verformung die Fließspannung eines austenitischen Stahles bei Stoßwellenbeanspruchung abgeschätzt (Bild 4.8). Als Besonderheit der Stoßwellenverformung muß hervorgehoben werden, daß große plastische Verformungen ohne größere äußere Stauchung erreicht werden. An stoßartig belasteten austenitischen Einkristallen wurde eine starke Verfestigung festgestellt, die vor allem auf eine starke Zwillingsverformung zurückzuführen ist. Der Verfasser erblickt in dem Wert 10^6 s^{-1} eine obere Grenze für die Formänderungsgeschwindigkeit. Eine Erhöhung der Belastungsgeschwindigkeit führe zu einer starken Zunahme der kritischen Schubspannung, wogegen sich die Versetzungsdichte nur unbedeutend erhöhe.

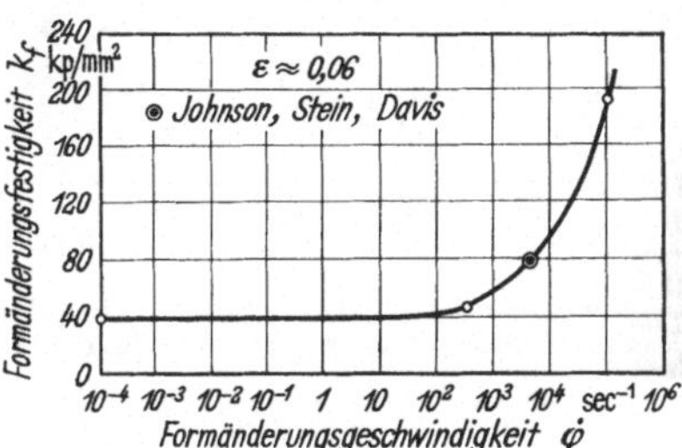

Bild 4.8 Abschätzung der Zunahme der Formänderungsfestigkeit mit der Formänderungsgeschwindigkeit für austenitischen Chrom-Nickel-Stahl (Raumtemperatur) (nach H.-U. PLAUL [25]).

4.2.2.3 Einfluß der Temperatur. Wie oben gezeigt wurde, ist der Einfluß der Formänderungsgeschwindigkeit nur im Zusammenhang mit dem Temperatureinfluß zu verstehen. Die Auswirkung der Temperatur auf die Formänderungsfestigkeit wurde deshalb schon teilweise beschrieben. Sie soll hier noch einmal im Zusammenhang an Hand des Werkstoffs Stahl erörtert werden.

Wird die Umformtemperatur über Raumtemperatur erhöht, fällt die Festigkeit zunächst infolge Erholung ab, ohne daß eine Kornneubildung eintritt. Lediglich die Versetzungen werden umgelagert. Dabei bilden sich in den Körnern Subkörner, die durch Kleinwinkelkorngrenzen voneinander getrennt sind (Polygonisation).

Bild 4.9 zeigt für einen Kohlenstoffstahl und Bild 4.10 für einen Chrom-Nickel-Stahl, daß die Abnahme der Formänderungsfestigkeit sofort nach Überschreiten der Raumtemperatur eintritt und daß Temperatur-

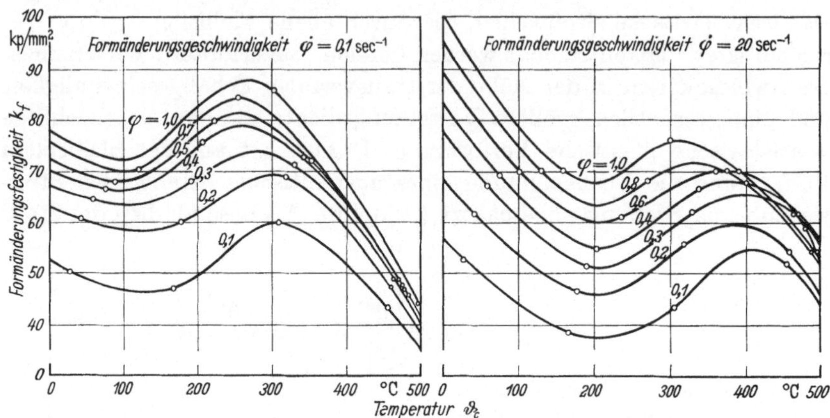

Bild 4.9 Formänderungsfestigkeit von Stahl Ck 10 in Abhängigkeit von der Temperatur für verschiedene Formänderungsgeschwindigkeiten (nach U. KRAUSE [7]).

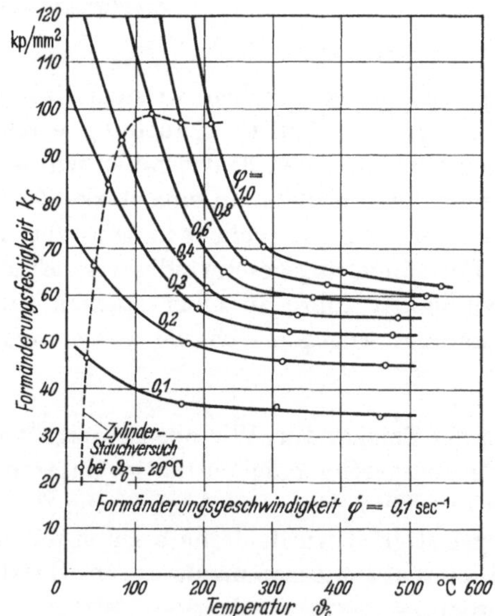

Bild 4.10 Formänderungsfestigkeit von Stahl X 10 CrNiTi 18 9 in Abhängigkeit von der Temperatur (nach U. KRAUSE [7]).

erhöhungen um 100 bis 200 °C, wie sie bei der Kaltformgebung während der Umformung nicht selten sind, schon eine beachtliche Entfestigung mit sich bringen können. Bei genaueren umformtechnischen Berechnungen sollte man deshalb isotherme und adiabatische Fließkurven unterscheiden. Bild 4.11 zeigt dazu ein Beispiel, in dem für Stahl Ck 10 zwei isotherme Fließkurven mit 20 und 140 °C einer adiabatischen Fließkurve gegenübergestellt sind, bei der mit Raumtemperatur begonnen wurde [7].

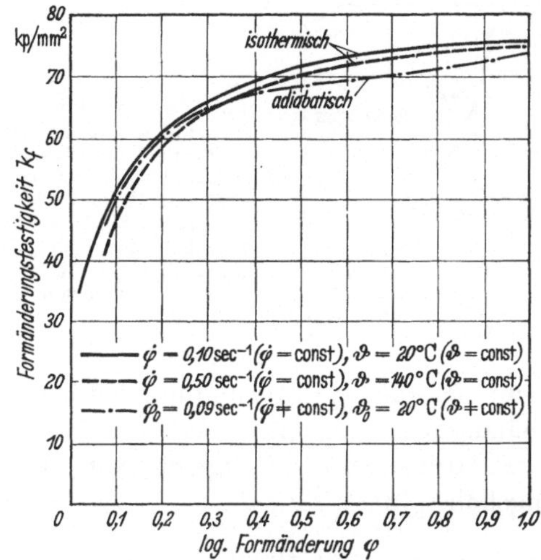

Bild 4.11 Einfluß der Temperatur auf den Verlauf der Fließkurve von Stahl Ck 10 (nach U. Krause [7]).

Bei weiter ansteigender Temperatur tritt bei alterungsanfälligen Stählen wieder eine Verfestigung ein (s. oben). Wie Bild 4.9 zeigt, tritt der Anstieg von k_f um so eher auf, je kleiner die Formänderungsgeschwindigkeit und je größer die Formänderung ist. Etwa zwischen 250 und 400 °C wird ein Maximum der Formänderungsfestigkeit erreicht, dessen Lage ebenfalls von φ und $\dot{\varphi}$ abhängt. Bei dem nicht alternden Chrom-Nickel-Stahl sinkt die Formänderungsfestigkeit ständig, wenn die Temperatur zunimmt (Bild 4.10).

Oberhalb etwa 400 °C wird bei allen Stählen die Formänderungsfestigkeit rasch kleiner. Nach Überschreiten der Rekristallisationstemperatur, die bei Stahl je nach Größe des Verformungsgrades um 500 °C herum liegt, können sich grundsätzlich schon während der Umformung neue Körner bilden. Ob jedoch bei den technischen Umformverfahren dazu genügend Zeit zur Verfügung steht, ist heute noch nicht vollständig geklärt. Wie schon erwähnt, erscheint auch bei höheren Temperaturen die Entfestigung durch Erholung häufig wahrscheinlicher. Die Rekristallisation tritt dann im wesentlichen erst nach der Umformung auf. Als Beweis für ein solches Werkstoffverhalten können Temperatur-Zeit-Schaubilder nach Art von Bild 4.12 herangezogen werden [26]. Danach wird bis zum Beginn der Rekristallisation selbst bei höheren Temperaturen noch eine vergleichsweise große Zeit benötigt.

Als grober Anhalt für die Höhe der Rekristallisationstemperatur in °K, also derjenigen Temperatur, bei der Kornneubildung einsetzen kann, dient der Wert 0,4 T_s, wobei T_s die Schmelztemperatur in °K ist.

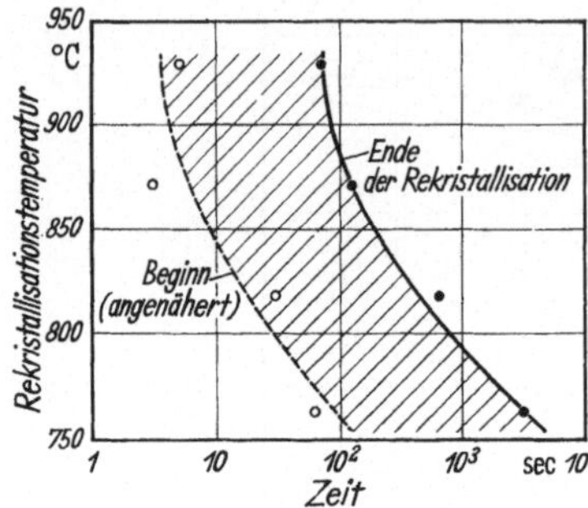

Bild 4.12 Einfluß von Zeit und Temperatur auf die Rekristallisation des Austenits nach dem Warmwalzen mit 65% Formänderung bei 930 °C, Werkstoff: AISI 51 B 60; C = 0,55 bis 0,65%, Mn = 0,75 bis 1,00%, P = 0,04%, S = 0,04%, Si = 0,20 bis 0,35%, Cr = 0,70 bis 0,90% (nach R. A. GRANGE, entnommen aus [26]).

Bei Stahl macht sich die α-γ-Umwandlung als Unregelmäßigkeit im Verlauf der Formänderungsfestigkeit bemerkbar. Wie aus Bild 4.13 hervorgeht, wird die Formänderungsfestigkeit beim Übergang auf die γ-Phase leicht angehoben [8].

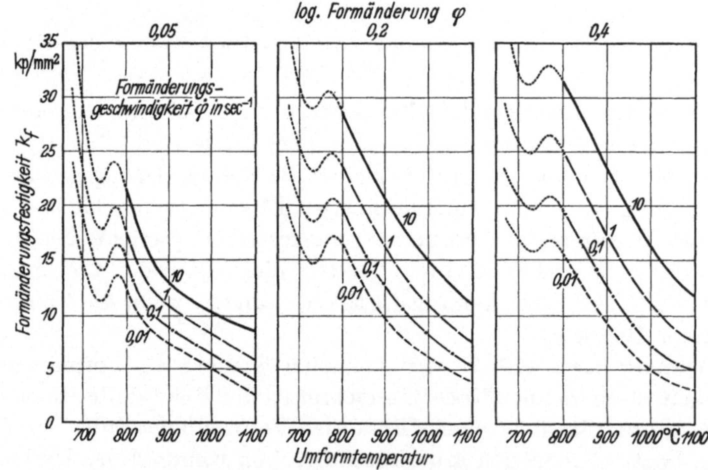

Bild 4.13 Formänderungsfestigkeit von Stahl C 45 in Abhängigkeit von der Temperatur für Formänderungsgeschwindigkeiten von 0,01 bis 10/s und Formänderungen von 0,05 bis 0,4 (nach H. G. MÜLLER [8]).

Auch für den Einfluß der Temperatur auf die Formänderungsfestigkeit sind empirische Gleichungen aufgestellt worden [27, 28]. Wird die Temperatur mit ϑ bezeichnet, dann läßt sich schreiben

$$k_f = a b^{\vartheta} \dot{\varphi}^{\,c\vartheta - d} . \tag{10}$$

a, *b*, *c*, *d* sind darin von der Formänderung abhängige Beiwerte. Von verschiedenen Autoren [29, 30] wurde vorgeschlagen, in der Beziehung $k_f \sim \dot{\varphi}^n$ den Exponenten n über der sogenannten homologen Temperatur aufzutragen. Darunter wird die auf die absolute Schmelztemperatur bezogene absolute Versuchstemperatur verstanden. Die Hoffnung, daß durch diese Darstellung der Einfluß von Temperatur und Formänderungsgeschwindigkeit unabhängig vom jeweiligen Werkstoff beschrieben werden kann, hat sich nach anderen Untersuchungen [28] jedoch nicht erfüllt.

Die starke Abhängigkeit der Formänderungsfestigkeit von der Temperatur wirft zuweilen die Frage auf, welche Temperatur für ein bestimmtes Umformverfahren als optimal anzusehen sei. Beim Gesenkschmieden von Stahl z.B. wird mit steigender Temperatur der Arbeitsbedarf für die Umformung zwar kleiner, die Maßgenauigkeit jedoch schlechter. H. Lindner [83] ist der Frage nachgegangen, welche Vor- und Nachteile sich im Bereich des sogenannten „Halbwarmschmiedens“ zwischen Raumtemperatur und etwa 900 bis 1100 °C ergeben. Der Temperaturbereich oberhalb Raumtemperatur bis etwa 550 °C bietet danach keine Vorteile, weil das Formänderungsvermögen meist kleiner und die Formänderungsfestigkeit größer als bei Raumtemperatur ist. Dagegen kann der Bereich zwischen 650 und 800 °C für das Umformen kleinerer Werkstücke vorteilhaft sein (s. auch Kap. 5, S. 213).

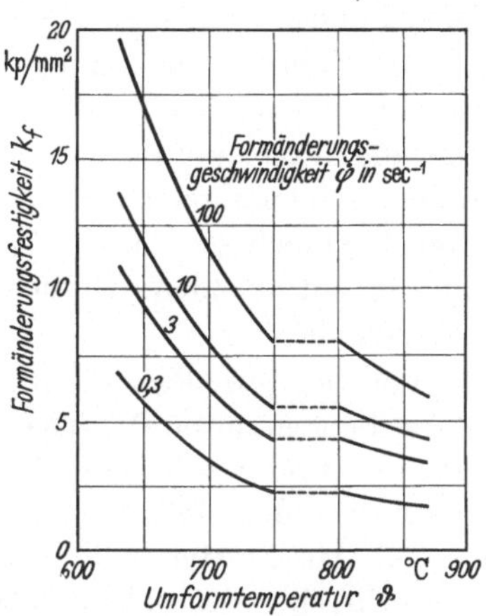

Bild 4.14 Formänderungsfestigkeit in Abhängigkeit von der Umformtemperatur bei $\dot{\varphi}$ = const und φ = const = 0,4. Werkstoff: AlMBz10 (nach H. Heinemann [9]).

Die besprochenen Vorgänge Erholung, Rekristallisation, Phasenumwandlung und Alterung finden sich grundsätzlich auch bei anderen metallischen Werkstoffen. Dies fand z. B. H. Heinemann an einer Aluminium-Mehrstoffbronze AlMBz10 (Bild 4.14) [9]; er beobachtete auch hier bei einer Umwandlung eine Unregelmäßigkeit der Formänderungsfestigkeit.

4.2.2.4 Meßverfahren für die Formänderungsfestigkeit k_f — Allgemeines. Aufgrund der Definition der Formänderungsfestigkeit und unter Berücksichtigung der oben besprochenen Einflußgrößen wäre das ideale Meßverfahren für k_f die Aufnahme einer Spannung-Dehnung-Kurve bei einachsiger Beanspruchung und bei konstant gehaltener Temperatur und Formänderungsgeschwindigkeit.

Im Zugversuch läßt sich der Spannungszustand jedoch nur bis zu verhältnismäßig kleinen Formänderungen einachsig aufrechterhalten, während er beim Zylinder-Stauchversuch durch Reibung an den Stauchbahnen mehr oder weniger von der Einachsigkeit abweicht. Darüber hinaus macht es die Form des zu prüfenden Werkstücks oft notwendig, auf andere, besser angepaßte Prüfverfahren zurückzugreifen. So ist für ein sehr dünnes Blech weder der Zug- noch der Zylinder-Stauchversuch mit ausreichender Genauigkeit durchführbar; ein Ausweg ist z. B. der hydraulische Tiefungsversuch. Außerdem wird man eingedenk möglicher Fehler bei der Berechnung von Vergleichswerten für Spannung, Formänderung und Formänderungsgeschwindigkeit dasjenige Verfahren als das zuverlässigste wählen, das beanspruchungsmäßig dem jeweiligen Umformverfahren am nächsten kommt (z. B. Flach-Stauchversuch für Fließkurven beim Bandwalzen, s. Abschnitt 4.2.2.6).

Die Temperatur kann während des Versuchs größer oder kleiner werden, je nachdem ob die Umwandlung der Umformenergie in Wärme oder die Wärmeabfuhr an die Umgebung überwiegt. Um die Formänderungsgeschwindigkeit konstant zu halten, benutzt man den Zylinder-Stauchversuch (s. Abschnitt 4.2.2.6) in einem Plastometer [16], oder man macht nur kleine Stauchschritte und dreht die Probe jeweils wieder zylindrisch.

Von der jeweiligen Größe der Versuchsparameter hängt es ab, wie stark die genannten Abweichungen vom idealen Meßverfahren das Meßergebnis beeinträchtigen. Zahlenmäßige Hinweise über die Größe der zu erwartenden Meßfehler können aus der Erörterung der Einflußgrößen in den Abschnitten 4.2.2.1 bis 4.2.2.3 entnommen werden. Richtiges Lesen bereits vorhandener Fließkurven erspart außerdem übertriebenen Meßaufwand. So ist es beispielsweise meistens unnötig, zur Aufstellung von Fließkurven bei Raumtemperatur die Formänderungsgeschwindigkeit exakt konstant zu halten.

Unter den angeführten Gesichtspunkten ist es verständlich, daß sich eine ganze Reihe verschiedener Meßverfahren zur Bestimmung der Formänderungsfestigkeit herausgebildet hat, die sich im wesentlichen durch die Art der Probenbeanspruchung unterscheiden.

4.2.2.5 Messen von k_f bei Zugbeanspruchung. Der *Zugversuch* liefert im Bereich der Gleichmaßdehnung durch Auftragung der wahren Spannung über der logarithmischen Formänderung unmittelbar die Fließkurve. Leider tritt jedoch schon bei verhältnismäßig kleinen Formänderungen eine Einschnürung der Probe auf, wodurch die Einachsigkeit des Spannungszustandes verloren geht. Von diesem Punkt an ist eine Korrektur der gemessenen Spannung σ_z nach P. W. BRIDGMAN [31] erforderlich

$$k_f = \frac{\sigma_z}{\left(1 + \frac{2\varrho}{r}\right) \ln\left(1 + \frac{r}{2\varrho}\right)}, \quad \text{worin} \quad \frac{r}{\varrho} \approx \sqrt{\ln \frac{F_0}{F} - 0{,}1} \tag{11}$$

(σ_z = mittlere Zugspannung im engsten Querschnitt, ϱ = Krümmungshalbmesser im Grund der Einschnürstelle, r = Halbmesser des engsten Querschnitts, F_0 = Querschnittsfläche der Probe vor dem Versuch, F = Fläche im engsten Querschnitt).

Um den Formänderungsbereich der Fließkurve zu erweitern, wird der Zugversuch gern auch an vorverformten Proben durchgeführt. Flachproben werden dazu durch Kaltwalzen mit möglichst großen Walzendurchmessern unterschiedlich stark umgeformt [32]. Beim Zugversuch an Rundstäben, die durch Ziehen vorverfestigt sind, ist zu beachten, daß infolge inhomogener Umformung im Ziehhol die Verfestigung größer ist als bei einachsigem Zug. Die Vergleichsformänderung entspricht dabei also nicht der Querschnittsabnahme.

Läßt sich die Fließkurve doppelt-logarithmisch als Gerade darstellen, kann sie nach A. NADAI [33] und M. REIHLE [34] aus der Zugfestigkeit σ_B und der logarithmischen Gleichmaßdehnung φ_g bestimmt werden (e = Basis der natürlichen Logarithmen)

$$k_f = \sigma_B \left(\frac{\varphi}{\varphi_g} \cdot e\right)^{\varphi_g}. \tag{12}$$

Dieses Verfahren hat sich bei nicht vorverformten unlegierten und niedriglegierten Stählen bewährt. Die Genauigkeit hängt entscheidend davon ab, wie genau die Gleichmaßdehnung ermittelt werden kann. Liegt umgekehrt die Fließkurve eines Werkstoffs vor und will man wissen, bei welcher Formänderung die Einschnürung im Zugversuch auftritt, dann läßt sich aus der Einschnürbedingung $\mathrm{d}P = 0$ (P = Zugkraft) und der Bedingung der Volumenkonstanz leicht die Beziehung

$$\frac{\mathrm{d}k_f}{\mathrm{d}\varphi} = k_f \tag{13}$$

herleiten. Die gesuchte Formänderung liegt also dort, wo die Tangente an die Fließkurve auf der Abszisse eine Subtangente vom Betrage 1 abschneidet.

Zu den Prüfverfahren mit Zugbeanspruchung ist auch der *hydraulische Tiefungsversuch* zu rechnen, bei dem eine kreisförmige Probe meist aus dünnem Blech am Rand fest eingespannt und von einer Seite hydraulisch ausgebeult wird. Wenn die Blechdicke im Verhältnis zum Rondendurchmesser sehr klein ist, können Biegungs- und Schubeinflüsse vernachlässigt werden. Bei Versuchen von P. B. MELLOR [35] wurde dieses Verhältnis zu etwa 0,004 gewählt. Da die sich in der Probe einstellenden Zugspannungen dem Betrage nach wesentlich größer als der hydraulische Druck sind, liegt in guter Näherung ein zweiachsiger Zugspannungszustand vor. Zug σ_z und Druck p hängen über die Blechdicke s und den Krümmungsradius an der Kuppe ϱ nach folgender Gleichung zusammen:

$$\sigma_z = \frac{p\varrho}{2s}. \tag{14}$$

Hieraus wird für die Fließkurve die Funktion $\sigma_z(\varphi_s)$ hergeleitet. (φ_s = logarithmische Blechdickenänderung). Einzelheiten zur laufenden Messung von s und ϱ (s. [36]).

4.2.2.6 Messen von k_f bei Druckbeanspruchung. Das Stauchen zylindrischer Prüfkörper unter gleichzeitiger Messung der Druckspannung und der logarithmischen Höhenänderung läßt zwar große plastische Formänderungen zu, ist jedoch wegen der unvermeidbaren Reibung an den beiden Stirnflächen nicht exakt einachsig. Nach außen zeigt sich dies in einer mit der Verformung entstehenden Tonnenform der Probe. Beim *Zylinder-Stauchversuch* kommt somit der Schmierung größte Bedeutung zu. Erwähnt sei, daß es zuweilen zwecks Nachschmierung und besserer Abfuhr der Umformwärme ratsam sein kann, nicht kontinuierlich, sondern in Stufen auf die Endhöhe zu stauchen.

Da die Güte der Schmierung ständig verbessert werden konnte, wird der von E. SIEBEL und A. POMP [37] entwickelte *Kegel-Stauchversuch* nur noch selten angewandt. Um einen angenähert einachsigen Spannungszustand zu erhalten, werden dabei die Endflächen der zylindrischen Probe und die Preßflächen der Stauchwerkzeuge kegelig ausgeführt, wobei der Neigungswinkel gleich dem Reibungswinkel sein soll. Neben dem größeren Aufwand bei der Probenherstellung ist nachteilig, daß man den Reibungswinkel im allgemeinen nicht von vornherein kennt, sondern durch Vorversuche erst ermitteln muß. Ein Vorteil gegenüber ebenen Kraftangriffsflächen ist jedoch die gute Zentrierung der Proben während des Stauchens.

Um den Reibungseinfluß auszuschalten, schlugen M. COOK und C. LARKE [38] in Anlehnung an G. SACHS [39] vor, bewußt mit großer Reibung zu stauchen und aus den so erhaltenen Meßwerten auf den reibungsfreien Fall zu extrapolieren. Die Extrapolation geht dabei von einem Ergebnis der elementaren Plastizitätstheorie aus, wonach der Reibungseinfluß beim Zylinderstauchen durch einen Faktor $1 + \mu(d/3h)$ beschrieben wird (μ = Reibungsbeiwert, d = Durchmesser, h = Höhe der Probe). Staucht man mehrere Proben mit abnehmenden Verhältnissen d/h, dann läßt sich die Formänderungsfestigkeit dadurch bestimmen, daß die Kurve k_w (d/h) nach $d/h = 0$ verlängert wird (k_w = Formänderungswiderstand). Gegen dieses Verfahren spricht, daß die wichtigste Voraussetzung für die Gültigkeit der zugrundegelegten elementaren

Stauchkraftgleichung, nämlich homogene Formänderung, beim Stauchen mit großer Reibung nicht erfüllt ist.

Der Zylinder-Stauchversuch hat sich sowohl für die Kalt- als auch die Warmformgebung sehr gut bewährt und läßt sich immer dann mit Erfolg anwenden, wenn das zu prüfende Werkstück genügend dick ist, um daraus ausreichend große Proben herstellen zu können.

Für die Prüfung flacher, dünner Werkstücke ist der *Flach-Stauchversuch* besser geeignet [40, 41, 42]. Nach Bild 4.15 werden dabei zwei genau einander gegenüberstehende starre Stempel mit ebenen Preßflächen bei guter Schmierung in die Probe eingedrückt. Um ebene Formänderung zu gewährleisten, soll das Breiten-Höhen-Verhältnis der Probe b/h möglichst >6 sein. Homogene Umformung liegt in guter Näherung vor, wenn das Verhältnis aus Probenhöhe h und Stempeldicke a vor der Verformung bei 1 liegt. Auch hier kann kontinuierlich oder stufenweise umgeformt werden. Da die Wärmeabfuhr über die unverformt bleibenden Seitenteile der Probe jedoch wesentlich besser ist als beim Stauchen von Zylindern, bringt der Stufenversuch im allgemeinen keinen besonderen Vorteil. Während sich nach dem Trescaschen Fließkriterium die Fließkurve unmittelbar aus den Meßwerten für die Druckspannung σ_D und die logarithmische Höhenabnahme φ_h ergibt, sind nach dem Misesschen Kriterium folgende Vergleichswerte zu benutzen

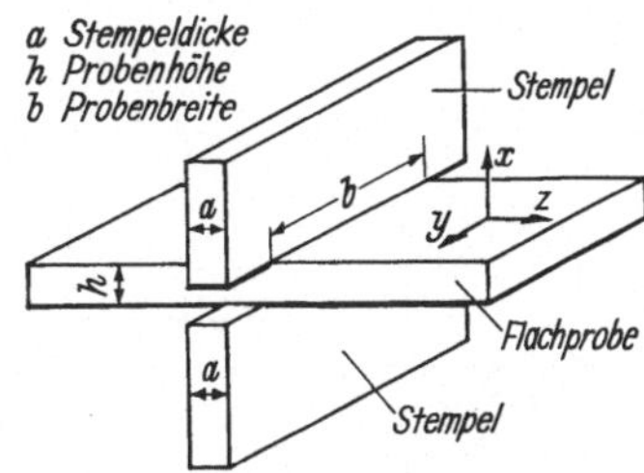

Bild 4.15 Schematische Darstellung des Flach-Stauchversuchs (nach U. Krause [7, 15]).

$$\sigma_v = \frac{\sqrt{3}}{2}\,\sigma_D\,, \tag{15}$$

$$\varphi_v = \frac{2}{\sqrt{3}}\,\varphi_h\,. \tag{16}$$

Zur Fließkurvenbestimmung im Bereich der Kaltformgebung kann der Flach-Stauchversuch als sehr gut brauchbares Prüfverfahren angesehen werden. Seine theoretischen Voraussetzungen haben sich im Versuch ausgezeichnet bestätigt. Ohne daß hier auf Einzelheiten eingegangen wird, soll Bild 4.16 dazu einen Eindruck vermitteln [7, 15].

Zur Bestimmung der Formänderungsfestigkeit sehr dünner Bleche, bei denen auch der Flach-Stauchversuch nicht mehr anwendbar ist, hat O. Pawelski [43] den *Hohlzylinder-Stauchversuch* vorgeschlagen. Hierbei werden gelochte Scheiben aus dem zu prüfenden Blech in ausreichender Anzahl über einen Führungsdorn geschichtet und im Stapel gestaucht. Wird für große Haftreibung zwischen den einzelnen Scheiben gesorgt, was durch Entfetten und Sandstrahlen erreicht werden kann, dann werden mit solchen geschichteten Proben praktisch die gleichen Fließkurven erzielt wie mit massiven Hohl- oder Vollzylinderproben (Bild 4.17).

Schließlich sei noch darauf hingewiesen, daß auch durch Messung der *Eindruckhärte* gewisse Rückschlüsse auf die Formänderungsfestigkeit möglich sind. Das Eindrücken eines Härteprüfkörpers ist zwar auch ein

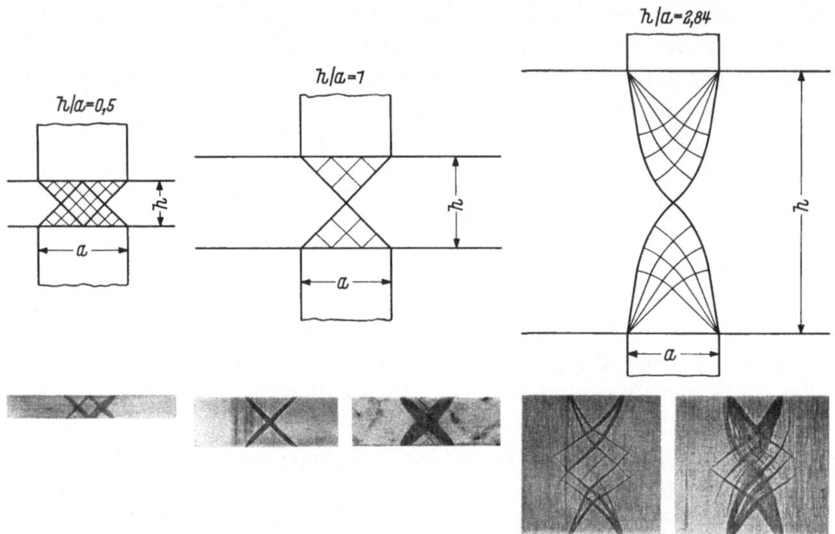

Bild 4.16 Theoretische Gleitlinienfelder und nach Fry geätzte Kraftwirkungslinien für verschiedene Höhen-Dicken-Verhältnisse h/a (nach U. Krause [7,15]).

elementarer Umformvorgang, jedoch wird der Werkstoff sehr inhomogen verformt [44]. Der mehrachsige Druckspannungszustand ist nicht genau bekannt; die Zusammenhänge sind sehr verwickelt. Die bekannte Beziehung zwischen der Härte und der Zugfestigkeit (s. Gleichung (21)) gilt nur angenähert und kann zur Bestimmung der Formänderungsfestigkeit nur dann als erster Anhalt herangezogen werden, wenn Formänderungsfestigkeit und Zugfestigkeit gleichgesetzt werden dürfen, d. h. wenn die Formänderung ausreichend groß ist.

4.2.2.7 Messen von k_f bei Schubbeanspruchung. Der *Verdrehversuch* vereinigt sozusagen die hauptsächlichen Vorteile des Druck- und Zugversuchs, nämlich große Formänderungen einerseits und Reibungsfreiheit andrerseits. Aus dem sehr inhomogenen Spannungs- und Formänderungszustand über dem Querschnitt ergibt sich jedoch als entscheidender Nachteil, daß die Ermittlung der Vergleichsgrößen σ_v, φ_v und $\dot{\varphi}_v$ mit den Fehlern der zugrundegelegten Theorie der Torsion behaftet ist. Die wesentlichen Voraussetzungen dieser Theorie, Ebenbleiben der Querschnitte, Unterbleiben von Längenänderungen und Aufrechterhaltung der Isotropie, sind mit wachsender Formänderung immer weniger erfüllt. Ohne nähere Herleitungen seien die wichtigsten Formeln für diesen Versuch

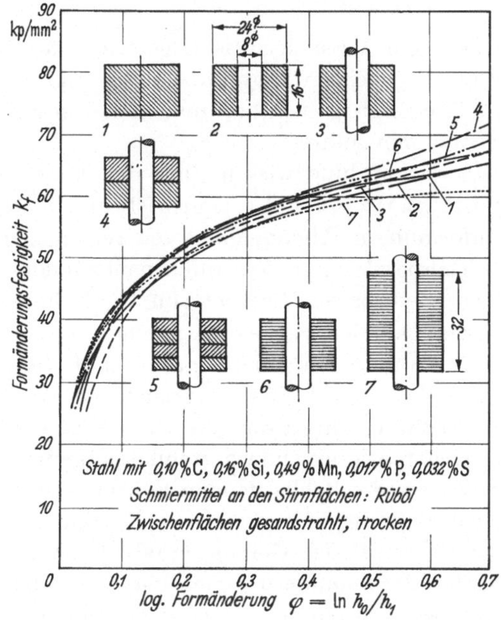

Bild 4.17 Bestimmung von Fließkurven durch Stauchen von Vollzylindern und verschieden unterteilten Hohlzylindern ohne und mit Innenführung (nach O. PAWELSKI [43]).

zusammengefaßt [7,15]. Aus der Messung des Torsionsmomentes M_t und des Verdrehwinkels θ folgt mit R = Probenhalbmesser, l = Meßlänge

die Randschiebung $$\gamma_R = \frac{\theta R}{l}, \tag{17a}$$

die Randschubspannung $$\tau_R = \frac{1}{2\pi R^3}\left(3 M_t + \gamma_R \frac{dM_t}{d\gamma_R}\right). \tag{17b}$$

Die Vergleichsspannung nach TRESCA ist dann $\sigma_v = 2\tau_R$,
nach v. MISES $\sigma_v = \sqrt{3}\,\tau_R$, (18a)

die Vergleichsformänderung nach TRESCA $\varphi_v = \frac{\gamma_R}{2}$,
nach v. MISES $\varphi_v = \frac{\gamma_R}{\sqrt{3}}$. (18b)

Als Fließkurve gilt $\sigma_v(\varphi_v)$. Der Parameter Vergleichsformänderungsgeschwindigkeit $\dot{\varphi}_v$ berechnet sich analog zu Gleichung (18b) aus der Schergeschwindigkeit am Probenrand

$$\dot{\gamma}_R = \frac{\dot{\theta} R}{l} \, . \tag{19}$$

Wegen des geringen Versuchsaufwandes wird der Verdrehversuch gern benutzt. Der Vergleich mit Ergebnissen aus anderen Prüfverfahren (s. Abschnitt 4.2.2.9) zeigt jedoch, daß man sich von Fall zu Fall seiner Problematik bewußt sein sollte.

Hier sei noch darauf hingewiesen, daß der Verdrehversuch nach C. Rossard und P. Blain [45] gut geeignet ist, um das Gefügeverhalten bei der Warmumformung in Abhängigkeit von verschiedenen Formänderungs-Zeit- und Temperatur-Zeit-Verläufen nachzubilden. Praktisch erfordert dies einen steuerbaren Wechsel von Verdrehungen bestimmter Größe und verformungsfreien Pausen sowie eine Steuerung der Abkühlgeschwindigkeit durch unterschiedlich starke Beaufschlagung mit Kühlflüssigkeiten oder -gasen. Mit dieser Versuchstechnik konnte gezeigt werden, wie sich beim Warmwalzen das Gefüge und insbesondere die Korngröße des gleichen Stahles ändern, wenn er auf einer langsamlaufenden Umkehrstraße, einer schnellaufenden kontinuierlichen Straße oder einem Planetenwalzwerk umgeformt wird. In Übereinstimmung mit Messungen am wirklich gewalzten Gefüge ergab der Verdrehversuch die feinste Körnung bei der Simulierung des Planetenwalzens. Mit diesem Verfahren erscheint es aussichtsreich, die noch wenig erforschte Kinetik der Rekristallisation bei der Warmumformung dem Verständnis näher zu bringen.

4.2.2.8 Messen von k_f bei zusammengesetzter Beanspruchung. Grundsätzlich kann jede beliebige Kombination von Zug, Druck und Schub benutzt werden, um die Formänderungsfestigkeit zu ermitteln. Voraussetzung ist jedoch, daß die Theorie einer so zusammengesetzten Beanspruchung ausreichend genau bekannt ist. Es gibt nur wenige Fälle, bei denen dies zutrifft. Meistens sind die benutzten Theorien so stark vereinfacht, daß die erhaltenen Fließkurven weit ungenauer sind als diejenigen, die sich aus einer einfachen Beanspruchung ergeben. Als eines der möglichen Verfahren in dieser Gruppe ist der *Biegeversuch* von U. Krause [7,15] auf seine Eignung untersucht worden. Da er jedoch im Vergleich zu anderen Bestimmungsverfahren stets zu niedrige Fließkurven liefert (vgl. Abschnitt 4.2.2.9), ist er kaum zu empfehlen. Im übrigen sollten die Verfahren mit zusammengesetzter Beanspruchung zur Bestimmung von Anhaltswerten nur dann angewendet werden, wenn sich aus irgendeinem Grunde andere Prüfungen nicht durchführen lassen.

4.2.2.9 Vergleich der Meßverfahren. Verschiedene Fehlerquellen bei den einzelnen Meßverfahren wurden schon erwähnt. Im wesentlichen sind dies Abweichungen vom einachsigen oder zweiachsigen Spannungszustand, äußere Reibung an den Werkzeugflächen, Anisotropie im Ausgangszustand, Entstehung von Verformungsanisotropie, Eigenspannungen, Ungenauigkeiten bei der Berechnung der Vergleichswerte für σ_v, φ_v, $\dot{\varphi}_v$ und schließlich Meßfehler bei der Kraft-, Weg-, Zeit- und Temperaturmessung.

U. Krause [7,15] hat in einer umfangreichen Untersuchung die Frage zu klären versucht, wie weit die nach den genannten und in den Bildern 4.18 bis 4.20 angegebenen Verfahren ermittelten Fließkurven bei Raumtemperatur in der Vergleichsdarstellung nach den Theorien von R. v. Mises und H. Tresca zusammenfallen.

Die wesentlichen Ergebnisse für Stahl X 10 CrNiTi 18 9, Stahl Ck 10 und geglühtes Kupfer E-Cu sind in den Bildern 4.18 bis 4.20 zusammengestellt. Um ein Maß für die Streuung zu bekommen, sind jeweils für eine konstante Formänderung $\varphi = 0{,}5$ die prozentualen Abweichungen vom kontinuierlichen Zylinder-Stauchversuch angegeben. Die Kurven streuen danach beträchtlich. Am weitesten nach unten weicht der Biege-

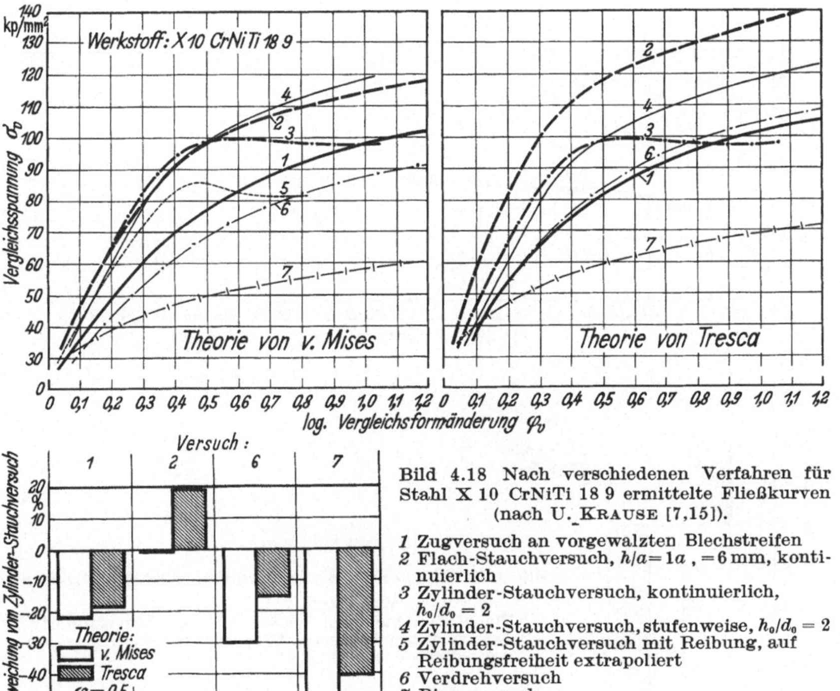

Bild 4.18 Nach verschiedenen Verfahren für Stahl X 10 CrNiTi 18 9 ermittelte Fließkurven (nach U. Krause [7,15]).

1 Zugversuch an vorgewalzten Blechstreifen
2 Flach-Stauchversuch, $h/a = 1a$, $= 6$ mm, kontinuierlich
3 Zylinder-Stauchversuch, kontinuierlich, $h_0/d_0 = 2$
4 Zylinder-Stauchversuch, stufenweise, $h_0/d_0 = 2$
5 Zylinder-Stauchversuch mit Reibung, auf Reibungsfreiheit extrapoliert
6 Verdrehversuch
7 Biegeversuch

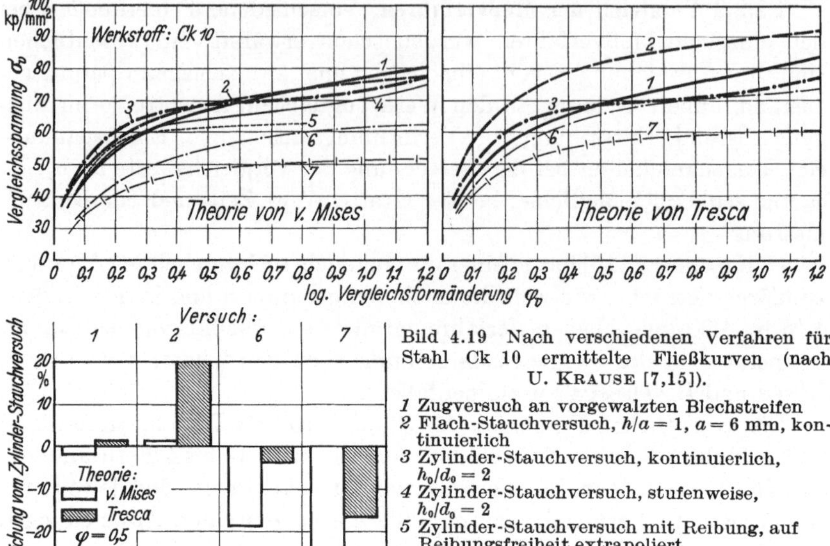

Bild 4.19 Nach verschiedenen Verfahren für Stahl Ck 10 ermittelte Fließkurven (nach U. KRAUSE [7,15]).

1 Zugversuch an vorgewalzten Blechstreifen
2 Flach-Stauchversuch, $h/a = 1$, $a = 6$ mm, kontinuierlich
3 Zylinder-Stauchversuch, kontinuierlich, $h_0/d_0 = 2$
4 Zylinder-Stauchversuch, stufenweise, $h_0/d_0 = 2$
5 Zylinder-Stauchversuch mit Reibung, auf Reibungsfreiheit extrapoliert
6 Verdrehversuch
7 Biegeversuch

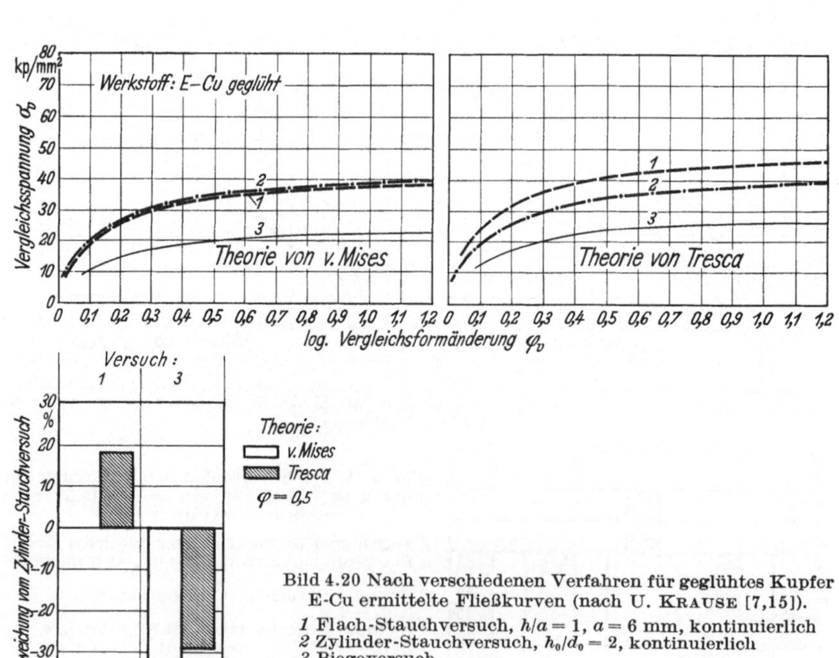

Bild 4.20 Nach verschiedenen Verfahren für geglühtes Kupfer E-Cu ermittelte Fließkurven (nach U. KRAUSE [7,15]).

1 Flach-Stauchversuch, $h/a = 1$, $a = 6$ mm, kontinuierlich
2 Zylinder-Stauchversuch, $h_0/d_0 = 2$, kontinuierlich
3 Biegeversuch

versuch vom Zylinder-Stauchversuch ab. Der Flach-Stauchversuch liefert dagegen fast immer die höchsten Festigkeitswerte. Die Reihenfolge der anderen Versuche kann sich ändern. Läßt man den Biegeversuch unberücksichtigt, der bis zu 50% zu kleine Werte liefern kann, dann bleiben immer noch Abweichungen von rd. $\pm 20\%$ möglich. Die Streubreite ist nach der Trescaschen Theorie i. a. etwas größer als nach der Misesschen. Grundsätzliche Aussagen für oder gegen eines der beiden Fließkriterien lassen sich nach diesen Messungen jedoch nicht machen. Angesichts der großen verfahrensbedingten Streuungen bei der Ermittlung von Fließkurven erscheint auch der maximale Unterschied der nach beiden Kriterien ermittelten Fließspannungen von etwa 15% für umformtechnische Berechnungen belanglos.

Die großen Abweichungen der Versuchsergebnisse des Verdrehversuchs von denen des Zylinder-Stauchversuchs lassen sich im wesentlichen wohl auf die gegenüber anderen Versuchen besonders stark in Erscheinung tretende Verformungsanisotropie zurückführen. Nach außen hin zeigt sich die Anisotropie in einer Längenänderung der Proben, die bei den hier beschriebenen Versuchen bis zu etwa 3% betrug. Eine weitere Ursache ist darin zu suchen, daß Gleichung (3) zur Berechnung der Vergleichsformänderung auf den Verdrehversuch nur mit Vorbehalt angewendet werden darf. Bei der auf diese Gleichung führenden Integration ist nämlich vorausgesetzt, daß die Formänderungszunahmen in den drei Hauptrichtungen stets in konstantem Verhältnis zueinander stehen und die Hauptachsen der Formänderungszunahmen keine Drehung relativ zu dem jeweils betrachteten Körperelement erfahren. Vor allem die letzte Voraussetzung ist aber nach R. Hill [46] beim Verdrehversuch nicht erfüllt. Die Versuche von U. Krause [7] haben ergeben, daß im Falle der Verdrehung die Umrechnung nach Tresca brauchbarere Werte liefert.

Auch andere Autoren haben beim Verdrehversuch kleinere Vergleichsspannungen gefunden als beim Zug- oder Stauchversuch. Bild 4.21 zeigt drei betreffende Fließkurven, die von E. G. Thomsen, I. Cornet, I. Lotze und J. E. Dorn [47] an Reinstaluminium ermittelt wurden.

Zur eingehenderen Erörterung der Vergleichbarkeit der übrigen Prüfverfahren wird auf das Schrifttum [7,47] verwiesen. Hingewiesen sei hier nur noch einmal auf die Kurven 3 und 5 in Bild 4.18, die zeigen, wie stark sich die Temperatursteigerung während des kontinuierlichen Zylinderstauchens auf die oben schon erwähnte γ-α-Umwandlung des Stahles X 10 CrNiTi 18 9 und damit auf den Verlauf der Fließkurve auswirkt. In diesem Falle erweist sich der stufenweise durchgeführte Stauchversuch, Kurve 4, als eindeutig besser.

Abschließend sei noch kurz auf die Frage eingegangen, wie weit die Fließkurven bei einachsigem Zug und Druck übereinstimmen. Bild 4.22

zeigt dazu nach Messungen von S. KOBAYASHI und Mitarb. [48], daß die Meßwerte bei größeren Formänderungen sehr gut zusammenfallen, daß

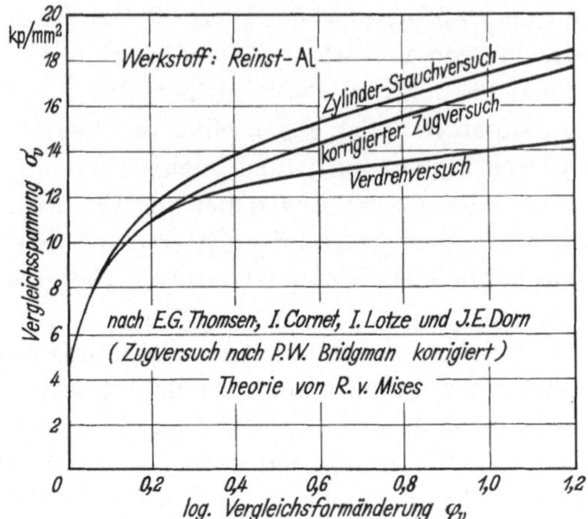

Bild 4.21 Vergleich verschiedener Verfahren zum Bestimmen der Formänderungsfestigkeit (nach E. G. THOMSEN, I. CORNET, I. LOTZE u. J. E. DORN [47]).

jedoch bei kleinen Formänderungen bis zu etwa 0,1 die nach P. W. BRIDGMAN [31] korrigierten Werte aus dem Zugversuch im allgemeinen etwas tiefer liegen.

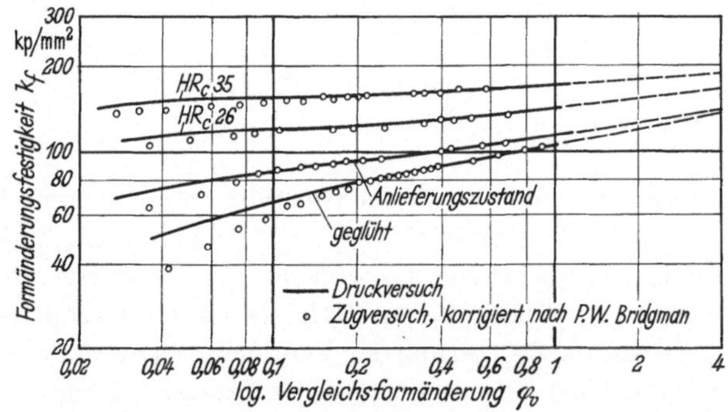

Bild 4.22 Vergleich von Zug- und Druck-Fließkurven bei Kaltumformung von Stahl SAE 4135 (34 CrMo 4) nach verschiedener Vorbehandlung (nach S. KOBAYASHI [48]).

4.2.3 Fließkurven von Modellwerkstoffen

Für ganz andere Werkstoffe interessieren die Fließkurven, wenn es sich um die Nachbildung irgendeines betrieblichen Umformvorganges im Laboratorium handelt. Hier erfordert die Ähnlichkeitsmechanik [49] neben der ähnlichkeitsgerechten Wahl der Kraft-, Längen- und Zeitmaßstäbe auch ein ähnliches Verhalten des Modellwerkstoffes. Seit langem ist es üblich, Blei, das ja bekanntlich schon bei Raumtemperatur rekristallisieren kann, zur Simulierung des Warmumformens von Stahl zu benutzen. Zur Darstellung des Werkstoffflusses bei Umformverfahren hat sich auch Plastilin gut bewährt. Man hat dabei jedoch nicht unter-

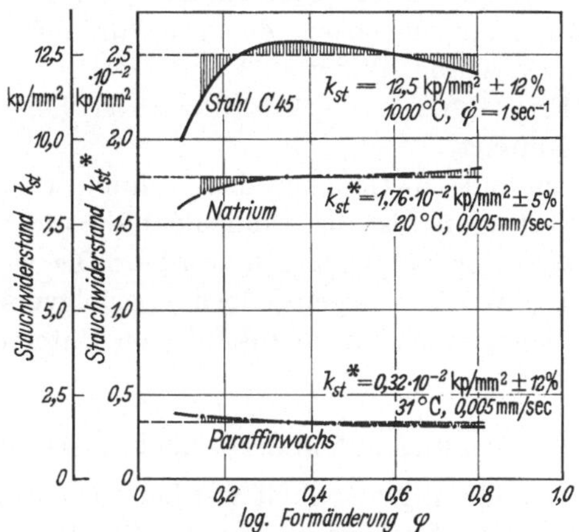

Bild 4.23 Stauchwiderstände von Stahl C 45, Natrium und Paraffinwachs. Näherungen für Formänderungen $\varphi > 0{,}15$ (nach K. BRILL [50]).

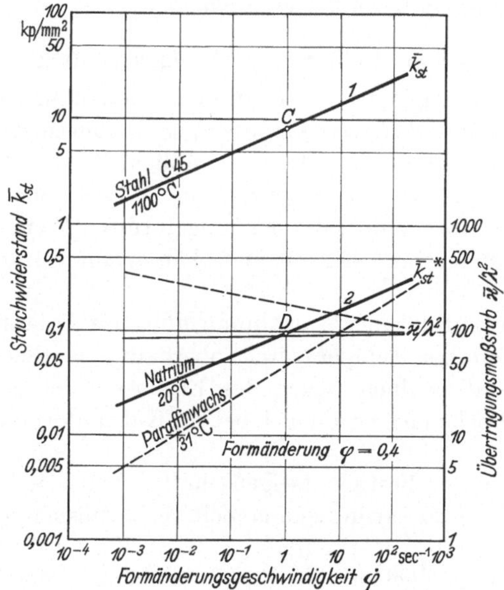

Bild 4.24 Abhängigkeit der Stauchwiderstände und Übertragungsmaßstäbe der Modellwerkstoffe Paraffinwachs und Natrium von der Formänderungsgeschwindigkeit (nach K. BRILL [50]).

schieden, ob diese Stoffe sich bezüglich beider Fragen, nämlich der nach dem Werkstofffluß *und* der nach den Kräften ähnlich verhalten. Daher hat K. Brill [50] festgestellt, daß es günstiger ist, für die Untersuchung des Werkstoffflusses einen anderen Modellwerkstoff heranzuziehen als für die Ermittlung des Kraft- und Arbeitsbedarfs. Aus seinen Messungen zieht er den Schluß, daß sich die Umformkräfte am besten durch Versuche mit Natrium ermitteln lassen, das von ihm zum ersten Mal für diesen Zweck benutzt wurde (Bilder 4.23 und 4.24).

Bezüglich der Ermittlung des Werkstoffflusses ist Näheres in Kapitel 5, Abschnitt 206 ausgeführt.

Im Gegensatz zu anderen Gebieten der Technik, wie z. B. der Lehre von der Wärmeübertragung, ist die Ähnlichkeitstheorie in der Umformtechnik bisher nur selten herangezogen worden. Die wenigen in diese Richtung weisenden Arbeiten zeigen jedoch so erfolgversprechende Ansätze, daß es notwendig erscheint, in zukünftigen Untersuchungen diese Lücke zu schließen.

4.3 Einfluß der Umformung auf andere mechanische Eigenschaften

Neben der Formänderungsfestigkeit werden auch andere Werkstoffeigenschaften durch die Umformung beeinflußt. Wir betrachten die Veränderung von statischen Festigkeitseigenschaften, Dauerfestigkeit, Zähigkeitseigenschaften und Elastizitätsmodul. Davon macht man nicht selten in der Fertigung bewußt Gebrauch.

4.3.1 Statische Festigkeitseigenschaften

Als statische Festigkeitseigenschaften werden üblicherweise *Streckgrenze, Zugfestigkeit und Härte* verstanden. In den meisten Tabellen über die Eigenschaften der Werkstoffe ist es üblich, die Fließspannung des nicht umgeformten Werkstoffs durch die Streckgrenze oder 0,2%-Dehngrenze zu kennzeichnen, die des umgeformten Werkstoffs dagegen durch die Formänderungsfestigkeit in Abhängigkeit von der Formänderung zu beschreiben.

Während der Einfluß einer Warmumformung auf die statischen Festigkeitseigenschaften bei Temperaturen oberhalb der Rekristallisationstemperatur im allgemeinen wegen des Einflusses der Gefügeänderung schwer zu überblicken ist, ergibt sich bei der Kaltumformung ein klareres Bild.

Die Änderung der Festigkeitseigenschaften bei verschiedenen Kalt-Umformverfahren ist zwar in neuerer Zeit verhältnismäßig wenig untersucht worden; aus älteren Arbeiten — z. B. des Kaiser-Wilhelm-Instituts für Eisenforschung — gehen diese Zusammenhänge jedoch deutlich hervor. Sie sind für das Kaltwalzen von Blech [51, 52, 53] und das Kaltziehen von Draht [54, 55] und nahtlosen Stahlrohren [56] ausgearbeitet.

Wie sich die statischen Festigkeitswerte z. B. von Kupfer durch Kaltwalzen verändern, zeigt Bild 4.25 [57]. Streckgrenze $\sigma_{0,2}$ und Zugfestigkeit σ_B steigen mit zunehmender Formänderung an, wobei die Zunahme der Streckgrenze bis zu Formänderungen von etwa 30%

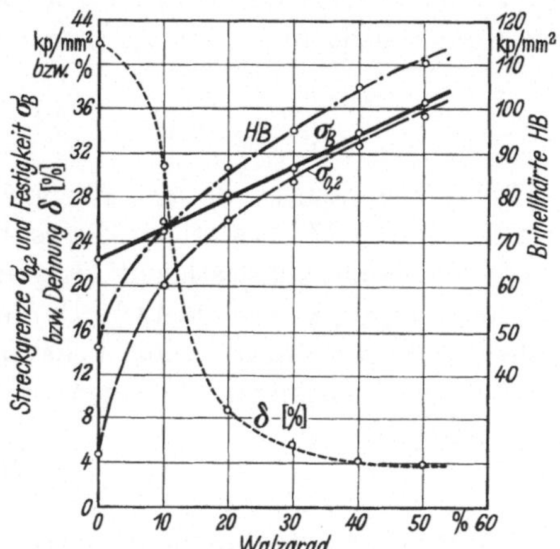

Bild 4.25. Mechanische Eigenschaften von Kupferhalbzeug bei Raumtemperatur in Abhängigkeit von derFormänderung (nach H. J. WALLBAUM [57]).

erheblich größer ist. Von diesem Wert an fallen Streckgrenze und Zugfestigkeit fast zusammen.

Demgegenüber sind bei Stahl Ck 15 nach R. WEYHMÜLLER [58]

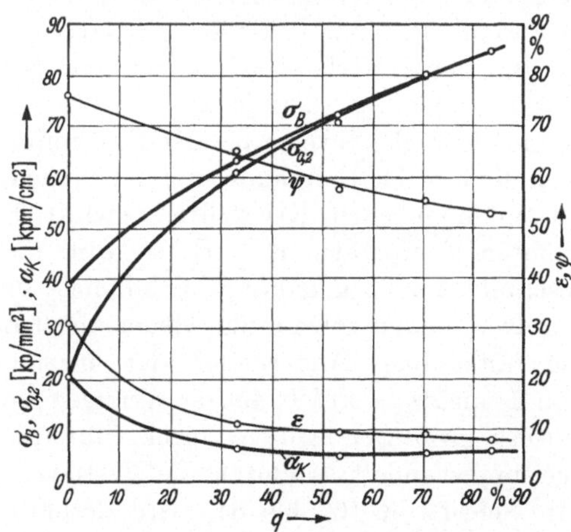

Bild 4.26 Mechanische Eigenschaften von Stahl Ck 15 in Abhängigkeit von der Formänderung (nach R. WEYHMÜLLER [58]).

(Bild 4.26) Zugfestigkeit σ_B und Streckgrenze $\sigma_{0,2}$ gegenüber Kupfer (Bild 4.25) zu höheren Werten hin verschoben, zeigen aber qualitativ den gleichen Verlauf. U. KRAUSE [7] stellt einen ähnlichen Zusammenhang für Stahl St 37 fest.

Der Widerstand je Flächeneinheit, den ein Werkstoff dem Eindringen eines Körpers entgegensetzt, wird in der Werkstoffprüftechnik bekanntlich als Härte H bezeichnet. Nach der Gleitlinienfeldtheorie [46] ergibt sich unter der Bedingung ebener Formänderung beim plastischen Eindringen eines Werkzeugs in ein Werkstück, das als unendlich ausgedehnter Halbraum gedacht ist, ein Normaldruck von

$$p = 2\left(1 + \frac{\pi}{2}\right) k = 2{,}97\ k_f \tag{20}$$

($k = k_f/\sqrt{3}$ nach dem Misesschen Fließkriterium). Flach-Stauchversuche von U. KRAUSE [7] bestätigen dieses Ergebnis. Näherungsweise läßt sich die Formänderungsfestigkeit für genügend große Formänderungen durch die Zugfestigkeit σ_B ersetzen. Damit ergibt sich aus Gleichung (20) die aus der Werkstoffprüftechnik bekannte, empirisch gefundene Beziehung für die Umrechnung einer gemessenen Härte in die Zugfestigkeit eines Werkstoffes

$$\sigma_B \approx 0{,}35\ H\ . \tag{21}$$

Nach Bild 4.25 scheint dieser Zusammenhang zwischen Härte und Zugfestigkeit ziemlich unabhängig von der Formänderung zu sein.

Demgegenüber wurde für Kohlenstoffstahl C 45 von K. WELLINGER und D. UEBING [59] ein nicht konstantes Verhältnis zwischen Zugfestigkeit und Härte gefunden, besonders wenn die arithmetische Formänderung über 0,6 hinausgeht (Bild 4.27). Wegen der Randentkohlung wurde vereinfachend als mittleres Verhältnis das arithmetische Mittel der Werte für Rand und Probenmitte definiert.

Die Erhöhung der Festigkeitswerte bei der Kaltumformung wird im wesentlichen durch die mit der Formänderung zunehmende Blockierung der Versetzungen in den einzelnen Kristalliten bewirkt. Findet die Umformung bei erhöhten Temperaturen statt, so wird die Verfestigung durch die in Abschnitt 4.2.2.3 genannten Erholungs- und Rekristallisationsvorgänge teilweise oder vollständig wieder abgebaut. Nach einer Warmumformung feststellbare Änderungen der mechanischen Eigenschaften sind somit meistens auf Gefügeänderungen zurückzuführen. So wird beispielsweise grobes Gußgefüge durch Umformen in ein feinkörnigeres Gefüge umgewandelt, wodurch die Festigkeitswerte heraufgesetzt werden. Im Schrifttum [60 bis 64] wird deshalb die Änderung der Festigkeitswerte durch eine Warmumformung stets mit der Änderung des Gefüges zusammen untersucht.

Bei der Messung der Streckgrenze $\sigma_{0,2}$ im Zugversuch muß beachtet werden, daß von der Kaltumformung herrührende *Eigenspannungen* das Ergebnis verfälschen können. Liegt zum Beispiel nach dem Kaltziehen eines Rundstabes mit mittlerer Abnahme eine Eigenspannungsverteilung

σ_E erster Art vor, wie sie etwa von H. BÜHLER und A. PEITER [65] ermittelt wurde, so ergibt sich beim Zugversuch durch die überlagerte äußere Spannung σ_a ein Gesamtspannungsverlauf σ nach Bild 4.28. Bei

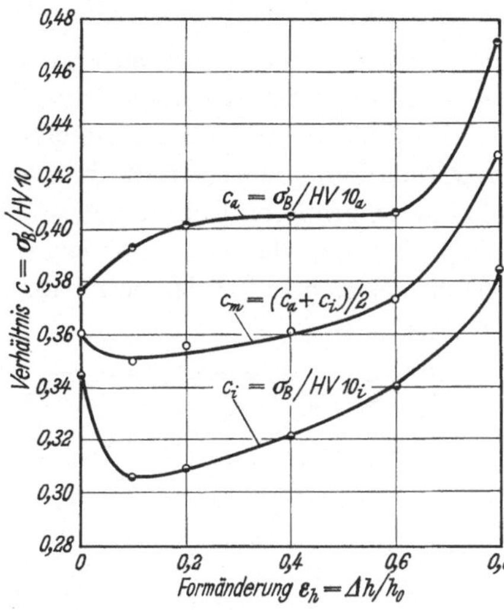

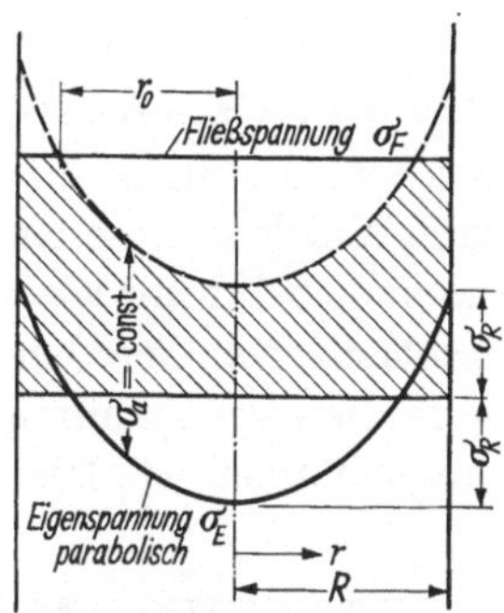

Bild 4.28 Modell des Spannungszustandes beim Zugversuch an einer eigenspannungsbehafteten Rundprobe.

Bild 4.27 Verhältnis von Zugfestigkeit zu Härte in Abhängigkeit von der Formänderung bei Stahl C 45 (nach K. WELLINGER und D. UEBING [59]).

parabolisch angenäherter Eigenspannungsverteilung wird die Gesamtspannung

$$\sigma = \sigma_E + \sigma_a = -\sigma_R + 2\sigma_R \left(\frac{r}{R}\right)^2 + \sigma_a\,. \tag{22}$$

Bei $r = r_0$ wird $\sigma = \sigma_F$. Daraus folgt

$$\frac{r_0}{R} = \sqrt{\frac{1}{2}\left(1 + \frac{\sigma_F}{\sigma_R} - \frac{\sigma_a}{\sigma_R}\right)}\,. \tag{23}$$

Nach dem Eintreten des plastischen Fließens am Stabrand stellt sich die in Bild 4.28 schraffierte Spannungsverteilung ein, die folgende mittlere Gesamtspannung $\bar{\sigma}$ ergibt

$$\bar{\sigma} = \frac{1}{R^2\pi}\left[\sigma_F (R^2 - r_0^2)\,\pi + \int_0^{r_0} \sigma\, 2\, r\pi\, \mathrm{d}r\right]. \tag{24}$$

Integration und Einsetzen von Gleichung (23) ergibt

$$\frac{\bar{\sigma}}{\sigma_F} = 1 - \frac{1}{4\,\dfrac{\sigma_R}{\sigma_F}}\left(1 + \frac{\sigma_R}{\sigma_F} - \frac{\sigma_a}{\sigma_F}\right)^2. \tag{25}$$

Mit der Beziehung
$$\frac{\sigma_a}{\sigma_F} = \frac{\varepsilon_a}{\varepsilon_F} \tag{26}$$

folgt schließlich

$$\frac{\bar{\sigma}}{\sigma_F} = 1 - \frac{1}{4\,\dfrac{\sigma_R}{\sigma_F}} \left(1 + \frac{\sigma_R}{\sigma_F} - \frac{\varepsilon_a}{\varepsilon_F}\right)^2. \tag{27}$$

Trägt man $\bar{\sigma}/\sigma_F$ über $\varepsilon_a/\varepsilon_F$ mit σ_R/σ_F als Parameter auf, so ergeben sich Kurven, die unterhalb der eigenspannungsfreien Fließkurve liegen und ohne Knick in diese einmünden, Bild 4.29. Je größer die Eigenspannungen sind, bei desto kleineren Gesamtspannungen biegen die Kurven aus der elastischen Geraden ab und bei desto größeren Dehnungen münden sie in die eigenspannungsfreie Fließkurve ein, die hier ohne Verfestigung angenommen ist. Die gemessene Streckgrenze, bei der definitions-

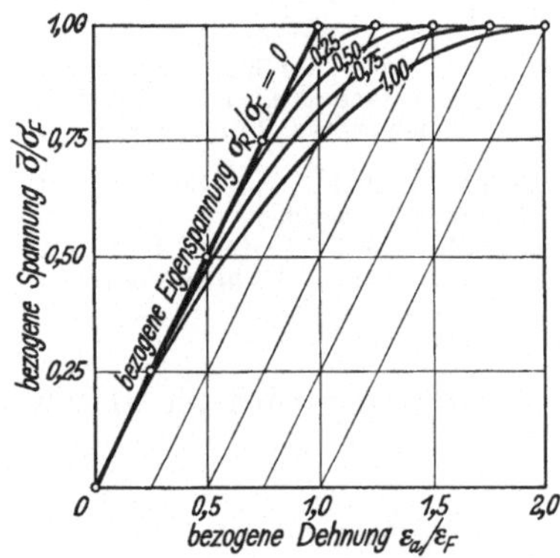

Bild 4.29 Einfluß von Eigenspannungen auf die Spannung-Dehnung-Kurve.

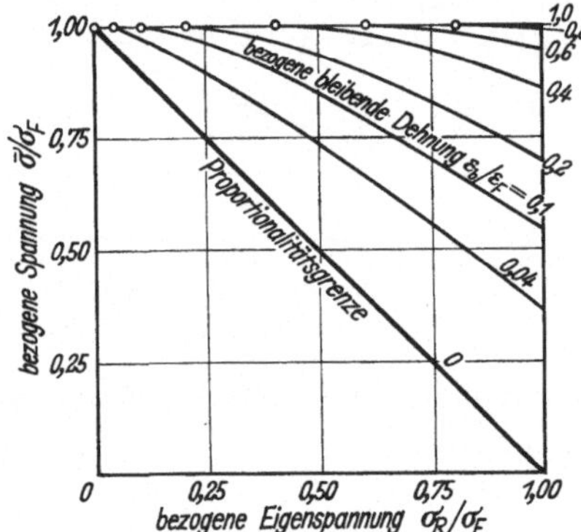

Bild 4.30 Einfluß von Eigenspannungen auf die zum plastischen Fließen aufzubringende Spannung bei verschiedenen bleibenden Dehnungen.

gemäß auf eine bleibende Dehnung von $\varepsilon_b = \varepsilon_a - \varepsilon_F = 0{,}002$ gereckt wird, wird um so niedriger ausfallen, je höher die Eigenspannungen waren.

Es läßt sich zeigen, daß ein umgekehrter Eigenspannungszustand mit Zug im Kern und Druck am Rand an der Herabsetzung der Streckgrenze nichts ändert.

Bild 4.30 zeigt, wie stark die Messung der zum plastischen Fließen notwendigen Spannung bei verschieden großen bleibenden Dehnungen durch das Vorhandensein von Eigenspannungen verfälscht wird. Daraus geht hervor, daß sich die Eigenspannungen um so mehr auswirken, je kleiner die bleibende Dehnung ist. Der größte Einfluß tritt bei der Messung der Proportionalitätsgrenze auf.

Wie in Abschnitt 4.2.2.1 ausgeführt, werden beim Wechsel der Formänderungsrichtung durch den Bauschinger-Effekt die Fließspannung und damit auch die Streckgrenze herabgesetzt. Die gleiche Erscheinung wird bei der Härte beobachtet. Beispielsweise wurde beim Biegerichten von gezogenen Rundstäben in Dreiwalzen- [21] und Zweiwalzen-Richtmaschinen [66] die bei einsinniger Formänderung zu erwartende Erhöhung der Streckgrenze und der Härte unterdrückt.

Während des Lagerns nach einer Kaltumformung können bei weichen Stählen Streckgrenze, Zugfestigkeit und Härte infolge Alterung ansteigen. Dabei diffundieren die Zwischengitteratome Kohlenstoff und Stickstoff zu den Versetzungen und blockieren sie. Dieser Vorgang hängt von der Diffusionsgeschwindigkeit und damit von der Auslagerungszeit und -temperatur ab. Bei genügend langer Auslagerung entsteht die für weiche Stähle kennzeichnende ausgeprägte Streckgrenze dadurch, daß die Spannung zunächst bis auf die obere Streckgrenze erhöht werden muß, um die Versetzungen von den Zwischengitteratomen loszureißen. Ist dies geschehen, so laufen die Versetzungen bei der Spannung der unteren Streckgrenze weiter. Diese Vorgänge sind besonders beim Tiefziehen von Blechwerkstücken zu beachten, wo eine ausgeprägte Streckgrenze unerwünschte Fließfiguren zur Folge haben kann. Tiefziehbleche aus alterungsanfälligem Stahl müssen deshalb möglichst bald nach dem Nachwalzen weiterverarbeitet werden.

4.3.2 Dauerfestigkeit

Durch eine Kaltumformung werden nicht nur die statischen Festigkeitswerte, sondern auch die Dauerfestigkeit des Werkstoffs größer. Die Erhöhung ist indessen nicht so stark ausgeprägt wie bei Streckgrenze und Zugfestigkeit, was nach E. Siebel [67] auf den Bauschinger-Effekt zurückzuführen ist. Danach wird bei einer Wechselbeanspruchung nach einer Kaltumformung die Quetschgrenze weniger erhöht als die im einsinnigen Zugversuch gemessene Streckgrenze.

Bild 4.31 [68] gibt einen Eindruck vom Anstieg der Dauerfestigkeit mit zunehmender Formänderung. Bei den unverformten und den schwach gereckten Proben werden die Grenzspannungslinien nur bis zur Streckgrenze $\sigma_{0,2}$ berücksichtigt, während sie bei den Proben mit großer Formänderung fast bis zur Zugfestigkeit ausgenutzt werden können, weil dabei Streckgrenze und Zugfestigkeit fast zusammenfallen. Aus dem Bild geht anschaulich der im Verhältnis zur Streckgrenze geringe Anstieg der Dauerfestigkeit hervor.

Auch die Formänderungsgeschwindigkeit wirkt sich auf die Änderung der Dauerfestigkeit aus, was besonders beim Hochgeschwindigkeitsumformen beachtet werden muß. Bild 4.32 [69] zeigt für unterschiedlich stark gereckte Weicheisenproben, daß die Wechselfestigkeit nach dynamischer Umformung stets größer ist als nach statischer. Der Knickpunkt der Wöhler-Linien wird durch die Kaltumformung zu höheren Lastspiel-

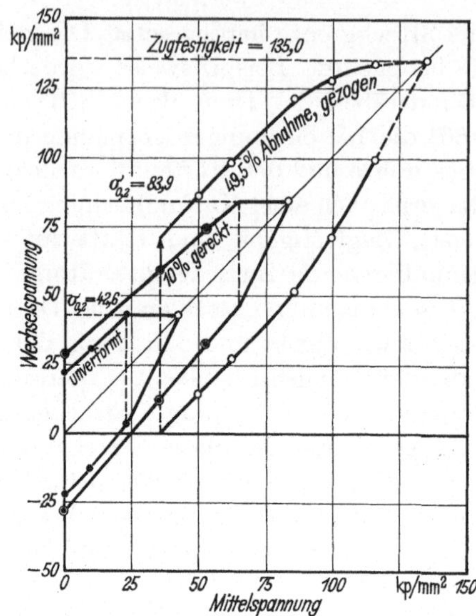

Bild 4.31 Dauerfestigkeits-Schaubilder von Normalproben und Drähten (nach A. POMP und M. HEMPEL [68]).

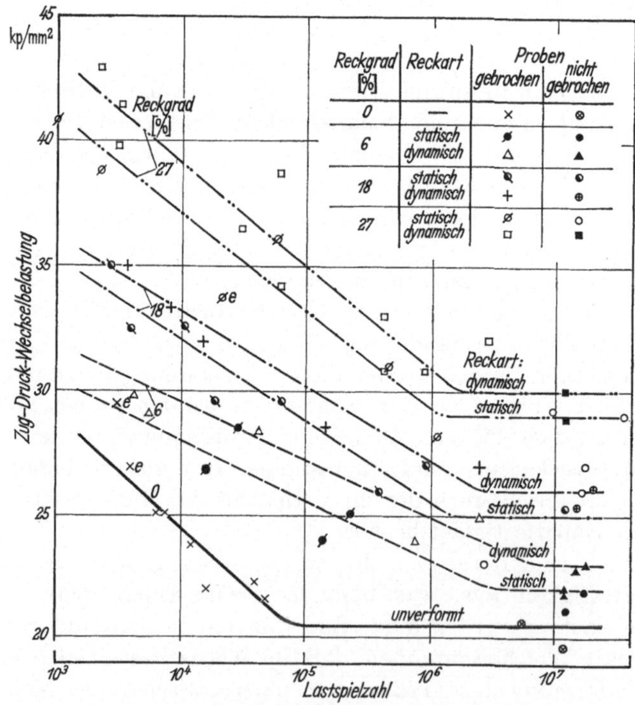

Bild 4.32 Wöhler-Linien von unterschiedlich vorbeanspruchten Weicheisenproben (nach H. R. SANDER und M. HEMPEL [69]).

zahlen hin verschoben, in besonderem Maße bei kleineren Formänderungen. Dieses Verhalten zeigen auch unlegierte Stähle mit höherem Kohlenstoffgehalt [69].

Bei dem instabilen austenitischen Stahl V 2 A entsteht aber nach statischer Umformung eine höhere Dauerfestigkeit, weil sich bei niedriger Umformgeschwindigkeit mehr Austenit in Martensit umwandelt [69]. Bei stabilen austenitischen Stählen scheint die Umformgeschwindigkeit keinen Einfluß auf die Dauerfestigkeit zu haben.

Als erster Anhalt für die Wechselfestigkeit σ_W eines unverformten Werkstoffes gilt bei bekannter Zugfestigkeit σ_B

$$\sigma_W \approx 0{,}5\,\sigma_B\,. \qquad (28)$$

Diese Beziehung gilt indessen nach Bild 4.33 [69] nur für Weicheisen in guter Näherung. Bei dem unlegierten Stahl mit höherem Kohlenstoff-

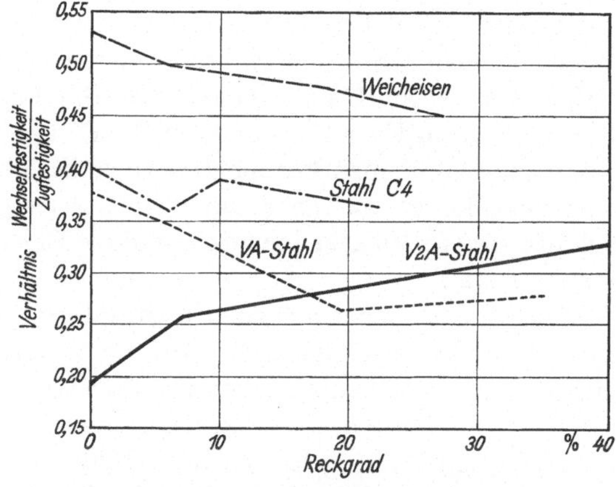

Bild 4.33 Verhältnis von Wechselfestigkeit zu Zugfestigkeit der Versuchswerkstoffe in Abhängigkeit vom Reckgrad (statische Reckung; Grenzlastspielzahl $N = 10$ Mill.) (nach H. R. SANDER und M. HEMPEL [69]).

gehalt C 4, dem instabilen austenitischen Stahl V 2 A und dem stabilen austenitischen Stahl V A ist das Verhältnis σ_W/σ_B für den nicht umgeformten Zustand erheblich kleiner als 0,5. Es bleibt auch bei zunehmendem Reckgrad nicht konstant, weil sich die Wechselfestigkeit in anderem Maße ändert als die Zugfestigkeit.

Ebenso wie die statischen Festigkeitswerte wird auch die Dauerfestigkeit weicher Stähle durch Alterung nach einer Kaltumformung erhöht [69].

Ein Dauerbruch setzt in vielen Fällen an kleinen Oberflächenfehlern wegen der dort auftretenden Spannungsspitzen ein. Der Umstand, daß die meisten Kaltformgebungsverfahren die Werkstückoberfläche verbessern, bringt zusätzlich zur Kaltverfestigung eine Erhöhung der Dauerfestigkeit mit sich.

Die bei der Kaltformgebung infolge einer ungleichmäßigen Verformung des Werkstückquerschnittes entstehenden Eigenspannungen erster Art beeinflussen die Dauerfestigkeit des Werkstückes ebenfalls in hohem Grade [70]. Während Zugeigenspannungen an der Oberfläche die Dauerfestigkeit erniedrigen, wirken Druckeigenspannungen erhöhend. In der Fertigungstechnik wird deshalb häufig angestrebt, in der besonders gefährdeten Werkstückoberfläche durch Sand- oder Kugelstrahlen, Oberflächendrücken, Glattwalzen oder Nachziehen Druckeigenspannungen zu erzeugen. Bei diesen Verfahren beschränken sich die plastischen Formänderungen auf die Oberflächenzonen. Infolge des Werkstoffzusammenhangs stellt sich ein Kräftegleichgewicht zwischen den unter Druckspannung stehenden äußeren und den unter Zugspannung verbleibenden inneren Querschnittsbereichen ein. H. Bühler und A. Peiter [65] zeigen in einer Übersicht über das Schrifttum, welche Eigenspannungszustände bei verschiedenen Umformverfahren entstehen. Beim Draht- oder Stangenziehen z. B. liegen bis zu Querschnittsabnahmen von rund 2% nach der Verformung im Kern Zug- und am Rande Druckeigenspannungen vor, weil bei diesen kleinen Formänderungen die plastische Zone auf den Rand beschränkt ist. Bei größeren Formänderungen wird der gesamte Querschnitt des Werkstücks plastisch, und die Eigenspannungen kehren ihr Vorzeichen um.

Steht die Werkstückoberfläche nach einer Kaltumformung unter Zugeigenspannungen, die die Dauerfestigkeit erniedrigen, so kann durch eine Nachumformung der Oberflächenbereiche die Dauerfestigkeit wieder heraufgesetzt werden. So werden die Zugeigenspannungen im Randbereich von kaltgezogenen Messingstangen nach Bild 4.34 durch Nachziehen mit sehr geringer Querschnittsabnahme merklich erniedrigt.

Durch stufenweise Zunahme einer Wechselbelastung kann die Dauerfestigkeit besonders bei weichen, aber auch bei mittelharten Stählen bis zu 30% erhöht werden. Dieses sogenannte Trainieren des Werkstoffs wird auf eine zeitabhängige örtliche Verfestigung des Werkstoffs infolge Reckalterung zurückgeführt, die während der Wechselbelastung eintritt [71].

4.3.3 Zähigkeitseigenschaften

Gleichmaßdehnung, *Bruchdehnung* δ oder ε und *Brucheinschnürung* ψ sind Werkstoff-Kennwerte, die nicht nur über das Formänderungsvermögen bei Zugbeanspruchung aussagen, sondern auch einen gewissen Anhalt über die Kaltumformbarkeit bei technischen Umformverfahren geben.

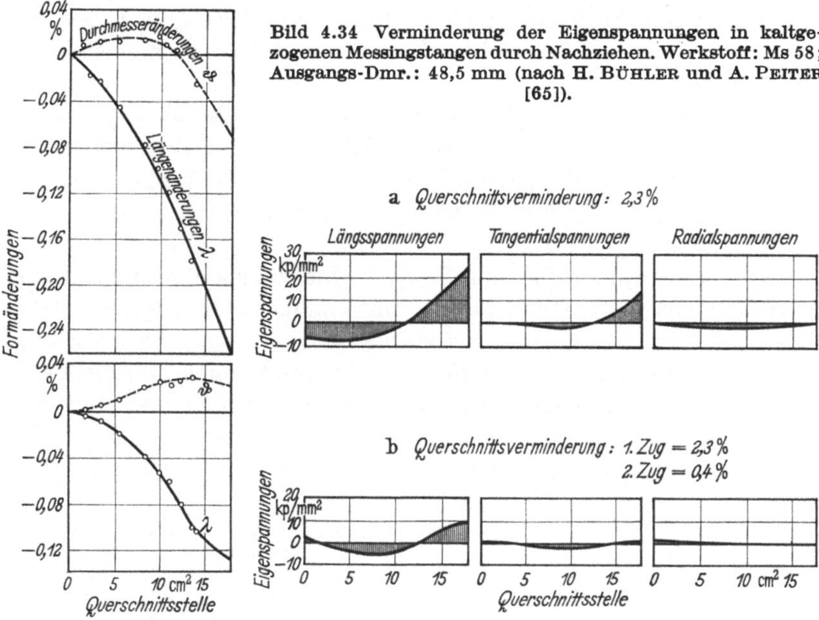

Bild 4.34 Verminderung der Eigenspannungen in kaltgezogenen Messingstangen durch Nachziehen. Werkstoff: Ms 58; Ausgangs-Dmr.: 48,5 mm (nach H. Bühler und A. Peiter [65]).

Die *Bruchdehnung* setzt sich aus der *Gleichmaßdehnung* und der *Einschnürdehnung* zusammen. Mit zunehmender Kaltumformung sinkt besonders die Gleichmaßdehnung und damit die Bruchdehnung infolge der Verfestigung des Werkstoffs ab. Die Brucheinschnürung fällt in geringerem Maße ab. Ist beim Warmwalzen dünner Werkstücke die Temperatur beim letzten Stich besonders tief gesunken, so treten ebenfalls Verfestigung und die damit verbundene Verschlechterung der Zähigkeitseigenschaften ein. Die Zähigkeitseigenschaften ändern sich somit während der Umformung im allgemeinen gegenläufig zu den statischen Festigkeitswerten (s. Bilder 4.25 und 4.26).

Infolge Reckalterung vermindern sich Bruchdehnung und Brucheinschnürung weicher Stähle nach längerer Lagerung bei Raumtemperatur oder kurzer Lagerung bei etwa 300 °C. Wird im Temperaturbereich der sogenannten Blauwärme von etwa 200 bis 400 °C umgeformt, so nehmen die Zähigkeitswerte bereits während der Umformung ab.

Die *Kerbschlagzähigkeit* eines Werkstoffs nimmt im allgemeinen mit steigender Zugfestigkeit und Härte ab. Zwischen Brucheinschnürung ψ und Kerbschlagzähigkeit α_K kann bei ferritisch-perlitischen Stählen ein gewisser Gleichlauf festgestellt werden (Bild 4.26). Geringe Werte der Brucheinschnürung beim Zugversuch lassen auf geringe Werte der Kerbschlagzähigkeit schließen; umgekehrt muß jedoch eine niedrige Kerbschlagzähigkeit wegen eines unter Umständen anderen Spannungszustandes nicht unbedingt eine niedrige Brucheinschnürung bedingen. Eine Beziehung zwischen Kerbschlagzähigkeit und Dauerfestigkeit scheint nicht zu bestehen.

In einigen älteren Abhandlungen aus dem Kaiser-Wilhelm-Institut für Eisenforschung [61, 62, 64] ist die Kerbschlagzähigkeit von Stählen zusammen mit den übrigen Zähigkeits- und Festigkeitseigenschaften in Abhängigkeit von der Formänderung beim Warm- und Kaltwalzen eingehend untersucht worden.

Nach E. Siebel [67] kann die Kerbschlagzähigkeit von Stahl in der Hochlage durch eine schwache Kaltumformung unter Umständen etwas erhöht werden, wogegen sie bei stärkerer Umformung zunächst stark, dann langsamer sinkt (Bild 4.26). Die Übergangstemperatur, bei der die Hochlage in die Tieflage übergeht, wird mit zunehmender Kaltumfor-

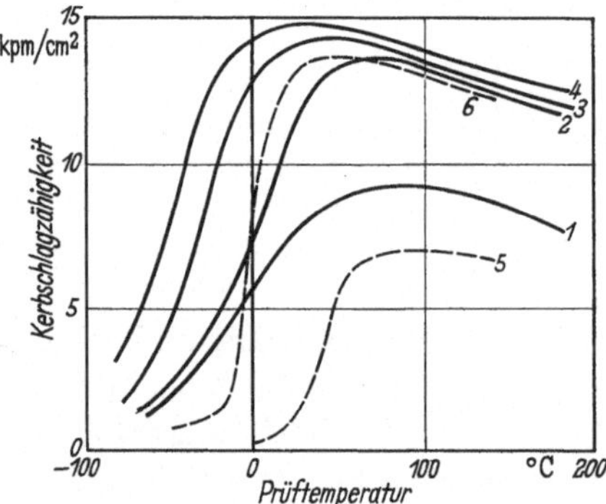

Bild 4.35 Einfluß der Walzumformung und des Alterns auf die Kerbschlagwerte eines Stahles mit 0,08% C.

1 Stahlgußplatte, geglüht, 280 mm dick
2 auf 125 mm Dicke gewalzt
3 auf 50 mm Dicke gewalzt
4 auf 18 mm Dicke gewalzt
5 wie *1* und } 10% gestaucht und 1 h
6 wie *4* und } 250 °C angelassen

Probenform: ISO-Rundkerbprobe (nach H. Kornfeld und W. Rädeker [72]).

mung erhöht. Bei weichen Stählen verschiebt eine Alterung nach der Kaltumformung durch die mit den Ausscheidungsvorgängen verbundene Versprödung den Steilabfall zu noch höheren Temperaturen.

Bei der Warmumformung sind die Verhältnisse anders. Während Stähle im Gußzustand im allgemeinen niedrige Kerbschlagzähigkeitswerte haben, liegen nach einer Warmumformung z. B. durch Schmieden oder Walzen wesentlich höhere Werte vor, Bild 4.35 [72]. Als Ursache dafür ist die Umwandlung des groben Gußgefüges in ein feinkörnigeres Gefüge anzusehen. Die Übergangstemperatur von der Hochlage zur Tieflage wird mit zunehmender Warmumformung zu niedrigeren Temperaturen verschoben.

4.3.4 Elastizitätsmodul

Bei einem Einkristall hat der Elastizitätsmodul in den verschiedenen kristallographischen Richtungen verschiedene Werte [17]. Beim Vielkristall tritt diese Richtungsabhängigkeit nach außen hin im allgemeinen nicht mehr in Erscheinung. Wegen des Werkstoffzusammenhanges stellt sich bei einachsiger elastischer Beanspruchung eines Vielkristalls eine mittlere Dehnung ein. Diese Dehnung läßt sich wegen der Verschiedenheit der Elastizitätsmoduln der einzelnen Kristallite in der Dehnungsrichtung nur durch unterschiedliche innere Spannungen an den einzelnen Kristalliten erzielen, deren Mittelwert der äußeren Spannung entspricht.

Beim quasiisotrop angesehenen Vielkristall kann demnach nur ein mittlerer Elastizitätsmodul bestimmt werden, wenn im Zugversuch gemessene äußere Spannungen auf gemessene Dehnungen bezogen werden. Im folgenden wird nur dieser mittlere Elastizitätsmodul betrachtet.

Der Einfluß einer Kaltumformung auf den Elastizitätsmodul von Stahl ist gering. Durch Recken oder Ziehen findet eine leichte Erniedrigung statt. Bei anschließenden Erholungs- und Rekristallisationsvorgängen wird im allgemeinen wieder ein Anstieg des Elastizitätsmoduls beobachtet.

Für vergütete Stahldrähte mit 0,35, 0,70, und 0,84% C wurde von A. Pomp und W. Knackstedt [73] nach einer anfänglichen Erniedrigung des Elastizitätsmoduls bei geringen Querschnittsabnahmen ein Wiederanstieg bei Formänderungen über $\varepsilon = 0{,}35$ beobachtet. Bei Weicheisen mit 0,03% C bleibt dagegen der Elastizitätsmodul nahezu konstant [73]. Insgesamt liegen die Schwankungen um rd. 10%.

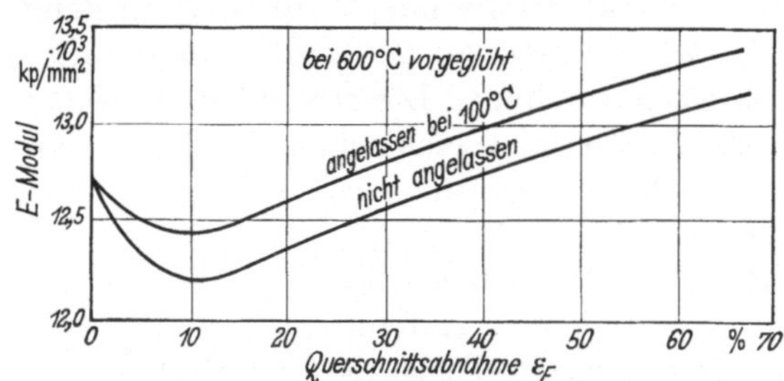

Bild 4.36 Einfluß der Formänderung auf den Elastizitätsmodul von Elektrolytkupferdraht (nach H. J. Wallbaum [57]).

Für Draht aus Elektrolytkupfer zeigt Bild 4.36 [57] ebenfalls bei kleinen Ziehgraden zunächst eine Erniedrigung und bei $\varepsilon_F > 10\%$ wieder ein Ansteigen des Elastizitätsmoduls. Bei Formänderungen $\varepsilon_F > 40\%$ ist der Wert des Elastizitätsmoduls größer als vor der Umformung. Untersuchungen von T. Kawai [74, 75] führten auf das gleiche qualitative Ergebnis.

Bei Messing fanden W. Köster und K. Rosenthal [76] ein monotones schwaches Absinken des Elastizitätsmoduls mit zunehmendem Reckgrad. Durch Erholung und Rekristallisation bei erhöhten Temperaturen steigt der Elastizitätsmodul wieder auf seinen Anfangswert an.

Die Kristallit-Orientierungen der Werkstoffe, die bezüglich des Elastizitätsmoduls zunächst als quasiisotrop angesehen werden können, werden bei großen Formänderungen einander immer mehr angeglichen; es entsteht eine Textur (s. Kap. 3). Damit wird bei großen Formänderungen der Werkstoff bezüglich seines Elastizitätsmoduls anisotrop.

Bei der Bestimmung des Elastizitätsmoduls im einachsigen Zugversuch können durch vorausgegangene Kaltumformung erzeugte Eigenspannungen das Meßergebnis merklich beeinflussen. Aus Bild 4.29 geht hervor, daß die elastische Gerade um so kürzer ist, je größer die bezogenen Eigenspannungen σ_R/σ_F sind. Bei Spannungserhöhung über den Endpunkt der elastischen Geraden würde die Probe in den am meisten auf Zug vorgespannten Bereichen bereits zu fließen beginnen, wodurch ein zu kleines Verhältnis von Spannungen und Dehnungen als scheinbarer Elastizitätsmodul ermittelt würde. Wenn ein Eigenspannungsmaximum in der Nähe der Fließgrenze liegt, läßt sich der Elastizitätsmodul demnach im statischen Zugversuch nicht mehr genau bestimmen.

4.3.5 Einfluß der Umformung in Verbindung mit einer Wärmebehandlung

In neuerer Zeit sind besonders in den USA, der Sowjetunion und auch in Großbritannien Wege beschritten worden, die mechanischen Eigenschaften von niedriglegierten Stählen dadurch zu verbessern, daß ein Umformvorgang mit einer Wärmebehandlung kombiniert wird. Grundsätzlich gibt es drei Möglichkeiten für eine solche thermomechanische Behandlung: a) Umformung vor der Austenitumwandlung, b) Umformung während der Austenitumwandlung und c) Umformung nach der Austenitumwandlung. Die erreichbaren mechanischen Eigenschaften sind auf Grund der verschiedenen Mechanismen, die durch die drei verschiedenen Behandlungsmöglichkeiten jeweils ausgelöst werden, recht unterschiedlich.

a) Die Verformung des metastabilen Austenits vor der Umwandlung in Martensit, das sogenannte Austenitformhärten (angelsächsisch: ausforming), ist ein geeignetes Verfahren zur Verbesserung der mechanischen Eigenschaften solcher Stähle, deren isothermische ZTU-Schaubilder weitgehende Umwandlungsträgheit zwischen dem Bereich der Perlitbildung und dem der Zwischenstufe (etwa 600 bis 500 °C) zeigen, so daß die Umformung dort ohne Gefahr eines Austenitzerfalls, die durch plastische Umformung und statische Spannungen erhöht wird, vorgenommen werden kann. Anschließend wird durch Abschrecken Martensit gebildet, der bei verschiedenen Temperaturen angelassen werden kann.

S. V. Radcliffe und E. B. Kula [78] geben an, daß mit wachsender Formänderung Streckgrenze und Zugfestigkeit linear zunehmen. Die Zugfestigkeit steigt, wenn die Umformtemperatur erniedrigt wird. Sie ist vom Kohlenstoffgehalt, falls er über 0,1% liegt, und von der Austenitisierungstemperatur verhältnismäßig unabhängig. Die Zugfestigkeit liegt stets höher als nach der herkömmlichen Warmumformung mit nachfolgender Wärmebehandlung.

Nach A. ROSE und H. P. HOUGARDY [79] beträgt der Gewinn an Zugfestigkeit gegenüber Warmwalzen mit nachfolgender Wärmebehandlung bei Stählen mit rd. 0,4% C, 1,0% Si, 1,0% Mn, 1 bis 5% Cr und bis zu 2% Ni nach einer Formänderung $\varepsilon = 0,5$ bis 0,93 etwa 30 bis 70 kg/mm². Während die Zugfestigkeit nach Anlassen bis zu 400 °C konstant bleibt, steigt die Streckgrenze sogar noch an [77]. Die Schwingungsfestigkeit ist gegenüber dem Warmwalzen mit nachfolgender Wärmebehandlung wesentlich verbessert. Die Zähigkeitswerte und das Formänderungsvermögen bleiben konstant oder werden sogar ebenfalls verbessert.

Nach Untersuchungen von J. J. IRANI und P. R. TAYLOR [80] beträgt die Zugfestigkeit des Stahls En 30 B (0,27 bis 0,32% C, 0,2 bis 0,3% Si, 0,4 bis 0,6% Mn, 3,8 bis 4,2% Ni, 1,1 bis 1,4% Cr, 0,2 bis 0,35% Mo) nach Austenitformhärten etwa 230 kg/mm². Sie nimmt bei diesem Werkstoff aber beim anschließenden Anlassen mit zunehmender Anlaßtemperatur merklich ab, liegt allerdings immer wesentlich höher als die nach Warmwalzen und anschließender gleichartiger Wärmebehandlung erreichte Zugfestigkeit. Die Kerbschlagzähigkeit kann bei diesem Werkstoff durch Austenitformhärten und Anlassen bei 400 °C oder höherer Temperatur merklich verbessert werden.

Die Eigenschaftsänderung der Stähle durch Austenitformhärten wird im Schrifttum [80] auf folgende Vorgänge zurückgeführt: Ausscheidung von Karbiden im metastabilen Austenit während der Umformung, verbesserte Dispersion der Karbide nach dem anschließenden Anlaßvorgang, Anstieg der Versetzungsdichte, verstärkte Verfestigung des Austenits und die „Vererbung" dieser Verfestigung vom Austenit auf den Martensit. Entsprechend der Zusammensetzung des Stahls schwankt die Bedeutung der einzelnen aufgezählten Einflußgrößen.

Der Austenit kann bei einem für das Austenitformhärten ungünstigen ZTU-Schaubild in seinem stabilen Bereich (oberhalb A_3) verformt und dann zu Martensit abgeschreckt werden („Hot-Cold-Working" [80]). R. A. GRANGE [81] nennt als Hauptursache für die Festigkeitssteigerung bei diesem Verfahren die schnell einsetzende Rekristallisation mit einer Bildung von feinem Korn mit mittlerem Durchmesser von etwa 3 μm, während der übliche Austenit-Korndurchmesser etwa 10 bis 60 μm beträgt. Eine Erhöhung der Streckgrenze um etwa 24 kg/mm² wurde erreicht. Von J. J. IRANI und P. R. TAYLOR [80] wurden die mechanischen Eigenschaften nach einer Umformung bei fallenden Temperaturen (zwischen A_3 und A_1) untersucht. Festigkeitseigenschaften und Formänderungsvermögen wurden dabei verbessert. Der Zuwachs an Zugfestigkeit ist nicht so ausgeprägt wie beim üblichen Austenitformhärten unter A_1, während das Formänderungsvermögen demgegenüber verbessert ist.

Nach einer Umformung des metastabilen Austenits im Temperaturbereich zwischen 200 und 270 °C ergab sich ebenfalls eine Erhöhung der Festigkeitswerte bei gleichzeitiger Verbesserung des Formänderungsvermögens [79]. Diese Eigenschaftsänderung wird auf die Ausbildung extrem feiner Martensitkristallite zurückgeführt. Rekristallisation und Erholung des Austenits scheiden wegen der niedrigen Umformtemperatur als Erklärung für dieses extrem feine Gefüge aus. Wahrscheinlich rührt es von den Gitterstörungen durch die Formänderung her [79].

Wird die Temperatur bei allen besprochenen Verfahren so gesteuert, daß der umgeformte stabile oder metastabile Austenit sich nicht in Martensit umwandelt, sondern in Perlit oder Zwischenstufengefüge zerfällt, so lassen sich dadurch meist die Zähigkeitswerte gegenüber den Festigkeitswerten verbessern, wie das ähnlich auch der Fall ist, wenn erst Martensit gebildet und der Martensit dann angelassen wird.

b) Eine weitere Möglichkeit thermomechanischer Behandlung ist die Umformung w ä h r e n d der Umwandlung des unterkühlten Austenits in Perlit, Zwischenstufengefüge oder Martensit. Nach S. V. RADCLIFFE und E. B. KULA [78] führt eine Umformung rostfreier Stähle mit 18% Cr und 8% Ni während der Umwandlung des Austenits in Martensit zu einem äußerst raschen Anstieg der Streckgrenze bei festgehaltener Temperatur und zunehmender Formänderung. Die Zugfestigkeit nimmt auf ähnliche Weise zu, während das Formänderungsvermögen sinkt. Noch ausgeprägter ist der Einfluß der Umformtemperatur. Der größte Festigkeitsanstieg wurde bei der niedrigsten untersuchten Temperatur von -196 °C (Temperatur des flüssigen Stickstoffs) gefunden. Das Formänderungsvermögen ist dann allerdings stark verringert. Der Festigkeitszuwachs resultiert aus der Menge des Martensits, der während der Umformung gebildet wird, sowie der Verfestigung des Austenits und des gebildeten Martensits.

J. J. IRANI und P. R. TAYLOR [80] finden bei einem niedriglegierten Stahl En. 18 (mit 0,48% C, 0,25% Si, 0,86% Mn, 0,18% Ni, 0,98% Cr) nach isothermischer Umwandlung des Austenits in Perlit kombiniert mit einer Umformung („isoforming"), daß die beste Kombination von Festigkeits- und Zähigkeitseigenschaften bei einer Umwandlungstemperatur von 600 °C erzielt wird. Die Streckgrenze lag über 87 kg/mm^2, und die Übergangstemperatur der Kerbschlagzähigkeit in die Tieflage lag bei -40 °C, gegenüber 71 kg/mm^2 und $+20$ °C bei herkömmlicher Behandlung. Diese Verbesserung der mechanischen Eigenschaften wird zurückgeführt auf die Bildung von feinen kugeligen Karbidteilchen anstatt von lamellarem Karbid und durch Kornverfeinerung des Ferrits.

c) Als letzte Gruppe thermomechanischer Behandlungsweisen des Stahls soll die Umformung n a c h der Austenitumwandlung in Martensit (nach dem Abschrecken oder auch nach einem darauffolgenden Anlassen) oder nach isothermischer Umwandlung des Austenits kurz gestreift werden. Dieses Verfahren liefert die größten Änderungen der mechanischen Eigenschaften [78]. Es genügen hier — im Gegensatz zu den beiden schon besprochenen Gruppen — schon Formänderungen von einigen Prozent mit einer nachfolgenden Anlaßbehandlung, um einen kräftigen Anstieg der Streckgrenze und der Zugfestigkeit zu bewirken. Mit weiterer Umformung wird die Zunahme der Festigkeitswerte dann geringer. Mit wachsendem Kohlenstoffgehalt steigt die Erhöhung der Festigkeitswerte. Der größte Anteil der Festigkeitserhöhung rührt von der Kaltverfestigung des Martensits her. Das Formänderungsvermögen wird allerdings bei diesem Verfahren merklich herabgesetzt.

Wenn angelassener Martensit oder isothermisch umgewandeltes Gefüge umgeformt wird, tritt eine Alterungserscheinung in Gestalt einer ausgeprägten Streckgrenze auf. Das Streckgrenzenverhältnis erreicht infolge dieser zusätzlichen Verfestigung nahezu den Wert 1.

Abschließend soll auf Versuche von N. N. Breyer und N. H. Polakowsky [82] hingewiesen werden. Beim Kaltziehen abgeschreckter martensitischer Stähle vom Typ AISI 4340, 4140 und 86 B 30 in besonderen Ziehsteinen bis zu Formänderungen von 10% wurde eine Zunahme der Zugfestigkeit um rund 100 kg/mm² erzielt, Bild 4.37. Bei Formänderungen

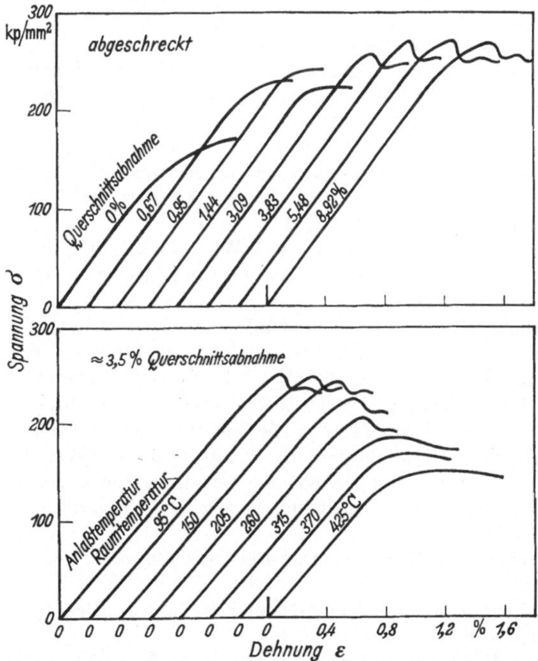

Bild 4.37 Zugfestigkeit nach dem Ziehen abgeschreckten und angelassenen martensitischen Stahls (AISI 4340) (nach N. N. Breyer und N. H. Polakowski [82]).

über 2% trat eine ausgeprägte Streckgrenze auf. Wie aus dem unteren Bildteil hervorgeht, findet sich die ausgeprägte Streckgrenze auch bei leichtem Anlassen des Martensits vor dem Ziehen. Erst nach Anlassen über etwa 300 °C setzt das Fließen allmählich ein. Mit den hohen Zugfestigkeiten waren eine erhöhte Dauerfestigkeit und Einschnürungen bis zu 30% verbunden. Der Verformung war bei etwa 10% Formänderung eine Grenze durch Bruch der Probestäbe oder des Werkzeugs gesetzt.

Schrifttum

1. Reiner, M.: Rheology, in: Handbuch der Physik, Band VI, Elastizität und Plastizität; Berlin/Göttingen/Heidelberg: Springer 1958.
2. Körber, F., u. A. Eichinger: Die Grundlagen der bildsamen Verformung. Mitt. d. K.-Wilhelm-Inst. f. Eisenforsch. 22, 57/80 (1940), Abh. 395.
3. Kneschke, A.: Zur hydrodynamischen Theorie des Warmwalzens. Arch. Eisenhüttenw. 29, 11/22 (1958).
4. Zelikow, A. I.: Lehrbuch des Walzwerksbaus, Berlin 1957.
5. Bingham, E. C.: U. S. Bur. Stand. Bull. 13, 309 (1916).
6. Ekelund, S.: Einige dynamische Erscheinungen beim Walzen. Jernkont. Ann. 111, 39/97 (1927).
7. Krause, U.: Formänderungsfestigkeit der Werkstoffe beim Kaltumformen, in: Grundlagen der bildsamen Formgebung, Düsseldorf 1966.
8. Müller, H. G.: Formänderungsfestigkeit beim Umformen in der Wärme, in: Grundlagen der bildsamen Formgebung, Düsseldorf 1966.
9. Heinemann, H.: Formänderungsfestigkeit verschiedener Aluminium- und Kupferlegierungen bei hohen Formänderungsgeschwindigkeiten und Umformtemperaturen. Dr.-Ing. Dissertation TH Aachen 1961. Druckschrift P 2/611 der Firma Schloemann A.G. Düsseldorf.
10. Fließkurven metallischer Werkstoffe, Grundlagen und Anwendung, VDI-Arbeitsblatt 5-3200, 1954; Fließkurven von Schraubenwerkstoffen, VDI-Richtlinie 3201, 1957; Fließkurven korrosionsbeständiger Stähle für die Schraubenfertigung, VDI-Richtlinie 3202, 1965.
11. Fritzsch, G., u. R. Siegel: Kalt- und Warmfließkurven von Baustählen, herausgegeben vom Zentralinstitut für Fertigungstechnik des Maschinenbaus, Karl-Marx-Stadt 1965.
12. Bühler, H., u. H. W. Wagener: Umformeigenschaften von Titan und Titanlegierungen. Bänder, Bleche, Rohre 6, 625/630, 667/668, 677/684 (1965).
13. Bühler, H., u. H. W. Wagener: Umformeigenschaften der Titanlegierung TiAl 8 Mo 1 V 1. Bänder, Bleche, Rohre 7, 467/471 (1966).
14. Bühler, H., u. H. W. Wagener: Die Umformeigenschaften von Niob, Tantal, Molybdän und Wolfram. Bänder, Bleche, Rohre 7, 648/658 (1966).
15. Krause, U.: Vergleich verschiedener Verfahren zur Bestimmung der Formänderungsfestigkeit bei der Kaltumformung. Dr.-Ing. Dissertation TH Hannover 1962.
16. Kienzle, O., u. H. Bühler: Das Plastometer, eine Werkstoffprüfmaschine für die Staucheigenschaften von Metallen. Z. Metallkde. 55, 668/673 (1964).
17. Masing, G.: Lehrbuch der allgemeinen Metallkunde; Berlin/Göttingen/Heidelberg: Springer 1950.
18. Sachs, G., u. H. Shoji: Zug-Druckversuche an Messingkristallen (Bauschinger-Effekt). Z. Physik 45, 776/796 (1927).

19. JÄNICHE, W., E. STOLTE u. J. KÜGLER: Untersuchungen zum Bauschinger-Effekt unlegierter Stähle und zu seinem Erholungsverhalten. Teil I: Der Bauschinger-Effekt bei unlegierten Stählen. Teil II: Die Erholung des Bauschinger-Effektes bei einem ferritischen Stahl. Techn. Mitt. Krupp 23, 117/144 (1965).

20. HECKER, F. W.: Die Wirkung des Bauschinger-Effektes bei großen Torsions-Formänderungen. Dr.-Ing. Dissertation TH Braunschweig 1967.

21. PAWELSKI, O.: Der Einfluß der chemischen Zusammensetzung und der Vorbehandlung auf die Richtkraft, die Änderung des Stabdurchmessers und das Verhalten der mechanischen Eigenschaften beim Richten von Blankstahl. Stahl u. Eisen 82, 1410/1422 (1962); Mitt. d. Max-Planck-Inst. f. Eisenforsch., Abh. 925.

22. MANJOINE, M. J.: J. Appl. Mech. 66, A 211/218 (1944).

23. STÜWE, H. P.: Dynamische Erholung bei der Warmformgebung. Acta Met. 13, 1337/1342 (1965); Die Fließkurven vielkristalliner Metalle und ihre Anwendung in der Plastizitätsmechanik. Z. Metallkde. 56, 633/642 (1965).

24. SCHACK, J.: Das Verhalten der Formänderungsfestigkeit von Eisen-Mangan-Kohlenstoff-Legierungen im Bereich der Blauwärme. Dr.-Ing. Dissertation TH Hannover 1965.

25. PLAUL, H.-U.: Mechanische und Strukturuntersuchungen an austenitischen Einkristallen zur elastisch-plastischen Stoßwellenverformung. Dr.-Ing. Dissertation TH Aachen 1965.

26. BACKOFEN, W. A., J. J. BURKE, L. F. COFFIN, N. L. REED, and V. WEISS: Fundamentals of deformation processing, Syracuse/New York 1964.

27. VALORINTA, V.: Untersuchungen über den Einfluß der Schmiedeverhältnisse auf den Formänderungswiderstand einiger Stähle. Dr.-Ing. Dissertation TH Helsinki 1958.

28. LUEG, W., u. U. KRAUSE: Formänderungsfestigkeit von Stahl C 45 beim Warmstauchen mit mittleren Formänderungsgeschwindigkeiten. Stahl u. Eisen 80, 1061/1067 (1960); Mitt. d. Max-Planck-Inst. f. Eisenforsch., Abh. 857.

29. SOKOLOW, L. D.: Doklady Akademii Nauk SSSR 67, 459/462 (1949); vgl. Chem. Abstr. 44, 1866 (1950).

30. ALDER, J. F., and V. A. PHILLIPS: The effect of strain rate and temperature on the resistance of aluminium, copper and steel to compression. J. Inst. Metals 83, 80/86 (1954/55).

31. BRIDGMAN, P. W.: The stress distribution at the neck of a tension specimen. Trans. ASM 32, 553 (1944).

32. FORD, H.: Researches into the deformation of metals by cold rolling. Proc. Instn. Mech. Eng. 159, 115/143 (1948).

33. NADAI, A.: Theory of flow and fracture of solids. New York/Toronto/London 1950.

34. REIHLE, M.: Ein einfaches Verfahren zur Aufnahme der Fließkurven von Stahl bei Raumtemperatur. Arch. Eisenhüttenw. 32, 331/336 (1961).

35. MELLOR, P. B.: Stretch-forming under fluid pressure. J. Mech. Phys. Sol. 5, 41 (1956).

36. PANKNIN, W.: Der hydraulische Tiefungsversuch und die Ermittlung von Fließkurven. Dr.-Ing. Dissertation TH Stuttgart 1959.

37. SIEBEL, E., u. A. POMP: Die Ermittlung der Formänderungsfestigkeit von Metallen durch den Stauchversuch. Mitt. d. K.-Wilhelm-Inst. f. Eisenforsch. 9, 157/171 (1927), Abh. 80.

38. COOK, M., and C. LARKE: Resistance of copper and copper alloys to homogeneous deformation in compression. J. Inst. Metals 71, 371/390 (1945).

39. SACHS, G.: Einfluß der Probenhöhe auf den Stauchversuch. Z. Metallkde. 16, 55/58 (1924).
40. NADAI, A., and M. WAHL: Plasticity. New York/London 1931.
41. OROWAN, E.: The calculation of roll pressure in hot and cold flat rolling. Proc. Instn. Mech. Eng. 150, 140/167 (1943).
42. WATTS, A. B., and H. FORD: An experimental investigation of the yielding of strip between smooth dies. Proc. Instn. Mech. Eng. 1 B, 448 (1952/53); On the basic yield stress curve for a metal. Proc. Instn. Mech. Eng. 169, 1141/1156 (1955).
43. PAWELSKI, O.: Über das Stauchen von Hohlzylindern und seine Eignung zur Bestimmung der Formänderungsfestigkeit dünner Bleche. Arch. Eisenhüttenw. 38, 437/442 (1967); Mitt. d. Max-Planck-Inst. f. Eisenforsch., Abh. 1097.
44. KRISCH, A.: Die Verfestigung unter dem Härteprüfeindruck. VDI-Berichte Nr. 11, 59/63 (1957).
45. ROSSARD, C., et P. BLAIN: Une méthode de simulation par torsion permettant de déterminer l'influence sur la structure de l'acier de ses conditions de laminage a chaud. Rev. Métallurg. 59, 223/236 (1962).
46. HILL, R.: The mathematical theory of plasticity. Oxford, 1. Aufl. 1950, 2. Aufl. 1956.
47. THOMSEN, E. G., I. CORNET, I. LOTZE, and J. E. DORN: National Advisory Committee for Aeronautics, Technical Note Nr. 1552, Washington 1948.
48. KOBAYASHI, S., et al.: A critical comparison of metal-cutting theories with new experimental data. Trans. Amer. Soc. Mech. Eng., Series B, J. Eng. Ind. 82, 333/347 (1960).
49. PAWELSKI, O.: Beitrag zur Ähnlichkeitstheorie der Umformtechnik. Arch. Eisenhüttenw. 35, 27/36 (1964); Mitt. d. Max-Planck-Inst. f. Eisenforsch., Abh. 959.
50. BRILL, K.: Modellwerkstoffe für die Massivumformung von Metallen. Dr.-Ing. Dissertation TH Hannover 1963 und CIRP-Annalen XII, H 2, S. 69.
51. POMP, A., u. L. WALTHER: Einfluß der Stichabnahme und der Glühtemperatur auf die mechanischen Eigenschaften und das Gefüge von kaltgewalzten Feinblechen. Mitt. d. K.-Wilhelm-Inst. f. Eisenforsch. 11, 31/35 (1929), Abh. 118.
52. LUEG, W., u. A. POMP: Der Einfluß des Walzenwerkstoffes, der Walzgeschwindigkeit, der Bandbreite und einer voraufgegangenen Kaltverformung beim Kaltwalzen von Bandstahl. Mitt. d. K.-Wilhelm-Inst. f. Eisenforsch. 17, 219/230 (1935), Abh. 290.
53. POMP, A., u. W. PUZICHA: Kaltwalzen von Bandstählen hoher Festigkeit und ihre Eigenschaften. Mitt. d. K.-Wilhelm-Inst. f. Eisenforsch. 26, 13/36 (1943), Abh. 449.
54. POMP, A., u. A. LINDEBERG: Festigkeitseigenschaften und Gefügeausbildung von gezogenem Stahldraht in Abhängigkeit von der voraufgegangenen Wärmebehandlung. Mitt. d. K.-Wilhelm-Inst. f. Eisenforsch. 12, 39/54 (1930), Abh. 147.
55. POMP, A., u. W. BECKER: Kraftverbrauch und Werkstoffeigenschaften beim Ziehen von Stahldraht mit erhöhter Ziehgeschwindigkeit. Mitt. d. K.-Wilhelm-Inst. f. Eisenforsch. 12, 263/284 (1930), Abh. 161.
56. POMP, A., u. W. ALBERT: Einfluß des Kaltziehens auf die Festigkeitseigenschaften und das Gefüge von nahtlosen Stahlrohren verschiedener Vorbehandlung. Mitt. d. K.-Wilhelm-Inst. f. Eisenforsch. 9, 53/94 (1927), Abh. 75.
57. WALLBAUM, H. J.: Haupteigenschaften des unlegierten Kupfers, in: Werkstoffhandbuch Nichteisenmetalle III, 2. Aufl. 1960.

58. WEYHMÜLLER, R.: Die mechanischen Eigenschaften kaltgeformter Formteile. VDI-Berichte 87, Kaltumformung, 47/51 (1964).

59. WELLINGER, K., u. D. UEBING: Einfluß der Kaltverformung auf Härte und Festigkeit unlegierter Stähle. Maschinenmarkt 69, Nr. 39, 17/24 (1963).

60. POMP, A., u. S. Weichert: Einfluß der Walz- und Glühtemperatur auf die Festigkeitseigenschaften und das Gefüge von kaltgewalztem kohlenstoffarmen Flußstahl. Mitt. d. K.-Wilhelm-Inst. f. Eisenforsch. 10, 301/316 (1928), Abh. 112.

61. KÖRBER, F., u. K. WALLMANN: Einfluß des Walzgrades, der Walzendtemperatur und der Wärmebehandlung auf die mechanischen Eigenschaften, die Alterungsempfindlichkeit und das Gefüge von Grobblechen. Mitt. d. K.-Wilhelm-Inst. f. Eisenforsch. 12, 172/191 (1930), Abh. 156.

62. POMP, A., u. E. FANGMEIER: Über den Einfluß des Walzgrades, der Walztemperatur und der Abkühlungsbedingungen auf die mechanischen Eigenschaften und das Gefüge von kohlenstoffarmem Flußstahl. Mitt. d. K.-Wilhelm-Inst. f. Eisenforsch. 12, 245/261 (1930), Abh. 160.

63. POMP, A., u. W. LUEG: Walzversuche an kohlenstoff- und siliziumlegierten Stählen bei mittleren Temperaturen. Mitt. d. K.-Wilhelm-Inst. f. Eisenforsch. 15, 81/97 (1933), Abh. 226.

64. POMP, A., u. W. LUEG: Einfluß des Walzgrades, der Walztemperatur und des Dickenverhältnisses auf den Walzvorgang und die Festigkeitseigenschaften des Walzgutes beim Warmwalzen von mittelharten Kohlenstoffstählen. Mitt. d. K.-Wilhelm-Inst. f. Eisenforsch. 18, 183/204 (1936), Abh. 309.

65. BÜHLER, H., u. A. PEITER: Eigenspannungen im Stahl. Technische Rundschau, Heft 47, 1961.

66. FANGMEIER, R.: Untersuchungen über das Richten von Rundstäben in Zwei-Walzen-Richtmaschinen. Dr.-Ing. Dissertation TH Clausthal 1966.

67. Handbuch der Werkstoffprüfung, Bd. 2, Berlin/Göttingen/Heidelberg: Springer 1955.

68. POMP, A., u. M. HEMPEL: Dauerprüfung von Stahldrähten unter wechselnder Zugbeanspruchung. Mitt. d. K.-Wilhelm-Inst. f. Eisenforsch. 20, 1/14 (1938), Abh. 340.

69. SANDER, H. R., u. M. HEMPEL: Zug-Druck-Wechselfestigkeit und Eigenschaftsänderungen von Stählen nach Kaltverformung mit unterschiedlicher Geschwindigkeit. Arch. Eisenhüttenw. 23, 299/320 (1952); Mitt. d. Max-Planck-Inst. f. Eisenforsch., Abh. 556.

70. BÜHLER, H., u. H. BUCHHOLTZ: Über die Wirkung von Eigenspannungen auf die Schwingungsfestigkeit. Mitt. Forsch.-Inst. Verein. Stahlwerke, Dortmund 3, 235/248 (1933).

71. SINCLAIR, G. M.: An investigation of the coaxing effect in fatigue of metals. Proc. Amer. Soc. Test. Mater. 52, 743/758 (1952).

72. KORNFELD, H., u. W. RÄDEKER: Kerbschlagbiegeversuch; in: Werkstoffhandbuch Stahl und Eisen, 4. Aufl. 1965.

73. POMP, A., u. W. KNACKSTEDT: Die mechanischen Eigenschaften bei erhöhten Temperaturen gezogener Stahldrähte in Abhängigkeit von dem Ziehgrad, der Bearbeitungstemperatur und dem Kohlenstoffgehalt. Mitt. d. K.-Wilhelm-Inst. f. Eisenforsch. 10, 117/174, (1928), Abh. 104.

74. KAWAI, T.: The effect of cold-working on Young's modulus of plasticity. Sci. Techn. Rep. Tohoku Univ. 19, 209/234 (1930).

75. KAWAI, T.: On the change of the modulus of rigidity in different metals caused by cold working. Sci. Techn. Rep. Tohoku Univ. 20, 681/709 (1931).

76. KÖSTER, W., u. K. ROSENTHAL: Die Änderung von Elastizitätsmodul und Dämpfung bei der Verformung und Rekristallisation von Messing. Z. Metallkde. 30, 345/348 (1938).
77. ROSE, A.: Wärmebehandelbarkeit der Stähle. Stahl u. Eisen 85, 1229/1240 (1965); Mitt. d. Max-Planck-Inst. f. Eisenforsch., Abh. 1023.
78. RADCLIFFE, S. V., and E. B. KULA: Deformation, transformation and strength, in: Fundamentals of Deformation Processing. Syracuse/New York 1964.
79. ROSE, A., u. H. P. HOUGARDY: Möglichkeiten der Festigkeitssteigerung von Stahl durch thermomechanische Behandlung. Z. Metallkde. 58, 747/752 (1967).
80. IRANI, J. J., and P. R. TAYLOR: The effect of thermomechanical treatments on the properties and structures of alloy steels. The British Iron and Steel Research Association, Metallurgy Division Sheffield, 1966.
81. GRANGE, R. A.: Strengthening steel by austenite grain refinement. Trans. ASM 59, 26/48 (1966).
82. BREYER, N. N., and N. H. POLAKOWSKI: Cold drawing of martensitic steels to 400,000 psi tensile strength. Trans. ASM 55, 667/684 (1962).
83. LINDNER, H.: Massivumformen von Stahl zwischen 600 °C und 900 °C (Halbwarmschmieden). Fortschr.-Ber. VDI-Z 1966, Reihe 2, Nr. 7.

5 Massivumformung von Werkstücken

Mit Beiträgen von H. Bühler, H. Hertel, O. Kienzle, K. Lange, E. Schmidtmann und M. Vater

ausgearbeitet von K. Lange unter Mitwirkung von W. Pohl

Die „Massivumformung von Werkstücken" ist in der Einleitung gegenüber dem übrigen Teil der Umformtechnik abgegrenzt worden. Sie verfügt über die größte Skala von Formgebungsmöglichkeiten und bietet dadurch die größte Mannigfaltigkeit von Formen von der Stecknadel bis zum integralen Flugzeugflügel. Das ist nicht zuletzt ein Ergebnis des letzten Jahrzehnts, d. h. gerade des Zeitabschnitts, über den sich das Forschungs-Schwerpunktprogramm „Mechanische Umformtechnik" erstreckte.

An seinem Anfang lagen über die einzelnen Massiv-Umformverfahren erst wenige Forschungsergebnisse vor. Selbst der einfache Stauchvorgang war — im Gegensatz zum Zugversuch — noch wenig erforscht. Dasselbe gilt für die bekannten Verfahren des Gesenkschmiedens und das Fließpressen. Man hatte noch zu fragen, wieso und unter welchen Bedingungen die Erfolge der Praxis zustande kommen.

Die Untersuchungsziele erstreckten sich auf den Kraftbedarf, die Kinematik des Stoffflusses, die Reibungsverhältnisse, die Temperaturänderung und die Festigkeitsänderung während der Umformung sowie schließlich auf die Herstellgenauigkeit. Dazu kamen jüngere Entwicklungen wie Glattwalzen, Streckdrücken, Rundkneten sowie das früher gänzlich unbeachtete „Fügen durch Umformen".

Auf diesen Gebieten sind an insgesamt fünf Forschungsinstituten eine Reihe von Untersuchungen durchgeführt worden, über die im folgenden in sachlicher Ordnung berichtet wird — allerdings unter Auslassung der Werkzeugmaschinen der Umformtechnik, weil sie den Rahmen dieses Berichtes überschreiten würden.

5.1 Gemeinsame Gesichtspunkte

Die Gemeinsamkeit der Verfahren in theoretischer Hinsicht ist in den Kapiteln 1 bis 4 dargestellt. Aber auch in der Durchführung der Massiv-Umformverfahren bestehen viele Gemeinsamkeiten derart, daß das Studium einer Erscheinung an einem Verfahren Schlüsse auf die Anwendung bei anderen Verfahren zuläßt. Das gilt für:

a) Einflüsse der Paarung von Werkstückstoff und Werkzeugstoff;
b) Anwendung der Modelltechnik samt Einblick in die inneren Verformungsvorgänge;
c) Genauigkeitsfragen.

Diese Gesichtspunkte werden auch von der Wissenschaft für die verschiedenen Massiv-Umformverfahren gemeinsam betrachtet. Daher sind in den folgenden Abschnitten die Berichte hierüber den Fortschritten bei den einzelnen Verfahren vorangestellt.

5.1.1 Einflüsse von Werkstückstoffen und Werkzeugstoffen

Für die optimale Auslegung von Umformvorgängen und für die Vorausberechnung der benötigten Werkzeuge und Maschinen kommen in erster Linie in Betracht:

a) die erforderlichen Kräfte und Arbeits-Beträge;
b) die Kinematik des Fließvorganges (optimale Verfahrensgeometrie, Vermeidung von Falten, Rissen, Stellen fehlenden Stoffes).

Dazu kommt für die wissenschaftliche Erforschung der Umformverfahren die Frage nach der zeitlichen Änderung der Formänderungs- und Spannungszustände, die stark von den Randbedingungen abhängen.

Die Umformkräfte werden entweder integral gemessen (durch Dehnungsmessungen an den Maschinen oder an eingebauten Kraftmeßkörpern) oder sie werden berechnet. Dazu liefert uns die Plastizitätstheorie Ansätze für einfache Vorgänge, wobei auch die Richtungen der auf die Werkzeuge wirkenden Kräfte erkennbar werden (Kap. 1).

Die Abhängigkeit der Fließspannung von den Werkstoffen entnehmen wir aus den Fließkurven (s. Kap. 4), wobei sowohl die Temperatur des noch nicht umgeformten Werkstücks als auch ihre Änderung im Verlauf der Umformung zu berücksichtigen sind. Einen weiteren Weg betrat man in jüngerer Zeit, indem man die Kräfte näherungsweise an Modellen bestimmte (s. Abschnitt 5.1.2).

Die Kräfte sind in der Massiv-Umformung oft ungewöhnlich hoch, so daß auch hochwertige Werkzeugstoffe ihr nicht standhalten. Für das Fließ- und Strangpressen, auch für gewisse Schmiedegesenke, hat man daher Hohlwerkzeuge so konstruiert (armiert), daß die tangentialen Zugspannungen am Innenrand durch Druckvorspannungen abgebaut werden.

5.1.1.1 Armierung von Werkzeugen. Durch Umhüllen einer Werkzeugmatrize mit einem aufgepreßten oder aufgeschrumpften Stützring läßt sich die Belastbarkeit durch Innendruck im Grenzfall verdoppeln. Zu den bei diesem Verfahren auftretenden Problemen gibt es eine Reihe von Veröffentlichungen.

1959 berechnet H.-J. Friedewald [1] unter der Annahme eines ebenen Spannungszustandes die sog. optimale Aufteilung zwei- und mehrteiliger Preßpassungen, die optimalen Fugendurchmesser und erforderlichen Haftmaße. Er unterscheidet dabei zwei Belastungsfälle:

a) Innen- und Außenring(e) werden beim höchsten Innendruck gerade bis zu ihrer Streckgrenze beansprucht;

b) der Innenring wird nicht durch tangentiale Zugspannungen beansprucht, z. B. wenn er aus Sinter-Hartmetall besteht oder wenn er geteilt ausgeführt ist (Bild 5.1).

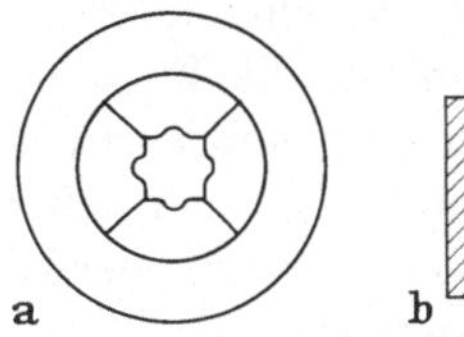

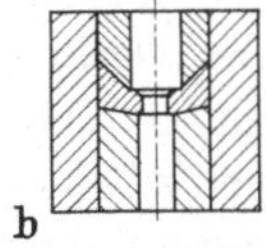

Bild 5.1 Armierte Umformwerkzeuge. a) mit radialen Fugen; b) mit Stoßfugen.

Der Verfasser läßt für Innen- und Außenteil unterschiedliche Elastizitätsmoduli zu und berechnet die Vergleichsspannungen nach der Gestaltänderungsenergiehypothese und der Schubspannungshypothese. Im experimentellen Teil seiner Arbeit behandelt J.-H. Friedewald auch den Einfluß des Verhältnisses der Druckraumhöhe zu den übrigen Abmessungen des Werkzeughohlraumes. Es zeigt sich, daß die Belastbarkeit in Abhängigkeit vom Durchmesserverhältnis von Innen- und Außenring vergrößert werden kann, wenn die wirkliche Druckraumhöhe gegenüber der Werkzeughöhe gering ist.

K. Grüning [2] geht einen Schritt weiter; er berechnet unter der Annahme eines ebenen Spannungszustandes nach der Schubspannungshypothese aus den zulässigen Belastungen der einzelnen Ringe durch Überlagerung die Belastbarkeit eines n-fachen Preßpassungsverbandes (Bild 5.2). Alle Ringe des Verbandes, die gleichen E-Modul haben, sollen

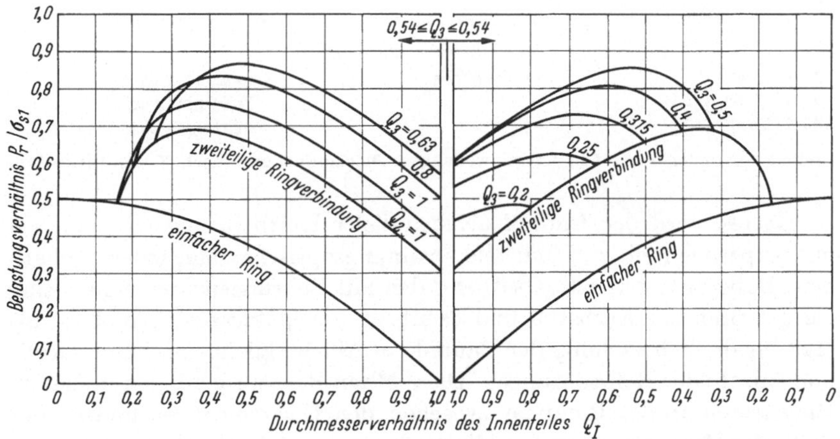

Bild 5.2 Zulässiges Belastungsverhältnis eines dreiteiligen Blockaufnehmers in Abhängigkeit vom Durchmesserverhältnis des Innenteiles. Q = Innendurchmesser/Außendurchmesser (nach K. Grüning [2]).

dabei gleichzeitig durch Erreichen der Streckgrenze versagen. Der Verfasser optimiert die Aufteilung des n-fachen Verbandes und errechnet für Fügen von innen nach außen die erforderlichen Fugendrücke und damit die Haftmaße in den einzelnen Fugen. Die Haftmaßtoleranzen müssen wie auch nach H.-J. FRIEDEWALD sehr gering sein (I T 7 bis I T 6), da sonst die Belastbarkeit des Verbandes verringert wird.

Da sich K. GRÜNING besonders mit den Problemen des Strangpreßaufnehmers auseinandersetzt, wird weiterhin der Einfluß des Temperaturgradienten auf die Fugenpressungen und damit auf die Belastbarkeit des Gesamtverbandes ermittelt. Es wird gezeigt, daß ein Temperaturgefälle von innen nach außen und die daraus folgenden Wärmespannungen zu einer Erhöhung der Belastbarkeit des Aufnehmers genutzt werden kann (Bild 5.3).

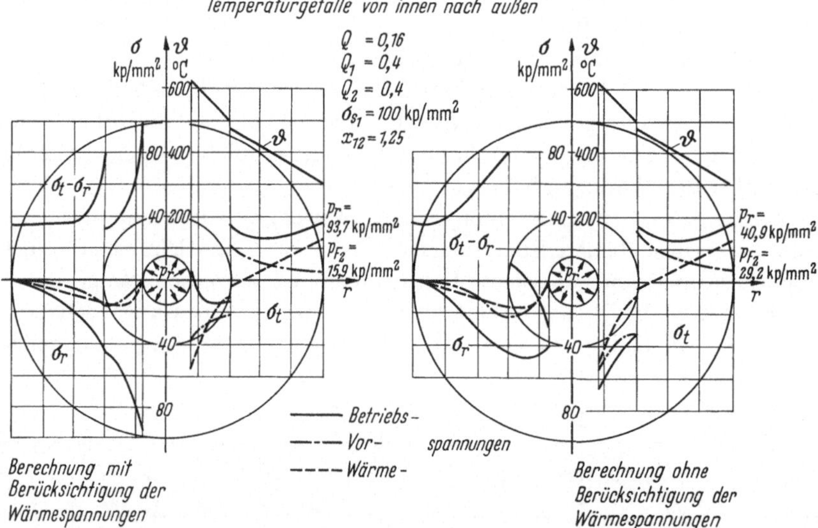

Bild 5.3 Spannungsverlauf in einem zweiteiligen Blockaufnehmer (nach K. GRÜNING [2]).

Ebenso wird der Einfluß achsparalleler Heizbohrungen theoretisch und experimentell, z. T. mittels spannungsoptischer Methoden, behandelt. Dabei betrachtet K. GRÜNING den mit Bohrungen versehenen Ring als gekrümmten Kerbstab und ermittelt Formfaktoren α_F und α_B als Maß für die Schwächung der Bauteile in Abhängigkeit von Lage, Größe und Anzahl der Heizbohrungen. Die größten Beanspruchungen in diesem Ring treten an der Preßfuge zwischen den Heizbohrungen und an der Stelle der Heizbohrungen auf, die der Fuge am nächsten liegen (Bild 5.4).

Für hochbeanspruchte Werkzeuge gibt E. SCHULZ [3] eine Anleitung zur Berechnung der nötigen Vorspannung, insbesondere für das Fließpressen, wobei der Verband von außen nach innen gefügt wird. Er beschränkt sich dabei auf einfache und doppelte Armierungen. Die Überlegungen zur Rechnung sind denen von K. GRÜNING ähnlich. Eine Abschätzung der Auswirkungen von z. B. konstruktiv bedingten Abweichungen vom optimalen Fugendurchmesser auf die Belastbarkeit des Gesamtverbandes zeigt, daß der Fugendurchmesser ohne große Schwächung des Werkzeuges in einem ziemlich weiten Spielraum verändert werden kann.

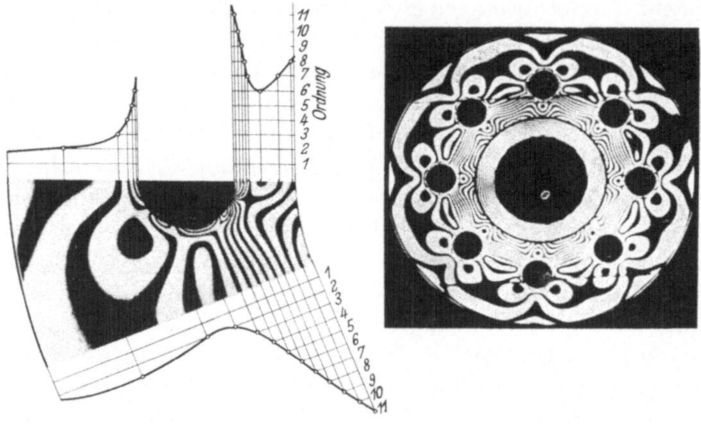

Bild 5.4 Beanspruchung in einem Modellring (nach K. GRÜNING [2]).

Im Hinblick auf Reduzier - (Verjüngungs) - Matrizen ermittelt P. BURGHOLTE [4] die Spannungsverteilung in einfachen Armierungen. In seiner Rechnung greift er in zwei Punkten über die bisherigen Arbeiten hinaus. So vergleicht er erstens die Annahmen des ebenen Spannungs- und des ebenen Verzerrungszustandes und zeigt, daß letzterer wirklichkeitsnäher ist. Zweitens führt er die Rechnung über den elastischen Bereich hinaus in den Bereich des Fließens. Mit Hilfe des Sachsschen Ausbohrverfahrens wird der sich in den Preßverbänden einstellende Spannungszustand experimentell ermittelt.

G. ADLER und K. R. WALTER [5] weisen anhand der Ergebnisse der Burgholteschen Versuche nachdrücklich auf die Problematik aller Berechnungen bei Preßpassungsverbänden hin. Sie fanden, daß die durch Wärmebehandlung (Härten, Anlassen) entstehenden Eigenspannungen oft so groß (bis 30 ... 40% der Streckgrenze) sind, daß eine Rechnung ohne Berücksichtigung dieser Spannungen, die aber heute noch nicht berechnet werden können, erhebliche Unsicherheiten in sich schließt.

In Weiterführung der bisherigen Arbeiten geben sie aber eine Lösung des Problems des n-fachen Verbandes für Fügen von außen nach innen an, und zwar sowohl für den Fall der Belastung aller Ringe bis zur Streckgrenze als auch für die zusätzliche Bedingung, daß der Innenring keine

Zugspannungen aufnehmen darf. Dabei werden ebener Spannungszustand und gleicher E-Modul für alle Ringe angenommen. Für die einfache und doppelte Armierung werden einfache Berechnungsformeln und -schaubilder angegeben.

5.1.1.2 Widerstand gegen Verschleiß. Der Widerstand der Werkzeugstoffe gegen Verschleiß, der von den verschiedensten Faktoren beeinflußt wird, ist für die Wirtschaftlichkeit eines Fertigungsverfahrens entscheidend. Umformwerkzeuge werden insbesondere durch Druck, Reibung, Dauertemperatur, Temperaturspitzen und die zeitlichen und örtlichen Temperaturänderungen beansprucht. Bei den Schadensursachen muß zwischen mechanischer Beanspruchung (Verformen, Gewaltbruch, Ermüdungsbruch), thermischen Beanspruchungen (Temperaturwechselrisse) und dem eigentlichen Verschleiß (Stoffabtrag) unterschieden werden. Die Verschleißforschung hat sich dieses Werkzeugverschleißes, der unter den sehr hohen Umformdrücken vor sich geht, noch kaum angenommen. Um welche Drücke es sich größenordnungsmäßig handelt, läßt sich aus den Fließkurven abschätzen (s. Kap. 4), wenn man bedenkt, daß die Drücke bei verwickelten Formen auf das Mehrfache der Fließspannung ansteigen können. Dies wiederum ruft hohe Reibspannungen hervor, die durch die Schmierung beeinflußt werden. Da hierbei auch die Oberflächenrauheit ins Spiel kommt, werden die Reibungsfragen im Kap. 7 näher behandelt.

Eingehende Untersuchungen sind an Schmiedegesenken für Stahlwerkstücke gemacht worden. Zunächst ist die Feststellung von O. Kienzle [6], daß sich an einem verschlissenen Gesenk dreierlei Verschleißzonen finden, an Gesenken für Aluminiumwerkstücke [7, 21] bestätigt worden. Es sind dies:

a) die Druckzone, in der reiner Druck herrscht;
b) die Schubdruckzone, in der zum Druck eine Schubbeanspruchung tritt und Haftreibung ohne Gleiten herrscht, gekennzeichnet durch eine Schuppen- und Rißbildung; (vergl. Haftzone [51] S. 223).
c) die Gleitreibungszone, in der der Werkstückstoff an der Gravurwand entlang gleitet und mit fortschreitender Stückzahl Verschleißriefen in Gleitrichtung hervorruft.

Hierbei spielt die Temperatur eine wichtige Rolle. Sie wurde von G. Beck [8—10] untersucht und auch von H.-J. Stöter [79] gemessen. G. Beck unterscheidet innerhalb eines Arbeitsspiels folgende drei Abschnitte, in denen der Wärmeübergang verschieden ist:

1. Die Liegezeit t_1 ohne äußere Krafteinwirkung;
2. die Druckberührzeit t_2, die sich aus der Umformzeit t_2' und der Zeit des Aufruhens von Bär oder Stößel samt Obergesenk t_2'' zusammensetzt und
3. die zweite Liegezeit t_3 ohne äußere Krafteinwirkung.

Es gelang ihm, die zeitliche und örtliche Temperaturverteilung innerhalb der Stauchbahn zu messen und diese Werte auf die Werkzeugoberfläche zu extrapolieren.

Die Liegezeiten t_1 und t_3 können in ihrem Einfluß auf die Gesenkdauertemperatur vernachlässigt werden. Dagegen ist die Druckberührzeit von entscheidender Bedeutung, da der Wärmeübergang bei hohen Drükken stark anwächst. Es werden im Zeitabschnitt t_2' Werte erreicht, die 20- bis 30mal so groß sind wie in den Liegezeiten t_1 und t_3; als mittlere Wärmeübergangszahl wurde $\alpha = 6000$ kcal/m²h grd ermittelt.

In der Umformzeit erfolgt deshalb in fast allen Fällen die stärkste Abkühlung des Schmiedestückes und die größte Erwärmung des Gesenks. Daraus ergeben sich folgende Forderungen:

1. Gesenk vorwärmen, um die Temperaturdifferenz klein zu halten;
2. möglichst geringe Temperaturspitzen;
3. die Umformdauer so kurz wie möglich halten.

G. Beck konnte aufgrund seiner Untersuchungen Berechnungsgrundlagen sowohl für die Schmiedestückabkühlung als auch für die Gesenkerwärmung aufstellen, die für die Weiterentwicklung der Gesenkstähle wissenswert sind. Hierzu untersuchte E. Wetter [11] unter Betriebsbedingungen den Einfluß der Legierungselemente Wolfram und Molybdän auf das Verschleißverhalten. Er schrumpfte Stifte aus verschiedenen Versuchswerkstoffen in die rotationssymmetrische Gravur von Trägergesenken ein und erhielt damit identische Verschleißangriffe. Trotzdem beeinflussen sich diese in ein Trägergesenk eingebauten Versuchswerkstoffe hinsichtlich ihres Verschleißes wechselseitig. Der gemessene Verschleiß entspricht nicht dem, der sich einstellen würde, wenn das Gesenk nur aus einem Werkstoff bestehen würde. Zum Ausgleich hat der Verfasser einen Verschleißfaktor $k_{\text{Ä}}$ = Wolframäquivalent × Verschleißbetrag eingeführt, der für jeden Werkstoff bei gleichen Schlagzahlen und Verschleißbedingungen gleichbleibt und die Umrechnung auf den absoluten unbeeinflußten Verschleiß ermöglicht (Wolframäquivalent). Der Verschleiß wurde an Schwefelabgüssen als örtliche Maßänderung ermittelt — die Verschleißkurven aller untersuchten Werkstoffe waren einander ähnlich und ergaben, daß hinsichtlich des Verschleißes Wolfram und Molybdän im Verhältnis 2 : 1 ausgetauscht werden können. Dieses hat F. T. Netthöfel [12] bestätigt; dagegen stellte er keine gegenseitige Beeinflussung des Verschleißverhaltens von eingeschrumpften Stiften aus unterschiedlichen Werkstoffen fest.

Außerdem ergaben E. Wetters Versuche, daß der Verschleiß hyperbolisch mit wachsendem Wolframäquivalent abnimmt. Die Anlaßbeständigkeit steigt bei konstantem Molybdängehalt mit wachsendem Wolframgehalt bis zu einem Wolframäquivalent von 5%. Der Verschleiß sinkt dabei auf etwa ein Drittel des ursprünglichen Wertes. Mit steigendem Wolframäquivalent fällt der Verschleiß noch weiter ab, bis er bei 3% Molybdän und 6% Wolfram einen um nochmals 50% geringeren Wert annimmt (Bild 5.5). E. WETTER führt diese Erscheinung auf den steigenden Gehalt an ungelösten Karbiden zurück.

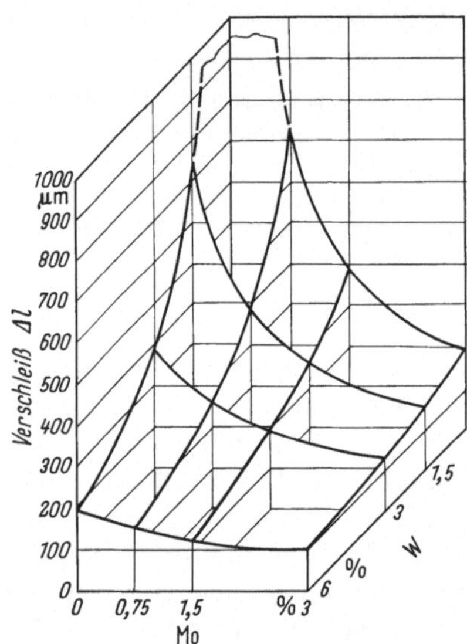

Bild 5.5 Einfluß von Wolfram und Molybdän auf den Verschleiß. Versuchswerkstoff: 0,4% C, 2,5% Cr, 0,5% V, Schlagzahl $z = 6000$ (nach E. WETTER [11]).

Als wesentliche Kenngröße für den Verschleiß sieht F. T. NETTHÖFEL die Warmfestigkeit und die Anlaßbeständigkeit des Gesenkwerkstoffes an. Er führt damit den Temperatureinfluß auf einen Festigkeitseinfluß zurück. Den Einfluß anderer Legierungselemente auf das Verschleißverhalten schätzte er ab. Danach haben Nickel und Kobalt keinen und Kohlenstoff nur einen vernachlässigbar kleinen Einfluß auf den Verschleiß, Vanadin und Chrom vermindern dagegen den Verschleiß. Damit ergibt sich folgende Austauschbeziehung V : Mo : W : Co = ~5,5 : 2 : 1 : 0,1. Verschleißmindernde Wirkung haben demnach nur die Karbidbildner.

Eine Frage des Werkzeugverschleißes liegt auch in der Wahl zwischen spanender und elektroerosiver Bearbeitung der Gesenke. Das Verschleißverhalten von Gesenken, die nach diesen beiden Verfahren hergestellt worden waren, haben H. W. OBRIG und H. ZABEL [13] verglichen. Sie fanden, daß die Verschleißmenge zwar gleich groß, die örtliche Verteilung im Gesenk jedoch unterschiedlich ist. Das führen sie auf die verschiedenartigen Oberflächen und den dadurch unterschiedlichen Werkstofffluß beim Schmieden zurück.

Wenn sie auch trotz geringer Anzahl von Versuchsgesenken fanden, daß bei funkenerosiv hergestellten Gesenken wahrscheinlich keine besseren Standmengen zu erwarten sind, so ist doch wichtig, daß sie sich nicht ungünstiger verhalten. Dadurch kommt man in den Genuß erheblicher wirtschaftlicher Vorteile der Funkenerosion von Gesenken, da hierbei keine Handarbeit benötigt wird, hochfeste Stähle bearbeitet werden können und das Nachsetzen verschlissener Gesenke billiger wird.

Die Wahl des Werkzeugstoffes kann noch von einer anderen Seite angegangen werden, nämlich der Beschichtung der Gravuren mit verschleißfesten Werkstoffen. Die günstige Wirkung von Hartchromüberzügen auf Oberflächen von Schmiedegesenken für Stahl haben K. LANGE, H. MEINERT und H. AREND [14, 15] untersucht. Der Verschleißwiderstand wird von den Abscheidebedingungen und der Schichtdicke beeinflußt. Die Haftfestigkeit und Zähigkeit der Hartchromschicht können durch geeignete Wärmenachbehandlung verbessert werden. Durch diese Maßnahmen werden 2- bis 3-fache Standmengen gegenüber üblichen Gesenken erzielt.

Einen anderen Weg ging H. MEYER-NOLKEMPER [83], nachdem verschleißfeste Metall-Legierungen bekannt geworden waren, die sich aufspritzen lassen. Er untersuchte die Eigenschaften und die Verschleißfestigkeit von Hastelloy (NiCrMo-Legierung), Colmonoy (NiCrB-Legierung) und Akrit (CoCrW-Legierung), indem er in runde Schmiedegesenke aus verschiedenen Gesenkstählen an gegenüberliegenden Stellen jeweils Paare jedes Verschleißwerkstoffes einsetzte. So wurden sie alle, wie auch der jeweilige Gesenkstahl in identischer Weise beansprucht. Bild 5.6 zeigt

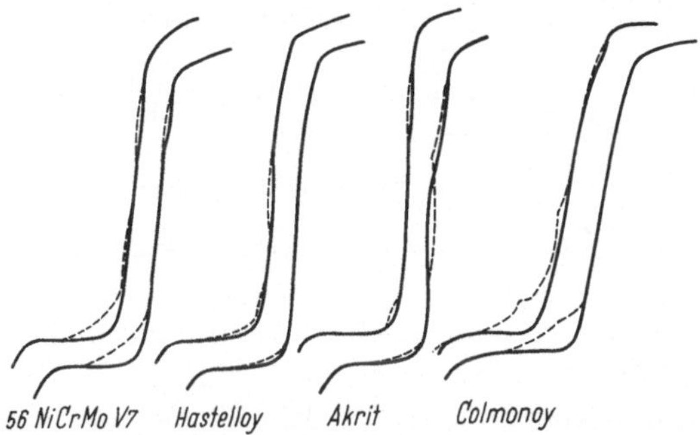

Bild 5.6 Verschleiß eines hochlegierten Stahles und dreier aufgetragener Werkstoffe an der Gesenkwand und der Gratbahn vor (—) und nach (— —) dem Schmieden von 2700 Stahlwerkstücken in einer Schwungrad-Spindelpresse (M 4 : 1) (nach H. MEYER-NOLKEMPER [83]).

den Verschleiß an der Gesenkwand und der Gratbahn nach dem Schmieden von 2700 Stahlwerkstücken. Erwähnenswert ist, daß verschiedene Kombinationen Gesenkstahl — Verschleißstoff zur Rißbildung im Grundwerkstoff neigten.

Auch von seiten des Werkstückes kann ein Einfluß der Verschleißminderung am Fertiggesenk ausgehen. Wenn man nämlich eine solche Zwischenform wählt, daß sich der Werkstoff beim Fertigschlag an die Gesenkwand eher heranwälzt, anstatt an ihr entlangzugleiten, dann geht, wie K. LANGE [16, 17] (Bild 5.7) zeigt, der Verschleiß erheblich zurück. Daneben haben Fehler am Schmiedestück und am Werkzeug, die Arbeitsfolge und die Genauigkeit der Ausgangs- und Zwischenform einen Einfluß auf den Verschleiß.

Schließlich kommt es auch auf den Zwischenstoff zwischen Werkstück und Werkzeug, d. h. vor allem auf die Schmierung an. H. TOLKIEN [18, 19] hat unter gleichbleibenden Versuchsbedingungen verschiedene Schmierstoffe, darunter Sägemehl, in bezug auf Verschleißminderung nach Qualität und Menge untersucht. Das Ergebnis beim Schmieden von Stahlwerkstücken ist in Bild 5.8 dargestellt.

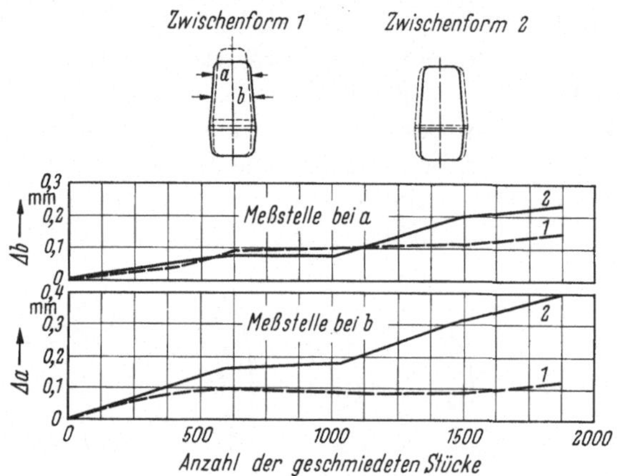

Bild 5.7 Gesenkverschleiß bei verschiedener Querschnittsverteilung (nach K. LANGE [16]).

Wenn sich diese Arbeiten auch auf den Verschleiß von Schmiedegesenken beschränken, so ist damit doch eine der stärksten Verschleißarten in der Umformtechnik erfaßt. Ein allgemeiner wissenschaftlicher Wert liegt in der Erkenntnis, wie das Problem auch bei anderen Verfahren von vielen Seiten anzugehen ist.

Für die Kaltumformung sind keine eigentlichen Verschleißuntersuchungen bekannt geworden. Indes zeigen O. KIENZLE und K. MIETZNER [21] die mikrogeometrische Veränderung der Werkzeugoberflächen bei verschiedenen Werkzeugstoffen und Umformverfahren.

5.1.2 Modelltechnik

Die in 5.1.1. erwähnte Vorausbestimmung von Umformkräften und Werkstofffluß ist am Werkstück selbst oft aus verschiedenen Gründen teuer und schwierig, bisweilen sogar unmöglich. Das liegt bei der Kaltumformung an den großen Kräften, bei der Warmumformung an den hohen Temperaturen. Dann bedient man sich eines Modelles, bei dem je nach Lage des Falles die Größe oder der Werkstoff verändert wird. Die Modelltheorie ist Sache der Mechanik. Hier interessiert die Modelltechnologie und ihre Anwendung auf bestimmte Verfahren [22].

Der Aufgabe, Modellwerkstoffe für die Warmumformung von Stahl (C 15) zu finden, wandte sich K. BRILL [23, 24] zu. Er untersuchte Paraffinwachs, Modellwachs, Modellierknetmasse, Polystyrol, Polymethylmetacrylat, Natrium, Aluminium und Blei darauf hin, ob sie nicht nur ähnliche Fließkurven in Abhängigkeit von der Formänderungsgeschwindigkeit, sondern auch einen ähnlichen Werkstofffluß und gleiches Reib-

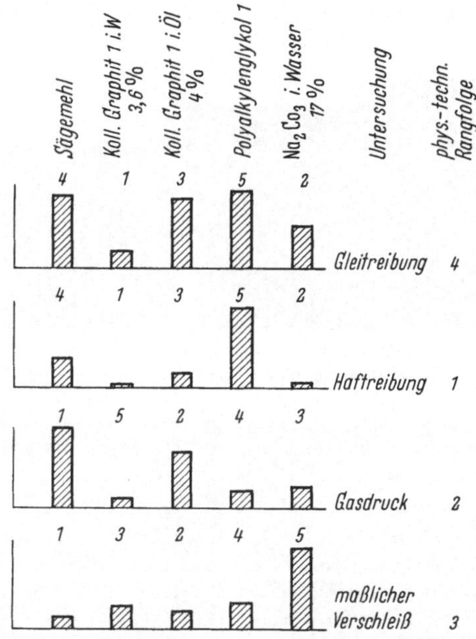

Bild 5.8 Rangfolge von Schmierstoffen beim Gesenkschmieden von Stahl in bezug auf Reibung, Gasdruck zum Lüften des Werkstücks und Gesenkverschleiß (nach TOLKIEN [18]).

verhalten zeigen. Kein Modellwerkstoff erfüllte zugleich alle Erfordernisse (Modellähnlichkeit der Fließkurven s. Kap. 4, S. 172). Modellwerkstoffe, die sich hinsichtlich der Fließkurven als günstig erwiesen, befriedigten aber nicht ebenso in Bezug auf die innere Verformungskinematik. Das weist darauf hin, daß bei ein und demselben Umformverfahren für verschiedene Fragestellungen auch verschiedene Modellwerkstoffe notwendig sein können. Glücklicherweise sind Fließkurven und Reibgrößen der Modellwerkstoffe durch die Wahl geeigneter Versuchsbedingungen (Rauheit, Temperatur) in einem weiten Bereich veränderlich. Da aber über den am Original auftretenden Reibwert nur schwer Voraussagen gemacht werden können, ergeben sich für die Übertragbarkeit der Messungen an Modellwerkstoffe gewisse Schwierigkeiten.

K. BRILL fand beim ebenen Stauchen und Gesenkpressen, daß die Reibung für den Verlauf des Umformvorgangs und die Formänderungsverteilung die Haupteinflußgröße ist. Dagegen haben strukturbedingte Werkstoffeigenschaften (Umformtemperatur und die Umformgeschwindigkeit) einen vergleichsweise geringen Einfluß auf die Formänderungsverteilung. Modellwachs, Paraffin, Plastilin, Natrium und Blei zeigen bei den meisten untersuchten Verfahren ein weitgehend ähnliches Verhalten. Nur beim Eindringen scharfer Kanten und beim ebenen Gesenkpressen werden beim Steigen in die Gravur größere Abweichungen festgestellt.

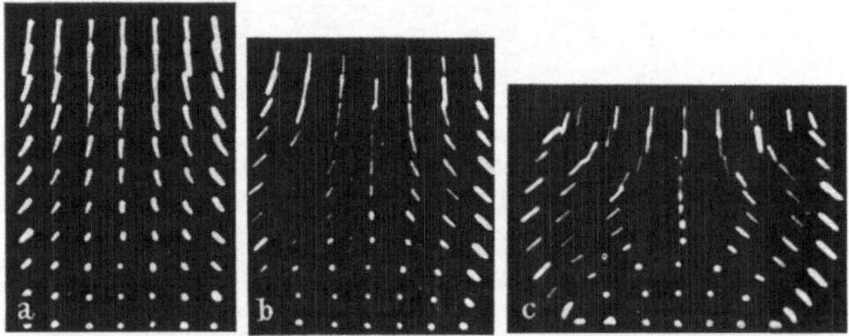

Bild 5.9 Geschwindigkeitsfelder beim Stauchen (nach K. BRILL [23]). a) im Anfang der Umformung; b) bei fortgeschrittener Umformung; c) vor Ende der Umformung.

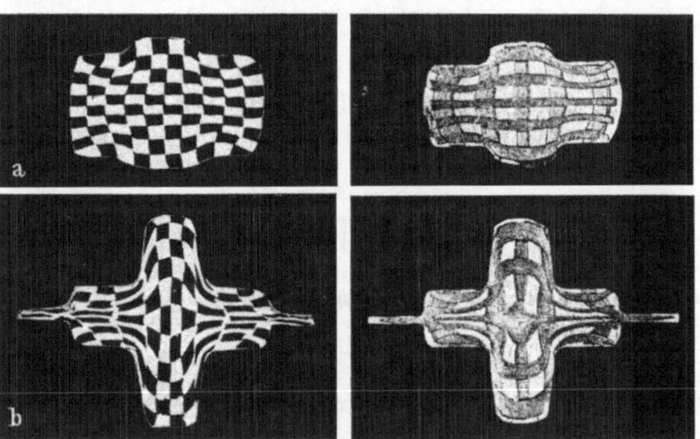

Bild 5.10 Fließmuster beim Gesenkpressen; links: Plastilin, ohne Schmierung, ϑ = 20 °C; rechts: C 15, mit Schmierung = 1180 °C (nach K. BRILL [23]). a) im Anfang der Umformung; b) am Ende der Umformung.

Einen interessanten Beitrag zum Sichtbarmachen der Formänderungsverteilung brachte K. BRILL, indem er bei ebenen und axialsymmetrischen Vorgängen auf das geteilte Modell ein Raster von Leuchtpunkten (durch ultraviolettes Licht zum Leuchten angeregte Zinksulfid-Punkte) setzte („Leuchtraster-Verfahren"). Durch fotografische Aufnahmen der Rasterverzerrung lassen sich bei der Umformung die Bahnkurven und Geschwindigkeitsfelder registrieren (Bild 5.9). Beim axialsymmetrischen Gesenkpressen zeigt sich im Vergleich zwischen Stahl und Plastilin eine gute Übereinstimmung in der Formänderungsverteilung (Bild 5.10), wie sie bei Blei bekannt ist.

Die am Bleimodell nach dem „Leuchtraster-Verfahren" aufgenommenen Bahnkurven stimmen gut mit den im Stufenstauchversuch bei Stahl ermittelten überein. Auffällig ist dabei die durch das Steigen in die Gesenkgravur hervorgerufene Bewegungsumkehr einiger Punkte. Rückschlüsse auf den Werkstofffluß lassen sich also aus Modellversuchen mit hinreichender Genauigkeit ziehen.

An Wachsmodellen untersuchten H. Hertel und Mitarbeiter [25] den Umformvorgang beim direkten und indirekten Strangpressen, wobei an Aluminium als Hauptwerkstoff gedacht war. Anhand eines verformten Linienrasters werden im umgeformten Block vier verschiedene Bereiche gegeneinander abgegrenzt (Bild 5.11): Anlauf — Bereich gleichbleibenden Spitzenabstandes des Fließprofils — Auslauf — Preßrest. Nach Versuchen mit verschiedenen Matrizendurchmessern sind Anlauf, Auslauf und Preßrest im Bereich $0{,}06 \leq d_1/d_0 \leq 0{,}35$ vom Durchmesserverhältnis d_1/d_0 unabhängig.

Weiterhin wurde im Aufnehmer die Grenze zwischen einem Ruhe- und einem Zulaufbereich sichtbar gemacht. Nur im Zulaufbereich, der von Preßgeschwindigkeit, der Preßtemperatur und im genannten Bereich ebenfalls vom Durchmesserverhältnis d_1/d_0 unabhängig ist, wird der Werkstoff umgeformt, während er im Ruhebereich noch starr ist. Interessant ist die Geschwindigkeitsverteilung in der Umformzone, wobei deutlich zwei Zonen unterscheidbar sind, nämlich das Hauptfließgebiet ($v/v_S \geq 1$) und das seitliche Zulaufgebiet ($v/v_S < 1$) (Bild 5.12).

Die Modellversuche zeigten ferner, daß die Größe des Preßrestes mittels kegeliger Matrizen und durch entsprechende Stempelgestaltung wesentlich verringert wird und Falten vermieden werden können (Bild 5.13).

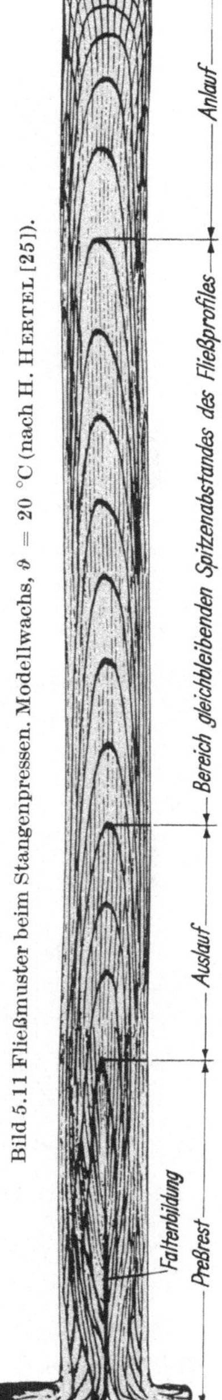

Bild 5.11 Fließmuster beim Stangenpressen. Modellwachs, $\vartheta = 20\ °C$ (nach H. Hertel [25]).

Eine günstige Gesenkbeanspruchung und ein gleichmäßiges Gefüge werden beim Gesenkpressen einer Tragflügel-Teilschale aus Modellwachs nach H. Hertel und Mitarbeitern durch Fließschrägen von 2—4° und

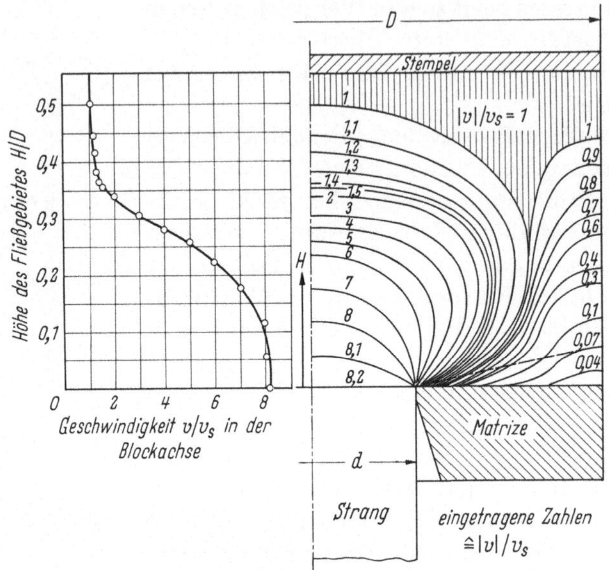

Bild 5.12 Geschwindigkeitsverteilung in der Blockachse beim Strangpressen, Modellwachs, $\vartheta = 20$ °C (nach H. Hertel [25]).

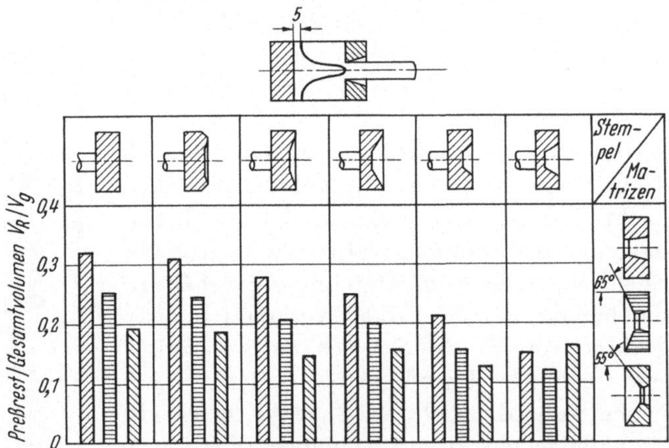

Bild 5.13 Ausbildung des Preßrestes beim Strangpressen, Modellwachs, $\vartheta = 20$ °C (nach H. Hertel [25]).

Aushebeschrägen von 2—5° erzielt. Schwierig ist oft der Stofffluß in dünnen Stegen weil im Einlauf in die Stegwurzel die Gefahr einer Auffaltung besteht. Diese läßt sich aber durch eine örtliche Stoffanhäufung unter den Stegen verhindern (Bild 5.14).

Hinsichtlich der erforderlichen Preßkraft für die Tragflügel-Teilschale und gleichmäßiger Umformung ließ der Modellversuch erkennen, daß gratloses Pressen günstiger ist als das Pressen mit Grat, da bei letzterem der Gratabfluß in der Nähe der Gesenkwand zu einer starken Verschiebung der Gitterlinien führt (Bild 5.15). Stellt man dem Fertigpressen eine Zwischenformung voran, so erfährt der Werkstoff infolge der Vorverteilung der Massen eine geringere Querbewegung. Dies stimmt mit den Beobachtungen von SPIES [37] an Gesenkschmiedestücken aus Stahl überein.

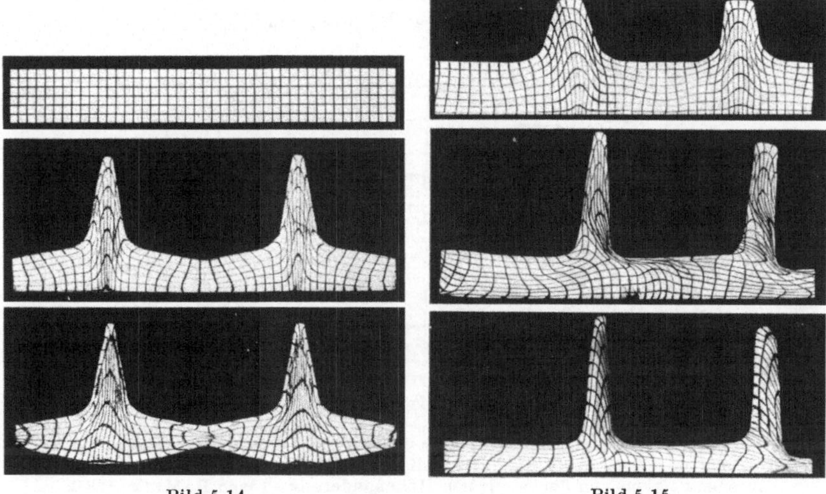

Bild 5.14 Bild 5.15

Bild 5.14 Fließmuster in einer Trapezplatte, Modellwachs (nach H. HERTEL [25]).
Bild 5.15 Fließmuster in einer Trapezplatte beim Pressen mit und ohne Zwischenformung, Modellwachs (nach H. HERTEL [25]).

Für die Umrechnung der Preßkräfte vom Modellversuch auf die Hauptausführung hat P.-J. HEUER [26] eine Umformkennzahl vorgeschlagen, die vom Werkstoff unabhängig ist. Sie hängt von einer frei wählbaren Bezugsgeschwindigkeit — möglichst einer charakteristischen Geschwindigkeit — ab und kann durch Versuche ermittelt werden.

5.1.3 Genauigkeitsfragen

Je mehr die Umformtechnik in die Endfertigung vordringt (s. Kap. 0), desto wichtiger wird die Genauigkeit der umgeformten Werkstücke. Die allgemeine Genauigkeitslehre ist hoch entwickelt [27]. In geometrischer Hinsicht unterscheidet sie zwischen Maßgenauigkeit, Formgenauigkeit, Lagegenauigkeit und Oberflächengenauigkeit. Diese Lehre ist am weitestgehenden bei abgespanten Werkstücken verwirklicht; diese gehen in Gestalt von Werkzeugen in die Umformtechnik ein. Diese selbst führt i. a. nicht zu hohen Werkstückgenauigkeiten; immerhin können wir einzelne Kaltumformverfahren, wie das Gewindewalzen, das Rundkneten auf geschliffenen Dornen (s. Abschnitt 5.3.2) und das Maßprägen den Genauigkeitsverfahren zurechnen.

Die Schwierigkeit liegt weniger in den Ungenauigkeiten der Werkzeuge, als vielmehr in den schwer beherrschbaren elastischen Dehnungen von Werkzeugen und Maschinen, sowie im Werkzeugverschleiß. Eine wissenschaftliche Studie über das Maßprägen (Genaustauchen) hat R. MEIER [28] angestellt. Wenn man zwischen ebenen Bahnen Werkstücke, deren Ober- und Unterseite parallel sind, prägt, so wird deren Lagefehler (Unparallelität) durch gleich hohe Anschlagstücke abgefangen.

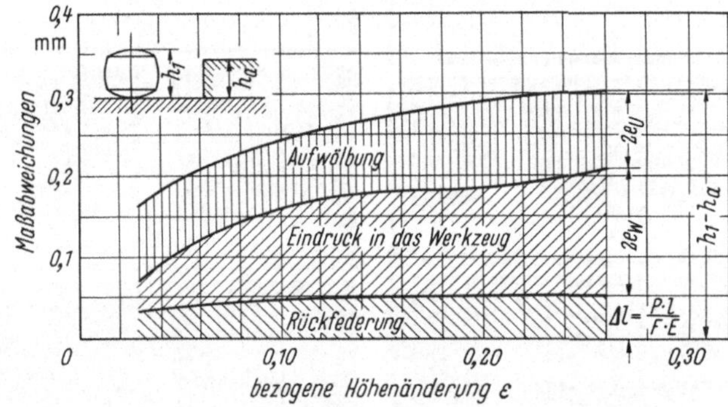

Bild 5.16 Maßabweichungen maßgeprägter Werkstücke: 2 e_W=Eindrücke in die beiden Werkzeugbahnen — 2 e_U=Aufwölbungen in diesen — Δl Rückfederung des Werkstückes — in Abhängigkeit von der bezogenen Höhenänderung ε (nach R. MEIER [28]).

Ein Formfehler entsteht dadurch, daß das Werkzeug eine kalottenförmige elastische Eindrückung erfährt, die sich am Werkstück abbildet und durch dessen Rückfederung noch vergrößert wird (Bild 5.16), die ihrerseits zufolge des sog. mechanischen Fehlerfortpflanzungsgesetzes[1] infolge der ungenauen Ausgangsmaße des Werkstücks schwankt.

Versuche zeigen, daß die bezogene Aufwölbung der Prägeflächen fast linear mit wachsender auf die Höhe bezogener Prägezugabe und dem Probendurchmesser bei gleichbleibendem Verhältnis d_0/h_0 zunimmt. Ein ähnliches Ergebnis erhielt M. BURGDORF [51], der fand, daß die Balligkeit von Stauchkörpern linear mit der Preßkraft wächst. KIENZLE und MEIER [29] berichten über Abhilfemaßnahmen, wie Wahl eines höheren

[1] Das „mechanische Fehlerfortpflanzungsgesetz" nach O. KIENZLE [29] wird durch folgendes Beispiel erläutert: Eine Anzahl zu stauchender Rohlinge mögen als Maßfehler ungleiche Höhen haben. Wenn sie in einer Maschine mit fest eingestelltem Hub (z. B. einer Kurbelpresse) gestaucht werden, so bleibt der Höhenfehler, allerdings in geringerem Maße, an den gestauchten Werkstücken noch erkennbar, weil bei den höheren Rohlingen die Stauchung, daher die Stauchkraft, daher die elastische Dehnung der Presse größer waren.

Elastizitätsmoduls für das Werkzeug (Hartmetall statt Stahl), Kompensation des Eindruckes am Werkzeug durch eine vorherige Aufwölbung, Begrenzung der Prägefläche auf eine Ringform (Bild 5.17). Außerdem muß man, um die elastischen Verformungen klein zu halten, die bezogene

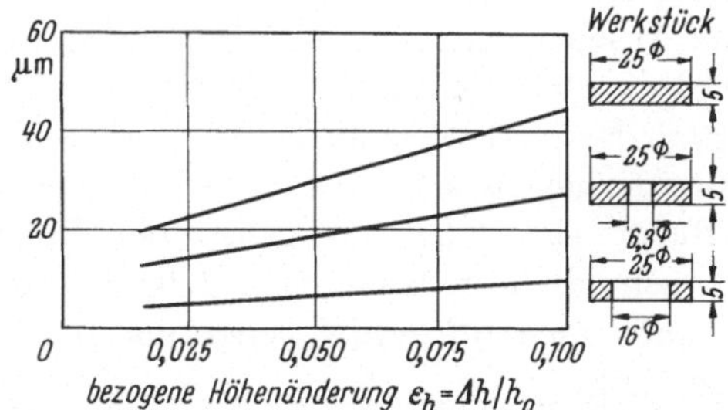

Bild 5.17 Aufwölbung der Prägefläche in Abhängigkeit von der Querschnittsform (C 15 normalgeglüht) (nach O. KIENZLE/R. MEIER [29]).

Prägezugabe klein halten; R. MEIER schlägt dafür den Wert $\varepsilon = 0{,}05$ vor. Damit wird etwa die Genauigkeit des Feinfräsens (IT 9—10) erreichbar.

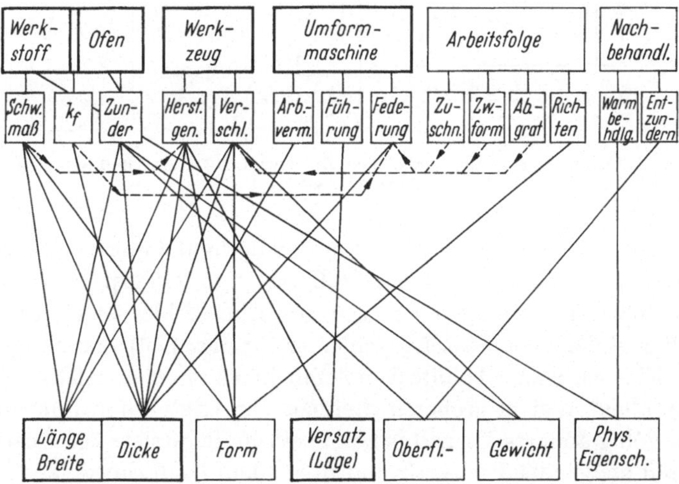

Bild 5.18 Einflüsse auf die Genauigkeit beim Gesenkschmieden (nach K. LANGE [16]).

Auch in der Warmumformung — nämlich beim Gesenkschmieden — ist die Einhaltung von Maßtoleranzen unumgänglich, teils zwecks Einbaus von Stücken mit unbearbeiteten Flächen [21], teils zwecks störungsfreier Massenfertigung durch Abspanen. Die mannigfaltigen Einflüsse auf die Schmiedegenauigkeit hat K. LANGE [16, 17] dargestellt (Bild 5.18). Er wies u. a. nach, daß die als „Versatz" auftretende Lagetoleranz vom

Spiel der Bärführung abhängt. Dieses Spiel kann durch eine geeignete Form der Führungsquerschnitte beeinflußt werden, z. B. wenn sich die Verlängerungen der Führungsbahnen in der Achse des Bärs schneiden. Das lenkt unser Augenmerk auf die Umformmaschinen.

Nach D. WATERMANN [31], der den Einfluß des außermittigen Schlages auf die Arbeitsgenauigkeit an einer Schwungradspindelpresse untersuchte, wird die Auslenkung des Obergesenkes im Augenblick der Endumformung auf das Werkstück übertragen; sie hat den größten Anteil am Versatz. Ihre Ursachen sind das Führungsspiel der unbelasteten Presse, das örtliche, elastische Nachgeben der Führungen und das elastische Verformen des Gestells. Je nach Belastungsfall stellt sich eine Querverengung oder Queraufweitung oder ein seitliches Neigen des Gestells ein (Bild 5.19).

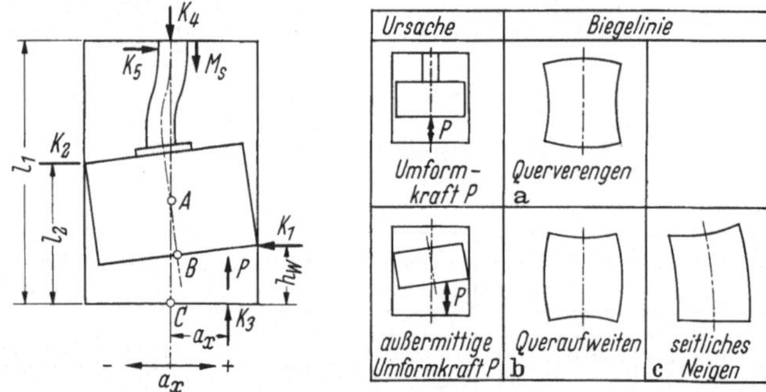

Bild 5.19 Kräfte und Gestellverformungen in einer Schwungradspindelpresse (nach D. WATERMANN [31]).

Die elastischen Verformungen von Gestell und Führungen hatten an der Gesamtauslenkung bei einer Preßkraft von 270 Mp je einen Anteil von rd. 40%. Die Summe der obigen drei Einzelfehler ist bis zu viermal so groß wie der geometrische Fehler (Führungsspiel) der unbelasteten Presse. Eine wirksame Abhilfe liegt somit nicht in einer Spielbeseitigung, sondern allein in einer größeren Steifheit von Gestell und Führungen.

Ein völlig anderes Verhalten zeigte ein Fallhammer. Die Auslenkung nahm mit steigender Preßkraft und sinkendem Umformweg ab, d. h. der Hammer wurde mit steigender „Härte des Schlages" genauer. Die Auslenkungen lagen bei großen Kräften und kurzen Umformzeiten nur noch im Bereich des Führungsspieles. Eine rechnerische Näherungslösung ermöglicht auch Aussagen über die Abhängigkeit des Parallelitätsfehlers am Werkstück von der Gestellsteifheit (Bild 5.20). Damit kann man die Arbeitsgenauigkeit in Hämmern verschiedener Bauart abschätzen.

D. WATERMANNS Gegenüberstellung von Hammer und Presse läßt erwarten, daß flache Stücke im Hammer genauer ausfallen, bei mittleren

Umformwegen die Presse bessere Arbeitsergebnisse liefern und bei großen Umformungen Hammer und Presse gleiche Arbeitsgenauigkeit aufweisen.

H. Lindner [32] untersuchte die Möglichkeit, die Schmiedegenauigkeit dadurch zu erhöhen, daß man in dem Temperaturbereich oberhalb des Blaubruchgebiets und unterhalb der üblichen Schmiedetemperatur arbeitet (bisweilen „Halbwarmschmieden" genannt), und zwar hinsichtlich des Formänderungsvermögens am besten zwischen 700 und 750 °C. Die Zunderschichtdicke verhält sich in Abhängigkeit von den Glühtemperaturen 700, 900 und 1200 °C etwa wie 1 : 5 : 50. Bei gesenkgebundenen Maßen (quer zur Gesenkbewegung) sinkt die Gesamtstreubreite

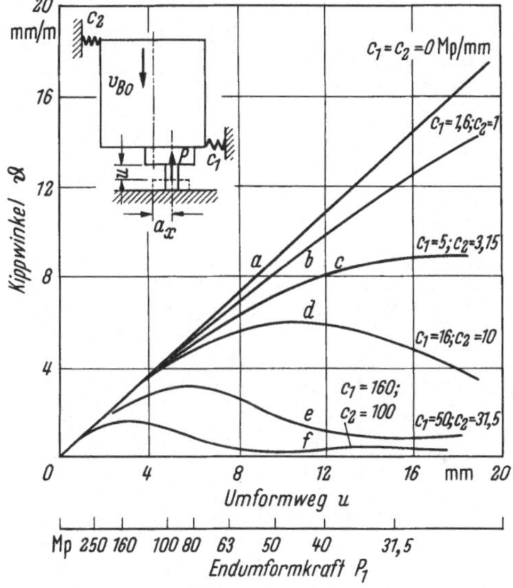

Bild 5.20 Kippwinkel eines Hammerbären in Abhängigkeit von der Steifheit von Gestell und Führungen (nach D. Watermann [31]).

infolge kleinerer Schwankungen der Temperatur und dadurch der Zunderschicht und der Schwindung mit abnehmender Temperatur. Im Bereich 650 bis 850 °C ist die Gesamtstreubreite nicht größer als beim Kaltumformen und beträgt vergleichsweise rund $\frac{1}{3}$ der Gesamtstreubreite bei 1000 °C. Bei maschinengebundenen Maßen (in Richtung der Gesenkbewegung) nimmt die Gesamtstreubreite etwas weniger ab. Damit wäre das Schmieden bei dieser Temperatur zum Genauschmieden geeignet. Sein wirtschaftlicher Einsatz hängt jedoch von der Temperaturgenauigkeit bei der Erwärmung und vom Gesenkverschleiß ab, der noch zu untersuchen sein wird.

Im Gegensatz zu diesen Untersuchungen über einzelne Einflüsse auf die Genauigkeit gesenkgeschmiedeter Werkstücke hat D. J. Huwen-

DIEK [33] eine Großzahluntersuchung in 12 Werken gemacht und nach den Regeln der mathematischen Statistik ausgewertet. Er fand, daß sowohl bei den gesenk-, wie auch bei den maschinengebundenen Abmessungen das Gewicht und die zu tolerierenden Maße des Gesenkschmiedestücks als die besten Bezugsgrößen anzusehen sind.

Bei den gesenkgebundenen Abmessungen, wo man eine verhältnismäßig kleine Streuung erwartete, zeigte sich angesichts der vielerlei

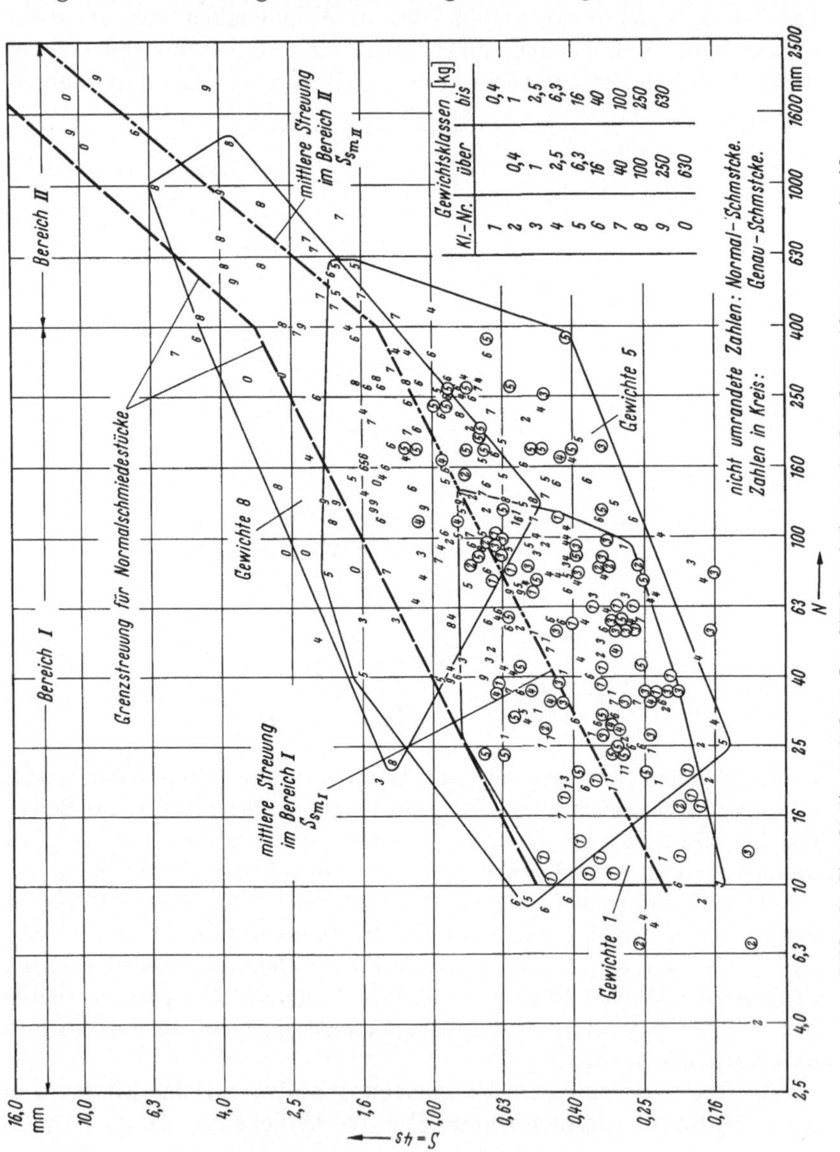

Bild 5.21 Streubreite zwischen den Stücken bei gesenkgebundenen Abmessungen in Abhängigkeit von Maß und Gewicht (nach HUWENDIEK [33]).

Werkstückgestalten, Wärmmethoden, Werkzeuge und Maschinen ein weites Streufeld, das nur mit Hilfe der Korrelationsrechnung auf elektronischen Rechenmaschinen bewältigt werden konnte. Bild 5.21 läßt erkennen, wie sich aus dem über den Nennmaßen N aufgetragenen Punktefeld Gruppen herausschälen, wenn man die Meßpunkte nach Gewichten zusammenfaßt.

Für die drei Versatzarten — Durchmesser-, Breiten- und Längenversatz — ist das Gewicht die günstigste Bezugsgröße (Bild 5.22). Weitere

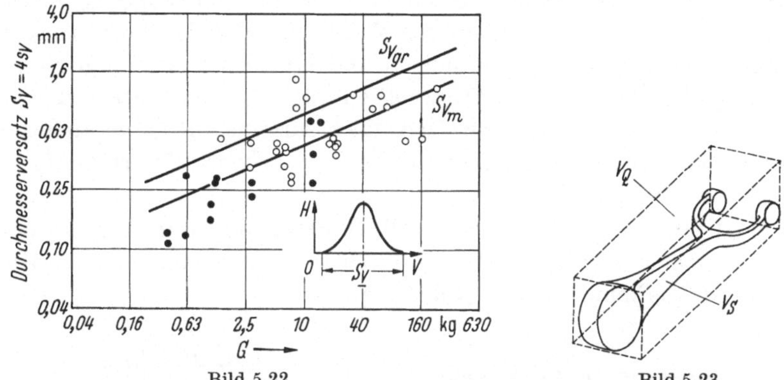

Bild 5.22 Bild 5.23

Bild 5.22 Streubreite des Durchmesserversatzes scheibenförmiger Gesenkschmiedestücke aus Stahl in Abhängigkeit vom Stückgewicht G (nach HUWENDIEK [33]).

Bild 5.23 Feingliedrigkeit V_q/V_s als Maßzahl für den Schwierigkeitsgrad beim Gesenkschmieden.

Unterschiede in der Einhaltbarkeit von Toleranzen liegen in der Schmiedbarkeit der Stähle (Unterteilung nach der Legierung in 2 Gruppen) im Verlauf der Gratfuge (eben oder gekröpft) und schließlich in der sog. Feingliedrigkeit des Werkstücks. Dieser eben aus dieser wissenschaftlichen Untersuchung gebildete Begriff bedeutet das Verhältnis des Werkstückvolumens zum Hüllvolumen (Beispiel in Bild 5.23).

Diese Untersuchung ist die Grundlage einer zwischen den Schmiedeindustrien Deutschlands, Frankreichs, Großbritanniens und Schwedens vereinbarten Normung [34] geworden. Außerdem kann sie als Vorbild für die Toleranzverhältnisse bei anderen Umformverfahren stehen.

5.2 Kaltwalzen von Werkstücken

Während hinsichtlich des Warmformwalzens im Zusammenhang mit dem Gesenkschmieden auf die Arbeit von K. SPIES [35, 36] nur hingewiesen wird, soll hier auf das in starker Entwicklung befindliche Kaltformwalzen von Werkstücken eingegangen werden. Daß es wissenschaftlich noch wenig untersucht worden ist, liegt daran, daß diese Verfahren meist auf verhältnismäßig kleine Anwendungsbereiche beschränkt sind.

5.2.1 Die Rille als Formelement

Beim Gewindewalzen, auf das O. Kienzle und K. Mietzner [20, 21] im Rahmen der Beobachtung der Oberflächenwandlungen eingehen, tritt ein Formelement, nämlich die Rille, in den Vordergrund. Ihre Formgebung hat erstmalig P. S. Shah [39] näher untersucht. Elementar gesehen, handelt es sich um das Eindringen eines Keiles in ebene oder runde Werkstücke, wie es schon von Hill, Prager u. a. theoretisch behandelt ist. Als Verfahren kommt hierbei neben dem Eindrücken und dem Furchen auch das Einwalzen in Betracht. Der Vorgang verläuft etwas verschieden, je nachdem das Werkzeug oder das Werkstück angetrieben wird. Für die Spannungen und Kräfte ist der Eingriffsquerschnitt maßgebend. Die Kräfte wachsen mit der Eindringtiefe und mit dem Profilwinkel. Beim Einwalzen einer einzelnen Rille entstehen an ihren beiden Seiten Wulste, deren Höhe bei gegebener Eindringtiefe vom Profilwinkel abhängen.

Der Umformbereich wurde von P. S. Shah teils durch Querschliffe sichtbar gemacht (Bild 5.24), teils durch Härtemessungen, die die Kaltverfestigung erkennen lassen (Bild 5.25).

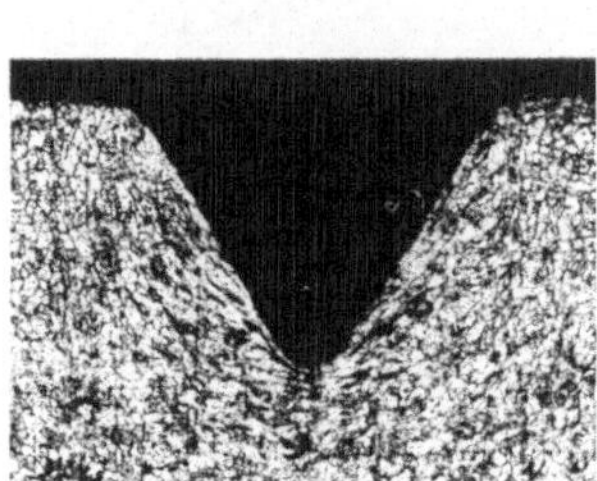

Bild 5.24

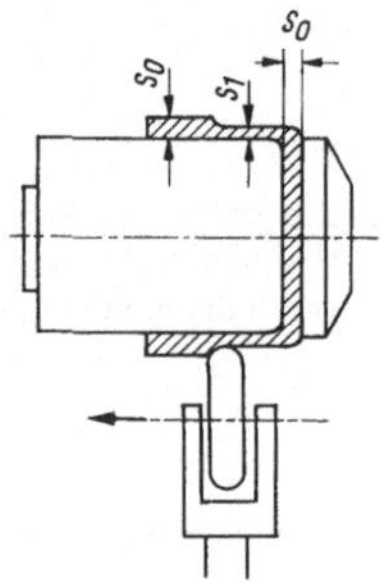

Bild 5.26

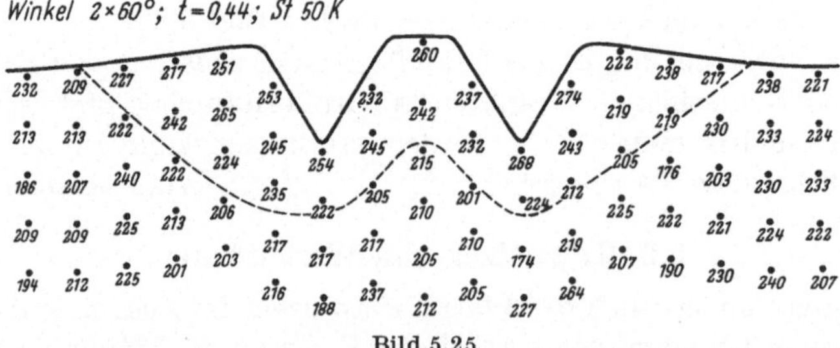

Bild 5.25

Bild 5.24 Umformzone beim Einwalzen in ein flaches Stahlstück (nach P. S. Shah [39]).

Bild 5.25 Härteverteilung nach dem Einwalzen einer 60°-Rille in ein flaches Stahlstück (nach P. S. Shah [39]).

Bild 5.26 Schematische Darstellung des Abstreckdrückens (nach E. Thamasett [40] und P. Sanner [41]).

5.2.2 Drückwalzen

Beim Drückwalzen (Bild 5.26) wird die Umformung durch unmittelbare Druckeinwirkung auf einen kleinen Bereich des Werkstückes hervorgerufen. Der Werkstoff fließt dabei i. a. in axialer Richtung, d. h. quer zur Walzrichtung ab, wodurch eine Streckung in Achsrichtung erzielt wird. Dabei behindert der starre Teil des Werkstücks diesen Werkstofffluß. Vor der Walze entsteht eine Aufweitung, die später wieder eingewalzt werden muß. Außerdem staut sich Werkstoff vor der Walze und bildet einen Wulst (Bild 5.27). Diese beiden Erscheinungen führen zu einer hohen Werkstoffbeanspruchung, die bei zu starker Wanddickenabnahme zu Abschuppungen, Rissen oder Ausbrüchen führt. Als wesentlichste Versagensursache wurde von E. Thamasett [40], der die erreichbaren Grenzformänderungen und die auftretenden Kräfte beim Drückwalzen zylindrischer Hohlkörper aus Aluminium untersuchte, diese Wulstbildung erkannt. Bei der zylindrischen Walze mit gerundeten Kanten nehmen die erreichbaren Grenzformänderungen mit wachsendem Rundungshalbmesser der Walze infolge des günstigeren Werkstoffflusses zu. Sie fallen andererseits infolge des höheren Streckungswiderstandes mit zunehmender Ausgangshöhe des Hohlkörpers. Ein Einfluß des auf die Drehzahl des Drückfutters bezogenen Vorschubs war im untersuchten Bereich nicht feststellbar.

Der Kraft-Weg-Verlauf, der von den Durchmessern der Walze und des Drückfutters abhängt, wurde für die Radial-, Axial- und Tangentialkraft gemessen. Bei allen Walzentypen und für alle Kraftkomponenten folgt nach einem steilen Anstieg bis zu einem Höchstwert ein flacher Abfall (Bild 5.28). Bei der größten Axialkraft hat auch der Wulst seinen Größtwert. Die Formänderungsgeschwindigkeit hat keinen meßbaren Einfluß auf die Höchstwerte der einzelnen Kräfte.

Bei der kegeligen Walze erhielt E. Thamasett für die Grenzformänderungen und Kräfte ähnliche Beziehungen, wenn man berücksichtigt, daß einem größer werdenden Rundungshalbmesser ein kleinerwerdender Einlaufwinkel entspricht.

Je nach Stofffluß und Vorschubrichtung ergeben sich zwei verschiedene Arbeitsrichtungen, die bei schräggestellter Walze untersucht wurden. Beim üblichen Arbeiten vom Napfboden zum Napfrand fließt der Werkstoff der Walze voraus, während er beim Arbeiten vom Napfrand zum Napfboden entgegen der Vorschubrichtung abfließt. Die Radialkraft und das Drehmoment verlaufen wie bei der üblichen Vorschubrichtung, die Axialkraft jedoch entgegengesetzt. Es ergeben sich bedeutend kleinere Werte für die einzelnen Kräfte und gleichmäßigere Endwanddicken. Der Formänderungswirkungsgrad ist beim Drückwalzen infolge des nur örtlichen plastischen Fließens kleiner als beim Abstrecken durch Ziehen.

P. SANNER [41], der die Versuche auf Stahl ausdehnte, fand, daß sich Stahl im Hinblick auf die erzielbaren Grenzformänderungen und die auftretenden Kräfte i. a. ähnlich wie Aluminium verhält. Das Schrägstellen der Walze ist bei Stahl jedoch nicht möglich. Der geringe Vor-

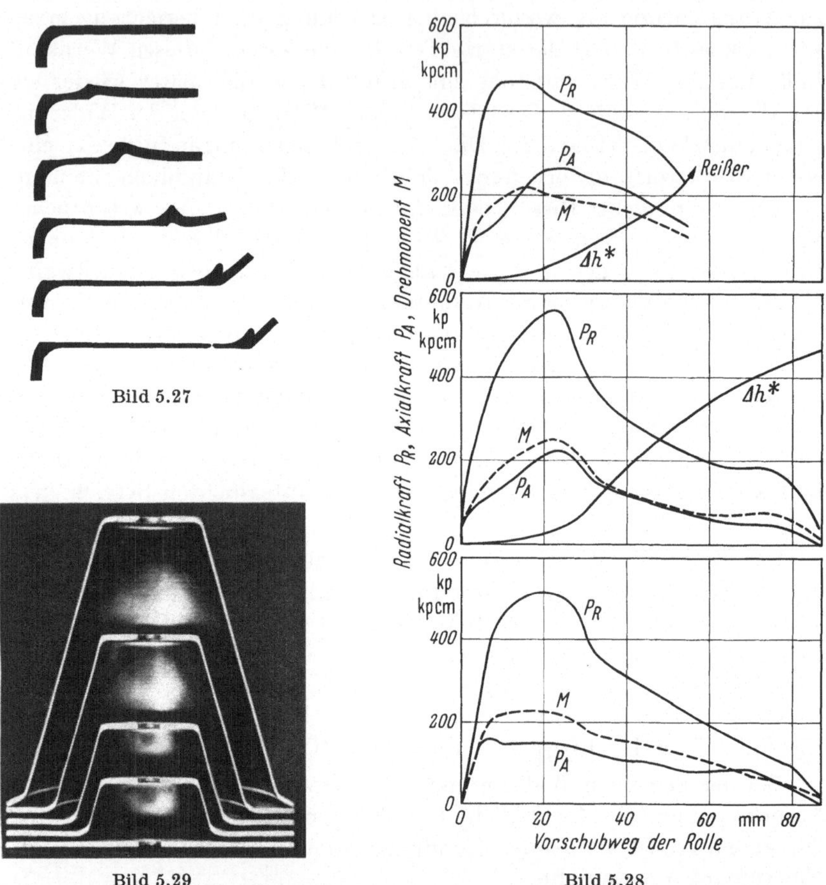

Bild 5.29 Bild 5.28

Bild 5.27 Wulstbildung beim Drückwalzen von Al 99 (nach E. THAMASETT [40]).

Bild 5.28 Kraft-Weg-Verläufe beim Drückwalzen zylindrischer Hohlkörper aus Al 99 (nach E. THAMASETT [40]).

Bild 5.29 Ausgangsform, Zwischenformen und Endform beim Drückwalzen eines kegeligen Hohkörpers aus Al 99 (nach P. SANNER [41]).

schub führt zu völlig anderen Kraft-Weg-Verläufen als bei E. THAMASETT. Die Kräfte bleiben nach einer Anfahrspitze über dem Vorschubweg nahezu gleich.

P. SANNER untersuchte außerdem die beim Drückwalzen kegeliger Hohlkörper (Bild 5.29) erzielbaren Grenzformänderungen und die dabei auftretenden Umformkräfte. Als Werkstoffe verwendete er Al 99, St 14 04 und X 5 Cr Ni 18 9. Die erreichbaren Grenzformänderungen werden durch den kleinsten erzielbaren Neigungswinkel der Mantellinien zur Drehachse — den Grenzwinkeln — bestimmt, wobei großen Formänderungen kleine Winkel entsprechen.

Im Gegensatz zum zylindrischen Drückwalzen nimmt beim kegeligen Drückwalzen die Grenzformänderung mit abnehmendem Rundungshalbmesser der Walze zu, solange die Wulstbildung nicht zu stark wächst und die Oberfläche rillig und rauh wird. Eine weitere Verbesserung läßt sich auch hier durch Neigen der Drückwalzenachse gegenüber der Mantellinie des Drückfutters erzielen.

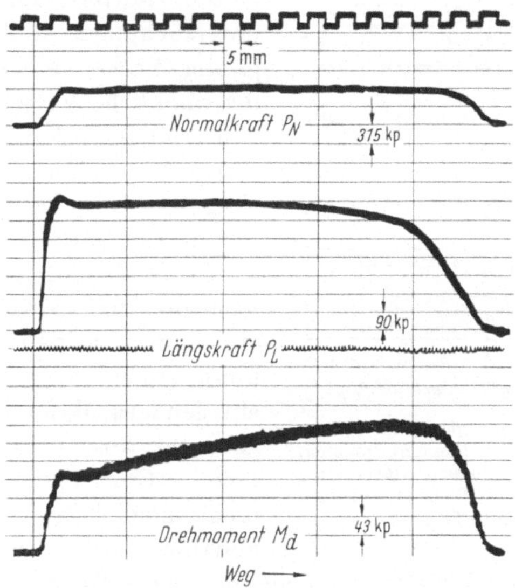

Bild 5.30 Kraft-Weg-Verläufe beim Drückwalzen kegeliger Hohlkörper aus Al 99 F7 ($s_0 =$ 6 mm, α = 30°) (nach P. SANNER [41]).

Die einzelnen Kräfte bleiben bei allen untersuchten Werkstoffen nach einem Anfahrvorgang mit einer Kraftspitze praktisch gleich, während das Drehmoment infolge des zunehmenden Durchmessers des Drückfutters linear ansteigt (Bild 5.30).

5.2.3 Glattwalzen

Das Glattwalzen stellt ein Mikroumformverfahren zur Feinbearbeitung dar, das zur Steigerung der Oberflächengüte, der Genauigkeit und der Dauerfestigkeit angewendet wird. Seine Anwendung auf Stahl ist schon lange bekannt. Eine jüngere Studie darüber haben O. KIENZLE und K. MIETZNER [21] für das Außenglattwalzen mit axialem Vorschub angestellt. Während hierbei die Berührfläche tropfenförmig ist, haben G.

PAHLITZSCH und P. KROHN [42, 43] für kleine Werkstücke ein Verfahren entwickelt, bei dem die Glättwalze die volle Länge runder Werkstücke bis zu 20 mm ⌀ erfaßt. Die Glättung nimmt mit steigender Walzkraft zu, und zwar mehr hinsichtlich der Glättungstiefe als der Rauhtiefe; die erreichte Glättungstiefe, die feinem Schleifen gleichkommt, ist von der Ausgangsrauhtiefe praktisch unabhängig. Ferner ist, wie bei allen Glattwalzverfahren, die Anzahl der nacheinander folgenden Überwalzungen maßgebend. Die Glättung nimmt mit zunehmender Überwalzzahl anfänglich stark, dann immer weniger zu. Rauhtiefen von 1 μm und darunter sind in der laufenden Fertigung einzuhalten. Mittels Härte- und Gefügeuntersuchungen und mittels hartgelöteter Proben stellen die Verfasser die räumliche Verteilung der inneren Umformung fest und erklären sie an Hand der Geometrie und Statik des Vorgangs. Die größte Umformung tritt in tangentialer Richtung auf.

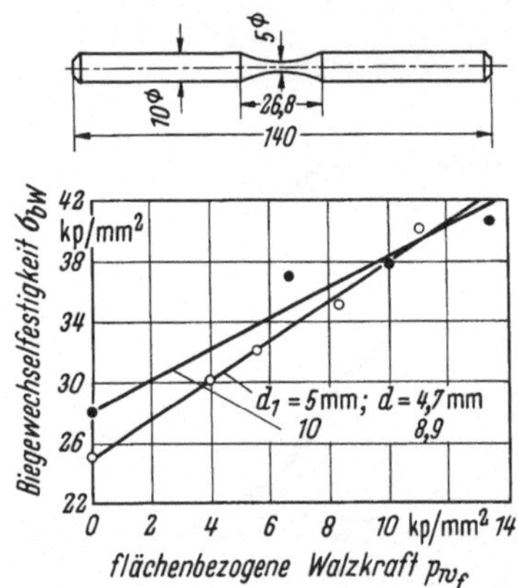

Bild 5.31 Biegewechselfestigkeit in Abhängigkeit von der flächenbezogenen Walzkraft beim Einstech-Glattwalzen von Ck 45 N (nach G. PAHLITZSCH und P. KROHN [43]).

Unter 20 mm ⌀ kann die Umformzone den gesamten Querschnitt einnehmen, so daß die Durchmesser unter gleichzeitiger Längung auf ein genaues Maß und genaue Form gebracht werden können, was sonst beim Glattwalzen grundsätzlich nicht möglich ist. Die Durchmesserabnahme steigt mit zunehmender längenbezogener Walzkraft, flächenbezogener Walzkraft und Überwalzzahl. Schließlich haben die Verfasser für dieses Verfahren auch die günstige Wirkung auf die Dauerfestigkeit nachgeprüft (Bild 5.31).

Das Glattwalzen ist auch bei Gußeisen möglich, insbesondere wenn der Graphit fein lamellar oder sphärolitisch vorliegt. Dabei bleibt das günstige Verschleißverhalten des Gußeisens erhalten, weil nämlich nach H.-H. GERLACH [44, 45] im Gußeisen vorhandenen Graphitadern nicht zugewalzt werden. Ausgehend von den Gleichungen von H. HERTZ und durch Messen des Deformationsmoduls D berechnet er annähernd die auftretenden Werkstoffanstrengungen, wobei er als neue Kenngröße die auf den wirksamen Walzenquerschnitt bezogene Walzkraft $P/(l \cdot d)$ und die Überwalzzahl $ü$ benutzt.

Die für den Erfolg des Glattwalzens maßgebende Größe ist die erreichbare Glättungstiefe. Sie zeigt bei Veränderung der bezogenen Walzkraft, des Walzenneigungs- und des Walzenschwenkwinkels einen deutlichen Kleinstwert und sinkt mit wachsendem Walzendurchmesser (bei gleichbleibender bezogener Walzkraft), während sie mit fallender Zustellung steigt. Die Ausgangsglättungstiefe hat um so mehr Einfluß, je kleiner die Walzkräfte sind. Ebenso wie beim Glattprägen werden die besten Ergebnisse beim Arbeiten ohne Schmiermittel erzielt (Bild 5.32).

Härtemessungen ergeben, daß auch hier, wie bei Stahl, die größte Härte in einem gewissen Abstand unterhalb der Oberfläche auftritt. Die Oberflächenhärte hat über der bezogenen Walzkraft einen Größtwert, jedoch steigt nach Überschreiten dieses Größtwertes die Glättung noch an.

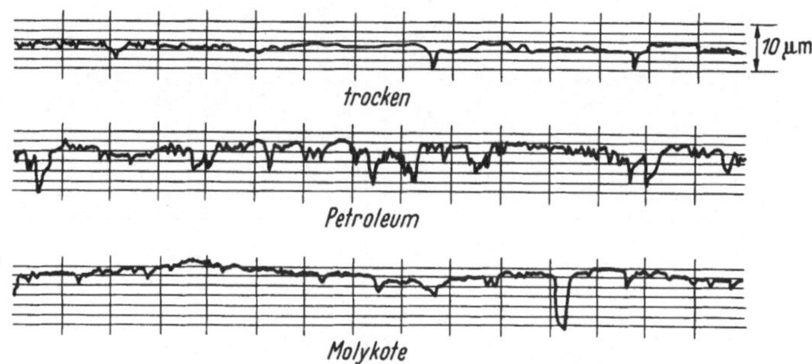

Bild 5.32 Einfluß verschiedener Schmiermittel auf das Oberflächenprofil beim Glattwalzen von Gußeisen (nach H.-H. GERLACH [44]).

Eigenspannungen nach dem Glattwalzen entstehen durch ungleichmäßige Verteilung der plastischen Formänderungen [44]. Sie wurden durch Ausbohren und Abhobeln bestimmt. Der Spannungsverlauf entspricht dem bei Stahl. Es entstehen in der gewalzten Zone hohe Druckspannungen und im Inneren geringere Zugspannungen. Diese Eigenspannungen sind von der Überwalzzahl und der Walzkraft abhängig. Bei gleichem Glättungserfolg sind bei kleineren Walzendurchmessern auch die Walzkräfte und die Eigenspannungen geringer.

5.3 Preßverfahren

5.3.1 Stauchen

Obwohl das Stauchen zu den Grundverfahren der Umformtechnik gehört, ist es auch heute hinsichtlich der auftretenden Spannungen und Formänderungen noch nicht restlos erforscht. Das liegt an den erheblichen Schwierigkeiten infolge des instationären Verlaufs des Vorganges und an den schwer erfaßbaren Reibeinflüssen auf den Stofffluß.

5.3.1.1 Stauchen zylindrischer Körper. In neuerer Zeit bestimmten M. VATER und G. NEBE [46] experimentell die Spannungs- und Formänderungsverteilung beim Stauchen. Mit normal und schräg zur Preßfläche eingebauten Meßstiften ermittelten sie die an den Stauchbahnen herrschenden Normal- und Schubspannungen. Aus diesen Größen berechnen sie mit Hilfe des Coulombschen Reibgesetzes den örtlichen Reibwert μ. Dieser ändert sich radial sehr stark und hängt, wie auch die Normalspannung, von den Gleitbedingungen an den Preßflächen ab. Bei kaltgestauchten ungeschmierten zylindrischen Proben aus Al, Cu, Ms und Stahl ergibt sich bei einem Verhältnis Ausgangsdurchmesser/Aus-

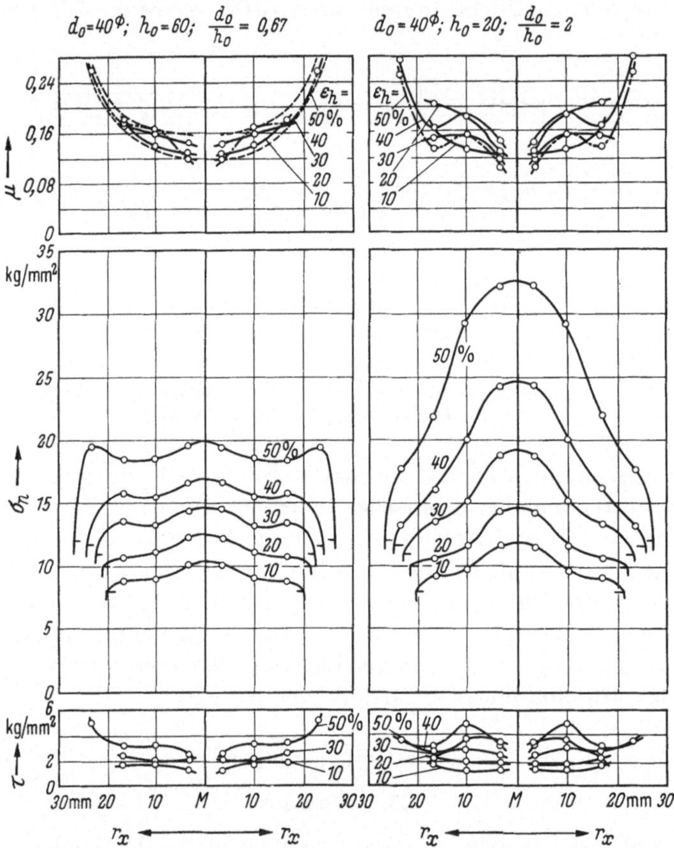

Bild 5.33 Verlauf von Reibwert μ, Normalspannung und Schubspannung über dem Radius an den Preßflächen beim Kaltstauchen hoher und flacher zylindrischer Körper aus Al 99,5 (nach M. VATER und G. NEBE [46]).

gangshöhe $0{,}5 \leq d_0/h_0 \leq 2{,}0$ eine Normalspannungsverteilung mit Spannungsspitzen in Probenmitte und am Rand. Der Größtwert am Rand, der auch bei rein elastischer Belastung auftritt, wird auf elastische Einflüsse zurückgeführt und scheint vom Verhältnis der Steifheiten von Stauchbahn und Probe abzuhängen (Bild 5.33).

Für $d_0/h_0 > 3$ erhielten M. VATER und G. NEBE in Übereinstimmung mit E. P. UNKSOW beim Kaltstauchen ungeschmierter Proben die bekannte glockenförmige Normalspannungsverteilung, wie auch bei allen geschmierten Proben.

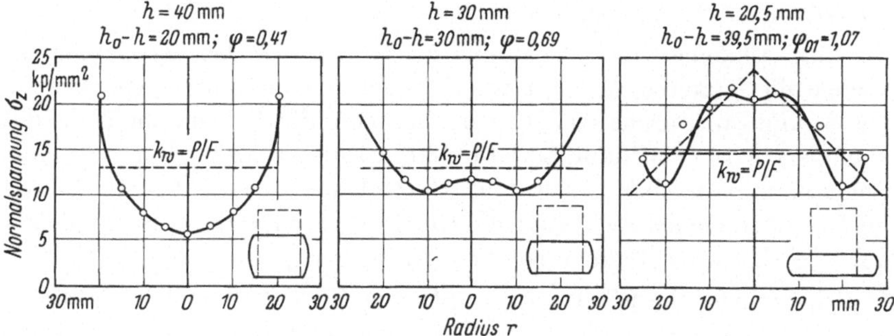

Bild 5.34 Verlauf der Normalspannung über dem Radius an den Preßflächen beim Stauchen zylindrischer Körper (Stahl mit 0,091% C, = 1050 °C, h_0 = 60 mm) (nach H.-J. STÖTER [50]).

In Übereinstimmung damit fand H.-J. STÖTER [47—50] bei Proben aus Aluminium ($d_0/h_0 = 0{,}67$) zu Beginn des Stauchvorganges für die Normalspannungsverteilung eine Parabel mit dem Kleinstwert in Probenmitte. Dieser Verlauf der Spannungsverteilung kehrt sich mit fortschreitender Stauchung um, die Randspannungen sinken und die Spannungen im Zentrum wachsen (Bild 5.34). Bei warmgestauchten Proben kommt noch die höhere Festigkeit am Probenrand infolge der schnelleren Abkühlung hinzu.

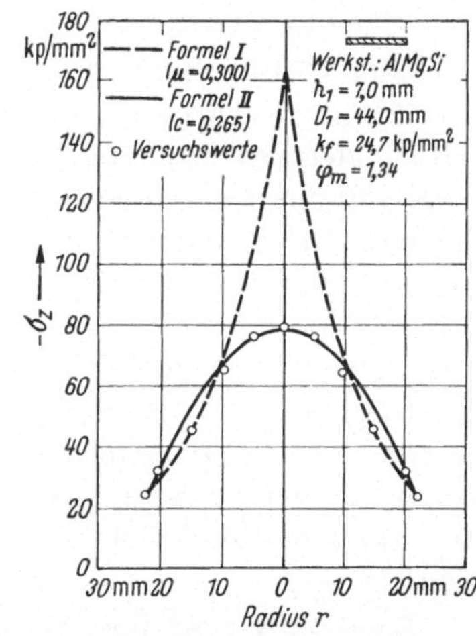

Bild 5.35 Vergleich von rechnerisch ermittelten Normalspannungsverteilungen mit Meßwerten beim Stauchen zylindrischer Proben aus AlMgSi (Raumtemperatur). Formel I: Elementare Plastizitätstheorie; Formel II: M. BURGDORF (nach M. BURGDORF [51]).

M. BURGDORF [51] gelang es, diese Spannungs-Verteilung mit Hilfe der höheren Plastizitätstheorie zu berechnen, ohne eine Annahme über die Größe des Reibwertes machen zu müssen. Statt dessen wählte er eine meßbare Auswirkung der Reibung — den Haftzonenhalbmesser — als kennzeichnende Größe für den Reibzustand. Die Übereinstimmung von Rechnung und Versuch ist gut (Bild 5.35), auch berechnete er die Schubspannungs- und Reibwertverteilung und kam zu einer qualitativen Übereinstimmung mit den Werten von M. VATER und G. NEBE.

Bemerkenswert ist bei schlanken Proben auch die gute Übereinstimmung der gemessenen Normalspannungsverteilung mit der rechnerischen Solldruckverteilung bei Fundamentgründungen, auf die H.-J. STÖTER sowie M. VATER und G. NEBE hinweisen.

Eine ähnliche Normalspannungsverteilung wie bei Kreiszylindern fanden die letzteren Autoren beim Stauchen von rechteckigen Proben aus Al und Cu. Daraus schließen sie, daß eine Fließscheide im Sinne der Preußlerschen Stoffflußhypothese [80] nicht existiert. Zum gleichen Schluß kommt auch H. LANGE [52] durch Untersuchung des Stoffflusses an den Stirnflächen rechteckiger Proben. Er fand, daß die Stoffteilchen auf hyperbolischen Bahnen nach außen fließen.

Die örtliche Formänderung wurde von M. VATER und G. NEBE in einem Längsschnitt durch den Stauchkörper durch Kleinlasthärteprüfung ermittelt. Dabei zeigte sich eine ähnliche Verteilung der Formänderung, wie sie schon E. SIEBEL qualitativ angegeben hat. Für diese Versuche wurde der Zusammenhang HV 5 $= f(\varepsilon_h)$ mittels Kegelstauchversuchen experimentell ermittelt.

Auch H. BÜHLER und D. BOBBERT [53], die an zylindrischen Proben aus Ck 35 Warmstauchversuche durchführten, fanden eine ähnliche Formänderungsverteilung. Sie bestimmten dazu den örtlichen Stauchgrad von dünnen Scheiben, aus denen sie ihre Stauchproben zusammen löteten. Die untersuchten Schmiermittel und die Werkzeugauftreffgeschwindigkeit im Bereich $0{,}4 \leq v \leq 43{,}5$ m/s haben nur einen geringen Einfluß auf die Formänderungsverteilung. Mit größer werdender Werkzeugauftreffgeschwindigkeit wird die Verteilung des örtlichen Stauchgrades gleichmäßiger und die Balligkeit der Proben geht zurück. Dies wurde an einer Spindelpresse ($v = 0{,}4$ m/s), einem ölhydraulischen Oberdruckhammer ($v = 4$ m/s), an einem Hochgeschwindigkeitshammer ($v = 14{,}3$ m/s) und einem sog. „Pulverhammer" ($v = 43{,}5$ m/s) gefunden.

Nach M. VATER und G. NEBE [46] wächst die Härte an den kaltgepreßten Flächen bei ungeschmierten Proben mit dem Halbmesser, während sie bei geschmierten Proben unabhängig vom Halbmesser bleibt. In der Mitte ungeschmierter und insbesondere schlanker Proben wurde mittels Diamanteindrücken in der Mitte ein Gebiet behinderter oder sogar verhinderter Radialbewegung gefunden, während bei geschmierten Proben die Radialbewegung vom Halbmesser unabhängig ist (Bild 5.36). Zu den gleichen Ergebnissen war auch schon H. LANGE [52] gekommen, der zudem den Einfluß des Kegelneigungswinkels der Stauchbahnen auf die Stirnflächenvergrößerung untersuchte.

Bringt man in der Stauchfläche eine Bohrung an, so steigt der Werkstoff in diese hinein; so entstehen Zapfen, die konstruktiv nützlich sind. Nach M. Rick [54] wächst die Zapfenhöhe um so mehr, je mehr der radiale Werkstoffabfluß behindert wird. Nach M. Burgdorf [51] fällt die Zapfenhöhe bei konstanter Preßkraft mit wachsender Preßgeschwindigkeit. Außerdem ist nach seinen Versuchen der Zapfendurchmesser infolge von Temperatureinflüssen kleiner als der Bohrungsdurchmesser. Da das Zapfenpressen als Stauchvorgang mit Entlastungsbohrungen an-

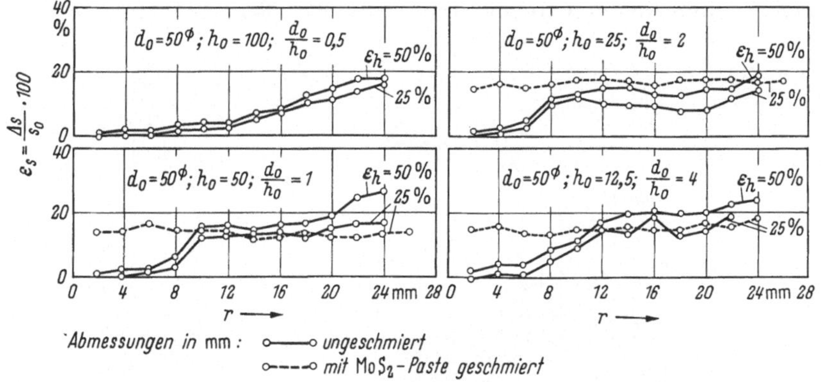

Bild 5.36 Verlauf der bezogenen Abstandsänderungen von Markierungen über dem Radius an den Preßflächen beim Kaltstauchen zylindrischer Körper aus Al 99,5 (nach M. Vater und G. Nebe [46]).

zusehen ist, stellt die Stauchkraft eine obere Schranke für die Zapfenpreßkraft dar. Diese Folge von Entlastungsbohrungen kann auch bei anderen Verfahren des Druckumformens eine vorteilhafte Anwendung finden.

Den Ringstauchversuch, der von O. Pawelski zur Bestimmung der Fließspannung dünner Bleche eingeführt wurde (s. Abschnitt 4.2.2.6, Bild 4.17), verwendet M. Burgdorf [55] zur Ermittlung des Reibbeiwerts an den Stirnflächen. Er fand günstige Maßverhältnisse von Außendurchmesser zu Innendurchmesser zu Höhe des Ausgangsrings, die etwa im Verhältnis 3 : 2 : 1 stehen. Aus einem plastizitätstheoretisch errechneten Schaubild läßt sich der Reibwert an der Stirnfläche entnehmen. Diese Ringstauchversuche unterstreichen die Bedeutung des Ringes als eines Formelements der Umformung, auf das wir schon im Abschnitt 5.1.3 beim Maßprägen [29] gestoßen sind.

Das Kaltstauchen als Fertigungsvorgang war bisher nur bei zähen Werkstoffen möglich. Für schwer umformbare Werkstoffe hat O. Pawelski [56] ein neues Verfahren ausgearbeitet, das auf der bekannten Tatsache beruht, daß das Formänderungsvermögen eines Stoffes durch allseitigen Druck beträchtlich erhöht werden kann. Die Stauchprobe wird gemäß Bild 5.37 in eine starke Probenhülse aus Blei oder Aluminium eingebettet und wie beim hydrostatischen Fließpressen [75] in eine hydraulische Druckkammer gebracht, in die ein Preßstempel eintaucht. Das Volumen der Probenhülse wird im Vorwärtsfließpressen durch kleine Ausfließöffnungen ausgepreßt. Sobald der Stempel die Stauchprobe erreicht, formt er sie in üblicher Weise um, wobei der überlagerte hydrostatische Druck Risse und Brüche selbst beim Stauchen von Gußeisen und gehärtetem, nicht angelassenem Stahl um 50% und mehr verhindert. (Vgl. auch Fließpressen von Gußeisen in Abschnitt 5.3.4.2 [74].)

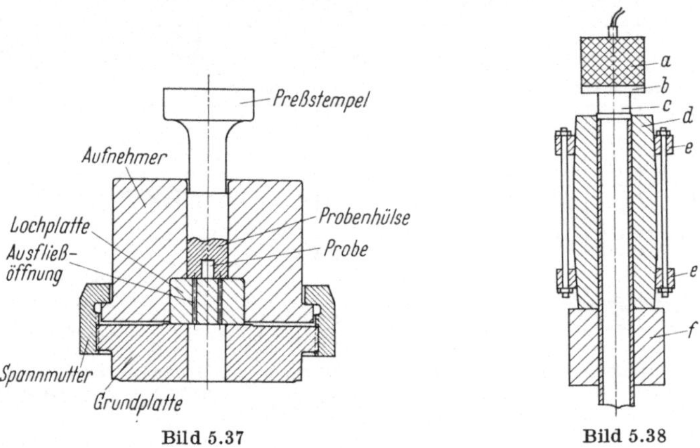

Bild 5.37 Bild 5.38

Bild 5.37 Vorrichtung zum hydrostatischen Stauchen schwer umformbarer Werkstoffe (nach O. Pawelski [56]).

Bild 5.38 Explosionsstauchung von Rohren, Versuchsanordnung. a = Sprengladung; b = Treiberplatte; c = Druckstück; d = Gesenk; e = Spannring; f = Klemmasse (nach D. Ruppin [57]).

5.3.1.2 Anstauchen. Eine andere Art des Stauchens ist das *Anstauchen*, d. h. eine örtliche Stoffanhäufung an langgestreckten Werkstücken. D. Ruppin [57] stellte an den Enden stabförmiger Profile aus Aluminiumwerkstoffen solche Anstauchungen mit Hilfe von Sprengstoffen her, wobei er die Versuchsanordnung Sprengladung-Treiberplatte-Profilbauteil wählte (Bild 5.38). Eine Stoßwelle, die die Umformung bewirkt, läuft durch die Probe und wird von den Probenenden reflektiert. Die Gleichmäßigkeit der Stauchung steigt mit der Anzahl der Reflexionen. Die Massenträgheit des Werkstücks begünstigt den Stauchvorgang, da sie infolge der ungleichmäßigen Spannungsverteilung längs der Probe eine Konzentration der Schlagwirkung auf die nähere Umgebung der Schlagstelle zur Folge hat (vgl. „Meißelbart"). Durch diese Trägheitswirkung wird auch die Einspannung der Werkstücke erleichtert und die Knickneigung verringert.

Aufgrund theoretischer Ansätze macht RUPPIN Aussagen über den Spannungs- und Deformationszustand während der Stauchung und zieht daraus Folgerungen für die technische Anwendung. Für die Betrachtung der mit einer Detonation gekoppelten Stoßvorgänge bietet sich nach A. SCHMIDT [81] die Darstellung der Detonation als Strömung durch eine Unstetigkeit an. Die zur Verfügung stehende Stauchenergie und -geschwindigkeit sind bei Kenntnis der Sprengstoffdaten berechenbar. Die Abhängigkeit der Gesamtstauchung, Gesamtstauchzeit und Größtkraft von der Auftreffgeschwindigkeit wurde rechnerisch und experimentell ermittelt, wobei sich eine befriedigende Übereinstimmung zeigt.

Die von der Treiberplatte aus dem Sprengstoff übernommene Energie betrug nur etwa 0,5% der thermischen Gesamtenergie des Sprengstoffes. Aus diesem Grunde, erscheint die direkte Anwendung von Sprengstoffen beim Massivumformen nicht sinnvoll.

Die experimentelle Überprüfung des Werkstoffverhaltens ergab, daß bei Al-Werkstoffen die statischen Spannungs-Dehnungsbeziehungen auch bei Stauchgeschwindigkeiten $50 \leq v \leq 230$ m/s näherungsweise Gültikeit besitzen. Der Faserverlauf zeigt beim Schlagstauchen ein charakteristisches s-förmiges Aussehen. Gefügeschäden durch Schlagstauchen wurden nicht festgestellt (Bild 5.39).

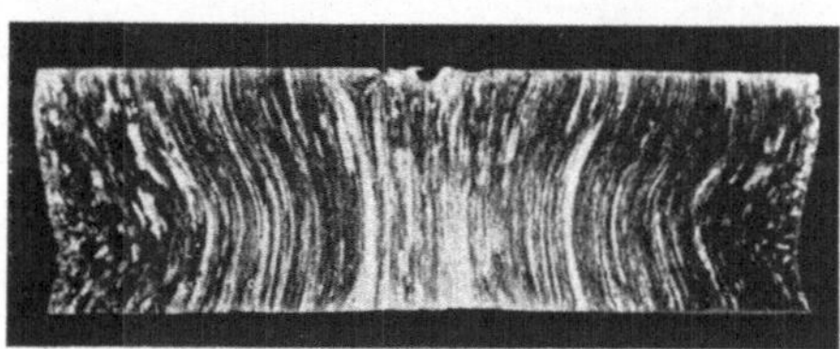

Bild 5.39 Makrostruktur beim Stauchen von Proben aus AlZnMgCu 1,5 (geätzt nach TUCKER) (nach D. RUPPIN [57]).

Die Temperaturerhöhung beim Schlagstauchen kann erheblich sein, da bis zu 92% der Auftreffenergie in Wärme übergeführt werden. Durch diese Temperaturzunahme kann der beim Schlagstauchen höhere erreichbare Stauchgrad jedoch nicht erklärt werden, da auch bei üblichen Umformgeschwindigkeiten eine fast adiabatische Erwärmung des Werkstückes erfolgt.

Technische Stauchformen können durch Begrenzen der Stauchung mittels Aufklemmasse und -gesenk erzeugt werden (Bild 5.38). Bei Rohren ist dabei auf das Beulverhalten zu achten.

M. RICK [54] erzeugte an Blechwerkstücken durch Anstauchen Bearbeitungsflächen, und zwar einmal durch Anstauchen in Richtung der Blechebene, zum anderen mittels Durchsetzen senkrecht zur Blechebene. Im ersteren Fall ist das zulässige Stauchverhältnis durch die

Knickneigung auf $h_0/s = 1{,}2$ bis 1,5 begrenzt. Durch das Prägen von Augen und Rippen lassen sich kleine Funktionsflächen hoher Genauigkeit von IT 9 bis IT 8 herstellen. Die zulässige, auf die Blechdicke bezogene Durchsetzung e/s ist vom Rundungshalbmesser und vom Durchsetzspalt abhängig.

In der Warmumformung von Stahl wird das Anstauchen meist auf Waagerecht-Stauchmaschinen ausgeführt. Hierfür untersuchte H. Meyer [58—61] zunächst die Grenzstauchverhältnisse, da die höchstzulässig stauchbare Werkstücklänge durch die Gefahr der Außermittigkeit und durch das Ausknicken begrenzt ist. Beim freien Anstauchen von zylindrischen Formen von $10 \leq d_0 \leq 35$ mm fand er ein Grenzstauchverhältnis $s_{zul} = l_0/d_0$ je nach zulässiger Außermittigkeit zu $2{,}1 \leq s_{zul} \leq$ $\leq 2{,}5$. In diesem Bereich war es vom Stangendurchmesser d_0 unabhängig. Das Längenverhältnis l_1/l_0 hatte für Umformgrade $0{,}5 \leq \varphi \leq 2{,}0$ keinen Einfluß auf die auftretende Außermittigkeit. Das Grenzstauchverhältnis kann durch Verwendung eines Stempels mit einer Eindrehung gegenüber dem üblichen Flachstempel verbessert werden. Ein außermittiger Kraftangriff infolge Parallelitätsfehler zwischen Stempel- und Stangenstirnfläche verringert das zulässige Stauchverhältnis. Der Einfluß der Stauchgeschwindigkeit auf das erreichbare Stauchverhältnis ist von D. Ruppin [57] geklärt worden. Danach ist es möglich, Stauchverhältnisse $s = 5$ bei einer Auftreffgeschwindigkeit von 150 m/s zu erreichen.

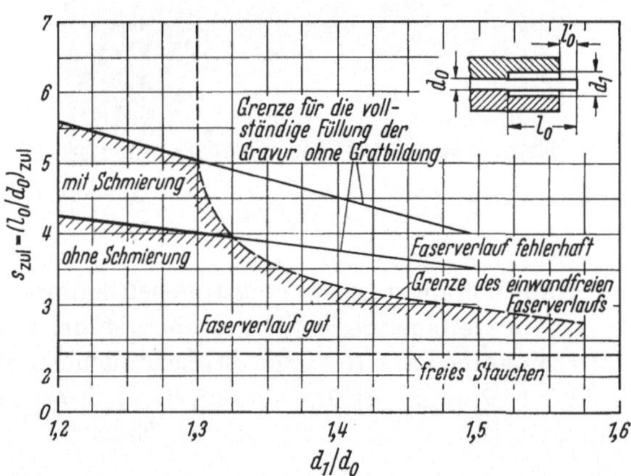

Bild 5.40 Zulässiges Stauchverhältnis beim Anstauchen von Zylindern im Gesenk (d = 10 mm, Gratspaltdicke = 0,3 mm, ϑ = 1140 °C) (nach H. Meyer [58]).

Beim Anstauchen im Gesenk wird das Ausknicken verringert und das zulässige Stauchverhältnis wächst geringfügig mit fallendem Verhältnis d_1/d_0. Um einen günstigen Faserverlauf zu erhalten, sollte bei Stauchverhältnissen $\gg 3$ das Durchmesserverhältnis d_1/d_0 den Wert 1,3 nicht wesentlich übersteigen (Bild 5.40). Es zeigt sich aber, daß eine äußerlich einwandfreie Probe nicht immer einen günstigen Faserverlauf aufweist. Schmierung erhöht das zulässige Durchmesserverhältnis d_1/d_0 bis auf etwa 1,7. Das Anstauchen kegeliger Formen ermöglicht größere zulässige Stauchverhältnisse als das Anstauchen zylindrischer Formen (Bild 5.41). Für diese drei Arten des Anstauchens entwickelte H. MEYER

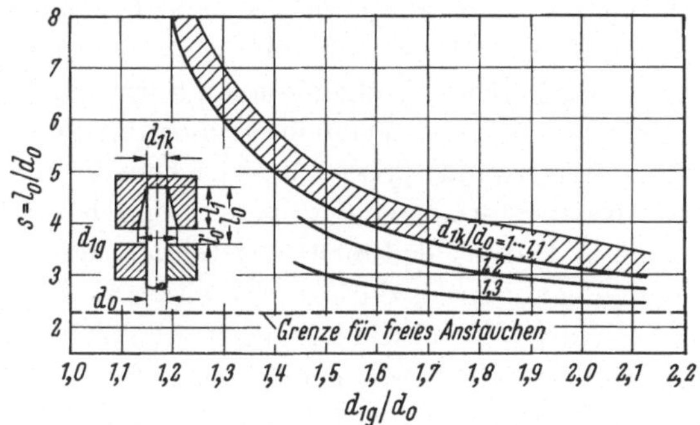

Bild 5.41 Zulässiges Stauchverhältnis beim Anstauchen von Kegeln im Gesenk (d_0 = 10 mm) (nach H. MEYER [58]).

Schaubilder zur Ermittlung der Abmessungen von Zwischenformen beim Anstauchen, sowie der erforderlichen Kräfte und Umformarbeitsbeträge.

5.3.1.3 Radiales Stauchen. Ein radiales Stauchen kann zur Bildung von Wulsten um Bohrungen herum eingesetzt werden. Dies hat für kleine Werkstücke O. KIENZLE vorgeschlagen, indem er das Kragenziehen abwandelte. Drückt man nämlich einen Kragen nur bis zu einer kegeligen Form (1 in Bild 5.42) durch und drückt dann den Umformdorn in umgekehrter Richtung durch, so wird der Werkstoff radial derart verdrängt, daß er entweder einen scharfkantigen Kragen oder einen Nabenwulst bildet (Bild 5.42a und b).

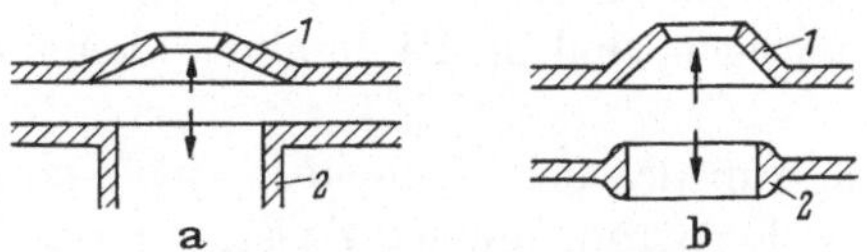

Bild 5.42 Radiales Stauchen. a) zu einem scharfkantigen Kragen; b) zu einem Nabenwulst (1 = Zwischenform, 2 = Endform).

5.3.2 Gesenkschmieden

Das Hauptproblem des Gesenkschmiedens (nach DIN 8583 Formpressen mit und ohne Grat) liegt in der Frage, wie der Werkstoff dazu gebracht wird, die in zwei Gesenkhälften befindliche Werkzeughohlform

(Gravur) in kürzester Zeit, mit geringstem Kraft- und Arbeitsaufwand und bei möglichst geringem Stoffverlust vollständig auszufüllen. Die drei Grundvorgänge beim Gesenkschmieden sind Stauchen, Breiten und Steigen [62—64].

H.-J. STÖTER [50] untersuchte den Einfluß der Rohteilform, der Auftreffgeschwindigkeit und der Gratbahn auf das Steigen im Gesenk. Die Gravur wird um so besser ausgefüllt, je mehr der Werkstoff durch Reibung und Verfestigung infolge Abkühlung am Abfließen über den Gratspalt gehindert wird. Beide Größen können durch die Gratbahnausbildung beeinflußt werden. Seine Versuche ergaben in Pressen (hydraulische Presse, Schwungradspindelpresse) bei gleichem Volumen der Rohteile für niedrige Ausgangsformen eine größere Steighöhe. Beim Riemenfallhammer war dieser Unterschied nicht feststellbar. Massenkräfte werden bei Bärgeschwindigkeiten bis 6 m/s nicht wirksam.

Der Einfluß der Auftreffgeschwindigkeit ist erheblich; er macht sich über die Temperatur im Gratspalt bemerkbar. Diese ist bei gleicher Anfangstemperatur in der Presse infolge der stärkeren Abkühlung während der wesentlich längeren Druckberührzeit geringer als im Hammer. Diese geringere Temperatur führt zu höheren Fließwiderständen im Gratspalt und damit zu größeren Steighöhen. Die Steighöhe wächst proportional mit der Druckspannung im Grat und im Flansch, und zwar bei den Pressen stärker als im Hammer. Bei einem Gratbahnverhältnis von $b/s = 2{,}5$ (b = Gratspaltbreite, s = Gratdicke) hat bei allen untersuchten Maschinen die Gratdicke keinen Einfluß auf die Steighöhe. Für $b/s = 5{,}0$ ist die Steighöhe von der Gratdicke, den Probenabmessungen und der Maschine abhängig. Diese Ergebnisse gelten jedoch nur bei einhubiger Umformung. In Hämmern mit wiederholten Schlägen wächst die Steighöhe mit jedem Schlag und zeigt bei einem bestimmten Einsatzvolumen bzw. Verhältnis von Rohteilhöhe zu Rohteildurchmesser ein Maximum (Bild 5.43). Dieses ist infolge der Abkühlung zwischen den Schlägen sogar größer als in Pressen, bei denen i. a. die ganze Umformung in einem Hub erfolgt. Die Druckspannungen im Gratspalt und im Flansch, die eng zusammenhängen, sind im Fallhammer kleiner als in den Pressen (Bild 5.44).

Da ein Gesenkschmiedestück oft nicht in einem einzigen Arbeitsgang ausgeschmiedet werden kann, müssen Zwischenformen erzeugt werden. Ihre Anzahl und Ausbildung ist von der Losgröße, der geforderten Gleichmäßigkeit und Genauigkeit abhängig. K. SPIES [37] entwickelte Regeln für die Gestaltung dieser Zwischenformen, wo er in einer verfahrensgebundenen Formenordnung [38] für Gesenkschmiedestücke drei Formenklassen unterscheidet: Gedrungene Form ($l \approx b \approx h$) — Scheibenform ($l \approx b > h$) — Langform ($l > b \geq h$). Die weitere Unterteilung geschieht nach der Anordnung verschiedener Haupt- und Nebenformelemente.

Die Zwischenformen erfüllen folgende Zwecke: Massenverteilung — Vorbildung der Winkellage — Vorbildung des Querschnitts.

Bei der Massenverteilung, die i. a. die erste Umformstufe darstellt, wird der Werkstoff vorwiegend in Richtung der Werkstück-Längsachse

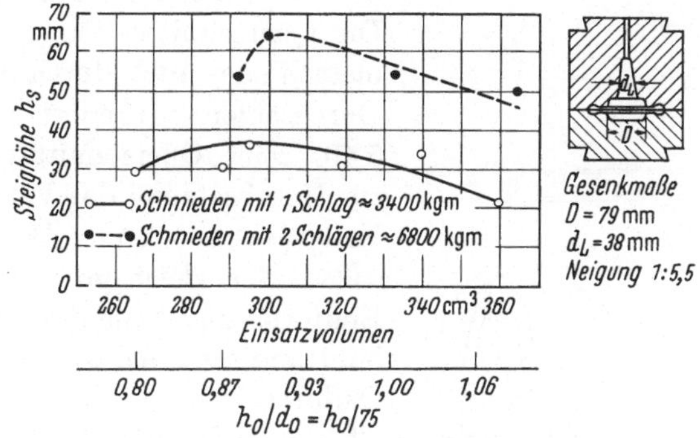

Bild 5.43 Steighöhle im Obergesenk bei verschiedenem Einsatzvolumen (d. i. verschiedener Probenhöhe) (nach H.-J. Stöter [50]).

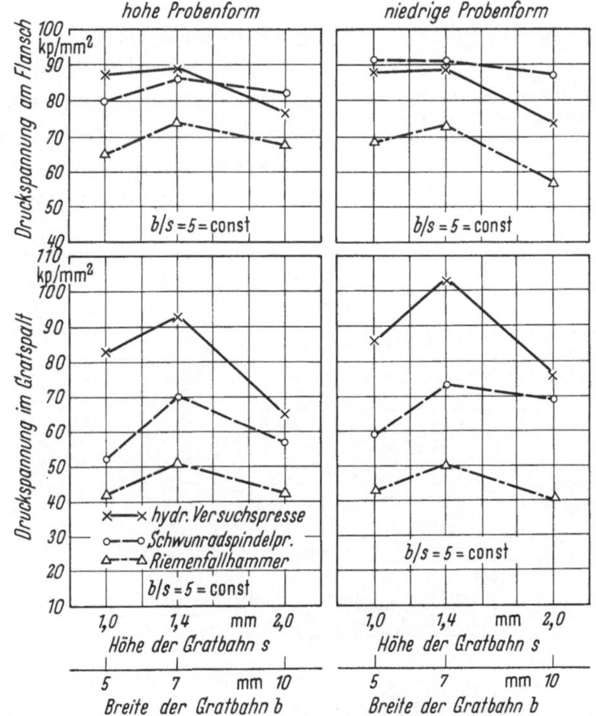

Bild 5.44 Größte Spannung im Gratspalt und im Flansch in Abhängigkeit von den Abmessungen des Gratspaltes (Ck 15, ϑ = 1100 °C) (nach H.-J. Stöter [50]).

verteilt. Zum Entwurf dient das Massenverteilungsschaubild (Bild 5.45). Schwierig ist dabei die Erfassung der Zuschläge für Gratabfall und Abbrand.

Soweit es die Endform verlangt, folgt das Biegen in die Winkellage der verschiedenen Werkstückpartien. Die Querschnitte können dabei gleich bleiben oder auch durch Strecken oder Durchsetzen verändert werden (Bild 5.46). Eine Querschnittsvorbildung ist zur Herabsetzung des Verschleißes der Endgravur notwendig. Die Querschnitte sollen hier gleich groß sein wie in der Endform und gegenüber dieser überhöht und schmaler ausgebildet werden. Dadurch wird in der Endgravur das Gleiten an den Wänden und damit auch der Verschleiß herabgesetzt [16, 63] (Bild 5.47). Bei der Ausbildung dieser Zwischenformen ist auch der gewünschte Faserverlauf zu beachten.

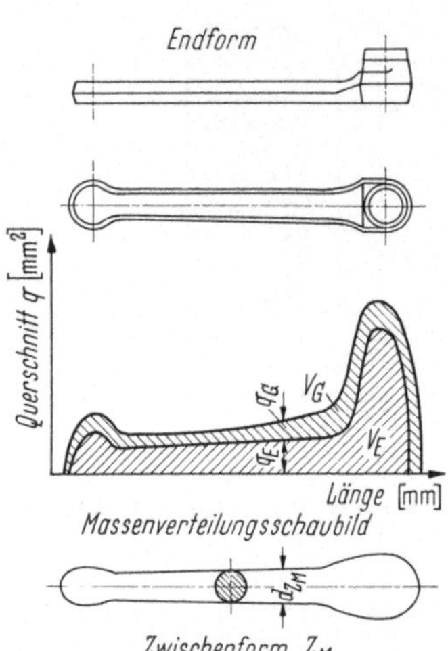

Bild 5.45 Konstruktion der Massenverteilung der Zwischenform Z_M für eine Fahrradkurbel mit Hilfe des Massenverteilungsschaubildes (nach K. Spies [37]):
q_E = Querschnitt des Schmiedeteils,
q_G = Querschnitt des Grates.

Für die Massenverteilung bietet sich das Reckwalzen wegen seiner Vorteile gegenüber dem Reckschmieden an. K. Spies konnte durch theoretische Betrachtungen der Vorgänge im Walz-

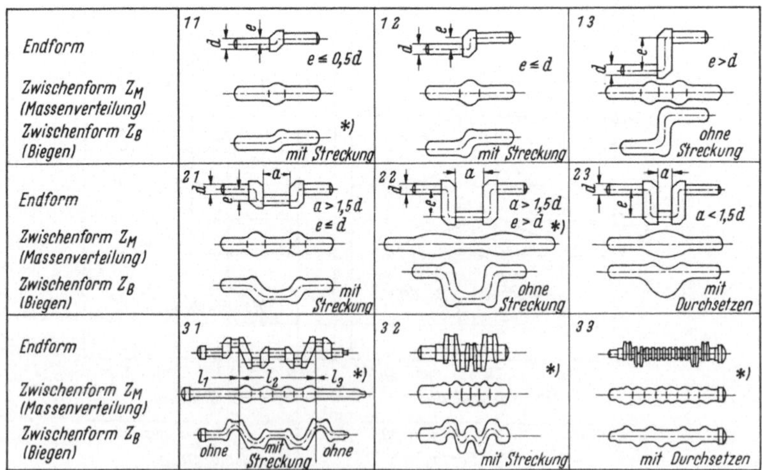

Bild 5.46 Massenverteilungs- und Biegezwischenform einer Kurbelwelle (nach K. Spies [37]).

spalt Beziehungen zwischen Voreilung und Breitung angeben, die durch Modell- und Originalversuche gestützt werden. Für die Profilfolgen, die optimale Querschnittsabnahmen gestatten, wird ein Arbeitsschaubild entwickelt.

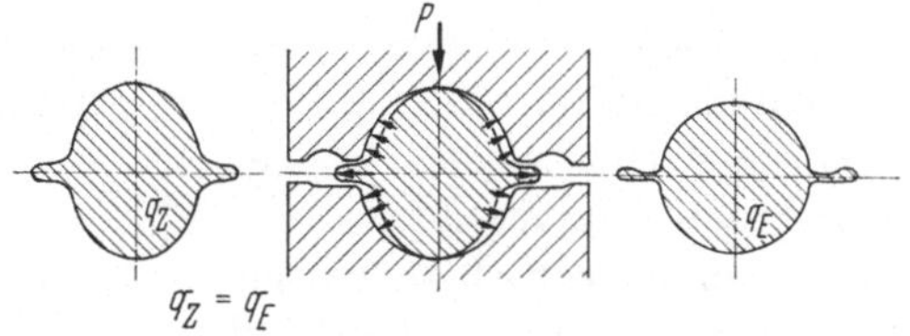

Bild 5.47 Querschnittsvorbildung beim Gesenkschmieden (nach K. SPIES [37]).

5.3.3 Rundkneten

Das Rundkneten, früher auch Rundhämmern genannt, nimmt unter den Verfahren der Massivumformung wegen seiner kinematischen Gestalterzeugung — die Werkstückform wird durch definierte Relativbewegung zwischen Werkzeug und Werkstück erzeugt — eine Sonderstellung ein (Bild 5.48). Für das Kalt-Rundkneten untersuchte A. UHLIG

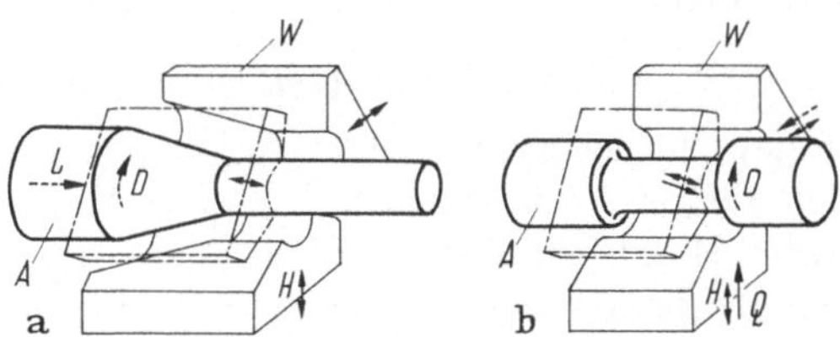

Bild 5.48 Werkzeug zum Rundkneten mit Längsvorschub (eine von mehreren Werkzeugbacken) (nach A. UHLIG [65]).

[65,66] die Bewegungsgesetze und Kräfte, seine Anwendungsmöglichkeiten und -grenzen. Er unterteilt die Werkzeugbewegungen in drei Relativbewegungen zwischen Werkstück und Werkzeug: Arbeitsbewegung, die die Umformarbeit leistet und zwei Vorschubbewegungen, den Drehvorschub und die wirksame Zustellung, die axial oder radial erfolgen kann. Kennzeichnend für das Verfahren ist die radiale Arbeitsbewegung — der Stößelhub —, die das Werkstück mit mehreren konzentrisch angeordneten Werkzeugen bei jenem Hub nur auf Teilen des Umfangs umformt. Dies liegt daran, daß die Schmiegung zwischen Werkstück und Werkzeug unvollständig bleiben muß (Werkstückhalbmesser muß $<$ Werkzeughalbmesser). Die Spannungsverteilung über dem Werkstückumfang läßt sich plastizitätstheoretisch noch nicht berechnen. Jedoch ermittelt UHLIG die Längsspannungen mit Hilfe eines axialsymmetrischen Mo-

dells. Daraus werden die theoretische Umformarbeit und die theoretische Werkzeugkraft sowie näherungsweise auch die Lage der Fließscheide bestimmt. Gleichzeitig wird gezeigt, daß das Rundkneten nicht wie bisher wie das Stabziehen berechnet werden darf, da sich beide Verfahren durch die Reibarbeit unterscheiden.

Aus den beiden Vorschubbewegungen läßt sich die Hauptgeometrie des Verfahrens ableiten und daraus eine Formenordnung der möglichen Außen- und Innenformen entwickeln. Daneben werden Möglichkeiten des Fügens durch Rundkneten aufgezeigt.

Die Größe der Formänderung beim einzelnen Hub ist nicht ganz einfach zu ermitteln, denn der wahre Krafthub (= Eindringweg in das Werkstück) im Unterschied zum Leerhub hängt von den radialen elastischen Dehnungen von Werkzeug und Maschine ab und somit vom verarbeiteten Werkstoff, seinem Querschnitt und der Zustellung. Dieser Arbeitsvorgang zeigt besonders deutlich, wie sehr das wahre Umformgeschehen von der Bauart der Umformmaschine abhängt.

Das Warm-Rundkneten [63], wegen seiner hohen Herstellungsgenauigkeit bisher auch „Feinschmieden" genannt, dient hauptsächlich der Fertigung von Wellen mit Durchmesseabsätzen. Wenn es auch noch nicht wissenschaftlich untersucht worden ist, so können doch viele der UHLIG'schen Ermittlungen darauf angewandt werden.

5.3.4 Fließpressen

Das Hauptgewicht bei der theoretischen Untersuchung der Fließpreßverfahren liegt auf der rechnerischen Vorausbestimmung der erforderlichen Preßkräfte. Hier liegen insbesondere neuere Arbeiten von H. LL. D. PUGH [86], W. JOHNSON und H. KUDO [87], E. G. THOMSEN, C. T. YANG und S. KOBAYASHI [88], T. ALTAN und E. G. THOMSEN [89], sowie von P. J. M. BOES und H. P. POUW [90] vor. Dabei wird teils mit den Methoden der höheren Plastizitätstheorie gearbeitet, teils werden empirische Formeln für den praktischen Gebrauch ermittelt.

Beim Fließpressen ist es technologisch gleichwertig, ob der Werkstoff „vorwärts" oder „rückwärts" (d. h. in oder entgegen der Werkzeugbewegung) umgeformt wird. Im Vordergrund steht das Hohlfließpressen, das auf eine mehr als fünfzigjährige Entwicklung zurückblicken kann. Es diente einerseits zur Herstellung von Tuben aus NE-Metallen, andererseits zur Warmherstellung von Hülsen aus Stahl, die nach dem Erhardt-Verfahren weiter zu Rohren umgeformt wurden.

Die Studien des letzten Jahrzehnts haben sich sowohl dem Kaltfließpressen als auch dem Warmfließpressen von Stahl zugewandt. Man unterscheidet dabei die im Anfang auftretende instationäre Umformung, der dann eine quasi stationäre folgt. Es ist eng verwandt mit den Strangpressen. Wegen des Stoffflusses s. Abschn. 5.1.2., Bild 5.11.

5.3.4.1 Kaltfließpressen. Beim Vorwärts-Vollfließpressen führt der instationäre Bereich zu einer Kraftspitze, die auf eine Haftzone, die sich am Anfang der Umformung infolge der hohen Flächenpressung an der Schulter vorübergehend ausbildet, eine gegensinnige Stauchung der Werkstoffelemente und das völlige Ausfüllen der Umformzone zurückzuführen ist. In dem darauf folgenden quasistationären Bereich fällt die Preßkraft infolge der geringer werdenden Reibung im Aufnehmer allmählich ab.

Die größte Preßkraft steigt nach Untersuchungen von D. KAST [67] in Abhängigkeit von der Werkstückstoffestigkeit fast linear mit wachsendem Umformgrad $\varphi = \ln d_0/ d_1$ und nimmt infolge der Reibung in der Preßbüchse auch mit wachsender Rohteillänge zu. Nach Untersuchungen von H. LL. D. PUGH [86] ergibt sich für $l_0/d_0 = 8$ die dreifache Stempelkraft gegenüber $l_0/d_0 = 1$.

Die gemessenen Kräfte wurden von D. KAST mit den nach E. SIEBEL, [82], K. SIEBER [84], H. LL. D. PUGH [86] und H. MÄKELT [85] errech-

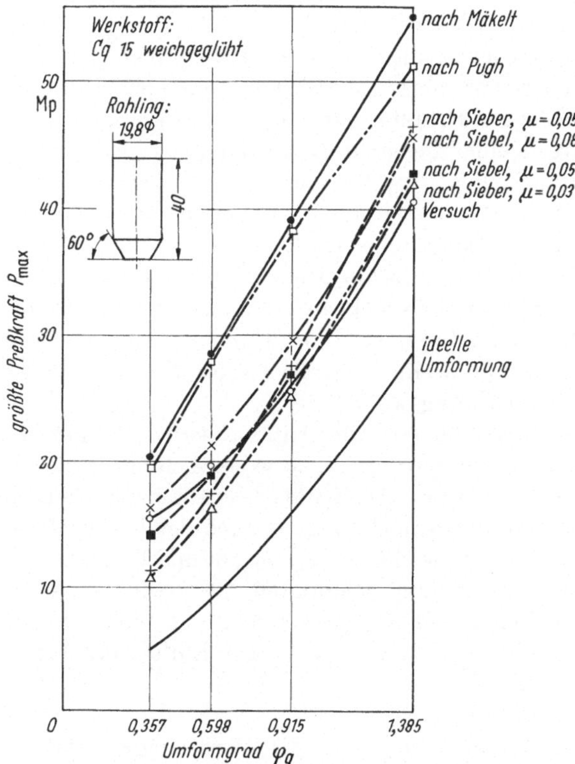

Bild 5.49 Preßkraft beim Vorwärts-Vollfließpressen (nach D. KAST [67]).

neten Werten verglichen. Die Berechnungsformeln nach E. SIEBEL und K. SIEBER liefern bei Reibwerten $0{,}03 \leq \mu \leq 0{,}05$ recht gute Ergebnisse (Bild 5.49). Sie haben jedoch den Nachteil, daß sie den unbekannten Reibwert μ enthalten und den instationären Anlaufvorgang nicht berücksichtigen.

Aus den gemessenen Arbeitsbeträgen und der nach E. SIEBEL [82] berechneten ideellen Umformarbeit wird der Umformwirkungsgrad $\eta_F = \frac{V \cdot k_{gm} \cdot \varphi_g}{A}$ bestimmt. Dieser erreicht bei C-Stählen und leicht legierten Stählen für den Umformgrad $\varphi_g = 1{,}3$ den Wert 0,8. Die Härte nimmt mit wachsendem Umformgrad zu, und zwar wegen der tatsächlichen inhomogenen Umformung am Rand mehr als in der Mitte.

Das Vorwärts-Hohlfließpressen, insbesondere den Einfluß der Fließpreßschulter untersuchte D. SCHMOECKEL [68]. Da die Schulterform auf die innere Schiebung und die äußere Reibung einen entgegengesetzten Einfluß ausübt, muß es eine optimale Schulterform geben, bei der die Stempelkraft einen Kleinstwert annimmt. Der optimale Öffnungswinkel bei kegeliger Schulter liegt nach seinen Untersuchengen zwischen $2\alpha_{opt} = 40°$ (bei $\varphi_g = 0{,}3$) und $2\alpha_{opt} = 70°$ (bei $\varphi_g = 1{,}35$). Für eine konkave, kreisbogenförmige Schulterform ergaben sich Kräfte, die nur in begrenzten Formänderungsbereichen etwas kleiner sind als die bei der optimalen kegeligen Schulter oder ihnen gleichkommen.

Hinsichtlich einer besseren Maßgenauigkeit der Schäfte und einer größeren Standmenge des Werkzeuges sollte sich ein trapezförmiger Kraft-Weg-Verlauf günstig auswirken. Denn zum einen werden die Dehnungsunterschiede infolge Entfallens der Kraftspitze geringer, zum anderen sinkt die Schwellbeanspruchung der Bauteile. Diese Forderung wird annähernd von der kegeligen Schulter mit $2\alpha = 90$ bis $110°$ sowie nahezu vollkommen durch eine einer Exponentialfunktion gehorchenden Schulterform erfüllt, wenn auch die Kräfte P etwas größer werden als beim optimalen Öffnungswinkel.

Mit Hilfe der höheren Plastizitätstheorie (Verfahren der oberen Schranke) kam D. SCHMOECKEL zu wesentlich besseren Ergebnissen als sie durch die elementare Plastizitätstheorie zu erreichen sind. Sowohl der optimale Öffnungswinkel $2\alpha_{opt}$ als auch der Preßkraftverlauf über α stimmen über weite Bereiche von φ_g gut mit den Versuchswerten überein. Die für diese Berechnung benötigten Geschwindigkeitsfelder wurden mittels Linienraster auf der geteilten Probe experimentell bestimmt (Bild 5.50 a und b) (vgl. auch Kap. 1). Ein Einfluß der Auftreffgeschwindigkeit auf die Größe der Preßkraft konnte im Bereich $22{,}5 \leq v \leq 195$ mm/s nicht gefunden werden.

Nach G. SCHMITT [69], der die Werkzeugbeanspruchungen beim Rückwärts-Napffließpressen untersuchte, nehmen die Umfangsdehnungen, die mit größer werdender Querschnittsabnahme anwachsen, entlang der Preßbüchse vom Rand zum Boden hin zu. Über dem Stempelweg steigen an jeder Stelle der Preßbüchse die Tangentialdehnungen anfangs

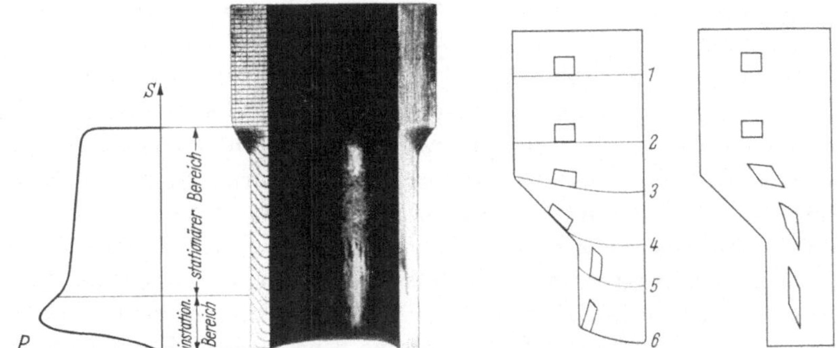

Bild 5.50 Instationärer und stationärer Bereich beim Vorwärts-Hohlfließpressen. a) Kraft-Weg-Verlauf und Gitter; b) Verformung eines Elementes (nach D. SCHMOECKE [68]).

steil bis zu einem Höchstwert an und fallen dann langsam ab. Die Stelle des Größtwertes ist abhängig von der Querschnittsabnahme und dem Verhältnis h_0/d_0 (Bild 5.51).

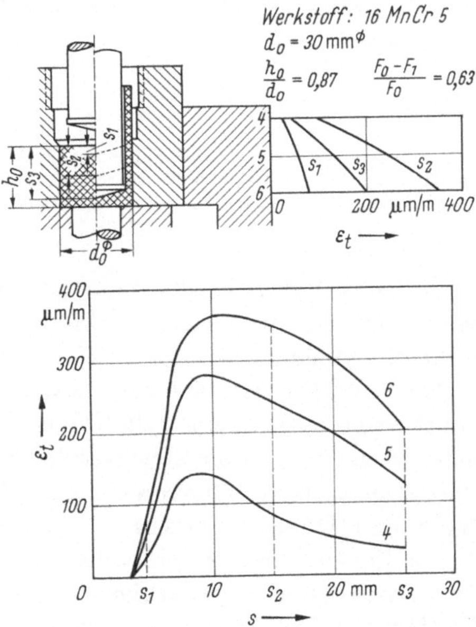

Bild 5.51 Verlauf der Umfangsdehnungen am Schrumpfring während des Rückwärts-Napffließpressens (nach SCHMITT [69]).

Das Kaltfließpressen ist noch mancher Abwandlung fähig. So werden die ersten Veröffentlichungen über das hydrostatische Strang- und Fließpressen bekannt (N.E.L.[1]). Mit diesem Verfahren, bei dem das Rohteil einem hydrostatischen Druck ausgesetzt und kein Aufnehmer vorhanden ist, scheinen sich neue Anwendungsgebiete für das Strang- und Fließpressen zu eröffnen [86].

Das Vorwärtsfließpressen wird auch bisweilen zur Fertigformung von Blechteilen herangezogen. Bekannt ist z. B. die Beseitigung der Zipfel von runden Tiefziehteilen, die quadratischen Zuschnitten entstammen. Ein völlig neues Umformverfahren mit solchem Vorwärtsfließpressen als Endstufe hat M. Burgdorf [70] entwickelt, indem er in einem einzigen Arbeitsgang aus einem ebenen Blechring durch „Aufweittiefziehen" ein schwach kegeliges Rohrstück herstellt (Bild 5.52b). Es werden gleichzeitig der äußere Rand der kreisringförmigen Platine eingezogen und die Bohrung aufgeweitet (Bild 5.53). Die für das Einziehen des Randes erforder-

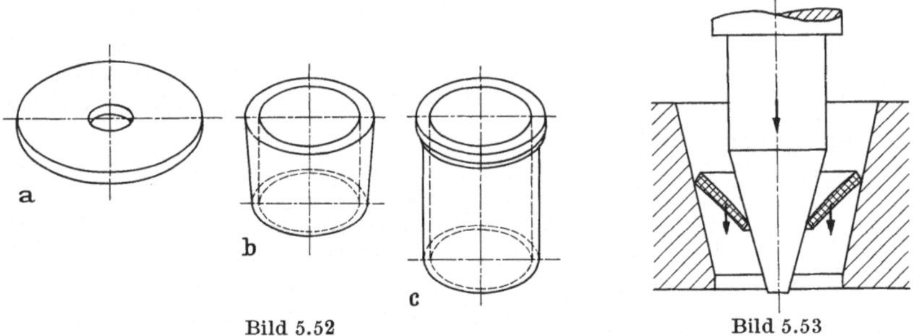

Bild 5.52 Bild 5.53

Bild 5.52 a) Ausgangsform, b) Zwischenform, c) Endform.
Verfahrensfolge Aufweittiefziehen — Vorwärtshohlfließpressen (nach Burgdorf [70]).
Bild 5.53 Augenblicksform beim Aufweittiefziehen (nach Burgdorf [70]).

liche Kraft und die für das Aufweiten der Bohrung notwendige Kraft durch den Ziehstempel müssen im Gleichgewicht sein; daraus ergeben sich Bedingungen für die Abmessungen der Platine. Da die Wanddicke des Zwischenstücks oben größer, unten kleiner als die Blechdicke ist, wird es durch Vorwärtsfließpressen in eine zylindrische Endform mit oder ohne Bund gebracht, deren Durchmessergenauigkeit bei IT 7 liegt.

Als Grenzfall des Rückwärts-Hohlfließpressens wurde das freie Napfen von G. Schmitt und D. Schmoeckel [71] untersucht. Äußerst wichtig ist eine genaue Zentrierung von Probe und Stempel. Näpfe mit rißfreier Lochwand werden infolge des niedrigen mittleren Druckes nur bei weichen Werkstoffen mit großem Formänderungsvermögen erzielt.

[1] National Engineering Laboratory, East Kilbride (Schottland).

5.3.4.2 Warmfließpressen. Das Warm-Rückwärts-Hohlfließpressen von Stahl findet, ohne daß es bisher so, sondern „Dornen" genannt wurde, sehr viel in Waagrechtstauchmaschinen statt. Je nach Abmessungen und Stofffluß unterscheidet H. MEYER-NOLKEMPER [61] die Umformprozesse „steigendes", „breitendes" und „freies" Dornen (Bild 5.54).

Beim Rückwärts-Napffließpressen ermittelte er an Proben aus C 15 die mittleren Stempeldrücke. Diese wachsen mit kleiner werdendem

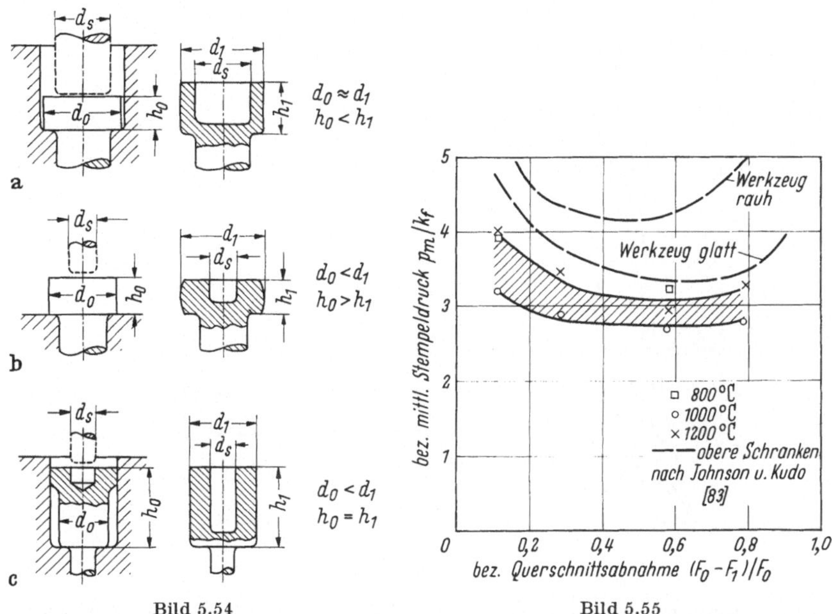

Bild 5.54 Bild 5.55

Bild 5.54 Mögliche Umformvorgänge in Waagerecht-Stauchmaschinen. a) Warm-Rückwärts-Napffließpressen; b) Dornen; c) „Breitendes Dornen" (nach H. MEYER-NOLKEMPER [61]).

Bild 5.55 Bezogene mittlere Stempeldrücke beim Warm-Rückwärts-Napffließpressen (nach H. MEYER-NOLKEMPER [61]).

Außendurchmesser und Volumen. Im Temperaturbereich $900 < \vartheta < 1200$ °C betragen sie das 3- bis 3,5-fache der Formänderungsfestigkeit. Um diese Ergebnisse auf andere Maschinen und Werkstoffe übertragen zu können, wird der mittlere Stempeldruck auf die Fließspannung k_f bezogen. Diese dimensionslose Kenngröße p_m/k_f ist im Bereich $0{,}2 < (F_0 - F_1)/F_0 < 0{,}8$ nahezu unabhängig vom bezogenen Querschnittsverhältnis $(F_0 - F_1)/F_0$.

Für kleiner bzw. größer werdende Werte von $(F_0 - F_1)/F_0$ steigt p_m/k_f dagegen stärker an (Bild 5.55). Die Berechnung einer „oberen Schranke" nach W. JOHNSON und H. KUDO [87] liefert ähnliche Ergebnisse. Die

Kraftverläufe sind ähnlich wie beim kalten Rückwärts-Napffließpressen, aber natürlich bei jedem Durchmesser d von der Umformtemperatur abhängig (Bild 5.56). Von Einfluß auf die Umformkraft ist auch die Stempelform (zylindrisch, kegelig, kugelig): je geringer die Bodendicke ist, desto höher steigt die Umformkraft.

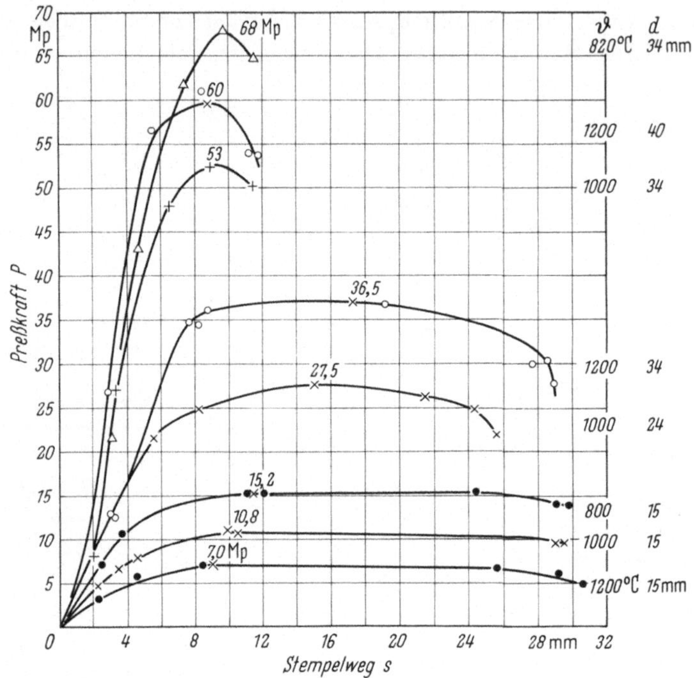

Bild 5.56 Kraftwegverlauf beim Warm-Rückwärts-Napffließpressen (C 15), Kurvenparameter siehe rechte Seite (nach H. Meyer-Nolkemper [61]).

Das breitende Dornen, bei dem sich zwischen Rohling und Matrize ein leerer Raum befindet, ist hinsichtlich der Umformkraft vorteilhaft, solange das Querschnittsverhältnis $(d_1^2 - d_s^2)/d_1^2$ unter 0,35 bleibt. Die erzielbare Genauigkeit wächst mit kleiner werdender Wanddicke und niedrigerer Temperatur, d. h. mit größerer Umformkraft. Die Maßschwankungen werden insbesondere auf die Nachgiebigkeit des Klemmschlittens und das seitliche Ausweichen des Hauptschlittens zurückgeführt. Dagegen spielt das Ausweichen des Dornes nur eine geringe Rolle. Wegen der geteilten Werkzeuge ist eine Übertragung dieser Ergebnisse auf die Genauigkeit beim Warmfließpressen in ungeteilten Matrizen nicht möglich. Dieses eigentliche Warmfließpressen stellt einmal eine Erweiterung des Kaltfließpressens auf große Teile und hochfeste Werkstoffe oder auch größere Umformgrade dar, zum anderen wird es zum Herstellen von Zwischenformen, z. B. beim Gesenkschmieden, verwendet. H. GROTZ [72] berechnete näherungsweise für das Warmfließpressen von Stahl die innere Temperatursteigerung beim Umformen in Abhängigkeit von Umformtemperatur und Umformgrad. Durch Abschätzen des Wärmeüberganges zwischen Werkstück und Werkzeug wird die mittlere Temperatur in der Umformzone bestimmt. Die Länge der Umformzone ergibt sich an einem Bleimodell unabhängig vom Verfahren und Umformgrad zu $h \approx 0{,}4\, d_0$. Nach diesen Versuchen verlaufen im Hinblick auf möglichst kleine Umformkräfte und hohe Genauigkeit die Einflüsse von Umformtemperatur, Umformgrad, Umformgeschwindigkeit und Berührzeit auf die Umformkraft einerseits und Arbeitsgenauigkeit und Oberflächengüte andererseits meist entgegengesetzt. So steigt die Genauigkeit mit fallender Umform-, aber zunehmender Werkzeugtemperatur, wachsendem Umformgrad und zunehmender Umformgeschwindigkeit.

Für warmfeste Stähle und größte Umformgrade wird von H. GROTZ der Temperaturbereich $1000 \leq \vartheta \leq 1200$ °C und für weiche Stähle und kleine Umformgrade der Bereich $700 \leq \vartheta \leq 900$ °C vorgeschlagen. Die günstigste Preßgeschwindigkeit ist beim Warm-Vorwärts-Vollfließpressen $v_S = 500$ mm/s und beim Warm-Rückwärts-Napffließpressen $v_S = 100$ mm/s. Diese Größen verschieben sich bei großen Abmessungen und niedrigen Umformtemperaturen zu kleineren Werten.

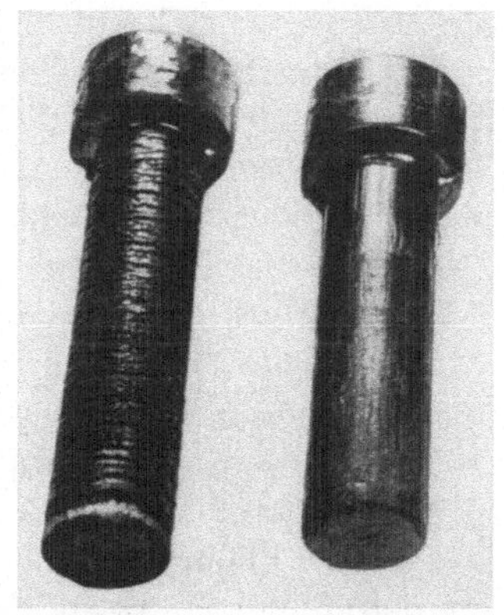

$p_g = 0$ 2,3

Bild 5.57 Rißbildung beim Voll-Vorwärts-Fließpressen von ferritischem Grauguß. p_g = Gegendruck (nach MEYER [73]).

Durch Vorwärts-Vollfließpressen bei Temperaturen um 900 °C läßt sich nach H. MEYER [73, 74] auch Gußeisen unter allseitigem Druck zu Schäften mit Köpfen umformen; dabei lassen sich in den Schäften in Achsrichtung Festigkeitssteigerungen durch Ausrichten und Strecken der Graphiteinschlüsse erzielen. Das Grenzumformverhältnis des Gußeisens hängt von der Gefügestruktur ab und steigt vom Gußeisen mit lamellarem Graphit über meliertes Gußeisen bis zum Gußeisen mit Kugelgraphit an. Die Umformbarkeit kann durch Temperaturerhöhung im Bereich von 800 bis 950 °C verbessert werden. Zur Verhinderung der Rißbildung genügen geringe Gegendrücke auf den austretenden Schaft von 3 ... 5 kp/mm² (Bild 5.57). Dadurch wird die mittlere Spannung σ_m noch mehr in den Druckbereich verschoben, wodurch sich das Formänderungsvermögen erhöht.

5.3.5 Fügen durch Fließpressen

Unter den mannigfachen Fügeverfahren (s. DIN 8593) sind diejenigen, die im Umformen von mindestens einem der beteiligten Werkstücke bestehen, ziemlich zahlreich. In den meisten Fällen bedient man sich einer Formänderung, die einen Formschluß herbeiführt. Es gibt aber auch Umformverfahren, bei denen sich die Stoffe der gefügten Teile verbinden. So können z. B. bei Umformverfahren, die unter großen Druckspannungen ausreichende Oberflächenvergrößerungen hervorrufen, Verschweißungen erzeugt werden. Die Kombination Umformen und Kaltpreßschweißen untersuchten W. Hofmann und P. Gumm [77] beim Fließpressen.

Durch Vorwärts-Vollfließpressen können Kupfer-Aluminium-Verbundkörper in Stabform erzeugt werden. Dabei schiebt sich das Aluminium paraboloidförmig in das Kupfer vor, wodurch sich die Oberfläche so vergrößert, daß die Oxidschichten aufreißen und eine Kaltpreßschweißung eintritt. Eine Relativbewegung der Berührflächen zwischen Cu und Al tritt nicht ein. Durch Änderung des Umformgrades und der Volumenanteile Cu/Al wird die Ausbildung der Schweißfuge beeinflußt. Die Zugfestigkeit des Verbundkörpers liegt nach diesen Untersuchungen in der Größenordnung der Zugfestigkeit des kalt umgeformten Aluminiums.

Durch gleichzeitiges Rückwärts-Napffließpressen von Cu- und Al-Ronden lassen sich auf ähnliche Weise Näpfe herstellen, die an Innen- und Außenseite verschiedene Metalle aufweisen (Bild 5.58). Die Ausbildung der Schweißnaht kann auch hier durch den Umformgrad und die Volumenanteile von Cu und Al beeinflußt werden. Die Dicke der Cu-Schicht konnte bei diesen Versuchen bis unter 0,1 mm gesenkt werden. Die Oberfläche der Schweißfugen wird im zylindrischen Teil der Näpfe in der Nähe der Innenwand bis auf das 20fache vergrößert.

In gleicher Weise wurden von P. Gumm [76] Rohrstücke aus Kupfer und Aluminium mit zweierlei Umformverfahren gefügt. Beim Vorwärts-Vollfließpressen von Rohrabschnitten kann die Ausbildung der Schweißnaht durch kegelförmige Berührflächen der Rohteile, durch den Neigungswinkel der Fließpreßschulter und durch den Umformgrad φ_g beeinflußt werden (Bild 5.59). Große Schrägungswinkel der Rohteile und große Querschnittsänderungen ergeben lange Schweißnähte und hohe Zugfestigkeiten von rd. 14 kp/mm². Hierbei nimmt die Zugfestigkeit etwa linear mit der mittleren Oberflächenvergrößerung der Schweißflächen zu. Für hohe Verbundfestigkeiten ist es günstig, wenn der härtere Werkstoff zuerst die Umformzone durchläuft. Dadurch steht der weichere Werkstoff unter dem hohen Umformwiderstand des härteren, wodurch ein Kaltverschweißen beider Teile begünstigt wird.

Das andere Verfahren besteht im Ineinanderstecken von Kupfer- und Aluminiumrohren, die in zehn Stopfenzügen bis zu Oberflächenvergrößerungen von 100% gezogen werden. In diesem Bereich steigt die Scherfestigkeit in der Schweißfuge dieser Verbundrohre etwa linear mit der Oberflächenvergrößerung an.

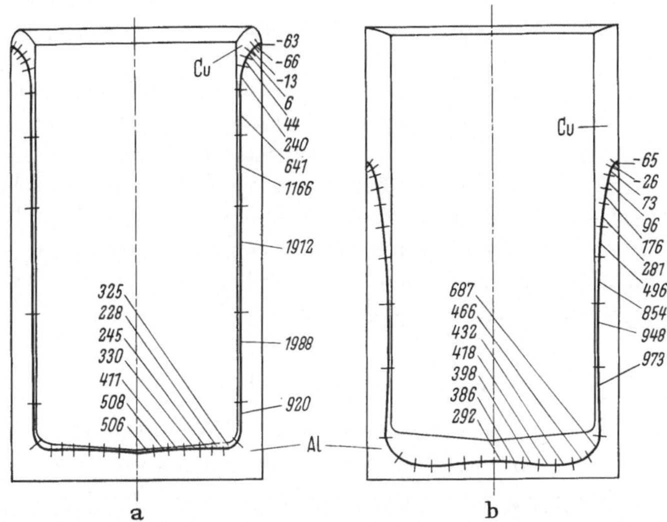

Bild 5.58 Längsschnitt durch rückwärts fließgepreßte Zweistoff-Näpfe; die Zahlen bedeuten die Oberflächenvergrößerung in % der sich berührenden Stirnflächen von Kupfer und Aluminium. Bezogene Querschnittsänderung $\varepsilon_F = 0{,}64$. Volumenanteil des Kupfers bei a) 10%, bei b) 50%. (nach W. HOFFMANN und P. GUMM [77]).

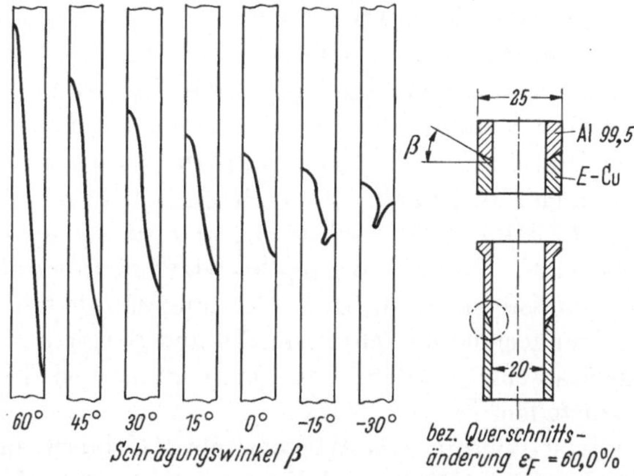

Bild 5.59 Ausbildung der Schweißfuge fließgepreßtgeschweißter Kupfer-Aluminium-Rohrverbindungen bei verschiedenen Schrägungswinkeln β der Preßlinge. Bezogene Querschnittsänderung $\varepsilon_F = 0{,}6$ (nach W. HOFMANN und P. GUMM [77]).

Weitere Versuche von P. GUMM ergaben, daß ein hydrostatischer Druck die Verschweißung in dem Sinn begünstigt, daß die zum Verschweißen notwendige Oberflächenvergrößerung kleiner sein kann. Dies erklärt beim Fließpressen das Auftreten von Verschweißungen schon bei Oberflächenvergrößerungen von unter 100%.

Das Rückwärts-Napffließpressen zur Herstellung von Vorblöcken zur Rohrfertigung aus zwei unterschiedlichen Stählen wurde von H. Bühler, F. Goedecke und F. Müller-Axt [78] auf einem Hochgeschwindigkeitshammer ($v = 25$ m/s) untersucht. Dazu wurden Kerne aus rostfreiem Stahl (X 5 Cr Ni 18 9) in Blöcke aus St 35 eingesetzt und bei 1150 °C gemeinsam umgeformt. Die mechanische Prüfung der Verschweißung ergab, daß bei Verhältnissen Kerndurchmesser/Blockdurchmesser $< 0{,}29$ alle Kerne mit dem Block verschweißten. Das läßt bei den verwendeten Abmessungen darauf schließen, daß zum Verschweißen mindestens eine Oberflächenvergrößerung von 70 bis 80% notwendig ist.

Daß Fügen durch Umformen auch durch Rundkneten (s. Abschnitt 5.3.3) erfolgen kann, hat A. Uhlig [65] ausgeführt.

5.4 Stand und Ausblick

Dieser — notwendigerweise lückenhafte — Überblick über die neueren wissenschaftlichen Arbeiten und Veröffentlichungen über die Verfahren der Massivumformung zeigt, daß unsere Erkenntnisse in den vergangenen 10 bis 15 Jahren wesentlich erweitert werden konnten. Dies gilt insbesondere für das Verständnis der inneren Vorgänge sowie für die Anwendungsmöglichkeiten und -grenzen der einzelnen Verfahren. Wesentliche Hilfsmittel, die viele Untersuchungen überhaupt erst ermöglichten, sind die elektronische Meßtechnik und die modernen Rechenanlagen.

Bei allen Umformverfahren spielt die Reibung eine wesentliche Rolle. Bisher ist es jedoch noch nicht gelungen, die Auswirkungen der Reibung auf Stofffluß und Spannungen bzw. Kräfte genau zu erfassen, was z. T. darauf zurückzuführen sein dürfte, daß die Reibpartner sehr hohen Flächenpressungen ausgesetzt sind (s. Kap. 7). Dabei hat das Coulombsche Reibgesetz kaum mehr Gültigkeit, und so können Angaben über Reibwerte bei einem Umformvorgang bis jetzt nur Integralaussagen sein, in die viele Einflüsse eingehen. In Verbindung damit stellt sich auch die Frage nach dem geeigneten Schmiermittel und der Schmiermittelträgerschicht. Hier ist eine Tendenz zur Verwendung von Trockenschmiermitteln festzustellen.

Die Werkzeuge sind für das Arbeitsergebnis insofern von entscheidender Bedeutung, als sie Maß- und Formspeicher sind. Hier besteht die Forderung nach Erhöhung der Lebensdauer und Steigerung der Werkzeug- und Werkstückgenauigkeit. Die Werkzeuggestaltung ist auch heute noch vielfach — insbesondere bei verwickelten Formen — Erfahrungssache. Hier könnten anhand von Formenordnungen [38] für die einzelnen Verfahren Richtlinien für die Konstruktion von Werkstücken und Werkzeugen und die Verfahrensdurchführung ausgearbeitet werden, wodurch sich die Voraussagen schrittweise verbessern ließen.

Für die Übertragung bekannter Ergebnisse auf andere Werkstoffe und Abmessungen fehlen noch gültige Ähnlichkeitsbeziehungen. Die ersten Ansätze lassen erwarten, daß auf diesem Gebiet vor allem bei der Kaltumformung in nächster Zeit Fortschritte erzielt werden.

Wie der vorstehende Bericht erkennen läßt, wurden, von Ausnahmen abgesehen — eine solche ist z. B. die Entwicklung des hydrostatischen Fließ- und Strangpressens — neue Verfahren nicht entwickelt. Es läßt sich dagegen eine gewisse Entwicklung von der Warm- zur Kaltumformung, ferner zu größeren Werkstückabmessungen, Anwendung von Verfahrenskombinationen in der praktischen Nutzung beobachten, die zweifellos von der vertieften wissenschaftlichen Durchdringung des vielschichtigen Fragenkomplexes ,,Mechanische Umformtechnik" befruchtet worden sind. Angesichts des Umfangs der deutschen Arbeiten war es leider nicht möglich, sie zu den wissenschaftlichen Arbeiten im Ausland in Beziehung zu setzen.

Indes besteht ein reicher Gedankenaustausch mit den Forschungsstätten des Auslandes, sind doch alle Institutsleiter von fertigungstechnischen und damit auch von umformtechnischen Forschungsinstituten in CIRP[1] zusammengeschlossen. Vor dort ist auch eine internationale Gemeinschaftsforschung im Zusammenwirken von CIRP und OECD entstanden.

Schrifttum

1. Friedewald, H.-J.: Preßpassungen für Schnitt- und Umformwerkzeuge, VDI-Forschungsheft 472, Düsseldorf: VDI-Verlag 1959.
2. Grüning, K.: Über die Beanspruchungsverhältnisse in Blockaufnehmern von Strangpressen. Forschungsber. d. Landes Nordrh.-Westf. Nr. 966, Köln/Opladen: Westdeutscher Verlag 1961.
3. Schulz, E.: Berechnung von vorgespannten Preßwerkzeugen für das Kaltumformen von Stahl, Draht 16, Nr. 8, 546/557 (1965).
4. Burgholte, P.: Ermittlung der Spannungsverteilung in zylindrischen zweiteiligen längsvorgespannten Preßwerkzeugen, Dissertation TH Hannover 1965.
5. Adler, G., und K. R. Walter: Berechnung von einfachen und mehrfachen Preßpassungen Ind-Anz. 89, Nr. 39, 805/809 (1967), Nr. 47, 967/971 (1967).
6. Kienzle, O.: Beitrag zum Stand unserer Erkenntnisse über die Kalt- und Warmumformung. Microtechnic 12, Nr. 6, 333/347 (1958).
7. Hahn, G.: Oberflächenuntersuchungen an Aluminiumwerkstücken. Diplomarbeit TH Hannover, Lehrstuhl für Werkzeugmaschinen und Unformtechnik (1959).
8. Beck, G.: Über die Beanspruchung von Schmiedegesenken durch Wärme. Dissertation TH Hannover 1957.

---

[1] Internationale Forschungsgemeinschaft für Mechanische Produktionstechnik, Sitz Paris.

9. BECK, G.: Die beim Schmieden zylindrischer Proben aus Stahl und Pantal in Stauchbahnen und Gesenken auftretenden Temperaturen. Werkstattstechnik u. Maschinenbau 48, H. 10, 561/567 (1958).
10. BECK, G.: Wärmemäßige Beanspruchung von Werkzeugstählen beim Warmstauchen und Schmieden in Gesenken. Stahl u. Eisen 78, H. 22, 1556/1563 (1958).
11. WETTER, E.: Über den Einfluß der Legierungselemente Wolfram und Molybdän auf das Verschleißverhalten von Cr-W-Mo-V-legierten Gesenkstählen. Dissertation TH Hannover 1964.
12. NETTHÖFEL, F. T.: Beiträge zur Kenntnis des Verschleißverhaltens von Gesenkstählen. Dissertation TH Hannover 1965.
13. OBRIG, H. W., u. H. ZABEL: Vergleich des Verschleißverhaltens von funkenerosiv und spanend hergestellten Schmiedegesenken. Ind.-Anz. 84, Nr. 101, 2373/2382 (1962).
14. LANGE, K., H. MEINERT u. H. AREND: Verschleißverhalten hartverchromter Schmiedegesenke. Forschungsber. d. Wirtschafts- und Verkehrsminist. Nordrh.-Westf. Nr. 286, Köln und Opladen: Westdeutscher Verlag 1956.
15. LANGE, K., u. H. MEINERT: Einfluß der Oberfläche auf das Verschleißverhalten von Schmiedegesenken. Werkstattstechnik u. Maschinenbau 46, H. 6, 313/319 (1956).
16. LANGE, K.: Die Arbeitsgenauigkeit beim Gesenkschmieden unter Hämmern. Dissertation TH Hannover 1953.
17. LANGE, K.: Ein Beitrag zur Frage der Arbeitsgenauigkeit beim Gesenkschmieden. Ind.-Anz. Nr. 103/104, 1406/1409 (1953).
18. TOLKIEN, H.: Schmierwirkungen in Schmiedegesenken. Dissertation TH Hannover 1960.
19. TOLKIEN, H.: Die Wirkung der Schmierung auf den Gesenkverschleiß. Werkstattstechnik 51, 431/435 (1961).
20. KIENZLE, O., u. K. MIETZNER: Grundlagen einer Typologie umgeformter metallischer Oberflächen. Berlin/Heidelberg/New York: Springer 1965.
21. KIENZLE, O., u. K. MIETZNER: Atlas umgeformter metallischer Oberflächen. Berlin/Heidelberg/New York: Springer 1967.
22. PAWELSKI, O.: Beitrag zur Ähnlichkeitstheorie der Umformtechnik. Arch. Eisenhüttenw. 35, H. 1, 27/36 1964).
23. BRILL, K.: Modellwerkstoffe für die Massivumformung von Metallen. Dissertation TH Hannover 1963.
24. BRILL, K.: Anwendung von Modellwerkstoffen zur Ermittlung der geometrischen und dynamischen Versuchsgröße beim Gesenkschmieden. Werkstattstechnik 53, 537/542 (1963).
25. HERTEL, H.: Modelltechnische Untersuchung der Fließvorgänge beim Strang- und Gesenkpressen. Automobil-Ind. 11, Nr. 3, 83/92 (1966).
26. HEUER, P.-J.: Modellverfahren für die Umformtechnik, Fließvorgänge, Werkstoffkonstante, Umformbeiwert. VDI-Forschungsh. 493, Düsseldorf: VDI-Verlag 1962.
27. ICKERT, J.: Das Genauigkeitswesen in der technischen Normung. Berlin/Göttingen/Heidelberg: Springer 1955.
28. MEIER, R.: Das Maßprägen von Stanzteilen und Gesenkschmiedestücken. Werkstattstechnik 49, H. 1, 35/38 (1959).
29. KIENZLE, O., u. R. MEIER: Erzielbare Maßgenauigkeit und Oberflächengüten. Werkstattstechnik 51, H. 10, 545/551 (1961).
30. KIENZLE, O.: Die Genauigkeitsansprüche des Konstrukteurs und ihre Verwirklichung durch die Fertigung. Ind.-Anz. 82, Nr. 62 (1960).

31. WATERMANN, D.: Die Arbeitsgenauigkeit von Hämmern und Schwungradspindelpressen beim außermittigen Schlag. Werkstattstechnik 53, Nr. 8, 413/421 (1963).
32. LINDNER, H.: Massivumformung von Stahl zwischen 600 und 900 °C — „Halbwarmschmieden". Fortschritt-Ber., VDI-Zeitschr., Reihe 2, Nr. 7, Düsseldorf: VDI-Verlag 1966.
33. HUWENDIEK, D. J.: Aufstellung von Fertigungstoleranzen mit Hilfe statistischer Methoden, dargelegt am Beispiel des Gesenkschmiedens von Stahl. Dissertation TH Hannover 1963.
34. ABBOTT, K. J.: Maßtoleranzen für unter Hämmern und Pressen und in Waagerecht-Stauchmaschinen gefertigte Gesenkschmiedestücke aus Stahl. Ind.-Anz. 88, Nr. 57, 1309/1313 (1966).
35. KIENZLE, O., u. K. SPIES: Die Gestaltung von Zwischenformen für Gesenkschmiedestücke. Werkstattstechnik u. Maschinenbau 47, H. 4, 176/181 (1957).
36. SPIES, K.: Das Walzen von Zwischenformen für Gesenkschmiedestücke. Werkstattstechnik und Maschinenbau, 47, H. 8, 433/439 (1957).
37. SPIES, K.: Die Zwischenformen beim Gesenkschmieden und ihre Herstellung durch Formwalzen. Forschungsber. d. Landes Nordrh.-Westf. Nr. 728 Köln/Opladen: Westdeutscher Verlag 1959.
38. SPIES, K.: Eine Formenordnung für Gesenkschmiedestücke. Werkstattstechnik u. Maschinenbau 47, H. 4, 201/205 (1957).
39. SHAH, P. S.: Der Umformvorgang bei der Erzeugung von Rillen. Dissertation TH Hannover 1957.
40. THAMASETT, E.: Kräfte und Grenzformänderungen beim Abstreckdrücken zylindrischer, rotationssymmetrischer Hohlkörper aus Aluminium. Dissertation TH Stuttgart 1961.
41. SANNER, P.: Kräfte und Grenzformänderungen beim Projizierabstreckdrücken konischer, rotationssymmetrischer Hohlkörper. Dissertation TU Berlin 1963.
42. PAHLITZSCH, G., u. P. KROHN: Über das Glattwalzen kreiszylindrischer Werkstücke mit Durchmessern bis 20 mm. Werkstattstechnik 53, H. 9, 447/453 (1963).
43. PAHLITZSCH, G., u. P. KROHN: Über das Glattwalzen zylindrischer Werkstücke im Einstechverfahren. Werkstattstechnik 56, H. 1, 2/12 (1966).
44. GERLACH, H.-H.: Eigenspannungen durch Glattwalzen in zylindrischen und prismatischen Körpern aus Gußeisen. Gießerei 14 H. 2. 93/99 (1962).
45. KIENZLE, O., u. H.-H. GERLACH: Das Glattwalzen kreiszylindrischer und ebener Werkstücke aus Gußeisen. Werkstattstechnik 51, H. 10, 505/512 (1961).
46. VATER, M., u. G. NEBE: Über die Spannungs- und Formänderungsverteilung beim Stauchen. Düsseldorf: VDI-Verlag 1965.
47. STÖTER, H.-J.: Über die Bedeutung der Gratbahnabmessung und der Druckberührzeit beim Gesenkschmieden mit Fallhammer und Presse. VDI-Z. 100, Nr. 27, 1323/1328 (1958).
48. STÖTER, H.-J.: Beanspruchung von Gesenken durch Druck und Temperatur. Werkstattstechnik u. Maschinenbau 48, H. 12, 676/678 (1958).
49. STÖTER, H.-J.: Der Schmiedevorgang in Hammer und Presse insbesondere hinsichtlich des Steigens. Werkstattstechnik 49, H. 4, 223/230 (1959).
50. STÖTER, H.-J.: Untersuchung des Schmiedevorganges in Hammer und Presse, insbesondere hinsichtlich des Steigens. Forschungsber. d. Landes Nordrh.-Westf. Nr. 848, Köln/Opladen: Westdeutscher Verlag 1960.
51. BURGDORF, M.: Untersuchungen über das Stauchen und Zapfenpressen. Dissertation Universität Stuttgart (TH). Berichte a. d. Inst. f. Umformtechnik d. TH Stuttgart, Nr. 5, Essen: Girardet 1966.

52. LANGE, H.: Die Formänderungen in der Grenzschicht beim Kaltstauchen metallischer Körper und ihre Bedeutung bei plastischer Verformung. Dissertation TH Aachen 1962.
53. BÜHLER, H., u. D. BOBBERT: Über die Formänderungsverteilung beim Stauchen. Ind.-Anz. 88, Nr. 100, 2175/2178 (1966).
54. RICK, M.: Erzeugung von Bearbeitungsflächen an Blechwerkstücken durch Kaltumformung. CIRP-Annalen, Bd. XI, 243/247 (1962/63).
55. BURGDORF, M.: Über die Ermittlung des Reibwertes für Massivumformung durch den Ringstauchversuch. Ind.-Anz. 89, 801 (1967).
56. PAWELSKI, O.: Hydrostatisches Stauchen, ein neues Verfahren zur Formgebung schwer umformbarer Werkstoffe. Industriekurier, Technik und Forschung 1967. H. 170, S. 682/686.
57. RUPPIN, D.: Untersuchungen zum Anstauchen von Verdickungen an langen Profilen mit Hilfe von Sprengstoffen. Fortschritt-Ber., VDI-Zeitschr., Reihe 2, Nr. 8 Düsseldorf: VDI-Verlag 1966.
58. MEYER, H.: Untersuchungen über den Umformvorgang in Waagerecht-Stauchmaschinen. Forschungsber. d. Landes Nordrh.-Westf. Nr. 890, Köln/Opladen: Westdeutscher Verlag 1960.
59. MEYER, H.: Die Massenverteilung beim Schmieden in Waagerecht-Stauchmaschinen. Werkstattstechnik 50, 333/337 (1960).
60. MEYER, H.: Umformkräfte und Arbeitsbeträge beim Warmstauchen in Waagerecht-Stauchmaschinen. Werkstattstechnik 50, 450/453 (1960).
61. MEYER-NOLKEMPER, H.: Dornen in Waagerecht-Stauchmaschinen. Forschungsber. d. Landes Nordrh.-Westf. Nr. 1381, Köln/Opladen: Westdeutscher Verlag 1964.
62. LANGE, K.: Die Fertigungsbelange des Gesenkschmiedens und ihre wissenschaftliche Weiterentwicklung. Berlin/Göttingen/Heidelberg: Springer 1957.
63. LANGE, K.: Gesenkschmieden von Stahl. Berlin/Göttingen/Heidelberg: Springer 1958.
64. LANGE, K.: Theorie und Grundlagen des Gesenkschmiedens. Ind.-Anz. 85, Nr. 58, 1393/1400, Nr. 67, 1549/1555, Nr. 77, 1739/1742 (1963).
65. UHLIG, A.: Untersuchungen über die Bewegungen und Kräfte beim Rundkneten. Dissertation TH Hannover 1964.
66. UHLIG, A.: Näherungsweise Berechnung der Rundknetkraft aus der Fläche und dem mittleren Druck. Bänder, Bleche, Rohre 6, H. 4, 200/06 (1965).
67. KAST, D.: Untersuchungen über den Kraft- und Arbeitsbedarf sowie den Umformwirkungsgrad beim Vorwärts-Vollfließpressen von Stahl. Berichte a. d. Inst. f. Umformtechnik d. TH Stuttgart, Nr. 2/3, Essen: Girardet 1965, S. 45/48.
68. SCHMOECKEL, D.: Untersuchungen über die Werkzeuggestaltung beim Vorwärts-Hohlfließen von Stahl und Nichteisenmetallen. Dissertation TH Stuttgart 1966. Berichte a. d. Inst. f. Umformtechnik d. TH Stuttgart, Nr. 4, Essen: Girardet 1966.
69. SCHMITT, G.: Untersuchungen über das Rückwärts-Napffließpressen von Stahl bei Raumtemperatur. Dissertation Universität Stuttgart (TH). Berichte a. d. Inst. f. Umformtechnik d. Universität Stuttgart (TH), Nr. 7, Essen: Girardet 1968.
70. BURGDORF, M.: Das Aufweittiefziehen, ein neues Verfahren der Umformtechnik. CIRP-Annalen 16 (1967/68).
71. SCHMITT, G., u. D. SCHMOECKEL: Untersuchungen über das freie Napfen. Berichte a. d. Inst. f. Umformtechnik d. Universität Stuttgart, Nr. 2/3, Essen: Girardet 1965, S. 5/42.
72. GROTZ, H.: Warmfließpressen von Stahl. Dissertation TH Hannover 1966.

73. Meyer, H.: Möglichkeiten und Grenzen der Warmumformung von Gußeisen in Gesenken. Dissertation TH Hannover 1960.
74. Meyer, H.: Möglichkeiten und Grenzen der Warmumformung von Gußeisen. Techn. Rundsch. 52, Nr. 5, 17/23 (1960).
75. Pugh, H. Ll. D., u. K. Ashcroft: Das hydrostatische Strang- und Fließpressen von Metallen. Ind.-Anz. 86, Nr. 33, 605/612 (1964).
76. Gumm, P.: Kombination von Umformung und Kaltpreßschweißen beim Fließpressen und Rohrziehen. Dissertation TH Braunschweig 1964.
77. Hofmann, W., u. P. Gumm: Kaltpreß-Schweißen in Fließpreßvorgängen CIRP-Annalen 13, H. 3, 281/285 (1965/66).
78. Bühler, H., F. Goedeke u. F. Müller-Axt: Herstellung plattierter Hohlkörper durch Warmfließpressen. Bänder, Bleche, Rohre 8, H. 3, 149/152 (1967).
79. Stöter, H.-J.: Messen der Berührzeiten beim Gesenkschmieden. Werkstattstechnik u. Maschinenbau 48, 143/144 (1958).
80. Preussler, H.: Zur Frage der bildsamen Formänderung. Stahl u. Eisen 45, Nr. 34, 1422/1428 (1925).
81. Schmidt, A.: Über die Detonation von Sprengstoffen und die Beziehung zwischen Dichte und Detonationsgeschwindigkeit. Z. f. d. ges. Schieß- und Sprengstoffw. 30, 364/369 (1935) u. 31, 8/327 (1936).
82. Siebel, E.: Grundlagen und Begriffe der bildsamen Formgebung. Werkstattstechnik u. Maschinenbau 40, 373/380 (1950).
83. Meyer-Nolkemper, H.: Untersuchungen an Auftragswerkstoffen für Gesenke. Werkstattstechn. 52, H. 12, 678/681 (1962).
84. Sieber, K.: Mitteilung anl. einer Sitzung des VDI-ADB Fachausschusses „Fertigungsverfahren der Kaltumformung" am 6. 7. 1965 in Stuttgart.
85. Mäkelt, H.: Die mechanischen Pressen. München: Hanser 1961.
86. Pugh, H. Ll. D.: Recent developments in cold forming. Bulleid Memorial Lectures 1965, vol. III A, University of Nottingham.
87. Johnson, W., u. H. Kudo: The mechanics of metal extrusion. Manchester University Press 1962.
88. Thomsen, E. G., C. T. Yang u. S. Kobayashi: Mechanics of plastic deformation in metal processing. New York: Macmillan, London: Collier-Macmillan 1965.
89. Altan, T., u. E. G. Thomsen: Pressures required for backward can extrusion. CIRP-Annalen, vol. XIII, 273/280 (1966).
90. Boes, P. J. M., u. H. P. Pouw: A practical calculation method for extrusion pressures. Sheet Metal Ind. 43, 469, 377/390 (1966).

6 Blechumformung bei Werkstücken

Mit Beiträgen von
H. BÜHLER, H. HERTEL, O. KIENZLE, K. LANGE, E. SCHMIDTMANN
und W. PANKNIN
ausgearbeitet von W. PANKNIN unter Mitwirkung von W. ZIEGLER

Die große Bedeutung, die die Blechumformung innerhalb der „Mechanischen Umformtechnik" besitzt, ist darin begründet, daß komplizierte, relativ dünnwandige Werkstücke in der Massenfertigung sehr wirtschaftlich aus Blech hergestellt werden können. Blech ist das wichtigste Halbzeug des Fahrzeugbaus und der Verpackungsindustrie. Außerdem wird es in der Feinwerktechnik, im Apparatebau, in der Elektrotechnik und bei Hausgeräten benutzt.

So hat die Blechumformung ihre eigenständige Entwicklung neben der Massivumformung (Kap. 5). Ihre vielseitige Anwendung auf verschiedene Werkstückformen hat zu einer großen Zahl verschiedener Verfahren geführt. Allerdings hebt sich das Tiefziehen als eine Verfahrensgruppe heraus, die sowohl in Deutschland, wie auch im Ausland zu vielen Forschungsarbeiten Anlaß gegeben hat.

So ist es ganz natürlich, daß das Tiefziehen auch in diesem Bericht den größten Teil einnimmt. Daneben ist noch über Arbeiten zu berichten, die das große Gebiet des Biegens betreffen, sowie über einige Sonderverfahren einschl. der Hochgeschwindigkeits-Umformung.

Wie im Einleitungskapital bemerkt, gilt die umfassende Übersicht der Umformverfahren auch für die Blechumformung. Sowohl für die Werkstätten, als auch für systematische Erörterungen sind einheitliche Benennungen vonnöten; auch wir machen Gebrauch davon, wobei wir uns vorbehalten, etwaige frühere Ausdrücke, die nicht in die neue Systematik der DIN-Norm 8580 passen, in Klammern anzugeben.

Ähnlich wie die Massiv-Umformverfahren lassen sich die Blechumformverfahren nach den für das Fließen vorherrschenden Spannungen ordnen, nämlich Druckbeanspruchung — Zugbeanspruchung — Zug-Druck-Beanspruchung — Biegebeanspruchung — Schubbeanspruchung. Allerdings ist bisweilen das Einordnen eines bestimmten Blechumformverfahrens nicht eindeutig möglich, wenn entweder mehrere Spannungszustände gleichzeitig oder nacheinander vorkommen oder der Spannungszustand je nach den vorliegenden Bedingungen verschieden ausfällt.

In diesem Bericht sind nur die neueren Erkenntnisse zusammengestellt, insbesondere soweit sie sich auf die Gesetzmäßigkeit der jeweiligen Verfahren hauptsächlich an Stahlblechen beziehen. Danach sind nur verhältnismäßig wenige Verfahren zu beschreiben; hierfür schien uns folgende Anordnung zweckmäßig:

6.1 Biegen
6.2 Tiefziehen
6.3 Sonstige Verfahren.

6.1 Biegen

Das Biegen ist eine der häufigst angewandten Arten der Umformung von Blechen und Rohren; es erstreckt sich von der Massenfertigung kleinster Werkstücke bis zur Einzelfertigung im Schiffs- und Apparatebau.

6.1.1 Einfaches Biegen

Das über Jahrzehnte wissenschaftlich vernachlässigt gebliebene Gebiet des einfachen Biegens hat K.-H. Wolter [1] Anfang der fünfziger Jahre wieder aufgegriffen. Er hat das Biegen von Blechen um kleine Halbmesser theoretisch und experimentell untersucht. Hier mußte der Begriff der neutralen Faser aufgegeben werden; vielmehr hat er zwischen der ungelängten Faser und der spannungsfreien Faser unterschieden. U. a. hat er das querkraftfreie Biegen eingeführt.

Von den neueren Arbeiten sei zunächst die Untersuchung von F. Proksa [2] genannt. Zuerst wird der Fall des Blechbiegens bei starr-ideal-plastischem Material behandelt. Wird im unverformten Zustand mit y_0 der Abstand einer Faser von der ursprünglich mittleren Faser bezeichnet, so läßt sich ein bezogener Abstand δ so definieren: $\delta = \dfrac{y_0}{s_0/2}$. Die bezogene Krümmung $\varkappa$ sei $\varkappa = s/r_m$, wobei s die Blechdicke und r_m der mittlere Krümmungsradius sind. Aus diesen Größen läßt sich die Gesamtdehnung ε_φ einer durch den Wert in ihrer Lage gekennzeichneten Faser berechnen nach der Gleichung

$$\varepsilon_\varphi = \tfrac{1}{2} \ln \left(\tfrac{1}{4} \varkappa^2 + \varkappa \cdot \delta + 1\right) \tag{1}$$

In Bild 6.1 ist dieser Zusammenhang graphisch dargestellt. Es ist zu sehen, daß für Fasern mit $\delta > 0$, also solchen, die gleich am Anfang des Biegevorgangs im Gebiet der Zugspannungen liegen, die Dehnung gleichsinnig zunimmt, bei den Fasern mit $\delta < 0$, also solchen, die beim Beginn des Biegens im Bereich der Druckspannungen liegen, die Dehnung sich im Verlauf des Biegevorgangs umkehrt. Die Minima, die dabei durchlaufen werden, liegen auf einer Kurve, die durch die Gleichung $\varepsilon_\varphi = \frac{1}{2} \ln (1 - \varkappa^2/2)$ festgelegt ist (Bild 6.1). Die Blechdicke ändert sich im Fall des ideal-plastischen Werkstoffs beim Biegen nicht.

Nach einer Erörterung für den ideal-plastischen Werkstoff wird das Blechbiegen bei Berücksichtigung der Kaltverfestigung behandelt. Als Fließbedingung wird gesetzt:

$$\sigma_\varphi - \sigma_r = \pm 2K_0 + 2K_v \cdot \varepsilon_\varphi \qquad (2)$$

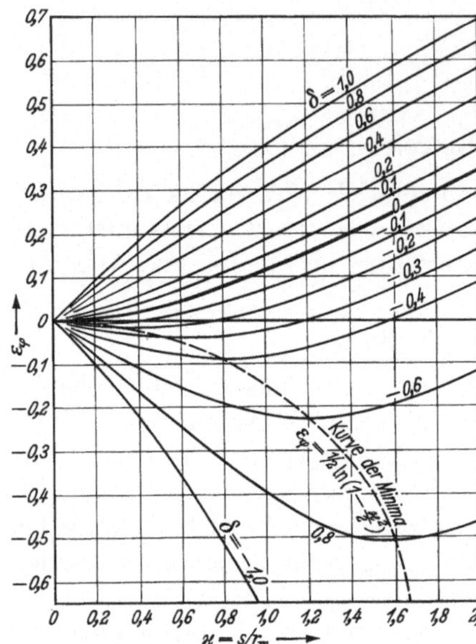

Bild 6.1 Abhängigkeit der Dehnung ε_φ von der bezogenen Krümmung $\varkappa$ beim Biegen (nach F. Proksa [2]) δ = auf die halbe Blechdicke bezogener Abstand von der ursprünglich mittleren Faser.

Dabei ist K_0 die Fließgrenze bei reinem Schub und K_v Maß für die Steigung der Fließgeraden. Es wird also die Fließkurve als eine Gerade angenommen. Durch $K_v = 0$ ist der vorher behandelte Fall des ideal-plastischen Werkstoffs in dieser Betrachtung mit enthalten. Die weitere Behandlung führt zu einer Aussage über die Änderung der Blechdicke beim Biegen, wenn die Verfestigung mit berücksichtigt wird. Die gefundene Abhängigkeit von der bezogenen Krümmung $\varkappa$ ist in Bild 6.2 wieder-

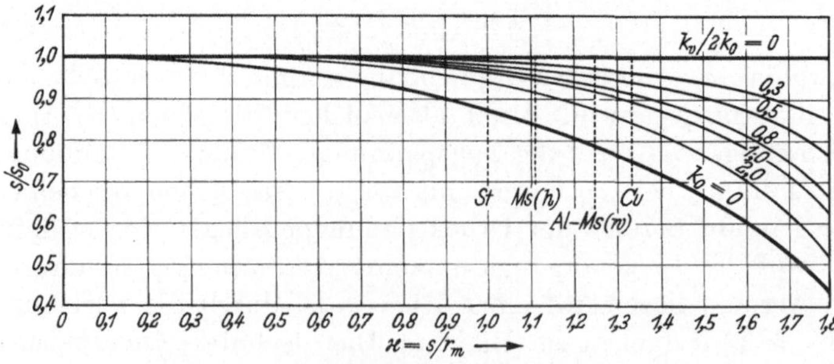

Bild 6.2 Blechdickenänderung s/s_0 als Funktion der bezogenen Krümmung $\varkappa$ beim Biegen (nach F. Proksa [2]).

gegeben. Es wird deutlich, daß die Blechdicke um so mehr abnimmt, je stärker sich der Werkstoff verfestigt. Die Auswirkung auf das bezogene Moment $M/K_0 \cdot s^2$ ist aus Bild 6.3 zu entnehmen. Das Moment wird mit

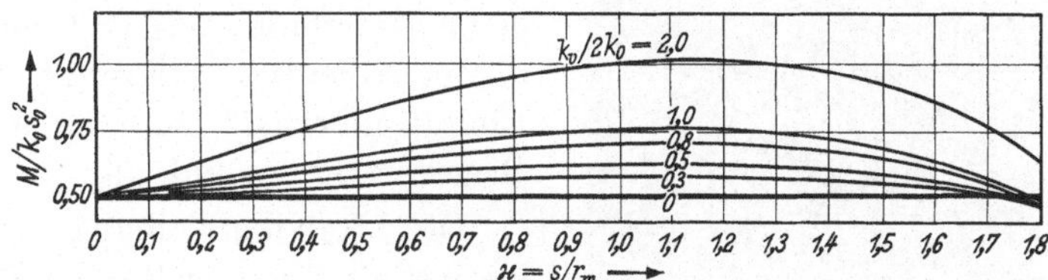

Bild 6.3 Auf die ursprüngliche Blechdicke bezogenes Moment als Funktion der bezogenen Krümmung $\varkappa$ beim Biegen (nach F. PROKSA [2]).

stärkerer Verfestigung des Werkstoffs zunehmend größer. Bei stärkerer Krümmung fällt es jedoch wieder ab, bei sehr großen Krümmungen sogar unter den Anfangswert. Zum Schluß wird noch die Rückfederung mathematisch behandelt. Es ergibt sich für die bezogene Winkeländerung folgende Gleichung:

$$\frac{\Delta\alpha}{\alpha} = -\frac{M}{k_0 \cdot s^2} \cdot \omega(\varkappa) \cdot \frac{k_0(1 - r^2)}{E} \tag{3}$$

wobei

$$\omega(\varkappa) \approx \frac{12}{\varkappa - (1/30)\,\varkappa^2 + \cdots}.$$

Der Vergleich mit Versuchsergebnissen von H. F. SCHWARK [3] (Bild 6.4) zeigt eine gute Übereinstimmung.

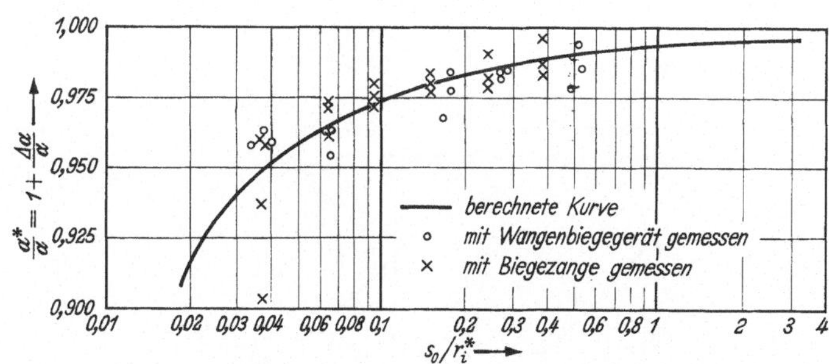

Bild 6.4 Rückfederung für Al 99,5 w. Vergleich der berechneten Kurve mit Versuchsergebnissen von F. SCHWARK [3] (nach F. PROKSA [2]).

Während die genannten Arbeiten von gewissen Idealvorstellungen über den Biegevorgang ausgehen, hat B. RECHLIN [4] eine vergleichende Untersuchung an verschiedenen realen Blechbiegevorgängen an Stahl und verschiedenen NE-Metallen einschl. des von WOLTER [1] eingeführten „querkraftfreien Biegens" angestellt. Die inneren und äußeren Verformungen wurden an Hand von Liniennetzen an den Randflächen oder auf den Fugenflächen seitlich zusammengelöteter Streifen beobachtet (Bild 6.5). Dabei zeigte sich, daß die Randaufwölbung schmaler Proben die Biegekraft und die Rückfederung mehr beeinflußt als man bisher annahm. Überdies schwankt dieser Einfluß innerhalb der untersuchten Biegeverfahren (Bild 6.6).

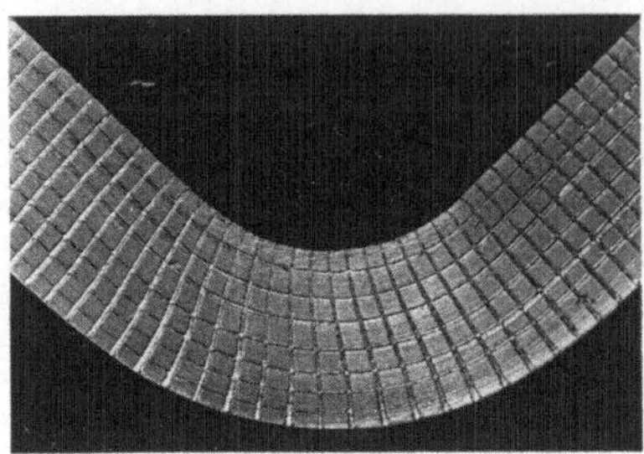

Bild 6.5 Verzerrtes Liniennetz beim Schwenkbiegen eines 8 mm dicken Streifens aus Al 99,5. $B/s = 6{,}2$ (nach B. RECHLIN [4]).

Die Randaufwölbung verliert ihren Einfluß erst bei Breiten $B > 20s$ (s = Blechdicke). Auch sonst muß bei den technischen Biegevorgängen der Formänderungszustand als dreiachsig angesehen werden; die Querschnitte bleiben nämlich nicht, wie häufig angenommen, eben und senkrecht zur Biegeachse, sondern verwölben sich und stellen sich zur Blechoberfläche bis zu 15° schräg (Bild 6.5). Die Randdehnungen sind innen und außen nicht gleich; außerdem reichen sie u. U. weit in die geraden

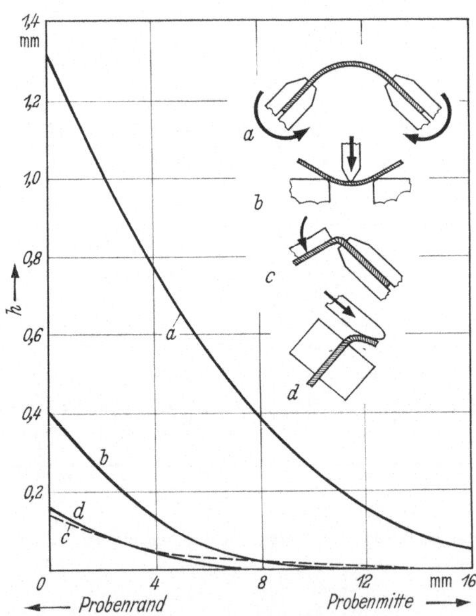

Bild 6.6 Randaufwölbung bei verschiedenen Biegeverfahren von Streifen aus St 37.

a) querkraftfreies Biegen	$s = 7{,}3$	$B = 100$ mm	$\varepsilon_r = 0{,}1$
b) Gesenkbiegen	$s = 6{,}05$	$B = 50$ mm	$\varepsilon_r = 0{,}1$
c) Schwenkbiegen	$s = 6{,}1$	$B = 50$ mm	$\varepsilon_r = 0{,}12$
d) einseitiges Abbiegen	$s = 7{,}3$	$B = 100$ mm	$\varepsilon_r = 0{,}1$

(nach B. RECHLIN [4])

Schenkel der Bleche hinein. Die berechneten Randdehnungen für einen 90°-Bogen werden dadurch nur zu 70% erreicht. Die Länge der Umformzone ist bei einer Krümmung $r_i/s = 1$ (r_i = Halbmesser am Innenbogen) etwa doppelt so groß wie die Bogenlänge.

Durch Vergleiche weist der Verfasser nach, daß die Berechnung der sog. Einheitsmomentkurve aus der Zugfließkurve mit der gleichen Genauigkeit gegenüber den Versuchswerten möglich ist, wie durch die Integration bei den bisherigen Verfahren. Man erhält für die Biegemomente brauchbare Rechenergebnisse, wenn man von der Fließkurve des Werkstoffs ausgeht und einen Korrekturfaktor für B/s einsetzt.

Die größtmögliche Stempelkraft beim Gesenkbiegen ergibt sich, wenn man den kleinsten Hebelarm (das ist die halbe Gesenkweite w) und das größtmögliche Biegemoment (durch Einsetzen der Zerreißfestigkeit σ_B als Randspannung σ_r) annimmt zu:

$$P = \frac{b \cdot s^2}{w} \cdot \sigma_B \tag{4}$$

Die so ermittelten Stempelkräfte liegen in der Mitte des Streufeldes der nach den verschiedenen Verfahren berechneten Kräfte und weichen höchstens 10% von den bei den Versuchen gemessenen Kräften ab.

6.1.2 Walzprofilieren

Einen verwickelten Biegevorgang stellt das Walzprofilieren von Bändern (Bandprofilwalzen) dar; es besteht in der Umformung von Metallbändern zu Profilen durch hintereinander angetriebene Walzenpaare. Hierbei treten Verzerrungen auf, die von G. WEIMAR [5, 6, 7][1] in einem viergerüstigen Profilwalzwerk an 0,5 bis 2 mm dicken Stahlbändern untersucht worden sind. Das Problem liegt darin, daß die Kante eines abgebogenen Schenkels vor jedem Gerüst einen größeren Weg zurücklegt als der nicht abgebogene Profilteil (Bild 6.7). Der so entstehen-

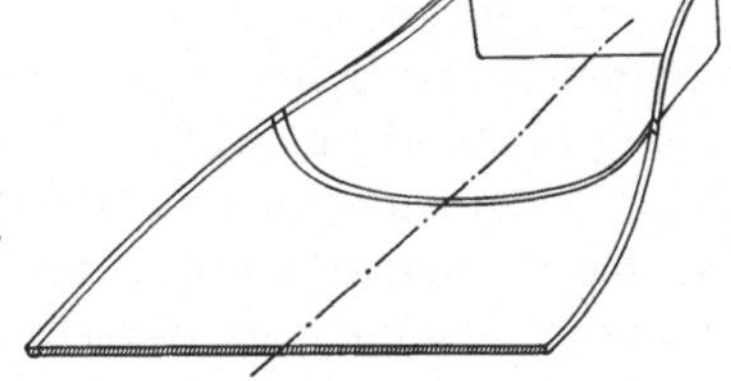

Bild 6.7 Umformung eines Blechbandes vor dem 1. Biegegerüst (nach G. WEIMAR [5]).

den über die Banddicke homogenen Längsdehnung überlagern sich Längsbiegespannungen, weil die freie Bandkante nicht gerade, sondern gekrümmt verläuft. Wesentlich ist zugleich der Übergang von der Quer-

[1] Umfassendes Schrifttum in [6].

krümmung über die ganze Bandbreite zu der alleinigen Krümmung an den Biegekanten.

Die hierbei entstehenden Beanspruchungen wurden auf doppelte Weise ermittelt. Durch Belegen des Bandes mit einer spannungsoptisch aktiven Folie wurden die Hauptspannungsdifferenzen an der Bandoberfläche bestimmt (Bild 6.8); Beobachtungen mittels Dehnmeßstreifen

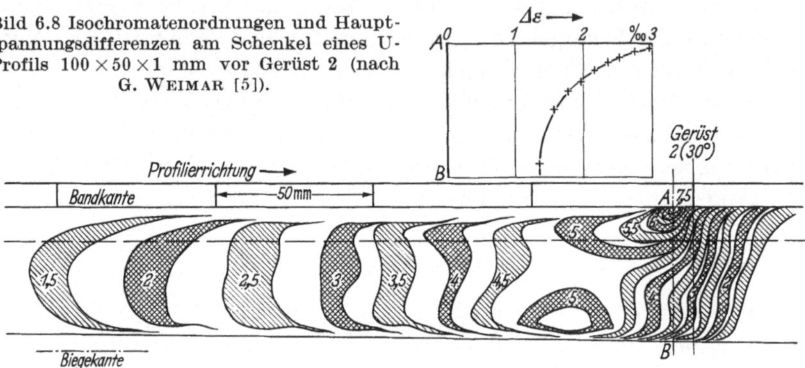

Bild 6.8 Isochromatenordnungen und Hauptspannungsdifferenzen am Schenkel eines U-Profils 100 × 50 × 1 mm vor Gerüst 2 (nach G. Weimar [5]).

lieferten gut übereinstimmende Bestätigungen. Die homogenen Längsdehnungen, Ergebnisse teils elastisch, teils plastisch, an Profilen mit einem 100 mm breiten Steg und zwei abgebogenen Schenkeln von 50 mm Breite, schwanken von Gerüst zu Gerüst wie in Bild 6.9 dargestellt. Sie wurden 8 mm unterhalb der Bandkante ermittelt und an anderen Stellen der Bandober- und Unterseite durch Dehnmeßstreifen ermittelt.

Die größten örtlichen Beanspruchungen ergeben sich aus der Hinzuzählung der größten positiven Längsbiegedehnungen an der Bandkante; diese sind 1 ... 3 mal größer als die größte homogene Längsdehnung. Die letzteren wachsen mit größeren Schenkellängen nicht, wie bisher angenommen, quadratisch, sondern nach einer Wurzelfunktion und scheinen einem Grenzwert zuzustreben.

Den homogenen Dehnungen an der Bandkante und damit der Längskrümmung des fertigen Profils kann man nach dem Verfasser auf verschiedene Weise entgegenwirken, z. B. dadurch, daß man den Walzenspalt in jedem Gerüst um die Höhenzunahme des Profils tiefer stellt, oder dadurch, daß man die Gerüste derart gegeneinander neigt, daß der Bandkante eine Stauchung überlagert wird.

6.1.3 Hochkantbiegen

Ein u. W. experimentell trotz häufiger Anwendung (Hochkantwicklungen, elektrische Flachstableitungen) noch nicht angefaßtes Biegeproblem, nämlich das *Hochkantbiegen* hat H. Lippmann theoretisch behandelt [11]. Er ging von folgenden Annahmen aus: kreisförmige Biegung durch an den Enden angreifende Biegemomente (wie bei WOLTER [1]), Kaltverfestigung des Werkstoffs nach der unten angeführten Gl. (5)

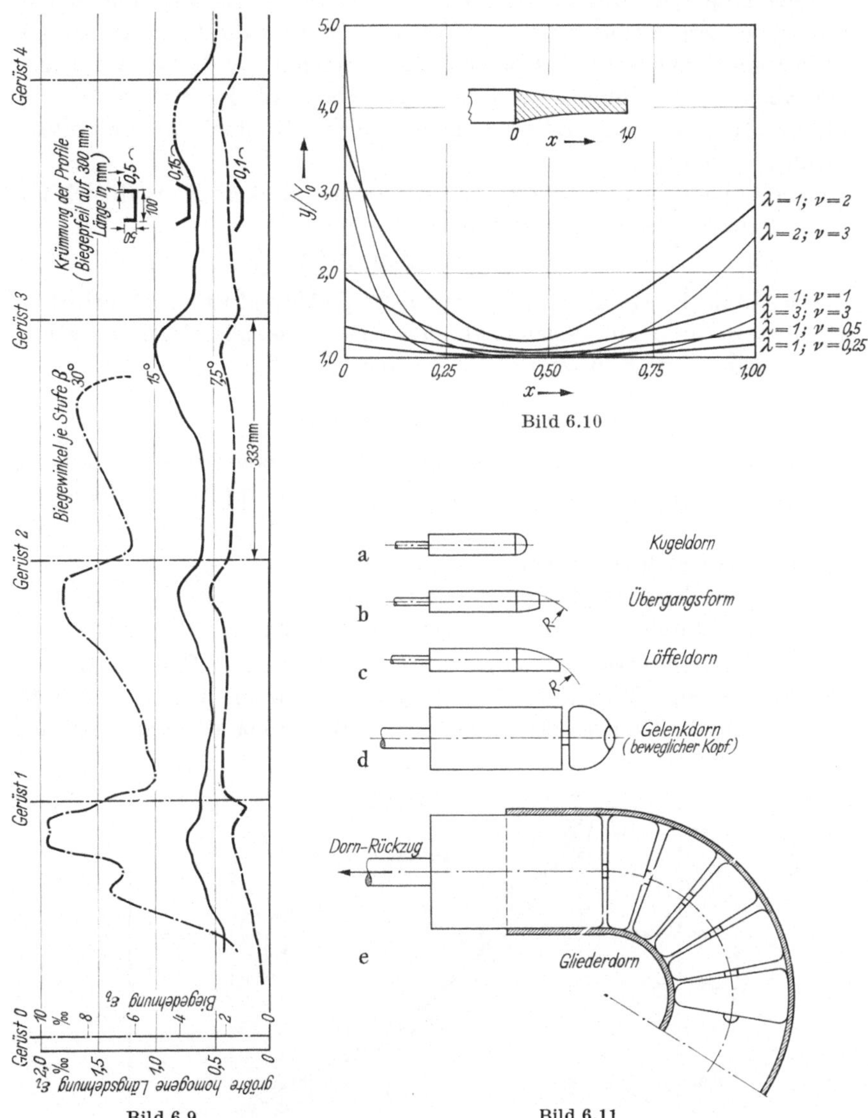

Bild 6.9 Bild 6.11

Bild 6.9 Größte homogene Längsdehnungen, 8 mm von der Bandkante entfernt bei dem U-Profil 50 × 100 mm bei verschiedenen Biegewinkeln je Stufe. (nach G. WEIMAR [5]).

Bild 6.10 Verteilung der Formänderungsfestigkeit nach dem Hochkantbiegen eines Rechteckprofils, ν, λ Werkstoffkonstanten in Gl. (5) (nach H. LIPPMANN [11]).

Bild 6.11 Dornformen für das Rohrbiegen (nach W.-D. FRANZ [10]).

(die der Wirklichkeit nahe kommt), ebener Spannungszustand in der Mittelebene. Die Ansätze wurden in kleinen Schritten fortschreitender Biegung (Differenzenverfahren) numerisch auf einem Magnettrommelrechner IBM 650 hinsichtlich der Spannungsverläufe und der Querschnittsverzerrung ausgewertet. Natürlich stimmt die Umformung des rechteckigen Querschnittes einer Trapezform mit der Erfahrung überein, aber darüber hinaus fand der Verfasser, daß der Querschnitt in radialer Richtung verkürzt wird und eine leichte Hohlheit an den Seitenflächen entsteht.

Die radiale Verteilung der Formänderungsfestigkeit Y ergab sich für eine bestimmte Biegung nach Bild 6.10, wobei

$$Y = Y_0[1+\nu\,(A/Y^-)^\lambda] \tag{5}$$

angesetzt ist. Hierin ist A die Arbeitsdichte, während ν und λ Werkstoffkonstanten sind, mit denen man sich einer beliebigen Fließkurve anpassen kann. Das Bild zeigt deren starken Einfluß.

6.1.4 Biegen von Rohren

Das Biegen von Rohren ist Gegenstand der Arbeit von W.-D. Franz [10]. Es werden zunächst die verschiedenen Umformmöglichkeiten aufgeführt:

a) das querkraftfreie Biegen,
b) Biegeverfahren durch Moment und Querkraft,
c) Biegung durch Moment, Querkraft und überlagerte Spannung.

Nach der Betrachtung der Vorgänge im Rohr beim Biegen wird auf das Biegen mit Stützdorn eingegangen. Es wurden Versuche durchgeführt, um die Grenzen des Dornbiegeverfahrens vor allem in bezug auf

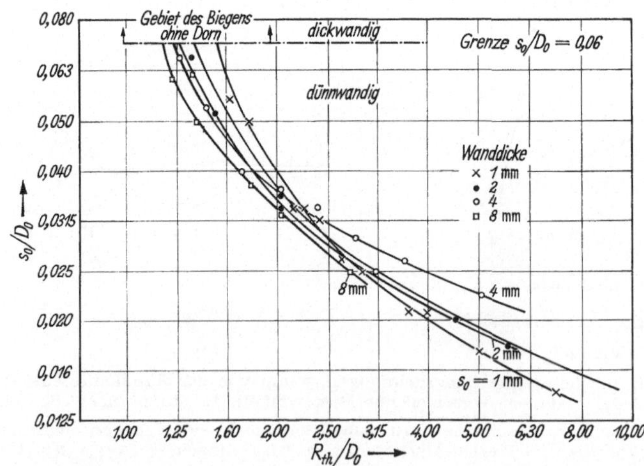

Bild 6.12 Dornbiegen (Stahl); Grenzen der Faltenbildung (nach W.-D. Franz [10]).

die Faltenbildung zu ermitteln. In Bild 6.11 sind verschiedene Formen des Dorns dargestellt. Bei Vorversuchen mit den Dornformen *a*, *b* und *c* zeigte sich, daß beim Löffeldorn die Faltenbildung früher einsetzt. Die Grenze der Faltenbildung ist aus Bild 6.12 für Stahlrohre zu entnehmen.

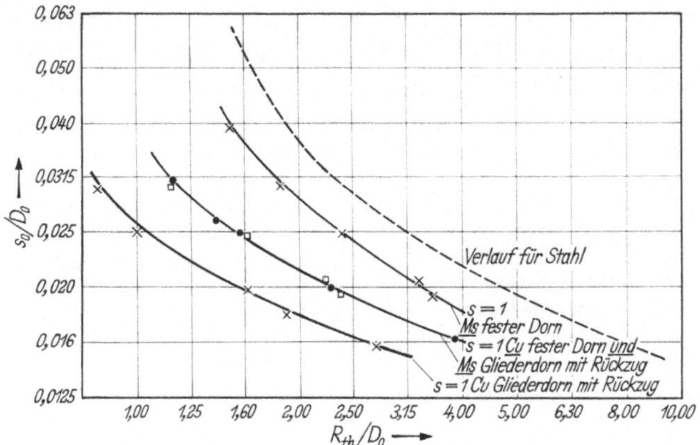

Bild 6.13 Dornbiegen (Cu und Ms); Grenzen der Faltenbildung (nach W.-D. FRANZ [10]).

Aus dem Bild ist zu ersehen, daß bei einem bestimmten Verhältnis der Blechdicke s_0 zum Außendurchmesser D_0 die Wanddicke keinen großen Einfluß mehr auf das Verhältnis des kleinsten mittleren Biegeradius R_{th} zum Außendurchmesser D_0 hat. Der Einfluß von Werkstoff und Dornform zeigt sich in Bild 6.13. Danach liegt der kleinste Biegeradius bei

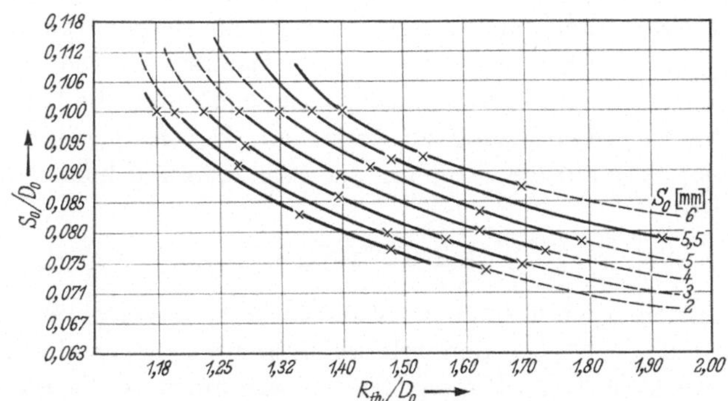

Bild 6.14 Kleinste Biegehalbmesser für dornloses Biegen (nach W.-D. FRANZ [10]).

Messing deutlich unter demjenigen für Stahl und bei Kupfer noch tiefer. Ein Gliederdorn ermöglicht kleinere Biegeradien als ein fester Dorn. Beim dornlosen Biegen ist bei der oben gewählten Darstellung die Grenze noch von der Blechdicke abhängig (Bild 6.14).

6.1.5 Rückfederung

Neben der schon erwähnten Untersuchung der Rückfederung durch H. F. SCHWARK [3] ist der Einfluß der Kraft und der Belastungszeit auf die Streuung der Rückfederung von Biegeteilen von K. TAFEL [8, 9] untersucht worden. Ein Einfluß ist nur bei Prägebiegungen vorhanden, bei denen die Biegezone nach dem eigentlichen Biegevorgang noch unter erhöhte Druckspannung gesetzt wird. Es ergab sich, daß die Rückfederung mit wachsender Prägekraft abnimmt (Bild 6.15). Die Streu-

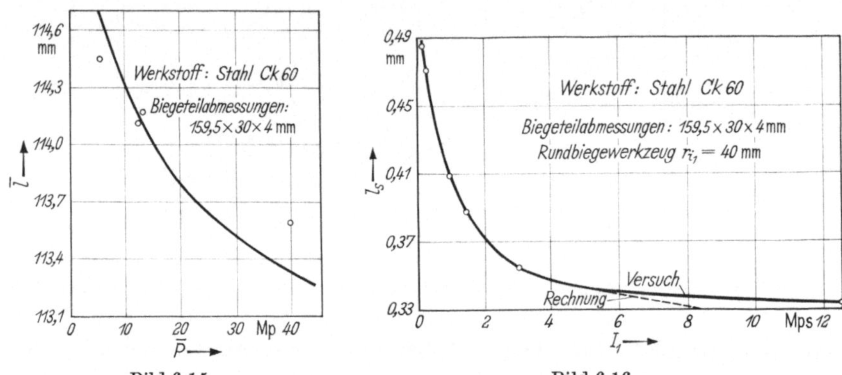

Bild 6.15 Bild 6.16

Bild 6.15 Abhängigkeit der Mittelwerte der Rückfederung ($\triangleq \bar{l}$) von der Prägekraft $\bar{P}$ beim Biegen im Gesenk (Rundbiegewerkzeug r_i = 40 mm) (nach K. TAFEL [8, 9]).

Bild 6.16 Abhängigkeit der Streuung der Rückfederung ($\triangleq l_s$) vom Prägeimpuls I_1 beim Biegen im Gesenk (nach K. TAFEL [8, 9]).

ung der Rückfederung nimmt mit wachsendem Prägeimpuls ($\int P \cdot dt$) ab (Bild 6.16). Die Abhängigkeit von der Prägekraft ist über den Abbau der vom Biegen herrührenden Eigenspannungen durch die beim Prägen aufgebrachte Normalpressung zu verstehen. Der festgestellte Einfluß des Prägeimpulses auf die Streuung der Rückfederung konnte nicht geklärt werden.

6.2 Tiefziehen

Das Tiefziehen ist unter den Blechbearbeitungsverfahren eines der bedeutendsten, weil sich dadurch auch kompliziertere dünnwandige Hohlteile, wie sie z. B. im Karosseriebau vorkommen, wirtschaftlich herstellen lassen.

6.2.1 Tiefziehen mit Niederhalter

Eines der Tiefziehverfahren ist der Anschlagzug, bei dem ein ebener Blechzuschnitt vom Ziehstempel über den Ziehring gezogen wird (Bild 6.17). Die Blechzone am Stempelboden wird dabei unter zweiachsiger Zugbeanspruchung gestreckt; dieser Teilvorgang wird als Streckziehen bezeichnet. Demgegenüber wird die Blechzone auf dem Ziehring durch radiale Zugspannungen und tangentiale Druckspannungen verformt; dieses sog. „Zugdruckumformen" (DIN 8584) ist das Tiefziehen im engeren Sinne. Bei den Tiefziehvorgängen sind meist diese beiden Verformungsvorgänge gleichzeitig vorhanden und nur nach den jeweils erreichten Formänderungen verschieden. Z. B. überwiegt beim Anschlag-Tiefziehen eines rotationssymmetrischen zylindrischen Napfes mit flachem Boden das Tiefziehen im engeren Sinn, während beim Tiefziehen eines Daches für einen Personenwagen das Streckziehen vorherrscht.

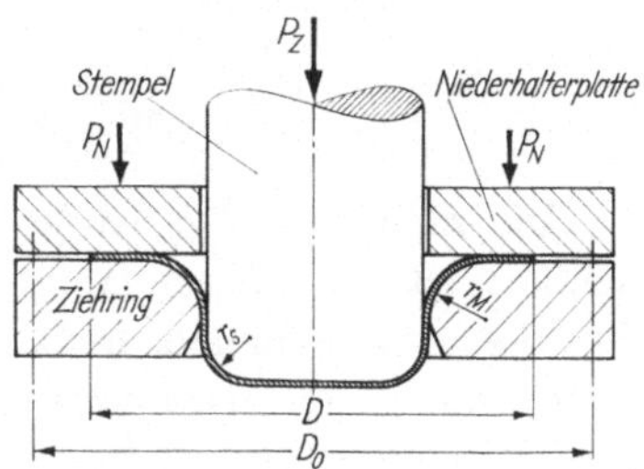

Bild 6.17 Tiefziehen im Anschlag.

Unter den neueren Untersuchungen über das Tiefziehen ist die Arbeit von W. Panknin [12] über die Grundlagen des Tiefziehens im Anschlag unter besonderer Berücksichtigung der Tiefziehprüfung zu nennen. Es wird zunächst der Tiefziehvorgang von der theoretischen Seite her behandelt und für den einfachsten Fall des Tiefziehens eines rotationssymmetrischen, zylindrischen Napfes die ideelle Ziehkraft und die Verluste aus den geometrischen Daten, dem Reibungskoeffizienten und den Festigkeitswerten des Werkstoffs berechnet. Die Verluste sind die Reibungsverluste am Ziehring und am Niederhalter und der Rückbiegeverlust beim Auslaufen des Bleches aus der Ziehringrundung. Die ideelle Ziehkraft läßt sich berechnen aus der Gleichung

$$P_{\text{id}} = F_0 \cdot k_{f_m} \cdot \ln \beta \tag{6}$$

Die durch die Reibungsverluste bedingte Ziehkraft P_R ist

$$P_R = \left[\mu \frac{\pi}{2} + \left(1 + \mu \cdot \frac{\pi}{2}\right) \mu \cdot \frac{p}{k_{fm}} \cdot \frac{d_0}{s_0} \cdot \frac{\beta_0^2 - 1}{2\beta \cdot \ln \beta}\right] \cdot F_0 \cdot k_{f_m} \cdot \ln \beta \tag{7}$$

Für die Ziehkraft P_{rb}, die von den Rückbiegeverlusten herrührt, gilt die Gleichung:

$$P_{\text{rb}} = k_{f_1} \cdot \frac{s_0}{4 \cdot r_m} \cdot F_0 \tag{8}$$

Dabei ist μ der Reibungskoeffizient, p die Niederhalterpressung beim Beginn des Vorgangs, k_{f_m} die mittlere Formänderungsfestigkeit im Flansch des Ziehteils, k_{f_1} die Formänderungsfestigkeit am Auslauf aus der Ziehringrundung, d_0 der Stempeldurchmesser, s_0 die Ausgangsblechdicke, $F_0 = \pi \cdot d_0 \cdot s_0$ der fiktive Ziehteilquerschnitt, $\beta_0 = D_0/d_0$ das Ausgangsziehverhältnis, wobei D_0 der Durchmesser der Ronde ist, $\beta = D/d_0$ das Ziehverhältnis beim augenblicklichen Flanschdurchmesser D und r_m der Ziehringradius.

Die Niederhalterpressung ist nach SIEBEL [13]

$$p = (0{,}002 \div 0{,}0025)\left[(\beta_0 - 1)^2 + \frac{0{,}5}{100} \cdot \frac{d_0}{s_0}\right] \cdot \sigma_B \tag{9}$$

wobei σ_B die Zugfestigkeit des Werkstoffs ist.

Nun läßt sich der Formänderungswirkungsgrad η_F mit der gesamten Ziehkraft $P_{ges} = P_{id} + P_R + P_{rb}$ bestimmen zu

$$\eta_F = \frac{P_{id}}{P_{id} + P_R + P_{rb}} = \frac{P_{id}}{P_{ges}} \tag{10}$$

Die Ziehkraft P_{ges} ist während des Ziehvorganges nicht konstant, sondern durchläuft ein Maximum. Diese maximale Ziehkraft P_{max} ist für die Überlegungen bezüglich der Verfahrensgrenzen wichtig. Zur Berechnung der maximalen Ziehkraft mit Hilfe der oben genannten Gleichungen ist es wichtig, im Moment des Ziehkraftmaximums das augenblickliche Ziehverhältnis β zu kennen. Man kann berechnen, daß das Ziehkraftmaximum für viele Werkstoffe bei einer erreichten Ziehteilhöhe auftritt, die 40% der Endhöhe ausmacht. Dann erhält man:

$$\beta^* = \sqrt{0{,}6 \cdot \beta_0^2 + 0{,}4}\,. \tag{11}$$

Es wurde mit Näpfchenversuchen geprüft, inwieweit dieser Wert von der Wirklichkeit abweicht. Die Bilder 6.18 und 6.19 sind als Beispiele herausgegriffen. Es ist zu erkennen, daß der rechnerische Wert verhältnismäßig gut mit den Versuchsergebnissen übereinstimmt. Mit diesem rechnerischen Wert für β^* läßt sich nun die maximale Ziehkraft P^*_{ges} relativ einfach bestimmen. Die dann vorliegenden Formänderungsfestigkeiten $k^*_{f_1}$ und $k^*_{f_2}$ am Innen- bzw. Außenrand des Flansches und die mittlere Formänderungsfestigkeit $k^*_{fm} = (k^*_{f_1} + k^*_{f_2})/2$ lassen sich bestimmen, wenn außer der Fließkurve die zugehörigen Formänderungen φ^*_1 und φ^*_2 bekannt sind. Diese lassen sich rechnerisch erfassen und sind neben dem Wert $\varphi^* = \ln \beta^*$ aus Bild 6.20 in Abhängigkeit vom vorliegenden Ziehverhältnis β_0 zu entnehmen. Diese Berechnung liefert falsche Werte, wenn die Fließkurve des betrachteten Werkstoffs eine wesentlich andere Charakteristik aufweist als Stahl, Messing, Kupfer und Aluminium. In solchen Fällen muß die Kurve punktweise berechnet werden, um das Kraftmaximum bzw. den geeigneten Wert für β^* zu ermitteln.

Nach diesen Betrachtungen der auftretenden maximalen Ziehkraft wird auf die Grenze des Verfahrens eingegangen. Beim Tiefziehen muß der Boden des Ziehteils die erforderliche Ziehkraft auf den Stempel übertragen. Wird die maximale Ziehkraft größer als die maximal im Boden übertragbare Kraft, so reißt das Blech in der Bodenzone. Die maximal in der Bodenzone übertragbare Spannung ist in erster Näherung gleich der Zugfestigkeit σ_B des Werkstoffs. Die erforderliche maximale Ziehspannung ist

$$\sigma_{max} = \frac{\sigma_{id\,max}}{\eta_F} = \frac{\overset{*}{k}_{fm}}{\eta_F} \cdot \ln \beta^* \tag{12}$$

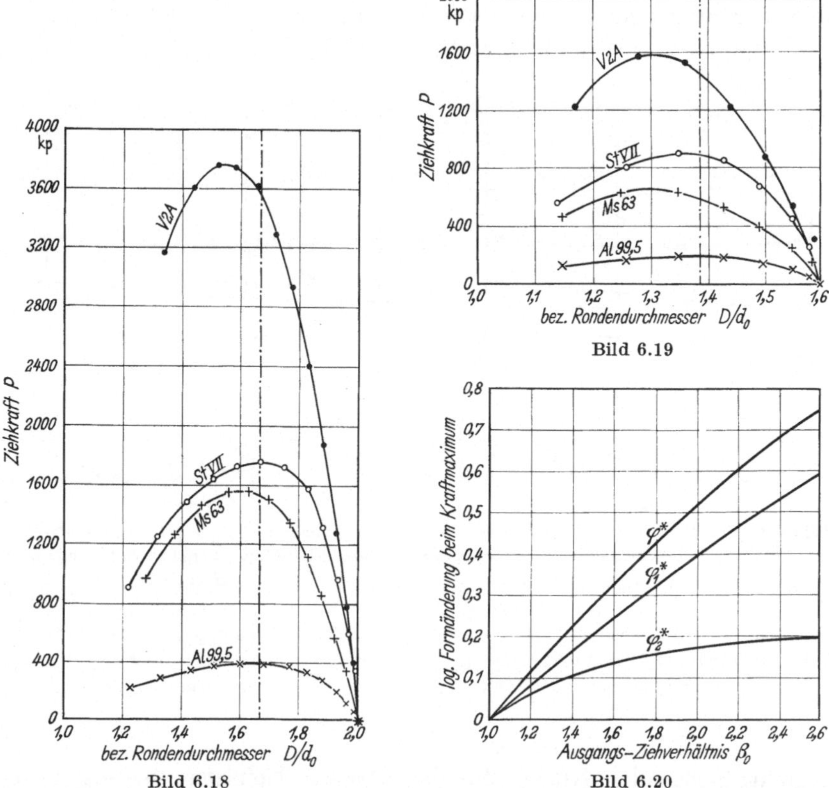

Bild 6.18

Bild 6.19

Bild 6.20

Bild 6.18 Verlauf der Ziehkraft in Abhängigkeit vom bezogenen Rondendurchmesser beim Anschlagtiefziehen. Stempeldurchmesser $d_0 = 32$ mm, Blechdicke $s_0 = 0{,}5$ mm, Ziehverhältnis $\beta_0 = D_0/d_0 = 2{,}0$ —·— rechnerisches Kraftmaximum (nach W. Panknin [12]).

Bild 6.19 Verlauf der Ziehkraft in Abhängigkeit vom bezogenen Rondendurchmesser beim Anschlagtiefziehen. Stempeldurchmesser $d_0 = 32$ mm, Blechdicke $s_0 = 0{,}5$ mm, Ziehverhältnis $\beta_0 = D_0/d_0 = 1{,}6$. —·— rechnerisches Kraftmaximum (nach W. Panknin [12]).

Bild 6.20 Formänderungen während des Kraftmaximums beim Tiefziehen

$$\varphi^* = \ln D^*/d_0 = \ln \sqrt{0{,}6 \cdot \beta_0^2 + 0{,}4}$$

$$\varphi_1^* = \ln \sqrt{\frac{D_0^2 + d_0^2 - D^{*2}}{d_0^2}} = \ln \sqrt{0{,}4\,\beta_0^2 + 0{,}6}$$

$$\varphi_2^* = \ln \frac{D_0}{D^*} = \ln \frac{\beta_0}{\sqrt{0{,}6\,\beta_0^2 + 0{,}4}}$$

(nach W. Panknin [12]).

Im Grenzfall ist $\sigma_{max} = (\sigma_{max})_{\beta_0 max}$. Das dann vorliegende Ziehverhältnis ist das Grenzziehverhältnis $\beta_{0\,max}$. Zunächst werden der Untersuchung angenommene Fließkurven zugrunde gelegt. Es sind dies die Potenzfunktionen $k_f = a \cdot \varphi_g^n$ und $k_f = a \cdot \varepsilon_D$. Dabei sind n und n' Verfestigungsexponent, a eine Konstante, die die Höhenlage kennzeichnet, φ_g die Hauptformänderung und $\varepsilon_D = (h_0 - h_1)/h_0$ die Stauchung. Mit diesen Fließkurven läßt sich nun das Grenzziehverhältnis unter verschiedenen Bedingungen bestimmen. Das Ergebnis ist in Bild 6.21 für die Funktion $k_f = a \cdot \varphi_g^n$ und in Bild 6.22 für die Funktion $k_f = a \cdot \varepsilon_D^{n'}$ dar-

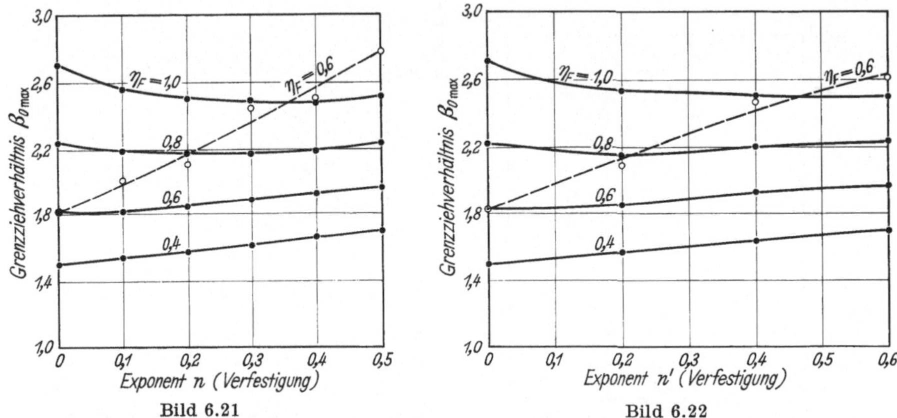

Bild 6.21 Bild 6.22

Bild 6.21 Einfluß des Exponenten n auf das Grenzziehverhältnis $\beta_{0\,max}$ für das Tiefziehen im Anschlag bei verschiedenen Wirkungsgraden η_F. Fließkurve gemäß Gleichung $k_f = a \cdot \varphi_g^n$. ——— normales Tiefziehen ($\sigma_{max} = \sigma_B$); — — — Hydroform ($\sigma_{max} = k_{f_1}$) (nach W. PANKNIN [12]).

Bild 6.22 Einfluß des Exponenten n' auf das Grenzziehverhältnis $\beta_{0\,max}$ für das Tiefziehen bei verschiedenen Wirkungsgraden η_F. Fließkurve gemäß Gleichung $k_f = a \cdot \varepsilon_D^{n'}$ ——— normales Tiefziehen ($\sigma_{max} = \sigma_B$); — — — Hydroform ($\sigma_{max} = k_{f_1}$) (nach W. PANKNIN [12]).

gestellt. Neben den Kurven für das normale Tiefziehen bei $\sigma_{max} = \sigma_B$ sind gestrichelt die Kurven für das Hydroformverfahren eingetragen, bei dem die Grenzbedingung $\sigma_{max} = k_{f_1}$ lautet. Auf das Hydroformverfahren wird später noch näher eingegangen (Abschnitt 6.2.3.). Die Bilder 6.21 und 6.22 zeigen, daß der Verfestigungsexponent beim normalen Tiefziehen keinen sehr großen Einfluß auf das Grenzziehverhältnis ausübt. Der Vergleich zwischen den beiden angenommenen Fließkurvenfunktionen zeigt keine wesentlichen Unterschiede. Im Bereich hoher Formänderungswirkungsgrade, in dem bei der Näpfchenprüfung gearbeitet wird, ergeben sich die kleinsten Unterschiede. Danach scheinen die Unterschiede zwischen verschiedenen Werkstoffen bei der Näpfchenprüfung in erster Linie von der Prüfanordnung abzuhängen. Diese Ergebnisse konnten sowohl dadurch bestätigt werden, daß statt der Potenzfunktionen wirkliche Fließkurven einer Vielzahl von Werkstoffen der theoretischen Ermittlung des Grenzziehverhältnisses zugrunde gelegt wurden, als auch durch den Vergleich der theoretischen Ergebnisse mit Näpfchenversuchen (Bild 6.23). Da bei den Näpfchenversuchen die maximal übertragbare

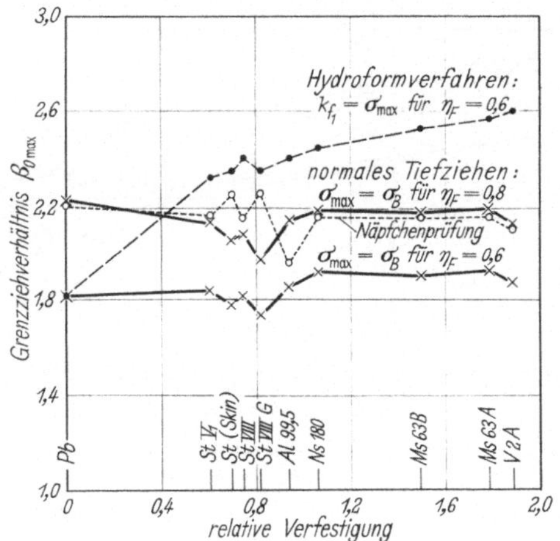

Bild 6.23 Grenzziehverhältnis verschiedener Werkstoffe in Abhängigkeit von der relativen Verfestigung $(\Delta k_f/\Delta \varphi_g)/k_f$ bei einer log. Formänderung $\varphi_g = 0,3$ (nach W. PANKNIN [12]).

Ziehspannung nicht gleich der Zugfestigkeit ist, wurde dieser Einfluß durch Einführen eines scheinbaren Wirkungsgrades η_s eliminiert, der durch folgende Beziehung festgelegt ist:

$$\eta_s = \eta_F \cdot \frac{(\sigma_{max})_{\beta_{0\,max}}}{\sigma_B} = \frac{(\sigma_{id})_{\beta_{0\,max}}}{\sigma_B} \tag{13}$$

Der scheinbare Wirkungsgrad η_s betrug bei der Näpfchenprüfung für die meisten Werkstoffe etwa 0,8. Damit ordnet sich auch der Versuch gut in die theoretische Betrachtung ein.

Nach dieser Betrachtung des Einflusses der Fließkurve wurde die Auswirkung der *Reibung* näher erörtert. Es wird gezeigt, daß aus dem Ergebnis der Näpfchenprüfung kein Schluß auf das Grenzziehverhältnis im Großwerkzeug möglich ist. Dies rührt daher, daß die Reibungszahl außer von der Art der Schmierung und der Werkstoffpaarung noch von der Flächenpressung, von deren Verteilung über die Gleitfläche und vom Gleitweg abhängt und die Veränderung des Einflusses dieser Größen beim Übergang zum Großwerkzeug nicht vorhergesagt werden kann. Die Abhängigkeit des Grenzziehverhältnisses vom bezogenen Stempeldurchmesser ist in Bild 6.24 zu sehen. Für ein großes Ziehteil, d. h. bei großem bezogenen Stempeldurchmesser, kann der Abfall des Grenzziehverhältnisses sehr unterschiedlich sein. Besonders auffallend ist der unterschiedlich starke Abfall bei den beiden Stahlblechen der Güte St VIII (St. 14).

Ferner wird der Einfluß der Stempelkante und der Schmierung auf die maximal übertragbare Ziehspannung behandelt. Der Einfluß des bezogenen Stempelradius r_{St}/d_0 auf das Verhältnis der Reißspannung σ_{Br}

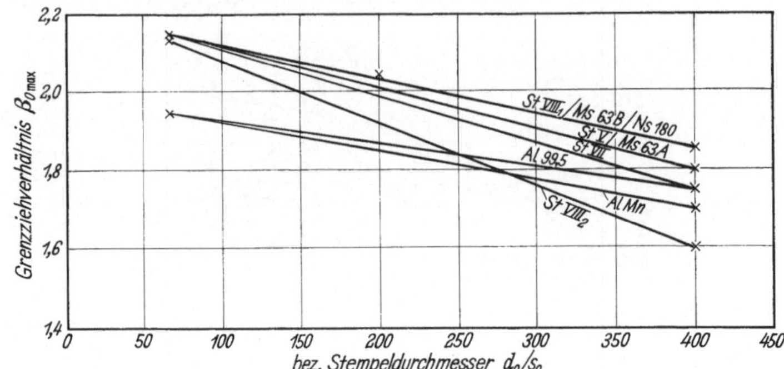

Bild 6.24 Einfluß des auf die Blechdicke bezogenen Stempeldurchmessers (d_0/s_0) auf das Grenzziehverhältnis $\beta_{0\max}$ verschiedener Werkstoffe (nach W. PANKNIN [12]).

zur Zugfestigkeit σ_B bzw. auf das durch dieses Verhältnis mitbestimmte Grenzziehverhältnis $\beta_{0\max}$ ist in Bild 6.25 dargestellt. Bis zu einem bezoge-

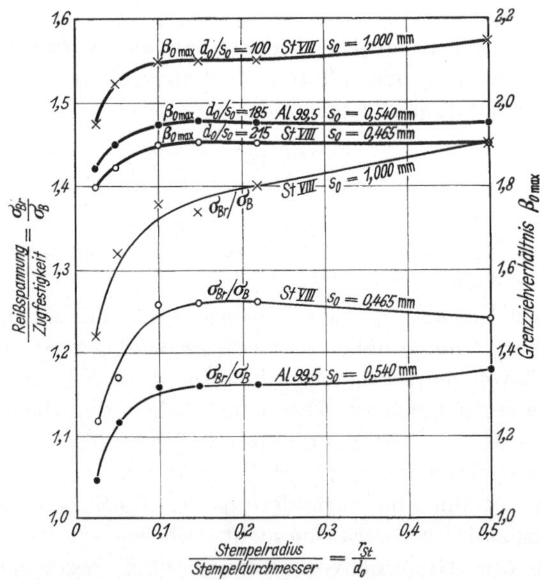

Bild 6.25 Einfluß der Stempelrundung auf das Verhältnis von Reißspannung zur Zugfestigkeit und das Grenzziehverhältnis beim Tiefziehen im Anschlag. Stempeldurchmesser $d_0 = 100$ mm (nach W. PANKNIN [12]).

nen Stempelradius r_{St}/d_0 von etwa 0,15 führen höhere r_{St}/d_0-Werte zu höheren Grenzziehverhältnissen, darüber scheint der Einfluß zu verschwinden. Außer vom Verhältnis r_{St}/d_0 hängt die bezogene Reißspannung σ_{Br}/σ_B noch vom Verhältnis des Stempelradius zur Blechdicke r_{St}/s_0, vom Werkstoff und vom Reibungskoeffizienten ab. Letzterer wirkt sich so aus, daß sich mit kleineren Werten die höchstbeanspruchte Stelle in der Rundung des Ziehteilbodens zu kleineren Durchmessern, also zu kleineren tragenden Querschnitten hin verschiebt. Die übertragbaren Kräfte nehmen dabei ab und ergeben kleinere Grenzziehverhältnisse.

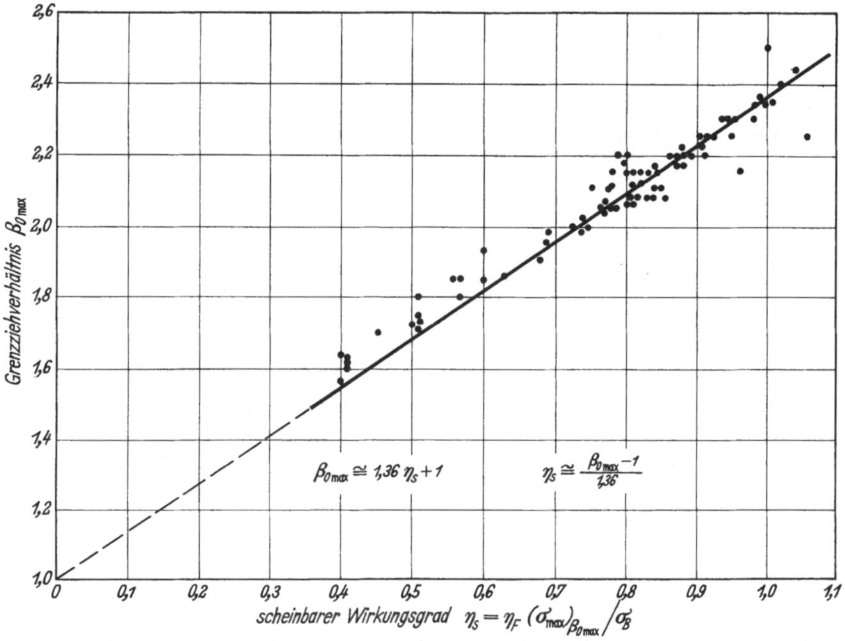

Bild 6.26 Zusammenhang zwischen scheinbarem Wirkungsgrad und Grenzziehverhältnis aus 74 verschiedenen Versuchsbedingungen (nach W. PANKNIN [12]).

Der oben erwähnte scheinbare Wirkungsgrad η_s enthält neben den Verlusten in der Formgebungszone auch die Einflüsse in der Kraftübertragungszone und scheint daher ein Maß für das erreichbare Grenzziehverhältnis $\beta_{0\,max}$ zu sein. Dies wird in der hier besprochenen Arbeit dadurch bekräftigt, daß das Grenzziehverhältnis aus 74 verschiedenen Versuchsbedingungen in Abhängigkeit vom scheinbaren Wirkungsgrad einen linearen Zusammenhang zeigt (Bild 6.26). Zum Abschluß wird noch der Einfluß des Reibungskoeffizienten auf den Formänderungswirkungsgrad η_{F8} bei einer bezogenen Ziehringrundung $r_m/s_0 = 8$ (Bild 6.27) und ein Korrekturfaktor k (Bild 6.28) berechnet, mit dem für eine andere bezogene Ziehringrundung r_m/s_0 der Formänderungswirkungsgrad η_{Fx} nach der Gleichung $\eta_{Fx} = k \cdot \eta_{F8}$ ermittelt werden kann.

Die maximal übertragbare Stempelkraft beim Tiefziehen rotationssymmetrischer zylindrischer Teile wurde von E. DOEGE [14] untersucht. Die an einer bestimmten Stelle innerhalb der Stempelkantenrundung übertragbare Kraft wurde aufgeteilt in eine Werkstoffkomponente P_W,

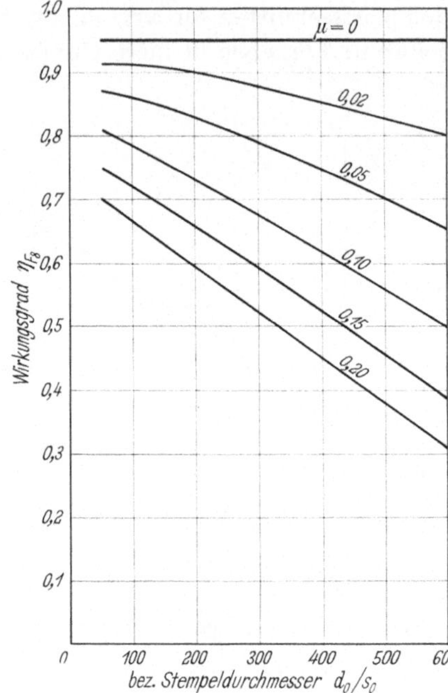

Bild 6.27 Rechnerischer Zusammenhang zwischen dem Wirkungsgrad η_F, dem bezogenen Stempeldurchmesser d_0/s_0 und dem Reibungskoeffizienten μ für eine bezogene Ziehringrundung $r_M/s_0 = 8$ (nach W. PANKNIN [12]).

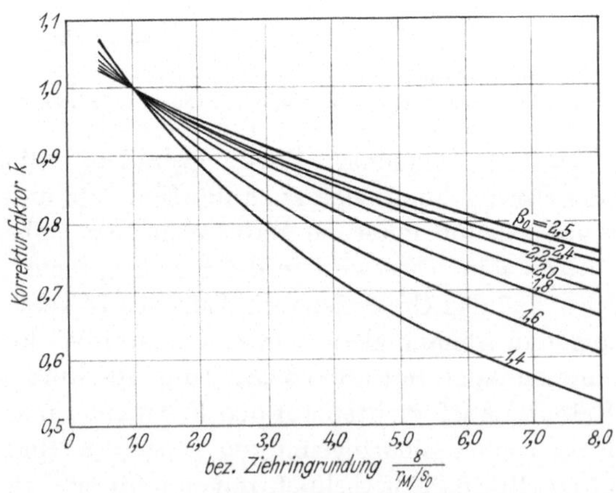

Bild 6.28 Korrekturfaktor zur Berücksichtigung anderer bezogener Ziehringrundungen als $r_M/s_0 = 8$ für die Ermittlung des Wirkungsgrades gemäß Bild 6.27. Werkstoff St VIII (nach W. PANKNIN [12]).

eine Formkomponente P_F und eine Reibungskomponente P_{Fr}. Die Gesamtkraft $P_G = P_W + P_F + P_{Fr}$ wird dann mit der eingeleiteten Kraft P_E verglichen, wobei für die Größe des Stempelradius r_s im Verhältnis zum Stempeldurchmesser d_0 zwei verschiedene Werte angenommen werden, und zwar $r_s/d_0 = 0{,}5$ (Halbkugelstempel) bzw. $r_s/d = 0{,}1$ (Flachbodenstempel). In den Bildern 6.29 a und b sind unter bestimmten

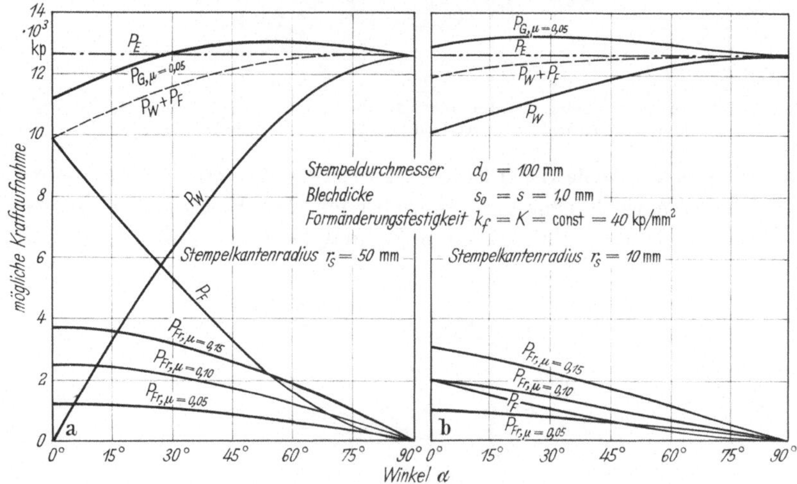

Bild 6.29 Die mögliche Kraftaufnahme der Werkstoff-, Form- und Reibungskomponente über der Abwicklung der Stempelkantenrundung:
a) für r_s = 50 mm, b) für r_s = 10 mm (nach E. Doege [14]).
P_E = eingeleitete Kraft
P_G = Gesamtkraft
P_W = Werkstoffkomponente der Gesamtkraft
P_F = Formkomponente der Gesamtkraft
P_{Fr} = Reibungskomponente der Gesamtkraft

Voraussetzungen die verschiedenen Kräfte über dem Winkel α aufgetragen, der Zentriwinkel im Viertelkreis der Stempelkantenrundung ist, wobei $\alpha = 0°$ den Beginn bzw. $\alpha = 90°$ den Auslauf der Stempelkantenrundung in die Zarge kennzeichnet. Es zeigt sich, daß die ertragbare Gesamtkraft in der Stempelkantenrundung bei kleinen Reibungszahlen ein Maximum aufweist. Der Ort des Versagens, in dem die eingeleitete Kraft gleich der ertragbaren Gesamtkraft ist, hängt also von der Größe der Reibungszahl ab[1]. Wird dieser größer als ein vom Verhältnis r_s/d_0 abhängiger Grenzwert, so tritt das Versagen stets am Auslauf der Stempelkantenrundung in die Zarge des Ziehteils ein.

Zur weiteren Untersuchung wird ein Reißfaktor a_R definiert als das Verhältnis der fiktiven Reißspannung σ_{Br} zur Zugfestigkeit σ_B des Werk-

[1] Siehe auch Kapitel 7, Abschnitt 7.3.

stoffs. Es wird ferner unterschieden zwischen drei verschiedenen Reißerarten: dem optimalen Reißer, dem eigentlichen Bodenreißer und dem vorzeitigen Reißer (Bild 6.30). Der Fall des optimalen Reißers, bei dem

a b c

Bild 6.30 Die möglichen Versagensarten durch Reißer im Ziehteilboden (nach E. DOEGE [14]).
a) Optimaler Reißer b) Bodenreißer c) Vorzeitiger Reißer

das Versagen am Auslauf der Stempelkantenrundung in die Zarge eintritt, läßt sich rechnerisch erfassen und auch leicht mit Versuchen vergleichen, da er nur noch über die meßbaren Formänderungen von den Reibungs-

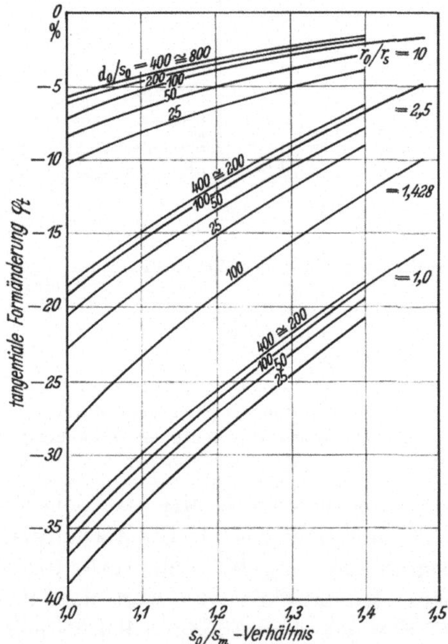

Bild 6.31 Die tangentiale Stauchung als Funktion aller Veränderlichen für $\alpha = 90°$ (nach E. DOEGE [14]).

bedingungen am Stempel abhängt. Es wird gezeigt, daß der dann sich einstellende optimale Reißfaktor a'_R für Werkstoffe, deren Fließkurve durch die Potenzfunktion $k_f = a \cdot \varphi_g^n$ genügend genau dargestellt werden kann, für viele Fälle gleich e^{φ_t} wird, wobei φ_t die Formänderung in tangentialer Richtung an der Reißstelle ist.

Nachdem sich nun die Bedeutung der Tangentialformänderung für den Fall des optimalen Reißers gezeigt hat, wird untersucht, wie dies von den Verhältnissen d_0/s_0 und s_0/s_m und r_0/r_s abhängen. Dabei ist s_m die mittlere Wanddicke. Das Ergebnis ist in Bild 6.31 wiedergegeben. Es ist zu sehen, daß die tangentiale Formänderung vor allem vom bezogenen Stempelkantenradius und von der mittleren Blechdicke abhängt. Die Abhängigkeit des optimalen Reißfaktors a'_R vom Stempelkantenradius r_s ist aus Bild 6.32 zu entnehmen. Es zeigt sich, daß auch der Werkstoff noch

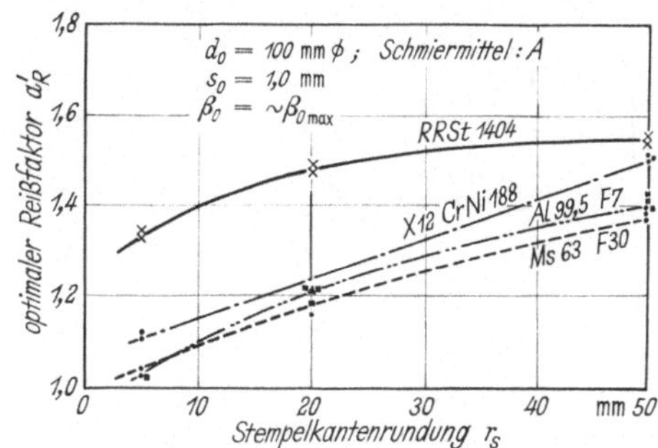

Bild 6.32 Einfluß des Werkstoffes auf den optimalen Reißfaktor a'_R (nach E. Doege [14]).

eine Rolle spielt, was nach den theoretischen Überlegungen nicht in dem Maße zu erwarten war. Der Grund dafür liegt in Unterschieden zwischen der im Beulversuch aufgenommenen Fließkurve und derjenigen aus dem Zugversuch, die mit der Anisotropie der Werkstoffe zusammenzuhängen scheinen. Es wird weiter ausgeführt, daß die Anisotropie des Werkstoffs auch das Auftreten des vorzeitigen Reißers begünstigen, und damit vor allem bei großen Werten von r_s/d_0 deutlich kleinere Grenzziehverhältnisse zur Folge haben kann.

Anschließend an diese Arbeiten über das Tiefziehen rotationssymmetrischer zylindrischer Teile sei auf die Ergebnisse von Untersuchungen über das Tiefziehen quadratischer und ähnlicher Teile eingegangen [15—17]. Es ergab sich, daß man die Verhältnisse auf das Tiefziehen runder Teile zurückführen kann, wenn man fiktive Durchmesser für den Stempelquerschnitt und den Zuschnitt definiert. Diese fiktiven Durchmesser seien die Durchmesser von Kreisen, deren Flächen dem Stempelquerschnitt f bzw. der Zuschnittsfläche F entsprechen. Es ist also der

fiktive Zuschnittsdurchmesser $D_{f_0} = \sqrt{\dfrac{4F}{\pi}}$ und der

fiktive Stempeldurchmesser $d_{f_0} = \sqrt{\dfrac{4f}{\pi}}$.

Das Ziehverhältnis ist dann

$$\beta_0 = \frac{D_{f_0}}{d_{f_0}} \tag{14}$$

In Bild 6.33 ist ein Zuschnitt für quadratische Ziehteile abgebildet. Bild 6.34 zeigt, daß sich bei rechteckigen Ziehteilen dieselbe Abhängigkeit des Grenzziehverhältnisses $\beta_{0\max}$ vom Verhältnis des fiktiven Stempeldurchmessers d_{f_0} zur Blechdicke s_0 ergibt, wie bei runden Teilen. Die

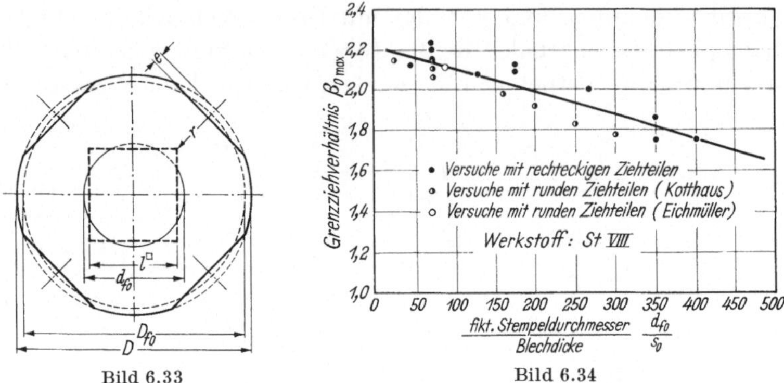

Bild 6.33 Bild 6.34

Bild 6.33 Zuschnitt für quadratische Ziehteile (nach W. DUTSCHKE [15]).

Bild 6.34 Abfall des Grenzziehverhältnisses $\beta_{0\max}$ in Abhängigkeit von d_{f_0}/s_0 bei rechteckigen und runden Ziehteilen (nach W. DUTSCHKE [15])

Größe des Eckenradius im Verhältnis zur Seitenlänge spielt dabei bis zu einem Wert von 1:64 praktisch keine Rolle, wie aus Bild 6.35 zu entnehmen ist.

In einer anderen Arbeit [18] wird der Einfluß der Ziehgeschwindigkeit auf das Anschlagtiefziehen behandelt. Es liegen dieser Veröffentlichung

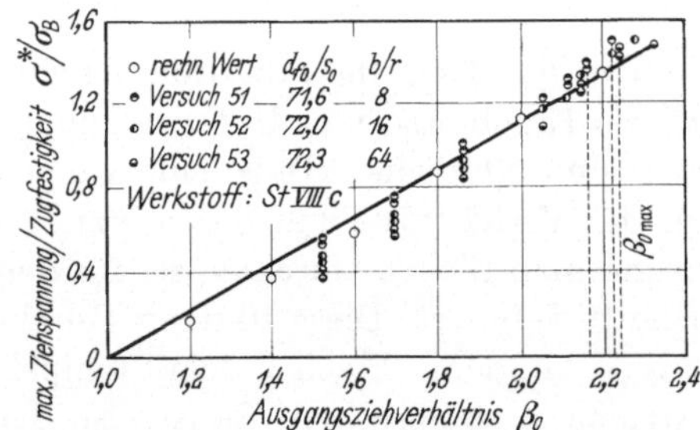

Bild 6.35 Abhängigkeit der bezogenen maximalen Ziehspannung vom Ausgangsziehverhältnis β_0 für verschiedene Eckenradien r (rechteckige Teile mit 64 mm Seitenlänge). (nach W. DUTSCHKE [15]).

Versuche aus dem In- und Ausland zugrunde. Zunächst war zu klären, welchen Einfluß die Geschwindigkeit auf die Kräfte zur Umformung des Werkstoffs ausübt. Die Formänderungsfestigkeit eines Werkstoffs steigt mit zunehmender Geschwindigkeit an. Dieser Anstieg ist jedoch in dem normalerweise in Frage kommenden Bereich vernachlässigbar klein. Dazu kommt noch, daß auch die Zugfestigkeit angehoben wird und somit beide Seiten des beim Tiefziehen vorliegenden Kräftegleichgewichts zwischen

Verformungszone und Kraftübertragungszone in erster Näherung gleichsinnig verändert werden. Damit ist von dieser Seite her kein nennenswerter Einfluß der Geschwindigkeit auf das Grenzziehverhältnis zu erwarten.

Eine starke Beeinflussung des Grenzziehverhältnisses durch die Ziehgeschwindigkeit müssen jedoch über die Reibungsverhältnisse[1] beim Tiefziehen zeigen, da der Reibungskoeffizient von der Gleitgeschwindigkeit abhängig ist. Die Auswirkung wird um so deutlicher sein, je größer der Anteil der Reibungskräfte an der Gesamtziehkraft ist. Beim Näpfchenversuch wird sich also der Einfluß der Ziehgeschwindigkeit in weit geringerem Maße zeigen als beim Tiefziehen mit einem Großwerkzeug.

Bei erhöhter Geschwindigkeit nimmt bei flüssigen Schmiermitteln der Reibungskoeffizient ab. Damit ergeben sich in der Formgebungszone kleinere Verluste und man erhält höhere Grenzziehverhältnisse bei anwachsender Ziehgeschwindigkeit, wenn die Reibung in der Kraftübertragungszone am Stempelboden von untergeordnetem Einfluß ist, wie das bei verhältnismäßig kleinen Stempelkantenradien der Fall ist. Bei großen Stempelkantenradien führt jedoch eine bessere Schmierung zu einem deutlichen Abfall des Grenzziehverhältnisses. Dieser Einfluß kann leicht größer sein als der entgegengesetzte Einfluß der Reibung in der Formgebungszone, so daß bei relativ großen Stempelkantenradien eine höhere Ziehgeschwindigkeit geringere Grenzziehverhältnisse ergibt. Wird dagegen bei relativ großen Stempelkantenradien in der Bodenzone nicht geschmiert, so zeigt sich nur die vom Einfluß in der Formgebungszone herrührende Verbesserung. Bei der Entscheidung der Frage, ob in der Stempelzone mit oder ohne Schmierung gearbeitet werden soll, muß auch der Verschleiß mit berücksichtigt werden. Die Frage nach der Auswirkung einer erhöhten Ziehgeschwindigkeit kann also nicht allgemein beantwortet werden. Sie läßt sich nur klären, wenn die Verhältnisse im Flansch und im Boden des Ziehteils bekannt sind. Es ist jedoch darauf hinzuweisen, daß sich das Gesagte nur auf den Versagensfall des Bodenreißers bezieht; beim Versagen durch Restspannungen können sich wesentlich andere Verhältnisse ergeben.

Die Oberflächenrauhung beim Tiefziehen haben O. Kienzle und K. Mietzner [19] näher betrachtet. Danach läßt sich die an der Zarge innen und außen vom Boden zur Öffnung zunehmende Rauhtiefe abschätzen, wenn man die Formänderungen und die Korngröße in Betracht zieht (s. Abschnitt 7.5.2).

Zum Abschluß des Abschnittes über das Tiefziehen mit Niederhalter soll noch auf einige Arbeiten [20—24, 26] zum Einfluß einer Anisotropie des Werkstoffes[2] beim Tiefziehen eingegangen werden. Die Anisotropie

[1] Siehe auch Kapitel 7, Abschnitt 3 und 4.

[2] Siehe Kap. 3.

des Werkstoffs wird üblicherweise durch den R-Faktor gekennzeichnet, der beim Zugversuch an Blechproben ermittelt wird. Er ist definiert als das Verhältnis der Breiten- zur Dickenformänderung. Es ist also

$$R = \frac{\varphi_b}{\varphi_s} = \frac{\ln \frac{b_0}{b_1}}{\ln \frac{s_0}{s_1}} \tag{15}$$

Wenn sich der Werkstoff isotrop verhält, so sind beide Formänderungen gleich groß und damit $R = 1{,}0$. R. L. WHITELEY [20], R. L. WHITELEY u. a. [21] sowie G. G. MOORE und J. F. WALLACE [22] zeigen sowohl theoretisch, ausgehend von der Fließbedingung für anisotrope Werkstoffe nach R. HILL [23] als auch experimentell, daß ein höherer R-Faktor zu höheren Grenzziehverhältnissen, also besserem Ziehverhalten führt (Bild 6.36). Der Vergleich der Theorie mit den Versuchen zeigt jedoch deutliche Unterschiede, wie aus Bild 6.37 zu ersehen ist. Die An-

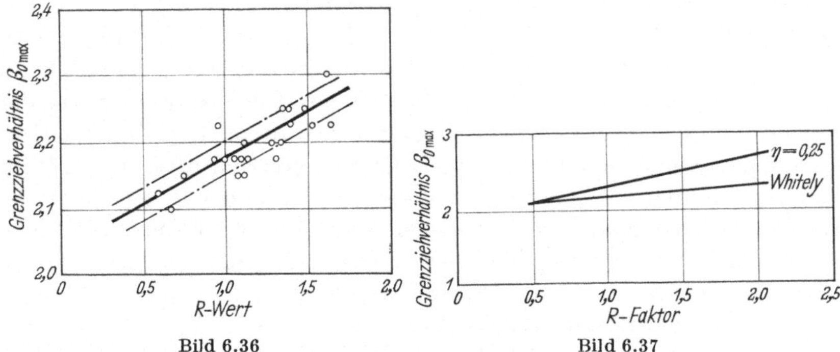

Bild 6.36 Bild 6.37

Bild 6.36 Einfluß des mittleren R-Faktors auf das Grenzziehverhältnis (nach R. L. WHITELEY [20]).

Bild 6.37 Grenzziehverhältnisse beim Napftiefziehen für Werkstoffe mit gleicher Fließkurve aber unterschiedlichen R-Faktoren (nach G. G. MOORE u. J. F. WALLACE [22]).

wendung der Hillschen Theorie ist aber nach einer Arbeit von I. L. DILLAMORE [24] sehr problematisch. Es ist also von der theoretischen Seite her noch keine eindeutige Erklärung für die Auswirkung der Anisotropie möglich. Einen Hinweis zur Klärung des Anisotropieeinflusses gibt E. DOEGE [14]. Es ergab sich in der Bodenzone von Tiefziehteilen bei Aluminium im Gegensatz zu Stahl bei etwa gleichem Verfestigungsexponenten eine niedrigere Festigkeit im Verhältnis zur Zugfestigkeit. Dies wird mit dem R-Faktor in Zusammenhang gebracht, der bei Aluminiumblech kleiner ist als bei Tiefzieh-Stahlblech. Ein größerer R-Faktor ergibt im Zugversuch relativ geringere Dickenformänderungen und daraus wird ein um so größerer Widerstand gegen Blechdickenverschwächungen abgeleitet, je größer der R-Faktor ist. Es zeigen sich auch im Zugversuch und im Beulversuch unterschiedliche Fließkurven bei dem anisotropen Tiefzieh-Stahlblech und es ist festgestellt worden, daß die Beulfließkurve [25] den Formänderungsfestigkeiten im Ziehteilboden im Fall des Bodenreißers entspricht. Die Arbeit von W. Ziegler [26] über den Einfluß des Werkstoffs auf die Grenzformänderungen beim Tiefziehen ergab, daß bei anisotropen Werkstoffen die Fließkurve vom Spannungszustand abhängt, unter dem die Umformung verläuft. Damit wird das Ergebnis von E. Doege [14] für den Fall des Bodenreißers bestätigt, daß dort die Beulfließkurve maßgebend ist, da der untere Teil des Ziehteilbodens ebenso wie die Beulprobe unter zweiachsigem Zug verformt wird. Darüber hinaus ist aber nach W. Ziegler [26] für die erforderliche Ziehspannung die Fließkurve bei Zug-Druck-Beanspruchung maßgebend, die grundsätzlich durch keines der üblichen Verfahren zur Fließkurvenaufnahme[1] bestimmt werden kann. Wichtig für die Auswirkung der Anisotropie ist das Verhältnis der Höhenlage der Beulfließkurve zur Fließkurve für den eigentlichen Tiefziehvorgang. Es wurde untersucht, ob dieses Verhältnis mit dem R-Faktor in einem Zusammenhang steht. Dabei schien für R-Faktoren unter 1,0 eine Zuordnung möglich zu sein, für R-Faktoren über 1,0 war bei den wenigen untersuchten beruhigten Stahlblechen keine klare Abhängigkeit zu finden.

6.2.2 Tiefziehen ohne Niederhalter

Im Bereich kleiner Ziehverhältnisse oder bei relativ dickwandigen Ziehteilen ist der Tiefziehvorgang ohne Niederhalter möglich. Dazu liegen einige neuere Arbeiten vor. Zuerst seien die von G. S. A. Shawki [27—30] genannt. Da beim niederhalterlosen Tiefziehen vor allem die Grenzen von Interesse sind, sei nur hierauf eingegangen. G. S. A. Shawki führte Versuche mit Ziehringen durch, deren Einlauf kegelig, volltraktrixförmig und teiltraktrixförmig (Traktrix entspricht größerem Rondendurchmesser) ausgeführt war. Bei der üblichen Auftragung des Grenzziehverhältnisses β_{0max} über dem bezogenen Stempeldurchmesser d_0/s_0 zeigt sich beim kegeligen Einlauf noch eine Abhängigkeit vom Stempeldurchmesser. Eine Einordnung aller Versuchspunkte zu einer Kurve

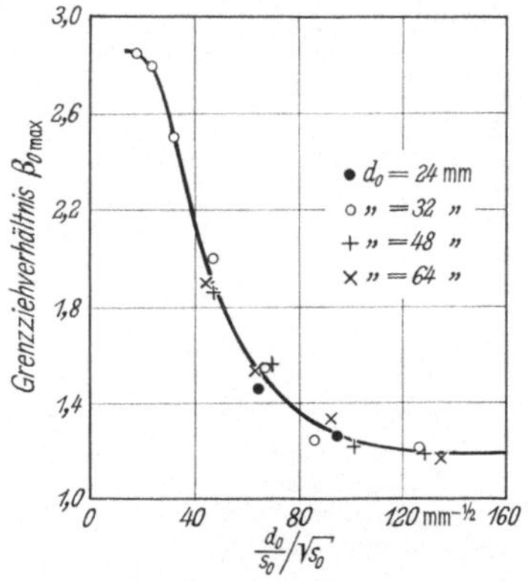

Bild 6.38 Darstellung des Grenzziehverhältnisses über $d_0/(\sqrt{s_0}s_0)$ beim Ziehen ohne Niederhalter und verschiedenen Einlaufformen (nach G. S. A. Shawki [28]).

[1] Siehe Kapitel 4.

ergab sich bei der Auftragung in Abhängigkeit von der Kennzahl der Plattenweichheit $(d_0/s_0) \cdot (1/\sqrt{s_0})$ (Bild 6.38). Die Ergebnisse bei den verschiedenen Einlaufformen des Ziehrings sind in Bild 6.39 zu sehen, dabei

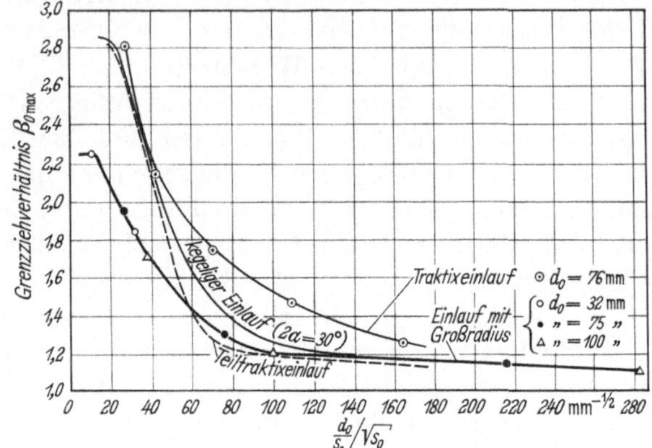

Bild 6.39 Grenzziehverhältnisse für Ziehringe mit verschiedenen Einlaufformen. Werkstoff St VIII c (nach G. S. A. SHAWKI [30]).

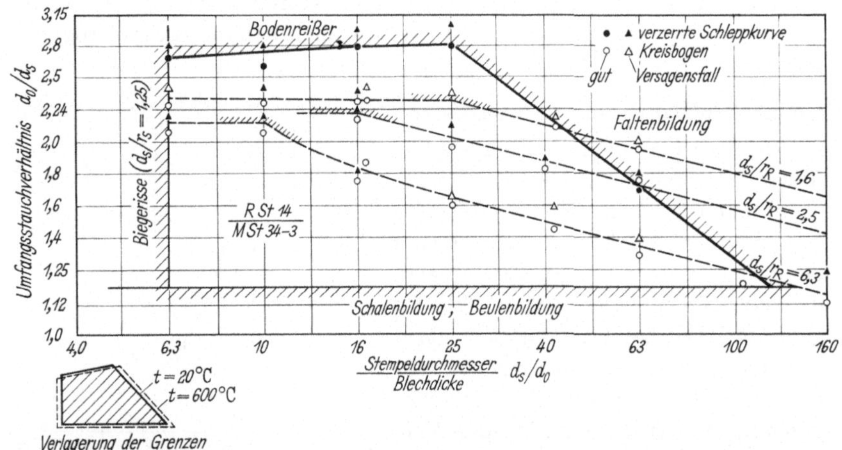

Bild 6.40 Die Grenzen der Napfformung mit Stempel und Ring ohne Niederhalter Al 99,5 w nach (O. KIENZLE u. K. HAVERBECK [32]).

sind auch die Ergebnisse von F. W. ELHAUS [31] für kreisförmigen Einlauf mit einem Ziehringradius von $\frac{1}{2}(D_0 - d_0)$ eingetragen. Es ist zu sehen, daß der Volltraktrixeinlauf zu den günstigsten Ergebnissen führt. Interessant ist daneben, daß der kegelige Einlauf zu gleichguten oder leicht besseren Grenzziehverhältnissen führt als der teiltraktrixförmige Einlauf. Der kreisförmige Einlauf ergibt bei den gewählten Radien die geringste Umformmöglichkeit.

Ebenfalls mit dem niederhalterlosen Tiefziehen beschäftigt sich ein Bericht von O. KIENZLE und K. HAVERBECK [32]. Es kommen kreisförmige und volltraktrixförmige Einlaufformen des Ziehringes zur Untersuchung. Dabei wird der Streckung der Zarge in Achsrichtung dadurch Rechnung getragen, daß die Traktrix affin verzerrt wird. Die Ergebnisse für Stahlblech sind in Bild 6.40 wiedergegeben. Die Abhängigkeit des Grenzziehverhältnisses ist hier über dem bezogenen Stempeldurchmesser d_s/s_0 aufgetragen. In dieser Untersuchung wird beim kreisförmigen Einlauf der Radius in weiteren Grenzen variiert. Dabei führen größere Radien r_R, d. h. allgemeiner gesagt kleinere d_s/r_R-Werte zu höheren Grenzziehverhältnissen. Die Werte können dabei sogar über den Grenzen beim Volltraktrixeinlauf liegen, wenn das d_s/s_0-Verhältnis größer als etwa 40 ist.

6.2.3 Tiefziehen mit flüssigen Wirkmedien

Mit dem Hydroformverfahren befaßten sich W. PANKNIN und W. MÜHLHÄUSER [33]. Bei diesem Verfahren wird der Ziehring durch eine unter Druck stehende Flüssigkeit ersetzt (Bild 6.41). Das hat den Vorteil, daß das Blech stark an den Stempel gedrückt wird und infolge

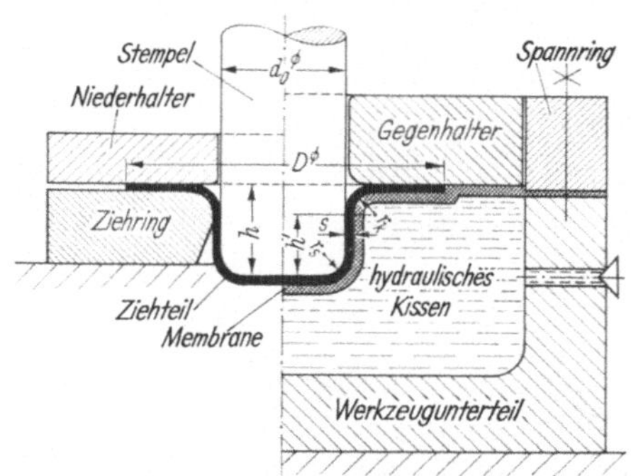

Werkstoff: St VIII 23
Ziehstempeldurchmesser: d_0 = 100 mm ⌀
Ausgangsblechdicke: s_0 = 2 mm

Bild 6.42 Versagen der Ziehteile durch Reißen beim Hydroformverfahren (links) und beim üblichen Tiefziehverfahren rechts) (nach W. PANKNIN u. W. MÜHLHÄUSER [33]).

Bild 6.41 Übliches Tiefziehwerkzeug (links) und Hydroformwerkzeug (rechts) (nach W. PANKNIN u. W MÜHLHÄUSER [33]).

der Reibungskräfte die Zone des Versagens vom Ziehteilboden weg zum Auslauf des Ziehteils aus der Rundung zwischen Flansch und Zarge verschoben wird und damit an eine Stelle mit höherer Festigkeit gelangt (Bild 6.42). Dadurch werden die übertragbaren Kräfte größer und damit steigt auch das Grenzziehverhältnis gegenüber dem normalen Tiefziehen an. Es ist beim Hydroformverfahren wichtig, den erforderlichen Druck im hydraulischen Kissen beim Ziehen eines Bleches zu kennen. Der Druck muß einerseits groß genug sein, um eine Faltenbildung zu verhindern und das Blech genügend stark an den Stempel anzupressen, er darf aber auf der anderen Seite nicht so hoch sein, daß unnötig große Reibungskräfte am Gegenhalter auftreten. Es muß also für den hydraulischen Druck eine obere und eine untere Grenzkurve geben, zwischen denen der Vorgang einwandfrei ablaufen kann. Beim Grenzziehverhältnis fallen die beiden Grenzkurven zusammen. Der auf die Formänderungsfestigkeit k_{f_2} an der Ziehringrundung am Ende des Ziehvorganges bezogene Enddruck p_E ist in Bild 6.43 in Abhängigkeit vom bezogenen

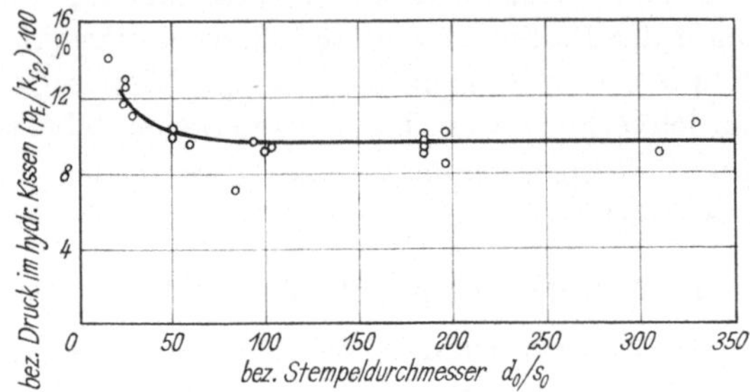

Bild 6.43 Bezogene Enddrücke für das faltenfreie Tiefziehen (Hydroformverfahren) (nach W. PANKNIN u. W. MÜHLHÄUSER [33]).

Stempeldurchmesser d_0/s_0 dargestellt. Aus der Darstellung geht hervor, daß der bezogene Kissenenddruck nur bei verhältnismäßig dicken Ziehteilen größer sein muß.

Das Grenzziehverhältnis hängt beim Hydroformverfahren außer vom Verfestigungsexponenten des Werkstoffs (vgl. Bild 6.21 und 6.22) und vom Verhältnis von Stempeldurchmesser d_0 zur Blechdicke s_0 noch stärker

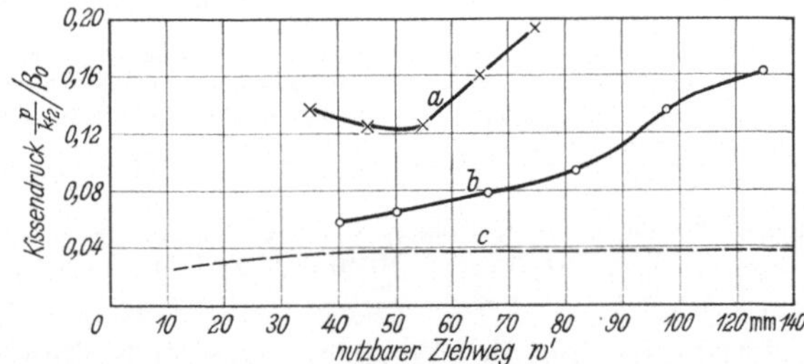

Bild 6.44 Grenzdrucksteuerkurven beim Tiefziehen nach dem Hydroformverfahren (nach N. CHOWDHURY [34]).

als beim üblichen Tiefziehen von der sich einstellenden Ziehrundung r_k ab. Das Grenzziehverhältnis läßt sich also nicht wie beim üblichen Tiefziehen in Abhängigkeit vom Verhältnis d_0/s_0 darstellen.

Der Kissendruck beim Hydroformverfahren ist auch Gegenstand der Arbeit von N. CHOWDHURY [34]. Es wurden der Verlauf des bezogenen

Kissendrucks für den größten und den kleinsten zulässigen Wert über dem nutzbaren Ziehweg ermittelt. Bild 6.44 zeigt diese Kurven für Aluminium bei zwei Ziehverhältnissen. Es zeigt sich, daß der größte zulässige Kissendruck sich bei steigendem Ziehverhältnis dem kleinsten zulässigen Kissendruck nähert, der vom Ziehverhältnis unabhängig ist. Es wird für Stahlblech gezeigt, daß der bezogene kleinste zulässige Kissendruck $(p_{\min}/k_{f_2})/\beta_0$ in einem weiten Bereich praktisch unabhängig vom bezogenen nutzbaren Ziehweg ist.

Neben dem Hydroformverfahren befaßt sich W. PANKNIN [35] auch mit dem hydromechanischen Tiefziehen. Dieses Verfahren nützt das vor-

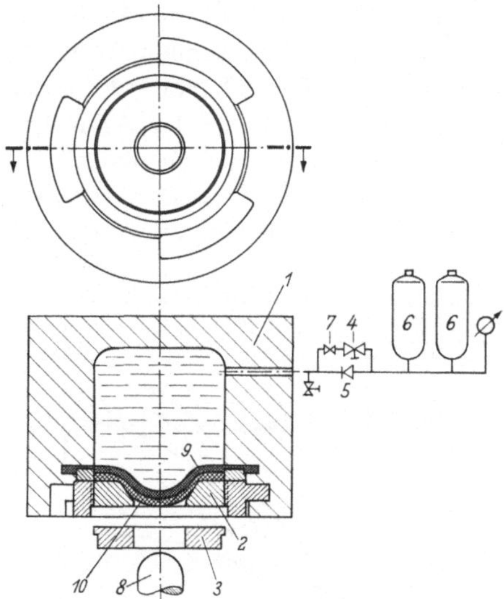

Bild 6.45 Hydromechanisches Werkzeug und Drucksteuereinrichtung. *1* Hydraulisches Kissen, *2* Ziehring, *3* Blechhalter, *4* Ölrücklaufventil, *5* Rückschlagventil, *6* Speicher, *7* Drossel, *8* Stempel, *9* Dichtmembran, *10* Schutzmembran (nach W. PANKNIN [35]).

teilhafte seitliche Anpressen des Ziehteils an den Stempel wie das Hydroformverfahren aus, vermeidet aber die Schwierigkeiten hinsichtlich der großen Kräfte am Gegenhalter durch Verwendung eines Ziehrings. Es treten nach außen keine größeren Kräfte auf und statt der großen Gegenhalterkräfte sind nur noch die üblichen Blechhalterkräfte erforderlich. In Bild 6.45 ist ein hydromechanisches Werkzeug schematisch dargestellt. Die erreichbare Erhöhung des Grenzziehverhältnisses beim hydromechanischen Tiefziehen gegenüber dem normalen Tiefziehen ist beträchtlich: bei einem quadratischen Werkstück aus Ms 63, 0,5 mm Blechdicke, einer Kantenlänge von 30,6 mm, und einem Eckenhalbmesser von 4 mm betrug die Höhe des üblich gezogenen Werkstücks 27 mm, während beim hydromechanischen Ziehverfahren eine Höhe von 46 mm (170%) erzielt wurde. Es muß außerdem erwähnt werden, daß sich das hydromechanische Tiefziehen ganz besonders zur Herstellung von Ziehteilen eignet, die am Stempelboden komplizierte Formen aufweisen, da diese durch den hydraulischen Druck ausgeformt werden.

6.3 Sonstige Verfahren

6.3.1 Kragenziehen

Es wird allgemein unterschieden zwischen engen Kragen, bei denen der Innendurchmesser kleiner als etwa das Vierfache der Blechdicke ist, und weiten Kragen, deren Innendurchmesser darüber liegt. Enge Kragen werden verwendet, um am Blech Schrauben oder Bolzen zu befestigen oder den Kragen als Hohlniet zu verwenden. Weite Kragen werden z. B. verwendet, um beim Bau von Druckbehältern die Schweißnaht nicht an die höchstbeanspruchte Zone direkt an der Wand legen zu müssen.

Das Durchziehen enger Kragen an ebenen Fein- und Mittelblechen wurde von O. KIENZLE und FR. W. TIMMERBEIL [36] untersucht. In Bild 6.46 ist schematisch ein Werkzeug mit Werkstück vor und nach der

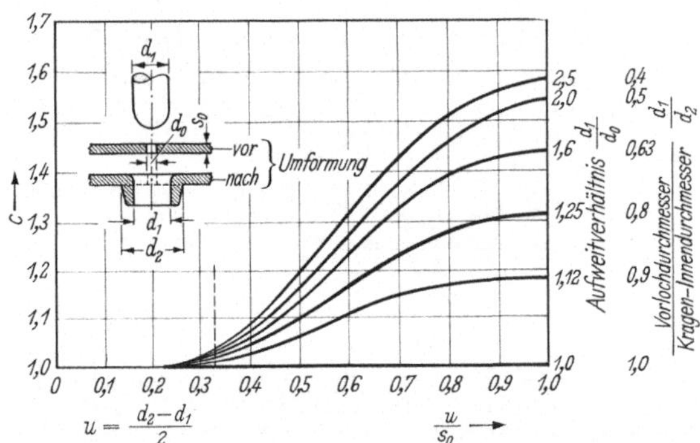

Bild 6.46 Der Korrekturfaktor c zur Ermittlung der Gesamtkragenhöhe H beim Ziehen enger Kragen (nach O. KIENZLE u. FR. W. TIMMERBEIL [36]).

Umformung zu sehen. Da die Stempelform einen wesentlichen Einfluß auf die Form des Kragenrandes und auf die Kragenhöhe hat, wurden Im Durchmesserbereich 4—12,6 mm zwei verschiedene Stempelformen benutzt: ein halbkugeliges Stempelende und ein kegeliges Stempelende, dessen Kegelwinkel 30° betrug und dessen Spitze abgerundet war. Das halbkugelige Stempelende ergibt die bessere Ausbildung des Kragens. Auch die Form der Matrize spielt eine Rolle. Der günstigste Rundungshalbmesser ist gleich dem 10. bis 20. Teil des Bohrungsdurchmessers der Matrize. Eine weitere wesentliche Einflußgröße ist der Durchziehspalt. Nimmt dieser Werte unterhalb der Blechdicke an, so tritt ein Abstrecken der Blechdicke ein und der Kragen wird um so höher, je kleiner der Durchziehspalt u in dem genannten Bereich wird. Mit der Annahme rechtwinkliger Begrenzungen des Kragenquerschnitts und der Volumenkonstanz läßt sich eine theoretische Kragenhöhe definieren. Maßgebend für das Verhältnis c zwischen wirklicher und theoretischer Kragenhöhe sind die Verhältnisse des Vorlochdurchmessers d_0 zum Krageninnendurchmesser d_1 und Durchziehspalts u zur Blechdicke s_0. Diese Zusammenhänge gehen aus Bild 6.46 hervor. Die theoretische Kragenhöhe stimmt mit der wirklichen um so eher überein, je größer d_0/d_1 und je kleiner u/s_0 ist. Das größtmögliche Aufweitverhältnis d_1/d_0 wird für verschiedene Werkstoffe angegeben und beträgt z. B. 2,5 bei St VIII, 2,3 für Ms 63w und 3,4 bei Al 99,5w.

Diese zunächst fertigungstechnisch angelegte Arbeit wurde im Hinblick auf bestimmte konstruktive Aufgaben bis zu Konstruktionstabellen ausgedehnt. Einer dieser Anwendungsfälle ist das Anbringen von Gewindebolzen in den Kragen, wobei die größte Tragfähigkeit durch gleiche Festigkeit von Kragen und Gewinde anzustreben ist. Zu diesem Zwecke

Gewinde		Blechdicke s_0 0,63	0,75	0,88	1,0	1,25	1,5	1,75	2,0	2,5	2,75
M3	d_0	1,0	1,0	1,0	1,2	1,4					
	d_2	3,8	3,8	3,8	3,7	3,7					
	H	1,8	1,9	2,0	2,1	2,2					
M4	d_0			1,3	1,3	1,5	1,7	1,9			
	d_2			5,0	5,0	5,0	4,9	4,9			
	H			2,4	2,5	2,7	2,9	3,0			
M6	d_0						2,0	2,0	2,1	2,7	2,9
	d_2						7,5	7,5	7,5	7,4	7,3
	H						3,8	4,1	4,3	4,5	4,7

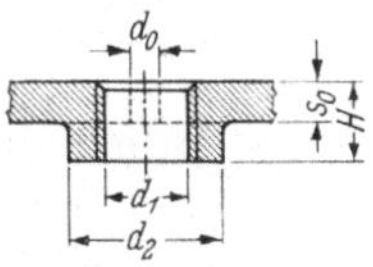

Werkstoff: St 14

Bild 6.47 Durchgezogene abgestreckte Kragen für metrische Gewinde (optimale Form) (nach O. KIENZLE u. FR. W. TIMMERBEIL [36]).

war nach einem Optimum der Kragenform zu suchen; je dünner und länger er wird, desto mehr Gewindegänge nimmt er auf, desto eher aber reißt er an seiner Wurzel ab. Die optimale Form hängt nun noch von der gegebenen Blechdicke ab. So entstanden bis zu Gewinden M $14 \times 1{,}5$ Tabellen wie in Bild 6.47, für die eine bestimmte Festigkeit der Schraube zugrunde gelegt ist. Es bleibt nur noch hinzuzufügen, daß die größtzulässigen Kräfte bei Belastung in Durchziehrichtung um rd. 15% niedriger sind als in der umgekehrten Richtung.

Andere optimale Kragenformen sind für das Einpressen glatter Bolzen gefunden worden. Dabei zeigte sich noch eine Steigerungsmöglichkeit der übertragbaren Haftkräfte, wenn man die Umformung so vollzieht, daß der Kragen auf der Blechseite scharfkantig wird, oder gar beidseitig entsteht. Dieses Verfahren gehört indes zur Massivumformung und wird in Kap. 5, Abschnitt 5.3.1.3 als „radiales Stauchen“ beschrieben.

Mit dem Durchziehen *weiter Kragen* befaßt sich die Arbeit von R. WILKEN [37]. Es kamen fünf verschiedene Stempelformen zur Anwendung; ihr Einfluß auf das größte Aufweitverhältnis d_1/d_0 ist aus Bild 6.48 zu ersehen.

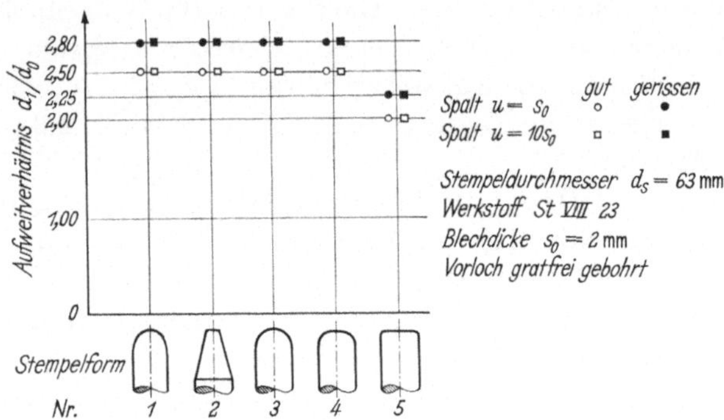

Bild 6.48 Einfluß von Stempelform und Spaltweite auf das Aufweitverhältnis bei weiten Kragen. Werkstoff St VIII, 23, Stempeldurchmesser $d_s = 63$ mm, Blechdicke $s_0 = 2$ mm, Vorloch gratfrei gebohrt (nach R. WILKEN [37]).

Es ist ersichtlich, daß die Stempelform keinen Einfluß hat, wenn man vom Stempel mit flachem Boden absieht. Die Spaltdicke wurde größer oder gleich der Blechdicke gewählt. Ein Einfluß der Spaltweite auf das größte Aufweitverhältnis ist im untersuchten Bereich nicht vorhanden.

Von besonderer Bedeutung für das erreichbare Aufweitverhältnis ist der Zustand des Vorloches. Der beim Ausschneiden des Vorloches vorliegende Grat begünstigt das Einreißen des Kragenrandes. Dasselbe gilt, wenn auch in geringem Maße, für die große Rauheit der Lochwand beim Ausschneiden. Daher liegen die größten Aufweitverhältnisse bei gebohrtem Vorloch am höchsten, bei geschnittenem Vorloch am niedrigsten und bei geschnittenem und entgratetem Vorloch dazwischen.

Dieser Zusammenhang zwischen Schneidgüte und Umformmöglichkeit ist von grundsätzlichem Interesse. Daher sei hier auf neuere Schneidverfahren hingewiesen, mit denen hohe Oberflächengüten der Schnittflächen erzielt werden. O. KIENZLE und M. MEYER [38] setzen die Schnittzone unter zusätzliche Druckspannungen, so daß die Rißbildung an der Schnittfläche unterbleibt. C. STROMBERGER und TH. THOMSEN [39] gelangen zu einer glatten Lochwand dadurch, daß sie zunächst mit großem Schneidspalt einen Butzen ausschneiden und dann mittels eines Ansatzes am Stempel in einem Fließvorgang die Schnittfläche glätten; sie nennen dieses Verfahren „Fließlochen“.

Der Einfluß der Schnittgüte auf das Aufweitverhältnis ist aus Bild 6.49 ersichtlich, in dem dessen Abhängigkeit vom Verhältnis des Vorlochdurchmessers zur Blechdicke für Stahlblech der Güte St VIII für die verschieden hergestellten Vorlochungen dargestellt ist. Der Anstieg des größten Aufweitverhältnisses bei kleinen Werten von d_0/s_0 rührt zum Teil daher, daß die in diesem Fall relativ hohe Normalpressung zwischen Stempel und Blech den mittleren Druck bei der Umformung erhöht und damit das Formänderungsvermögen erhöht. Der Einfluß des Werkstoffs auf das größte Aufweitverhältnis wurde nicht näher untersucht.

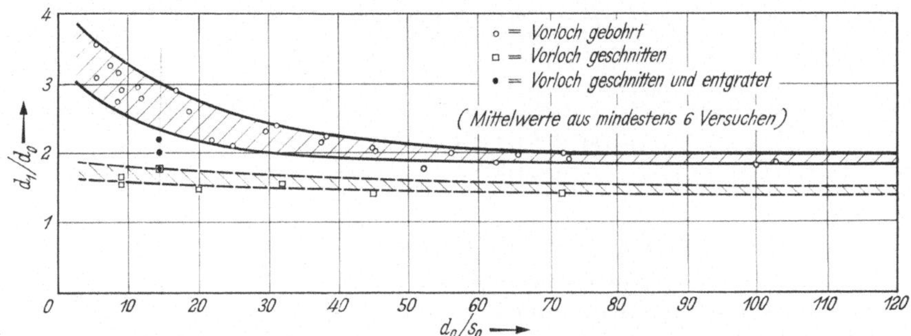

Bild 6.49 Abhängigkeit des größten Aufweitverhältnisses d_1/d_0 vom Verhältnis des Vorlochdurchmessers d_0 zur Blechdicke s_0 (nach R. WILKEN [37]).

Auf die größte Stempelkraft beim Durchziehen hat die Stempelform einen wesentlichen Einfluß, da sich aus ihr sowohl der zur Fertigstellung des Kragens, d. h. zur Leistung der Umformarbeit erforderliche Stempelweg als auch die Art des Kraftangriffs ergibt. Der niedrigste Wert der größten Stempelkraft tritt auf, wenn die Mantellinie des Stempels eine Schleppkurve (Traktrix) ist (Form 1 in Bild 6.48). Für den Halbkugelstempel (Form 3) liegt die größte Stempelkraft beim 1,7fachen, beim kegelförmigen Stempel (Form 2) beim 2,0fachen, beim stark gerundeten Stempel (Form 4) beim 2,5fachen und beim schwach abgerundeten Flachbodenstempel (Form 5) beim 2,7fachen Wert der größten bei Form 1 gemessenen Stempelkraft, wenn die Spaltweite gleich der Blechdicke ist. Der Einfluß der bezogenen Spaltweite u/s_0 auf die größte Stempelkraft ist aus Bild 6.50 zu entnehmen.

Das Aushalsen von Blechen kann nicht nur mit einem Stempel erfolgen, sondern auch mit einem Rollwerkzeug. Über dieses Verfahren berichteten W. PANKNIN und H. ELENZ [40]. Gemäß Bild 6.51 rotiert das eingespannte Blech 1 mit der Matrize 2 um die Achse des aufzustellenden Kragens. Eine Bördelrolle 3, die sich um ihre Achse drehen kann und deren Durchmesser kleiner als der Innendurchmesser des aufzustellenden Kragens ist, wird senkrecht zur Oberfläche des Bleches vorwärtsbewegt, bis der Kragen fertiggestellt ist. Die Spaltweite wurde gleich der Blechdicke so gewählt. Die mit diesem Verfahren erzielbaren größten Aufweitverhältnisse sind in Bild 6.52 dargestellt. Sie sind bei einem

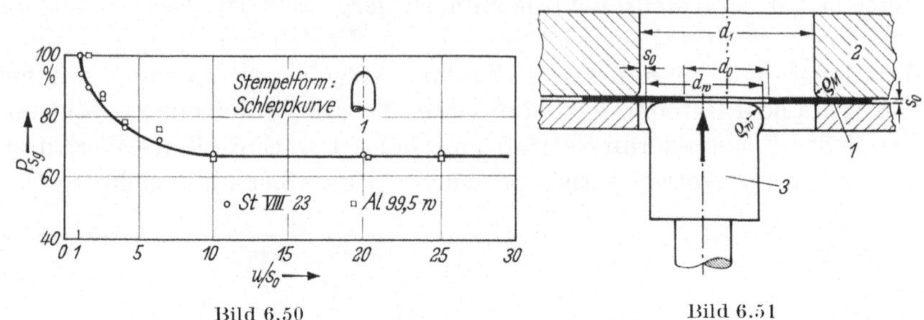

Bild 6.50 Bild 6.51

Bild 6.50 Einfluß der auf die Blechdicke s_0 bezogenen Spaltweite u/s_0 auf die größte Stempelkraft P_{sg} (nach R. Wilken [37]).

Bild 6.51 Aushalsen mit Bördelrolle (nach W. Panknin u. H. Elenz [40]).

bestimmten Verhältnis des Bördelrollendurchmessers d_w zum Innendurchmesser d_1 der Matrize abhängig von der bezogenen Blechdicke s_0/d_1, vom Verhältnis des Rundungshalbmessers ϱ_w an der Kante der Bördelrolle zu deren Durchmesser d_w und vom Werkstückstoff. Es zeigt sich,

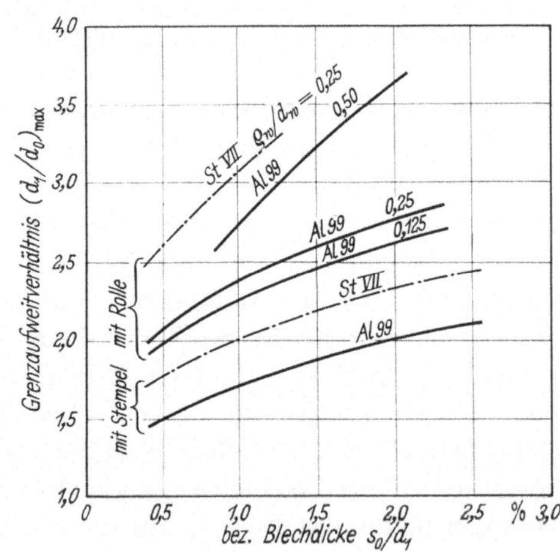

Bild 6.52 Maximale Aufweitverhältnisse beim Aushalsen. Vorschub $v = 0,5$ mm/U, bezogener Durchmesser der Bördelrolle $d_w/d_1 = 0,8$ (nach W. Panknin u. H. Elenz [40]).

daß bei dickerem Blech und stärkerer Abrundung der Bördelrolle höhere Grenzaufweitverhältnisse erreicht werden. Im Vergleich zur Herstellung der Kragen mit einem Stempel können mit der Bördelrolle deutlich größere Grenzaufweitverhältnisse erreicht werden, wie aus den beiden unteren Kurven hervorgeht, die ihrerseits die Werte von Bild 6.49 größenordnungsmäßig bestätigen. Die Kragenhöhe hängt beim Aushalsen mit einer Bördelrolle auch von der Rundung ϱ_w an der Bördelrolle ab, und zwar führen größere Rundungshalbmesser zu kleineren Kragenhöhen, da dann die Radialspannungen im Kragen geringer sind.

6.3.2 Durchsetzen

O. Kienzle und M. Rick [41] haben Untersuchungen über das Erzeugen von Ansätzen durch verschiedene Umformverfahren angestellt. Das dabei zuerst behandelte freie Durchsetzen ist in Bild 6.53 dargestellt.

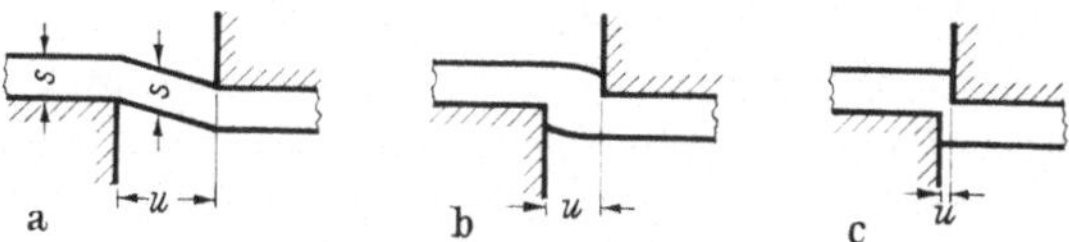

Bild 6.53 Durchsetzen mit verschieden großem Spalt u (nach O. Kienzle u. M. Rick [41]).

Ist hierbei das Verhältnis des Spaltes u zur Blechdicke s groß, so liegt ein doppelter Biegevorgang vor; wenn dieses Verhältnis sehr klein ist, so hat man es mit einem unterbrochenen Schneidvorgang zu tun (Bild 6.53). Das Durchsetzen ist damit ein Beispiel dafür, daß eine Einteilung der Verfahren nach dem Spannungszustand beim Zusammenordnen auf

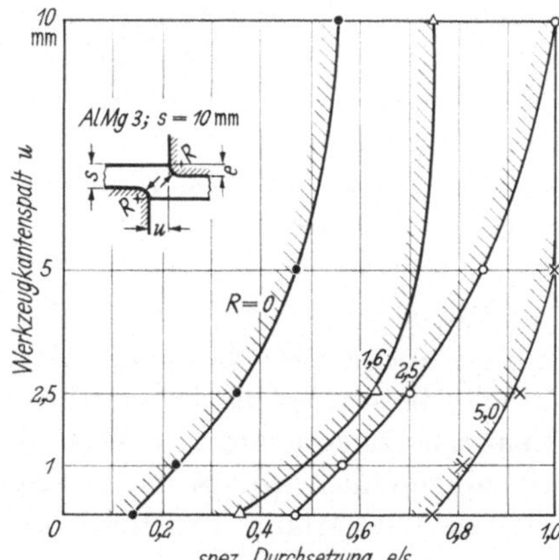

Bild 6.54 Grenzkurven des Durchsetzens bei AlMg 3. Ein Durchsetzen ohne Trennungsbruch ist nur im Gebiet links der Kurven möglich (nach O. Kienzle u. M. Rick [41]).

Schwierigkeiten stoßen kann. Neben dem Spalt u ist auch noch der Halbmesser an den Werkzeugkanten beim Durchsetzen von Bedeutung. Die Auswirkung dieser Einflußgrößen auf die ohne Trennbruch erreichbare spezifische Durchsetzung ist in Bild 6.54 für AlMg 3 zu erkennen. Je größer der Spalt und der Kantenradius R werden, desto größer wird die mögliche spezifische Durchsetzung.

6.3.3 Hochgeschwindigkeitsverfahren

In der Blechumformung werden heute auch die Hochgeschwindigkeitsverfahren angewendet. Es sind dies die Explosivumformung, die hydroelektrische Umformung und die Magnetumformung. Wegen der unzureichenden grundlegenden Kenntnisse bezüglich dieser Verfahren ist eine befriedigende theoretische Erfassung aller Zusammenhänge bislang noch nicht gelungen. Durch Versuche wurden für einfache Umformvorgänge empirische Gleichungen ermittelt oder Diagramme aufgestellt, die die Auswirkung veränderter Versuchsbedingungen zumindest qualitativ angeben. P. J. M. Boes [42, 43] gibt für das Explosivumformen folgende Gleichungen an für die Abhängigkeit der mittleren Pressung p_m, des Impulses I und der Energie E vom Ladungsgewicht W und dem Ladungsabstand R:

$$p_m = k \cdot \left(\frac{W^{1/3}}{R}\right)^{\alpha} \tag{16}$$

$$I = l \cdot \left(\frac{W^{1/3}}{R}\right)^{\beta} \tag{17}$$

$$E = m \cdot \left(\frac{W^{1/3}}{R}\right)^{\gamma} \cdot W^{1/3} \tag{18}$$

Dabei sind $\alpha, \beta, \gamma, k, l$ und m vom Sprengstoff abhängige Konstanten. Die Abhängigkeit der erforderlichen mittleren Pressung, des erforderlichen Impulses und der nötigen Energie von der Blechdicke ist aus Bild 6.55 zu ersehen. Es handelt sich dabei um Minimalwerte bei konstantem Ladungsabstand für das Formen von flachen kugelförmigen Schalen. Der Zusammenhang zwischen Blechdicke und Ladungsgewicht ist in Bild 6.56 dargestellt.

An Modellstücken untersuchten E. Schmidtmann, K.-J. Kremer und H. Schenk [44] die Vorgänge bei der Explosivumformung. Die Stoßwelle, die sich bei der Detonation des Sprengstoffes bildet, überträgt kinematische Energie auf das Blech, die dann zum Teil in Verformungsarbeit umgesetzt wird. Wenn Wasser als Übertragungsmedium verwendet wird, so erfährt das Blech nach dem Auftreffen der Stoßwelle noch eine zweite Belastung als Folge des plötzlichen Zusammenbrechens einer Kavitationsblase. Bei den durchgeführten Versuchen ergab sich, daß zwischen dem aufgegebenen Impuls und der Ausbeulgeschwindigkeit ein exponentialer Zusammenhang besteht, der vom Blechwerkstoff unabhängig ist. Die plastischen Eigenschaften des Blechwerkstoffs beeinflußt nur die bei einer bestimmten Anfangsgeschwindigkeit erreichte Endbeultiefe. Gegenüber den üblichen Formgebungsverfahren wurde bei den untersuchten Werkstoffen keine merkliche Änderung der Verformbarkeit festgestellt. Die hohen Verformungsgeschwindigkeiten förderten jedoch die Neigung der Werkstoffe zu sprödem Verhalten. Letzteres stellt auch C. A. VERBRAAK [45] für ferritischen Stahl fest; dieser findet auch eine Verringerung des Widerstands gegen Spannungskorrosion eines austenitischen Stahles nach explosiver Formgebung. Über den Einfluß auf die Dauerstandfestigkeit kann noch nichts ausgesagt werden.

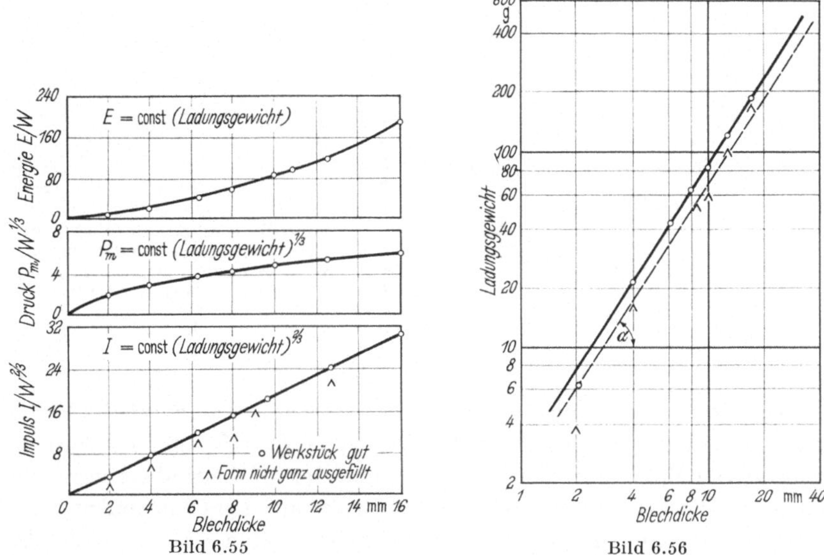

Bild 6.55 Bild 6.56

Bild 6.55 Herstellung einer Kugelschale durch Explosivstoffe mit Wasser als Übertragungsmedium (nach P. J. M. BOES [42, 43]).

Bild 6.56 Zusammenhang zwischen Blechdicke und Gewicht der Ladung (nach P. J. M. BOES [42, 43]).

Mit dem Ausbeulen einer Ronde nach dem hydroelektrischen Verfahren befaßt sich J. W. KIRK [46]. Er fand über Versuche folgende empirische Beziehung für die erreichte Beultiefe t

$$t = K \cdot \frac{D}{s_0 \cdot h} \cdot E^{0,5} \tag{19}$$

Dabei ist D der Beuldurchmesser, s_0 die Ausgangsblechdicke, h der Abstand der Entladung von der Ronde, E die aufgewendete Energie und K eine Konstante, die von der Vorrichtung, der Spannung, dem Elektrodenabstand und dem Beulwerkstoff abhängt. Bei konstanter Beultiefe ist die Beulenform unabhängig vom Werkstoff. Die genannte empirische Beziehung deckt sich mit Versuchsergebnissen von H. MÜLLER [47] und von R. L. KEGG und K. HAVERBECK [48] bzw. M. E. MERCHANT [49].

R. L. KEGG und K. HAVERBECK [48] untersuchten auch das Ausbeulen einer Ronde durch Magnetumformung mit Hilfe von Flachspulen. Es wurde festgestellt, daß die maximale Beultiefe erwartungsgemäß mit größerer Energie größer wird und sich bei wachsendem Abstand der Spule vom Blech verringert. Mit zunehmendem Abstand zwischen den einzelnen Windungen einer Flachspule wird die maximale Beultiefe herabgesetzt (Bild 6.57).

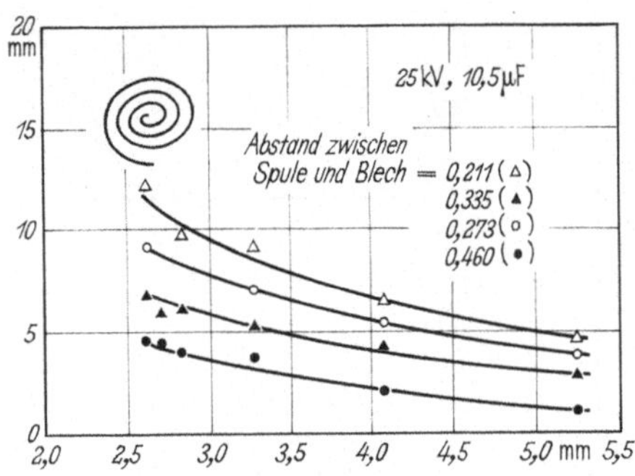

Bild 6.57 Einfluß des Wicklungsabstandes von Flachspulen auf die größte Beultiefe (nach R. L. KEGG u. K. HAVERBECK [48]).

Die Umformung rohrförmiger Werkstücke durch magnetische Kräfte untersuchten H. BÜHLER und E. v. FINCKENSTEIN [50]. Es wird der Einfluß der Spannung, der Kapazität und der Gesamtinduktivität, wie auch der Werkstücklänge und des Luftspalts auf den Umformdruck und die Einschnürung der Werkstücke festgestellt. Bild 6.58 zeigt die Ab-

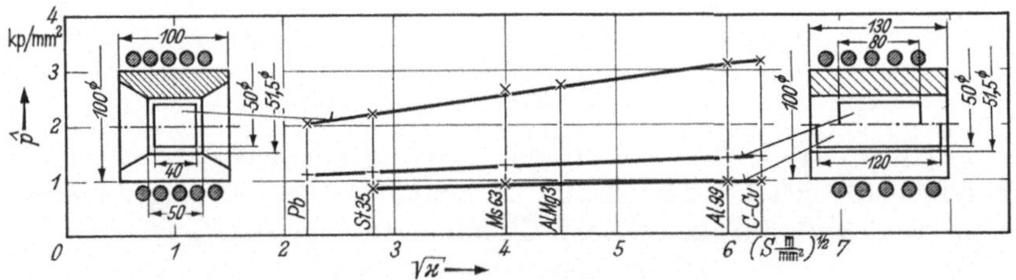

Bild 6.58 Maximaler Umformdruck $\hat{p}$ in Abhängigkeit von der elektrischen Leitfähigkeit $\varkappa$ des Werkstücks (nach H. BÜHLER u. E. v. FINCKENSTEIN [50]).

hängigkeit des maximalen Umformdrucks p von der Leitfähigkeit für verschiedene Versuchsanordnungen. Es ist zu erkennen, daß mit steigender Leitfähigkeit der maximale Umformdruck zunimmt. Aus Bild 6.59 ist zu entnehmen, wie der maximale Umformdruck p und die Einschnürung D_a von der Gesamtinduktivität L abhängt. Eine höhere Gesamtinduktivität erhöht bis zu einem bestimmten Wert die Größe der Umformung.

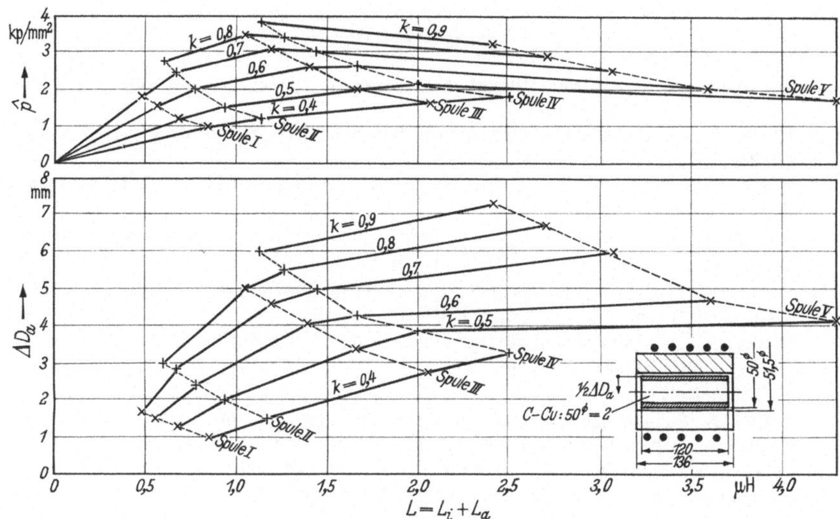

Bild 6.59 Maximaler Umformdruck $\hat{p}$ und Einschnürung ΔD_a in Abhängigkeit von der Gesamtinduktivität beim Magnetumformen (nach H. BÜHLER u. E. v. FINCKENSTEIN [50]).

Über eine interessante Anlage zum Explosivumformen berichten H. HERTEL und D. RUPPIN [51]. Es handelt sich um eine patronenbetriebene ortsveränderliche Presse für das Hochleistungsumformen (Bild 6.60). Die Vorteile dieser Maschine sind folgende: Erstens kann die Maschine in einer normalen Werkstatt betrieben werden, und zweitens wird als Explosivstoff Bolzenschußmunition verwendet, für die weniger scharfe Bestimmungen in bezug auf Verwendung und Lagerung gelten als bei anderen Explosivstoffen. Die Maschine ist sehr einfach aufgebaut, da sie keine mechanische Verriegelung verwendet, sondern eine Trägheitsverriegelung.

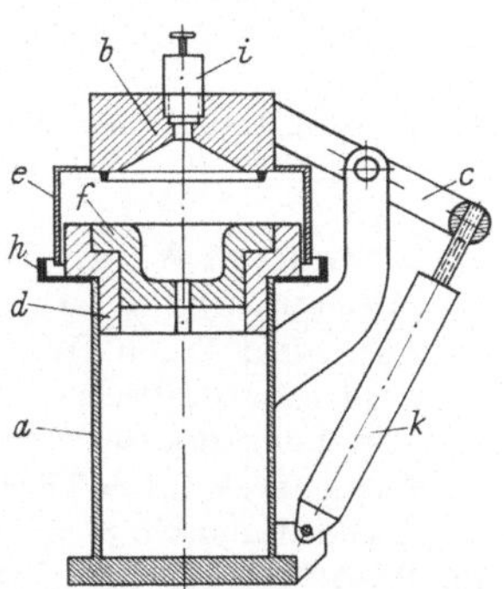

Bild 6.60 Patronenbetriebene ortsveränderliche Presse für das Hochleistungsumformen (nach H. HERTEL u. D. RUPPIN [51]).

Zum Schluß sei noch eine weitere Veröffentlichung von H. HERTEL und D. RUPPIN [52] genannt. Es wird darin über die vorteilhafte Anwendung von Sprengstoffen oder einer beweglichen, patronenbetriebenen Presse zum *Richten* von plattenförmigen Bauteilen berichtet. Solche Teile sind z. B. Tragflügel-Teilschalen bei Integralbauweise. Der Einfluß von Ladungsmenge und Ladungsgeometrie auf das Richtergebnis wird angegeben. Bessere Richtergebnisse werden erzielt, wenn das Werkstück vor dem Richten eine größere Wölbung aufweist.

Schrifttum

1. WOLTER, K. H.: Freies Biegen von Blechen. VDI-Forschungsheft Nr. 435, Düsseldorf: VDI-Verlag 1952.
2. PROKSA, F.: Plastisches Biegen von Blechen. Der Stahlbau 28, H. 2, 29/36 (1959).
3. SCHWARK, H. F.: Rückfederung an bildsam gebogenen Blechen. Dissertation TH Hannover 1952.
4. RECHLIN, B.: Vergleichende Untersuchungen verschiedener Kaltbiegeverfahren für Bleche. Fortschr.-Ber. VDI-Z. Reihe 2, Nr. 18.
5. WEIMAR, G.: Längsdehnungen und Verwerfungen beim Bandprofilwalzen (Walzprofilieren). Dissertation TH Hannover 1966.
6. WEIMAR, G.: Zum gegenwärtigen Stand des Walzprofilierens. (Schrifttumsauswertung) Bänder, Bleche, Rohre 8, H. 5, 308/324, H. 6, 395/403, H. 7, 458/469 (1967).
7. WEIMAR, G.: Längsdehnungen und Verwerfungen beim Walzprofilieren von Stahlband. Arch. Eisenhüttenw. 39, H. 1, 37/44 (1968).
8. TAFEL, K.: Untersuchung über den Einfluß der Belastungszeit auf die Streuung der Rückfederung von Biegeteilen. Berichte a. d. Inst. f. Umformtechnik d. TH Stuttgart, Nr. 1, Essen: Girardet 1964.
9. TAFEL, K.: Einfluß von Kraft und Belastungszeit auf die Rückfederungsstreuung beim Kaltbiegen von Halbrundteilen. Ind.-Anz. 86, Nr. 89, 1812/1819 (1964).
10. FRANZ, W.-D.: Das Kaltbiegen von Rohren. Berlin/Göttingen/Heidelberg: Springer 1961.
11. LIPPMANN, H.: Ebenes Hochkantbiegen eines schmalen Balkens unter Berücksichtigung der Verfestigung. Ing.-Arch. 27, H. 3, 153/168 (1959).
12. PANKNIN, W.: Die Grundlagen des Tiefziehens im Anschlag unter besonderer Berücksichtigung der Tiefziehprüfung, I, II, III, Bänder, Bleche, Rohre Nr. 4, 133/134, Nr. 5, 201/211, Nr. 6, 264/271 (1961).
13. SIEBEL, E.: Der Niederhalterdruck beim Tiefziehen. Stahl u. Eisen 74, 155/158 (1954).
14. DOEGE, E.: Untersuchung über die maximal übertragbare Stempelkraft beim Tiefziehen rotationssymmetrischer zylindrischer Teile. Dissertation TU Berlin 1963.
15. DUTSCHKE, W.: Grundlagen des Tiefziehens nicht rotationssymmetrischer prismatischer Teile. Dissertation TH Stuttgart 1958.
16. PANKNIN, W., u. W. DUTSCHKE: Die Gesetzmäßigkeiten beim Tiefziehen runder, quadratischer, rechteckiger und elliptischer Teile im Anschlag. Mitt. d. Forschungsges. Blechverarb. 1959, Nr. 2/3, S.13/23.
17. PANKNIN, W.: Das Tiefziehen runder, quadratischer und ähnlicher Werkstücke. Techn. Rundsch. 51, Nr. 39, 21/23, 25/27/29 (1959).
18. PANKNIN, W.: Der Einfluß der Ziehgeschwindigkeit auf das Tiefziehen im Anschlag. Blech 6, H. 9, 391/396 (1959).
19. KIENZLE, O., u. K. MIETZNER: Atlas umgeformter metallischer Oberflächen. Berlin/Göttingen/New York: Springer 1967.
20. WHITELEY, R. L.: The importance of directionality in drawing quality sheet steel. Trans. ASM 52, 154/169 (1960).
21. WHITELEY, R. L. et al.: Anisotropy as an asset for good drawability. Sheet Metal Ind. 38, Nr. 409, 349/353 u. 358 (1961).
22. MOORE, G. G., and J. F. WALLACE: The effect of anisotropy on instability in sheet-metal forming. J. Inst. of Metals, Oct., 33/38 (1964).

23. HILL, R.: A theory of the yielding and plastic flow of anisotropic metals. Proc. Royal Society A, 193, 1948, S. 281/297.
24. DILLAMORE, I. L.: The prediction of sheet forming properties from unaxial tension test data. Trans. ASM 58, 150/154 (1965).
25. PANKNIN, W.: Die Bestimmung der Fließkurve und der Dehnungsfähigkeit von Blechen durch den hydraulischen Tiefungsversuch. Ind.-Anz. 86, Nr. 49, 915/918 (1964).
26. ZIEGLER, W.: Die Bedeutung des Werkstoffs für die Grenzformänderungen beim Tiefziehen metallischer Werkstoffe. Dissertation TU Berlin 1966.
27. SHAWKI, G. S. A.: Spannungen und Kräfte beim niederhalterlosen Tiefziehen mit konischen Ringen. Z. Metallkde. 52, H. 8, 532/537 (1961).
28. SHAWKI, G. S. A.: Die Grenzen beim niederhalterlosen Tiefziehen von Feinblech. Z. Metallkde. 52, H. 10, 704/710 (1961).
29. SHAWKI, G. S. A.: Wanddickenverlauf beim Tiefziehen ohne Niederhalter. Z. Metallkde. 52, H. 11, 763/767 (1961).
30. SHAWKI, G. S. A.: Untersuchungen über das Tiefziehen rotationssymmetrischer zylindrischer Teile ohne Blechhalter. Werkstattstechnik 53, H. 1, 12/16 (1963).
31. ELHAUS, F. W.: Das niederhalterlose Tiefziehen rotationssymmetrischer Teile. Diplomarbeit TH Stuttgart 1958.
32. KIENZLE, O., u. K. HAVERBECK: Das Herstellen von Außenborden an Blechteilen zwischen Stempel und Ring. Forschungsber. d. Landes Nordrh.-Westf. Nr. 1171, Köln/Opladen: Westdeutscher Verlag 1963.
33. PANKNIN, W., u. W. MÜHLHÄUSER: Die Grundlagen des Hydroform-Verfahrens. Mitt. d. Forschungsges. Blechverarb. 1957, Nr. 24, S. 269/277.
34. CHOWDHURY, N.: Untersuchungen über den Kissendruck beim Ziehen zylindrischer Teile nach dem Hydroform-Verfahren. Dissertation TU Berlin 1964.
35. PANKNIN, W.: Das Hydroformverfahren und hydromechanisches Tiefziehen. Das Industrieblatt 59, H. 6, 245/249 (1959).
36. KIENZLE, O., u. F. W. TIMMERBEIL: Das Durchziehen enger Kragen an ebenen Fein- und Mittelblechen. Forschungsb. d. Landes Nordrh.-Westf. Nr. 150, Köln/Opladen: Westdeutscher Verlag 1955.
37. WILKEN, R.: Das Biegen von Innenborden mit Stempeln. Dissertation TH Hannover 1957.
38. KIENZLE, O., u. M. MEYER: Verfahren zur Erzielung glatter Schnittflächen beim vollkantigen Schneiden von Blech. Forschungsber. d. Landes Nordrh.-Westf. Nr. 1162, Köln/Opladen: Westdeutscher Verlag 1963.
39. STROMBERGER, C., u. TH. THOMSEN: Glatte Lochwände beim Lochen. Werkstatt u. Betrieb 98, Nr. 10, 739/747 (1965).
40. PANKNIN, W., u. H. ELENZ: Kräfte und Grenzverhältnisse beim Aushalsen von Blechen. Mitt. Forschungsges. Blechverarb. 1957, Nr. 15, S. 165/170.
41. KIENZLE, O., u. M. RICK: Konstruktionsteile aus Grobblech mit geprägten Ansätzen. Mitt. d. Forschungsges. Blechverarb. 1965, Nr. 17, S. 275/279.
42. BOES, P. J. M.: Forming with high explosives. CIRP-Annalen 10, H. 2, 124/134 (1961/62).
43. BOES, P. J. M.: Blechumformung mit Explosivstoffen. Bänder, Bleche, Rohre 1, 5/12 (1963).
44. SCHMIDTMANN, E., K.-J. KREMER u. H. SCHENK: Modellversuche zum Explosivumformen dünner Bleche. Arch. Eisenhüttenw. 36, Nr. 5, 333/342 (1965).
45. VERBRAAK, C. A.: How can high-rate forming be applied without deteriorating metal properties. CIRP-Annalen 11, H. 3, 137/141 (1962/63).
46. KIRK, J. W.: Impulse forming by electrical discharge methods. Sheet Metal Ind. 39, Nr. 424, 533/540 u. 554 (1962).

47. Müller, H.: Hochleistungsumformung nach dem hydroelektrischen Verfahren. Ind.-Anz. 86, Nr. 23, 391/395 (1964).
48. Kegg, R. L., and K. Haverbeck: Effects of process variables in electric discharge forming. CIRP-Annalen 11, H. 3, 131/137 (1962/63).
49. Merchant, M. E.: Newer methods for the precision working of metals-research and present status. Advances in Machine Tool Design and Research Proceedings of the 3rd International MTDR Conference, University of Birmingham, Sept. 1962, Pergamon Press 1963, S. 93/108.
50. Bühler, H., u. E. v. Finckenstein: Hochgeschwindigkeitsumformung rohrförmiger Werkstücke durch magnetische Kräfte. Bänder, Bleche, Rohre 7, Nr. 3, 115/123 (1966).
51. Hertel, H., u. D. Ruppin: Patronenbetriebene ortsveränderbare Presse für das Hochleistungsumformen. Z. VDI 107, Nr. 25, 1199/1202 (1965).
52. Hertel, H., u. D. Ruppin: Richten von plattenförmigen Bauteilen mit Hilfe von Sprengstoffen. Blech 13, Nr. 8, 436/443 (1966).

7 Oberfläche und Kaltumformung

Mit Beiträgen von O. KIENZLE und H. WIEGAND

ausgearbeitet von K. H. KLOOS unter Mitwirkung von P. PEPPLER

Zweck jeder Umformung ist es, mit einem minimalen Aufwand an Werkstoff, Werkzeug, Arbeitszeit, Energie und Hilfsstoffen (Schmiermitteln) eine möglichst unmittelbare und optimale Gebrauchsfähigkeit hinsichtlich der Oberflächenfeingestalt, der Festigkeits- und Formänderungseigenschaften sowie der Maßgenauigkeit des umgeformten Werkstückes zu erreichen. Während in früheren Jahren die Untersuchungen vornehmlich auf eine Verringerung des Kraft- und Arbeitsaufwandes durch Optimierung der Werkzeuggeometrie und Umformbedingungen sowie eine Verminderung des Werkzeugverschleißes durch meist nach empirischen Methoden ausgewählte Schmiermittel und Schmiermittelträgerschichten ausgerichtet waren, gewannen im vergangenen Jahrzehnt durch die gestiegenen Forderungen des Leicht- und Austauschbaues sowie vor allem durch das wachsende Vordringen der Kaltumformung in die Endfertigung die an den Werkstück- und Werkzeugoberflächen ablaufenden Vorgänge zunehmend an Bedeutung.

Dies führte zu einer intensiven Erforschung einmal der Funktion des Oberflächenzustandes während der Fertigung (Reibung, Schmierung, Oberflächenfeingestalt der Reibungspartner), zum anderen der Funktion des Umformgutes in der Verwendung (z. B. mechanische Eigenschaften, Beschichtung mit metallischen und nichtmetallischen Überzügen, physikalische Eigenschaften wie Strömungswiderstand, Korrosionswiderstand).

Ein Teil der Ergebnisse dieser Arbeiten der letzten zehn bis fünfzehn Jahre, vor allem der durch den Forschungsschwerpunkt „Mechanische Umformtechnik" erreichten, erstreckt sich

a) auf die Wandlung der Oberflächen durch die Umformung,

b) auf das Verhalten der Oberflächen während der Umformung einschließlich des Reibungs- und Schmierungsverhaltens.

Die neu gewonnenen Erkenntnisse sind umfangreich, jedoch bei weitem noch nicht so umfassend, daß gesagt werden könnte, sie seien für die heutigen Erfordernisse ausreichend oder wenigstens den heutigen Möglichkeiten der Forschung entsprechend.

7.1 Der Aufbau technischer Oberflächen

Nach G. SCHMALTZ [1] haben wir technische Oberflächen dreidimensional anzusehen, nämlich als Grenzschicht, die aus einem äußeren und inneren Teil mit jeweils bestimmten physikalischen und chemischen Eigenschaften besteht (Bild 7.1). Diese Unterscheidung gegenüber dem ungestörten Werkstoffinneren ist wesentlich, weil

a) während einer werkzeuggebundenen Umformung die Reibkräfte zwischen Werkstückstoff und Werkzeug vom Schichtaufbau sowie vom Reaktionsvermögen der „äußeren Grenzschicht" abhängen;

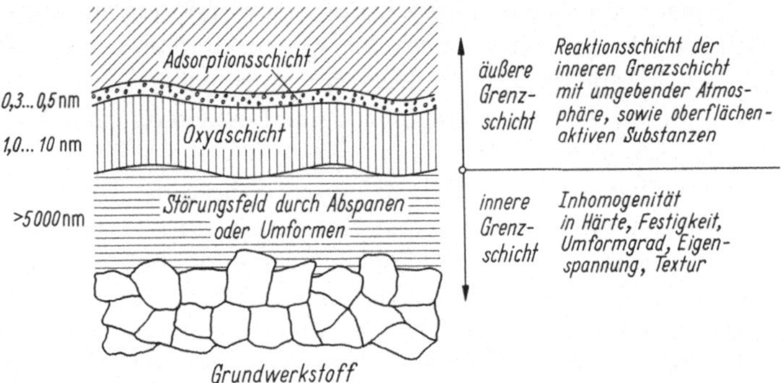

Bild 7.1 Schichtaufbau metallischer Oberflächen (Unterteilung nach G. SCHMALTZ [1]).

b) die innere Grenzschicht zunächst die Einflüsse erfährt, die mit der Kornverformung zusammenhängen, und weil sie Störungen als Folge von Reibungsschubkräften ausgesetzt ist.

Die innere Grenzschicht ist selbst einer anderen dreidimensionalen Betrachtung zugänglich, nämlich in bezug auf die *mikrogeometrisch* zu beschreibende Rauheit.

7.1.1. Die innere Grenzschicht

Die innere Grenzschicht, die abgesehen von Entmischungs- und Diffusionsvorgängen im Verlauf einer Wärmebehandlung die gleiche chemische Zusammensetzung wie der Grundwerkstoff aufweist, erfährt durch Umformvorgänge eine Reihe mechanischer und metallurgischer Eigenschaftsänderungen. Der gegenüber dem Werkstoffinneren in der Oberfläche nachgewiesene Abfall des Fließwiderstandes steht einmal im Zusammenhang mit einer größeren *Fehlstellenhäufigkeit* im Metallgitter oberflächennaher Kristallite, zum anderen kann die Absenkung der Fließgrenze auch aus dem *Oberflächeneffekt* gedeutet werden, wonach die in der Oberflächenzone gelegenen Kristallite gegenüber den in inneren Werkstoffbereichen allseitig von Nachbarkristalliten umgebenen einen geringeren Verformungswiderstand aufweisen [2]. Dieser Oberflächeneffekt gilt für die mit Oxydhäuten bedeckten Kristallitoberflächen allerdings nur beschränkt [3].

Je nach den Krafteinleitungsbedingungen der meist aus Druck- und Schubkräften zusammengesetzten Oberflächenbeanspruchung entstehen im Feinbau kaltumgeformter Oberflächenschichten zum Rand hin meist zunehmende *Gitterverzerrungen*, die zu Eigenspannungen mit ihren bekannten Auswirkungen führen. Wie eng diese mit den Umformbedingungen zusammenhängen, haben H. BÜHLER und Mitarbeiter in zahlreichen Eigenspannungsmessungen an Drähten und kaltgezogenen Stäben nachgewiesen (siehe z. B. [6, 69]). Im Bereich der inneren Grenzschicht ist ferner mit einer größeren Inhomogenität der *Umformtexturen* zu rechnen [4] (s. Kapitel 3). Die aus der Inhomogenität des Umformgrades in der inneren Grenzschicht entstehende *Härte*, die zudem einen Anhaltswert für das restliche Formänderungsvermögen gibt, weisen je nach Umformverfahren verschiedene Tendenzen auf, m. a. W. je nach vorliegendem Grenzschicht-Verformungsgrad werden sowohl Härtesteigerungen (z. B. beim Rohrziehen im Stopfen- und Hohlzug [5]) als auch ein Härteabfall (z. B. beim Draht- und Stabziehen [6]) im Vergleich zur mittleren Verfestigung des Werkstoffinneren nachgewiesen.

7.1.2 Die äußere Grenzschicht

Die äußere Grenzschicht metallischer Oberflächen entsteht durch chemische *Reaktion* der inneren Grenzschicht mit den umgebenden Medien (z. B. Atmosphäre, Schmiermittel), denen sich weitere Adsorptionsschichten anlagern. Unter dem Einfluß der Atmosphäre bilden alle Metalle einen primären Oxydfilm, dessen Dicke mehr als 10 nm erreichen kann. Dieser Oxydfilm hat im Falle völliger Porenfreiheit passivierende Eigenschaften. Unter Berücksichtigung der mikrogeometrischen Feingestalt technischer Oberflächen ist es durchaus möglich, daß der Sauerstoffpartialdruck in den Rauhtälern und Poren etwas kleiner und somit auch die Schichtdickenverteilung des Oxydfilmes unterschiedlich sein kann [7].

Schichtdicke, Haftfestigkeit sowie Unterschiede in der Härte und der Dehnungsfähigkeit zwischen Oxydfilm und innerer Grenzschicht spielen für den Verschleißvorgang bei werkzeuggebundenen Umformverfahren eine entscheidende Rolle. Während beispielsweise die natürlich gewachsene Eisenoxydschicht eine Härtesteigerung gegenüber reinem Eisen um nur ca. 20—30% aufweist, ist bei Aluminiumoxyd mit durchschnittlichen Schichtdicken von 100—200 nm die Härte gegenüber Reinaluminium rund 100mal größer [8]. Durch die Bildung natürlich gewachsener Oxydschichten ist das Reaktionsvermögen technischer Oberflächen keineswegs erschöpft, sondern je nach chemischer Zusammensetzung des

Metalloxydes können unter Einwirkung oberflächenaktiver fester und flüssiger Substanzen, z. B. Fettsäuren, chemische Reaktionen mit dem Metalloxyd ablaufen, wobei Metallseifen mit höherem Erweichungspunkt im Vergleich zu festen Fettsäuren gebildet werden [8].

Im Unterschied zur rein physikalischen *Adsorption* flüssiger Fettsäuren, Alkohole und Ester, die sich infolge ihrer stark polaren Molekülketten-Enden etwa senkrecht an die Metallatome anlagern („Bürstenmodell"), werden die Bindungskräfte im Falle einer chemischen Umsetzung zwischen oberflächenaktiven Substanzen und dem Metall oder Metalloxyd erheblich verstärkt (*Chemisorption*) [9].

Bild 7.2 zeigt schematisch den Adsorptionsmechanismus an der äußeren Grenzschicht einschließlich Chemisorption im Falle einer Reaktionsbereitschaft zwischen Metalloxyd und oberflächenaktiver Substanz [10].

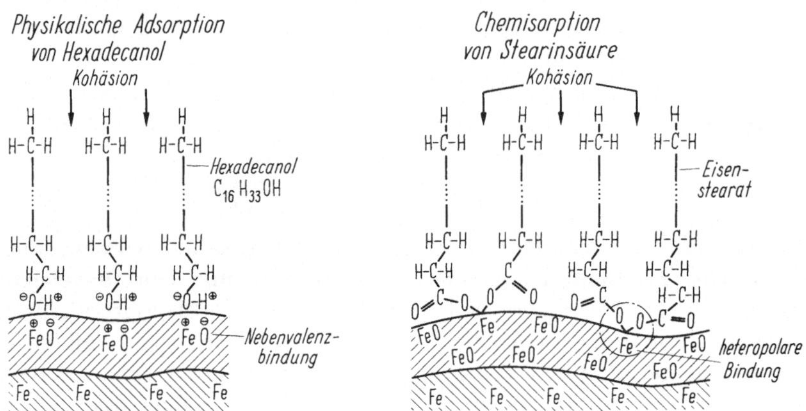

Bild 7.2 Bindungsarten oberflächenaktiver Substanzen an Metalloberflächen (nach D. Godfrey [10]).

Darüber hinaus werden an den Oberflächen auch gasförmige Substanzen (z. B. Wasserdampfmoleküle) adsorbiert, die sich ebenfalls an die Metalloxydschicht anlagern. Technische Oberflächen weisen überdies in der Regel als Begrenzung der äußeren Grenzschicht zur umgebenden Atmosphäre einen zusammenhängenden Fettfilm auf, der entweder durch das Herstellungsverfahren bedingt ist oder in der Absicht eines gewissen Korrosionsschutzes für die Lagerung aufgebracht wurde.

7.2 Die Mikrogeometrie umgeformter Oberflächen

Das „Mikrogebirge", das eine technische Oberfläche darstellt, kann eigentlich nur durch eng nebeneinander gesetzte Profilschnitte beschrieben werden. Die dazu notwendige Anzahl schließt aber diesen Weg praktisch aus. An seine Stelle treten Teilbeschreibungen durch einige wenige Profilschnitte, die sinnvollerweise in zwei zueinander senkrechten Ebenen liegen und durch mehrere Kennzahlen charakterisiert werden können. Hierauf wird in Abschnitt 7.2.1 näher eingegangen.

Vorher sei der grundsätzliche Unterschied zwischen einer abgespanten und einer umgeformten Oberfläche erklärt. Während erstere jeweils frisch entsteht, bleibt beim Umformen in der Regel die vorher außen gelegene Oberflächenschicht auch nachher außen. Sie wird daher durch einen Umformvorgang nicht nur physikalisch und chemisch sondern auch mikrogeometrisch gewandelt. Wird die Oberfläche mehrere Male hintereinander umgeformt, so ist für ihren Endzustand die *Geschichte* dieser Wandlungen maßgebend. Daher ist ihre Wandlung am besten zu verstehen, wenn der Weg der Verfahrensanalyse beschritten wird.

Im Unterschied zu abgespanten Oberflächen (gedreht, geschliffen, gefräst) mit in der Regel offenem Profil weisen kaltumgeformte Oberflächen, die mit polierten Werkzeugoberflächen bei gleichzeitiger Relativbewegung in Kontakt standen, eine ,,tafelbergartige" Oberflächenfeingestalt mit halboffenem Profil auf (s. Bild 7.7).

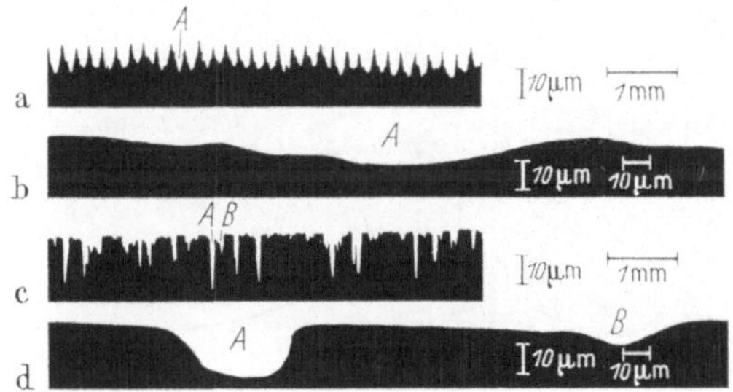

Bild 7.3 Rauheitsform einer abgespanten und einer umgeformten Oberfläche; a) gedrehtes, überhöhtes Profil; b) gedrehtes, entzerrtes Profil; c) gezogenes, überhöhtes Profil; d) gezogenes, entzerrtes Profil (nach O. KIENZLE u. K. MIETZNER [11]).

Bild 7.3 zeigt ein typisches Beispiel einer abgespanten und einer kaltumgeformten Oberfläche bei verschiedenen Horizontal- und Vertikal-Vergrößerungsmaßstäben [11]. Eine geometrisch ähnliche Abbildung der Feingestalt ($V : H = 1 : 1$) vermeidet die Vorstellung von ,,Rauhspitzen" (Mikrokerben), die bei der allgemein angewandten Höhenverzerrung (hier 50 : 1) vorgetäuscht werden.

Neben unterschiedlicher Oberflächenfeingestalt ergeben sich zwischen abgespanten und umgeformten Oberflächen auch in der inneren Grenzschicht erhebliche Unterschiede, die aus der Oberflächenbeanspruchung resultieren. Bei Abspanvorgängen sind die örtlichen Drücke an der Freifläche der Werkzeuge etwa von derselben Größe wie beim Kaltumformen.

Die Reibungszahlen zwischen Werkzeugfreifläche und dem Werkstückstoff in statu nascendi sind aber sehr hoch, und zwar von einer Größenordnung wie sonst nur unter Vakuumbedingungen. Bei werkzeuggebundenen Kaltumformverfahren dagegen liegen zwischen Werkzeug und Umformwerkstoff in der Regel Mischreibungsbedingungen vor, wobei die Reibungszahlen im Vergleich zu Zerspanungsvorgängen eine Zehnerpotenz niedriger (etwa zwischen 0,02—0,1) liegen [12].

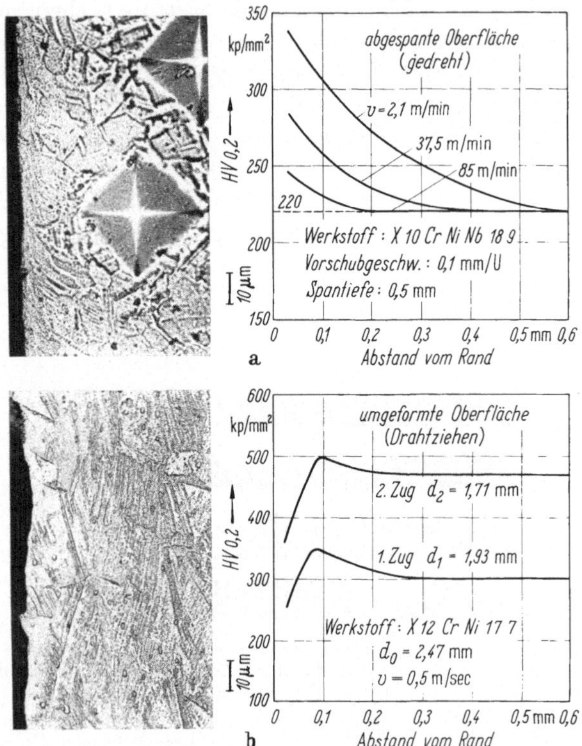

Bild 7.4 Härteverteilung und Randgefügezustand abgespanter und gezogener Oberflächen (nach H. WIEGAND u. K. H. KLOOS).

Bild 7.4 zeigt die Querschliffe einer gedrehten Oberfläche und eines gezogenen Drahtes einschließlich der Härteverteilung in der inneren Grenzschicht, welche die ungleich geringere Schubbeanspruchung der kaltumgeformten Oberfläche im Vergleich zur abgespanten unmittelbar erkennen lassen. Während die hohe Schubbeanspruchung im Falle der gedrehten Oberfläche einen beachtlichen Härteanstieg in der inneren Grenzschicht auslöst, zeigt sich in dem gezogenen Drahtquerschnitt ein geringer Härteabfall. Die geringere Verfestigung in der inneren

Grenzschicht des Drahtes ergibt sich aus der Fließbehinderung infolge Wandreibung und dem hierdurch bedingten niedrigeren Umformgrad der inneren Grenzschicht im Vergleich zum Kernquerschnitt.

7.2.1 Oberflächenmeßgrößen und Kennwerte

Aus einem reichhaltigen Schrifttum [1 u. a.] und den DIN-Normen 4760 bis 4762 sind als die allgemein verwendeten Meßgrößen bekannt:

die Rauhtiefe R_t: sie ist als Maß zwischen Gipfel und Tal anschaulich und für viele Zwecke wesentlich;

die Glättungstiefe R_p: sie ist ein Mittelwert, der anschaulich den Abstand zwischen Hüllinie und völlig eingeebnetem Istprofil angibt;

der Mittenrauhwert R_a: er ist der arithmetische Mittelwert der absoluten Beträge der Abstände des Istprofiles vom mittleren Profil. Er ist unanschaulich; seine Aussagekraft beschränkt sich auf den Vergleich gleichartig hergestellter Oberflächen.

Neben diesen sogenannten Senkrechtmeßgrößen („senkrecht" zur Oberfläche gemessen) bestehen als Waagrechtmeßgrößen:

der Rillenabstand A (bei umgeformten Oberflächen besser Gipfelabstand genannt);

die tragende Länge l_t in einem Profilschnitt (nur bei definierter Rilligkeit sinnvoll) sowie

der Profiltraganteil t_p (Verhältnis der tragenden Länge zur Bezugsstrecke).

Für die kritische Betrachtung umgeformter Oberflächen sind noch weitere Meßgrößen nützlich. Von H. MÜHLENWEG ist der Böschungswinkel eingeführt worden [13]. Er ist in Bild 7.5a in natürlicher Größe bei nicht verzerrtem Profil, in Bild 7.5b in verfälschter Form infolge Profilverzerrung dargestellt. Der Böschungswinkel ist in der Umformtechnik insofern von Bedeutung, als er erkennen läßt, inwieweit z.B. beim Walzen oder Ziehen die Gefahr des Umlegens von Rauheitsspitzen und damit von Unterschneidungen besteht. Beim Abtasten einer Oberfläche mit der Tastspitze eines der gebräuchlichen Tastschnittgeräte ist zu beachten, daß bei Böschungen, die steiler sind als die Mantellinien der Tastspitze, diese Abschnitte oder gar Unterschneidungen unterschlagen werden. In besonderen Fällen ist ein zusätzlicher Querschliff von Nutzen.

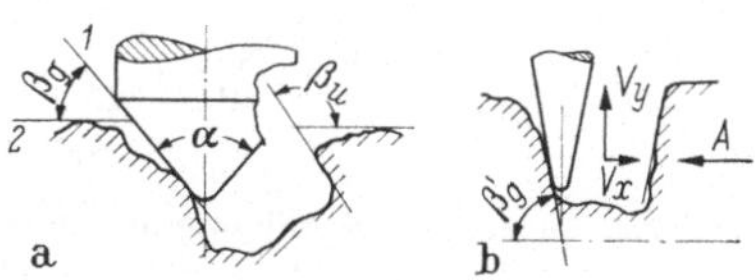

Bild 7.5 Rauhprofil und Tastnadel; a) wirklicher Böschungswinkel β, b) scheinbarer Böschungswinkel β' ($\beta_g \mathrel{\hat{=}}$ Grenzböschungswinkel) (nach O. KIENZLE u. K. MIETZNER [11]).

Neben den direkten Senkrechtmeßgrößen erweisen sich einige aus Senkrechtmeßgrößen abgeleitete Größen zur Beschreibung umgeformter Oberflächen als besonders geeignet. Insbesondere läßt der Profilleeregrad $\lambda = R_p/R_t$ (bzw. Völligkeitsgrad $k = (R_t - R_p)/R_t = 1 - \lambda$) die Unterschiede einer Oberflächengestalt vor und nach der Umformung erkennen, wobei ein abnehmender Leeregrad auf eine Vergrößerung der tragenden Länge l_t hindeutet. Da eine technische Oberfläche aber ein „räumliches Gebirge" ist, so besagt selbst die Angabe zweier

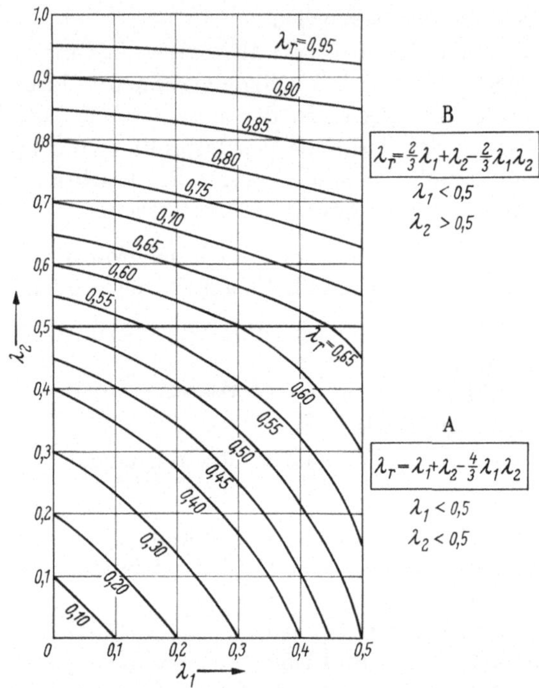

Bild 7.6 Kurven zur Ermittlung des räumlichen Leeregrades λ_r aus den Profilleeregraden λ_1 und λ_2 (nach O. Kienzle u. K. Mietzner [11]).

Profilleeregrade, die in zueinander etwa senkrechten Richtungen bestimmt wurden, nicht viel. Daher wurde von O. Kienzle der *räumliche Leeregrad* λ_r = Leerraum/Schichtraum eingeführt; hierin bedeutet Leerraum der nicht mit dem Umformwerkstoff erfüllte Raum bis zur Hüllfläche, während das gesamte Volumen des ausgefüllt gedachten Rauhgebirges Schichtraum genannt wird. Der räumliche Leeregrad kann aus zwei senkrecht zueinander ermittelten Profilleeregraden λ_1 und λ_2 aus Gleichungen berechnet werden, die aus idealisierten geometrischen Gebilden abgeleitet worden sind [11] oder aus einem Diagramm (Bild 7.6) unmittelbar abgelesen werden. Da es zwar wünschenswert aber praktisch nicht möglich ist, einen flächenhaften Traganteil zu bestimmen, ist an seiner Stelle der räumliche Leeregrad besonders geeignet; sie stehen in etwa im umgekehrten Verhältnis zueinander. Bei bekannter Rauhtiefe ergibt der räumliche Leeregrad damit ein Vergleichsmaß für das gesamte z. B. vor der Umformung in die Oberflächentäler und -mulden einbringbare Schmiermittelvolumen, nach der Umformung für den Verbrauch von Anstrichstoffen. Die Leeregrade sind erstmalig von O. KIENZLE und K. MIETZNER für eine Reihe umgeformter Oberflächen angegeben worden [14]. Diese Verfasser haben überdies den Wandel von Oberflächen durch eine Umformung dadurch berücksichtigt, daß sie in Anlehnung an die makroskopischen, bezogenen Formänderungsgrößen, wie z. B. $\varepsilon_L = (L_0 - L_1)/L_0$, für die drei genannten Senkrechtmeßgrößen *bezogene Größen der Rauheitsänderung* eingeführt haben:

$$\varrho_t = \frac{R_{t_0} - R_{t_1}}{R_{t_0}}; \quad \varrho_p = \frac{R_{p_0} - R_{p_1}}{R_{p_0}}; \quad \varrho_a = \frac{R_{a_0} - R_{a_1}}{R_{a_0}}.$$

Diese Bezugsgrößen liefern geeignete Vergleichswerte für die Wandlung der Oberflächen vor (Index 0) und nach einer Behandlung (Index 1) und sind mit Vorteil für die Beurteilung der Änderung der Rauheit einer Oberfläche durch Umformung oder z. B. durch galvanische Beschichtung zu gebrauchen [14].

Auch weisen die Verfasser auf die Begriffe „gerichtete" und „ungerichtete" Oberfläche hin, wie sie für abgespante Flächen z. B. beim Vergleich zwischen einer gehobelten und einer geläppten Fläche zu berücksichtigen sind. Da oftmals eine Sichtprüfung täuscht, wenden sie eine Maßzahl an, indem sie eine Oberfläche ungerichtet nennen, wenn die Rauhtiefen in zwei zueinander senkrecht liegenden Profilschnitten annähernd gleich sind.

Welche Kennwerte sind nun zweckmäßig? Zunächst sollte die Rauhtiefe R_t genannt werden; aber soll es der größte Wert in einer Oberfläche oder ein mittlerer Wert sein? Da beide Angaben einen falschen Eindruck hervorrufen würden und die an sich ideale Angabe durch eine Häufigkeitskurve für den allgemeinen Gebrauch zu mühsam wäre, sind Bereichsangaben vorgeschlagen worden [14], wie z. B. „$1 \div 3$ und $8 \div 14$ μm", d. h. neben Oberflächenpartien mit kleinen Rauhtiefen kommen (meist verteilt) auch große vor. Gegebenenfalls ist hinzuzufügen „mit einzelnen Vertiefungen bis 30 μm Tiefe". Die Information durch R_t allein ist jedoch ungenügend. Als zweite Größe wird meist die Glättungstiefe R_p genannt. Sie besitzt von den unmittelbar zu gewinnenden Senkrechtmeßgrößen den höchsten Informationsgehalt, da sie im Unterschied zu R_t eine Integralmeßgröße darstellt und somit auch Oberflächenprofile mit gleicher Rauhtiefe und gleichem arithmetischen Mittenrauhwert eindeutig unterscheidet.

Diese Angaben mögen bei gerichteten Rauhgebirgen, bei denen die Rauhtiefe eine Vorzugsrichtung aufweist, in den meisten Fällen genügen. Bei wenig oder nicht gerichteten Oberflächen, wie sie häufig durch Umformung auftreten, wäre aber nach O. KIENZLE der räumliche Leeregrad $\lambda_r = R_{pr}/R_t$ besser (R_{pr}: räuml. Glättungstiefe) [11].

Über die reinen Zahlenangaben hinausgehend haben sich O. KIENZLE und K. MIETZNER die Frage vorgelegt, welche Daten erforderlich sind, um eine technische Metalloberfläche so zu beschreiben, daß sich der Verwender der betreffenden Werkstücke ein Bild ihres Rauhgebirges machen und der Hersteller beurteilen kann, welche Fertigungseinflüsse dabei wirksam werden. Sie zeigen, daß dazu neben den Zahlenangaben Profilschriebe vom Werkzeug im Neuzustand und nach gewisser Abnutzung und vom Werkstück vor und nach der Umformung erforderlich sind und daß überdies genaue Angaben über die Fertigung, Korngröße, Kornverformung und Oberflächenhärte zu machen sind. Dazu haben sie den „Atlas umgeformter metallischer Oberflächen" zusammengestellt [14]. Damit ist zugleich ein Start für weitere wissenschaftliche und betriebliche Untersuchungen gegeben.

7.2.2 Statistische Angaben

Wie bereits erläutert, wird dem Kollektiv der über eine Oberfläche verteilten Rauheitsmeßgrößen nur eine statistische Darstellung gerecht. Für kaltgewalzte Blechoberflächen ist wiederholt gefunden worden, daß die Rauhtiefenverteilung angenähert einer Gauß'schen Normalverteilung folgt, d. h. arithmetischer Mittelwert und Dichtemittel der Rauhtiefe stimmen angenähert überein. Im Unterschied hierzu weist die Verteilung der Rauhtiefe einer gezogenen Oberfläche eine ausgeprägte Linksasymmetrie auf. Bild 7.7 zeigt diese typischen Häufigkeitsverteilungen einer kaltgewalzten Blechoberfläche sowie einer gezogenen Oberfläche eines rechteckigen Stabstahls (wobei der Klassenmaßstab arithmetisch geteilt ist) [15, 16]. Anstelle der mittleren quadratischen Abweichung muß bei derartigen Verteilungen eine Grundspanne aus der Summenhäufigkeitskurve bestimmt werden, innerhalb derer z. B. 90% aller Rauhtiefenwerte auftreten. Hierzu eignet sich im besonderen eine Darstellung der Summenprozente über den Rauheitsmaßen mit logarithmischer Teilung der Abszisse (s. Bild 7.24). Liegt eine Gauß'sche Normalverteilung vor, so ergeben sich bekanntlich Geraden. Eine solche Darstellung ist besonders aufschlußreich, wenn eine mehrmalige Rauhheitswandlung, vielleicht sogar mit abwechselnd ab- und zunehmenden Rauhtiefen, vor sich geht, wie z. B. im Abschnitt 7.5.1 in Bild 7.24 gezeigt. Integralgrößen wie Glättungstiefe und arithmetischer Mittenrauhwert streuen weniger als die Rauhtiefe R_t [15].

Zur Schwankung der wirklichen Meßgrößen tritt die Unsicherheit in der Anzeige der Meßgeräte hinzu. Zunächst sind für vergleichende Oberflächenmessungen die Form der Tastspitze (Spitzenhalbmesser, Kegelwinkel), die Tastkraft sowie die Verschiebegeschwindigkeit von Bedeutung, da sich hierdurch Abweichungen vom Istprofil und somit sämtlicher Integralgrößen ergeben können.

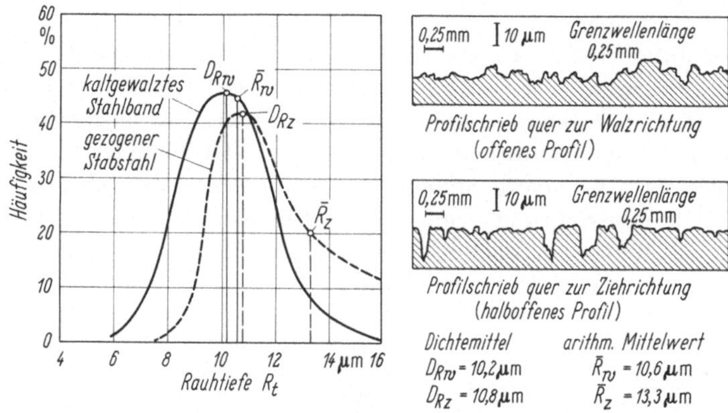

Bild 7.7 Häufigkeitsverteilung der Rauhtiefe R_t von kaltgewalzter und gezogener Halbzeugoberfläche (nach W. LUEG u. U. KRAUSE [16]).

Weiterhin ist dem jeweiligen Tastsystem des Prüfgerätes eine Bedeutung beizumessen. Neben der Ausbildung des Gleitschuhes sind hierbei die elektrische Signalverarbeitung der zwischen Gleitschuh und Tastspitze auftretenden relativen Vertikalbewegungen zu berücksichtigen. Zur Trennung von Rauheit und Welligkeit dient bei den elektrischen Tastschnittgeräten ein „mechanischer Welligkeitstrenner“, der auf einer besonderen konstruktiven Ausbildung der Gleitkufe beruht. Andererseits können bei überlagerter Welligkeit und Rauheit durch Umwandlung der Weggrößen in eine elektrische Meßgröße die im Vergleich zur Rauheit niedrigeren Frequenzen der Welligkeit durch „elektrische Welligkeitstrenner“ herausgefiltert werden [17]. Die jeweils benutzten Grenzwellenlängen (cut off) sind daher unbedingt anzugeben. Ein Beispiel hierfür ergaben die Vergleichsmessungen an umgeformten Oberflächen unter Verwendung verschiedener Oberflächenprüfgeräte von W. LUEG und U. KRAUSE [15]. Wie U. KRAUSE und O. PAWELSKI durch Großzahlmessungen an kaltgewalzten Blechen in verschiedenen Firmen gefunden haben, erscheint es jedoch unter Berücksichtigung einheitlicher Meßanweisungen durchaus möglich, die mit verschiedenen Oberflächenprüfgeräten erzielten Meßergebnisse in einer Fehlergrenze von $\pm$ 10% zu halten [18].

7.2.3 Die werkzeugfreie und die werkzeuggebundene Umformung

Die Grundlage zur Beherrschung der komplexen Vorgänge der Oberflächenwandlung stellen die in *berührungsfreien Umformvorgängen* gewonnenen Erkenntnisse in Verbindung mit metallphysikalischen Vorstellungen über den Verformungsmechanismus in einem polykristallinen Werkstoff dar. Die plastische Deformation vollzieht sich bekanntlich in kleinen Abgleitungen des Atomgitters längs bestimmter kristallographischer Ebenen. Aus der Vielzahl betätigter Gleitschichten können optisch auflösbare oder mit dem Auge erkennbare Gleitbänder auftreten, die eine mikroskopische oder auch makroskopische Aufrauhung der Oberfläche (Lüders-Linien) verursachen. Bei größeren Umformgraden führen die in mehreren Raumrichtungen betätigten Gleitbänder zu einer fortschreitenden „Kornverformung", die weitgehend den makroskopischen Formänderungsrichtungen entspricht. Die Kornverformung bietet verschiedene Bilder, je nachdem in welcher Ebene sie betrachtet wird (Bild 7.8). Wie man sieht, ist der mikroskopisch gesehene, örtliche Umformgrad des einzelnen Kornes in verschiedenen Richtungen sehr unterschiedlich. Er weicht je nach Umformverfahren zwischen Oberflächenschicht und Werkstoffinnerem oftmals erheblich ab. Den makrogeometrischen Umformgrad könnte man als Integralwert dieser örtlichen Umformgrade auffassen.

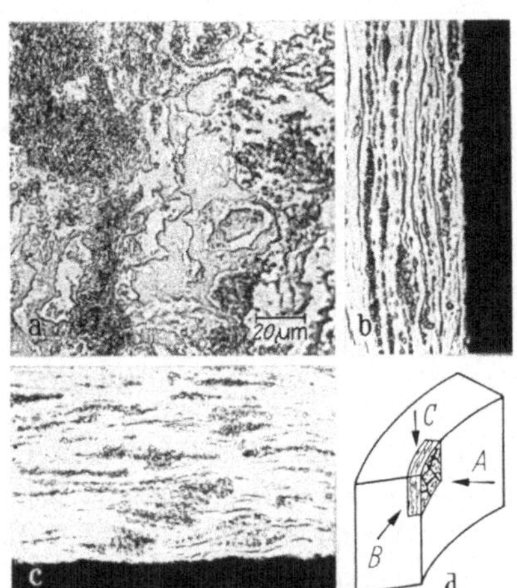

Bild 7.8 Stark verformte Kristallitgruppe in dreidimensionaler Darstellung, entstanden an der Innenwand eines Napfes beim Rückwärts-Hohlfließpressen (nach O. Kienzle u. K. Mietzner [11]).

Die an der Oberfläche liegenden Körner können sich anders als die im Inneren liegenden bewegen; sie erheben sich zum Teil aus der Oberfläche und erzeugen eine Rauheit. Wir nennen diesen Vorgang „freie Rauhung". Diese Aufrauhung hängt offensichtlich von der Korngröße und von dem örtlichen Ausmaß der Umformung ab. An der Oberfläche überlagert sich diese durch die Kornverformung ausgelöste Aufrauhung der Ausgangsrauheit.

Von M. Reihle [78] sowie O. Kienzle und K. Mietzner [11] wurde für eine Reihe von Umformwerkstoffen festgestellt, daß die Rauheitszunahme (freie Rauhung) der Dehnung proportional ist und die Unterschiede zwischen Längs- und Querrauheit in den Streubereich fallen. Diese, der Formänderung proportionale Rauheitszunahme ist von der Umformart (Dehnen, Stauchen, Biegen), der Anfangsrauheit R_{t_0} und der mittleren Korngröße $\overline{d}$ abhängig.

Für eine ungefähre Rauheitsabschätzung kann die auf ε bezogene Rauhtiefenänderung wie folgt angegeben werden:

$$R_t - R_{t_0} = \Delta R_t \sim \overline{d} \cdot \varepsilon \tag{1}$$

oder

$$\frac{\Delta R_t}{|\varepsilon|} = c \cdot \overline{d} \tag{2}$$

Die Werte von c liegen je nach Umformverfahren zwischen 0,7 und 1,3 (Bild 7.9). Die genaueren Gleichungen für verschiedene Umform-

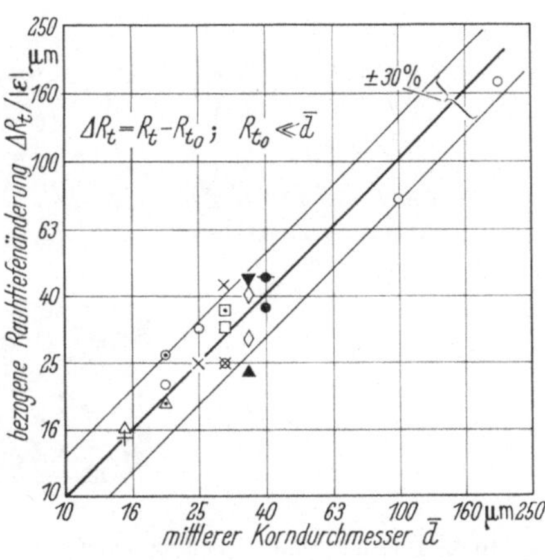

Bild 7.9 Bezogene Rauhtiefenänderung in Abhängigkeit von der Kristallitgröße bei „freier" Umformung (nach O. Kienzle u. K. Mietzner [11]).

verfahren sind in [11] genannt. Diese Erkenntnis kann überall da unmittelbar angewandt werden, wo eine Umformung nicht werkzeuggebunden ist, z. B. bei gewissen Stellen von Tiefziehteilen (s. Abschnitt 7.5.2). Liegt zwischen Werkstück und Werkzeug eine nachgiebige Schicht, z. B. die Lackschicht eines lackierten Bleches, so kann sich in dieser die freie

Rauhung ausbilden. Auch kann man Fragen wie die folgende beantworten: „Wie könnte man ein Blech biegen, ohne daß die Innenseite rauh wird?“ Die Antwort ist einfach: Man sorge dafür, daß die Dehnung $\varepsilon = 0$ wird, d. h. man überlagere eine entsprechende Zugspannung.

Derartige Gesetzmäßigkeiten über die Rauhtiefenänderungen lassen sich für den Bereich werkzeuggebundener Umformvorgänge nicht mehr geschlossen angeben, da die Oberflächenwandlung zusätzlich vom Reibungs- und Schmierzustand in der Formgebungszone abhängt.

Am Beispiel des Kaltstauchversuches wurde von H. WIEGAND und K. H. KLOOS nachgewiesen, daß sich auch an werkzeuggebundenen Oberflächen unter Mischreibungsbedingungen eine freie Rauhung nahezu ungehindert ausbilden kann [19]. Dies trifft bei Verwendung von Festschmierstoffen vor allem dann zu, wenn die Schmierschicht die Rauhgipfel der Ausgangsfeingestalt überdeckt. Bild 7.10 zeigt

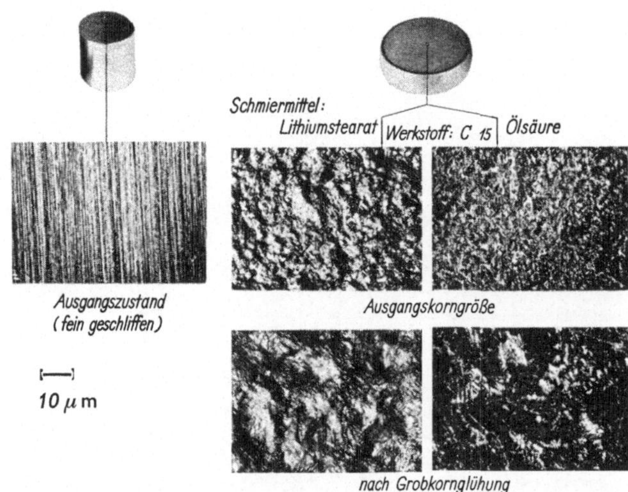

Bild 7.10 Einfluß der Schmierbedingungen auf die Veränderung der Oberflächenfeingestalt beim Kaltstauchen; Stauchgrad $\varphi_g = 1$ (nach H. WIEGAND u. K. H. KLOOS [19]).

die Oberflächenwandlung von Stauchproben nach einer Stauchung um rund 65% zwischen polierten Stauchbahnen unter Dunkelfeldbeleuchtung. Die entstandene Oberflächenfeingestalt hängt natürlich auch von der Ausgangskorngröße ab [20]. So kann durch Aufrechterhaltung eines „*Schmierbettes*“ [11] in der Formgebungszone eine freie Rauhung entstehen, die die Ausgangsrauheit des Umformwerkstoffes überschreitet. Andererseits liegt bei Fehlen überschüssigen Schmierstoffs oder bei möglichem Entweichen, etwa durch eine oder mehrere Rillen, eine mit dem Druck zunehmende Annäherung der Feingestalt des Umformwerkstoffes an die polierte Werkzeugoberfläche durch Einebnung der Ausgangsrauheit vor. Es darf aber nicht übersehen werden, daß die Erhaltung einer gewissen Oberflächenrauheit für die Reibungsminderung aus Gründen der Verankerung des Schmierstoffes in der Umformzone von entscheidender Bedeutung ist.

7.3 Neuere Ergebnisse der Reibungsforschung

7.3.1 Der Mechanismus der Reibung unter plastischen Formänderungen

Unter Reibung wird der Gleitwiderstand zwischen zwei sich tangential zueinander bewegenden Oberflächen verstanden. Die Berührfläche entspricht keineswegs der über ihre Rauhgebirge gelegten Hüllfläche, vielmehr vollzieht sich unter der Wirkung bereits kleiner Normalkräfte

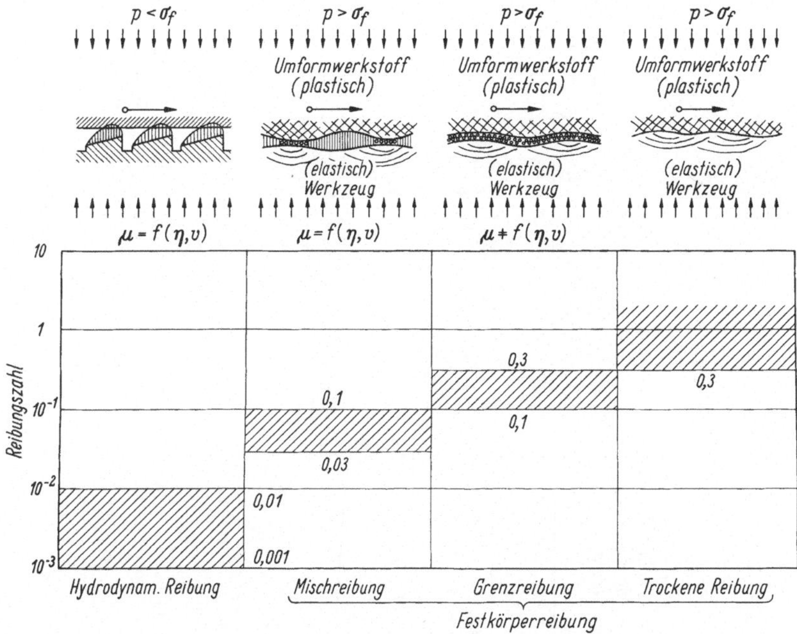

Bild 7.11 Reibungszustände bei der Paarung ebener Flächen (nach K. H. Kloos [21]).

eine plastische Formänderung der Rauhberge, bis die sich vergrößernde wahre Berührfläche die äußeren Kräfte ohne weitere Fließvorgänge aufnehmen kann.

Die Reibungszahl ist je nach den in Bild 7.11 dargestellten vier Reibungszuständen innerhalb etwa 4 Zehnerpotenzen verschieden. Dieser

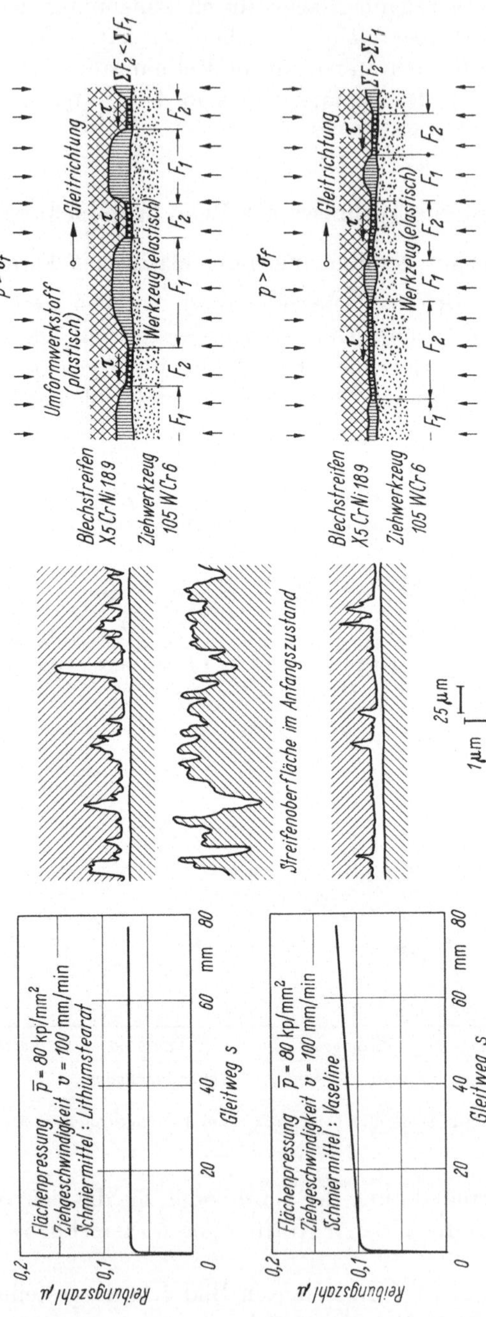

Bild 7.12 Einfluß des Misch- und Grenzreibungszustandes auf die Reibungszahl und die Veränderung der Oberflächenfeingestalt des Werkstücks unter plastischen Formänderungen. Werkzeugstoff: 105 WCr 6 (gehärtet); Werkstückstoff: X 5 CrNi 18 9 (nach H. Wiegand u. K. H. Kloos [12]).

Bereich wird in *hydrodynamische Reibung*, *Mischreibung*, *Grenzreibung* und *trockene Reibung* aufgeteilt [21]. Alle diese Zustände finden wir im Prinzip bei den verschiedenen Umformvorgängen zwischen Werkstück und Werkzeug.

Die einzelnen Reibungsarten lassen sich unter Berücksichtigung der Feingestalt technischer Oberflächen auch durch ein unterschiedliches Maß an gegenseitiger Annäherung der beiden Reibungspartner beschreiben; unter hydrodynamischen Reibungsbedingungen sind die gepaarten Oberflächen, auch ihre Gipfel, völlig voneinander getrennt, während sich die Oberflächen unter trockener Reibung in unmittelbarem metallischen Kontakt befinden. Die Zwischenformen dieser für den Werkzeugverschleiß bedeutsamen Annäherungsbedingungen lassen sich anhand eines Modell-Umformverfahrens (Streifenziehversuch) erläutern.

Die Veränderung der Oberflächenfeingestalt eines plastisch verformten Blechstreifens sowie der Verlauf der Reibungszahl in Abhängigkeit vom Gleitweg für zwei verschiedene Schmiermittel unter sonst gleichen Versuchsbedingungen sind in Bild 7.12 dargestellt. In der schematischen Übersicht dieser Vorgänge wurde die Oberflächenfeingestalt des Umformwerkstoffes aufgeteilt in Flächenanteile F_2, die Grenzreibungsbedingungen unterliegen, und Flächenanteile F_1, für die vorwiegend hydrostatische Schmierungsbedingungen gelten [12].

Bild 7.13 zeigt in elektronenoptischen Aufnahmen die Veränderung der Oberflächenfeingestalt bei Beginn der Gleitung und zwar nach etwa 40 mm Gleitweg für die Schmiermittel Lithiumstearat und Vaseline. Während die mit Metallseife geschmierten Oberflächen nur in kleinen Oberflächenbereichen eingeebnet wurden und einen geringen Furchungsverschleiß mit Rauheitswerten weit unterhalb der Ausgangsrauheit aufweisen, zeigt die mit Vaseline geschmierte Oberfläche in fast vollständig eingeebneten Bereichen eine ausgeprägte Riefenbildung [12, 22].

An Hand von Bild 7.12 ist es zweckmäßig, die mikrogeometrischen Kontaktzonen zu betrachten, die allein einer örtlichen Schubbeanspruchung ausgesetzt sind. Hier herrschen völlig andere Reibungszahlen, als sie sich im Durchschnitt über die makrogeometrische Oberfläche ergeben.

7.3.2 Der Reibungsvorgang an ungeschmierten Oberflächen

7.3.2.1 Der Reibungs- und Verschleißmechanismus. Die Grundlage der Oberflächenvorgänge bei trockener Reibung liegt in der Annäherung der beteiligten Oberflächen. Im folgenden werden die speziellen Verhältnisse der Kaltumformung bei polierter Werkzeugoberfläche hoher Härte und „rauher“ Ausgangsoberfläche des Umformgutes einer näheren Beschreibung unterzogen.

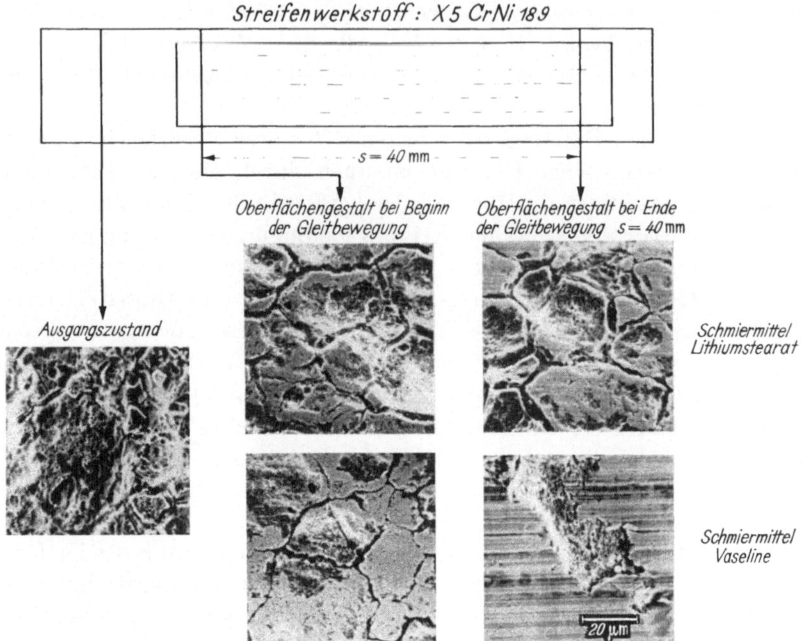

Bild 7.13 Einfluß des Gleitweges auf die Veränderung der Oberflächenfeingestalt des Werkstücks unter Misch- und Grenzreibungsbedingungen (Werkstoffe, Flächenpressung wie Bild 7.12) (nach H. Wiegand u. K. H. Kloos [12]).

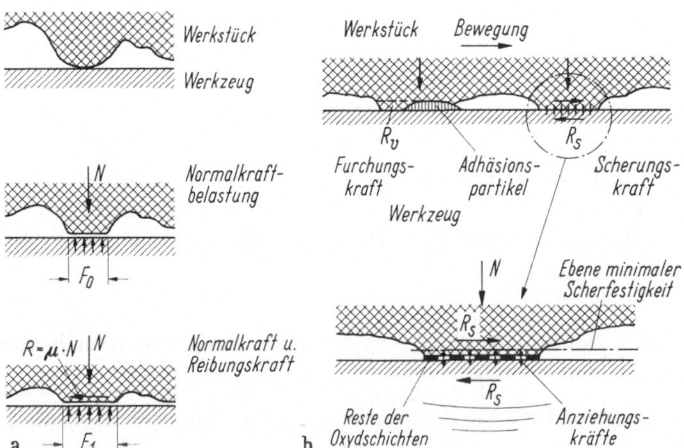

Bild 7.14 Annäherungsbedingungen zwischen Werkstück- und Werkzeugoberfläche ohne und mit Gleitbewegung; a) Einfluß der Oberflächenbeanspruchung auf die wahre Berührfläche, b) Furchungs- und Scherungsanteil bei trockener Reibung (nach H. Wiegand u. K. H. Kloos [23]).

Die *wahren Berührflächen* im Zustand der Ruhe (F_0) und bei Gleitbewegung (F_1) sind durch Gl. (3) bestimmt und in Bild 7.14 veranschaulicht.

$$F_1 = F_0 \sqrt{1 + \alpha \cdot \mu^2} = \frac{N}{k_f} \sqrt{1 + \alpha \cdot \mu^2} \tag{3}$$

worin α eine Werkstoffkonstante ist [23].

In dieser Gleichung wird allerdings nicht berücksichtigt, daß k_f in starkem Maße von der Temperatur und auch von der Belastungsgeschwindigkeit des Umformwerkstoffes abhängt.

Aus der von F. P. Bowden und D. Tabor [8] angeregten Reibungskraftaufteilung in Furchungs- und Scherungsanteil lassen sich auch die wesentlichen Verschleißarten unter trockenen Reibungsbedingungen ableiten. Durch den Verformungsanteil der Reibungskraft entsteht *Furchungsverschleiß* (Mikrozerspanungsvorgang). Der Trennvorgang an der Schweißstelle, der in der Ebene kleinster Scherfestigkeit erfolgt, führt zu *Haft-* oder *Adhäsionsverschleiß*. Beide Verschleißarten beeinflussen sich gegenseitig und führen zur Bildung loser Verschleißpartikel, die infolge ihres hohen Kaltverfestigungsgrades die Zerstörung der Oberflächen begünstigen.

Die oben erwähnte makroskopische Oberflächenvergrößerung bei der Umformung läßt die Oxydschichten sowie sonstige spröde Reaktionsschichten aufreißen, so daß trockene metallische Reibung auftreten kann [24].

Im Falle örtlicher Adhäsion zwischen Werkzeugoberfläche und Umformwerkstoff liegt die Ebene minimaler Scherfestigkeit der Schweißverbindung in der Regel im weicheren Umformwerkstoff.

Den grundsätzlichen Zusammenhang zwischen der Scherebenenlage und dem Verschleißvorgang an ungeschmierten Oberflächen unter plastischen Formänderungen zeigt Bild 7.15 [25]. Es läßt den Einfluß der Oberflächenhärte des Werkzeugstoffs sowie der Adhäsionsneigung der Reibungspartner auf die Scherebenenlage erkennen. Aus diesem Modellversuch ergeben sich zwei wesentliche Folgerungen.

Hohe Härte des Werkzeugstoffes bewirkt, daß die Scherebenenlage im weicheren Umformwerkstoff liegt. Die Neigung zur örtlichen Kaltverschweißung kann durch Reibungspartner niedriger gegenseitiger Adhäsionsneigung, also durch geeignete Wahl des Werkzeugstoffs erheblich vermindert werden [21].

7.3.2.2 Die Bedeutung der Paarung. In den letzten Jahren wurden die Erkenntnisse über die Elementarvorgänge der Adhäsion durch die Arbeiten von W. Hofmann und Mitarbeitern auf dem Gebiet der Kaltpreßschweißtechnik erheblich gestützt [26, 27]. Nach W. Hofmann und J. Kirsch erfolgt die Schweißung unter folgenden Bedingungen:

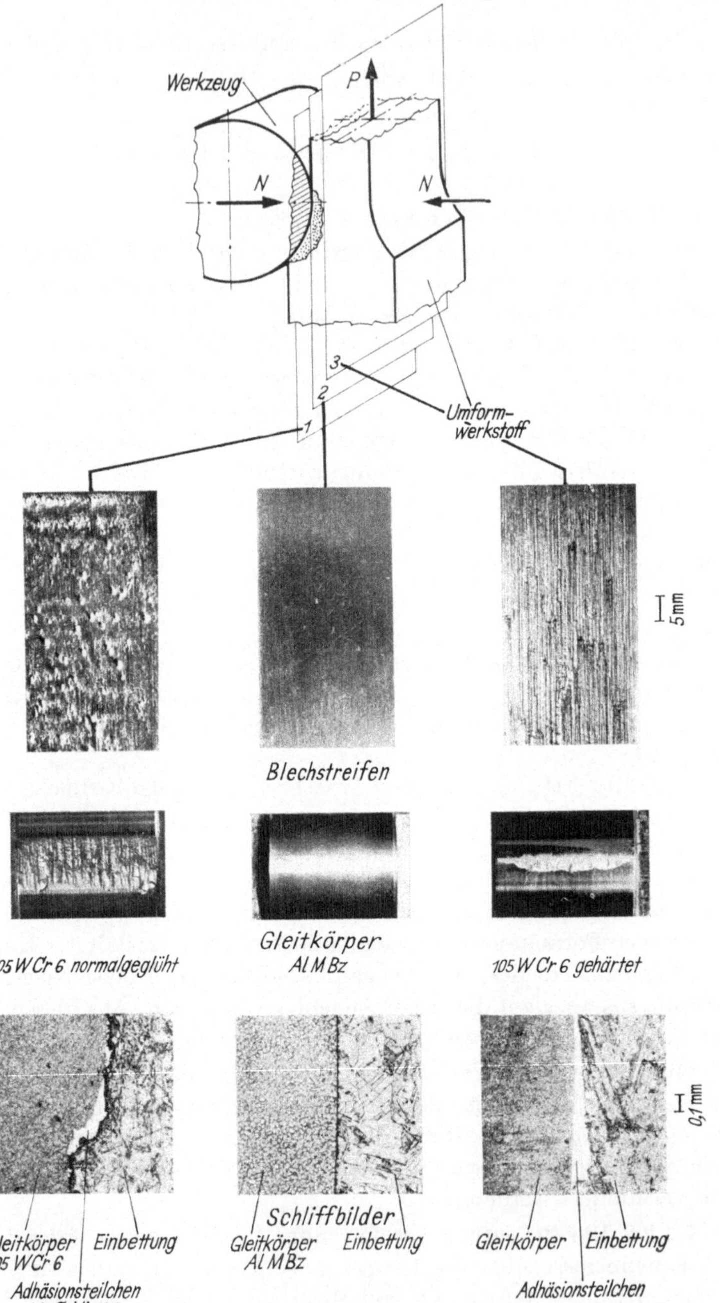

Bild 7.15 Lage der Scherebene bei trockener Reibung; Werkzeugstoff 105 WCr 6, normalgeglüht (links), Aluminium-Mehrstoffbronze, ausscheidungsgehärtet (Mitte), 105 WCr 6, gehärtet (rechts), Blechstreifen X 5 CrNi 18 9 (nach H. Wiegand u. K. H. Kloos [25]).

geometrische Anpassung der Oberflächen, Aufreißen der Oxydhäute und Freilegung oxydfreier Oberflächenbereiche sowie Schaffung ähnlicher Oberflächentexturen [28].

Von F. P. BOWDEN und D. TABOR wird die Größe der Haftkräfte zweier unter hohem Druck angenäherter Oberflächen nur durch den Anteil adhäsionshemmender Fremdschichten und dem Unterschied des Dehnvermögens von Oxydschicht und innerer Grenzschicht bestimmt [8]. Jedoch spielt auch die gegenseitige Löslichkeit der Reibungspartner in festem Zustand eine Rolle, ohne eine notwendige Bedingung zu sein [29].

Von W. HOFMANN und J. KIRSCH wurde in Kaltpreßschweißversuchen experimentell bestätigt, daß Preßschweißverbindungen mit ungleichen Metallen auch im Falle völliger Unlöslichkeit im festen Zustand möglich sind [28]. Dieser als *Benetzung im festen Zustand* bezeichnete Vorgang deckt sich weitgehend mit einer von A. P. SEMENOV entwickelten Vorstellung [30].

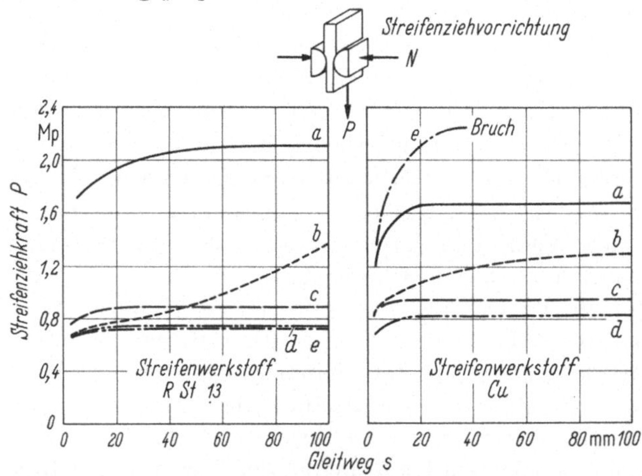

Bild 7.16 Einfluß verschiedener Werkzeugstoffe und Oberflächenüberzüge auf das Festkörper-Reibungsverhalten; Mittlere Flächenpressung: $\bar{p} = 80$ kp/mm², Gleitgeschwindigkeit: $v = 100$ mm/min (nach H. WIEGAND u. K. H. KLOOS [31]).

Zur Abschätzung des Adhäsionsverhaltens bei Umformvorgängen sind gemäß Bild 7.16 in einer Streifenziehvorrichtung verschiedene Umformwerkstoffe und Werkzeugstoffe sowie Oberflächenüberzüge miteinander gepaart und unter konstanten Anpreß- und gleichen Entfettungsbedingungen die Reibungskräfte über dem Gleitweg ermittelt worden. Eine Zunahme des Reibkraftbedarfes deutet auf wachsenden Furchungsverschleiß hin, während der bei Gleitbeginn vorliegende Kraftanteil ein Vergleichsmaß für den Scherungsanteil der Reibungspartner darstellt [31].

Aus diesen Versuchsergebnissen ist zu schließen, daß die Kaltverschweißneigung verschiedener Reibungspartner in starkem Maße schwankt, so daß zweckmäßigerweise solche Werkzeugstoffe oder Oberflächenüberzüge ausgewählt werden sollten, die neben ausreichender Härte im Falle örtlicher Festkörperreibung auch eine geringe Adhäsionsneigung zum Umformwerkstoff aufweisen.

7.3.3 Der Reibungsvorgang an geschmierten Oberflächen

7.3.3.1 Einflußfaktoren bei hydrodynamischen und hydrostatischen Reibungsbedingungen. Unter plastischen Formänderungen sind infolge der hohen Flächendrücke und der i. a. niedrigen Gleit- oder Annäherungsgeschwindigkeiten hydrodynamische Schmierungsbedingungen nicht möglich. Vielmehr können nur in kleinen Oberflächenbereichen hydrodynamisch wirksame Traganteile entstehen, solange der Schmierfilm die Hüllfläche des Umformwerkstoffes überdeckt. Im sogenannten Mischreibungszustand sind einzelne Oberflächenbereiche als hydrodynamisch oder hydrostatisch geschmiert anzusehen. Deshalb sind die Parameter der hydrodynamischen Schmiertheorie hier mit zu erörtern. Dringt bei weiterer Annäherung der Umformpartner das polierte Werkzeug in die Hüllfläche des Rauhgebirges ein, so ist eine hydrodynamische Tragfähigkeit nicht mehr möglich und die in den Rauhtälern eingeschlossenen flüssigen oder auch festen Schmierstoffe werden, insbesondere bei ungerichteten Oberflächen, an einem Entweichen gehindert. Hierdurch entstehen hydrostatisch wirksame Schmierstofftraganteile. Diese unter hohem Druck eingeschlossenen Schmiermittel können als „Mikrovorratsbehälter“ für die unter Grenzreibungsbedingungen stehenden Oberflächenbereiche aufgefaßt werden, da in der Mehrzahl der Kaltumformverfahren mit steigendem Umformgrad der Leerraum der Rauhtäler und -mulden abnimmt. Sie sind dem räumlichen Leeregrad proportional. Wenn z. B. vor der Umformung $R_t = 20$ µm und $R_{pr} = 9$ µm waren und hernach $R_t = 4$ µm und $R_{pr} = 1$ µm sind, ist der Leerraum auf 1/9 gesunken. 8/9 des Schmierstoffes sind, sofern er den Leerraum ausfüllte und entweichen konnte, verdrängt worden.

Den Einfluß der Stauchgeschwindigkeit auf die Rauhtiefe läßt Bild 7.17 erkennen. Die mit steigender Stauchgeschwindigkeit zunehmende Aufrauhung ist auf eine Zunahme der Tragfähigkeit des flüssigen Schmierstoffs zurückzuführen. Diese Steigerung der Tragfähigkeit flüssiger Schmiermittel läßt sich mit den Gesetzmäßigkeiten der hydrodynamischen Schmiertheorie nicht mehr erklären. Vielmehr ist anzunehmen, daß sich unter hohen Auftreffgeschwindigkeiten der flüssige Schmierstoff nicht mehr viskos („Newtonsche“ Flüssigkeit), sondern visko-

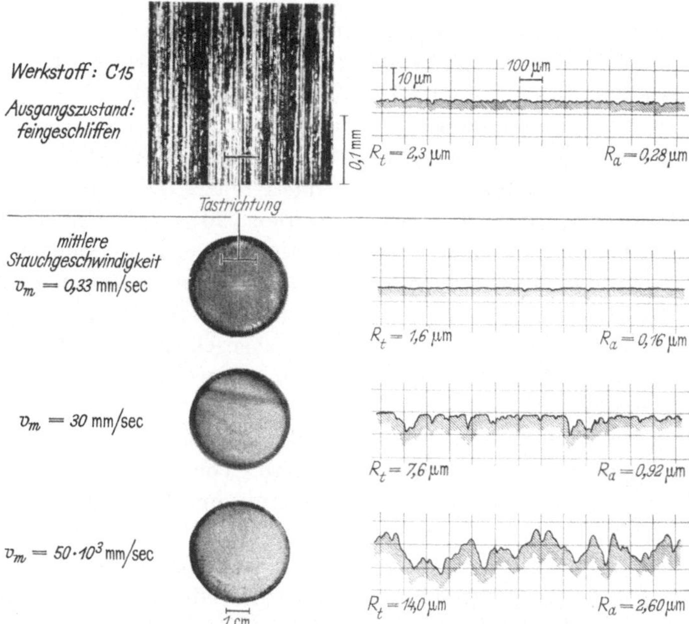

Bild 7.17 Veränderung der Oberflächenfeingestalt kaltgestauchter Proben bei verschiedenen Stauchgeschwindigkeiten; Schmiermittel: Ölsäure, Stauchgrad: $\varphi_g = 1$ (nach H. WIEGAND u. K. H. KLOOS [20]).

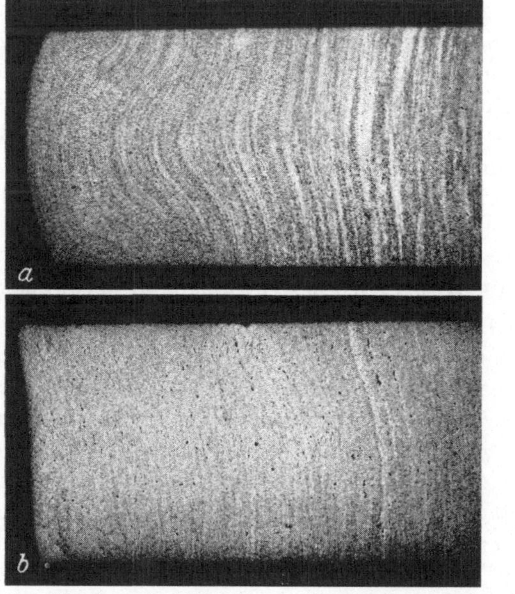

Bild 7.18 Einfluß der Stauchgeschwindigkeit auf die Fließbehinderung der Randzone; Schmiermittel: Ölsäure, mittlere Stauchgeschwindigkeit: a) $v_m = 0{,}33$ mm/s, b) $v_m = 50 \cdot 10^3$ mm/s (nach H. WIEGAND u. K. H. KLOOS [20]).

elastisch verhält [32]. Da die Relaxationszeiten von Schmierölen zwischen 10^{-7} und 10^{-5} s angegeben werden [33], liegt im vorliegenden Fall die Beanspruchungszeit, die zu 10^{-6} s errechnet wurde, im Bereich der Relaxationszeit des Schmieröles.

Somit kann durch Steigerung der Stauchgeschwindigkeit der bei niedrigen Geschwindigkeiten vorliegende Grenzreibungszustand in einen Mischreibungszustand übergeführt werden [20]. In einem Querschliff wurde der Unterschied in der Fließbehinderung bei langsamer und schneller Annäherungs- oder Stauchgeschwindigkeit unmittelbar nachgewiesen (Bild 7.18). Die durch Ätzung sichtbar gemachten Stoffbewegungen lassen erkennen, daß unter extrem hohen Stauchgeschwindigkeiten die Fließbehinderung infolge der Reibungskräfte in der Randzone nahezu aufgehoben wurde.

7.3.3.2 Einflußfaktoren bei Grenzreibung. Über Grenzreibungsbedingungen, soweit sie für die Kaltumformung von Bedeutung sind, kann wesentliches den Arbeiten von F. P. BOWDEN und D. TABOR entnommen werden [8, 34].

Grenzreibungsbedingungen liegen vor, wenn infolge plastischer Deformation des weicheren Reibungspartners die Oberflächen auf Molekülabstände der Schmierschicht angenähert sind und eine vollständige Trennung der äußeren Grenzschichten nicht erreicht wird, wobei in submikroskopischen Bereichen auch trockene Reibung der inneren Grenzschichten möglich ist. Unter Berücksichtigung der in Abschnitt 7.3.1 erläuterten Oberflächenvorgänge bei plastischen Formänderungen dürften Grenzreibungsbedingungen an den eingeebneten Rauhgipfeln (Tafelberge) des Umformwerkstoffes vorliegen. Die Ergebnisse der aus dem Schrifttum bekannten Untersuchungen über Grenzreibung können nur beschränkt für unsere Bedingungen übernommen werden, weil die beim Umformen auftretenden Drücke oberhalb der Formänderungsfestigkeit liegen und sich gleichzeitig die Oberflächen des Werkstoffs plastisch vergrößern [11].

Die von W. HARDY bereits 1936 bekannt gewordenen Untersuchungen konnten auch unter plastischen Formänderungen mehrfach bestätigt werden: hiernach sinkt einerseits mit steigendem Molekulargewicht (zunehmender Kettenlänge) der Schmiermittelmoleküle die Grenzreibungszahl ab, andererseits übt die Endgruppe des Kettenmoleküls einen Einfluß auf die *physikalische Adsorption* zur Metalloberfläche aus [35, 36].

Bild 7.19 zeigt die durch Reibungsminderung bewirkte Stauchung in Abhängigkeit von der C-Zahl im Molekül, d. h. zunehmender Kettenlänge. Während nichtpolare Moleküle der Gruppe C_nH_{2n+2} (Paraffine) keine großen Bindungskräfte zur Metalloberfläche aufweisen und auch die größeren Grenzreibungszahlen ergeben, werden Schmiermoleküle der Gruppe C_nH_{2n+1} OH (einwertige Alkohole) durch die polare OH-Gruppe von der Metalloberfläche wesentlich stärker adsorbiert und ergeben niedrigere Grenzreibungszahlen. Im Unterschied zu der rein physikalisch wirksamen Adsorption nicht polarer und polarer Moleküle beruhen die unter Grenzreibungsbedingungen erzielbaren niedrigsten Reibungszahlen gesättigter Fettsäuren (z. B. $C_nH_{2n-1}OOH$) auf einer chemischen Reaktion zwischen Fettsäure und Oxydschicht reaktionsfähiger Metalle, wobei Metallseifen gebildet werden (s. a. Abschnitt 7.5.1) (Drahtziehen). Da sich der Reaktionsablauf lediglich in der oberflächennächsten Molekülschicht vollzieht (vgl. Bild 7.2), genügen bereits geringe Prozentgehalte von Fettsäuren in oberflächeninaktiven paraffinischen Schmierstoffen, um das Reibungsverhalten entscheidend zu verbessern (siehe Kurve *a* in Bild 7.19).

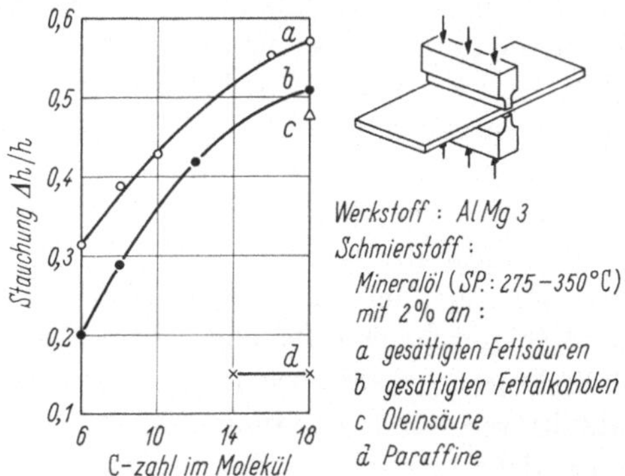

Bild 7.19 Einfluß des Schmiermittels (Kettenlänge) auf den Reduktionsgrad beim Flachstauchversuch (nach R. D. GUMINSKY u. J. WILLIS [35]).

Im Falle chemischer Reaktion (Chemisorption) zwischen Fettsäure und reaktionsfähigem Metalloxyd bleibt das günstige Grenzreibungsverhalten bis zum Erweichungspunkt der jeweiligen Metallseife erhalten. Ihre sog. Übergangs-Grenztemperatur, bei der ein starker Anstieg der trockenen Reibung auftritt, liegt u. U. um mehr als 200 °C über dem Erweichungspunkt der festen Fettsäure. Das Reaktionsvermögen der Metalloxyde mit Fettsäuren ist sehr unterschiedlich und unterbleibt bei inaktiven Metalloxyden (z. B. Nickel- sowie Chromoxyd) völlig.

Günstig ist ein hoher Erweichungspunkt der entstehenden Metallseife. Die Metallseifen der Alkali-Gruppe (Na, Li) weisen Erweichungstemperaturen zwischen 150 und 210 °C auf und sind somit zur Schmierung auch chemisch-inaktiver Werkstoffe (Cr-Ni-Stähle mit Cr-Gehalten $> 12\%$) besonders geeignet.

Die günstigen Grenzreibungseigenschaften von chlor-, schwefel- und phosphorhaltigen Schmiermittelzusätzen beruhen ebenfalls auf chemischen Reaktionen mit der Metalloberfläche, wobei insbesondere unter

Bedingungen plastischer Formänderungen eine hohe Reaktionsbereitschaft der Oberflächen angenommen werden kann. Die sich teilweise erst nach Überschreitung bestimmter Oberflächentemperaturen bildenden Salze (z. B. FeS, $FeCl_2$, Cu_2S, Cu_2Cl_2) besitzen im Vergleich zu Metallseifen wesentlich höhere Schmelzpunkte. Ihre Oberflächenfilme unterscheiden sich von den Filmen der Metallseifen vor allem durch ihre größere Schichtdicke.

Auch Festschmierstoffe mit Schichtgitterstruktur wie Molybdän- und Wolframdisulfid sind als typische Grenzschmiermittel von großer Bedeutung. Während die günstigen Reibungseigenschaften von MoS_2 bisher bevorzugt aus dem Schichtgitteraufbau (physikalisch) gedeutet wurden, konnte A. Knappwost in Versuchen an Lagerprüfmaschinen unter Pressungen über der Quetschgrenze des Wellenwerkstoffes nachweisen, daß ohne Beteiligung atmosphärischer Einflüsse (Wasserdampf) die Reaktion $MoS_2 + 2\,Fe \rightarrow 2\,FeS + Mo$ abläuft und somit für die günstigen Schmiereigenschaften von MoS_2 ebenfalls eine Reaktionsschichtbildung angenommen werden kann, die bis zu hohen Oberflächentemperaturen schmierwirksam bleibt. Beim Studium der Reaktionskinetik wurde festgestellt, daß die Umsetzung einen rein thermisch ausgelösten Effekt darstellt, der erst bei etwa 700 °C beginnt und somit nicht als „mechano-chemische Oberflächenreaktion" aufzufassen ist [37].

7.3.3.3 Einflußfaktoren bei Mischreibung. Bei Mischreibung sind sowohl die Einflußfaktoren der hydrodynamischen bzw. hydrostatischen Schmierung wie die der Grenzschmierung zu berücksichtigen.

Aus der Schilderung der Oberflächenvorgänge bei trockener Reibung, Grenzreibung und hydrodynamischer Reibung läßt sich unschwer erkennen, welche Vielzahl mechanischer, geometrischer und metallurgischer Einflußgrößen der inneren und äußeren Grenzschichten sowie physikalisch-chemischer Einflußgrößen der Schmierschichten das Mischreibungsverhalten bestimmen, so daß aus der alleinigen Angabe des μ-Wertes Art und Umfang der Annäherungsbedingungen der beiden inneren und äußeren Grenzschichten nicht bestimmt werden können.

7.4 Reibung und Schmierung in der Kaltumformung

Art und Größe der Reibung bestimmen in den verschiedenen technischen Kaltumformverfahren sowohl den Verschleiß der Werkzeuge als auch den Kraft- und Arbeitsaufwand. Aus den bisherigen Darlegungen geht hervor, daß der Verschleiß eines Werkzeuges um so geringer ist, je mehr die metallische Berührung zwischen den Reibungspartnern unterbunden wird. Je nach Umformverfahren kann der Reibungskraftbedarf im Vergleich zur ideellen Umformkraft beträchtliche Werte annehmen (s. z. B. Abschnitt 7.5.1). In den indirekt wirkenden Umformverfahren werden hierdurch die *Formänderungsgrenzen* des Umformwerkstoffes erheblich herabgesetzt (s. Abschnitt 7.5.2).

Geeignete Kriterien für die zweckmäßige Auswahl von Schmiermitteln sowie Oberflächenbehandlungen zur Verminderung der äußeren Reibung können zunächst nur aus der Abschätzung der Verfahrenseinflüsse in den verschiedenen Umformverfahren gewonnen werden.

7.4.1 Verfahrensbedingte Einflüsse

An den Beispielen Kaltwalzen, Drahtziehen und Rückwärts-Hohlfließpressen werden in Bild 7.20 die wesentlichen Verfahrenseinflüsse auf die äußere Reibung zusammengestellt. Hierzu gehören die:

a) absolute Größe und Verteilung der in der Formgebungszone wirksamen Flächenpressung,
b) Gleitgeschwindigkeitsverteilung zwischen Umformwerkstoff und Werkzeug,
c) Oberflächenvergrößerung in der Formgebungszone.

Die zwischen Werkzeug und Werkstück auftretenden Flächenpressungen können in *werkstoffbedingte* und *verfahrensbedingte* Pressungs-

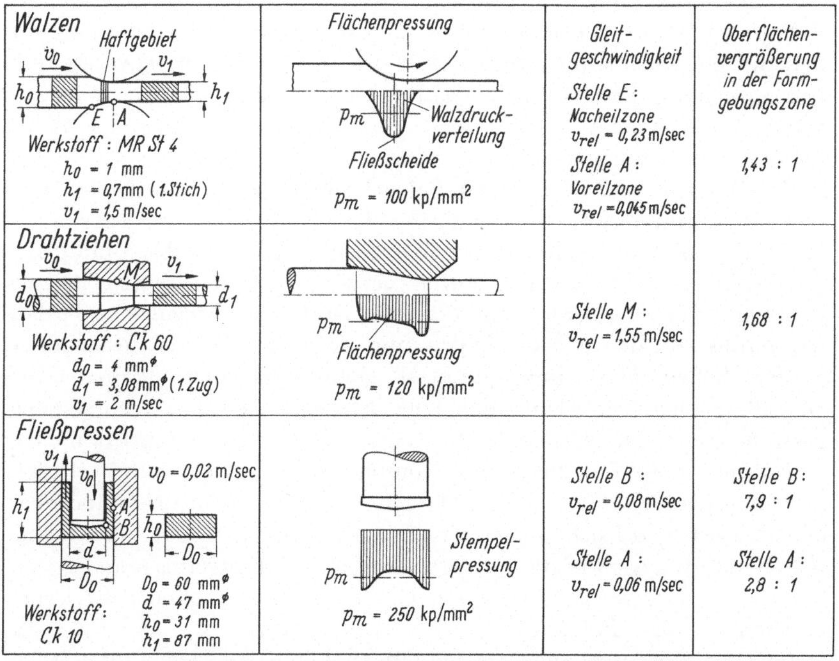

	Flächenpressung	Gleitgeschwindigkeit	Oberflächenvergrößerung in der Formgebungszone
Walzen Haftgebiet v_0 v_1 h_0 h_1 E A Werkstoff: MR St 4 h_0 = 1 mm h_1 = 0,7 mm (1. Stich) v_1 = 1,5 m/sec	p_m Walzdruckverteilung Fließscheide p_m = 100 kp/mm²	Stelle E: Nacheilzone v_{rel} = 0,23 m/sec Stelle A: Voreilzone v_{rel} = 0,045 m/sec	1,43 : 1
Drahtziehen v_0 v_1 M d_0 d_1 Werkstoff: Ck 60 d_0 = 4 mm⌀ d_1 = 3,08 mm⌀ (1. Zug) v_1 = 2 m/sec	p_m Flächenpressung p_m = 120 kp/mm²	Stelle M: v_{rel} = 1,55 m/sec	1,68 : 1
Fließpressen v_1 v_0 v_0 = 0,02 m/sec h_1 A B h_0 d D_0 Werkstoff: Ck 10 D_0 = 60 mm⌀ d = 47 mm⌀ h_0 = 31 mm h_1 = 87 mm	Stempelpressung p_m p_m = 250 kp/mm²	Stelle B: v_{rel} = 0,08 m/sec Stelle A: v_{rel} = 0,06 m/sec	Stelle B: 7,9 : 1 Stelle A: 2,8 : 1

Bild 7.20 Verfahrenseinflüsse auf die äußere Reibung, dargestellt am Beispiel des Walzens, Drahtziehens und Fließpressens (nach H. WIEGAND u. K. H. KLOOS [20]).

anteile aufgeteilt werden. Die ersteren lassen sich zumindest qualitativ aus der Fließkurve abschätzen; die verfahrensbedingten Anteile werden durch den äußeren Spannungszustand und durch die Reibkräfte beeinflußt.

Wie der qualitative Verlauf der in der Formgebungszone auf die Werkzeugoberfläche einwirkenden Flächenpressungen in Bild 7.20 erkennen läßt, liegt innerhalb der einzelnen Verfahren eine erhebliche Ungleichmäßigkeit vor. In verschiedenen Reibungsversuchen wurde nachgewiesen, daß die Reibungszahl unter plastischen Formänderungen bei Schmierung mit Festschmierstoffen eine nur geringe Druckabhängigkeit, unter Verwendung flüssiger Schmiermittel eine ausgeprägte Druckabhängigkeit aufweist, wobei die μ-Werte mit höheren Flächenpressungen erheblich ansteigen [12, 38].

Die in Bild 7.20 gegenübergestellten Gleitgeschwindigkeiten, die zugleich ein gewisses Vergleichsmaß für die Oberflächentemperatur darstellen, weisen ebenfalls erhebliche Unterschiede auf. Im Vergleich zu den makroskopischen Werten sind die Vergrößerungen der Kornquerschnitte in bestimmten Ebenen (vgl. Bild 7.8) um ein Mehrfaches größer; dasselbe gilt für die Korngrenzflächen. Die Gegenüberstellung der makroskopischen Oberflächenvergrößerung läßt erkennen, daß beim Rückwärts-Hohlfließpressen an der Napfinnenseite im Vergleich zu den anderen Umformverfahren sehr hohe Werte zu erwarten sind. In Verbindung mit den hohen Flächenpressungswerten wird deutlich, welche Extrembeanspruchung der Oberflächen z. B. beim Rückwärts-Hohlfließpressen vorliegt und welches hohe *Schmierstoff-Aufnahmevermögen* der Werkstückoberflächen hierbei zu fordern ist.

Die Gegenüberstellung dieser Beispiele weist auf die anzuwendenden Schmierverfahren hin. Während für das Kaltwalzen hinsichtlich der Reibungsbedingungen flüssige Schmiermittel auf Mineralölbasis mit geringen Zusätzen an freien Fettsäuren verwendet werden können (ausgenommen beim Dressieren), sind die beim Drahtziehen gegebenen Verfahrenseinflüsse in den meisten Fällen nur durch Zusatz von Festschmierstoffen hohen Erweichungspunktes (Metallseifen der Alkali-Gruppe) zu beherrschen, vor allem wenn hohe Standmengen der Ziehhole angestrebt werden (s. Abschnitt 7.5.1). Beim Fließpressen von Stahl dagegen können diese nur durch eine Kombination von Schmiermittelträger und Festschmierstoffen hoher Druck- und Temperaturbeständigkeit erzielt werden, da sich nur unter diesen Voraussetzungen ausreichende Schmierstoffmengen in die Formgebungszone einbringen lassen.

Andererseits wird bei gewissen Umformverfahren ohne Schmierung gearbeitet, was indes wegen der Anwesenheit von Schmierstoffresten aus vorausgegangenen Vorgängen keine trockene Reibung bedeutet. Eine solche Grenzreibung ist günstig, wenn mit sehr guten Werkzeugoberflächen glatte Werkstückoberflächen erzielt werden sollen (z. B. Dressieren, Gewindewalzen, Glattprägen).

Aus diesen Zusammenhängen wird deutlich, daß die aus Modellversuchen erkannten Reibungseinflüsse in Kaltumformverfahren nur in Verbindung mit hierbei vorliegenden Verfahrenseinflüssen beurteilt werden können [20].

7.4.2 Schmierungsbedingte Einflüsse

Die Bedeutung der Schmierung bei der Kaltumformung steigt um so mehr, je weniger die Umformwerkstoffe ein chemisches Reaktionsvermögen zu oberflächenaktiven Schmiermitteln besitzen. Neben dem Einsatz von Metallseifen der Alkali-Gruppe werden in der Kaltumformung vor allem zwei Verfahren angewandt, die das Reibungsverhalten von Werkstoffen hoher Formänderungsfestigkeit entscheidend verbessern:

a) die Erzeugung von *chemischen Umwandlungsüberzügen* (z. B. Phosphat- und Oxalatschichten),
b) die galvanische Abscheidung *weichmetallischer Überzüge* von solchen Metallen, deren Oxyde mit Fettsäuren und anderen oberflächenaktiven Substanzen ein verstärktes chemisches Reaktionsvermögen besitzen.

Die wichtigsten Funktionen chemischer Umwandlungsüberzüge bestehen darin, die metallischen Reibungspartner durch Bildung festhaftender nichtmetallischer Zwischenschichten hoher Druckbeständigkeit zu isolieren (3—5 μm Schichtdicke) und hierbei gleichzeitig ein großes Aufnahmevermögen für feste und flüssige Schmierstoffe zu schaffen.

Ohne auf die chemischen Vorgänge der Umsetzung von Metallphosphaten und Phosphorsäure mit Kohlenstoffstählen oder Oxalsäure mit Chromnickelstählen im einzelnen einzugehen [39, 40], soll hier auf die wesentlichen Wirkungen dieser Oberflächenbehandlungen auf die Reibungs- und Annäherungsbedingungen der Reibpartner unter plastischen Formänderungen hingewiesen werden.

Bild 7.21 zeigt Versuchsergebnisse, die mit einer Streifenziehvorrichtung an Proben aus X 12 CrNi 18 8 gewonnen wurden. Die Oberflächenrauheit des umgeformten Streifens weist in Abhängigkeit von der zunehmenden Flächenpressung erhebliche Unterschiede auf. Während die nur mit Lithiumstearat geschmierte Probe auf kleiner werdenden Leerraum mit zunehmender Pressung hinweist (vgl. Zunahme des Profiltraganteils bei konstantem Schnittlinienabstand von der äußeren Hüllinie), zeigt sich bei kombinierter Anwendung von Schmiermittelträgerschicht und Metallseife keinerlei Profilveränderung des Umformwerkstoffes (die Oxalatschicht wurde nach der Umformung entfernt). Trotz nur geringer Unterschiede der Reibungszahl wird aus diesem Beispiel ersichtlich, welche unterschiedlichen Annäherungsbedingungen der Reibungspartner im Mischreibungsgebiet vorliegen, so daß aus der Größe der Reibungs-

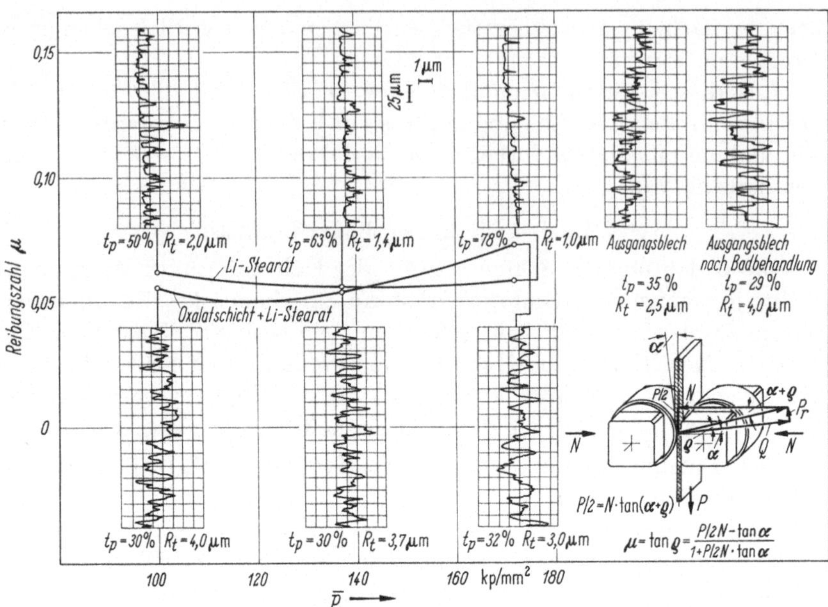

Bild 7.21 Einfluß des Schmiermittels und Schmiermittelträgers auf die Veränderung der Oberflächenfeingestalt des Umformwerkstoffes unter plastifizierenden Flächenpressungen. (Die Oberflächenschriebe wurden jeweils nach Entfernung der Schmiermittelreste und Oxalatschicht aufgenommen. Die Profiltraganteile beziehen sich auf einen konstanten Schnittlinienabstand $c = 1\ \mu m$) (nach H. WIEGAND u. K. H. KLOOS [12]).

zahl keinerlei Angaben über Verschleißerscheinungen am Werkzeug möglich sind.

Die Beurteilung des Reibungsverhaltens verschiedener Schmiermittel und Oberflächenbehandlungen wird in der Umformtechnik nach *direkten* und *indirekten Verfahren* vorgenommen. Die direkte Bestimmung der Reibungskraft in den einzelnen Umformverfahren stößt auf Schwierigkeiten, da der μ-Wert sowohl innerhalb der Formgebungszone als auch der Feingestalt des Umformwerkstoffes in weiten Grenzen schwankt. Bei den indirekten Bestimmungsverfahren wird nicht die Reibungskraft, sondern die Wirkung der äußeren Reibung auf den erzielbaren Umformgrad — z. B. die Banddickenreduktion beim Kaltwalzen — als Kriterium für die Güte der Schmierwirkung herangezogen [41, 42].

Von H. WIEGAND und K. H. KLOOS wurde unter Ausnutzung der Phasenumwandlung metastabiler austenitischer Werkstoffe bei Kaltumformung ein weiteres indirektes Bestimmungsverfahren der Schmierwirkung angegeben, das nicht nur auf Modellumformverfahren beschränkt bleibt [43].

Bild 7.22 zeigt die mittels Röntgenfeinstruktur-Untersuchungen in Wandmitte eines tiefgezogenen Napfes nachgewiesenen Anteile an Verformungsmartensit (α-Phase), die mit wachsender Napfhöhe infolge höherer Umformgrade zunehmen. Die Versuchsauswertung beschränkte

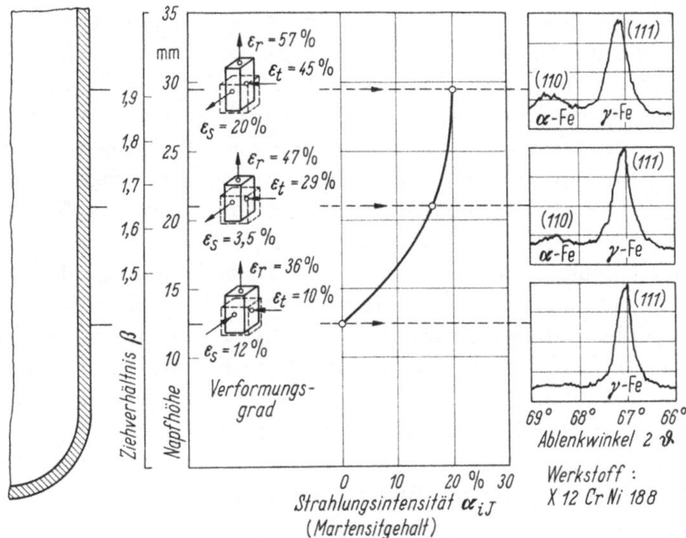

Bild 7.22 Einfluß des Umformgrades auf die γ-α-Verteilung im Inneren des Napfquerschnittes (Werkstoff X 12 CrNi 18 8) bei unterschiedlichen Schmiermitteln. Daten der Röntgenbeugungsdiagramme: Cr-K_α-Strahlung, 35 KV, 10—19 mA, Aperturblende 0,1 mm, Zählrohrblende 0,1 mm (nach H. WIEGAND u. K. H. KLOOS [43]).

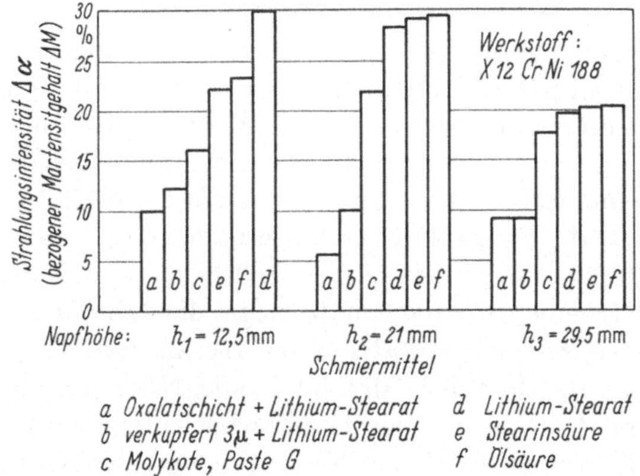

Bild 7.23 Einfluß des Schmiermittels und der Oberflächenbehandlung auf den Martensitgehalt an der Außenoberfläche tiefgezogener Näpfe (nach K. H. KLOOS [44]).

sich auf die Bestimmung der Strahlungsintensität der α-Fe-Phase in der 110-Ebene. An der Napfaußenseite (Ziehringseite) überlagert sich der makrogeometrischen Umformung des Napfes eine Verformung der inneren

Grenzschicht infolge Reibung. Diese zusätzliche Verformung schwankt je nach den gegebenen Schmierbedingungen in weiten Grenzen und ergibt somit in der inneren Grenzschicht einen verstärkten α-Phasenanteil. Bezieht man diesen α-Phasenanteil der inneren Grenzschicht auf den in Bild 7.22 angegebenen Martensitanteil in der Napfwand (nach elektrolytischem Polieren), so ergeben sich die in Bild 7.23 dargestellten relativen Strahlungsintensitäten der α-Phase, deren Unterschied infolge konstant gehaltener Tiefziehbedingungen nur durch eine unterschiedliche Schmierwirkung bedingt sind [44]. Aus dem Vergleich der einzelnen Schmiermittel und Oberflächenbehandlungen des Umformwerkstoffes zeigt sich die Überlegenheit von Schmiermittelträgerschichten und weichmetallischen Überzügen, die sehr niedrige zusätzliche Umformgrade der inneren Grenzschicht durch die Reibung bewirken. Weiterhin verhalten sich Molybdändisulfid-Schmiermittel unter den vorliegenden Tiefziehbedingungen günstiger als Metallseifen oder feste Fettsäuren.

Die Ausnutzung dieses Phasenumwandlungseffektes metastabiler austenitischer Werkstoffe in der inneren Grenzschicht ist allerdings temperaturabhängig, wobei mit höherer Umformgeschwindigkeit und Oberflächentemperatur die Bildung der α-Phase zurückgeht.

7.4.3 Werkstoffbedingte Einflüsse

7.4.3.1 Werkzeugstoff. Die *mechanische Werkzeugbeanspruchung* wird unmittelbar durch die Umformkräfte ausgelöst. Der Druckbeanspruchung überlagert sich in der Oberflächenschicht eine durch den Gleitvorgang bedingte Scherbeanspruchung.

Neben hoher Steifigkeit (beeinflußbar durch äußere Abmessungen, Formgebung und E-Modul) sowie hoher Festigkeit zur Vermeidung jeder plastischen Verformung sind für den Werkzeugstoff im Hinblick auf Furchungs- und Adhäsionsverschleiß eine hohe Oberflächengüte und -härte sowie eine geringe Kaltverschweißneigung zum Umformwerkstoff zu fordern. Oft ist die Vielzahl der zu fordernden Eigenschaften vom Werkzeugstoff allein kaum zu erfüllen, so daß es notwendig ist, durch Aufbringung geeigneter Oberflächenüberzüge die *Oberflächenfunktion* von der eigentlichen *Steifigkeitsfunktion* des Werkzeuges zu trennen. Neben Einsätzen aus Hartmetallen sind hier eine Nitrierung sowie eine Beschichtung mit Hartchrom oder Titankarbid zu nennen [22].

Von W. Ruppert wurde ein Verfahren zur Abscheidung von Titankarbid aus der Gasphase ($>$900 °C) entwickelt und durch Auswahl geeigneter Werkzeugstähle (ledeburitische Chromstähle) die Vergütungsbehandlung des Werkzeugstoffes unter Schutzgasatmosphäre zur Vermeidung der Oxydation der TiC-Schicht vorgenommen [45, 46]. Die so erzeugten harten Schichten an den Wirkflächen von Werkzeugen haben sich nicht nur bei der Umformung von ferritischen Stählen sowie

Kupfer (s. Bild 7.16), sondern auch bei der Umformung von austenitischen Stählen bewährt [47].

Die Temperatur der Werkzeugoberfläche, deren Höhe durch Reibungs- und Verformungswärme, Gleitgeschwindigkeit sowie Wärmeleitfähigkeit beider beteiligter Werkstoffe bestimmt wird, beeinflußt weniger die mechanischen Eigenschaften des Werkzeugstoffes. Vielmehr ruft sie physikalisch-chemische Vorgänge zwischen Schmierstoff und den äußeren Grenzschichten hervor. Außerdem sind die unterschiedlichen Temperaturausdehnungskoeffizienten in der Oberflächenschicht und im Grundwerkstoff zu berücksichtigen, da sie zusätzliche thermische Beanspruchungen hervorrufen.

7.4.3.2 Werkstückstoff. Der zwischen Hüllfläche und Grundfläche gegebene Leerraum in der Werkstückoberfläche ist für das Einbringen von Schmiermitteln in die Formgebungszone von Bedeutung. Erfolgt die Umformung in mehreren Schritten (vgl. Bild 7.24 und Abschnitt 7.5.1), so kann der Leerraum in der Oberflächenfeingestalt soweit abnehmen, daß das in die Formgebungszone eingebrachte Schmiervolumen nicht mehr ausreicht. In diesen Fällen wird entweder eine Schmiermittelträgerschicht angewandt oder eine *Zwischenaufrauhung* (thermisch oder mechanisch) des Werkstückes durchgeführt.

Die Ausgangskorngröße des Umformwerkstoffes beeinflußt nicht nur die Endrauheit bei berührungsfreien Umformverfahren, sondern wirkt sich auch in werkzeuggebundenen Umformverfahren auf die Größe der unter Grenzreibungsbedingungen an das Werkzeug angenäherten Oberflächenanteile des Umformwerkstoffes aus (s. Bild 7.10) [19].

7.4.4 Zusammenfassung zu Reibung und Verschleiß

Aus den erläuterten Oberflächenvorgängen bei der Kaltumformung läßt sich zusammenfassen, daß die Reibungszahl μ unter Berücksichtigung der Ungleichmäßigkeit der Flächenpressung, Oberflächenvergrößerung und Gleitgeschwindigkeit innerhalb der Formgebungszone einerseits *als makroskopischer Mittelwert*, andererseits als örtlicher (*mikroskopischer*) Wert aufzufassen ist (s. Bild 7.12). Die makroskopische Reibungszahl charakterisiert zwar Unterschiede zwischen Grenzreibung und Mischreibung, aber die tatsächlichen Annäherungsbedingungen zwischen den äußeren Grenzschichten der Reibungspartner können hieraus nicht abgeleitet werden (vgl. Bild 7.21).

In der Verschleißforschung wird in bezug auf den Werkstoffabtrag zwischen Verschleißtieflage (Mikroverschleiß) und Verschleißhochlage (Makroverschleiß) unterschieden [48]. Hierbei wird die partielle Zerstörung der äußeren Grenzschichten bei geringer Beanspruchung der Oberfläche mit „Mikroverschleiß", die Trennung metallischer Partikel z. B. durch Bildung von Riefen u. ä. aus der inneren Grenzschicht mit „Makroverschleiß" bezeichnet. Beide Erscheinungsformen treten in der Umformtechnik auf. Der Makroverschleiß sollte aus wirtschaftlichen Gesichtspunkten vermieden werden, während der Mikroverschleiß im Falle geringer Verschleißraten keinen Einfluß auf die Güte der Werkstückoberfläche ausübt. Abgelöste Partikel der — wenn auch sehr dünnen — Oxydschicht können sich wegen ihrer Härte schädlich auswirken, wenn nicht die Schmierschicht so dick ist, daß sie darin eingebettet werden können.

Andererseits wird durch das Schmiermittel die Bildungsgeschwindigkeit der Oxyde auf der Werkzeugoberfläche so stark erniedrigt, daß die Gefahr örtlicher Adhäsion der inneren Grenzschichten zunimmt, wodurch meist der Übergang von der Verschleißtieflage zur Verschleißhochlage ausgelöst wird.

Furchungs- und Adhäsionsverschleiß, die für die Riefenbildung am Werkstück ursächlich sind, werden von dem Härteunterschied und Paarungsverhalten der sich berührenden äußeren Grenzschichten beeinflußt. Die Scherebene, in der die Trennung der Reibungspartner erfolgt, liegt im allgemeinen in der weicheren Grenzschicht.

Der Abtrag der äußeren Grenzschicht kann als eine ständige Reaktionsschichtbildung zwischen aktiven Schmiermittelsubstanzen oder der umgebenden Atmosphäre und der Werkzeugoberfläche aufgefaßt werden. Beide Mechanismen der Reaktionsschichtbildung, deren Nachweis infolge äußerst geringer Substanzmengen schwierig ist, sind Gegenstand neuerer Verschleißforschung. Hierbei muß nach den jüngeren Ergebnissen der Tribologie angenommen werden, daß unter den Schmierungsbedingungen bei Kaltumformung die Reaktionskinetik verschiedener chemischer „Grenzschichtprozesse" durch hohe örtliche Flächendrücke und Temperaturen in starkem Maße beeinflußt wird [49, 50].

Die erreichbaren Standmengen der Werkzeuge hängen in der Regel davon ab, wann die zulässige Maßtoleranz des Umformgutes überschritten wird [51] oder die Werkstückoberfläche eine unzulässige Rauheit zeigt [14].

7.5 Reibung und Oberflächenwandlung bei einigen technischen Kaltumformverfahren

Nach der verfahrensunabhängigen Besprechung aller in der Oberfläche bei Kaltumformung ablaufenden Vorgänge und deren physikalischen, chemischen, mechanischen und metallkundlichen Ursachen und Wirkungen und der eintretenden Oberflächenwandlungen seien im folgenden zwei ausgewählte Kaltformgebungsverfahren in dieser Hinsicht betrachtet.

Entsprechend den Grundlagen in den vorangegangenen Abschnitten muß unterschieden werden zwischen Verfahren mit überwiegend werkzeugfreier und solchen mit vornehmlich werkzeuggebundener Umformung. Den Darlegungen zufolge ließen sich für die Oberflächenveränderungen bei werkzeugfreier Umformung allgemein gültige Gesetzmäßigkeiten angeben, und es kann hier auf eine Diskussion der Verhältnisse bei Verfahren wie des Biegens, Streckziehens oder Beulens verzichtet werden. Die Betrachtung der großen Zahl der werkzeuggebundenen Kaltformgebungsverfahren soll auf Grund der Ähnlichkeiten zwischen den einzelnen Verfahren auf das Stab- und Drahtziehen[1] und das Tiefziehen beschränkt werden. Hierbei liegt naturgemäß bei dem ersteren Verfahren infolge der völlig werkzeuggebundenen Umformung das Schwergewicht der Beschreibung auf Seiten der Reibung und Schmierung, dagegen beim Tiefziehen mit nur teilweise werkzeuggebundener Umformung auf der Oberflächenwandlung.

7.5.1 Stab- und Drahtziehen

Zwischen dem Stab- und Drahtziehen bestehen in bezug auf die Oberflächenwandlung keine grundsätzlichen Unterschiede. Mit kleiner werdendem Querschnitt wächst im Verhältnis hierzu die Oberfläche und somit auch die Bedeutung der Reibung.

7.5.1.1 Verfahrensbedingte Einflüsse. Beim Ziehen von Stahldraht kann der Anteil der Reibungskraft an der Gesamtumformkraft zwischen 40 und 70% betragen [52]. Ohne Zwischenglühung lassen sich je nach dem Ausgangsdurchmesser und der Zusammensetzung des Werkstoffes beim Drahtziehen Gesamtumformgrade bis zu 95% bei Stahl und Bronze und bis zu 99,5% bei Aluminium und Kupfer erzielen [53]. Im Einzelzug hingegen beträgt bei Stahldraht der Umformgrad zwischen 30 und 50%, was vom Anstieg der Höchstspannung im Querschnitt mit zunehmender Zugzahl abhängt [54]. Die Umformung ist über den Querschnitt annähernd homogen [55]. Die Flächenpressungen im Ziehhol können Beträge bis zu 300 kp/mm^2 annehmen [56]. Die Gleitgeschwindigkeiten beim Drahtziehen liegen je nach dem Ausgangsdurchmesser, dem Umformgrad, der Werkstoffzusammensetzung und der Schmierung bei Stahl in den Grenzen 0,1 m/sec (harter Stahl im Grobzug) und bis zu 40 m/sec (weicher Stahl im Feinzug), für NE-Metalle dagegen im Grobzug zwischen 0,5 und 6 m/sec, im Feinzug bis zu 50 m/sec [53]. Die durch die Umform- und Reibarbeit entstehende Wärme bewirkt, abhängig von der Kühlung der Ziehdüse und den Ziehbedingungen, Erwärmungen des Ziehsteines auf Temperaturen von 200—300 °C und mehr. Die kurzzeitig lokal auf-

[1] Nach DIN 8584 neuerdings unter „Gleitziehen" eingeordnet.

tretenden Temperaturspitzen in der Berührzone Werkzeug—Werkstoff erreichen indessen einen mehrfachen Betrag [57, 58].

Beim Stabziehen sind gewöhnlich die Querschnittsverminderungen deutlich geringer — zumeist 10 bis 30% [59]. Im Gegensatz zum Drahtzug tritt beim Stabziehen infolge der ungleichmäßigen Durchverformung eine ausgeprägte Inhomogenität auf. Die mittlere Flächenpressung ist in erster Näherung gleich der mittleren Formänderungsfestigkeit des Umformwerkstoffes und demzufolge zumeist nicht über 100 kp/mm^2 [60]. Die Ziehgeschwindigkeiten betragen im allgemeinen 0,35 bis 0,85 (1,0) m/sec [53].

Die für Draht- und Stabzug sehr unterschiedlichen Ziehbedingungen lassen unterschiedliche Reibungszustände sowie Oberflächenwandlungen erwarten. Wie zahlreiche Untersuchungen gezeigt haben, liegen jedoch bei beiden Verfahren gleichartige Reibungszustände mit Reibungszahlen zwischen 0,02 und 0,10 (0,15) vor [52, 61, 62].

Entgegen früheren Auffassungen [8, 13, 56] herrscht beim Draht- und Stabziehen der Zustand der Mischreibung vor. Es kommen daher sowohl die Faktoren der Grenzreibung als auch die der hydrodynamischen Schmierung mit wechselnden Gewichten zur Wirkung, d. h. einerseits die Flächenpressung, die Paarung des Werkzeug- und Umformwerkstoffes, die Feingestalt der in Kontakt stehenden Oberflächen, die Oberflächenvergrößerung und das chemisch-physikalische Verhalten der Oberfläche und der Schmierschicht, andererseits die Geometrie des Schmierspaltes, die Flächenbelastung, die relative Gleitgeschwindigkeit und das Viskositätsverhalten des Schmiermittels.

Wie von W. Lueg und K. H. Treptow [52, 61] nachgewiesen, nimmt beim Drahtziehen von Kohlenstoffstählen die Reibungszahl mit steigender mittlerer Flächenpressung zu, und zwar bis ungefähr $p_m = 180$ kp/mm^2 annähernd linear und darüber progressiv. Gleichlaufend sinken der Viskositätseinfluß und somit auch die Temperaturabhängigkeit [63]. Eine Erhöhung der Ziehgeschwindigkeit und die hiermit verbundene Erwärmung des Ziehsteines bewirken eine Verdünnung der Schmierschicht und damit eine Annäherung an den Grenzreibungszustand.

7.5.1.2 Schmierung. Die Beurteilung der Wirksamkeit eines Schmierstoffes oder einer Schmierschicht erfolgte bislang zumeist über die Berechnung einer vergleichenden Reibungszahl. Dieses Kriterium reicht jedoch nicht aus, da die Reibungszahl einen Mittelwert darstellt und die örtliche Mikroverteilung der Grenzreibflächen unberücksichtigt läßt [64]. Ein weiteres wesentliches Beurteilungsmerkmal für das Ziehen ist die Anzahl der mit einer einmal aufgebrachten Schmierschicht erreichbaren Züge (Standfestigkeit der Schmierschicht). Diese geht nicht ohne weiteres mit dem reibungsmäßig besseren Schmiermittel einher, denn unter Umständen läßt dieses nur die gleiche oder gar eine geringere Anzahl von

Zügen zu. Die Ursache für dieses Verhalten ist in der Haftung der Schmierschicht und im Abstreifanteil am Ziehholeintritt zu suchen [52, 61, 62].

Die von einem Schmiermittel nicht gleichzeitig optimal zu erfüllenden Aufgaben, wie hohe Druckfestigkeit, Verminderung des Verschleißes und der Reibung bei großer möglicher Zugzahl nach einmaliger Aufbringung, haben zur Verwendung von zusammengesetzten Schmierschichten in der Ziehtechnik geführt. Bis auf Ausnahmen bauen sich diese Schichten aus dem sogenannten Schmiermittelträger und den eigentlichen Schmiermitteln auf. Hierbei fällt den Schmiermittelträgern die Aufgabe zu, durch physikalische Bindung oder/und chemische Reaktion mit der Metalloberfläche und dem Schmiermittel dessen Haftung zu verbessern, es in das Ziehhol einzubringen und seine Druckfestigkeit zu erhöhen. Auch ermöglichen sie in vielen Fällen erst eine mehrschichtige Aufbringung des Schmiermittels [52, 65]. Andererseits kann bei dickeren Schmierschichten hierdurch eine zusätzliche Druckabhängigkeit der Reibungszahl eintreten [52].

Diese Schmierstoffträger oder Schmierhilfsmittel lassen sich unterscheiden in die eigentlichen Schmiermittelträger wie Kalk, Borax, Alkalien und bisweilen Graphit, die weichmetallischen Überzüge wie Blei oder Kupfer und in die chemischen Umwandlungsüberzüge wie Phosphat- und Oxalatschichten sowie die aus bestimmten Schmierstoffen heraus entwickelten geschwefelten oder chlorierten Oberflächenschichten [66].

Über das Verhalten der verschiedenen gebräuchlichen Schmierstoffträger und Schmiermittel und ihre Tauglichkeit für das Drahtziehen liegen in bezug auf Stahl mehrere Untersuchungen vor, die vornehmlich am Max-Planck-Institut für Eisenforschung durchgeführt wurden [52, 60, 61, 62, 65, 66, 67].

Insgesamt kann für den Drahtzug über die Wirkung der verschiedenartigen Ziehschmiermittel gesagt werden, daß die Ziehkraft von dem Anteil an Verseifbarem und der Kettenlänge dieses Fettanteils, speziell von dem Gehalt an langkettigen, unverzweigten freien Fettsäuren abhängt, hingegen die Standfestigkeit und damit die erreichbare Gesamtreduktion weitgehend eine Frage der Zusatzmenge an hochdruckfesten Elementen oder deren Verbindungen wie Schwefel ist und der Verschleiß durch P- oder As-Zusätze verringert werden kann. Dagegen sind für das Stabziehen aufgrund des wesentlich geringeren mittleren Umformdruckes die Kettenlänge des Verseifbaren und die Menge der Hochdruck- und der den Verschleiß vermindernden Zusätze von untergeordneter Bedeutung. Die aus Träger und Schmierstoff zusammengesetzten Schmierschichten verhalten sich bezüglich der Ziehkräfte analog den einzelnen Partnern, solange keine chemischen Kräfte zwischen ihnen wirksam sind. W. Lueg und K. H. Treptow [66] untersuchten an Stahl unterschiedlicher Festigkeit die verschiedenartigen möglichen Kombinationen der in der Praxis eingesetzten vielfältigen Träger und Schmiermittel. Danach verhält sich der mit „Alkali“ bezeichnete Träger, in der optimalen Mischung aus 29% Trinatriumphosphat und 71% Natriummetasilikat bestehend, in Verbindung mit Fetten oder gut flüssigen Schmiermitteln mit Ausnahme des Rüböls günstiger als Borax und auch Kalk, dessen Gehalt an Karbonaten und Oxyden bei Ausnahme des Magnesiumoxyds so gering wie möglich sein sollte. Alkali erfordert bei mittleren und hohen Flächenpressungen geringere Reibkräfte als Kalk und Borax, und die erreichbare Zugzahl ist größer oder gleich derjenigen mit Kalk und meist größer als bei Borax. Wird nach Laufruhe und Beschaffenheit der Endoberfläche geurteilt, so ergibt gegenüber dem guten Verhalten von Alkali der Träger Borax einen unruhigeren Lauf und eine leicht riefige Oberfläche und Kalk eine schlechte Oberfläche [60—62].

Bezüglich des Paarungseinflusses lassen sich keine Angaben machen. Zwar konnte in Versuchen mit Stabstahl und Hartmetalldüsen bei Verwendung der Schmiermittelkombination Alkali/Rüböl eine um 10% geringere Ziehkraft gegenüber einer Düse aus legiertem Werkzeugstahl gemessen werden, doch liegt dieser Unterschied noch innerhalb der durch die Schmierschicht bedingten Streuungen [60].

7.5.1.3 Oberflächenwandlung. Beim Ziehen von Stäben und Drähten bestimmt eine Reihe von Einflüssen die mikrogeometrische Wandlung der Oberflächen: Werkstoff des Ziehgutes, Profilform, Ausgangsrauheit, Vorbehandlung, Umformbedingungen wie Geometrie und Rauheit der Ziehdüse, Umformgrad samt der mit ihm verknüpften Oberflächenvergrößerung [11, 59], Anzahl der Züge, Ziehgeschwindigkeit und nicht am wenigsten die Schmierung. Dementsprechend kann die Rauheit gezogener Drähte und Profile in weiten Grenzen streuen. Dazu kommt, daß Fehlstellen, die beim Walzen entstanden sind, wie Narben, Riefen, Risse, Überwalzungen u. a., beim Ziehen nur teilweise bzw. nicht verschwinden.

Über diese Zusammenhänge in bezug auf die Oberflächenwandlung liegen nur wenige Arbeiten vor [16, 59, 68, 69]; eine knappe Zusammenfassung findet sich in [11, 14].

Da die vor dem *Stabziehen* bestehende Oberflächenschicht auch nachher außen liegt, so kommt es zunächst auf die Vorbehandlung der i. a. sehr rauhen und verzunderten gewalzten Stäbe an. Eine Entzunderung, geschehe sie durch Strahlen mit Drahtkorn oder durch Beizen, wirkt niemals gleichmäßig über die ganze Fläche. Deshalb zeigen die zum Durchziehen kommenden Stäbe ein breites Kollektiv von Rauhtiefen (Bild 7.24). Am stärksten glättend wirkt der erste Zug. Hierbei sind bezogene Rauhtiefenänderungen $\varrho_t = 0{,}65 \ldots 0{,}75$ gemessen worden, während die Glättungstiefe wegen der verbleibenden tiefen Rauhtäler nur mit $\varrho_p = 0{,}8 \ldots 0{,}9$ abnimmt.

Diese Wandlung zeigt z. B. N. HANSEN [59] auf dem Weg durch das Ziehhol (Bild 7.25). Der Übergang setzt mit Beginn der Werkzeugberührung unvermittelt ein, um hernach im zylindrischen Teil der Ziehdüse asymptotisch in die Endrauhtiefe einzumünden. Bezüglich des Düsenwinkels hat derselbe Verfasser gefunden, daß sich die Glättung

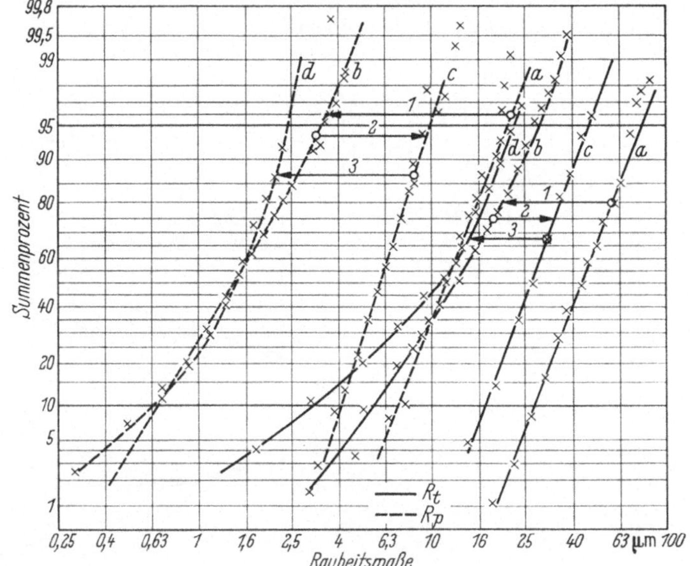

Bild 7.24 Summenhäufigkeit der Rauhtiefe und der Glättungstiefe an: *a*) warmgewalzten und gebeizten Stäben, *b*) einmal blank gezogenen Stäben (ε_F = 12 bis 20%), *c*) geglühten und gebeizten Stäben, *d*) weiter gezogenen Stäben (nach O. KIENZLE u. K. MIETZNER [11]).

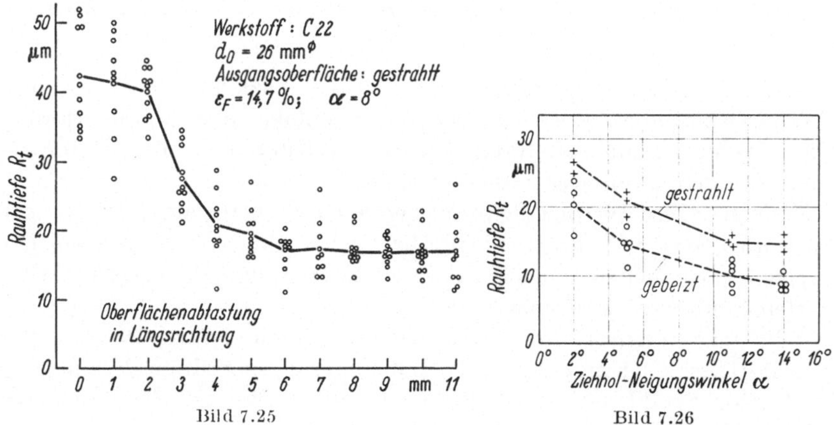

Bild 7.25 Bild 7.26

Bild 7.25 Rauhtiefenverlauf in Längsrichtung innerhalb der Umformzone beim Durchziehen (nach N. HANSEN [59]).

Bild 7.26 Einfluß des Neigungswinkels des Ziehhols auf die Rauhtiefe beim Durchziehen von gebeizten und gestrahlten Stäben (nach N. HANSEN [59]).

mit zunehmendem Ziehwinkel verbessert (Bild 7.26). Hier werden Zusammenhänge mit der Flächenpressung sichtbar.

Eine weitere Glättung kann erfolgen, wenn ohne Zwischenglühung weitergezogen wird [11]. Die Glättung ist besser, wenn eine bestimmte Querschnittsabnahme durch zwei Züge anstatt durch einen Zug bewerkstelligt wird (Bild 7.27) [59, 68, 69]. Die Ursache hierfür ist die zweimalige Schubbeanspruchung der Oberfläche infolge Reibung.

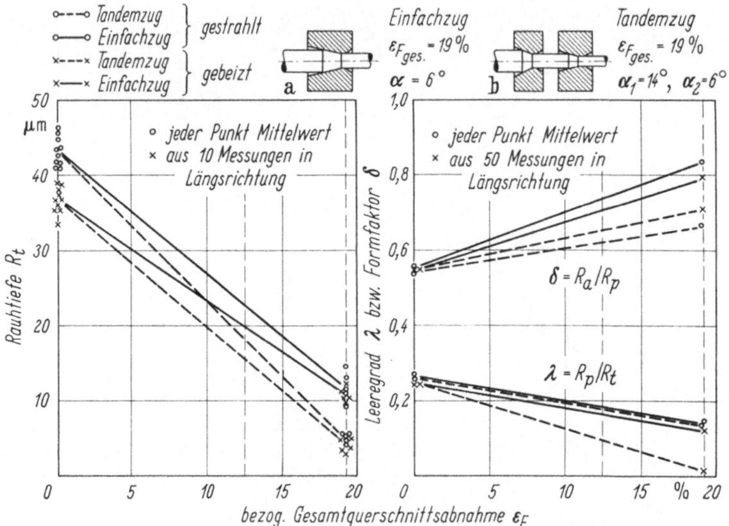

Bild 7.27 Oberflächenfeingestalt gezogener Drähte: a) in einem Zug gezogen $\varepsilon_F = 19\%$ b) in zwei Zügen gezogen (Tandemzug) $\varepsilon_F = 19\%$ ($\varepsilon_{F_1} \approx 12\%$, $\varepsilon_{F_2} \approx 8\%$) (nach N. Hansen [59]).

Wenn die zulässige Kaltverfestigung begrenzt ist, so ist vor dem Weiterziehen eine Zwischenglühung mit nachfolgendem Beizen erforderlich. Dadurch nimmt die Rauheit wieder zu (Kurven *b* und *c* in Bild 7.24), um nach dem zweiten Zug (Kurven *d* in Bild 7.24) geringer zu werden als beim ersten Zug. Werden die Stäbe hernach zwischen glatten Werkzeugen gerichtet, so tritt ähnlich wie beim Glattwalzen eine weitere Glättung ein. Trotzdem ist auch dann noch mit vereinzelten Spuren der ursprünglichen tiefen Rauhtäler zu rechnen.

Beim *Drahtziehen* ist ebenfalls zuerst die Entzunderung des gewalzten Stahldrahts zu betrachten. Als Entzunderungsverfahren kommen in Betracht: Strahlentzundern, Biegeentzundern, Beizen. Etwa in dieser Reihenfolge fallen i. a. die Rauhtiefen ein wenig; im einzelnen Fall sind sie von der Dauer des Entzunderungsvorganges abhängig [70], weshalb im Schrifttum widersprechende Angaben zu finden sind.

Das Durchziehen führt in allen Fällen eine Wandlung vom offenen Profil zu einem verringerten, halboffenen Profil herbei. Hierbei tritt nun die Schmierung in den Vordergrund. Man unterscheidet „Trocken-“ und „Naß“-Ziehen, je nachdem man feste oder wässerige Schmierstoffe benutzt. Die mit genauen Verfahrensangaben versehene Darstellung von O. KIENZLE und K. MIETZNER [14] zeigt in Übereinstimmung mit W. LUEG und U. KRAUSE [16], daß der Naßzug die besseren Oberflächen liefert, wobei der Erfahrung gemäß oft in jeder Ziehstufe ein anderes Schmiermittel benutzt wird.

Einige typische Profilschriebe zeigt Bild 7.28. Die Unterschiede der Rauhtiefen zwischen Ziehrichtung und Umfangsrichtung sind so gering,

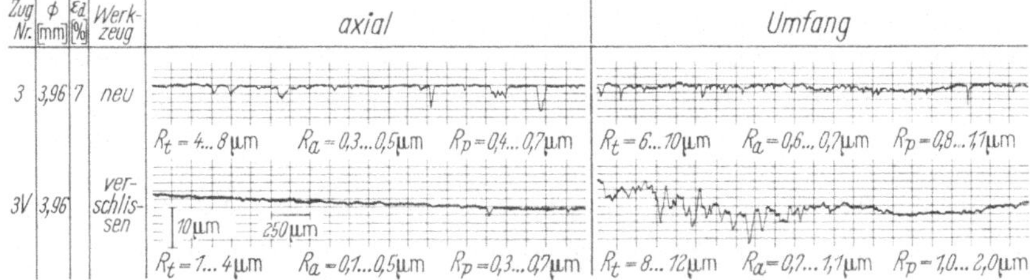

Bild 7.28 Profilaufzeichnungen von einem gebeizten Stahldraht nach dem Ziehen von 5,6 auf 4 mm Durchmesser in 3 Zügen mit den Schmiermitteln Ziehfett-Kupfersulfat-Bierhefe; obere Zeile: dritter Zug mit neuem Werkzeug, untere Zeile: desgl. mit verschlissenem Werkzeug (nach O. KIENZLE u. K. MIETZNER [11]).

daß die Oberflächen bald als ungerichtet, bald als schwach gerichtet zu bezeichnen sind. Dem Auge macht sich freilich der Unterschied in den Gipfelentfernungen (s. obere Zeile in Bild 7.28) deutlicher bemerkbar.

Nun zeigt sich als dritter Einfluß die Beschaffenheit des Ziehhols, allerdings selbst nach Ziehlängen von 10 bis 20 km nur in geringem Maße bemerkbar. Erst ein größerer (dann aber meist nicht mehr zulässiger Verschleiß, wie in Bild 7.28 rechts unten, macht das Ziehgut u. U. unbrauchbar.

Die mannigfachen Kombinationen von Entzunderungsverfahren einerseits und Schmiermitteln andererseits, zumal wenn sie in den verschiedenen Stufen wechseln, sind zu zahlreich, als daß nicht noch weitere wissenschaftliche Erkenntnisse zur Erzielung einer wirtschaftlichen und zugleich optimalen Oberflächengüte nötig wären.

7.5.2 Tiefziehen

In der Blechumformung ist das Tiefziehen das am weitesten verbreitete Verfahren. Neben der Verbesserung der konstruktiven Ausbildung der Werkzeuge und der Auslegung der Tiefziehpressen galten die Bestrebungen im letzten Jahrzehnt gleichermaßen der Steigerung des Grenzziehverhältnisses, der Verringerung der Reibung in der Umformzone und der Ermöglichung der gezielten Erzeugung bestimmter Endrauheiten. Die grundlegenden Zusammenhänge können heute als weitgehend geklärt gelten. Eine Einschränkung besteht nur insoweit, als die Erkenntnisse vorwiegend in Modellversuchen gewonnen wurden. Infolge der nicht möglichen modellgetreuen Berücksichtigung der maßgeblichen Einflußgröße D_0/s (Ausgangsrondendurchmesser zu Blechdicke) bedürfen sie jedoch noch einer, bislang nur in Ausnahmen durchgeführten Nachprüfung in Großversuchen. Erst hiernach wird es möglich sein, die Umformung durch Tiefziehen derart zu beherrschen, daß mit einem Minimum an Aufwand Teile vollendeter Gebrauchsfähigkeit hergestellt werden können.

Nachfolgend seien die grundlegenden Ergebnisse der wesentlichsten Arbeiten über die Reibungsverhältnisse, den Einfluß der Schmierung und die Veränderung der Oberflächenfeingestalt für das Tiefziehen im Anschlag, das niederhalterfreie Tiefziehen und das Hydroformverfahren besprochen, ohne hierbei zu sehr auf die Einzelheiten des Umformablaufes einzugehen.

7.5.2.1 Verfahrensbedingte Einflüsse. Ebenso wie das Draht- und Stabziehen zählt das Tiefziehen zu den Umformverfahren mit mittelbarer Kraftwirkung, d. h. die von außen aufgebrachte Umformkraft wird über das Umformgut in die Formgebungszone eingeleitet. Mit wachsender Ziehtiefe tritt neben der eigentlichen Umformung des ebenen Ausgangsbleches in ein dreidimensionales Werkstück an der Ziehringkante zusätzlich eine Dickenänderung mit entsprechender Verfestigung des noch nicht eingezogenen Blechsaumes ein. Dies verlangt zunehmende Umformkräfte und im Falle des Tiefziehens im Anschlag und, wenn auch in sehr geringem Maße, des Hydroformverfahrens infolge der steigenden Reibung außerhalb der eigentlichen Umformzone wachsende Ziehkräfte. Im Tiefziehen mit und ohne Niederhalter tritt zudem bei nicht ausreichendem Ziehspalt eine Abstreckung (Wanddickenreduktion) hinzu. Demgegenüber kann, abgesehen von der durch die Zarge übertragbaren Kraft, die über die Stempelstirnfläche in den Ziehteilboden einleitbare Stempelkraft nicht beliebig gesteigert werden, da die Gefahr größerer örtlicher Verformungen des Bleches, insbesondere einer Einschnürung im Bereich der Stempelkante besteht.

Das Grenzziehverhältnis D_{max}/d wird dementsprechend von der Größe der über die Stempelstirnfläche einleitbaren Stempelkraft, der von der Zarge übertragbaren Kraft und der erforderlichen Umformkraft einschließlich der Reibungskraft und der gegebenenfalls erforderlichen Abstreckkraft bestimmt. Daraus resultiert, daß bei gegebenem Umformwerkstoff und festgelegter Blechdicke das Ziehergebnis, abgesehen von einer optimalen Werkzeuggeometrie, durch die erforderlichen Pressungen und die Reibungsverhältnisse in starkem Maße beeinflußt wird.

7.5.2.2 Schmierung. Um die Ziehkraft so gering wie möglich zu halten, ist der Reibung und Schmierung an den Gleitstellen besondere Beachtung zu schenken. Hierbei sollte der Auswahl der Werkzeugstoffe und ihrer Wärmebehandlung unter Einbeziehung des Umformwerkstoffes die gleiche Selbstverständlichkeit zukommen wie der Wahl eines geeigneten Schmiermittels.

Eine systematische Untersuchung der für das Tiefziehen der verschiedenen Werkstoffe in Verwendung befindlichen Schmiermittel, wie sie für das Draht- und Stabziehen sowie Kaltwalzen mehrfach sehr gründlich erfolgte, ist bislang nicht bekannt geworden. In der Höhe der auftretenden Flächenpressungen unterscheiden sich das Tiefziehen, Stabziehen und Walzen im allgemeinen nicht erheblich. Dagegen bestehen Unterschiede in den Relativgeschwindigkeiten zwischen dem Draht- und Tiefziehen. Der wesentlichste Unterschied ist jedoch der gegenüber den genannten Umformverfahren beim Tiefziehen diskontinuierliche Arbeitsablauf mit zudem wechselnden Verformungsgeschwindigkeiten, die beide die Einstellung eines konstanten Temperaturniveaus und eine Schmierwirkung im Sinne eines hydraulischen Schmierkeils verhindern. Die Reibungszahlen nehmen deshalb höhere Werte an und liegen, je nach Einzelfall, im Übergang der Misch- zur Grenzreibung oder im unteren Bereich der Grenzreibung. Es sind deshalb für die Wahl des Schmiermittels weitgehend die gleichen physikalischen und chemischen Gesichtspunkte maßgebend wie für die Verfahren des Draht- und Stabziehens, und es dürften die für diese Verfahren geeigneten flüssigen Schmiermittel grundsätzlich auch für das Tiefziehen mit Erfolg zu verwenden sein. Bewährt haben sich vor allem neben flüssigen Schmiermitteln mit verschiedenen die Druckbeständigkeit oder Gleitung verbessernden Zusätzen wie z. B. Schwefel oder Bleiweiß, bei geringer Beanspruchung Gleitfilme aus Kunststoffen und bei hohen Beanspruchungen Metallseifen mit und ohne Metallphosphatträgerschichten und Schichtgitterschmierstoffe wie z. B. Molybdändisulfid [71, 72].

Allerdings steigert ein besseres Schmiermittel nicht unbedingt das Grenzziehverhältnis, da auch die mögliche übertragbare Stempelkraft vermindert wird. Ein Ausweg besteht darin, das Schmiermittel aus der Zone der Krafteinleitung fernzuhalten, was sich fertigungstechnisch nur in Ausnahmefällen verwirklichen läßt, oder die Stempelstirnfläche aufzurauhen oder nur ziehringseitig das Blech zu schmieren [73].

Da die Werkzeuggleitflächen durch Verschleiß aufgerauht werden, ergaben sich die Empfehlungen der Praxis, die Werkzeuge aus Stahl so hart als vertretbar und so glatt wie möglich zu machen. Die Forderung nach großer Härte ist jedoch nur teilweise ein Ersatz in Unkenntnis der Verbesserung durch eine geeignete Paarungswahl. So konnte vielfach nachgewiesen werden [71, 74, 75], daß die in ihrem Grundgefüge sehr viel weicheren Aluminiummehrstoffbronzen für das Tiefziehen von Stahlblech und Austeniten nicht nur geeignet, sondern aufgrund ihrer fehlenden Verschweißneigung harten Stahlwerkzeugen überlegen sind. Eine geringere Rauheit der Werkzeuge setzt hingegen aus Gründen der Schmierfilmbindung eine Mindestrauheit des Tiefziehbleches voraus.

In praxisnahen Versuchen konnte gezeigt werden, daß mit feinstgeschliffenen Werkzeugen ein Tiefziehen von Blechen mit einer Rauhtiefe unter 2,5 μm nicht und unterhalb 5 μm nur beschränkt möglich ist und daß mit abnehmendem Traganteil ein einwandfreies Tiefziehen erleichtert wird [76]. Ähnliche Ergebnisse werden auch in anderen Veröffentlichungen genannt [77]. Beim Vergleich der optimalen Blechrauheit ist jedoch darauf zu achten, daß sie durch die Werkzeugrauheit, die Ziehgeschwindigkeit und das Schmiermittel beeinflußt wird. Bild 7.29 zeigt

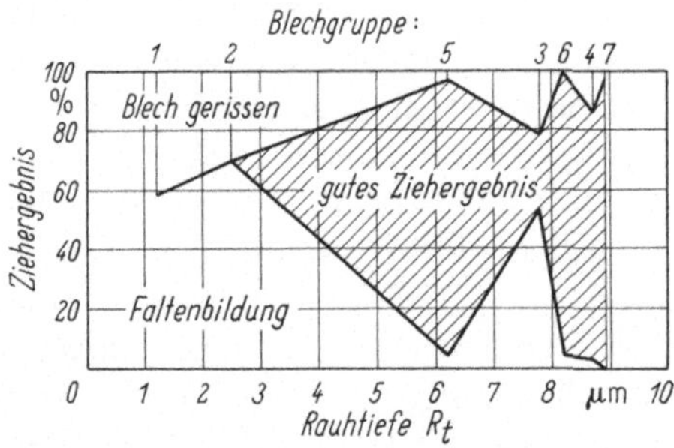

Bild 7.29 Einfluß der Blechrauhtiefe auf das Tiefziehverhalten (nach F. Fischer, K. H. Schmitt-Thomas u. V. Seul [76]).

diesen Einfluß der Blechrauhtiefe auf das Ziehergebnis. Als günstig erwies sich eine Rauhtiefe von rund 6 μm bei einer arithmetischen Mittenrauheit $R_a \approx 1$ μm. Eine zu große Blechrauheit vergrößert dagegen die Gefahr der Faltenbildung und verlangt deshalb erhöhte Niederhalterpressungen. In jüngster Zeit gewinnt in der Beurteilung von Blechen hinsichtlich ihrer Tiefziehfähigkeit mehr und mehr die Rauhgipfelentfernung, z. B. 120 μm im Rauhgebirge, vor allem im Karosseriebau an Bedeutung [14].

7.5.2.3 Oberflächenwandlung. Die sich durch das Tiefziehen einstellende Veränderung der Oberflächenfeingestalt ist teils werkzeugfreier, teils gebundener Art. Die Beurteilung der Oberflächenwandlung setzt eine sorgfältige Verfahrensanalyse des Tiefzugs voraus [14].

Die einfachsten Verhältnisse liegen beim niederhalterfreien Tiefziehen vor. Ist der Ziehspalt ausreichend groß, so kann sich die stempelseitige Oberfläche der Zarge frei ausbilden, während sich hingegen durch das Gleiten über die Ziehringoberfläche stempelaußenseitig die Oberfläche je nach Werkzeugzustand, Ziehwinkel, Werkstoffpaarung und Schmiermittel im Normalfall mehr oder weniger glättet. Die absoluten Rauheitswerte sind demzufolge innen sehr viel größer als außen. Am Ziehteilboden treten so gut wie keine plastischen Veränderungen auf, so daß sich die Rauheit der Werkstückoberfläche innen nur wenig und außen kaum ändert.

Für das Tiefziehen mit Niederhalter gleichen im allgemeinen entgegen den früheren Annahmen die Verhältnisse denen des niederhalterfreien Tiefziehens. Lediglich am äußeren Rand ergeben sich stempelseitig durch den Niederhalter werkzeuggebundene Verformungen der Oberfläche. Auch ist die außenseitige Oberflächenfeingestalt in stärkerem Maße von der Rauheit der Ziehringoberfläche abhängig (Bild 7.30). Folgen mehrere

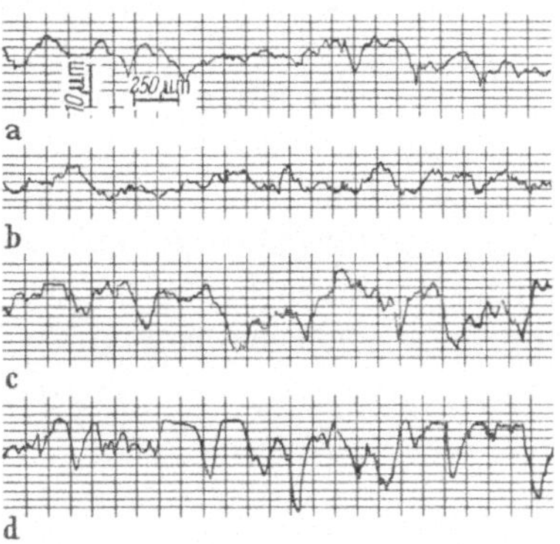

Bild 7.30 Vergleich von äußeren und inneren Oberflächen an den Zargen tiefgezogener Werkstücke aus MU St 3 K 32 GBK, gemessen in halber Höhe nach einem Werkzeugverschleiß an 16 000 Stücken. a) an der Außenfläche nach dem 1. oder 2. Zug, b) an der Außenfläche nach dem 3. Zug, c) an der Innenfläche nach dem 2. Zug, d) an der Innenfläche nach dem 3. Zug (nach O. Kienzle u. K. Mietzner [14]).

Züge aufeinander, so werden ringsum laufende Wellen beobachtet. Diese sind auf die Dickenänderungen des Bleches an den Stellen zurückzuführen, die an den Stempelrundungen in den vorausgegangenen Zügen angelegen haben [14]. Wird mit sogenanntem engen Spalt (geringer als die Dicke des eingezogenen Blechsaumes) gezogen, so findet zugleich ein Abstrecken statt, das die äußere Ziehrauhung mehr oder weniger rückgängig macht.

Bei den Tiefziehverfahren mit elastischem Druckkissen ist die Rauheit an den Stellen größer, die nicht an Stempel oder Ziehring anlagen. Es kehren sich deshalb z. B. beim Hydroformverfahren die Verhältnisse der Oberflächenwandlung um. Es entstehen membranseitig eine von der Korngröße und Korngestalt bestimmte freie Aufrauhung und stempelseitig eine gebundene Verformung der Oberfläche. Abweichungen im Ausmaß der Veränderungen im Vergleich zu den einfachen Tiefziehverfahren treten nur insofern auf, als der Materialfluß senkrecht zur Blechoberfläche durch den hydraulischen Querdruck beeinflußt wird und geringere Unterschiede der Rauheit in Abhängigkeit von der Ziehtiefe infolge des mit ihr wachsenden hydraulischen Druckes eintreten.

Diese Veränderungen der Oberflächenfeingestalt bei den drei genannten Tiefziehverfahren, die hier nur skizziert werden konnten, wurden im einzelnen von M. REIHLE untersucht [78].

Da die größte eintretende Rauheit durch freie Aufrauhung entsteht und sie in praxi von Seiten der weiteren Oberflächenbehandlung oder

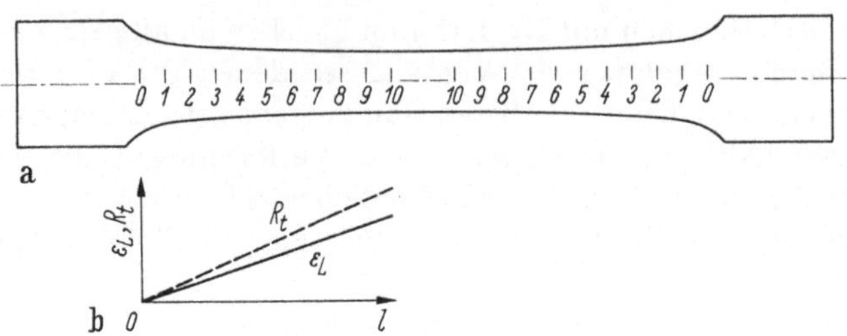

Bild 7.31 Streifenrauhleiter mit längenproportionaler Verteilung der in freier Rauhung entstehenden Rauhtiefen (nach O. KIENZLE [79]).

der Verwendung eines Tiefziehteiles am stärksten interessiert, gibt O. KIENZLE [79] eine Methode an, sie im voraus mit Hilfe eines Zugversuchs an einem besonders geformten Blechprobestreifen zu bestimmen, der die gleiche Korngröße wie das Werkstück hat. Der Probe-

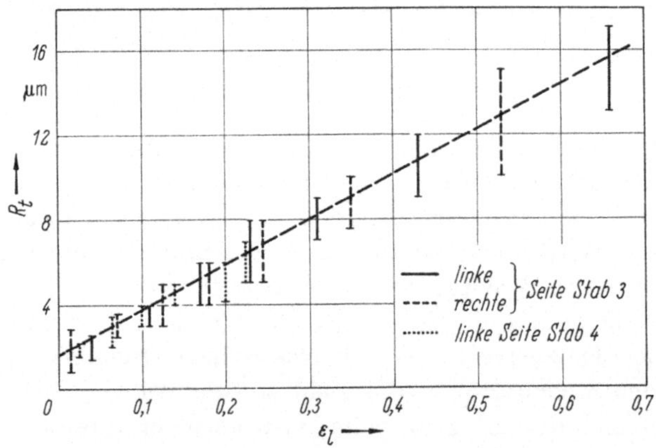

Bild 7.32 Rauhtiefen R_t auf einer Streifenrauhleiter aus X 5 CrNi 18 9 in Abhängigkeit von der längenproportionalen Dehnung (nach O. KIENZLE [79]).

streifen (Bild 7.31) besitzt eine durch seine Fließkurve bestimmte Kontur derart, daß die Längsdehnung und mit ihr die entstehende Rauhtiefe (vgl. Bild 7.9) proportional der Entfernung von 0 ansteigt (Bild 7.32). So kann zu jeder am Werkstück zu messenden Dehnung die beim Tiefzug zu erwartende Rauheit nach Art und Rauhtiefe erkannt werden.

Schrifttum

1. SCHMALTZ, G.: Technische Oberflächenkunde, Feingestalt und Eigenschaften von Grenzflächen technischer Körper insbesondere der Maschinenteile. Berlin: Springer 1936.
2. MACHERAUCH, E., u. P. MÜLLER: Gitterdehnungen und Eigenspannungen reinster und legierter Aluminiumproben nach Zugverformung. Z. Metallk. 49, 324/331 (1958).
3. KOCHENDÖRFER, A.: Plastische Eigenschaften von Kristallen und metallischen Werkstoffen. Berlin: Springer 1941.
4. WASSERMANN, G., u. J. GREWEN: Texturen metallischer Werkstoffe. Berlin/Göttingen/Heidelberg: Springer 1962.
5. DAHL, W., u. H. MÜHLENWEG: Eigenspannungen und Verfestigung beim Rohrziehen. Stahl u. Eisen 84, 1250/1260 (1964).
6. BÜHLER, H.: Eigenspannungen durch Kaltverarbeitung und Maßnahmen zu ihrer Verminderung. Werkstatt u. Betrieb 84, 84/90 u. 133/139 (1951).
7. RAUB, E.: Einfluß der Oberflächengüte auf das Korrosionsverhalten. VDI-Berichte Bd. 90, 101/104 (1965).
8. BOWDEN, F. P., u. D. TABOR: Reibung und Schmierung fester Körper. Deutsche Übersetzung der 2. Auflage von E. H. FREITAG. Berlin/Göttingen/Heidelberg: Springer 1959.
9. DONANDT, H.: Über den Stand unserer Kenntnisse in der Frage der Grenzschmierung. Z. VDI 80, 821/824 (1936).
10. GODFREY, D.: Lubrication, Symposium on Properties of Surfaces. ASTM Materials Science Series 4. Publication Nr. 340, 105/121 (1963).
11. KIENZLE, O., u. K. MIETZNER: Grundlagen einer Typologie umgeformter metallischer Oberflächen. Berlin/Heidelberg/New York: Springer 1965.
12. WIEGAND, H., u. K. H. KLOOS: Der Reibungs- und Schmierungszustand in der Kaltumformung und Möglichkeiten seiner Messung. Werkstatt u. Betrieb 93, 181/187 (1960).
13. MÜHLENWEG, H.: Die Veränderung der Oberflächenrauheit beim Herstellen nahtloser Stahlrohre nach dem Ehrhardt-Verfahren mit nachfolgendem Kaltziehen. Dissertation, TH Hannover 1958; vgl. Stahl u. Eisen 79, 1792/1800 u. 1844/1852 (1959).
14. KIENZLE, O., u. K. MIETZNER: Atlas umgeformter metallischer Oberflächen. Berlin/Heidelberg/New York: Springer 1967.
15. LUEG, W., u. U. KRAUSE: Das Messen der Rauheit von kalt verformten Oberflächen. Stahl u. Eisen 80, 325/336 (1960).
16. LUEG, W., u. U. KRAUSE: Messungen der Oberflächenrauheit von kaltgewalztem Stahlband sowie von gezogenem Stahldraht und Stabstahl. Stahl u. Eisen 79, 1837/1843 (1959).
17. WEINGRABER, H. v.: Zur Definition der Oberflächenrauheit. Werkstattstechnik 46, 251/264 (1956).
18. KRAUSE, U., u. O. PAWELSKI: Vergleich verschiedener Oberflächenmeßgeräte. Stahl u. Eisen 84, 859/868 (1964).
19. WIEGAND, H., u. K. H. KLOOS: Veränderungen der Oberflächenfeingestalt werkzeuggebundener Oberflächen beim Kaltstauchen. Stahl u. Eisen 83, 406/415 (1963).
20. WIEGAND, H., u. K. H. KLOOS: Der Kaltstauchversuch als Modellumformverfahren zur Erfassung der Reibungs- und Oberflächenvorgänge. Werkstattstechnik 56, 129/137 (1966).
21. KLOOS, K. H.: Der Reibungs- und Adhäsionsvorgang in der Kaltumformung. Metalloberfläche 16, 102/108 (1962).

22. WIEGAND, H., u. K. H. KLOOS: Über die Bedeutung der Werkzeugoberfläche bei der Kaltumformung. Ind.-Anz. 80, 1514/1520 (1961).
23. TABOR, D.: Junction Growth in Metallic Friction: The Role of Combined Stresses and Surface Contamination. Proc. Roy. Soc. London 1959, S. 378/393.
24. ANDERSON, O. L.: The Role of Surface Shear Strains in the Adhesion of Metals. Teil 1, Wear 3, 253/273 (1960).
25. WIEGAND, H., K. H. KLOOS u. K. MÜLLER: Einfluß der Reibungspartner auf die Festkörperberührung in der Kaltformgebung. Stahl u. Eisen 81, 924/933 (1960).
26. HOFMANN, W., u. H. J. SCHÜLLER: Weiterentwicklung der Kaltpreßschweißung. Z. Metallk. 48, 302/311 (1958).
27. HOFMANN, W., u. P. GUMM: Kaltpreßschweißen in Fließpreßvorgängen. Z. Metallk. 56, 704/712 (1965).
28. HOFMANN, W., u. J. KIRSCH: Zur Kenntnis und Deutung der Vorgänge bei der Kaltpreßschweißung von Metallen. Dissertation, TH Braunschweig 1964.
29. KNAPPWOST, A., u. G. RUST: Festkörperreibung als physikalisch-chemisches Problem. Z. Metallk. 50, 240/247 (1959).
30. SEMENOV, A. P.: The Phenomen of Seizure and Its Investigation. Wear 4, 1/9 (1961).
31. WIEGAND, H., u. K. H. KLOOS: Oberflächenvorgänge unter plastischen Formänderungen. Internationales Symposium über Hochenergieumformung. Tschechoslowak. Wiss.-Techn. Gesellschaft Prag, 11.—18. 9. 1966.
32. PAWELSKI, O.: Neuere Vorstellungen über den Einfluß der Geschwindigkeit auf die Schmierung beim Kaltwalzen. Rheol. Acta, Bd. 2, S. 273/280 (1962).
33. BARTEL, A.: Getriebeschmierung, Teil 1. Z. VDI 103, 251/264 (1961).
34. BOWDEN, F. P., u. D. TABOR: The Friction and Lubrication of Solids, Teil 2, Oxford: Clarendon Press 1964.
35. GUMINSKY, R. D., u. J. WILLIS: Development of Cold-Rolling Lubricants for Aluminium Alloys. J. Inst. of Metals 88, 481/492 (1959/60).
36. BUTLER, L. H.: The Influence of Base-Lubricant Viscosity and Boundary Additions on Surface Contact and Friction during Metal Deformation. J. Inst. of Metals 89, 449/455 (1960/61).
37. KNAPPWOST, A.: Mechano-chemische Oberflächenreaktionen bei der Schmierung mit Festschmierstoffen. Tagungsbericht 1. Symposium Festschmierstoffe München 1965, Informationszentrum Feststoffschmierung.
38. PAWELSKI, O.: Ein neues Gerät zum Messen des Reibungsbeiwertes bei plastischen Formänderungen. Stahl u. Eisen 84, 1233/1243 (1964).
39. ERDMANN-JESNITZER, F., u. A. KARL: Zur Erleichterung der spanlosen Kaltverformung von Eisen und Stahl durch Phosphatschichten. Jahrb. der Oberflächentechnik 15, 153/163 (1959).
40. MACHU, W.: Oxalatüberzüge als Hilfsmittel bei der Kaltumformung von rostfreien Eisen-Chrom-Nickel-Legierungen. Metalloberfläche 19, 204/208 (1965).
41. LUEG, W., P. FUNKE u. W. DAHL: Untersuchung von Walzölen und Walzölemulsionen im Kaltwalzversuch, Teil 1: Walzversuche mit aus reinen Grundölen und Zusätzen aufgebauten Schmierstoffen. Stahl u. Eisen 77, 1817/1830 (1957).
42. LUEG, W., u. P. FUNKE: Untersuchung von Walzölen und Walzölemulsionen im Kaltwalzversuch, Teil 2: Walzversuche mit handelsüblichen Walzölen unter verschiedenen, dem Betrieb angepaßten Arbeitsbedingungen. Stahl u. Eisen 78, 333/343 (1958).
43. WIEGAND, H., u. K. H. KLOOS: Einfluß der Oberflächengrenzschicht auf das Reibungsverhalten austenitischer Werkstoffe bei der Kaltumformung im Tiefziehverfahren. Metalloberfläche 13, 229/233 (1959).

44. KLOOS, K. H.: Thema wie 43. Dissertation, TH Darmstadt 1960.
45. RUPPERT, W.: Die Abscheidung von Titankarbidüberzügen auf Stahloberflächen. Metalloberfläche 14, 193/198 (1960).
46. WIEGAND, H., u. W. RUPPERT: Einige Eigenschaften der Werkstoffkombination Stahl mit Titankarbidüberzug. Metalloberfläche 14, 229/235 (1960).
47. WIEGAND, H., u. W. RUPPERT: Vorbereitung und Verhalten von Rohrziehwerkzeugen mit Titankarbidüberzügen. Metalloberfläche 15, 1/12 (1961).
48. WIEGAND, H., u. G. HEINKE: Der metallische Verschleiß und Methoden zu seiner Untersuchung. Metall 20, 940/949 (1966).
49. STUDT, P.: Zum Stand der Forschung über Trockenreibung, Grenzschmierung und Gleitverschleiß. Schmiertechnik 11, 211/216 (1964).
50. GRAUE, G., u. W. LÜCKERATH: Die Bedeutung mechano-chemischer Grenzflächenreaktionen bei schmiertechnischen Aufgaben, insbesondere bei sehr hohen Temperaturen. Schmiertechnik 12, 71/76 (1965).
51. SIEBER, K.: Beanspruchung, Konstruktion, Fertigung und Standzeit hochbeanspruchter Preßmatrizen besonders zum Kaltfließpressen von Stahl. Draht 3, 1/6 (1952).
52. LUEG, W., u. K.-H. TREPTOW: Schmierstoffe und Schmierstoffträger beim Ziehen von Stahldraht, 1. Teil. Stahl u. Eisen 72, 399/412 (1952).
53. SCHIMPKE, P., u. H. SCHROPP: Technologie der Maschinenbaustoffe, 16. Aufl., Stuttgart: Hirzel 1965.
54. SIEBEL, E.: Über die Wirkung der Düsenform auf Spannungsverteilung und Grenzformänderungen beim Drahtziehen. Stahl u. Eisen 71, 801/803 (1951).
55. HUNDY, B. B., u. A. R. E. SINGER: Inhomogeneous Deformation in Rolling and Wire-Drawing. J. Inst. of Metals 83, 401/407 (1954/55) vgl. Stahl u. Eisen 76, 1705 (1956).
56. PAPSDORF, W.: Reibung, Verschleiß und Schmierung beim Drahtziehen. Stahl u. Eisen 72, 393/399 (1952).
57. LUEG, W.: Temperaturmessungen beim Drahtziehen mit einem Draht-Düse-Thermoelement. Stahl u. Eisen 71, 1140/1147 (1951).
58. VIČEV, L.: Einfluß der Erwärmung von Draht und Düse beim Kaltziehen auf die Leistungsfähigkeit von Drahtziehmaschinen. Masinostroene 15, 309/311 (1966).
59. HANSEN, N.: Einfluß der Verformungsbedingungen auf die Veränderung der Oberflächenbeschaffenheit beim Ziehen von Drähten und Stäben. Dissertation, TH Aachen 1966.
60. LUEG, W., u. K.-H. TREPTOW: Der Einfluß der Schmierstoffe auf die Ziehkraft beim Ziehen von Stabstahl. Stahl. u. Eisen 74, 1334/1342 (1954).
61. LUEG, W., u. K.-H. TREPTOW: Schmierstoffe und Schmierstoffträger beim Ziehen von Stahldraht, 2. Teil. Stahl u. Eisen 76, 1107/1116 (1956).
62. DAHL, W., u. W. LUEG: Schmierstoffe und Schmierstoffträger beim Ziehen von Stahldraht, 3. Teil. Stahl u. Eisen 77, 1368/1374 (1957).
63. TOURRET, R.: The State of Lubrication in Wire Drawing Operations. Wire a. W. Prod. 30, 299/303 u. 347 (1955); vgl. Stahl u. Eisen 76, 1133/1134 (1956).
64. DAHL, W., u. W. LUEG: Einige neuere Arbeiten über den Schmiervorgang in der Kaltformgebung. Stahl u. Eisen 76, 1130/1133 (1956).
65. LUEG, W., u. W. DAHL: Prüfung von Walzöl-Emulsionen im Drahtziehversuch. Stahl u. Eisen 76, 1669/1671 (1956).
66. LUEG, W., u. K.-H. TREPTOW: Die Schmierstoffträger beim Ziehen von Stahldrähten mit geringem und hohem Kohlenstoffgehalt. Stahl u. Eisen 72, 1207/1212 (1952).

67. FUNKE, P., B. WERDELMANN u. W. LUEG: Chemische Veränderung von Schmierstoffen auf Seifengrundlage beim Drahtziehen. Stahl u. Eisen 80, 918/925 (1960).
68. MIETZNER, K.: Untersuchungen über die Oberflächenbeschaffenheit von gezogenen Stäben. Stahl u. Eisen 82, 1423/1432 (1962).
69. BÜHLER, H., u. E. H. SCHULZ: Die Verminderung der beim Kaltziehen in Stangen entstehenden Eigenspannungen. Stahl u. Eisen 70, 1147/1152 (1950).
70. BLEILÖB, F., u. H. BORN: Bestimmung der Oberflächenbeschaffenheit von Draht. Draht-Welt 49, 477/483 (1963).
71. MENGES, G., u. B. VOGELSANG: Tiefziehen von rostfreien Chrom- und Chromnickelstählen. Ind.-Anz. 69, 1035/1040 (1957).
72. KRÄMER, W.: Untersuchungen von Schmiermitteln für das Tiefziehen. Ind.-Anz. 101, 2167/2170 (1964).
73. PANKNIN, W.: Bedeutung der Werkstoffeigenschaften für die Verarbeitung von Blech. In: Grundlagen der bildsamen Umformung. Düsseldorf: Stahleisen 1966, S. 378/382.
74. KELLER, K.: Umformwerkzeuge aus Aluminium-Mehrstoffbronzen. Mitt. Forsch.-Ges. Blechverarb. 1965, S. 96/101.
75. KELLER, K.: Ziehringe aus Aluminium-Bronze im Vergleich zu Ziehringen aus Stahl. VDI-Berichte Bd. 39, 55/59 (1959).
76. FISCHER, F., K.-H. SCHMITT-THOMAS u. V. SEUL: Über den Einfluß der Mikrooberfläche auf das Verhalten von Feinblechen im Tiefzug. Stahl u. Eisen 80, 1524/1531 (1960).
77. FUKUI, S., K. YOSHIDA, K. ABE u. K. OZAKI: The Effect of Surface Roughness of Sheet and Tools on Deep-Draw Ability. Sheet Met. Ind. 40, 739/744 u. 754 (1963).
78. REIHLE, M.: Einfluß der Korngröße auf die Oberflächenfeingestalt von Tiefziehteilen. Mitt. Forsch.-Ges. Blechverarb. 1961, S. 141/150.
79. KIENZLE, O.: Die Rauhleiter, eine umgeformte Probe mit gleichmäßig zunehmender freier Rauhung. Werkstattstechnik 56, 542/545 (1966).

Sachverzeichnis

Abbildungssatz 19
Adhäsionsverschleiß 311, 324, 326
Adiabatische Fließkurve 159
Adsorption 316
Adsorptionsschicht 295
Ähnlichkeit 23, 36, 172, 204, 245
Äquivalent von Wolfram 201
Aktivierungsanalyse 73, 84
Alterung 179, 184
Anisotrope Verfestigung 18
Anisotropes Werkstoff-Verhalten 17, 30, 95
Anisotropie 6, 27, 38, 93, 271
— und Zipfelbildung 134
—- Faktor s. R-Faktor
—- koeffizient s. R-Faktor
—, Struktur- 94
—, Textur- 95
—, Verformungs- 171
Anlaßbeständigkeit (von Gesenken) 202
Annäherungsbedingung 310
Anschlagzug 260
Anstauchen 226
Armierung von Werkzeugen 196, 237
Aufnahmevermögen, Schmierstoff- 320
Aufnehmer 198, 207
Aufrauhung, freie 304
Auftreffgeschwindigkeit, hohe 314
Aufweittiefziehen 238
Aufweitverhältnis 282
Aufwölbung, Rand- 254
Aushalsen 283
Austenitformhärten 186
Automatisierung 2
Axialsymmetrische Probleme 14, 20, 30

Bauschinger-Effekt 152, 178
Beanspruchung, Zug-Druck- 5
Belastungszeit 260
Berührfläche 307
—, wahre 311
Beryllium 133
Beschichtung von Gesenken 203
Beschleunigungswelle 37
Beulversuch 271, 288
Biegen 9, 15, 29, 251
—, von Rohren 258
—, Hochkant- 29, 256
Biegeproblem, dynamisches 24
Biegeversuch 168
Biegung, Präge- 260
Bingham-Körper 148
Bishop- und Hill-Theorie 120
Blausprödigkeit 152, 183
Blech-biegung 29
— -rauhtiefe 336
— -umformung 9
Bleche, Stahl- 111
Bördelrolle 283
Böschungswinkel 299
Bruchdehnung 182

Chemisorption 296, 317
Cosserat-Kontinua 12, 39

Dauerfestigkeit 179
Dehngrenze 174
Dehnungsmaß, logarithmisches 15
Differentialquotient, substantieller 18
Diskontinuierliches Feld 20
Disziplinen 3
Drahtziehen 319, 327, 332
Druck-Beanspruchung, Zug- 5, 275
— -berührzeit 200
— -raumhöhe 197
Drückwalzen 217
Durchsetzen 285
D-Wert 113
Dynamisches Biegeproblem 24
— Formänderungsgesetz 24
— Problem 19, 36, 38

Ebene Probleme 14, 20, 30, 95
Effekte zweiter Ordnung 27
Eigenspannung 16, 29, 36, 152, 176, 182, 186, 199, 221
Eindeutigkeit 21, 28
Eindrückvorgänge 16

Einheitsmomentkurve 255
Einlaufformen des Ziehrings 277
Einschnürung 104, 163
Einschrankung 21, 32
Eisen 113
Elastische Verformungen an Werkzeugen 211
Elastischer Körper 147
Elastisch-plastische Formänderung 17, 30
Elastisch-plastischer Werkstoff 22, 37
Elastizitätsmodul 184, 197, 211
Elementare Theorie 13, 19, 24, 28
Entzunderung 332
Erholung 151, 157
Erwärmung von Gesenken 201
Explosivumformung 157, 286
Exponent, Verfestigungs- s. R-Wert
Extremal-Prinzip 14, 19, 27, 32, 38

Faktor, R- s. R-Wert
Faser, neutrale 251
Federung, Rück- 260
Fehlerfortpflanzungsgesetz 210
Feingestalt, Oberflächen- 297
Fertigungslehre 3, 6
Festigkeitseigenschaft, statische 174
Festigkeitshypothese 14
Festigkeitsverhältnis (Tiefziehen) 138
Festkörperphysik 12
Flach-Stauchversuch 165
Flächenanisotropie 100
Fließen in Blechen 99
—, plastisches 5, 13, 31
Fließbedingung 77, 95, 149, 274
Fließfigur 179
Fließgrenzen 95
—, relative 120
Fließkurve 59, 150, 162, 275
—, adiabatische 159
—, Bereichseinteilung 66, 77, 81
—, extrapolierte 63, 68, 81
—, Gleitlinien 67, 69, 82
—, Gleitsysteme 64, 67, 70
—, hohe Temperaturen 78
—, hohe Verformungen 75
—, isotherme 159
—, Legierungen 78
—, Lüdersbänder 79
—, Reckalterung dynamische 82
— reiner Metalle 59
—, Streckgrenzenerscheinungen 79, 85
—, Überschneidungseffekte 61
Fließkurve, Versetzungsanordnung 70, 82
—, Zellbildung 70, 82
Fließkurven von Modellwerkstoffen 205
Fließlochen 282
Fließpressen 16, 234, 320
—, Fügen durch 242
—, Kalt- 235
—, Warm- 239
Fließpreßschulter 236
Fließscheide 224
Fließspannung 73, 84, 148, 196
—, Gleitlinienlänge 68
—, Konzentrationsabhängigkeit 83
—, Kornanteil 63, 81
—, Korngrößenabhängigkeit 59, 80
—, Temperaturabhängigkeit 71, 78, 83, 85
—, Temperaturwechselversuche 73, 84
Fließverhalten, anisotropes 95
Fluß, Werkstoff- 206
Formänderung, dynamische 24, 36
—, Einfluß der 150
—, elastisch-plastische 17, 30
—, Vergleichs- 149
— im Zugversuch 100
Formänderungsfähigkeit 104
Formänderungsfestigkeit 6, 148, 157
—, Meßverfahren für die 161
Formänderungsgeschichte 18
Formänderungsgeschwindigkeit, Einfluß der 154
—, Vergleichs- 149
Formänderungsgesetz 14, 17, 22, 27, 37
—, dynamisches 24
Formänderungsrichtung, Umkehr der 152
Formänderungsvorgang 19, 30
—, axialsymmetrischer 33
Formänderungswirkungsgrad 262
Form-fehler 210
— -gebungszone s. Umformzone
— -verfahren, Hydro- 264, 277
— -walzen 215
Formenordnung 10, 230, 244
Fügen durch Fließpressen 242
Furchungsverschleiß 311, 313, 324, 326

Gefügeverhalten bei der Warmumformung 168
Genauigkeitsfertigung 1, 209, 214
Geometrische Anisotropie 94
Gerichtete Oberfläche 301

Geschwindigkeit, Hoch- 38, 244, 286
—, Zieh- 272
Geschwindigkeitsabhängigkeit 13, 18, 27, 37
Geschwindigkeitsfeld 19, 32, 206
Geschwindigkeitswechselversuche 73
Gesenke, Erwärmung 201
—, funkenerosiv hergestellte 202
—, Schmierung 204
Gesenkschmieden 229
Gestaltänderungsenergiehypothese 149
Glättungstiefe 220, 301
Glattwalzen 219
Gleichmaßdehnung 182
Gleitelemente 106, 111
Gleitlinien s. Fließkurve
— -feld 16, 30, 166
— -länge s. Fließspannung
Gleitsysteme s. Fließkurve
Gleitung 106, 111
Gratbahn 230
Grenzaufweitverhältnis 284
Grenzen der Verfahren 8, 217, 263, 335
Grenzreibung 316
Grenzschicht 294
Grenzziehverhältnis 263, 335
Grundkörper, rheologischer 147
Grundlage, physikalische 6
Gußeisen, Warmfließpressen von 241

Haar-v. Kármán-Hypothese 14, 32
Härte 86, 174, 216, 221, 224
Härtemessung 166
Haftverschleiß 311
Halbwarmschmieden 161, 213
Hillsche Theorie 95
Hochgeschwindigkeitsverfahren 38, 201, 224, 226, 244, 286
Hochkantbiegen 29, 256
Hohlteil, dünnwandiges 260
Hohlzylinder-Stauchversuch 165
Homologe Temperatur 161
Hookesches Gesetz 147
Hosford- und Backofen-Theorie 120
Hydroelektrische Umformung 286
Hydroformverfahren 8, 264, 277

Ideale Lage 107
Ideal plastisch 32, 37, 147
Inhomogen 29
Inhomogenität 29, 38, 320
Instationäres Problem 19
Isotherme Fließkurve 159
Isotrope Verfestigung 17
Isotropie 95

Kaltfließpressen 235
Kaltformwalzen 215
Kaltpreßschweißen 242
Kaltstauchen 225, 306
Kaltumformung 182, 318, 325
Kaltverfestigung 6, 96, 122, 150
Kaltverschweißneigung 314, 324
Kaltwalzen 319
Kavitationsblase 286
Kegel-Stauchversuch 164
Kerbschlagzähigkeit 183
Kinematische Bestimmtheit 31
Kissendruck 278
Körper, Binghamscher 148
—, elastischer 147
—, ideal plastischer 147
—, Prandtlscher 147, 153
—, rheologischer 147
—, viskoser 148
Konstruktion 10, 209, 281
Konstruktionstabelle 281
Kontinuum 146
Kontinuumsmechanik 19, 25, 39
Korngröße 59
Korngröße, Einfluß s. Fließspannung
Kornverformung 304
Kornzerkleinerung 76
Korrosion, Spannungs- 287
Kraftübertragungszone 273
Kraftverlauf 235, 240, 263
Kragen, enger 280
—, weiter 282
— -ziehen 280
Kurve, Einheitsmoment- 255

Leeregrad, räumlicher 300
Leerraum der Rauhtäler 314
Legierte Stähle, Fließkurven 78
Leuchtraster-Verfahren 206
Linienraster 207
Lochen, Fließ- 282
Logarithmisches Dehnungsmaß 15
Lüdersbänder 79

Magnesiumlegierung 132
Magnetumformung 286
Massenverteilung 231
Massivumformung 9, 195, 244, 326
Medium, Übertragungs- 286
Meßgrößen (Rauheit) 299

Meßverfahren für Formänderungsfestigkeit 150, 161, 169
Mikrogeometrie 296
Mischreibung 318
v. Misessche Theorie 14, 30, 95
Mittelungsfaktor der Kornorientierungen 63
Modelle, Wachs- 207
Modellwerkstoff 17, 172, 205
Modellwerkstoffe, Fließkurven 172, 205
Mohr-Hypothese 14

Nachziehen 182
Näpfchenprüfung 264
Napffließpressen, Rückwärts- 239
Newtonsches Stoffgesetz 148
Niederhalter, Tiefziehen mit 268
—, Tiefziehen ohne 275
Niederhalterpressung 262
Normalanisotropie, mittlere 102

Oberfläche 293
—, gerichtete 301
—, geschmierte 314
—, Typologie umgeformter 9
—, ungerichtete 301
—, ungeschmierte 309
Oberflächenfeingestalt 297, 309
Oberflächenwandlung 326, 333
— beim Tiefziehen 336
Ordnung der Umformverfahren 4
Orientierungsänderung 107, 110
Oxydschicht 295

Paarung 311
Pan-cake-structure 141
Pencil-glide 111, 136
Physikalische Grundlage 6
Plastische Schicht 31
Plastisches Fließen 5, 19, 31
Plastisches Potential 17
Plastitizitätsbedingung 25
—, v. Misessche 14, 30
—, Mohrsche 15
—, singuläre 23
—, Trescasche 14, 30
Plastizitätstheorie 18, 25, 39, 147
—, phänomenologische 12
Plastomechanik s. Plastizitätstheorie
Plastometer 151
Plattenweichheit 276
Plutonium 133
Polfigur 107
Poynting-Effekt 27
Prägebiegung 260
Prandtlscher Körper 147, 153
Presse, patronenbetriebene 289
Preßkraft 209
Preßpassung, mehrteilige 197
Preßpassungsverband 197
Preßschweißen, Kalt- 242
Probe, vorverformte 163
Problem, axialsymmetrisches 14, 20, 30
—, Biege- 29
—, dynamisches 36
—, ebenes 14
—, Stabilitäts- 22, 38
Profilieren, Walz- 255
Prüfung, Näpfchen- 264
Pseudostationärer Vorgang 19
Pseudo-Zustandsgröße 26

Querschnittsvorbildung 233

Radiales Stauchen 229
Radialverformungen beim Tiefziehen 135
Randaufwölbung 254
Rauhheitsänderung 301
Rauhtiefe 301
—, Blech- 336
Reckalterung 152, 183
—, dynamische s. Fließkurve
Reckwalzen 232
Reduziermatrize 199
R-Faktor s. R-Wert
Reibung 21, 34, 244, 265, 267, 273, 309, 317, 325, 335
— in Gesenken 206
—, Grenz- 316
—, hydrodynamische 314
—, hydrostatische 314
—, Misch- 318
— beim Zylinderstauchen 164
Reibungskraft 277
Reibungsverhältnis 273
Reibungszahl 309
Reißerarten 270
Reißspannung 266
Rekristallisation 151, 159
Richten 289
Richtungsabhängigkeit 94
Rille als Formelement 216
Ringstauchversuch 225

Rohr, Biegen von 258
Rohteilform 230
Rückfederung 260
Rückwärts-Napffließpressen 239
Rundkneten, kalt 232
R-Wert 6, 96, 100, 122, 274
—, Einfluß der Herstellung 139
—, Einfluß der Zusammensetzung (Stahl) 139
— und Textur 111

Saint-Venantsche Theorie, de 14
Scherebenenlage 311
Schicht, Adsorptions- 295
—, Grenz- 294
—, Oxyd- 295
—, plastische 31
Schichtaufbau 295
Schmid-Faktor 106
Schmiedehammer 230
Schmierbett 306
Schmiermittelträger 320, 329
Schmierstoff, fester 314
—, flüssiger 314
Schmierstoffträger s. Schmiermittelträger
Schmierung 9, 321, 329
—, feste 314
—, flüssige 314
— von Gesenken 204
— beim Tiefziehen 335
Schockwelle 37
Schubspannung 106
Schubspannungsgesetz 106
Schubspannungshypothese 149
Schwer umformbare Werkstoffe 225
Senkrechtmeßgröße (Rauheit) 299
Singuläre Plastizitätsbedingung 23
Spannung, Reiß- 266
Spannung, Vergleichs- 149
Spannungsfeld 19, 32
—, statisch-zulässiges 22
Spannungskorrosion 286
Spannungsverhältnis 96
Spannungszustand 21, 223, 275
Stabiles Werkstoffverhalten 22
Stabilitätsproblem 22, 38
Stabziehen 330
Stahlblech, R-Wert 139
Stahlbleche 111, 139, 197, 253
Stapelfehlerenergie 111
Starr-plastischer Werkstoff 21, 28
Stationäres Umformverfahren 19
Statisch-bestimmtes Problem 20
Statisch-zulässiges Spannungsfeld 22, 33
Statistische Angaben (Oberflächen) 302
Statische Festigkeitseigenschaft 174
Stauchen mit Hochgeschwindigkeit 224
—, Kalt- 225
—, radiales 229
—, Spannungsverteilung beim 223
— zylindrischer Körper 221
Stauchung, Spannungszustand während 227
Stauchverhältnis 227
Stauchversuch 16, 227
—, Flach- 165
—, Hohlzylinder 165
—, Kegel- 164
—, Zylinder- 164
Stoffgesetz 24
Stoßwelle 157, 286
Strangpreßaufnehmer 198
Strangpressen 207
Streckgrenze 174, s. a. Fließkurve
Streckziehen 260
Streifenziehvorrichtung 313
Stromlinie 31
Struktur 39
Strukturanisotropie 94
Substantieller Differentialquotient 18
Symmetrie 29

Taylor-Theorie 119
Temperatur 13, 27, 34, 39, 200, 325
—, homologe 161
—, Verarbeitungs- 5
Temperaturwechselversuche s. Fließspannung
Textur 6, 62, 93, 100, 186
— -anisotropie 95
— -entfestigung 97
— -Inhomogenität 103
— -verfestigung 97, 105, 111, 127, 131, 136
Theorie der Biegung 15
—, Bishop- und Hill- 120
— dynamischer Formänderungsvorgänge, elementare 36
— der Formänderungsvorgänge, elementare 13, 23
—, Hosford- und Backofen- 120
— plastischer Formänderungen, allgemeine 13
—, Taylor- 119
— der Torsion, elementare 30

— der Umformvorgänge 16
— — —, elementare 19, 34, 35
Thermomechanische Umformung 186
Tiefe, Glättungs- 220, 301
Tiefe, Rauh- 301
Tiefungsversuch, hydraulischer 163
Tiefziehen 16, 29, 36, 98, 133, 179, 260, 333
—, Aufweit- 238
—, hydromechanisches 277
— mit Niederhalter 260
— ohne Niederhalter 275
—, Spannungszustand 136
—, Texturverfestigung 136
Tiefzieh-Stahlblech 139
Tiefziehverhältnis 137
Tiefziehverhalten 111
Titanlegierung 132
Toleranzsystem 9
Torsion 16, 30, 166
Traktrix 277
Trescasche Plastizitätsbedingung 13, 16, 30, 31, 32
Typologie umgeformter Oberflächen 9

Übergangstemperatur 184
Überschneidungseffekte s. Fließkurve
Überspannungstensor 18
Übertragungsmedium 286
Überzug 321
Umformen 4, 8
Umformung, berührungsfreie 304
—, Blech- 9, 250
—, Explosiv- 286
—, hydroelektrische 286
—, Kalt- 293, 318
—, Magnet- 286
—, Massiv- 9, 195
—, thermomechanische 186
—, werkzeugfreie 304
—, werkzeuggebundene 304
— zusammen mit Wärmebehandlung 186, 188
Umformzone 31, 224, 273
— beim Glattwalzen 220
— beim Warmfließpressen 241
Uran 133

Verarbeitungstemperatur 5
Verdrehversuch 166
Verfahren, Grenzen der 8
—, Hochgeschwindigkeits- 201
—, Hydroform- 8
Verfestigung 13, 27
— bei hexagonalen Metallen, Textur- 127
—, Kalt- 150
Verfestigungsexponent 102, 104, 264
Verfestigungskurve, Einkristall 63, 81
—, Vielkristall 64, 81
Verfestigungsverhältnis 98
Verformung, Korn- 304
—, Stoßwellen- 157
Verformungen an Werkzeugen, elastische 211
—, hohe 75
Verformungsanisotropie 171
Verformungsverhältnis R s. R-Wert
Vergleichsformänderung 149
Vergleichsformänderungsgeschwindigkeit 149
Vergleichsspannung 149
Versatz 211, 215
Verschleiß 325
—, Adhäsions- 311, 324
—, Furchungs- 311, 324
—, Gesenk- 232, 311
—, Haft- 232, 311
—, Werkzeug- 232
Verschleißzone 200
Versetzung 154
Versetzungsanordnung s. Fließkurve
Versuch, Kaltstauch- 306
Versuch, Zug- 271
Verunreinigung 78
Verzerrung, große 29
Verzerrungsgeschwindigkeit 15
Visio-Plasticity 20, 32
Viskoser Körper 148
Vollfließpressen 235
Vollplastischer Zustand 14, 20
Vorverformte Probe 163
Vorwärts-Vollfließpressen 235

Waagerechtmeßgröße (Rauheit) 299
Waagerecht-Stauchmaschine 228, 239
Wachsmodelle 207
Wärmebehandlung, Umformung zusammen mit 186, 188
Walzen 16, 98, 111, 235
Walzen, Kalt- 235
Walzprofilieren 255
Walztexturen 107
Warmfestigkeit 202
Warmfließpressen 239
— von Gußeisen 241

Warmformwalzen 215
Warmumformung 18, 168, 205, 229
Wechselfestigkeit 181
Welle, Beschleunigungs- 37
—, Schock- 37
—, Spannungs- 25, 36
—, Stoß- 157, 286
Wellengeschwindigkeit 36
Welligkeitstrenner 303
Werkstoff, anisotroper 30
—, elastisch-plastischer 22, 28
—, inhomogener 30, 32
—, schwer umformbarer 225
—, starr-plastischer 21, 28
— -fluß 207
— -verfestigung s. Verfestigung
— -verhalten 12, 17, 22, 146
Werkstück 2
Werkstückstoff 6, 196, 325
Werkzeug 8, 244, 304
—, Armierung 196, 237
Werkzeugfreie Umformung 304
Werkzeuggebundene Umformung 304
Werkzeugstoff 196, 210, 324
Widerstand gegen Verschleiß 200, 210
Winkel, Böschungs- 299
Wirkungsgrad, Formänderungs- 264
—, scheinbarer 265
Würfellage 101, 124
Zähigkeitseigenschaft 182
Zapfenpressen 225
Zellbildung 70
Zerreißprobe mit Kerb 98
Ziehen, Draht- 234, 240
—, hydromechanisches Tief- 205
—, Kragen- 207
—, Stab- 240
—, Streck- 197
Ziehgeschwindigkeit 272
Ziehkraft, maximale 262
Ziehring, Einlaufformen 277
Ziehverhältnis, Grenz- 263
Zipfelbildung, Anisotropie und — 125, 133
Zircalloy 2 Legierung 133
Zone, Formgebungs- s. Umformzone
Zug, zweiachsiger 162, 163, 275
— -beanspruchung 99
— -Druck-Beanspruchung 5, 275
— -festigkeit 174
— -versuch 271
Zustandsgröße 25
—, Pseudo- 26
Zwillingsbildung 110, 128
Zwischenform 8, 203, 229
Zwischenformen beim Gesenkschmieden 230
Zylinder-Stauchversuch 164